聚烯烃专用料
从产品开发到产业化

SPECIALTY
POLYOLEFINS
FROM PRODUCT
DEVELOPMENT TO
INDUSTRIALIZATION

王福善 主编

化学工业出版社
·北京·

内容简介

本书在对聚烯烃产品和市场需求进行简单介绍基础上，重点对聚烯烃车用专用料、聚烯烃医用专用料、聚烯烃薄膜专用料、聚烯烃管材专用料、聚烯烃纤维专用料、聚烯烃介电专用料、聚烯烃中空容器专用料、聚烯烃家电专用料等从催化体系、关键技术、工业化生产和加工应用等角度进行详细论述，最后对聚烯烃专用料新品种进行了概述，可供从事聚烯烃产品开发和应用的各类技术人员参考。

图书在版编目（CIP）数据

聚烯烃专用料 ： 从产品开发到产业化 ／ 王福善主编.
北京 ： 化学工业出版社，2025. 7. -- ISBN 978-7-122
-48561-8

Ⅰ. TQ325.1
中国国家版本馆CIP数据核字第2025Q5S423号

责任编辑：赵卫娟　仇志刚
文字编辑：杨欣欣
责任校对：刘曦阳
装帧设计：王晓宇

出版发行：化学工业出版社
　　　　　（北京市东城区青年湖南街 13 号　邮政编码 100011）
印　　装：中煤（北京）印务有限公司
787mm×1092mm　1/16　印张 24¼　彩插 6　字数 551 千字
2025 年 8 月北京第 1 版第 1 次印刷

购书咨询：010-64518888　　　　　售后服务：010-64518899
网　　址：http://www.cip.com.cn
凡购买本书，如有缺损质量问题，本社销售中心负责调换。

定　　价：268.00元　　　　　　　版权所有　违者必究

编写人员名单

主　　编：王福善

副 主 编：李广全　高　艳　李化毅

参编人员（按姓氏笔画排序）：

丁明玥	马　师	王　帆	王　刚	王　凯	王　霞
王文英	王文燕	王立娟	王庆辉	王卓妮	韦德帅
邓守军	石行波	田　瑞	吕书军	朱珍珍	朱裕国
乔亮杰	刘　芸	刘　强	刘　甦	刘文东	刘志琴
闫维鹏	关　莉	安彦杰	许惠芳	苏战国	李　丽
李朋朋	杨世元	杨祎昕	杨家靖	宋赛楠	张　愉
张　瑞	张　鹏	张　霞	张子鹏	张凤波	张红星
张丽洋	陈　谨	陈兴锋	陈得文	罗小城	金　琳
周仕杰	赵东波	胡　杰	胡友良	冒立海	段宏义
姜艳峰	贺一晋	秦晨元	高宇新	高克京	高岗岗
郭宝华	席正朝	黄安平	葛腾杰	韩晓昱	彭　伟
程鹏飞	谢梦洁	魏福庆			

序言

聚烯烃专用料作为新材料产业的核心构成，是依托特殊工艺制备的高分子材料，主要包括聚乙烯（PE）和聚丙烯（PP）两大类产品。这类材料不仅是支撑国民健康、新能源、高端装备、新型汽车、绿色环保、航天航空等战略性新兴产业的关键基础材料，更是推动石油化学工业实现转型升级、迈向高质量发展的重要方向之一。

从通用聚烯烃树脂向专用料的技术跨越需攻克诸多核心瓶颈：新型催化剂体系的突破、聚合反应装置的改造与工艺路线的重构、专用助剂体系的筛选以及产品加工应用技术的创新引入等。在应用维度，随着国民生活水平的持续提升，安全环保意识的深度觉醒，终端用户对产品品质的要求日趋严苛，开发聚烯烃专用料的战略价值愈发凸显。以车用材料为例，研发"三高两低"（高流动、高模量、高冲击性能，低气味、低VOCs排放）的聚烯烃专用料，已成为推动汽车工业向轻量化、绿色化高质量发展的关键路径；在医疗健康领域，医用聚烯烃专用料作为疾病防治与健康维护的重要材料支撑，更是践行"健康中国2030"战略的核心保障。因此，从产业价值看，聚烯烃专用料的技术突破不仅能创造显著的经济回报，更将在民生改善、产业升级等层面产生深远的社会效益。展望未来，以系列化满足多元场景需求、以差异化构建竞争壁垒、以高端化突破技术天花板，正成为聚烯烃专用料产业演进的核心趋势。

近年来我国聚烯烃专用料产业发展取得了长足的进步，中国石油一直高度重视并着力推进聚烯烃专用料的开发和国产化替代工作。但是，我国的聚烯烃专用料产业发展与发达国家相比仍有较大的差距，必须从催化剂、聚合工艺、新产品标准和高端应用等方面做好技术创新工作。在此背景下，《聚烯烃专用料——从产品开发到产业化》一书的编写具有重要现实意义。

本书由中国石油兰州石化公司首席技术专家王福善教授级高工领衔，组织中国石油相关企业和中国科学院相关研究单位的多位技术人员共同编写。全书对聚烯烃车用专用料、医用专用料、薄膜专用料、管材专用料、纤维专用料、介电专用料、中空容器专用料和家电专用料等，从催化剂开发、工艺流程优化再造、系列产品开发到加工应用全产业链关键技术进行了全面剖析，贯穿产品开发到产业化应用的全流程。该书集中展示了中国石油部分高端聚烯烃专用料在不同研究阶段的历程和关键技术创新，为高端聚烯烃专用料技术产业化、有形化提供了重要载体，对读者有重要参考价值。

胡友良

中国科学院化学研究所

2025 年 6 月

前言

  化工新材料是衡量世界石油化工产业技术高度与发展方向的核心标志，是国民经济的基础性、先导性产业。高端化、精细化、差异化聚烯烃是其中重要的组成部分，既是衔接基础化工与高端制造的核心纽带，也是提升国家材料竞争力、保障产业安全、推动绿色可持续发展的战略支点。高性能聚烯烃不仅提升了传统材料的性能边界，更是在能源安全保障、产业升级转型、循环经济构建等领域具有不可替代的战略价值。通过分子结构设计创新、催化剂体系优化和加工工艺技术的协同突破，开发系列化高性能聚烯烃专用料，以产品高性能化驱动产业链高值化发展，已成为推动聚烯烃产业高质量发展的核心路径。

  我国高端聚烯烃产业起步较晚，长期面临"大而不强""结构性失衡"的发展困境，尤其高端聚烯烃专用料的自给率不足，大量依赖进口，关键技术"卡脖子"问题突出。加速高端化、差异化、绿色化聚烯烃专用料的技术攻关与产业化应用，实现从"跟跑"到"领跑"的跨越，已成为产业转型升级的当务之急。

  《聚烯烃专用料——从产品开发到产业化》一书的应运而生，承载着行业突破技术瓶颈、推动产业升级的迫切需求。本书在中国石油统筹组织下，由兰州石化公司牵头，联合石油化工研究院，基于其系列聚烯烃专用料开发实际情况，结合独山子石化、大连石化、大庆石化、庆阳石化、大庆炼化、广西石化和中科院化学所等在聚烯烃专用料方面的技术积累与实践经验，系统梳理了我国自主研发的聚烯烃专用料从"引进—消化—吸收—再创新"的技术突破历程，既为聚烯烃专用料开发提供了可借鉴的工程范例，也为其他高分子材料的研发、生产、加工及应用提供了重要参考。

  本书共 11 章，以"从产品实验室研发到产业化"为主线，对车用专用料、医用专用料、薄膜专用料、管材专用料、纤维专用料、介电专用料、中空容器专用料、家电专用料、专用料新品种等，从催化体系、关键技术、工业化生产和加工应用等角度进行系统论述。书中呈现了我国聚烯烃专用料的典型开发案例，记录了从产品分子设计、中试到工业化生产的技术路径，为行业提供兼具技术深度与工程价值的实践范本。

由于编写水平及时间限制，不免存在不足和不妥之处，技术上也可能存在认识不清晰之处，敬请读者批评指正。

编著者

2025 年 6 月

目录

第 1 章
绪论

1.1　概述

　　人们习惯将用于专有用途的聚烯烃产品称为聚烯烃专用料，如用作医药包材、电介质薄膜、高端纤维等用途的聚烯烃产品。从通用的聚烯烃树脂（主要是聚乙烯和聚丙烯）到专用料，要解决一系列技术难题，例如催化剂开发、聚合反应工艺再造、专用助剂体系引入、产品先进加工应用等。因此，聚烯烃专用料技术含量很高，需要"产、销、研、用"一体化产业链协同攻关，打通从产品研发到产业化应用的全流程，才能打破目前专用料自给率低、进口依赖度高的不利局面[1-5]。在聚烯烃专用料领域，用户对产品质量的要求越来越高，国内聚烯烃市场竞争日趋激烈，产品"结构性过剩"和"结构性短缺"现象依然严重，高端聚烯烃专用料差异化和高性能化是其发展的必然趋势。

　　开发聚烯烃专用料的意义越来越明显。以车用抗冲共聚聚丙烯专用料为例，汽车单车用塑料量的多少已成为衡量汽车设计和制造水平的一个重要标志。汽车工业较发达的德国、美国、日本等国家，汽车单车平均使用塑料量超过150kg，占汽车总重量的12%～20%。我国汽车单车塑料使用量占汽车总重量的7%～10%，汽车材料塑料化仍存在较大提升空间。"三高两低"[高流动、高模量、高冲击、低气味和低挥发性有机化合物（VOCs）]系列抗冲共聚聚丙烯（ICP），既要支撑汽车制件大型薄壁化，实现汽车产业轻量化的应用要求，也要满足低气味、低VOCs的环保要求，同时要兼顾制品外观高光泽度、低收缩率的美观需求，因此，开发"三高两低"聚烯烃车用专用料是实现汽车工业高质量发展的重要途径。又如，在我国，医用聚烯烃专用料的需求量以每年15%的速度增长。中国经济的不断发展、人口老龄化程度的加剧，以及人们健康意识的不断增强，势必带动医用聚烯烃专用料行业的蓬勃发展。

　　开发聚烯烃专用料还能创造可观的经济效益和社会效益。如世界容器市场对中型散装容器（行业内常称为IBC桶）的需求增长很快，年增长率为15%～25%。IBC桶由内胆和框架组成，内胆由高密度聚乙烯经吹塑成型。世界各国特别是发达国家已普遍利用IBC桶来包装和储运危险化学品，以保障安全和防止海洋污染。目前，全球每年IBC桶的用量超过1000万只，市场价值超过100亿元人民币。国内IBC桶专用料生产技术处于起步阶段，市场长期由进口产品独占，因此其市场售价高于通用树脂。以 1 万吨 / 年计，IBC 桶专用料可新增经济效益 2000 万元 / 吨，经济效益显著。

1.2 聚合催化剂的改进

1.2.1 齐格勒 - 纳塔催化剂

目前，齐格勒 - 纳塔（Ziegler-Natta）催化剂（简称 Z-N 催化剂）仍然是烯烃聚合的最主要催化剂。工业上使用的 Z-N 催化体系通常由三部分组成：催化剂本身含有的内给电子体；$MgCl_2$ 负载的 $TiCl_4$ 和活化剂烷基铝；聚合时外加的给电子体。对催化剂的制备工艺进行技术改造，可以开发和生产高性能的聚烯烃专用料。

（1）通过优化内给电子体或多种内给电子体复配，提升 Z-N 催化剂性能

内给电子体是聚丙烯催化剂的重要组成部分，影响催化剂的催化活性、氢调敏感性、聚合物等规指数、分子量及其分布、加工性能等。新型功能性内给电子体的不断开发及应用，促进了 Z-N 聚丙烯催化剂的发展和迭代升级。

聚丙烯树脂灰分质量分数是制约薄膜材料耐电压强度和加工成膜的关键指标。提高催化剂的活性，在反应器内直接制备低灰分聚丙烯专用料是今后的发展方向。要使聚丙烯树脂中的灰分质量分数低，必须提高催化剂的催化活性和单位催化剂的聚丙烯收率，以降低催化剂用量。随着催化剂用量的减少，粉料中含氯量降低；在生产过程中，硬脂酸钙等助剂的用量也可相应降低。在更低助催化剂烷基铝用量下，若催化剂仍可保持较高的催化活性，则可减少聚合物粉料中由助催化剂引入的铝灰分。在不加或少加外给电子体的情况下，若在催化剂作用下仍可保持较高的立构定向性，如可满足聚合物等规指数的要求，那么，在聚合物中就可减少由外给电子体引入而产生的灰分。采用能达到上述性能要求的高活性 Z-N 聚丙烯催化剂，可大幅降低聚丙烯灰分质量分数。

近年来，随着新型内给电子体种类的开发，以及对内给电子体作用机理研究的不断深入，对不同结构特征内给电子体复合应用的研究蓬勃开展。在 Z-N 催化剂体系中，不同种类的内给电子体对催化剂性能影响是有差别的，其产生差异的原因在于内给电子体的给电子能力和与催化剂中金属配位能力不同，二者共同影响了 Ti 活性中心的电子云分布，从而影响了活性中心的区域和立体选择性。通过采用不同种类的内给电子体或采用多种内给电子体复配，既可调节催化剂的性能，又可得到结构可控的聚合物。

中国石油天然气集团有限公司（简称中石油或中国石油）通过研究不同结构内给电子体、内给电子体间的协同效应以及对负载催化剂性能的影响，开发出催化活性高、立体定向能力强、聚合反应动力学平稳的高活性丙烯聚合催化剂，生产出低灰分聚丙烯产品。

（2）催化剂活性中心优化调整

近年来，催化剂的迭代升级基本上集中在调整溶解用的极性溶剂体系、改变沉淀剂种类，以及增加一些提高颗粒成型能力的功能助剂等。其结果是制备催化剂的过程越来

越复杂，中间的控制环节越来越多。这样不但提高了催化剂的制备成本，同时也延长了其制备周期。因此，调整催化剂活性中心以提升催化剂的性能就显得尤为重要。

（3）利用复合外给电子体调节聚烯烃性能[6]

外给电子体对丙烯聚合的影响与其对催化剂活性中心的作用有关。在聚合反应中，外给电子体取代部分内给电子体的位置，将无规 Ti 活性中心转化为等规活性中心，提高了催化剂的立体定向能力，对氢调敏感性也有一定影响。除此之外，在聚合中，外给电子体还有如下作用：

① 与烷基铝配位或反应，降低游离烷基铝的浓度，避免 Ti 活性中心过度还原（过度还原的 Ti 活性中心将失去活性）。

② 无规与等规 Ti 活性中心相比，前者具有较强的 Lewis 酸性，因而，它首先与外给电子体反应而被碱活化，使聚合等规产物的产率增加。

③ Ti 活性中心与内外给电子体之间的平衡反应，会因给电子体的碱性和位阻不同而对催化活性、立体选择性、氢调敏感性等产生不同影响。

因此，不同外给电子体对聚丙烯的等规度、分子量及其分布的影响是不同的，对氢调敏感性的影响也不同。通过不同外给电子体的复配应用，可以制备出综合性能更高的聚丙烯。通过调整复配方式和反应条件，复配外给电子体对催化剂和聚合物的性能均有很好的调节作用。利用这一特性，可以灵活调节生产工艺与产品性能，拓宽新产品开发的空间。

1.2.2　茂金属催化剂[7]

烯烃聚合用茂金属催化剂通常以茂金属化合物为主催化剂，以 Lewis 酸化合物为助催化剂，组成催化剂体系。茂金属化合物是由过渡金属（钛、锆、铪）或稀土金属，以及至少 1 个环戊二烯或环戊二烯衍生物为配体组成的有机金属配合物。常用助催化剂有两类：一类为烷基铝氧烷，尤其是甲基铝氧烷（MAO）；另一类为 $B(C_6F_5)_3$、$[B(C_6F_5)_4]^-$ 等硼烷化合物，其有很强的亲电子性和化学稳定性。其中，MAO 是最有效、活性最高的助催化剂，它可以将茂金属正离子烷基化，成为稳定的活性中心。

目前普遍接受的茂金属催化剂聚合机理是：助催化剂首先使茂金属烷基化，即将其两个卤素配体换成烷基配体，然后其中的一个烷基配体以负离子的形式脱离过渡金属，使茂金属成为缺电子的活性中心。烯烃单体首先在阳离子活性中心上配位，然后插入中心金属与烷基之间，完成第一步链增长。后续的链增长则不断地重复单体配位、插入增长两个步骤。茂金属聚合体系中活性中心的生成，链引发反应、链增长反应和链终止反应等过程，与传统的 Z-N 催化剂的聚合机理基本相同。二者的不同之处在于茂金属聚合体系中的 MAO 做助催化剂完成烷基化后，以 $[MAO\text{-}Cl]^-$ 的离子对形式参与了聚合的全过程。

茂金属催化剂发展迅速与其优越的性能不可分割：

① 单活性中心　相较于传统 Z-N 催化剂，茂金属催化剂只有一种类型的活性中心，能精确调控聚合物的分子量、分子量分布、共聚单体含量及其在主链上的分布等。因此，聚合产品具有很好的均一性，主要表现在分子量分布相对较窄、共聚单体在聚合物

主链中分布均匀。

② 极高的催化活性　茂金属催化乙烯聚合的催化活性远高于非均相 Z-N 催化剂，高的催化活性有利于降低聚合产物的催化剂残余物。

③ 单体选择性　茂金属催化剂单活性中心的特征使其可以催化聚合 α- 烯烃（指双键在分子链端部的单烯烃）单体，如极性单体的聚合或共聚反应，故而可开发出性能更高的聚烯烃材料。

④ 立体选择性　茂金属化合物的结构易于调整，因此可开发出各种立体结构的配合物，用于潜手性的烯烃单体聚合时，能有效地进行立体控制聚合，产生各种立构的聚合物。如丙烯单体聚合，可获得等规、间规、半等规、无规与等规嵌段聚丙烯。

⑤ 可控制性　茂金属均相体系可以通过改变催化剂的结构，如改变配体或取代基、聚合条件等可控参数，按照应用的要求"定制"产品的分子结构，精确控制产物的性质。

因此，茂金属催化剂开发的聚合物产品也具有优越的性能：

① 茂金属聚乙烯管材专用料 [8-9]　中国石油解决了茂金属催化剂活性稳定释放、耐热聚乙烯（PE-RT）管材专用料长期耐热稳定性等技术问题，在传统茂金属活性中心中，引入第二催化剂中心，扩展聚合物分子量分布。与茂金属单峰窄分布的 PE-RT 管材专用料相比，新开发的 PE-RT 管材专用料具有平均分子量高、分子量分布宽、共聚单体接枝率更高等特点，展现出熔体强度高、主机转矩低等加工特性，以及优异的耐高温长期蠕变性和柔韧性等使用性能。产品通过了国家化学建筑材料测试中心检测，满足 GB/T 18252、ISO 9080、GB/T 28799.1 ～ 3 要求。

② 茂金属聚乙烯薄膜专用料 [10]　与传统线型低密度聚乙烯吹塑料相比，茂金属聚乙烯薄膜具有更高的拉伸强度、抗穿刺性和撕裂强度，符合薄膜需求，同时满足承受较大应力和应变的苛刻要求。借助茂金属催化剂，通过分子结构调控，可提升产品在吹塑过程中的稳定性，使薄膜厚度更加均一，整体质量也得到显著改善。

中国石油攻克了气相流化床聚合反应系统模拟、工艺流程再造、循环气流量分配、链转移反应竞争控制等技术难题 [11]，形成了气相法茂金属聚乙烯成套技术，开发出系列茂金属聚乙烯薄膜料。与传统窄分子量分布茂金属聚乙烯相比，在保持分子量分布窄和共聚单体分布均匀的同时，中国石油开发的茂金属聚乙烯薄膜料具有更高的长支链含量，其薄膜制品在保持传统茂金属聚乙烯优秀的透明性、热封性和拉伸性能的同时，具有更高的落镖冲击强度，主要用于制造重包装膜、棚膜、各种包装材料等。

③ 茂金属聚丙烯纤维专用料 [12-13]　茂金属聚丙烯是一种采用茂金属催化剂生产的高端聚烯烃产品，具有传统聚丙烯不具备的优势。采用茂金属催化剂，利用氢调法生产的聚丙烯纤维专用料，具有更细、韧性好、不易断裂、均匀性好等特点，非常适合高速纺丝，用于制作医疗卫生用品和个人护理产品（医用口罩、婴儿纸尿裤等）。与降解法产品相比，氢调法产品分子量分布窄，低气味，分子链长度均匀，低聚物含量少；前者喷丝板出口处的模口膨化效应低，有利于提高纺丝的连续性，降低断头率；熔体弹性低，使其具有良好的拉伸性，有利于纺制细丝，提高纺丝速度。

由于茂金属催化剂具有催化活性高、反应条件温和、单活性中心、可调控聚合物的微观结构等优势，其催化所得茂金属聚烯烃具有一系列独特的优良特性，使茂金属催化剂成为继 Z-N 催化剂之后重要的聚烯烃催化剂。为提升茂金属催化剂性能或开发新型茂金属催化剂，一方面要加强茂金属催化剂结构与性能的关系研究，为催化剂和聚合物分子的设计提供丰富的信息；另一方面，鉴于 MAO 存在结构上的不确定性、用量较大且成本较高等问题，需寻找一类具有明确结构的助催化剂用于烯烃聚合，开发出更经济的助催化剂，使茂金属催化剂技术早日助力国产高端聚烯烃产业高质量发展。

1.3 聚合反应工艺再造与工艺优化

通过对原有工艺流程中反应器、处理系统等进行创新，可以有效解决催化剂适应性、聚烯烃产品中 VOCs 脱除等技术问题，弥补高端产品开发的不足，生产出差异化高端聚烯烃专用料。

在烯烃聚合反应器方面，通过对聚合反应系统的模拟，优化了反应器测温点设计排布、循环气流量分配等，解决了茂金属聚烯烃在传统工艺装置中的应用难题，开发出系列化高性能茂金属聚乙烯产品。

在产品质量控制方面，中国石油结合不同产品特点与应用需求，通过对原料净化、输送空气、造粒冷却水等处理工艺创新，结合洁净包装系统的设计开发，解决了输送空气、造粒冷却水与产品接触造成污染，库区内粉尘、叉车尾气等污染产品的难题，建立了医用、介电等聚烯烃专用料的专用无菌洁净包装体系与质量管理规范，达到《药品生产质量管理规范》（药品 GMP）中的相关要求，从而使聚烯烃粒料满足医用包装、介电材料对原料的质量要求，开发出相应的聚烯烃专用料。通过系列化工艺技术优化创新，中国石油开发出医用、车用、家电耐热、薄膜等多个系列的聚烯烃专用料，为国内自主聚烯烃专用料产品国产化替代做出了贡献。

1.4 专用料产品的规范认证

由于聚烯烃专用料大多用于特定领域，不同的应用对产品特性提出了差异化需求。强制性认证可敦促企业使产品符合最高的性能和安全标准，确保了产品安全性，为下游加工企业和终端用户提供了可靠的基础原料，这是高端聚烯烃专用料开发与应用的必需流程。

在医用聚烯烃材料开发中，《"十三五"国家科技创新规划》和《中国制造 2025》都高度重视发展医用原材料，提出了要提升医用级基础原材料的标准。2015 年出版的《国家药包材标准》由国家药典委员会审定，中国食品药品检定研究院组织编写，收录了药品包装材料相关的现行 130 多条 YBB 系列标准，由原国家食品药品监督管理总局（2018 年组建国家市场监督管理总局后，不再保留此机构）监督实施。

根据国家化学建筑材料测试中心的认证要求，聚乙烯管材专用料认证测试工作共分3 个方面：

① 按照 GB/T 18252—2020 进行分级测试；

② 按照 GB/T 15558—2023 测定原料的常规性能，包括密度、挥发分、热稳定性、拉伸强度、耐气体组分等；

③ 按照 GB/T 18476—2019 进行至少 8760h 耐慢速裂纹增长性能测试。

目前，中国石油开发的系列聚烯烃专用料（医药包装材料、管材、家电耐热材料、电缆材料等系列产品）已通过强制性认证，满足相关标准要求，成为国内市场主流产品。

1.5 加工应用技术的提升

通过对专用料性能的分析，结合加工过程设备条件，以及工艺数字化模型的建立，可为聚烯烃专用料在下游推广与应用提供技术支持。例如，在车用聚丙烯应用中，通过对自主开发的"三高两低"抗冲共聚聚丙烯产品性能，以及汽车零部件的计算机辅助工程（CAE）模拟的研究，借助汽车仪表板、门板等塑件的浇注、冷却系统的三维数字仿真模型，对其注塑成型过程进行动态模拟，并对其工艺条件进行优化，为系列产品改性及其在高端车辆的应用提供了技术支撑，有效推动了中国石油抗冲产品的国产化和替代应用。在聚丙烯纺黏无纺布生产过程中，通过对纺丝原料、过滤器精度、熔体温度、箱体压力、牵伸风、计量泵频率等条件的测定，确定了最佳纺丝工艺参数，解决了断丝问题。不仅可以提高产品质量和生产效率，还可以降低能耗和员工劳动强度。

1.6 展望

随着社会的发展，人们对聚烯烃专用料的性能提出了更高要求。例如，在家电和汽车中使用的聚烯烃需要抗菌且"塑料气味"（即 VOCs）要大幅度减少，使用的催化剂不得含有邻苯二甲酸酯（俗称"塑化剂"）等有害物质；在用于食品和药品接触的透明聚丙烯中，可溶物含量要很低等。展望未来，聚烯烃专用料产业格局正在发生变化。在市场竞争中，聚烯烃生产企业均在进一步强化新技术的研发，提升原有产品的性能，扩大其应用范围，增强新型催化剂和新产品的自主开发能力等。

1.6.1 聚乙烯专用料

聚乙烯专用料仍然是主要产品，必须进一步优化产品性能和扩大其应用范围，提高市场竞争力：

① 提高茂金属聚乙烯的生产量，增加其在高端薄膜、管材、中空容器等领域的应用比例；

② 拓展高透明聚乙烯薄膜在医疗、食品领域的应用；

③ 增加大中空聚乙烯在光伏水上设施（浮桶）、工业大包装等的应用；

④ 提高大口径聚乙烯管材在市政管网、天然气管道等的应用；

⑤ 提高交联聚乙烯在高等级绝缘电缆护套的应用；

⑥ 降低乙烯与 α-烯烃（如 1-辛烯）的无规共聚物弹性体的生产成本，扩大其应用领域。

1.6.2 聚丙烯专用料

中国石油完成了多种聚丙烯专用料开发，但产品的同质化现象依然严重，一些高性能和特殊性能产品仍需进口以满足国内市场需求。因此，高性能聚丙烯专用料的开发和生产将成为企业突出重围的关键：

① 茂金属聚丙烯的开发及其在医用、食品包装、无纺布、超细旦丙纶纤维等领域的应用；

② 特种双向拉伸薄膜、电工膜、电容器膜、镀铝膜等聚丙烯薄膜料的开发，以及规模化应用；

③ 低收缩、低气味、耐刮擦聚丙烯专用料在高抗刮擦汽车内饰件的应用；

④ 发泡聚丙烯专用料在新能源汽车、高端家电等的应用；

⑤ 拓展高性能透明聚丙烯专用料的开发和高端应用。

1.6.3 聚烯烃热塑性弹性体

聚烯烃弹性体为烯烃聚合而成的热塑性弹性体。与传统弹性体材料相比，聚烯烃类弹性体有诸多性能优势，性能优化的聚烯烃弹性体的开发已成为高端聚烯烃发展的主要方向：

① 乙烯与 1- 辛烯无规共聚弹性体的开发及其高性能化；

② 适用于软材材料的烯烃嵌段共聚物的开发与应用；

③ 分子结构可控的丙烯基弹性体的开发与应用。

1.6.4 聚烯烃专用料新产品 [13-16]

我国聚烯烃专用料的产能和产量一直呈增长趋势，尤其在汽车材料、医用材料、电容器材料等方面都取得了长足进步，为我国聚烯烃专用料从产品开发到产业化发展奠定了基础。与国外聚烯烃专用料技术相比，我国聚烯烃专用料产业化还有待进一步提升。

以乙烯和丙烯为原料，以下几种典型的高性能高端聚烯烃专用料新产品的开发值得关注：

① 聚 (4-甲基-1-戊烯)（PMP） 它是以4-甲基-1-戊烯为单体，经等规聚合而制备的热塑性树脂。在碱金属催化条件下，丙烯二聚可获得4-甲基-1-戊烯。该等规聚合一般采用齐格勒 - 纳塔催化剂，也可使用茂金属催化剂，或非茂过渡金属催化剂。通过注塑、吹塑、挤塑等方法加工成型后可广泛用于制作宠物笼、化妆帽和化妆管、耐热和非纺织材料、实验室器具、微波容器、离型膜、人工肺的气体交换材料。

② 乙烯 - 降冰片烯共聚物（COC） 降冰片烯（双环[2.2.1]庚-2-烯）是一种含有螺环结构的特殊烯烃单体。COC具有良好的相容性，可用于聚乙烯树脂的改性，特别是薄膜改性；COC可提高多层复合薄膜的挺度和热封强度；具有血液兼容，无细胞毒素，无诱导有机突变，无刺激等优势，适用于注射器、药水瓶等医疗设备的制造；具有优异的电气性能，可以作为电子设备的绝缘材料和封装材料；具有高透明度和低热膨胀系数，是制作高清晰度显示屏和集成电路板的理想材料。

③ 环烯烃聚合物（COP） 降冰片烯及其取代物经开环易位聚合，可制备主链含有环结构的 COP。开环易位聚合后，产物还含有双键，再经加氢可得饱和聚合物。COP 的洁净性高，可应用于医用材料中；另外，优异的光学性能也使其在显示领域得到应用。

④ 乙烯 - 丙烯酸酯共聚物 乙烯 - 丙烯酸酯共聚物包括：乙烯 - 丙烯酸共聚物（EAA），乙烯 - 丙烯酸甲酯共聚物（EMA），乙烯 - 丙烯酸乙酯共聚物（EEA），乙烯 - 丙烯酸丁酯共聚物（EBA），乙烯 - 甲基丙烯酸甲酯共聚物（EMMA）等。丙烯酸及其酯类单体的引入，使得聚合物具有一定的极性，并赋予其极佳的粘接性和柔韧性，以及优异的热封性、阻隔性能、填充性和加工性能。

参考文献

[1] 戴厚良 . 聚烯烃——从基础到高性能化 [M]. 北京：化学工业出版社，2023：1025-1123.

[2] 何盛宝 . 新形势下我国炼油化工行业转型发展路径与中国石油技术创新实践 [J]. 石油科技论坛，2023, 42(02): 1-11.

[3] 内罗·帕斯奎尼 . 聚丙烯手册：原著第二版 [M]. 胡友良，等译 . 北京：化学工业出版社，2008: 383-393.

[4] 齐姝婧，崔秀梅，李梦涵 . 我国聚丙烯供需情况分析及行业未来发展趋势 [J]. 化学工业，2020, 38(03): 56-62.

[5] 胡杰 . 合成树脂技术 [M]. 北京：石油工业出版社，2022: 173-178.

[6] 胡友良 . 我从事聚烯烃研究五十年 [J]. 石油化工，2021(06): 1-14.

[7] 胡杰 . 金属有机烯烃聚合催化剂及其烯烃聚合物 [M]. 北京：化学工业出版社，2010.

[8] 朱裕国，赵东波，王福善，等 . 管材专用茂金属 PE-RT mPE3010 的工业化开发 [J]. 合成树脂及塑料，2023, 40(03): 36-43.

[9] 朱珍珍，张鹏，李丽，等 . 茂金属耐热聚乙烯管材料的结构与性能 [J]. 石化技术与应用，2022(002): 040.

[10] 宋倩倩，黄格省，周笑洋，等 . 茂金属聚乙烯市场现状与技术进展 [J]. 石化技术与应用，2021(03): 0153.

[11] 高明玉 . 茂金属聚丙烯产品研究进展及应用 [J]. 石油化工，2019, 48(07): 746-752.

[12] 张鹏，李丽，周军等 . 纤维专用茂金属聚丙烯的结构与性能 [J]. 合成树脂及塑料，2019, 36(06): 62-65.

[13] Usselmann M, Hefty L, Welscher P J, et al. One-step Ziegler-Natta polymerization of 4-methylpent-1-ene with pentafluorostyrene - a solution processable copolymer with super hydrophobic properties[J]. Polymer, 2023, 287: 126415.

[14] Tan J, Zhang N, Wang L, et al. Norbornene polymerization and copolymerization with ethylene by titanium complexes bearing pyridinium imide ligand[J]. Transition Metal Chemistry, 2023, 48(1): 11-20.

[15] Scannelli S J, Alaboalirat M, Troya D, et al. Influence of the norbornene anchor group in Ru-mediated ring-opening metathesis polymerization: synthesis of bottlebrush polymers[J]. Macromolecules, 2023, 56(11): 3838-3847.

[16] Krasovskiy A, Osby J O, Heitsch A, et al. Polymer composition used in blend for forming article, comprises polyethylene, reaction product of copolymerization of ethylene and (meth)acrylic ester-functionalized polysiloxane, and optionally component comprising one or more units derived from termonomer: US2023365792[P]. 2023-11-16.

第2章
聚烯烃产品及市场需求

2.1 聚乙烯产品

2.1.1 概述

聚乙烯（polyethylene，PE）是由乙烯（C_2H_4）聚合而成的一种长链烷烃结构的高分子化合物。化学式为$-(CH_2-CH_2)_n$，其中 n 为聚合度，即乙烯单体的重复单元数。聚乙烯是通用合成树脂中产量与销量最高的品种之一。在工业上，聚乙烯也包括乙烯与少量 α-烯烃的共聚物。

1922 年，英国 ICI 公司首次合成聚乙烯。1933 年，英国卜内门化学工业公司发现乙烯在高压下可聚合生成聚乙烯，并于 1939 年实现工业化生产，通称为高压法。1953 年，联邦德国的齐格勒发现以 $TiCl_4$-$Al(C_2H_5)_3$ 为催化剂，乙烯在较低压力下也可聚合。此法由联邦德国赫斯特公司于 1955 年投入工业化生产，通称为低压法聚乙烯。20 世纪 50 年代初期，Phillips 石油公司和 ExxonMobil 石油公司分别以氧化铬和氧化钼为催化剂，在相对较低的温度、压力下，制得高密度聚乙烯（HDPE），并于 1957 年实现工业化生产。20 世纪 60 年代，加拿大杜邦公司以乙烯和 α-烯烃为原料，采用溶液法制备出低密度聚乙烯（LDPE）。1977 年，美国联合碳化物公司和陶氏化学公司先后采用低压法制成 LDPE，称作线型低密度聚乙烯（LLDPE）。我国聚乙烯工业始于 20 世纪 60 年代中期，现已形成 HDPE、LDPE、LLDPE 三大品种配套，淤浆法、气相法、管式法、釜式法、溶液法等工艺齐全的生产体系。

迄今为止，聚乙烯百年的发展史可大致分为三次技术革新：第一次发生在 20 世纪 50 年代，采用 Z-N 型催化剂低压合成了 HDPE，并实现了工业化生产；第二次是在 20 世纪 70 年代末期，气相流化床聚合工艺及其制得的 LLDPE 得到迅速发展；第三次为茂金属型催化剂合成新一代聚乙烯，与传统聚乙烯相比，此类聚乙烯产物具有分子量高且分布较窄、密度低、抗冲性好、拉伸强度高、透明性好等特性。目前，世界茂金属聚乙烯（mPE）的主要生产商有 ExxonMobil、Dow、LyondellBasell、Daelim 等公司[1]。

2.1.1.1　聚乙烯性能

聚乙烯作为一种热塑性通用塑料，其独特的分子链结构使其具有独特的性能。

① 物理性能　聚乙烯是一种无味、无毒、手感似蜡的白色固体，密度为 $0.91 \sim 0.97\text{g/cm}^3$。由低压法工艺催化聚合而成的线型聚合物——超低密度聚乙烯（ULDPE），密度通常在 $0.880 \sim 0.910\text{g/cm}^3$ 范围内 [2]。聚乙烯热稳定性较差，容易受到高温和紫外线的作用而分解。在温度超过 140℃时，聚乙烯的物理和化学性质会发生变化进而发生分解。聚乙烯的耐低温性能好，最低使用温度可达 $-100 \sim -70$℃。聚乙烯还具有良好的热塑性，可加热软化，软化点为 $120 \sim 125$℃。同时，聚乙烯还具有良好的生物相容性，不会对人体造成伤害。另外，聚乙烯具有优良的绝缘性能，体积电阻率高、电介质损耗小、介电常数低，在高频电路中应用广泛。

② 力学性能　聚乙烯的分子链规整柔顺，易于结晶。它是一种半结晶性材料，既有结晶结构，又有无定形结构，两者相互穿插。晶体部分可以使材料具有较高的力学强度，而无定形结构则赋予材料优异的柔性和弹性。因此，聚乙烯具有较高的强度和韧性，力学性能优越，如具有良好的拉伸、弯曲、压缩、剪切以及耐磨性能。

③ 化学稳定性　聚乙烯的分子链中只含有碳碳键、碳氢键，不含其他极性基团，因此化学性质较为稳定。可以耐受大多数酸、碱和盐溶液的腐蚀，但不耐具有氧化性的酸。常温下不溶于一般溶剂，但在某些有机溶剂（烃类、卤代烃和芳烃）中，能够表现出一定的溶解性。

2.1.1.2　聚乙烯工艺技术

聚乙烯的生产原料主要是乙烯，它是一种无色、无臭、可燃性气体，具有高的化学活性。乙烯的获取途径有多种，包括石油裂解路线、煤制烯烃路线、乙烷裂解路线等。聚乙烯生产的设备主要包括聚合釜、搅拌器、冷凝器等。其中，聚合釜是聚乙烯生产中最重要的设备之一，主要用于储存和混合乙烯、催化剂等物料；搅拌器用于搅拌聚合釜内的混合物，以保证反应均匀进行；冷凝器则用于冷却聚合釜内的混合物，使其温度降至一定程度，以便进行下一步操作；挤出机则是将聚合好的聚乙烯通过挤压的方式从模具中挤出，形成最终的聚乙烯制品。

乙烯的聚合反应是在催化剂的作用下，单体分子中的双键断裂，单体分子之间相互连接，形成长链聚合物。在聚合过程中，温度和压力需要控制在合适的范围内，以保证聚乙烯的质量和产量。聚合反应是聚乙烯生产过程中的关键步骤，其反应机理主要是自由基聚合和配位聚合。自由基聚合包含链引发、链增长、链终止三个步骤。在失去活性后，高分子活性链停止生长，成为稳定的分子链，终止方式是双基偶合终止。配位聚合是利用催化剂（三乙基铝和四氯化钛），在特定的温度和压力条件下进行，这种方法称为溶剂法或淤浆法。聚乙烯的聚合机理还有负离子聚合：在催化剂的作用下，单体分子中的双键断裂形成离子，离子与单体分子反应形成聚合物。产品的加工和成型是对聚乙烯进行物理和化学处理的最终环节。聚乙烯具有较好的可塑性和韧性，可以制成各种形状和规格的制品。聚乙烯制品的加工方法包括挤出、拉伸、吹塑、注塑等。在加工过程中，需要控制温度、压力、速度等参数，以保证制品的质量和性能。

聚乙烯生产过程中的关键控制因素对于确保产品质量和产量至关重要。温度是聚乙烯生产过程中的一个重要控制因素，对于聚合速率和聚合物结构的形成起着至关重要的作用。在实际生产中，控制聚合温度通常需要借助温度控制系统。压力也是聚乙烯生产过程中的一个关键控制因素。聚乙烯的聚合反应需要在一定的压力下进行，以确保反应物的充分混合和反应的进行。在实际生产中，控制聚合压力通常需要使用压力控制系统。催化剂可以提高聚合反应的速率和选择性，从而影响聚乙烯的质量和产量。在实际生产中，通常会使用不同的催化剂，以满足不同聚乙烯产品的生产需求，因此，选择合适的催化剂至关重要。此外，物料的混合程度对于反应物的充分混合和反应的进行起着重要的作用，也是聚乙烯生产过程中的一个关键控制因素。

聚乙烯的生产工艺按压力可分为高压法和低压法。高压法制聚乙烯又可以分为高压管式工艺法和高压釜式工艺法。低压法制聚乙烯主要包含气相法、淤浆法和溶液法[3]。

（1）高压管式法工艺

此工艺是将原料加热、加压后注入管式反应器内。高压管式反应器具有较大的长径比和较快的乙烯流速，使得乙烯单体在反应器中的停留时间较短，反应效率较高。同时，反应器的多点进料和多点注入引发剂的设计，使得反应过程更加可控。

高压管式法工艺主要有 Basell 公司的 Lupotech 高压管式法工艺、DSM 公司的高压管式法工艺和 ExxonMobil 公司的管式法工艺[4]。Basell 公司的高压管式法工艺，特点是在管式反应器中，以较高的转化率直接生产出熔体（质量）流动速率（MFR）为 0.20 ~ 50.00g/10min，密度为 0.915 ~ 0.932g/cm³ 的 LDPE。DSM 公司管式法工艺的主要特点是使用混合过氧化物引发剂，产品具有较高的单程转化率，较低的峰温，以及更好的光学性质，反应器不易结焦。ExxonMobil 公司的管式法工艺特点是反应器采用了多侧线进料口，2 个单体侧线进料口，4 个或更多的引发剂进料口。

（2）高压釜式法工艺

所用反应器内部设有搅拌装置和挡板，可以结合不同的聚乙烯生产情况，灵活操作，从而控制反应温度。

高压釜式法工艺主要有埃尼化学公司的高压釜式法工艺、ExxonMobil 公司的高压釜式法工艺、Equistear 公司的高压釜式法工艺和 ICI 公司的釜式法工艺[4]。埃尼化学公司和 ICI 公司的反应器是有内部搅拌器的多区反应器，转化率因牌号不同而不同，一般为 16% ~ 20%。埃尼化学公司对釜式法技术的主要改进体现为装置的大型化（最大反应器理论上可达 3m³）。ICI 公司利用在不同温度下操作多个反应区来改进其基础设计，以便更好地控制最终聚合物的分子量分布和熔体流动速率，适宜生产差别化的产品。ExxonMobil 公司的反应器是自主设计的釜式反应器（1.5m³），替代了以氧气为引发剂的管式法反应器。Equistar 公司的工艺以空气或有机过氧化物为引发剂，LDPE 的长链支化和分子量分布可控。

（3）气相法工艺

在气相状态下，乙烯与催化剂进行聚合反应，省去了溶剂回收、聚合物干燥等工序，是生产 LLDPE 的重要方法。这种工艺在较低的压力和较高的温度下进行，采用钛基、铬基或锆基催化剂。特点在于具有较快的反应速率，较高的单程转化率，生产效率高，能耗低，产品质量稳定。

气相法工艺技术代表有 Univation 公司的 Unipol 工艺、BP 公司的 Innovene 工艺和 Basell 公司的 Spherilene 工艺 [5]。Unipol 工艺主要采用冷凝态和超冷凝态聚合方式，使反应器处理量提高 1 ～ 4 倍。Innovene 工艺可生产 LLDPE、HDPE 产品，采用 Z-N 催化剂，以及铬系、茂金属催化剂，工艺流程与 Unipol 工艺相似，也采用单台流化床反应器和超冷凝态工艺技术，由原料精制、催化剂注入系统、聚合、脱气、排放气回收、造粒、储存等组成。Spherilene 工艺采用钛系 Z-N 催化剂，可生产 LDPE、LLDPE 等产品，由于采用 2 台气相反应器，故可生产分子量分布曲线呈双峰的 PE 和特种聚合物。

（4）淤浆法工艺

该工艺以烷基铝为活化剂，氢气作分子量调节剂，多选用釜式反应器。在高效催化剂作用下，乙烯与共聚单体在溶剂中进行低压淤浆聚合。反应过程中，通过搅拌使原料气充分分散，并在催化剂作用下进行聚合，生成具有规定浓度的淤浆。该工艺聚合条件温和，易于操作，生成的聚乙烯不溶于溶剂且呈淤浆状。

淤浆法工艺技术又分为环管聚合工艺和搅拌釜式聚合工艺。环管聚合工艺有 Chevron Phillips 公司的淤浆法环管乙烯聚合工艺、Borealis 公司的 Borstar 工艺和 INEOS 公司的 Innovene S 工艺 [6]。Phillips 公司的工艺是在环管反应器内，以异丁烷为稀释剂，使精制乙烯与共聚单体 α-烯烃混合，并且在催化剂作用下反应，形成的淤浆在泵的作用下实现循环。后者采用单或双环管反应器串联的方式，以无机氧化铬为催化剂，实现 HDPE 的生产。

搅拌釜式聚合工艺代表有三井化学的 CX 聚合工艺技术和 Basell 公司的 Hostalen 搅拌式工艺技术 [7]。CX 工艺以反应介质蒸发移热为主，以气液两相物流热焓移热为辅。该工艺存在一定限制，HDPE 单线产能仅为 20 万吨 / 年。Hostalen 工艺采用双釜串联或并联方式，通过外盘管和外冷却器撤热，反应器为连续搅拌釜式反应器（CSTR），以己烷为溶剂。催化剂仅注入到第一台反应器中，在独立的控制系统下，单体和共聚单体进入所有反应器中。反应后，将聚合物从浆料中分离干燥，然后将聚合物粉末输送到挤出造粒单元。

（5）溶液法工艺

在溶剂中进行聚合，乙烯和聚乙烯均溶于溶剂中，催化剂停留时间很短；反应温度不低于 140℃，反应器内的压力不低于 4MPa（除溶液法外，低压聚合的反应压力均低于 2MPa），单程转化率高达 95%，适合生产高 α-烯烃的聚乙烯产品 [8]。

溶液法工艺技术代表有 Nova 化学公司的 Sclairtech（AST）工艺、Dow 化学公司的 Dowlex 工艺、SABIC（原 DSM）公司的 Compact 工艺。Nova 化学公司的工艺采用高强度返混的双反应器工艺流程，优势产品为辛烯共聚的中密度聚乙烯和线型低密度聚乙烯，催化剂选用茂金属催化剂或高活性 Z-N 催化剂。

2.1.1.3　聚乙烯应用

聚乙烯之所以能广泛应用于工业、农业、医药、卫生等领域，是由于聚乙烯不仅力学性能良好，还拥有稳定的化学性能与良好的加工性能。

① 密度较小　聚乙烯具有较低的密度（0.91 ～ 0.97g/cm³），这意味着在相同的体

积下，聚乙烯制品的质量更小。

② 加工性能好 聚乙烯的软化点为 120～125℃，易于加工成型，可通过吹塑、挤出、注射等方法加工，广泛用于包装和制造行业。

③ 生物相容性 聚乙烯不会对人体造成伤害，可用于制造医疗设备，如输液瓶、手术器械等。

④ 绝缘性能 聚乙烯具有优良的绝缘性能，广泛应用于电力电缆、电器制造等领域。

⑤ 化学稳定性 聚乙烯的化学性质较为稳定，可抵抗大多数酸、碱和盐溶液的腐蚀；吸水性和水蒸气透过率很低，是良好的包装材料。

聚乙烯产品性能优越、用途广泛，主要有薄膜、片材、管材、型材等。

① 薄膜主要应用于包装、农业等领域。聚乙烯薄膜作为包装材料，具有良好的防潮、防震性能，能够有效保护产品的质量。此外，聚乙烯薄膜还具有良好的耐热性和耐寒性，能够适应不同的气候条件，广泛应用于各类包装材料。聚乙烯薄膜作为农作物的保护膜，具有良好的防寒、防虫性能，能够有效保护农作物的生长。

② 片材是聚乙烯产品中最为常见的一种，主要应用于建筑、包装、家具等领域。片材具有良好的柔韧性和耐磨性，能够适应各种环境的温度和湿度，广泛用于制作建筑行业的各类构件。聚乙烯板材可以作为建筑外墙的装饰材料，具有良好的抗冲击性能和耐久性，能够有效保护建筑物的结构安全。此外，聚乙烯片材还可以作为包装材料，具有良好的防潮、防震性能。

③ 管材具有良好的耐腐蚀性和耐压性，能够适应不同的水质和气压，广泛用于城市供水、排水、燃气输送等领域。聚乙烯给水管材具有良好的耐腐蚀性和耐压性能，能够有效保证城市供水的安全和稳定。此外，聚乙烯燃气管材还具有良好的抗冲击性能，能够有效保护管道的稳定运行。

④ 型材具有良好的耐腐蚀性和耐磨性，能够适应各种环境的温度和湿度，广泛用于建筑行业的各类构件制作。聚乙烯型材可以作为建筑门窗的框架材料，具有良好的抗冲击性能和耐久性，能够有效保护建筑物的结构安全。此外，聚乙烯型材还可以作为家具的支撑材料，具有良好的承重性能和美观性，能够有效提高家具的品质。

2.1.2 产品分类与性能特点

聚乙烯是一种部分结晶的固体，它的性能与其中所含的结晶相与无定形相的相对含量（常用结晶度表示）有很大关系。短支链对聚乙烯的晶体结构起着主要的作用，会使结晶度下降。随着研究的深入，高性能的特种聚乙烯发展迅速，如超高分子量聚乙烯（UHMWPE）、交联聚乙烯、其他聚乙烯的共聚物等。常见聚乙烯的分子链结构见图 2-1。

① LDPE 又称高压聚乙烯。以氧气或过氧化物为引发剂，在高温高压下聚合而成。密度为 0.91～0.93g/cm³，结晶度为 55%～65%，熔点为 105～126℃[9]。

LDPE 的生产设备主要包括乙烯二级压缩系统、引发剂与调节剂注入系统、聚合反应系统、高低压分离回收系统、挤出造粒与后处理系统等。根据反应器类型的不同，可分为高压管式法和高压釜式法。

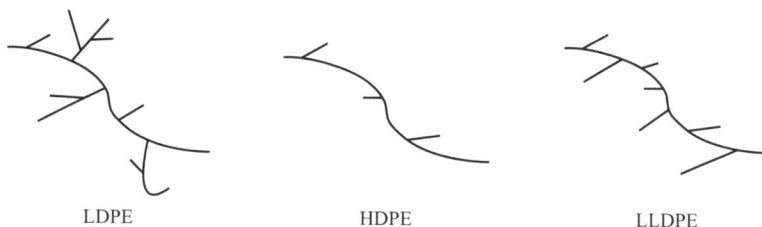

LDPE   HDPE   LLDPE

图 2-1　常见聚乙烯的分子链结构

LDPE 分子链上有长短支链，结晶度较低，无毒，软化点较低。较低的密度使得 LDPE 具有良好的柔软性、延伸性、电绝缘性、透明性和透气性。其化学稳定性较高，耐碱和耐一般有机溶剂。LDPE 易加工，可以通过吹塑、挤出等工艺制作成各种形状的制品。LDPE 中的短支链含量及其分布影响树脂的结晶行为和使用性能，而长支链主要影响黏弹性和熔体流动性能。

LDPE 易燃且有烧滴现象。燃烧时，发出蜡烛气味，火焰无烟无色。由于是非极性物质，易带静电。高速生产时，摩擦易产生静电累积而具有危害性，需要加抗静电剂或抗静电装置。

LDPE 具有优异的柔韧性和抗撕裂性能，常用于制造各种包装材料（塑料袋、薄膜、垃圾袋、保鲜膜和泡沫包装[10]），也可以制造塑料容器（瓶子、罐子、桶等）用以包装液体、化学品、清洁剂等。另外，其还可以用作涂料的成膜剂和黏合剂的基础成分。LDPE 优异的绝缘性能也使其成为电线和电缆绝缘材料的理想选择。

② 中密度聚乙烯（MDPE）是密度为 $0.923 \sim 0.941g/cm^3$ 的热塑性塑料，即 ASTM D 1248 中第 11 类聚乙烯树脂。MDPE 的性能介于 HDPE 与 LDPE 之间，既保持了前者的刚性，又具有 LDPE 的柔性和耐蠕变性，在制造配气管、配水管、通信和电缆护套方面具有一定的优势。

MDPE 具有抗环境应力开裂性和焊接性，使用寿命长，应用发展迅速，是目前世界上通信电缆、光纤光缆最合适的护套材料。MDPE 作为燃气用埋地管，具有质轻、质软、可低温焊接、抗电化学腐蚀等优势，并且还适用于寒冷地区，埋设深度可在冰冻线以下。

③ HDPE 是在锆、钛、铬催化剂作用下，在较低的温度和压力下聚合生成的密度较高且具有线型结构的聚乙烯，密度为 $0.93 \sim 0.97g/cm^3$。HDPE 结构简单、对称，无明显的分支和交联结构。因此，其结晶度和密度最高，晶粒最大。

常见的 HDPE 生产工艺包括气相法、淤浆法和溶液法。根据反应器的不同，可进一步分为气相液化床、环管反应器、搅拌釜式反应器等工艺[11]。HDPE 的结晶度较高（80%～90%），使其具有较高的硬度和机械强度[12]。其软化点为 $125 \sim 135℃$，使用温度可达 100℃，因此，可在较高温度环境中使用。室温下，HDPE 不溶于任何有机溶剂，耐酸、碱和各种盐类的腐蚀；同时，HDPE 的耐磨性、电绝缘性、韧性和耐寒性较好。由于密度高，HDPE 的阻隔性好，薄膜对水蒸气和空气的渗透性小，吸水性低。HDPE 耐老化性能较差，特别是热氧化作用会使其性能下降，因此，在树脂中，需加入抗氧剂、紫外线吸收剂等。此外，在受力情况下，HDPE 薄膜热变形温度较低，应用时需注意。

HDPE 的主要消费领域是注塑、吹塑、薄膜制品和管材。HDPE 作为防水材料、管道包裹材料和地基加固材料，能够有效防止水分和腐蚀介质对混凝土结构的侵蚀。HDPE 广泛用于垃圾填埋场、污水处理厂等场所，防止渗滤液和污水对周围环境的污染。在包装与物流领域，HDPE 可以用来制作托盘、货箱等包装材料，有效保护货物在运输过程中的安全。此外，HDPE 还可作为温室大棚的覆盖材料，为植物提供适宜的生长环境。在电力与通信领域，HDPE 可以用于电缆护套、通信管道等设备的制造，确保电力和通信系统的正常运行。在船舶与海洋工程领域，HDPE 通常用于浮标、船体护舷、海底管道等设备的制作，能够在恶劣的海洋环境中保持良好的性能。

④ LLDPE 密度为 $0.920 \sim 0.935 \mathrm{g/cm^3}$。它是由配位催化（共）聚乙烯与少量的 α-烯烃（丁烯、己烯和辛烯）制成，含有较多的短支链，也可能含有极少量长支链，其分子结构呈线型低密度形态，一般分子链上每 1000 个碳原子含有 $10 \sim 35$ 根短支链[13]。

在 20 世纪 60 年代，ExxonMobil 公司首次开发出 LLDPE 的生产方法。Z-N 催化剂的兴起和改进，提高了 LLDPE 的性能。近年来，各聚乙烯生产公司相继开发出新型催化剂：硅胶或硅铝胶载体浸润含铬化合物可制备铬基催化剂，用于生产 LLDPE[14]。采用联合聚合工艺生产 LLDPE，这种工艺涉及多种催化剂和相应的反应条件。共聚单体种类和掺入量能够影响 LLDPE 的物理性能和力学性能，在聚合过程中调整聚合参数（反应器温度、氢气/乙烯分压比、共聚单体乙烯比、催化剂种类等）可提高产物力学性能和流变性能。

与其他聚乙烯材料相比，LLDPE 具有更高的分支密度，因此，其分子链之间的空隙更小，具有更好的密封性和耐撕裂性。同时，优异的柔韧性和延展性使其能够适应各种形状和尺寸的包装。LLDPE 具有强度高、渗透性低、韧性好等性能，使其在各种应用场景下均能保持稳定。LLDPE 的适应性和可塑性强，易于采用各种方式成型，如挤出、注塑等。LLDPE 的透明度和表面光泽度均很高，制品外观更加美观。LLDPE 的熔点为 $120 \sim 125 \text{℃}$，可以经受长时间的高温而不发生分解；同时，其低温性能也很好，可以经受 -70℃ 以下的低温。LLDPE 可以抵抗酸、碱等多种腐蚀性物质的侵蚀，具有优异的耐化学腐蚀性能。

虽然 LLDPE 具有较高的熔点，但在极端高温下，仍能发生热分解，限制了其在高温环境下的应用。由于生产工艺的复杂性，以及催化剂的成本较高，LLDPE 的价格相对较高，增加了其应用成本。

LLDPE 具有耐腐蚀性、耐热性、透明度高等特点，广泛应用于包装领域，如制作饮料瓶、食品袋、药品包装、日用品包装等；具有高生物相容性、高透明度、无臭无味等特点，也使得其非常适用于医疗器械制造，如制作输液管、人工器官等。由于 LLDPE 具有高强度、耐腐蚀性、高刚度等特点，还可以用来制造汽车部件，能够延长汽车部件的使用寿命，如汽车车门护板、保险杠、雨刷器、车内配件等。由于具有良好的耐热、耐化学腐蚀性能，LLDPE 还可以作为导电材料使用。除此之外，LLDPE 也广泛用于箱包、玩具、家电等行业。

⑤ UHMWPE 是分子量超过 100 万的无支链线型聚乙烯。早在 20 世纪 30 年代，就有人提出了 UHMWPE 纤维的基础理论，但凝胶纺丝法和增塑纺丝法的出现，才使生产

UHMWPE 的技术取得重大突破。1975 年，DSM 公司以十氢萘为溶剂，发明了凝胶纺丝法，成功制备出 UHMWPE 纤维，并于 1979 年申请了专利。1983 年，日本采用凝胶挤压超倍拉伸法，以石蜡为溶剂生产 UHMWPE 纤维。

UHMWPE 的合成方法主要包括淤浆法和气相法[15-16]。淤浆法催化剂为 $TiCl_3$-$Al(C_2H_5)_2Cl$ 或 $TiCl_4$-$Al(C_2H_5)_2Cl$，以 60 ～ 120℃馏分的饱和烃为分散介质，在常压（或接近常压）且温度为 75 ～ 85℃的条件下聚合。相比于高压、中压或低压合成聚乙烯，其特点在于聚合时不加氢，合成的 UHMWPE 分子量可达 100 万～ 600 万。气相法所用催化剂为有机铬化合物或 Z-N 催化剂，聚合温度为 95 ～ 105℃，压力为 2.1MPa，停留时间为 3 ～ 5h。其特点在于乙烯在流化床中进行气相低压聚合，可直接制造干粉状聚乙烯。

UHMWPE 是一种具有优异综合性能的热塑性工程塑料，具有极高的耐磨性、自润滑性、强度、化学稳定性和抗老化性能，易于加工，可以采用常规的塑料加工方法进行加工。相较于其他类型的聚乙烯，UHMWPE 吸水性较高，长时间处于潮湿环境下，可能导致性能下降；由于其制备工艺复杂，价格相对较高。

UHMWPE 广泛应用于人工关节、假肢、牙医治疗器械等医疗用品，其高耐磨、低摩擦性能和良好的生物相容性有助于减少医疗事故，提高医疗水平；也可用于制造雪板、滑板、溜冰鞋等运动器材，其密度轻、强度高、耐磨性能好，能够提高运动器材的使用寿命；还可制造矿石输送设备、输水管道等，其高耐磨、低摩擦性能有助于延长设备的使用寿命，提高生产效率；另外，在纺织机械、造纸机械和包装机械中，可用于制作耐冲击磨损零件，如投梭器、打梭棒、齿轮、联结器等；同时，在防弹衣、轻型防护装备、运输机械等领域中也得到广泛应用。

⑥ mPE 是一种新颖的热塑性塑料，是在茂金属催化体系下，由乙烯和 α- 烯烃共聚的产物。mPE 是目前产量最高、应用进展最快、研发最活跃的茂金属聚合物。

茂金属催化剂与传统催化剂相比，具有更高的选择性，能够制备出具有刚性与透明性好、热封强度高、耐应力开裂性优、减重明显等优势的 mPE[17]，现已广泛应用于诸多领域。

早期，茂金属催化剂用于乙烯聚合只能得到分子量较小的蜡状物，但是催化活性不高，实用意义较小。直到 1980 年，德国汉堡大学发现以二茂基氯锆（Cp_2ZrCl_2）为催化剂，甲基铝氧烷（MAO）为助催化剂，在甲苯溶液中进行乙烯聚合，催化剂催化活性（单位质量催化剂可生产的聚合物质量）高达 106g/g[18]。1991 年，埃克森（Exxon）公司首次实现了茂金属催化剂用于聚烯烃工业化生产，生产出第一批 mPE，其商品名为 "Exact"。目前，世界 mPE 的主要生产商有 ExxonMobil、Dow、LyondellBasell、Daelim、Chevron Phillips Chemical 等公司。这些公司主要采用气相法和环管淤浆法生产工艺，共聚单体多为 1- 己烯，部分使用 1- 辛烯，所用茂金属催化剂均为自主研发，产品各具特色且已成系列化。我国 mPE 的生产企业主要有：中国石油的兰州石化公司、大庆石化公司、独山子石化公司；中国石油化工集团有限公司（简称中石化或中国石化）的齐鲁分公司、茂名分公司、扬子石化股份有限公司；中国化工集团有限公司（简称中国化工）的沈阳化工股份有限公司等[19]。

相比传统聚乙烯，mPE 具有更大的断裂伸长率和更好的抗冲击强度。分子量高且分布较窄，使得其抗冲击性能更佳。在相同密度下，mPE 的熔点比传统聚乙烯聚合物低，但热封强度高，这在加工和封装过程中是一大优势。由于 mPE 的分子量较大，相同密度下其透明度更好，雾度更低，这为其在包装和其他对透明度要求高的应用中提供了优势。由于 mPE 的生产需要使用特殊的催化剂和工艺，其生产成本相对较高，这可能会限制其在某些领域的应用。

茂金属 LLDPE（mLLDPE）主要用于生产薄膜制品，包括拉伸缠绕膜、食品包装膜、重包装膜、固体包装膜等，应用最广的要属包装薄膜（包括食品和非食品）。茂金属 MDPE（mMDPE）和茂金属 HDPE（mHDPE）主要用于生产中空和管道制品。在建筑领域，可制作隔热板、防水膜、管道等；在汽车领域，作为水箱、导流板、仪表盘等零部件的制造材料。此外，mPE 还在电子、医疗等领域有所应用，如电缆、绝缘材料、医疗包装材料等。

⑦ 交联聚乙烯（XLPE）是一种经过特殊处理的聚乙烯材料，采用交联技术（如高能射线照射或添加交联剂），使其分子链之间形成化学键连接，形成三维网络结构。

实际上，XLPE 是一种半结晶的聚合物，其结构包含结晶区和无定形区，赋予其更加优异的物理性能和化学性能。XLPE 具有优异的耐热性能，在高温环境下仍能保持稳定。XLPE 保持了聚乙烯原有的良好绝缘特性，并且绝缘电阻进一步增大。其介质损耗角正切值很小，并且受温度影响不大，因此，非常适合用于电线电缆的绝缘层。由于在大分子间建立了新的化学键，XLPE 的硬度、刚度、耐磨性和抗冲击性均得到了显著提高，这使得 XLPE 在承受机械应力时更加稳定可靠。XLPE 保持了聚乙烯较强的耐酸碱和耐油性，还有良好的耐低温、耐辐射、抗蠕变等性能[20]。

XLPE 的生产工艺主要包括化学交联和物理交联。化学交联是指通过交联剂进行化学反应，将聚乙烯分子交联在一起，包括硅烷交联、过氧化物交联等多种方式。例如，过氧化物交联方式是通过过氧化物的高温分解，引发一系列自由基反应，进而使聚乙烯发生交联。这种方法制备的 XLPE，力学性能和热稳定性较好，但需要使用大量的交联剂，并可能产生有害的化学物质。通过物理方式进行交联，如使用辐射或高能电子束将聚乙烯分子断裂，并通过分子间相互作用形成交联结构。这种方法不需要使用交联剂，因此更加安全环保。辐射交联法适合于小截面、薄壁绝缘电缆的生产。

交联能在不损失聚乙烯电气性能的前提下，大幅提高其耐热性能，从而提高制品的最高使用温度，降低线路对短路和过载保护的要求。因此，XLPE 成为电力电缆用绝缘材料的首选。另外，XLPE 管材因其无毒、耐腐蚀、耐低温等性能，广泛应用于建筑用冷热水供应系统、暖通空调系统、地暖系统等领域。在汽车制造领域中，XLPE 也可以用于制造各种密封件、减震件和隔热材料等。

⑧ 其他聚乙烯产品，主要指包含聚乙烯改性或共聚产物。在聚乙烯分子链中，引入其他官能团，形成乙烯的共聚物及衍生物（乙烯 - 乙酸乙烯酯共聚物、氯化聚乙烯、聚烯烃弹性体、乙烯 - 乙烯醇共聚物等），通过共聚、交联等改性，可以提高聚乙烯的强度、韧性、耐热性、耐化学腐蚀性等性能。

乙烯 - 乙酸乙烯酯共聚物（EVA）是以非极性的乙烯和强极性的乙酸乙烯酯（VA）

为原料，在引发剂作用下生产的一种合成树脂。EVA 生产工艺主要有高压连续本体聚合法、中压悬浮聚合法、溶液聚合法和乳液聚合法。强极性 VA 的引入，很大程度上提高了聚合物分子的弹性、耐冲击性、相容性、抗老化性和热封性能，使其广泛应用于发泡制品、光伏胶膜、薄膜、热熔胶等领域[21]。

氯化聚乙烯（CPE）是聚乙烯氯化取代反应后得到的含氯高分子化合物。当前国内市场，CPE 的生产方法主要有悬浮氯化法和气固相氯化法。氯原子无规分布在柔顺聚乙烯分子链上，使得 CPE 具有一定的弹性，以及较好的室温和低温韧性；分子链结构中的极性和非极性链段，使得 CPE 与极性或非极性的塑料或橡胶均具有良好的相容性；饱和的分子链结构，使得 CPE 具有优良的耐热性、耐寒性、耐候性、耐臭氧性、耐化学药品性、耐老化性和电绝缘性；分子中的极性氯原子，使得 CPE 产品具有良好的耐油性、阻燃性和自由着色性；CPE 产品对各类填料具有较高的充填性能[22]。

聚烯烃弹性体（POE）是一种以乙烯为原料，高碳 α- 烯烃为共聚单体含量高于 20%，在均相金属催化剂作用下聚合形成的无规共聚弹性体，其密度更低（0.865 ～ 0.895g/cm³）。目前，POE 采用溶液聚合法和茂金属催化技术生产。POE 中的物理交联结构，导致其在常温下拥有橡胶的高弹性和韧性；在高温下可塑化成型，具有热可逆性、优异的力学性能、耐候性和加工流变性能。此外，POE 与聚烯烃材料亲和性好，可有效增强低温韧性且性价比高，因而，广泛应用于光伏电池、汽车部件、航空航天、5G/6G 通信等领域[23]。

乙烯 - 乙烯醇共聚物（EVOH）是乙烯和乙烯醇的无规共聚物，是具有链式分子结构的结晶性聚合物。EVOH 中乙烯摩尔分数为 20% ～ 45%，乙烯醇含量为 55% ～ 80%，因此结合了聚乙烯醇的阻气性和聚乙烯的可加工性特点。由于乙烯醇单体不能稳定存在，EVOH 只能从 EVA 经皂化得到。EVOH 的制备包括 EVA 的聚合和皂化两步。EVA 一般可以用溶液聚合、悬浮聚合、本体聚合、乳液聚合等方法得到。EVOH 是高度结晶体，其性质主要取决于两种共聚单体的摩尔分数：随乙烯摩尔分数的变化，阻气性、阻湿性和加工性能发生变化。此外，EVOH 还具有较高的强度、弹性、表面硬度、耐磨性、阻气性、热稳定性、吸湿性等。由于其独特的性能，EVOH 可广泛用作包装、纺织、医用等材料[24]。

2.1.3 市场需求

2.1.3.1 聚乙烯消费格局分析

聚乙烯作为世界需求量最大的通用塑料，其消费格局在不同地区有着显著的差异。在亚洲，尤其是东北亚地区，2023 年产能占世界聚乙烯总产能的 29%。这一地区的产能增长主要得益于对塑料制品的广泛应用，以及不断增长的需求。

在欧洲，特别是在德国和瑞典，塑料产业发展迅速。欧洲国家不仅在提高聚乙烯制品的物理性能（透明度、密封性、抗应力、稳定性等）方面投入大量研发资源，而且在可降解产品的研发方面取得了显著进展。

在北美，特别是美国和加拿大，聚乙烯的消费和生产展现了不同的发展趋势。2023

年，二者 HDPE 产量显著增长，全年增长 29%，达到 98.91 万吨。然而，尽管总体销量和出口量有所增加，国内销量却呈下降趋势。这一现象反映了北美地区聚乙烯消费力的疲软，同时也表明国际市场需求的强劲增长促使此地区更多产品出口到其他国家。

巴西作为南美的代表性国家，聚乙烯消费呈现出不同的特点。根据巴西树脂经销商协会的数据，2023 年，巴西树脂销量同比增长 13%，其中商品树脂销售增长 16%。这一增长主要得益于其国内价格的策略性调整，以及国际市场库存过剩导致的价格下跌。尽管整体消费并未表现出强劲态势，但绿色聚乙烯的消费却呈现出明显增长的趋势，显示出巴西在环境友好型塑料使用上的潜力。

聚乙烯的全球消费格局呈现出显著的地域性特点和发展趋势。随着技术进步和环境保护需求的增加，聚乙烯产业将面临更多的挑战和机遇。未来，如何平衡增长与环保，将成为聚乙烯行业持续发展的关键。

2.1.3.2　聚乙烯消费领域分析

（1）中国聚乙烯下游消费结构占比变化分析

聚乙烯作为全球最广泛使用的塑料之一，其消费领域广泛，并展现出强劲的增长势头。虽然聚乙烯的需求增长率略低于聚丙烯，但年均增长率仍达到 7.16%。这一增长得益于经济增长、新应用领域的开拓，以及世界包装产品的变革。在所有产品的包装领域中，聚乙烯薄膜得到了广泛应用，同时，HDPE 技术上的突破也使其在管材和中空制品领域取得了显著进展[25]。

中国聚乙烯消费主要集中在华东、华北和华南地区，并且以薄膜为主。薄膜领域主要分为包装膜和农膜两个子领域。其中，包装膜的需求量最高，尤其在南方地区需求较为集中；农膜的消费主要集中在北方地区，特别是华北地区。

2023 年，中国聚乙烯产量（2730 万吨左右）持续增加，较 2022 年提高了 251.31 万吨，同比增长约为 10%。这一增长主要是国内聚乙烯供应端的新产能投放所致。同年，中国聚乙烯扩能至 260 万吨 / 年，包括 110 万吨 / 年的全密度聚乙烯装置和 150 万吨 / 年的 HDPE 装置，而 LDPE 装置暂无投产。此外，聚乙烯的消费主要集中在薄膜领域，尤其是，包装膜和农膜行业。

（2）下游细分领域行业现状分析

在包装膜领域，聚乙烯薄膜是用量最大的塑料包装膜之一，约占塑料薄膜总耗量的40% 以上。聚乙烯薄膜具有优良的防潮性、韧性和热封性能，价格便宜，加工成型方便，因此，广泛用于食品、调味品、粮油、饲料等产品的包装。近年来，聚乙烯薄膜在食品包装领域的需求持续增长，尤其是，在电子商务和物流行业迅猛发展的推动下，聚乙烯薄膜的需求显著增加，特别是在快递包装领域。国内的快递袋（气泡袋、骨袋、胶袋等）大多使用聚乙烯作为主要材料。

近几年，农膜产量呈逐步递减的趋势。2023 年，农膜产量约为 220 万吨，略低于2022 年。尽管疫情影响逐渐减弱，但由于原材料价格波动和市场竞争激烈，农膜的需求依旧面临挑战。近年来，国家对农膜行业的政策日趋严格，禁止生产销售厚度低于0.01mm 的聚乙烯农用地膜，并鼓励扩大中高端农膜产能和产量，逐步减少低端农膜产量。农膜产品不断升级，质量提升，农户对高质量农膜的需求增加，推动了农膜行业向高端产品方向发展。然而，整体来看，农膜产量仍呈现下滑趋势。

聚乙烯的下游应用广泛，包括保暖材料、日用制品、水上漂浮材料、精密仪器包装、替代天然木材等领域。采用吹塑、注射、挤出成型等工艺，聚乙烯可制备成薄膜类制品、中空制品（牛奶瓶、去污剂瓶）、注塑制品（家用厨具、人造花卉、电冰箱容器、周转箱和密封盖）、管材类制品（地下铺设管材）、丝类制品（防弹背心、绳索和渔网）、电缆制品等。2023年，中国聚乙烯的表观消费量约为3991万吨。其中：HDPE占比最高，达到44.6%；LLDPE其次，占比40.9%；LDPE最少，占比仅为14.5%。

受多种因素影响，聚乙烯的消费领域展现了广泛而复杂的格局。尽管面临疫情、经济波动、市场竞争等挑战，聚乙烯在包装、农膜和其他下游应用中的需求依然强劲。随着技术进步和市场需求变化，聚乙烯产业有望继续保持增长态势，未来的发展前景依然广阔。

2.1.3.3 聚乙烯进口量对比分析

近年来，中国聚乙烯市场经历了显著变化。2021—2023年，聚乙烯产业处于产能集中释放期，供应量大幅增加，导致进口量逐年下降，这一趋势与国内外多种因素的共同作用有关。

（1）2019—2023年中国聚乙烯进口量对比分析

聚乙烯进口区域主要集中在浙江省、上海市、广东省、山东省和福建省。2023年，浙江省进口量占比最高，其次是上海市。这些省（市）位于国内聚乙烯的主要消费区域，进口量占据了总量的绝大部分。采用一般贸易方式的聚乙烯进口量占比超过80%，较2022年有所提升，表明一般贸易仍然是聚乙烯进口的主要方式。

2020年以前，聚乙烯进口量呈上升趋势，主要是因为中国聚乙烯需求强劲，国内供应增速低于消费增速。2020年，中国疫情防控形势稳定，需求率先复苏，海外资源更倾向于供应中国市场。2021年后，受全球疫情影响，国际运力紧张，远洋运费增加，加之内外盘价格倒挂，国内进口量减少，聚乙烯进口量进入下行通道。2022年起，由于地缘政治危机和全球宏观环境不利，导致需求下降，同时进口货源价格高涨，进口量进一步减少[26]。

2023年，进口量虽然有所下降，但整体跌幅不大，表明中国市场仍是海外资源的重要出口方向。随着中国聚乙烯产能的持续扩张，预计未来5年国内聚乙烯进口量将继续呈下降趋势。

（2）2023年中国聚乙烯进口量对比分析

2023年聚乙烯进口总量为1344.01万吨，同比下降0.22%。这种下降趋势主要归因于国内产能的集中释放，以及全球经济环境的变化。自2020年以来，中国聚乙烯产能年均增速在15%以上。国产供应量的提高、产品种类的增多，以及产品结构性能的不断升级，使得国产产品逐渐替代进口产品。2021年，中国聚乙烯自给率为61.90%，较2020年提升了8.98个百分点；2022年和2023年，自给率分别达到66.04%、68.42%（见图2-2）。

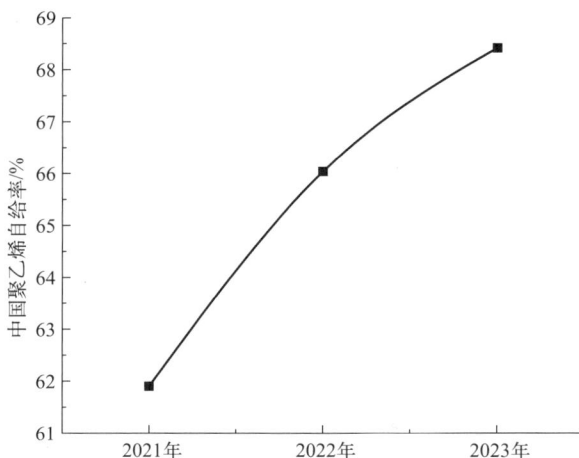

图 2-2　2021—2023 年中国聚乙烯自给率

2023 年，全球经济增速放缓，海外需求减弱，塑料制品出口订单减少，国内需求也显不足。在这种情况下，聚乙烯下游需求表现欠佳，进一步压缩了进口量。2023 年 LDPE 进口量为 308.03 万吨（图 2-3），同比上涨 1.88%。进口主要来源于伊朗、美国、沙特阿拉伯、阿联酋和卡塔尔，其中伊朗占比最高。然而，由于国际关系紧张，以及装置检修，来自伊朗的进口量有所减少，美国则跃居第二位。

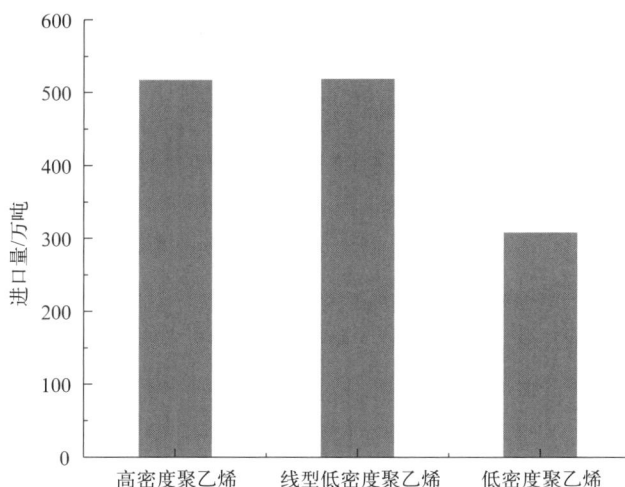

图 2-3　2023 年中国聚乙烯进口量

2023 年，LLDPE 进口量为 518.71 万吨（见图 2-3），同比上涨 15.04%。主要进口来源国为美国、沙特阿拉伯、新加坡、泰国和阿联酋[27]。美国的资源出口大幅提升，成为最大的来源国，占比 24%。

2023 年，中国进口 HDPE 量为 517.27 万吨（见图 2-3），同比下降 12.85%。主要进口来源国为沙特阿拉伯、阿联酋、韩国、美国和伊朗。沙特阿拉伯是最大的来源国，但其占比有所下降。国内 HDPE 装置的集中扩能使得进口量减少。

2021—2023 年，中国聚乙烯进口量的变化反映了国内产能的迅速扩张，以及全球经济环境的复杂变化。未来，中国聚乙烯市场将继续在供需矛盾和行业竞争中寻求平衡，进口量预计进一步下降。

2.1.3.4　聚乙烯出口量对比分析

近年来，中国聚乙烯出口量呈现逐年递增的趋势。2020—2023 年，中国聚乙烯出口量不断增加，反映了国内外市场环境的变化，以及行业应对这些变化的策略。

（1）2020—2023 年中国聚乙烯出口量对比分析

2020 年，中国聚乙烯出口量开始显现增长势头，然而，真正的大幅增长发生在 2021 年。这一年，中国聚乙烯出口量达到 51 万吨（图 2-4），同比增幅高达 102.60%。这一激增主要是由于国内聚乙烯装置的大量投产导致供应充足，但国内需求增长相对滞后、供需矛盾加剧。国内市场竞争激烈，价格处于低位，内外盘价差倒挂，促使石化企业积极寻找出口机会[28]。

2022 年，聚乙烯出口量继续保持增长态势，总出口量达到 72 万吨，同比增幅为 33.33%。这一增长延续了前一年的趋势，反映了国内供应的持续充足以及国际市场需求的不断增加。与此同时，国内聚乙烯价格的竞争优势也为出口增长提供了有力支持。

2023 年，聚乙烯出口总量进一步增加至 83.59 万吨，同比上涨 15.74%。这一年的出口增长主要受到以下几方面的推动：首先，中国聚乙烯行业仍处于新产能集中释放期，国内供应充足，市场竞争激烈，价格多数时候处于低位，内外盘价差倒挂，这使石化企业积极寻找出口机会；其次，美元汇率处于偏强运行区间，导致进口窗口关闭，出口利润走高，增强了企业的出口积极性；最后，东南亚、南亚等地区的消费需求较好，作为中国重要的贸易合作伙伴，这些地区的需求增长为中国聚乙烯出口提供了良好契机。

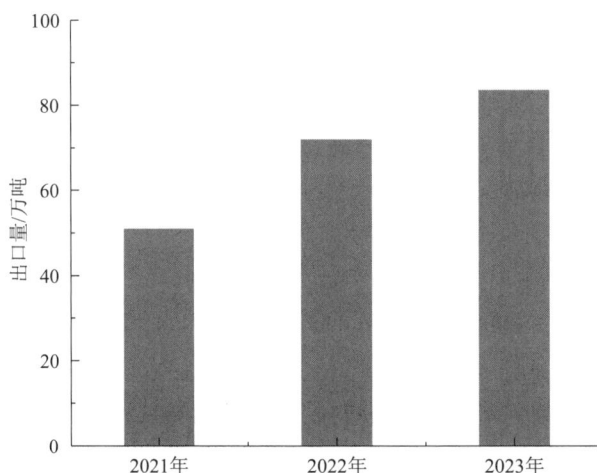

图 2-4　2021—2023 年中国聚乙烯出口量

（2）2023 年中国聚乙烯出口量对比分析

聚乙烯出口量的变化呈现出明显的时间段特征。年初，国外装置集中检修，供应不足，出口窗口打开，使得国内出口机会增加。聚乙烯出口量达到 10.91 万吨，成为年内高点和历史新高点。后来，随着国外装置检修减少，供应逐渐恢复，价格进入下行通道，东南亚价格走低，出口窗口收窄，同时，国内部分代理商的转口机会也减少，导致出口减量。年末，随着欧美经济增速边际回暖，海外需求恢复，对中国出口形成支撑，聚乙烯出口量有所增加。

未来5年，中国聚乙烯装置扩能仍处于集中期，供需矛盾可能继续加剧，市场竞争更加激烈。在此背景下，聚乙烯的出口将成为国内企业的重要策略。随着技术不断创新、产品成本结构优化，以及高端化、专用料的增长，聚乙烯出口量有望进一步增加。东南亚、南亚等新兴市场对聚乙烯产品的需求增长，将继续为中国出口提供良好的机会。此外，全球经济逐步复苏，也为中国聚乙烯出口提供了积极的外部环境。

中国聚乙烯出口量的增长主要受国内供需矛盾、汇率波动、国际市场需求等多重因素的驱动。企业需要继续关注市场变化，优化产品结构，提高竞争力，以应对未来的挑战和机遇。中国聚乙烯行业在国际市场上的地位有望进一步巩固和提升，为国内经济发展和产业升级提供重要支撑。

2.1.4 展望

聚乙烯市场作为全球塑料市场的重要组成部分，其发展受到全球宏观经济环境的影响。随着中国经济逐渐企稳回升，以及欧美国家货币政策的潜在逆转，聚乙烯市场面临着多重宏观因素的挑战与机遇。中国采取的一系列刺激经济政策，将增加市场流动性，对聚乙烯的市场需求形成积极支撑作用。然而，欧美经济的不确定性和全球地缘政治局势的波动，仍可能对市场造成负面影响，特别是对出口市场的影响值得关注[29]。综合来看，在宏观经济背景下，聚乙烯市场将面临复杂的挑战，但整体向上的支撑力度仍显著。现从聚乙烯的供需格局、技术与产品、市场价格走势、扩能与市场竞争等几个方面来对其行业进行展望。

（1）供需格局方面

预计国内产量将继续增加，自给率进一步提高，而进口量可能出现下降趋势。尽管国内需求在经济复苏的推动下有望向上修复，但全球能源供需关系的变化以及部分地区聚乙烯制品出口受限等因素，可能限制需求恢复的速度和幅度。此外，国际市场上的不确定性因素，如地缘政治紧张局势和重大事件影响，也将进一步干扰市场供应与需求的平衡。因此，聚乙烯市场的供需格局将呈现复杂的动态变化，供应面的增加可能会制约价格的进一步上涨空间。

（2）技术与产品方面

聚乙烯行业正朝着高端化和差异化的方向迈进。随着国内企业在高端聚乙烯产品研发和生产能力上的提升，特别是，在汽车、电子、医疗等领域的应用需求增加，企业正在积极开发具有特殊功能和性能的改性聚乙烯产品。这些产品不仅具备优异的力学性能和耐热性，还具备抗老化、透明性等特点，以满足不同行业对材料性能的高要求。未来几年，随着技术创新的推动和市场需求的多样化，聚乙烯产品的技术含量和附加值将进一步提升，有望为企业带来更多的市场竞争优势。

（3）市场价格走势方面

聚乙烯价格将面临多重因素的影响。预计 2025—2026 年，聚乙烯价格逐步下降。随后，随着扩能高峰的逐渐消退，以及国内经济的改善，市场需求将逐步恢复，并推动价格上涨。预计 2027—2028 年，市场行情呈现出震荡上升的趋势。

（4）扩能与市场竞争方面

随着我国聚乙烯市场的扩能计划逐步实施，未来几年，将面临产能过剩的挑战。据预测，2025 年产能将增至 935 万吨。这种扩能趋势将加剧市场竞争，尤其是，在价格竞争和市场份额争夺方面。产能过剩可能导致供应过剩，进而对聚乙烯产品的价格形成下行压力，挑战企业的盈利能力。为了在激烈的市场竞争中立于不败之地，企业需要通过技术创新和产品差异化来提升竞争力。高性能和特殊功能的产品将成为未来市场竞争的关键点，例如，在汽车轻量化、电子器件保护、医疗器械包装等领域的应用。另外，企业还需关注成本控制和效率提升，以应对可能的价格波动，以及市场供需变化带来的挑战。

2.2 聚丙烯产品

2.2.1 概述

聚丙烯（polypropylene，PP）是一种由丙烯单体经过配位聚合制备而成的高分子材料，分子结构式如图 2-5 所示。聚丙烯广泛应用于热塑性塑料的生产，近年来发展十分迅速。

丙烯的 2-位碳原子是不对称碳，在聚丙烯链中成为叔碳原子后仍具有不对称性。因此，根据叔碳原子上的甲基和氢原子在聚丙烯链两侧的分布情况，聚丙烯可分为三类：等规聚丙烯（iPP）、间规聚丙烯（sPP）、无规聚丙烯（aPP）。三者的分子构型见图 2-6。当聚丙烯的甲基与氢原子呈现出有规律地排列（等规和间规）时，聚丙烯具有结晶性，从而使它们拥有良好的力学特征。相比之下，若排列没有明显的规律（无规），则聚丙烯不具有结晶性。

迄今为止，尚未发现有天然的等规聚丙烯物质。作为一种普遍应用的塑料，等规聚丙烯是依靠人工合成获得。在 1953 年，联邦德国化学家 Karl Ziegler 发明了 $R_3Al\text{-}TiCl_4$

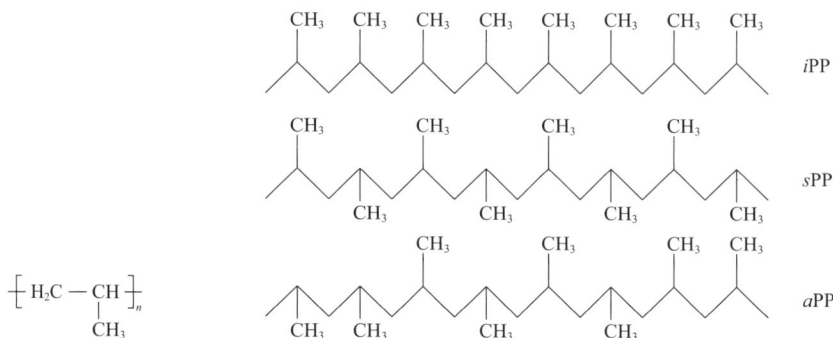

图 2-5 聚丙烯结构式　　　　图 2-6 聚丙烯的不同构型

有机金属催化剂，这是聚烯烃配位催化剂发明的第一次关键性突破。第二次关键性突破归功于意大利的 G. Natta 教授，将 Ziegler 催化剂拓展为 Z-N 催化剂，合成了等规聚丙烯。随着 Z-N 催化剂的不断改良和完善，其聚合效果和制造工艺已达到一定的水平。目前，世界上生产聚丙烯的绝大多数催化剂仍是基于 Z-N 催化体系，它具有高活性、高立构规整性、长寿命、产品结构可按性能进行调整等优点。在现代聚丙烯生产中，高活度/高立构规整性载体催化起着至关重要的作用，也是现阶段聚丙烯生产工艺的核心。目前，聚丙烯主要采用液相本体法和气相法生产。随着东北亚、东南亚、印巴和北美地区新建、扩建装置投产，预计 2025 年，世界聚丙烯产能平均增速 5.2%，中国聚丙烯产能仍处于快速增长阶段。

2.2.1.1　聚丙烯性能

聚丙烯作为一种应用广泛的通用塑料，相较于其他通用合成树脂，具有良好的综合性能。

（1）物理性能

聚丙烯呈白色蜡状，脆点为 $-20 \sim -10℃$，结晶度为 50% ~ 70%，具有较为明显的熔点且熔程狭窄，熔融温度（T_m）为 164 ~ 176℃，为结晶性聚合物。等规聚丙烯的熔融温度为 176℃，热稳定性较好，分解温度可达 300℃ 以上。由于聚丙烯的结构中存在叔碳原子，导致产物易被氧化性介质侵蚀，易受紫外线影响而老化，塑料制品易硬开裂，染色易消退或发生迁移。聚丙烯熔体弹性较大，但冷却凝固速度快，易产生内应力，成型收缩率比较高（1.0% ~ 2.5%）。聚丙烯具有优异的介电性能，不受环境湿度影响，特别适用于制造电绝缘元件。聚丙烯刚性不足，不适宜用于受力机械构件，特别是制件上的缺口对外力作用十分敏感时。聚丙烯密度较低，具有优良的物理性能，特别是填充和复配后更好，加上良好的注塑特性，使之得到广泛应用。

（2）力学性能

聚丙烯是结晶聚合物，力学强度不仅与分子量有关，而且与结晶结构有关，大球晶使硬度提高，而韧性下降。聚丙烯拉伸强度高于聚乙烯、聚苯乙烯（PS）和丙烯腈-丁二烯-苯乙烯共聚物（ABS）。聚丙烯热强度高，温度升高至 100℃ 时，拉伸强度仍保留 50% 以上。聚丙烯的低温抗冲强度低于聚乙烯，表面硬度高于聚乙烯而低于 PS 和 ABS。聚丙烯的独特性能之一是具有良好的耐弯曲疲劳性和高的屈服强度。

（3）化学稳定性

聚丙烯化学稳定性高，耐硫酸、盐酸和氢氧化钠的能力优于聚乙烯和聚氯乙烯（PVC）[30]。

2.2.1.2　聚丙烯工艺技术进展

自 1957 年，聚丙烯商业化投产以来，随着催化剂的改良，工艺的提升，以及产品的广泛应用，聚丙烯成为全世界范围内最有活力的聚合物之一。20 世纪 70—80 年代，开发了高活性和高等规度的催化剂，使聚丙烯工艺得到发展，简化了流程，省去了脱除催化剂残渣和副产物无规聚合物工序。随着催化剂、工艺技术的持续优化，聚丙烯的制造成本大幅度降低，从而提升了企业的经济效益。聚丙烯生产工艺主要分为淤浆法、本体法、气相法，以及液相本体和气相结合的工艺。在 20 世纪 80 年代前，占主导地位的工艺是溶剂淤浆聚合工艺，但是由于其工艺流程长、操作复杂、能耗高等原因已逐渐被淘汰，而气相和本体法则显现了旺盛的生命力。近几年，新聚丙烯装置几乎 90% 以上都是采用气相和本体聚合工艺，而这些工艺的发展趋势就是大型化，目前，各工艺的生产能力均接近 40 万吨 / 年。此外，不断优化工艺流程、设备布置和控制系统，可使工艺投资更低、产品质量更好、产品单耗和能耗更低。下面将对几种典型工艺及其最新进展进行分析。

（1）淤浆聚合工艺 [31]

淤浆法又称浆液法或溶剂法工艺，是世界上最早用于聚丙烯生产的工艺技术。自 1957 年第一套工业化设备投入使用，淤浆法长时间占据着聚丙烯制造的主要地位，持续了 30 年之久。典型工艺主要包括 Montedison 工艺、Hercules 工艺、三井东压化学工艺、Amoco 工艺、三井油化工艺、索维尔工艺等。

这些工艺的开发均以第一代催化剂为基础，采用立式搅拌釜反应器，需要脱去灰分和无规物。因采用的溶剂不同，工艺流程和操作条件也各不相同。近年来，为了提升淤浆法的效率，采用了更为先进的催化剂体系，从而简化了催化剂的脱灰过程，有效降低了无规聚合物的形成，减少了溶剂可溶聚合物的生成量，原料消耗和能耗也大幅度降低，改善了淤浆法工艺的经济性，延长了生产装置的使用寿命。现在，传统淤浆法占比大幅下降，保留的淤浆产品主要用于一些高价值领域，如双向拉伸聚丙烯（BOPP）薄膜、高分子量吹塑膜、高强度管材等。

（2）本体聚合工艺 [32]

聚丙烯的本体聚合工艺主要是指丙烯聚合是在液相丙烯中进行，而非在其他惰性溶剂（己烷和庚烷）中进行。与采用溶剂淤浆法相比，本体聚合工艺具有不使用惰性溶剂、反应系统内单体浓度高、聚合速率快、催化剂活性高、聚合反应转化率高，反应器的生产能力更高、能耗低、工艺流程简单、设备少、生产成本低、"三废"产生量少，容易除去聚合热、撤热控制简单化、提高单位反应器的聚合量等优点。

本体聚合工艺按聚合工艺流程，可以分为间歇式和连续式两种。前者是我国自行开发的生产技术。其优点为：生产技术可靠；对原料丙烯质量要求不是很高；所需催化剂在国内供应有保证；流程简单，投资少且收效快，操作简单；产品牌号转换灵活，"三废"产生量少。其缺点为：生产规模小，难以产生规模效益；装置手工操作较多，自动化控制水平低，产品质量不稳定；原料的消耗定额较高；产品的品种牌号少、档次不高、应用范围较窄。目前，我国聚丙烯生产的主体是连续式技术，用间歇式工艺可作为我国多品种聚丙烯树脂的补充来源。

连续本体法工艺经典的生产方法主要包括 Rexall 工艺、Phillips 工艺和 Sumitimo 本体法工艺。Rexall 工艺是介于溶剂法和本体法之间的生产工艺，以丙烷质量分数为 10% ～ 30% 的液态丙烯为原料。丙烷是系统中不参加反应的惰性物质，可起溶剂作用。但液相中 70% ～ 90%（质量分数）为丙烯，因此，也可属于本体法工艺。Phillips 工艺采用独特的环管式反应器，在本体聚合操作中，反应器内充满液相丙烯和聚合物浆液。

Sumitimo 本体法工艺与 Rexall 工艺相似，但还包括除去无规物和催化剂残余物的措施，因此，可以制备得到更纯的聚合物，用于某些电气和医学用途。

（3）气相聚合工艺

与淤浆法和本体法相比，气相聚丙烯工艺具有一些独特的优点。由于无液相存在，气相法易于控制丙烯产物的分子量和共聚单体含量；不会受反应物黏度的影响，生产抗冲聚丙烯时，橡胶相不会溶解在溶剂中；丙烯为气相，开停车方便；由于单体浓度较低，无需催化剂预聚步骤，所以工艺流程短，设备数量少。但是，气相法反应器内容易形成局部热点导致聚合物结块，连续运行周期比不上环管装置。各种气相法工艺之间的差别是反应器和搅拌形式的不同。主要有 Basell 公司 Spherizone 工艺、Dow 公司 Unipol 工艺、INEOS 公司 Innovene 工艺、Chisso 公司 Horizone 气相工艺、BASF 公司 Novolen 工艺、住友集团的 Sumitomo 工艺等。

① Spherizone 工艺是在 Spheripol-I 工艺基础上开发的最新一代聚丙烯生产技术，主要特点是采用多区循环反应器（MZCR），含有 2 个不同的反应区，在 2 个反应区内反应条件可以不同，主要包括温度、氢气和共聚单体浓度等。因此，可以在 1 个反应器里生产双峰甚至多峰聚丙烯，正在增长的聚合物粒子重复地在 2 个反应区循环，可以提高粒子的均匀性。据 Basell 公司报道，此工艺得到的聚合物产品性能较传统工艺得到了显著改善。2003 年才开始提供此工艺的对外许可，此工艺在天津石化有 1 套 45 万吨/年的装置，大庆炼化、辽阳石化、中沙（天津）石化公司也均采用该方法。目前，此工艺的发展是在反应器内加入更多的障碍装置，将反应器分成更多的反应区，以达到提高产品性能和降低能耗的目的[33]。

② Unipol 气相法工艺是最先进的聚丙烯生产工艺之一，拥有流化床冷凝态、超冷凝态技术等关键专利。该工艺主催化剂为高效载体催化剂。该工艺具有一般高效本体法的特点，无需脱灰，不存在溶剂回收和精制问题。先进的气相流化床技术带来流程简化、投资少等优点，并且装置布置紧凑，生产现场设备不多，表现为简单、灵活、经济、安全。该工艺均聚产品的熔体流动速率为 0.6 ～ 100g/10min，产品等规度可达 93% ～ 98%。该工艺生产的无规共聚产品中乙烯含量达 8%，生产的抗冲共聚产品中乙烯含量可达 21%[34]。

③ Innovene 工艺采用 2 个串联的卧式低轴向扩散反应器，可生产从高挠曲模量到低温应用的抗冲聚丙烯。其卧式反应器接近柱塞流型，有折流板和特殊的搅拌器系统，在 1 台反应器内形成一定的粉料停留时间分布（RTD），相当于 3 台全混流反应器串联的效果。工艺特点是利用 1 种催化剂即可生产均聚、无规共聚和抗冲共聚聚丙烯产品，无需预聚，活性高；当选用 2 台反应器时，不需要向第 2 台反应器中加入催化剂；均聚和无规共聚产品可采用单反应器，生产抗冲共聚产品时必须利用 2 台串联反应器。主催化剂钛系催化剂和辅催化剂单独进料，利用液态单体作为急冷液移走反应热。该工艺发展趋势之一是在重点研究第 4 代 Z-N 催化剂的同时，也在开发茂金属催化剂；另一个发展趋势是，不断开发和拓展产品的性能，如高熔体流动速率的均聚产品、高速 BOPP 膜材料，以及硬度和低温抗冲性结合良好的抗冲产品[35]。

④ Horizone 工艺，和 INEOS 公司的 Innovene 工艺相似，不同之处在于设备布置和

串联反应釜间的物料传输方式。目前，Horizone 工艺的最新研究热点是高性能特殊产品的开发，例如高结晶度聚丙烯、高抗冲共聚物、茂金属聚丙烯等[36]。

⑤ Novolen 工艺的主要特点是采用 2 台并联 / 串联立式搅拌床反应器，反应温度为 70～80℃，压力为 2.2～3.2MPa，聚合反应热靠循环的冷凝丙烯蒸发撤出，可生产均聚、无规共聚和抗冲共聚产品。该工艺的研究方向是单活性中心催化剂的发展，消除过程中用于催化剂淤浆进料的庚烷溶剂，改进反应器的循环冷却系统，使小颗粒聚合物返回聚合釜中，从而减少催化剂消耗，也降低了产品中的灰分。同时，改进聚合釜的搅拌形式，使搅拌更有效节能。采用更加有效的单体膜回收系统，预计能使单体损失降至单体进料的 0.5% 以下。改进聚合釜的智能控制系统，使聚合反应控制更为便捷有效，增加产品质量，提高产率[37]。

⑥ Sumitomo 气相聚合工艺是根据住友自研 DX-V 催化剂的特性所开发的气相法工艺，采用 2 台串联立式流化床，工艺流程包括聚合、粉料分离、单体回收，粉料掺混、造粒、粒料储存和包装等单元。该工艺能够生产很宽范围内的聚丙烯，包括均聚、无规共聚和抗冲共聚。该工艺新的发展趋势是开发用于汽车行业的高附加值新产品和三元聚合物。

（4）本体 - 气相聚合工艺

该组合工艺主要包括 Basell 公司的 Spheripol 工艺、三井化学公司的 Hypol Ⅱ 工艺、北欧化工公司的 Borstar 工艺等。以下对上述工艺的特点与发展进行介绍[38]。

① Spheripol 工艺是液相预聚合与液相均聚、气相共聚相结合的聚合工艺，是当今最先进可靠的聚丙烯生产工艺之一，其主要特点是采用 2 台串联的环管反应器。整个工艺由催化剂进料、反应、单体闪蒸、循环、汽提、挤出和混合单元组成。此工艺能用单环管反应器生产几乎所有范围内的产品，但装置常用 2 台环管反应器串联生产双峰产品来提高产品力学性能。采用的液相环管反应器具有以下优点：反应器时空产率高；结构简单，材质要求低，设计制造简单；反应器容积小，停留时间短，产品切换快，产生的过渡料少；热传递好，反应条件易于控制且精确，产品质量均一；不容易产生过热点，反应器单程转化率高。因此，环管反应器很适宜生产均聚物和无规共聚物。

② Hypol Ⅱ 工艺是 Mitsui Chemicals 公司的工艺。此工艺主要由催化剂进料、反应系统、单体闪蒸、循环、汽提和聚合物处理单元组成。反应系统主要由 1 台或 2 台环管反应器，再串联 1 台气相流化床反应器组成。气相反应器主要用于生产抗冲无规共聚物，反应操作条件因不同的产品而不同。此工艺还有一个典型特点就是不用挤出造粒，能直接生产均一的球形粒子。

③ Borstar 工艺采用与聚乙烯 Borstar 工艺相同的环管和气相反应器。催化剂具有 Ti-Zr 复合的 2 种或多种类型活性中心，能够适应较高的聚合温度，催化剂活性和立体定向性随聚合温度的升高而提高。第 1 套聚丙烯 Borstar 工艺生产装置，建在奥地利的 Schwechat 地区，设计能力达到 20 万吨 / 年，到 2005 年，生产能力达到 30 万吨 / 年。该工艺采用环管反应器生产均聚产品。在生产共聚产品时，可串联 1 台气相反应器，在环管反应器内的操作条件在丙烯的临界点以上，此操作条件避免了由于惰性气体和轻组分的存在而产生气泡，这就允许更大的操作窗口，允许更高的温度和氢气浓度，从而生

产更高熔体流动速率的产品[39]。

淤浆液法虽然在生产中的应用比例下降，但仍用于生产一些特殊牌号产品。目前，本体法和气相法则是最主要的生产方法，它们能够生产出广泛应用于各个领域的聚丙烯产品。液相本体法则是一种较新的工艺，具有一定的发展前景。在选择聚丙烯的生产工艺时，需要考虑产品的质量要求、成本控制、市场需求等因素。另外，通过不断的技术创新和工艺改进，可以提高聚丙烯的生产效率和产品质量，满足市场的需求。

2.2.1.3 聚丙烯应用

聚丙烯可广泛用于注塑成型、薄膜、单丝、纤维、中空成型、挤出成型等制品。在聚丙烯应用中，注塑制品占绝对优势，主要包括硬包装（瓶盖、容器、周转箱、托盘等）、消费用品（家用器具、家具等）、运输（汽车内装饰、保险杠、电池壳等）、器械与医用制品（注射器、工具箱等）。

在地毯背衬和面纱领域，聚丙烯纤维占有重要地位。聚丙烯无纺布呈现迅速增长的势头，在一次性使用产品、医用、土工用等方面，有广泛应用的前景。其他应用还包括压敏胶带、收缩外包装膜、电容器与电工膜、照相与胶片应用、软食品外包装、用即弃毛巾、瓶盖、吹塑瓶与容器、挤出电线电缆等。

综上所述，聚丙烯的应用领域非常广泛，几乎涵盖了所有的工业和日常生活领域。

2.2.2 产品分类与性能特点

无论在科学研究还是在新产品开发中，聚丙烯结构与性能的关系都具有非常重要的意义。等规、间规和无规聚丙烯具有不同的分子结构和性能；抗冲、高刚性和高熔体强度功能性聚丙烯，也因具有不同结晶和形态结构而性能各有不同，导致应用领域也不尽相同。

（1）分类

根据其分子结构可以将聚丙烯产品简单分为均聚物、嵌段共聚物和无规共聚物，每种类型都有其独特的性能和应用领域。

① 均聚聚丙烯　由单一的丙烯单体聚合而成，是常见塑料中密度最小的一种，其分子链规整度很高。因此，材料的结晶度高、强度高、耐腐蚀性好。缺点是抗冲击性能较差，韧性差，易老化，对氧气及二氧化碳等气体的阻隔性较差。由于均聚聚丙烯本身具有较高的熔点和燃点，在高温条件下，仍能保持一定的强度和稳定性，广泛应用于外壳、汽车零部件等领域。

② 嵌段共聚聚丙烯　由丙烯和部分乙烯共聚得到，乙烯含量为 7% ～ 15%。嵌段共聚物中，2 个和 3 个乙烯单体很容易连接在一起。乙烯单体仅存在嵌段相中，并未降低聚丙烯的规整度，因而达不到改善聚丙烯熔点、长期耐静水压、长期耐热与管材加工成型等性能的目的。优点是抗冲击性能较佳。缺点是透明度和光泽度低，抗吸湿性、抗酸碱腐蚀性、抗溶解性和高温下抗氧化性较差。产品可用于保险杠、薄壁产品、婴儿车、运动器材、行李箱、油漆桶、电池盒、薄壁产品等领域。

③ 无规共聚聚丙烯　在加热、加压和催化剂条件下，丙烯和少量乙烯（1% ～ 4%）

共聚得到无规共聚聚丙烯。乙烯无规、随机地分布在聚丙烯长链中。乙烯的加入，降低了聚合物的结晶度和熔点，改善了材料的冲击、长期耐静水压、长期耐热氧老化等性能。优点是综合性能好，强度和刚性高，耐热性能佳，尺寸稳定性好，低温韧性极佳（挠曲性好），透明性好，光泽度好。产品用途包括管材、收缩膜、点滴瓶、高透明容器、透明家庭用品、一次性针筒、包装纸膜等。

（2）高性能专用聚丙烯产品

为了提高聚丙烯的性能，扩大其应用范围，又开发出高性能的专用聚丙烯树脂，如高熔体强度、高结晶度、高流动性、高透明和新型抗冲聚丙烯，以及韧性更好且纯净的无规共聚物。

① 高熔体强度聚丙烯[40]　聚丙烯具备许多优异的性能，但是其韧性差、低温易脆裂、热变形温度不高。由于Z-N催化剂作用，不能产生次级活性中心，聚丙烯只有线型链结构，导致其熔体强度低和耐熔垂性能差。由于聚丙烯中叔碳原子上氢的作用，容易生成氢过氧化物，然后分解生成羰基，引起主链断裂，即在加工和使用过程中，易受光、热、氧的作用而使材料老化。熔融状态下，聚丙烯没有应变硬化效应，从而限制了聚丙烯的应用。在较宽的温度范围内，非晶聚合物存在类似橡胶弹性的区域，但没有半结晶的聚合物，不能在较宽的温度范围内进行热成型。同时，聚丙烯的软化点与熔点接近，当温度高于熔点后，其熔体强度和黏度下降，导致热成型时制品壁厚不均，挤出、涂布和压延时出现边缘卷曲、收缩现象，挤出发泡时出现泡孔塌陷问题。因此，提高聚丙烯熔体强度一直是聚丙烯新产品开发的研究热点。

提高分子量能提高剪切黏度，相应提高熔体强度；拓宽分子量分布也能适当提高熔体强度；但长支链的存在对熔体强度的提升效果最明显。因此，长支链聚丙烯也被称为高熔体强度聚丙烯。在长支链的定义中，支链的分子量至少要大于"缠结分子量"，因为只有大分子间产生缠结，才能对熔体强度产生影响。因此，提高聚丙烯熔体强度一般可以采用提高聚丙烯分子量、加宽分子量分布和引入支链结构的办法，也可以采取在加工时与其他非晶或低结晶树脂、弹性体等共混的办法，以提高熔程与熔体强度。高熔体强度聚丙烯适用于挤出发泡、热成型材料的生产。目前，常见的高熔体强度聚丙烯制备方法有共混法、后反应器改性法、反应器合成法、交联法等。

② 高结晶度聚丙烯[41]　聚丙烯的耐热性和刚性优于聚乙烯，在片材、薄膜、注塑等领域都有很好的应用。聚丙烯为半结晶性聚合物，结晶度低于60%，若能提高聚丙烯的结晶度，以此来提高聚丙烯的强度、弹性模量和耐热性，会极大拓宽其应用领域。聚丙烯的晶型、结晶度和结晶尺寸会影响刚性。因此，高结晶度聚丙烯也称为高刚性聚丙烯，结晶度高达70%以上，弯曲模量高于1700MPa。影响聚丙烯结晶行为的最主要因素是等规度、分子量及其分布。随着分子量提高，分子链增长，分子链有序排列阻碍增大，分子链扩散进入晶相所需的活化能提高，从而结晶速度变慢，结晶度下降。

采用改进催化剂和聚合技术，提高聚丙烯的等规度和分子量及其分布，可制备高结晶度聚丙烯。加入适量成核剂可提高产品结晶度。利用改进聚合方法得到的聚丙烯结晶度可达70%，再加入成核剂可进一步提高结晶度，并且在结晶细化的同时，材料的透明度也得到提高。

③ 高流动性聚丙烯[42]　高流动性聚丙烯是指熔体流动速率不低于 20g/10min 的树脂。在聚丙烯原有优点的基础上，高流动性聚丙烯能够拥有高的流动速率和较好的物理性能，可以提供更好的加工性能和应用灵活性，使结构复杂的大型薄壁注射制品的设计成为可能。在生产过程中，于较低的压力和温度下，高流动性聚丙烯可以快速流动，缩短了加工周期，降低了加工温度、注射压力和能耗，具有加工性能好、充模容易、产品翘曲变形小等优点。生产高流动性聚丙烯专用料，可采用在丙烯聚合过程中调节加氢的方法，或者在聚丙烯造粒过程中添加化学降解剂的方法，亦可采用新的催化剂结合氢调的方法。

高流动性共聚聚丙烯由于其优异的加工性能，广泛用于生产汽车部件、家用电器外壳、医疗器械、包装材料等。此外，还可以通过加入添加剂来进一步改善其性能（阻燃剂、增韧剂等），以满足特定应用的要求。

④ 高透明聚丙烯[43]　近年来，高透明聚丙烯是聚丙烯开发的一个热点。聚丙烯会部分结晶，结晶速度相对较慢，易形成较大的球晶（大于 1μm），大于可见光波长（400 ～ 760nm），使光线很难穿过整个制品。因此，透明性和光泽性较差，限制了其在透明包装、医疗器械、家庭用品等领域的应用。

目前，可以采用加入添加剂直接合成透明聚丙烯，或与其他高聚物共混等方法，改善聚丙烯的透明性。添加透明剂和成核剂增加了聚丙烯成核数目，同时降低了球晶尺寸。此方法工艺简单，效果明显。也可以将聚丙烯与其他高聚物共混，在聚丙烯分子链上引入共聚单元，由于分子链存在的缺陷导致球晶生长不完整，使球晶尺寸下降，从而提高透明度。

与普通聚丙烯相比，高透明聚丙烯外观得到改善，同时，材料结晶度和取向皮层厚度提高，也相应地提高了制品的耐热性和刚性。因此，高透明聚丙烯正逐步取代 PVC、PS、PET（聚对苯二甲酸乙二醇酯）等合成树脂，广泛用于家庭用品、包装制品和医疗器械的生产，开拓了聚丙烯的应用领域。我国透明料聚丙烯的应用范围持续增大，产量持续攀升，预计到 2025，中国透明聚丙烯的产量约为 287 万吨。

⑤ 抗冲共聚聚丙烯[44]　抗冲共聚聚丙烯弥补了等规聚丙烯低温韧性差的缺陷，是聚丙烯高性能商业化产品中发展最快、附加值最高、产量较大的品种；具有抗冲性能好、强度高、刚性强、耐热性能好、低温韧性好等优点，广泛应用于家电部件、汽车内外饰件、办公用品等领域，既能直接注塑成型为成品，也可作为基料用于进一步改性，深受下游生产和改性企业的青睐，具有巨大的市场潜力。

抗冲共聚聚丙烯是通过丙烯均聚，以及乙烯 - 丙烯共聚两个阶段连续聚合而制备的多相体系，通常是以聚丙烯基体为连续相、以乙烯 - 丙烯共聚物为分散相的两相结构，还包含不同乙烯序列长度和分布的共聚物，由等规基质、无规乙烯共聚物（乙丙橡胶，EPR）、不同长度的聚乙烯和嵌段共聚物（聚丙烯 - 聚乙烯）组成。其结构组成和加工条件对性能影响很大。其中共聚单体的含量和序列分布影响两相的相容性，所以其具有高结晶性和刚性。乙丙橡胶成分的存在提高了抗冲击性。较高的冲击强度要求该类树脂具有较高的橡胶相含量；同时，较高的流动性又要求该类树脂具有较低的分子量。后者的降低通常会导致材料的冲击韧性下降。因此，抗冲聚丙烯的结构设计、生产工艺控制、物料流动性和刚韧性平衡的控制是研究的热点。抗冲共聚聚丙烯的催化剂在后期共聚阶段仍具有一定的活性。除此之外，催化剂具有合适的结构，聚合得到的聚丙烯颗粒具有较高的流动性和多孔性，保证了气相共聚产物均匀地分散于丙烯均聚物中，得到含适量橡胶相的聚合物，从而平衡其刚性和韧性。

⑥ 低灰分聚丙烯[45]

于（850±25）℃高温下，聚丙烯经灼烧后会残留金属和非金属化合物。灰分含量是指煅烧后，残留氧化物质量占煅烧样品质量的比例，低灰分聚丙烯通常指灰分含量低于50mg/kg的聚丙烯。灰分主要来源于原料杂质，聚合中使用的催化剂、助催化剂，造粒过程中加入的助剂残留杂质，以及生产环境。低灰分聚丙烯因其优异的电气绝缘性、化学稳定性和耐水性，广泛应用于锂电池隔膜、电容器膜、高压电缆料等领域。

目前，可以采用净化原料、使用高活性催化剂、增加洗涤脱灰工艺的方法降低聚丙烯的灰分。主要方法有：

a. 加强对氮气、丙烯、氢气等原料的净化，降低水、氧、硫、砷、一氧化碳、二氧化碳等有害杂质的含量。

b. 使用高活性催化剂，减少钛和镁化合物的引入，最大限度地减少活化剂和硅烷给电子体的使用。

c. 使用异丙醇或者烃类溶剂混合物，能够有效去除聚丙烯中金属杂质。

d. 熔融造粒时，减少含有磷、钙、锌等加工助剂的用量。

e. 在生产、加工和运输过程中，采用封闭系统，避免外界杂质的引入。

虽然国内各大公司都开展了低灰分聚丙烯的研究，但是，由于下游加工仍存在一些问题，产品需要进一步优化，未实现大批量工业化稳定生产。

2.2.3　市场需求

2.2.3.1　聚丙烯消费格局分析

聚丙烯作为全球需求量最大的树脂之一，以其优良的性能和广泛的应用领域，在全球市场中占据着重要的地位。其消费格局受到区域经济发展、产业结构、消费习惯等多重因素的影响。

亚洲地区由于人口密度大、消费能力强，是全球聚丙烯消费最为活跃的市场。尤其是中国，作为最大的聚丙烯消费国，不仅在生产上占据主导地位，同时其消费量也在快速增长。除此之外，印度、越南等国家也是聚丙烯的主要消费区域。随着经济的快速发展和城市化进程的加快，这些国家对聚丙烯产品的需求也在不断提升，尤其是在包装和纺织行业。

在欧美地区，聚丙烯主要应用于制造汽车、电器内里、地毯衬底、屋顶材料等。美国是世界上最大的聚丙烯市场之一，拥有着显著的生产能力和技术优势。近年来，轻量化和可持续发展的趋势，进一步推动了聚丙烯市场的增长。

在南美洲地区，2023年度聚丙烯的进口额相当乐观。由于受到终端用户（电子产品、包装、饮料等）的推动，聚丙烯的进口量出现了显著增长。由巴西发展和外贸部的数据可知：2023 年其聚丙烯的进口量有所增加；相比以往，其出口量呈现出下降的趋势；聚丙烯均聚物和共聚物的进口量分别增长了 22% 和 16%。

在欧洲地区，对聚丙烯的消费同样广泛，主要在包装、汽车、家居用品等领域。在环保政策的推动下，许多国家正推动聚丙烯的循环利用和可降解使用。但由于受到地缘冲突的影响，2023 年的能源价格一直居高不下，原材料供应也有所减少，导致聚丙烯市场的活跃度不高。

总体来看，聚丙烯的全球消费格局正朝着多元化和可持续方向发展。各个区域市场间的差异、技术进步和环境政策等因素将继续塑造聚丙烯行业的未来。在这样一个动态变化的市场环境中，如何不断创新、适应变化，将成为聚丙烯行业发展的关键。

2.2.3.2　聚丙烯消费领域分析

（1）中国聚丙烯下游消费结构占比变化分析

从近年来的发展趋势来看，目前中国聚丙烯下游消费结构主要集中在拉丝、共聚注塑、均聚注塑等传统领域。然而，随着科技的发展和人们消费习惯的变化，传统领域的增长速度有所放缓，而高端领域的需求却出现持续的增长。塑编、塑膜行业的传统需求仍然存在，其中拉丝占比达到 32.5%；随着家电和汽车行业促销政策的刺激，共聚注塑的需求恢复，其占比达到 23.5%；外卖行业的快速发展带动了食品包装膜和快递餐盒的需求量，二者占比分别达到 17.0%、8.3%，为均聚注塑和薄壁消费领域提供了一定的支撑作用。另外，随着新冠疫情的结束，防护消耗品的消费量出现了明显的降低，纤维无纺布的消费量也出现了减少，纤维下游占比进一步下降至 9.40%。随着需求的升级，透明料和专用料的需求量呈现出明显的增长，透明料占比升至 5.5%，并且其他专用料的所占比例也达到了 3.8%。

（2）聚丙烯下游细分领域行业现状分析

① 对于聚丙烯塑编行业，其编织袋由于具有质量轻、易携带、坚固、防水、易于印刷等优势而被广泛使用，是我国包装业的重要一员，主要应用于农产品包装、化肥包装、水泥包装、岩土工程、化工产品、工艺品、钢铁材料、抗洪物资等领域[46]。聚丙烯塑料编织袋在农业、工矿和建筑业是不可替代的。相比于国外同行业，我国聚丙烯塑料编织袋拥有较低的生产成本，其质量在国际上也得到了认可。但是，现如今环保意识越来越强，并且出现了新的包装方式和运输方式，对传统的塑编行业产生了严重的影响。

② 对于聚丙烯塑膜行业，其主要用于包装和覆膜层。常见的聚丙烯塑料薄膜制备工艺有流延法、挤出法和吹塑法。在生产中主要采用吹塑法，此方法制备得到的产品硬度高且耐高温。流延聚丙烯（CPP，具体可分为通用 CPP、镀铝级 CPP 和蒸煮级 CPP）薄膜采用流延法制备，透明度好，阻隔性良好，厚度均匀，性能平衡优异，主要应用于医药、化妆品、纺织、鲜花、食品等的包装[47]。CPP 的国外生产厂家主要是住友公司和 Basell 公司[48]。经过多年的发展，我国已基本实现了聚丙烯塑料薄膜国产化，但是一些高端功能性的薄膜产量还不够高。BOPP 薄膜为多层共挤薄膜，可以采用挤出法制备，由此得到的产品物理稳定性、机械强度、气密性较好，同时，透明度和光泽度较

高，质量较轻，坚韧耐磨，价格便宜，可以作为食品包装的外层材料，适用于盛装干燥食品，现今应用最为广泛[49]。中国、北美、日本、欧洲等国家和地区是全球聚丙烯塑料薄膜的主要生产地，先进技术和设备主要由美国、日本、欧洲等主导。随着资本的注入，我国聚丙烯塑料薄膜制造行业保持着高速发展。

2.2.3.3　聚丙烯进口量对比分析

在 2019—2023 年，我国聚丙烯进口量呈波动下滑趋势。自 2020 年起，中国作为首个从新冠疫情中恢复需求的国家，成为国际资源涌入的热门区域，聚丙烯进口量大幅增涨。然而，自 2021 年以来，随着国内聚丙烯产能持续扩张，并伴随着技术进步，国内产品供应结构不断升级，使得部分产品对外依存度下降，进口量减少。到 2023 年，产能释放导致国内聚丙烯的价格下降，并且海外通货膨胀也越来越严重，导致进口套利的机会也大幅减少，因此，聚丙烯进口量出现了进一步下降。尽管如此，国内仍面临部分专用料缺口较大的问题，部分高端专用料仍依赖于从日韩和欧美进口。2023 年，我国聚丙烯的进口量仅为 411.68 万吨，较 2022 年下降了 8.72 个百分点。随着国内聚丙烯产能的进一步释放，产量增加，自给率攀升至 92%。

（1）2023 年聚丙烯进口数据按产销国 / 地区分析

在 2023 年，我国聚丙烯进口量排名前三的来源国仍然是韩国、新加坡和阿联酋[50]，所占比例分别达到了 19%、15%、14%。其中：自韩国的进口量为 78.51 万吨，较 2022 年下降了 3.8 个百分点；自新加坡的进口量为 60.37 万吨，与 2022 年基本持平；自俄罗斯、阿联酋、泰国、马来西亚、比利时等国家的进口量所占比例均出现了不同程度的增长。

（2）2023 年聚丙烯进口数据按收发货注册地分析

在 2023 年，中国进口聚丙烯的主要窗口集中在华南、华东、华北等沿海地区。从进口量来看，广东省以 116.86 万吨的进口量领跑全国，所占比例达到了 28%，相较于 2022 年略微减少了 1.4 个百分点；浙江省和上海市的进口量也有所增长，分别占全国总进口量的 27%、17%；此外，湖北省、安徽省、四川省、河南省等地区的进口量稳步提升，数量虽然不算庞大，但相比 2022 年有小幅度的增加。

（3）2023 年聚丙烯进口数据按贸易方式分析

在 2023 年，中国聚丙烯的进口贸易方式基本保持稳定，主要以一般贸易、加工贸易和海关特殊监管区域物流货物为主，所占比例分别为 70%、16%、12%，这 3 种贸易方式总合占据了总进口量的 98% 以上。

2.2.3.4　聚丙烯出口量对比分析

（1）2019—2023 年中国聚丙烯出口量对比分析

在 2019—2023 年，中国聚丙烯出口总量呈现持续增长而后略有放缓的趋势。2023 年 1—12 月份，我国聚丙烯的出口总量达到 131.23 万吨，较 2022 年的 127.22 万吨增加了 4.01 万吨。近年来，随着国内聚丙烯产能的不断扩张，市场供应压力逐步增加，对产品多元化和出口产生了一定的支撑作用。受疫情冲击和全球贸易市场严峻形势的影响, 2023 年一开始新订单持续萎缩, 出口量表现不佳; 疫情结束后, 需求逐步改善, 出口量增速有所回升。但是, 全球经济压力仍很大, 内外需求表现不佳, 出口量大幅回落, 整体增速不及预期。在 2023 年的下半年, 欧美经济增长放缓, 外贸形势依然严峻, 出口订单不理想。随着 "金九" 时期内外需的逐步回暖, 海外经济下行势头缓解, 出口数据出现超预期的表现, 然后出口量宽幅下滑, 其主要原因是东南亚市场订单低迷, 市场陷入僵局。总体而言, 随着稳定经济政策的持续实施, 出口量的持续增加, 聚丙烯原料全球化将成为战略趋势。

（2）2023 年中国聚丙烯出口情况分析

近几年, 我国聚丙烯出口仍然以东南亚国家为主要目的地。这主要是因为东南亚国家地理位置优越、交通便捷, 尤其是, 越南对原料的需求持续旺盛。据金联创统计: 2023 年, 我国聚丙烯出口量排名仍以越南位居首位, 可达 20.44 万吨, 占全国总出口量的 16%; 其次是印度尼西亚, 排名第二, 出口量较 2022 年有明显增加, 占全国总出口量的 7%; 孟加拉国排名第三, 占全国总出口量的 7%。

从贸易方式来看, 2023 年, 我国聚丙烯出口主要以一般贸易和海关特殊监管区域物流货物为主: 前者依然是主要的出口方式, 占据全国出口量的 80%; 后者占比从 2022 年的 8% 增加到 13%; 两者合计占比高达 93%。进料加工贸易、来料加工贸易、边境小额贸易等出口量略有下降。

从发货地分析发现: 2023 年, 我国聚丙烯出口量的排名中浙江省仍然位居首位, 其出口占比为 24%; 其次是广东省和福建省, 二者占比分别为 23%、12%; 山东省和上海市排名并列第四, 占比均为 8%。

2.2.4 展望

现如今, 聚丙烯的产能不断扩张, 中国聚丙烯的产业逐渐踏入产能过剩的时代。目前, 由于聚丙烯的进口量呈下降趋势, 而出口量则呈增长态势, 在聚丙烯市场中, 中国正在逐渐步入净出口国的行列。与此同时, 聚丙烯下游消费领域的集中度正在不断提升, 其消费结构也在逐渐升级。现从聚丙烯的产业链结构、国际市场、高端产品、销售策略、价格走势等几个方面来对其行业进行展望。

（1）产业链结构调整方面

未来, 聚丙烯行业将迎来结构性调整和升级优化的挑战。石化企业将采取淘汰落后产能、提升技术水平等一系列措施, 促进产业向高端化发展。预测聚丙烯的下游工厂将会涌现出更多的并购重组案例, 旨在提升整个行业的集中度和优化资源配置效率。

（2）国际市场拓展方面

随着国内低端制造业向海外转移, 聚丙烯原料也将开拓海外市场, 通过加强国际合作、完善供应链、提升品牌竞争力等措施, 拓展国际市场份额。未来将出现塑料制品和塑料原料同时出口的趋势。

（3）高端产品发展方面

每年聚丙烯原料仍需进口十几个百分点。为满足市场和消费者需求, 石化企业正在通过技术创新、产业升级来提高产品质量和附加值, 提供高性能、高附加值的产品。针对汽车、电子、医疗等高端领域，企业正在研发具有特殊力学性能、耐热性、抗老化性、透明性等功能的改性聚丙烯产品。

（4）销售策略方面

受到行业利润的驱动，生产企业与贸易商由单一的合作伙伴关系转变为既合作又竞争的关系。面对低利润的冲击，以及产品同质化带来的压力，石化企业采取了技术升级与设备迭代的举措，以提高生产效率和产品质量，同时，加速了产品的创新开发。为实现利润最大化，企业着手调整营销模式，并借助聚丙烯原料的出口策略，特别关注下游客户的需求变化，除传统的产品差异化外，原料的专用性与合约直销策略被应用于销售实践中。在产业链中，贸易商群体扮演着关键的"蓄水池"角色，尽管竞争变激烈，但依然在原料定价中发挥着重要作用。在信息高度透明化的情况下，石化企业对原料采购拥有更强的议价权。面对大产能背景和涨价行情减少的局面，不同规模的贸易商面临生存挑战，但中大型贸易商能够通过与石化企业签订合同并获得返利，在某种程度上保持赢利状态。贸易商群体的灵活性与人力优势，促使其能为客户提供更为定制化的服务，包括提供资金支持和试用解决方案，以满足不同客户的需求。总体而言，供需双方的策略调整与合作模式创新，对于稳定市场、提高竞争力至关重要。

（5）价格走势方面

在宏观层面，经济的短期增长将趋于"新常态"。人口老龄化对经济增长会构成制约，将会对整个大宗商品的需求带来巨大的压制。在供需层面，聚丙烯产能释放，但国际需求仍然疲弱。预计未来几年，聚丙烯的价格将持续低位震荡。聚丙烯的价格走势受到供需影响，同时，也受到突发事件和突发需求的短期刺激，可能会出现大幅波动。预计未来聚丙烯的均价将会有所提高，但随着供应的增加，聚丙烯将继续回归低位走势。

参考文献

[1] 王超, 董爱梅, 王常宝. mPE 注塑产品中试研究与开发 [J]. 齐鲁石油化工, 2015, 43(01): 14-17.

[2] 桂祖桐. 聚乙烯树脂及其应用 [M]. 北京: 化学工业出版社, 2004: 51-53.

[3] 李晓莲. 聚乙烯生产工艺技术及行业发展现状 [J]. 化工管理, 2022(32): 150-152.

[4] 高春雨. 我国聚烯烃生产工艺现状及发展 [J]. 合成树脂及塑料, 2012, 29(01): 1-5.

[5] 袁玉龙, 马金欣, 吴荣炜, 等. 聚乙烯生产工艺技术进展 [J]. 现代塑料加工应用, 2022, 34(04): 48-51.

[6] 郭鑫博. 探讨 HDPE 工艺及催化剂的研究应用 [J]. 中国石油石化, 2017(05): 87-88.

[7] 李永鹏, 赵娜, 刘军平. 聚乙烯生产工艺技术及行业发展现状 [Z]. 2023 Seminar on New Engineering Technologies and Methods, 2023.

[8] 何维华, 张云, 张志洲, 等. 辛烯 -1 共聚产品生产、技术发展状况 [J]. 当代化工, 2007, 36(2): 172-176.

[9] 周祥兴. 塑料包装材料 - 聚烯烃树脂的性能及应用 [J]. 中国包装工业, 2004(03): 60-61.

[10] Edward S W. Industrial polymers handbook[M]. Beijing: Chemical Industry Press, 2001.

[11] 王俊, 田波, 刘军平, 等. HDPE 生产工艺对比分析与研究 [J]. 聚酯工业, 2024, 37(01): 58-60.

[12] 唐讯, 王连恺, 时可彬, 等. HDPE 专用料的主要应用领域及发展建议 [J]. 化工科技, 2005(03): 57-60.

[13] Prasad A. Polyethylen, linear low-density[M]//Fried J R. Polymer Data Handbook. Oxford: Oxford University Press, 1999: 508517.

[14] Nikolaeva M I, Mikenas T B, Matsko M A, et al. Heterogeneity of active sites of Ziegler-Natta catalysts: the effect of catalyst composition on the MWD of polyethylene[J]. Journal of Applied Polymer Science, 2010, 115(4): 2432-2439.

[15] Patel K, Chikkali S H, Sivaram S. Ultrahigh molecular weight polyethylene: Catalysis, structure, properties, processing and applications[J]. Progress in Polymer Science, 2020, 109: 101290.

[16] Antonov A A, Bryliakov K P. Post-metallocene catalysts for the synthesis of ultrahigh molecular weight polyethylene: recent advances[J]. European Polymer Journal, 2021, 142: 110162.

[17] Chen J Y, Liu X L, Li H L. Improvement in processability of metallocene polyethylene by ultrasound and binary processing aid[J]. Journal of Applied Polymer Science, 2007, 103(3): 1927-1935.

[18] Kaminsky W, Klaus K D, Brintzingeret H H, et al. Polymerisation von propen und buten mit einem chiralen zirconocen und methylaluminoxan als cokatalysator[J]. Angew Chemie, 1985(24): 507.

[19] 宋倩倩，黄格省，周笑洋，等. mPE 市场现状与技术进展 [J]. 石化技术与应用，2021, 39(03): 153-158.

[20] 刘兆燕，李强，张磊，等. 电线电缆用交联聚乙烯材料性能 [J]. 塑料助剂，2023(03): 23-25.

[21] 宋倩倩，慕彦君，付凯妹，等. 中国 EVA 树脂市场分析及发展建议 [J]. 合成树脂及塑料，2022, 39(05): 57-62.

[22] 万艳红. 氯化聚乙烯及专用料的研究进展 [J]. 中国塑料，2023, 37(11): 35-45.

[23] 吴薇，贾珺博，王文燕，等. 聚烯烃弹性体研究进展 [J]. 弹性体，2022, 32(04): 90-94

[24] 李泽江. EVOH 树脂的性能、生产工艺及国内外市场分析 [J]. 塑料工业，2011, 39(02): 1-9.

[25] 谭捷. 我国 HDPE 的市场分析 [J]. 石油化工技术与经济，2022, 38(05): 21-25.

[26] 王永乐. 我国聚乙烯进口贸易影响因素分析 [D]. 北京：首都经济贸易大学，2020.

[27] 段欣瑞. 我国 LLDPE 行业分析 [J]. 广东化工，2022, 49(19): 98-101.

[28] 齐姝婧，赵军，王刚，等. 国内外聚乙烯生产及市场分析预测与展望 [J]. 化学工业，2022, 40(03): 11-24.

[29] 高莹，姚云，李花，等. 国内外聚乙烯市场发展回顾与展望 [J]. 中外能源，2022, 27(09): 58-63.

[30] 卢伟. 长支链聚丙烯的制备与表征 [D]. 杭州：浙江大学，2006.

[31] Thakur A K, Gupta S K, Kumar R, et al. Multi-objective optimization of an industrial slurry phase ethylene polymerization reactor[J]. International Journal of Chemical Reactor Engineering, 2022(20): 649-659.

[32] Kettner J, Valaei S, Bartke M. Reaction calorimetry for studying kinetics in bulk phase polymerization of propene[J]. Macromolecular Reaction Engineering, 2020, 14: 2000031.

[33] Mei G, Rinaldi R, Penzo G, et al. The spherizone PP process: a new CFB reactor[J]. Circulating Fluidized Bed Technology VIII, 2005, 1: 778-785.

[34] 李振昊，胡才仲，荔栓红，等. Unipol 气相法聚丙烯工艺技术进展 [J]. 合成树脂及塑料，2013, 30(4): 65-69.

[35] 苏既，张彤，孙婧元，等. Innovene 气相法聚丙烯工艺综述 [J]. 山东化工，2021, 50(8): 65-68.

[36] 吕海龙，刘林朔 . 气相聚丙烯 Spherizone 工艺和 Horizone 工艺的技术对比 [J]. 石化技术与应用，2020, 38(4): 280-283.

[37] 孟永，李磊，田广 . Novolen 气相聚丙烯装置概况及特点 [J]. 塑料工业，2013, 41(12): 13-16.

[38] 谭捷，田月，李威 . 国内聚丙烯生产工艺技术现状及市场分析 [J]. 弹性体，2016, 26(1): 65-70.

[39] 赵建光，高杰 . 聚丙烯产品的性能及其应用进展 [J]. 化工设计通讯，2020, 46(7): 58-64.

[40] 崔崑，黄晋，赵巧玲，等 . 高熔体强度聚丙烯中长支链结构的分析与表征方法新进展 [J]. 化工进展，2022, 41(10): 5425-5440.

[41] 张宇婷 . 高结晶聚丙烯的研究 [D]. 兰州：兰州交通大学，2014.

[42] 苟荣恒，王勇，刘义，等 . 高流动抗冲共聚聚丙烯的结构与性能 [J]. 合成树脂及塑料，2022, 39(6): 51-54.

[43] 钱陈杲，蒋文军，刘振宇 . 透明聚丙烯专用料的结构与性能分析研究进展 [J]. 广州化工，2023, 51(10): 12-31.

[44] 张志箭，杨芝超，杜亚锋，等 . 高流动高抗冲聚丙烯结构与性能研究 [J]. 石油化工，2023, 52(12): 1695-1701.

[45] 黄传兵，祝志东，邓兆敬 . 电容器薄膜用聚丙烯树脂的发展现状 [J]. 电力电容器与无功补偿，2024, 45(01): 27-34.

[46] 王仁龙 . 一种聚丙烯塑料编织袋及其生产方法 [J]. 塑料包装，2023, 33(01): 26-27.

[47] 王平 . 聚丙烯流延膜性能及专用料开发现状 [J]. 化工与医药工程，2023, 44(06): 67-70.

[48] 姜泽钰，吴双，姜艳峰，等 . 流延聚丙烯（CPP）薄膜专用树脂结构与性能分析 [J]. 精细石油化工进展，2022, 23(03): 55-58.

[49] 刘健 . BOPP 及其在烟草包装中的应用 [J]. 塑料工业，2018, 46(03): 105-108.

[50] 李花，姚云，高莹，等 . 中国聚丙烯市场现状及发展趋势 [J]. 中外能源，2022, 27(10): 63-69.

第 3 章
聚烯烃车用专用料

汽车轻量化是世界汽车产业发展的趋势，也是汽车行业实现节能减排、降碳的有效手段之一[1]。随着汽车轻量化技术的发展，在汽车内装件和外装件中，塑料已得到广泛应用。作为汽车材料中最重要的塑料，聚烯烃材料的多元化和产品的系列化是实现汽车产业轻量化、环保化的重要手段。开发高流动、高模量、高冲击、低气味、低挥发性有机化合物（VOCs）的"三高二低"系列抗冲共聚聚丙烯以及高性能聚烯烃复合材料，是车用聚丙烯支撑汽车制件大型薄壁化、轻量化的重要研发方向。本章介绍了在抗冲共聚聚丙烯催化剂设计开发、聚合工艺对产品结构与性能影响、气味和 VOCs 溯源 - 检测与控制、产品的加工成型计算机辅助工程（CAE）模拟等方面开展的相关研究，对高性能、多元化、系列化产品高效开发、有效加工与应用有重要的指导意义。

3.1 概述

有研究报道：汽车的质量降低 10%，可提高 6% ～ 8% 的燃油效率；而汽车整车重量每减少 100kg，百公里燃油消耗量可降低 0.3 ～ 0.6L。因此，降低汽车的重量是降低燃油使用的有效途径之一，汽车轻量化技术的开发与应用势在必行。

统计数据显示，国内车用聚烯烃材料年需求量超过 200 万吨。为保证汽车制件的强度和安全性，汽车用塑料大都为改性塑料。通过对抗冲共聚聚丙烯改性，开发出一系列不同性能的车用聚丙烯材料，可满足汽车不同部件的功能要求。抗冲共聚聚丙烯及其改性聚丙烯材料在汽车上的应用，除了保险杠、挡泥板、仪表板和风扇叶片外，还包括前端模块、换挡器座底、底护板、天窗排水槽、发动机罩盖、排挡盒底座、后视镜支架、车门内板、座椅护板、门护板、柱护板、包裹架护板、后护板、油箱、散热器水室、油门踏板、保险杠支架等。

保险杠作为汽车的重要组成部分，起着吸收和减缓外界冲击力的作用，以保障驾驶员的自身安全。聚丙烯作为轻质材料，用于制作保险杠能在一定程度上减轻汽车的自重，而且聚丙烯的抗弯曲性能、耐腐蚀性能对延长保险杠的使用寿命起到无可替代的作用。同时，聚丙烯具有黏弹性，吸收冲击能量大，可以应对不同程度外力的作用，增强汽车的安全性。聚丙烯保险杠普遍采用注塑和吹塑两种成型工艺。注塑成型生产效率较高，能赋予保险杠刚性。吹塑成型使制品具有刚性和弯曲强度的同时，可充分发挥聚丙烯的流动性，满足复杂且流线的设计要求，产品质量也能得到大幅改善[2]。Kim 等[3]探索了玻璃纤维增强聚丙烯复合材料的应变速率、力学性能，以及对汽车保险杠梁结构性能的影响。通过采用有限元仿真分析软件（LS-DYNA），对玻璃纤维增强聚丙烯复合材料进行了冲击仿真实验，验证了通过使用应变速率，精确预测了玻璃纤维增强聚丙烯复合材料保险杠冲击响应的可能性。Ramaswamy 等[4]研究了来自全球 3 家不同供应商的聚丙烯微发泡材料力学性能的差异，通过实验模拟了保险杠模型在各种载荷条件下的性能变化，了解了不同材料性能的差异对保险杠性能的影响。Govindaraj 等[5]以滑石粉为无机矿物填料制备改性聚丙烯共聚物（PPCP），用于制备薄壁前保险杠集成式格栅构件，壁厚为 2.5mm，验证了设计结构的耐久性，并对产品的关键技术指标进行了验证，完全符合规格要求。与传统保险杠集成式格栅相比，选用改性 PPCP 材料可减轻车身质量（400g），从而有效实现了低排放和低成本。

挡泥板作为汽车的一部分，在行车过程中，主要作用是防止泥土溅到车身、拉杆、球头上。当泥土飞溅到挡泥板上时，则容易引起生锈，并且在外力冲击时，挡泥板容易被破坏。采用抗冲共聚聚丙烯或改性聚丙烯材料生产挡泥板，可以有效防止生锈，且使挡泥板受到外力冲击时发生变形而不容易直接毁坏。聚丙烯挡泥板的成型工艺与其结构、尺寸有很大关系。目前，国内外汽车挡泥板的成型工艺主要包括冲压、折弯、焊接、注塑、滚塑等。Shunichiro[6]的发明提出了一种聚丙烯类树脂组合物，其中，聚丙烯含量为 75% ～ 97%。该聚丙烯类树脂组合物的模制品在汽车零部件（诸如挡泥板、门板、车顶等）上具有很好的适用性。低流动聚丙烯均聚物（LPPH）具有高抗冲击性能，是广泛应用于汽车的热塑型塑料，常用作挡泥板原材料[7]。

仪表板是汽车中一个集装饰性、功能性、舒适性、安全性为一体的核心部件。作为汽车的内饰构件，仪表板直接呈现于驾乘人员面前，与驾乘人员有直接接触。由于聚丙烯优良的刚性和出色的韧性，通过挤出和注塑成型制作的仪表板，既可以保证在使用过程中不出现变形，又可以降低气囊非必要弹出的风险，保证驾乘人员的安全。Yang 等[8]发明了一种聚丙烯组合物的制备方法，将组合物制成薄膜或片材，可以应用于汽车的内饰零部件（仪表板、辅助仪表板等）。聚丙烯薄膜或片材可以与仪表板的气囊门区域结合在一起，用于增强仪表板气囊门的冲击阻力，防止安全气囊门破裂。Noh 等[9]发明了一种用于汽车内饰构件的聚丙烯树脂组合物，其具有优异的涂料黏合性，并且具有极好的抗冲击破坏性，优异的刚性和较低的重量，可以有效降低汽车内饰构件的整体重量。

汽车发动机的冷却风扇叶片是保证汽车发动机使用寿命的关键构件。风扇叶片的质量直接影响发动机的冷却效果和工作噪声的大小。聚丙烯风扇叶片具有质量轻、噪声低、寿命长等优点，并且叶片形状可以通过注塑成型制成各种有利于空气流动的形状。因此，聚丙烯塑料成为汽车发动机风扇叶片的首选塑料材料。Yan 等[10]采用注射成型工艺，制备了玻璃纤维和玄武岩纤维增强的聚丙烯复合材料。前者在汽车工业中应用广泛且备受欢迎，尤其是在汽车发动机风扇叶片上的应用是最为典型的代表。

在整车的各个零部件系统中，聚丙烯及其改性材料制作的零件最多，依车型不同而有所差异，涉及品种达数十种（见图3-1），这些零部件约占整个车用非金属材料的60%。因此，对聚丙烯及其改性材料进行轻量化的研究，是有效降低整车重量的重要途径。用于结构优化设计的车用轻量化聚丙烯，主要包括两类：

① 具有较高力学强度的改性聚丙烯，这类材料的特点是具有很高的拉伸性能及弯曲性能，通常是玻璃纤维增强材料，可用于部分金属件的以塑代钢，以及壁厚较厚的大型非外观塑料件的薄壁化，同时，还能替换密度较高的其他增强塑料材料等。

② 在薄壁零件中使用的改性聚丙烯材料，这类材料的特点是具有较高的模量、韧性和熔体流动速率，通常不含或含很少量的纤维类材料。

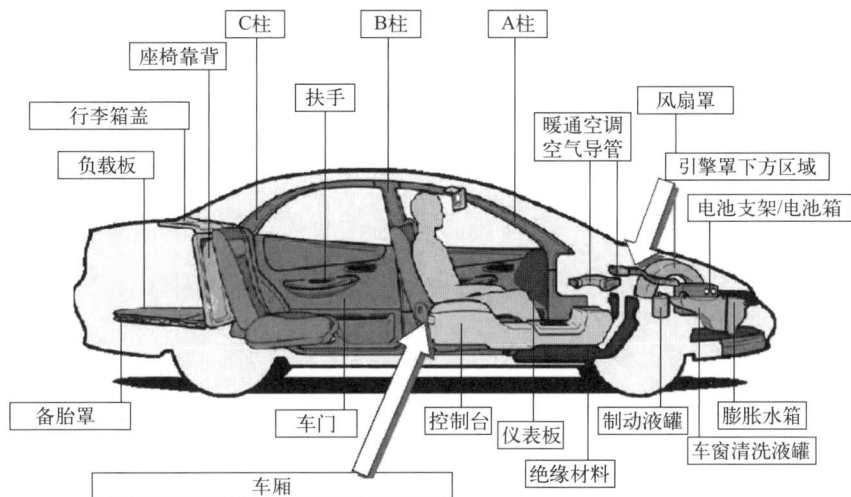

图3-1 聚丙烯在汽车零部件上的应用

随着聚丙烯生产技术的快速发展，产品性能调控手段日益繁多，聚丙烯产品品种越来越丰富，部分品种已可代替工程塑料。因此，聚丙烯在车用塑料中的使用率持续增加。而且，聚丙烯回收技术的不断发展和商业化再利用，为单一化的车用塑料回收解决了后顾之忧，进一步刺激了车用聚丙烯产业的高速发展。高熔体流动速率、高模量抗冲聚丙烯具有加工性能好、充模容易、产品翘曲变形少等优点，可使结构复杂的大型薄壁注塑制品的设计具有可行性，其在生产过程中，可缩短加工周期，降低加工温度、注射压力和能耗。但汽车轻量化和节能化对车用聚丙烯的流动性、抗冲性、刚性等性能提出了更高的要求，下游加工企业需要对现有高模量抗冲聚丙烯树脂进行更广泛、更有效、更经济、更实用的改性，以满足汽车不同制件的使用需求。国内汽车内外饰件代表性生产厂家主要有浙江俊尔新材料股份有限公司、合肥会通新材料有限公司、现代（盐城）工程塑料有限公司等，由于技术来源与配方的差异，对高模量抗冲聚丙烯的使用比例不尽相同，通常质量分数为5%～40%。

随着国民经济的发展和汽车生产技术的持续进步，对汽车用聚丙烯产品的要求亦越来越高，"三高两低"系列抗冲共聚聚丙烯[11-13]产品开发是支撑汽车大型制件薄壁化，实现汽车产业轻量化和环保化的关键。高模量、高流动抗冲聚丙烯具有高熔体流动性、高刚性、高耐热性、成型周期短、耐刮擦性能好和外观质量优异等特点，尤其是刚韧平衡性能更加突出。在制备大型制件时，选用高模量抗冲聚丙烯可获得更薄、更轻的制品；在改性专用料中，可获得更理想的加工和使用性能。抗冲共聚聚丙烯用于汽车领域有利于零部件减重、减薄，实现安全性、经济性和轻量化的统一，是聚丙烯合成工业的关注重点和开发热点，已成为聚丙烯向高性能化发展的重要方向[14-16]。

3.1.1　高熔体流动速率

车用聚丙烯制件形状复杂、尺寸大，聚丙烯材料需具有良好的流动性以填充模具型腔。目前，国内外各大新材料公司均已实现了高熔体流动速率材料的生产。根据市场需求，熔体流动速率一般控制在 30 ～ 100g/10min。在制品加工生产过程中，树脂流动性的提高，可降低加工温度、注射压力、合模力等，进而降低能耗，缩短制品的成型周期，从而大幅提高制品产量，满足大件制品和高速注塑成型需求。此外，采用高流动性聚丙烯可注塑成型薄壁制品，减少原材料的用量并降低成本。

3.1.2　高模量

由于国内汽车行业的中国新车评价规程（C-NCAP）要求愈加严苛，要求所使用的聚丙烯材料具有极高的刚性，聚丙烯树脂的弯曲模量要大于 1500MPa，以便承受巨大载荷，且在较大外力下要保持零件的形变程度。"薄壁注塑"中为了维持原有壁厚产品的静刚度，要求薄壁材料具有更高的弯曲模量，一般需要对聚丙烯进行改性，使其弯曲模量大于 1700MPa。

3.1.3　高冲击

面对巨大的瞬间冲击，汽车 A 柱、B 柱、C 柱和保险杠的承受能力，不仅是整个 C-NCAP 实验的必测性能，也是车辆最重要的安全性能。吸能树脂材料的不断裂，是整体车架不断裂的前提条件。汽车工业对车用聚丙烯材料的冲击强度有极高要求，通常应不低于 40kJ/m²，极端情况下要求达到 60kJ/m² 以上。同时，车用和家电聚丙烯材料必须具有良好的吸收与转移能量的能力，这就要求原料具有合适的冲击强度，以及较宽的分子量分布。

3.1.4　低气味

低气味改性聚丙烯主要应用于汽车内饰，是针对车内空气污染问题而开发的超低散发材料。该材料需具备力学性能均衡、加工性能优异、耐热性能高、低气味（聚丙烯材料气味等级≤ 3 级）等特性。解决了气味问题的聚丙烯，将成为各大车用改性工厂首选原料。根据大众汽车内饰件气味试验标准（PV 3900），其气味等级需控制在 3.5 及以下，并且总挥发性有机物（TVOCs）含量低于 50μg/g。尤其是在 GB/T 27630—2011《乘用车内空气质量评价指南》于 2012 年 3 月 1 日起实施后，解决抗冲共聚聚丙烯气味问题已成为各石化公司角逐的关键指标之一。

3.1.5　低 VOCs

聚丙烯材料中挥发性组分的来源主要有以下方面：

① 聚丙烯合成过程中的原料杂质及溶剂残留；

② 在聚丙烯聚合反应中生成的小分子聚合物及催化剂残留；

③ 助剂和树脂热降解产生的小分子残留。

国内外对低气味、低 VOCs 聚丙烯产品的研究相对较晚。抗冲共聚聚丙烯产品广泛应用于汽车内饰材料，其气味及 VOCs 直接关系到人民的健康安全。汽车内饰用材料产生的挥发性气体可能导致人们出现头痛、恶心甚至抽搐等症状，对人体健康造成严重威胁。一般引进牌号的产品气味与 VOCs 含量较低，在车用高端市场用量大。国内石化企业对聚丙烯气味和 VOCs 来源的理论认识相对不足，个别企业在气味和 VOCs 含量控制技术上发展较快，但整体国产料的气味等级居高不下，限制了其在车用高端市场的应用。

3.1.6 聚合工艺技术

基于聚烯烃车用专用料结构与性能、聚合工艺、加工及应用等的密切关系，生产高抗冲、高模量、高流动抗冲共聚聚丙烯的工艺技术一般须具备以下条件：

① 有适合相应工艺技术的高性能催化剂；

② 反应系统能比较容易地使用氢调法生产高熔体流动速率的抗冲共聚聚丙烯产品，并且能较容易地生产分子量分布较宽的产品；

③ 粉料处理系统具有较强的脱除挥发成分、残留催化剂和低聚物的能力。

自从 Z-N 催化剂发现以来，其不断发展进步的主要动力就是工业生产的需求。从一开始，人们对 Z-N 催化剂催化研究的目的就是为了得到活性和立体等规性优异的催化剂，进而使聚合技术得以简化。从20世纪60年代以来，该领域取得了许多技术突破：

① 发现活性 $MgCl_2$ 作为 Ti 化合物的载体，极大地提升了催化效率；

② 发现给电子体具有提高等规立构性的作用；

③ 催化剂形态和聚合物形态得以完全控制。

这些进步不仅在当时引起了巨大的轰动，还使 Z-N 催化剂和聚合技术达到了前所未有的水平。尤其是，"反应器颗粒"（reactor granule）技术的开发，使得工业生产取得了巨大进步。该技术不仅使生产步骤得以简化，产量得到提高，同时改善了生产可操作性，以及产品连续性。

目前，国内外生产抗冲共聚聚丙烯主要使用基于第四代催化剂开发的釜内合金催化剂，其本质上是一种高孔隙率聚烯烃催化剂。通过催化剂不同孔隙率的调整，影响产品组成和组分结构调变程度、合金相结构和形态、聚合过程中聚合物颗粒的完整性与均一性等。虽然开展了大量的研究工作，但是迄今为止，如何正确理解合金的生长和颗粒形状控制机理，进而对催化剂的孔隙率进行设计和调整，仍然是聚丙烯釜内合金催化剂研究无法回避的关键问题。

近年来的工业研究主要集中在能够促使产品革新的催化剂特性上展开。尤其更加关注对氢气的反应性的研究，以及共聚物立构规整性、重均分子量及其分布、共单体的插入和分布的精确控制。给电子体的作用，尤其是内给电子体的作用仍然是最重要的因素。不同内给电子体的迭代升级及复配应用使催化剂的性能得到了极大的改善。1997

年，Montell 公司成功将一类新型二醚类催化剂工业化，这类催化剂以二醚类化合物作为内给电子体，其中，2,2-二取代-1,3-二甲氧基丙烷是最常用的二醚。二醚催化剂的特性不仅在于经济性和立构规整性高（即使不加外给电子体），而且其氢调性能优异，所得丙烯聚合物的分子量分布也非常窄。

总体来说，邻苯二甲酸酯类催化体系是一大类多功能、多用途的催化剂体系，能够生产出覆盖大部分聚丙烯性能和应用的产物。而二醚和琥珀酸酯类催化体系可以认为是特殊或专门的催化剂体系，它们不仅能够利用现有技术拓宽聚丙烯的产品范围，而且还能够推动技术升级，生产 Z-N 催化剂所不能生产的产品。二醚类催化剂覆盖了要求窄分子量分布和高流动速率的控制流变应用领域，而琥珀酸酯类催化剂则覆盖了要求宽分子量分布的控制流变应用领域，以及超强注塑领域。因此，载体型的 Z-N 催化剂包括了可以互补的多类催化剂体系，这些体系协同作用，能够生产覆盖目前及将来的各个应用领域的聚丙烯产品。

催化剂体系中外给电子体的调整也将对抗冲共聚聚丙烯产品性能产生一定的影响。文献 [17] 报道了使用两种工业催化剂（G 和 Y），以及外给电子体环己基甲基二甲氧基硅烷（Donor-C）和二环戊基二甲氧基硅烷（Donor-D），通过丙烯淤浆均聚 - 气相乙丙共聚序贯聚合制备高熔体流动速率抗冲共聚聚丙烯。研究发现：含 Donor-D 体系的氢调敏感性比含 Donor-C 体系的差，需要使用超过 2 倍的氢气用量来调节聚合物熔体流动速率至相同值；以 Donor-C 为外给电子体时，合金的乙烯 - 丙烯无规共聚物（EPR）含量更高，并表现出较好的刚韧平衡性，但含 Donor-D 体系所得共聚物的分子量更高；主催化剂 Y 与 Donor-D 搭配，可制备弯曲模量和强度较高的抗冲共聚聚丙烯；主催化剂 G 与 Donor-C 搭配，可制备刚韧平衡性好的抗冲共聚聚丙烯。此外，文献 [18] 报道了不同位阻的几种醚化合物（ROCH$_3$）与 Ph$_2$Si(OCH$_3$)$_2$（DDS）组成的复合外给电子体，当其添加到 DQcat-TEA 催化体系催化丙烯均聚合时，与单纯 Ph$_2$Si(OCH$_3$)$_2$ 相比，催化活性和树脂等规度更高，氢调敏感性更好。将 ROCH$_3$ 与 DDS 或 Donor-D 组成复合外给电子体添加到 DQcat-TEA 催化体系中，在催化乙烯 - 丙烯共聚反应时，与使用单一的 DDS 或 Donor-D 相比，复合外给电子体对催化活性、共聚物组成分布、共聚物链结构等有显著的影响，从而对抗冲共聚聚丙烯性能产生显著影响。

随着抗冲共聚聚丙烯生产技术水平的提高，特别是新型催化剂技术和聚合工艺的不断改进，高模量、高流动性聚丙烯产品的开发和应用取得了很大进展。在抗冲共聚聚丙烯的工艺技术开发方面，Spheripol 工艺技术是生产高流动、高模量、高抗冲击聚丙烯的主流技术。中国石油在该技术的基础上，通过工艺的优化创新，开发出"三高两低"聚丙烯工业生产技术，产品中橡胶相质量分数可达 20% ～ 40%，气味低于 3.5 级，VOCs 含量小于 40μg/g。其次为 Innovene 工艺，抗冲共聚产品的熔体流动速率为 1 ～ 35g/10min，乙烯质量分数为 5% ～ 17%。Unipol 工艺的抗冲共聚物中乙烯质量分数可达 21%（橡胶相质量分数为 35%），中试装置可生产橡胶相质量分数高达 60% 的产品。Horizone 工艺技术产品的熔体流动速率为 0.5 ～ 100g/10min，橡胶相质量分数为 60%。Basell 公司的 Spherizone 工艺生产的聚丙烯产品，其中无规共聚产品中乙烯的含量可高达 7%，橡胶相高达 40% 以上，抗冲共聚物中乙烯高达 25% 以上。另外，还有中国石油化工集团公司的 ST 工艺等。

目前，釜内合金的抗冲共聚聚丙烯在工业界也称抗冲共聚聚丙烯（IPC）。应用广泛的抗冲共聚聚丙烯产品多采用"反应器合金"技术：通常在第一反应器中，由丙烯均聚生成等规聚丙烯颗粒；然后，在第二反应器中，进行乙烯、丙烯气相共聚，在多孔的聚丙烯颗粒内部间隙中形成乙丙橡胶相。抗冲共聚聚丙烯的刚性来源于基体相，韧性来源于橡胶相[19-24]。因此，其开发的技术关键在于催化剂和聚合工艺，两者相互配合，密不可分。催化剂是抗冲共聚聚丙烯开发的技术核心，从理论上决定产物的性能极限，而聚合工艺则从实际上控制产品性能范围的拓宽程度。抗冲共聚聚丙烯技术的科学问题主要包括：

① 催化剂颗粒形状、大小、孔隙度等三维结构与产物组成、相结构、形态之间的关系；

② 产物的生长机理和颗粒形状的控制；

③ 产物组成、结构与性能之间的关系等。

技术研究则集中于开发新型催化剂和聚合工艺，从而实现在更宽广的范围内调变产品的组成与结构，在提高产品韧性的同时，兼顾产品刚韧平衡性能。开展对两相性质的研究和调控，一直是行业研究的热点。

高端抗冲车用聚丙烯树脂橡胶相质量分数高达 28% 以上，开发难度大。分析其原因可知：

① 在丙烯均聚段，大量氢气的存在促使 Z-N 催化剂的活性释放，在气相反应器的乙烯-丙烯共聚段，催化剂活性衰减较快，乙烯结合率较差。因此，开发高熔体流动速率、高抗冲击产品的催化剂体系，不仅需要具备良好的氢调敏感性，还要具备较长的活性寿命和高的乙烯结合率。

② 随着产品中橡胶相质量分数的提高，在气相反应器中，聚合物粒子表面形成的橡胶相质量分数也有所增加，聚合物流动性降低，导致装置易于结块，影响装置长周期稳定运行。

生产企业通过高寿命催化剂的开发或工艺优化，解决上述问题。如 Basell 公司在 Spheripol-II 工艺装置上，通过在气相反应器后多加 1 台气相反应器，开发出高熔体流动速率、高抗冲击的抗冲共聚聚丙烯产品（牌号为 EP200R），熔体流动速率为 20 ～ 22g/10min，冲击强度高于 45kJ/m²。

国外石化企业在"三高两低"产品开发技术方面领先国内，长期占领我国高端车用料市场，其核心技术主要由 Basell、ExxonMobil、SK、三星等公司掌握。例如，由 SK 开发的高结晶抗冲共聚聚丙烯（牌号 BX3800、BX3900 等系列产品），无论弯曲模量、冲击强度，还是气味水平都远强于市场同类产品；其次为大韩油化、韩华道达尔、Basell、ExxonMobil 等公司开发的高结晶抗冲共聚聚丙烯产品。在开发高性能聚丙烯方面，尽管国内各石化企业付出了诸多努力，但成熟的"三高两低"产品相对较少，并且在性能、生产数量等方面还不能完全满足汽车产业的需求。

3.2 特色催化剂体系

自 20 世纪 50 年代以来,Z-N 催化剂经历了五代的发展[25-28],催化剂活性、立体选择性等方面有了巨大提升,现代催化剂的研究焦点聚集在给电子体上,这也是第三代、第四代、第五代催化剂的不同之处。现在工业界大规模生产所用的催化剂仍是第四代催化剂,而第五代催化剂的大规模推广仍面临着不少问题。第四代催化剂常用 $MgCl_2$-ID-$TiCl_4$/$AlEt_3$/ED 表示,主要包括三部分:第一部分是由 $MgCl_2$-ID-$TiCl_4$ 组成的主催化剂,包括 $MgCl_2$ 载体、活性中心 $TiCl_4$ 和内给电子体(ID);第二部分是助催化剂烷基金属 $AlEt_3$;第三部分是外给电子体(ED)。

高抗冲共聚聚丙烯一般指冲击强度大于 $40kJ/m^2$ 的共聚聚丙烯。开发高抗冲共聚聚丙烯产品的催化剂,不仅要具有大孔容、高比表面积的孔道结构,而且催化剂要具备足够长的活性寿命。大孔容、高比表面积和高的乙烯结合率,为高橡胶相的实现提供了可能:一方面,能解决生产高抗冲共聚聚丙烯过程中橡胶相溢出聚合物表面导致的粘釜难题,可确保装置的长周期生产;另一方面,也可以解决乙烯、丙烯共聚时,乙烯结合率低的问题,以及橡胶相质量分数不足、分布不均导致抗冲共聚聚丙烯产品冲击性能差的技术难题。

3.2.1 大孔容、高比表面积催化剂的制备

催化剂是影响聚合物性能的关键因素,也是调控产品性能的重要手段。大孔容、高比表面积的催化剂的制备,主要分为 3 个阶段:首先,添加特定结构的芳基酚在球形卤化镁载体上,得到组成为 MgX_2-$nROH$-mLB 的卤化镁 - 醇 - 酚络合物(式中,X 为卤素;R 为 $C_2 \sim C_8$ 的烷基或羟基取代的烷基;LB 为酚类化合物;n 为 $1.8 \sim 2.8$;m 为 $0.01 \sim 0.50$);其次,络合物经过分散、骤冷定型等工序,得到球形卤化镁载体;最后,将磷酸酯类、联苯结构双膦等化合物[作为内给电子体(ID)]以及 $TiCl_4$ 负载在球形卤化镁载体上,可获得 Z-N 催化剂。该类催化剂具有球形结构良好、粒径分布均匀、孔容大、比表面积高、乙烯结合率高的特点,催化剂的孔容达到 $0.35 \sim 0.50mL/g$,比表面积为 $220 \sim 460m^2/g$。催化剂组成、形态以及合成的 IPC 形态如图 3-2 所示。制备的抗冲共聚聚丙烯产品中橡胶相质量分数可高达 43% 且不粘釜。

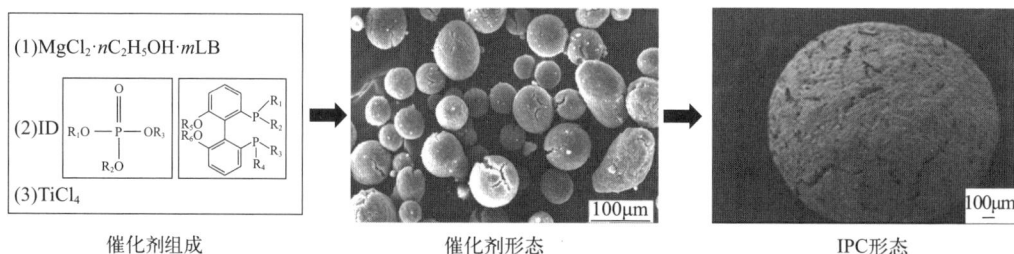

催化剂组成　　　　　　　　催化剂形态　　　　　　　　IPC形态

图 3-2 大孔容、高比表面积、高乙烯结合率催化剂的组成、形态以及合成的 IPC 的形态

3.2.2 外给电子体的复配技术

给电子体对 Z-N 催化剂性能具有重要影响。通过与不同配位能力外给电子体(高

氢调敏感性外给电子体与高等规外给电子体）的复配，可以进一步调节催化剂的氢调敏感性和对聚合物等规度控制能力。研究结果表明：位阻大的硅烷类化合物作为外给电子体配位能力强，形成的催化剂体系氢调敏感性差，等规控制能力强；位阻小的硅烷类化合物作为外给电子体配位能力差，形成的催化剂体系氢调敏感性好，等规控制能力差。

（1）外给电子体结构对催化剂氢调敏感性和立构规整性的影响

在外给电子体大位阻、中位阻硅烷类化合物（二者分别简称 F、G），以及 F 和 G 复配（质量比 1∶1）体系下，催化剂的氢调敏感性和等规度（全同立构指数，II）控制能力见图 3-3 和图 3-4。由图 3-3 和图 3-4 可知：氢调敏感性由高到低依次为 F+G 复配、G、F；等规度控制能力由高到低依次为 F、F+G 复配、G。

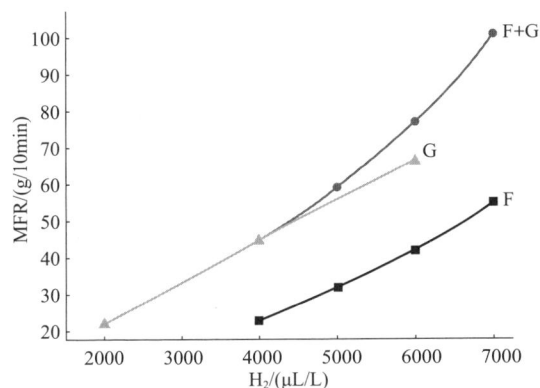

图 3-3 外给电子体 F、G 及复配氢调敏感性

（数据来源：中国石油科技重大专项一期项目
"聚烯烃新产品研究开发与工业应用"）

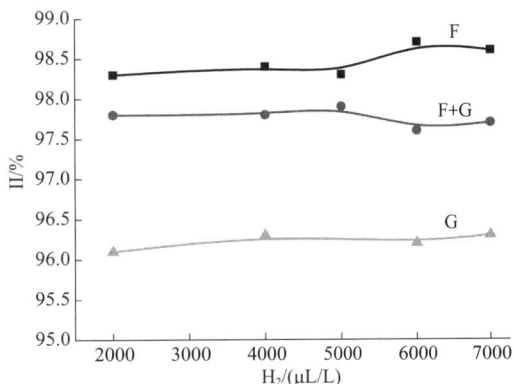

图 3-4 外给电子体 F、G 及复配等规度控制

（数据来源同图 3-3）

在不同低位阻硅烷外给电子体（简称 H）与 F 复配比例下，催化剂的氢调性和等规控制能力见图 3-5 和图 3-6。由图 3-5 和图 3-6 可知：在 H/F 为 1∶2 的条件下，催化剂兼具良好的氢调敏感性和等规控制能力。

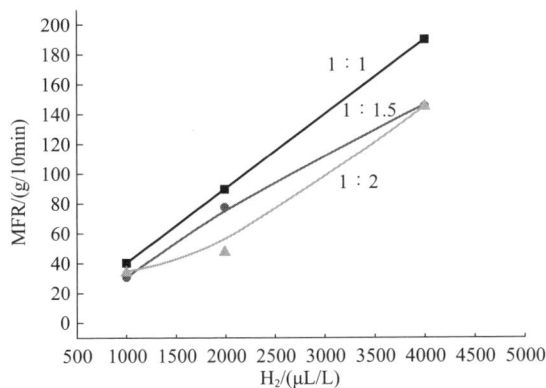

图 3-5 外给电子体 F 与 H 氢调敏感性

（数据来源同图 3-3）

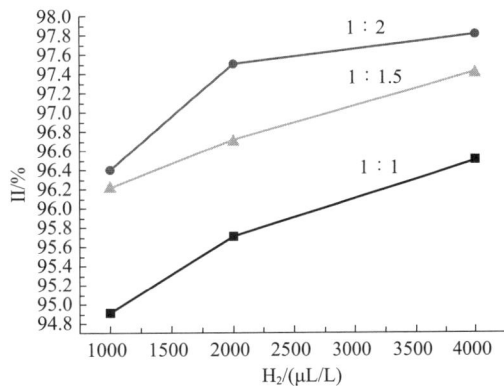

图 3-6 外给电子体 F 与 H 等规度控制

（数据来源同图 3-3）

（2）外给电子体结构对抗冲共聚聚丙烯产品冲击性能的影响

选用不同结构的 F 和 G，制备出乙烯质量分数分别为 7%、10% 的抗冲共聚聚丙烯，研究了外给电子体结构对制备的抗冲共聚聚丙烯性能及组成的影响，产品性能如表 3-1 所示（数据来源同图 3-3）。由表 3-1 可知：当乙烯质量分数一定时，由 G 制备的 ICP 熔体流动速率高于由 F 制备者；但前者的冲击强度明显低于后者。

表 3-1　抗冲聚丙烯产品性能

外给电子体	乙烯质量分数/%	熔体流动速率/(g/10min)	弯曲模量/MPa	冲击强度/(kJ/m^2)
F	7	26	1121	6.3
G	7	55	1038	4.5
F	10	16	1000	18.9
G	10	38	967	7.7

（3）外给电子体结构对抗冲共聚聚丙烯产品橡胶相含量及分散性的影响

二甲苯可溶物含量可以用于表征产品中橡胶相含量。二甲苯可溶物和二甲苯不溶物的特性黏度、黏均分子量可以用于表征产品橡胶相含量、聚丙烯基体的分子量大小。由表 3-2（数据来源同图 3-3）可知：在相同的乙烯含量条件下，由 F 制备的样品橡胶相含量和不溶物的分子量均高于由 G 制备的样品。

表 3-2　产品组成及特性黏度

项目	乙烯含量7%		乙烯含量10%	
	F	G	F	G
二甲苯可溶物含量/%	16.23	13.7	22.4	19.35
可溶物特性黏度/(dL/g)	5.319	3.573	5.411	4.285
不溶物特性黏度/(dL/g)	1.569	1.347	1.621	1.539
可溶物黏均分子量/(×10^4)	71.7	43.6	73.3	54.7
不溶物黏均分子量/(×10^4)	15.6	12.3	16.2	15.2

用有机试剂对断面进行刻蚀，通过扫描电子显微镜（SEM）观察断面形貌，结果见图 3-7 和图 3-8（数据来源同图 3-3）。由图 3-7 和图 3-8 可知：由 F 制备的样品橡胶相分布均匀，尺寸均一；由 G 制备的样品橡胶相质量分数较低，并且橡胶相尺寸与均一性要劣于由 F 制备者。

3.2.3　催化剂的放大制备

催化剂制备工艺的条件控制，如催化剂负载化过程中的温度控制、搅拌形式等，是催化剂性能的重要影响因素之一。通过解决催化剂制备过程中工艺（温度控制、搅拌、洗涤干燥及原料重复利用）和制备工程放大问题，实现了催化剂放大制备中核心

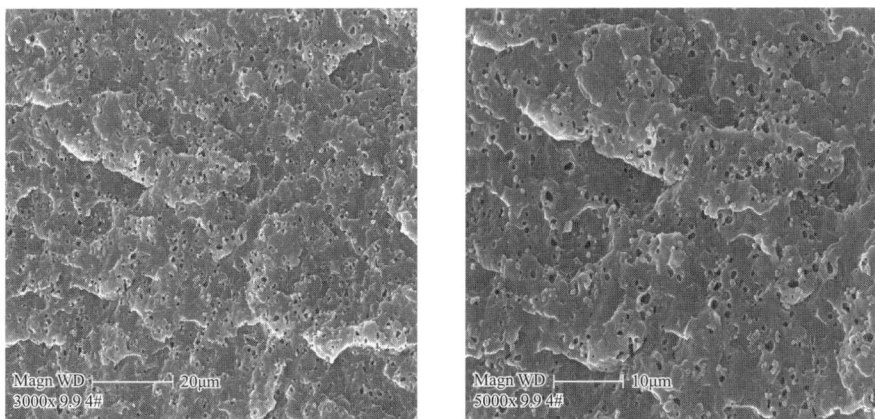

图 3-7 由 F 制备的样品淬断面 SEM 照片

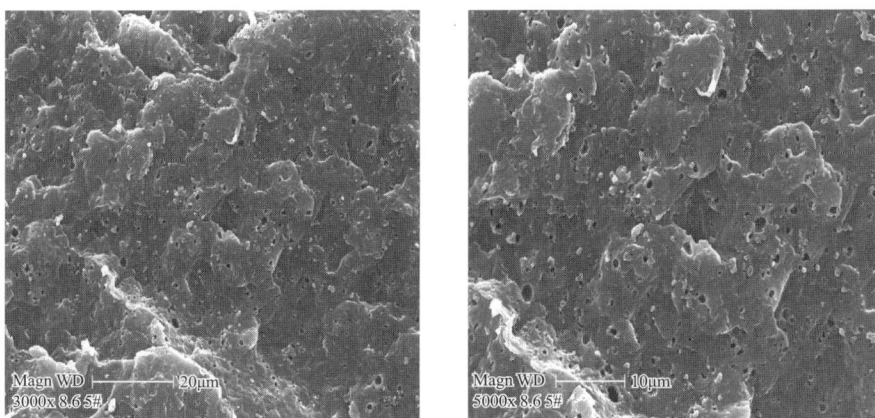

图 3-8 由 G 制备的样品淬断面 SEM 照片

元素关键组分的平稳控制，完成了批量催化剂的放大制备，催化剂的收率达到 75% 以上。在中国石油石油化工研究院兰州化工研究中心 75kg/h 的 Spheripol-Ⅱ 聚丙烯中试装置上，采用批量制备的催化剂，开发出 3 个牌号（高流动、高模量、高冲击）聚丙烯釜内合金材料的中试生产技术，实现了万吨级工业化装置的转化，产品性能达到进口产品水平。

3.3 聚合工艺对产品结构与性能的影响

抗冲共聚聚丙烯是多相体系，是由丙烯均聚物（PP-H）、乙丙橡胶（EPR）和乙烯 - 丙烯嵌段共聚物（EbP）组成的微观尺度的混合物，为半结晶性质的高分子混合物，其链结构复杂[29-31]。其中：PP-H 提供共聚物的刚性；EPR 可提高共聚物的抗冲击强度；EbP 分子链含有结晶链段和非结晶链段，它作为相容剂增加了橡胶相和聚丙烯的相容性，使共聚物既具有良好的抗冲击性能，又具有较高的弯曲强度。

胡友良、卢晓英等[32-33]研究了采用 Z-N 催化剂多段聚合制备的共聚聚丙烯的结构和形态特征。对抗冲共聚聚丙烯制备过程的研究发现：在进料混合气体中，乙烯含量的增加和共聚时间的延长，均可提高共聚物中乙烯含量；提高聚合温度是最有效的加快聚合速度和调节共聚物中乙烯含量的方法；降低反应温度时，乙烯压力对合金中乙烯含量影响不大，却可有效调节合金中 EPR 和 EbP 的组成，使这两种组分含量明显增加；EbP 的存在，可提高合金的抗冲击强度，EbP 与 EPR 配比是有效提高合金抗冲击强度的关键因素。

抗冲共聚聚丙烯制备过程中的形态复制机理如图 3-9 所示 [34-39]。在聚合过程中：首先，催化剂预聚；随后，丙烯均聚，即丙烯对催化剂的多孔球形结构进行形态复制形成 PP-H；之后，PP-H 粒子和催化剂共同作为微型反应器进行烯烃单体的共聚反应；然后，进行橡胶微粒填充；最后，生成聚丙烯釜内合金。

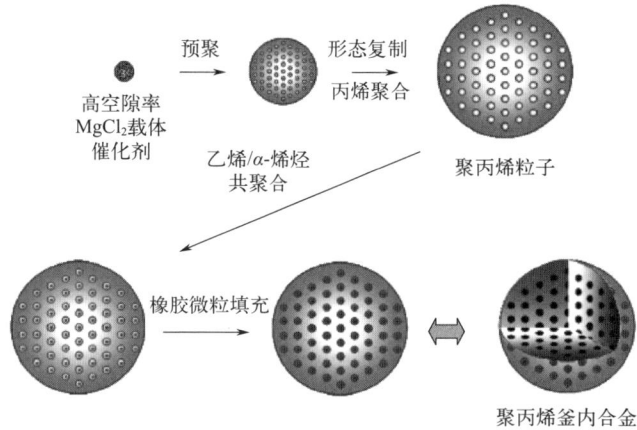

图 3-9　球形抗冲共聚聚丙烯制备过程中的形态复制机理

以采用 Spheripol-Ⅱ环管工艺自主开发的 EP533N 为例，该工艺主要由 4 台反应器组成：预聚合反应器、第一环管反应器、第二环管反应器、气相流化床反应器。生产抗冲共聚聚丙烯产品时，环管反应器中制备的均聚粉料中的催化剂仍含有一定的催化活性，进一步在气相流化床反应器中催化乙烯、丙烯共聚反应，生成乙丙共聚物，从而提高产品的抗冲击性能。该工艺流程如图 3-10 所示。

在 Spheripol-Ⅱ装置中，通过先进的工艺调控技术，实现了抗冲共聚聚丙烯的生产。PP-H 中嵌入长序列聚乙烯链段的含量控制在 4.0%～8.0%，橡胶相粒子尺寸为 0.25～1.00μm，均匀分布在 PP-H 中。开发的 EP533N 产品性能优于进口产品，并具有均匀的相态结构，其性能如表 3-3 所示，刻蚀断面的 SEM 照片如图 3-11 所示 [40]。

表 3-3　EP533N 与国外产品力学性能对比

项目	执行标准	EP533N	进口产品
熔体流动速率/(g/10min)	GB/T 3682.1—2018	31.4	28.1
拉伸屈服应力/MPa	GB/T 1040.2—2022	25.6	24.5
弯曲模量/MPa	GB/T 9341—2008	1430	1204
冲击强度/(kJ/m²)	GB/T 1043.1—2008	8.6	8.8
气味/级	PV 3900—2000	3.0	3.2

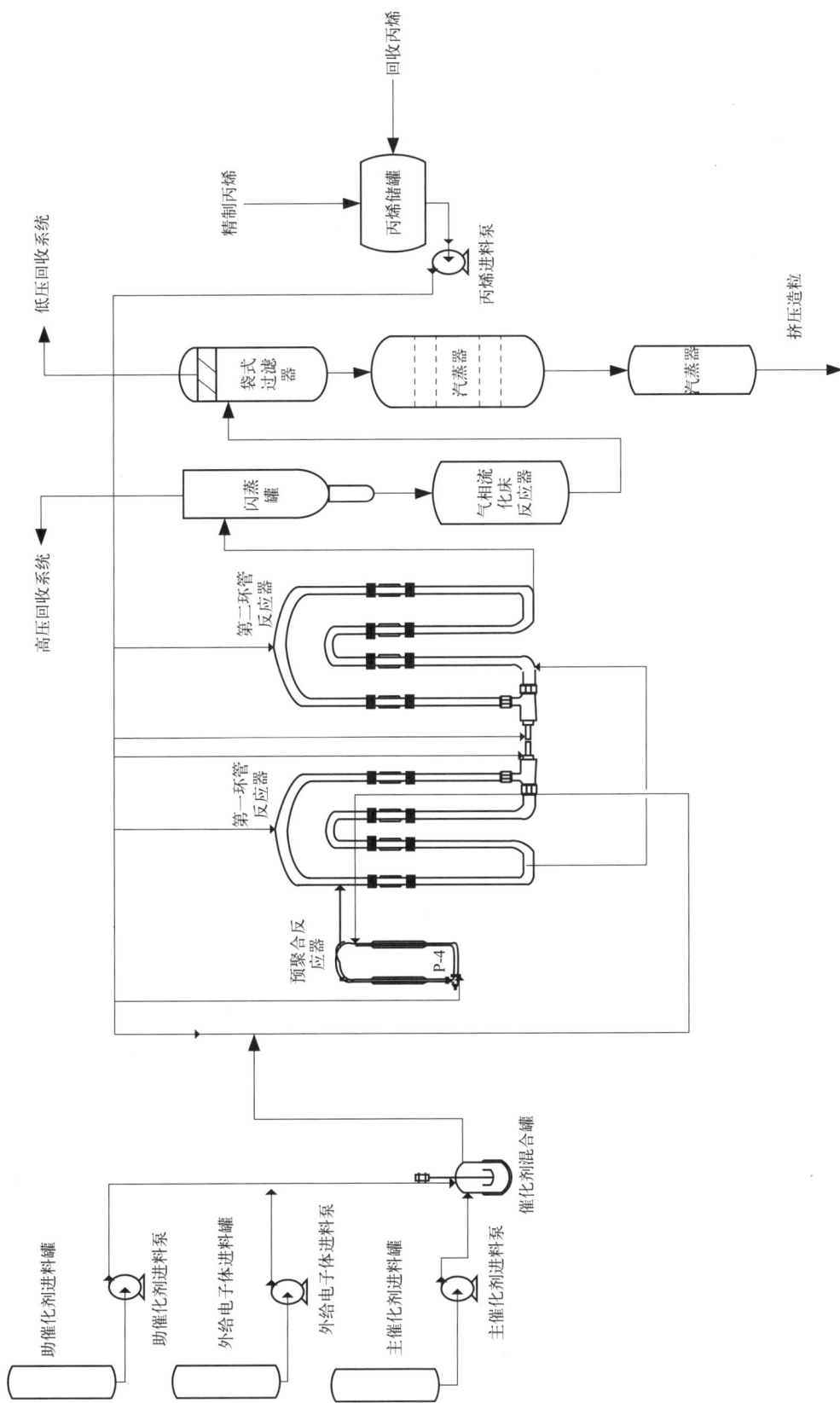

图 3-10 聚丙烯 Spheripol-II 工艺流程

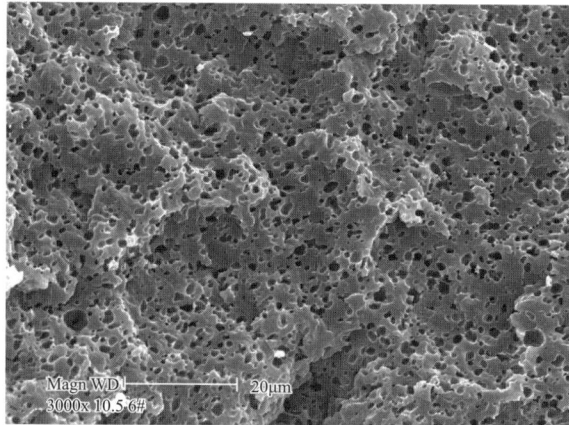

图 3-11　EP533N 刻蚀断面的 SEM 照片

3.3.1　抗冲共聚聚丙烯产品各组分相互作用

抗冲共聚聚丙烯体系中不但存在着分子链组成差异和链结构差异，还存在着由微观结构引起的宏观相结构差异。抗冲共聚聚丙烯的结构与性能密切相关。研究发现：丙烯和乙烯序列分布，从 EPR 组分开始，直到 EbP 组分中，是呈连续变化的。正是这种各组分间组成和丙烯、乙烯单元序列结构的连续变化，增强了抗冲共聚聚丙烯体系的橡胶相和聚丙烯相间的相容性，有效提高了抗冲共聚聚丙烯的综合性能。典型抗冲共聚聚丙烯产品的三种组分（PP-H、EPR、EbP）中：EPR 和 EbP 共混后形成共晶，而 PP-H 和 EPR 的共混对 EbP 的结晶起到了稀释和弱化作用。这表明 EPR/EbP 和 EbP/PP-H 之间都具有良好的相容性，同时，EbP 增强了 PP-H 基体和分散相 EPR 的相互作用。因此，在抗冲共聚聚丙烯产品制备过程中，EbP 的加入是必不可少的。[41-44]

抗冲共聚聚丙烯经有机溶剂温度梯度萃取分级后，抗冲共聚聚丙烯得到 3 个组分的分子量及其分布（见表 3-4 所示，数据来源同图 3-3）。由表 3-4 可知：在抗冲共聚聚丙烯组成中，EbP 组分的分布最宽，多分散系数（PDI，又称分子量分布系数）达到了19.3；EPR 组分的分布最窄，PDI 只有 2.8。

表 3-4　各级分分子量及其分布参数

组分	重均分子量/($\times 10^5$)	数均分子量/($\times 10^4$)	PDI	质量分数/%
抗冲共聚聚丙烯	2.316	2.06	11.24	—
EPR	4.027	14.205	2.8	11.86
EbP	1.496	0.777	19.3	5.87
PP-H	1.017	2.489	4.1	82.27

随着对高端抗冲聚丙烯产品需求的日益增长，需要提高产品中橡胶相含量。但是，若气相反应器中聚合物粒子表面形成的橡胶相含量增加，将使聚合物流动性降低，易于结块，为工业生产装置如大型挤压机等长周期平稳运行带来风险。为解决这一难题，基于抗冲共聚聚丙烯制备工艺路线，系统研究发现，聚合工艺参数是影响抗冲共聚聚丙烯

结构和性能的关键因素。

为揭示抗冲共聚聚丙烯产品中 PP-H、EbP 组分比例以及单体序列结构和相态结构对抗冲共聚聚丙烯产品性能的影响规律，研究者以连续自成核与退火（SSA）热分级技术，对 EbP/PP-H 非共混物及溶液共混物的熔融行为进行了研究，其结果如图 3-12 所示[42]。

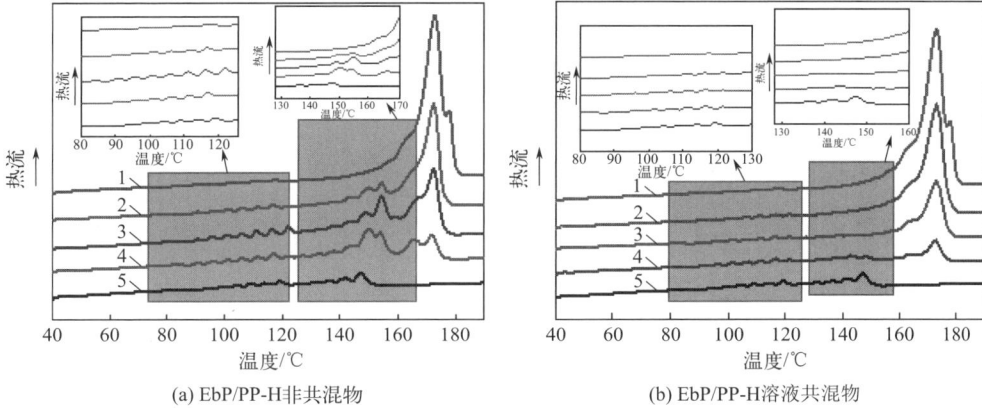

(a) EbP/PP-H非共混物 (b) EbP/PP-H溶液共混物

图 3-12 EbP/PP-H 非共混物和共混物的 SSA 曲线

1—PP-H; 2—m(EbP)：m(PP-H)=50：50; 3—m(EbP)：m(PP-H) = 70：30;
4—m(EbP)：m(PP-H) = 90：10; 5—EbP

由图 3-12（a）可见：80 ～ 125℃ 的连续峰代表不同长度的 PE 嵌段的吸收；130 ～ 160℃的连续峰代表不同长度的 EbP 中不同长度的 PP 嵌段的吸收；高于 160℃的峰代表 PP-H 的吸收，非共混物的熔融曲线相当于 EbP 和 PP-H 熔融曲线的叠加。溶液共混物［图 3-12（b）］与非共混物［图 3-12（a）］最大的区别在于 130 ～ 160℃处的熔融峰，前者在该区域并未观察到连续的熔融峰，说明 EbP 组分中的 PP 嵌段和 PP-H 组分中的 PP 长链段之间存在着相互作用，从而对 EbP 和 PP-H 中可结晶聚丙烯的结晶行为产生了影响，二者在结晶的过程中可能形成了共晶。

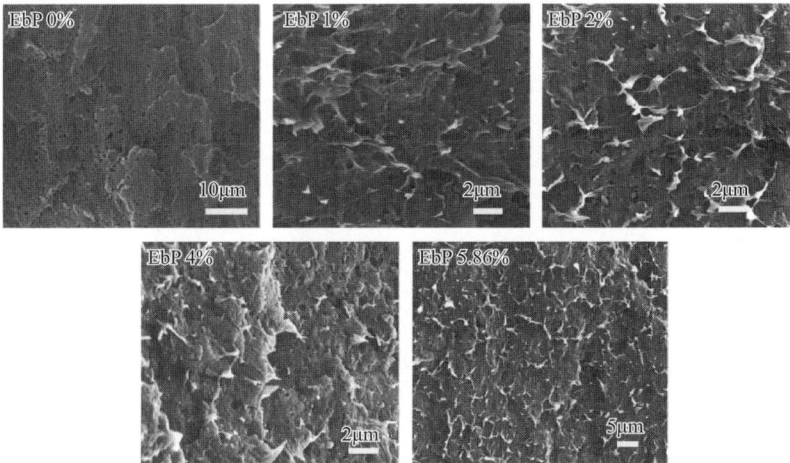

图 3-13 不同含量的 EbP 三元溶液共混物断裂面形貌

图 3-13 为不同 EbP 含量的溶液共混物经低温冲断、有机溶剂刻蚀后断面的 SEM 图（数据来源同图 3-3）。由图 3-13 可知：随着 EbP 质量分数的增加，断裂表面出现了拉丝现象，并且孔洞分布更加均匀，这是由于 EbP 的加入对 EPR 和 EbP 起到增容的作用，在冲断过程中出现了韧性断裂。这些拉丝状物质可认为是 PE 相受冲击力被拉出来的形貌，说明 PE 相与 PP 基体之间的相界面有很高的强度。冲击力能够通过相界面传递到结晶的聚乙烯相中，说明抗冲共聚聚丙烯中存在长序列乙烯和长序列丙烯的嵌段共聚物 EbP 组分，并且发挥着相容剂的作用。上述试验表明：抗冲共聚聚丙烯各组分可通过自组装形成复杂的核-壳结构，各组分之间的相互作用是造成这种核-壳结构的动力学因素，最终达到一种热力学稳态结构。

3.3.2　聚合工艺参数对产品结构与性能的影响

抗冲共聚聚丙烯是复杂的多相体系，PP-H 提供共聚物的刚性，EPR 相可提高共聚物的抗冲击强度。可结晶乙丙共聚物分子链含有结晶链段和非结晶链段，增加了橡胶相和聚丙烯的相容性，使得产品具有良好的刚韧平衡性能。

在实际生产中，抗冲共聚聚丙烯产品的刚性、韧性等主要通过调整三乙基铝/外给电子体（简称 T/D，质量比，下同）、丙烯停留时间、共聚单体含量、气相比（C_2/C_2+C_3）、氢气浓度等参数来实现。在抗冲共聚聚丙烯的开发中，考察了关键参数对产品结构性能的影响。研究发现：小幅调整 T/D，对产品的力学性能影响较小；在环管反应器中，降低丙烯的停留时间，即降低环管密度，催化剂活性将后移至气相反应器中，提高了共聚单体的结合率和产品的冲击强度，对开发高冲击抗冲共聚聚丙烯产品作用显著；在抗冲共聚聚丙烯制备过程中，提高共聚单体含量可以提高产品的冲击强度，同时，会降低产品的弯曲模量；在其他工艺参数相近的情况下，改变气相反应器中的气相比和氢气浓度，可以调整产品中的橡胶相含量、分子量大小，以及抗冲共聚聚丙烯产品组分；气相比过高，易形成较多的 PE 长链，并未形成有效的橡胶相，从而无法提升产品冲击性能；气相比过低，虽然形成较多的 EPR，但如果缺少作为桥联结构的 EbP，产品的冲击性能也难以得到改善。此外，气相反应器中的氢气浓度，会影响橡胶相的分子量，氢气浓度越低，抗冲共聚聚丙烯橡胶相的分子量越高，越有利于提高产品的冲击性能。

3.3.3　抗冲共聚聚丙烯产品中试技术

抗冲共聚聚丙烯中 EPR 和 EbP 的含量、序列分布和相态结构对产品刚韧平衡性能影响较大。基于对抗冲共聚聚丙烯产品"核-壳结构"和工艺参数对产品性能影响规律的认识，结合中试过程中的工艺调整，形成了先进的工艺调控技术，实现了产品中较为完善的核-壳结构及均匀的相态分布，在低乙烯质量分数（20%）下实现了产品的刚韧性平衡[45-50]。在 75kg/h 聚丙烯 Spheripol-Ⅱ中试装置中，完成了从中熔体流动速率到高熔体流动速率的高抗冲和高模量系列抗冲共聚聚丙烯中试产品的技术开发，设计模拟了系列产品的转产方案，优化了橡胶相与连续相的相容性，形成了两个系列的抗冲共聚聚丙烯中试控制技术。

（1）高抗冲系列抗冲共聚聚丙烯产品中试技术开发

在中试装置上，利用开发的高乙烯结合率催化剂，通过对催化剂体系、聚合工艺参数的调整，优化了橡胶相与连续相的相容性，形成了高抗冲系列共聚产品的中试生产技术，通过模拟抗冲共聚聚丙烯产品的切换顺序，确定了自主产品的性能指标（表3-5）。

表3-5 高抗冲系列 ICP 产品性能

牌号	熔体流动速率/(g/10min)	拉伸屈服应力/MPa	弯曲模量/MPa	冲击强度/(kJ/m^2)
SP179	8～11	≥17.0	≥900	≥40.0
SP18I	15～23	≥17.0	≥900	≥17.0
SP531	20～28	≥16.0	≥800	≥40.0
SP532	28～35	≥14.0	≥750	≥40.0

（2）高模量系列抗冲共聚聚丙烯产品中试技术开发

在中试装置中，利用开发的高氢调敏感性、高立构规整性催化剂体系，通过对聚合工艺参数的调整，进一步优化了橡胶相与连续相的相容性，开发出高模量系列产品的中试生产技术。通过模拟高模量系列抗冲共聚聚丙烯产品切换顺序，确定了产品的性能指标，如表3-6所示。

表3-6 高模量系列产品性能

牌号	熔体流动速率/(g/10min)	拉伸屈服应力/MPa	弯曲模量/MPa	冲击强度/(kJ/m^2)
EP533N	28～32	≥23.0	≥1100	≥8.0
EP408N	45～55	≥23.0	≥1200	≥6.0
EP508N	55～65	≥23.0	≥1300	≥6.0
EP100N	90～110	≥23.0	≥1500	≥4.0

3.3.4 抗冲共聚聚丙烯产品工业化生产技术

依托在 75kg/h 聚丙烯 Spheripol-Ⅱ工艺上形成的一系列抗冲聚丙烯中试控制技术，以及模拟的系列产品转产方案，在工程放大技术的研究基础上，于兰州石化 30 万吨/年的 Spheripol-Ⅱ聚丙烯装置（见图 3-14 所示）中，实现了中试技术在工业装置的精准转化。开发出两个系列的车用抗冲聚丙烯产品：高抗冲（SP179、SP18I、SP531、SP532）和高模量（EP533N、EP408N、EP508N、

图 3-14 兰州石化 30 万吨/年聚丙烯工业装置

EP100N 等）。产品性能如表 3-7 和表 3-8 所示，系列产品获得以普利特为代表的车用改性客户普遍认可。

表 3-7　兰州石化高抗冲共聚聚丙烯系列产品性能

项目	执行标准	SP179	SP18I	SP531	SP532
熔体流动速率/(g/10min)	GB/T 3682.1—2018	8.7	15.6	24.0	34.4
拉伸屈服应力/MPa	GB/T 1040.2—2022	21.0	17.5	16.1	18.1
弯曲模量/MPa	GB/T 9341—2008	1060	828	801	848
冲击强度/(kJ/m²)	GB/T 1043.1—2008	57	62	64	55
气味/级	PV 3900—2000	3.0	3.0	3.5	3.0

表 3-8　兰州石化高模量共聚聚丙烯系列产品性能

项目	执行标准	EP533N	EP408N	EP508N	EP100N
熔体流动速率/(g/10min)	GB/T 3682.1—2018	31.4	51.9	57.6	103
拉伸屈服应力/MPa	GB/T 1040.2—2022	25.6	24.8	25.7	26.2
弯曲模量/MPa	GB/T 9341—2008	1430	1470	1520	1640
冲击强度/(kJ/m²)	GB/T 1043.1—2008	8.6	7.6	7.8	4.2
气味/级	PV 3900—2000	3.0	3.0	3.0	3.0

　　SP179 力学性能达到国外某知名同类水平，加工性能相当，气味达到 3.0 级；EP533N 气味达到 3.0 级，加工性能与进口产品相当，产品的橡胶相分散均匀，综合性能优于国外某知名同类产品水平，成为行业标杆产品。目前，EP533N 产品市场需求量超过 30 万吨 / 年。

3.4　低气味、低 VOCs 车用聚丙烯专用料的检测及控制技术

　　气味指的是汽车内饰件在车厢密闭环境中，散发出的、能被人的感官识别的各种味道的总称[51]。聚烯烃气味与 VOCs 含量并不完全趋同。产品气味重，VOCs 含量也高；但产品 VOCs 含量高，气味却不一定重，这与挥发性物质的气味阈值有关。一般来说，人体感官对于低沸点的醛、酮、酯、醇、烯烃、短支链烷烃类有机物的阈值较低，微小的含量就能被识别。由于汽车驾驶室为密闭空间，夏季高温天气会加速内饰件中 VOCs 的散发，这些 VOCs 对人体的呼吸系统、皮肤等有一定的刺激作用，长时间接触和累积会危害肝脏和造血系统。因此，车内环境质量的优劣也成为人们选购汽车的一个重要考虑因素。

　　聚丙烯气味的检测方法，一般是靠人的嗅觉直观感受，行业内认可的标准为德国大众的 PV 3900—2000 标准"汽车车厢内零部件气味试验"测试，其中，气味评判等级分为 1～6 级，具体评判标准如表 3-9 所示。

表 3-9　PV 3900—2000 气味等级评价标准

气味等级	评价
1	不能感受到的
2	可感受到，无妨碍的
3	可明显感受到，但没有太大妨碍的

续表

气味等级	评价
4	有妨碍的
5	受较大妨碍的
6	难以忍受

抗冲共聚聚丙烯产品生产工艺流程长，还涉及较为复杂的助剂体系。如要对其产生气味物质溯源，首先，需对其气味物质进行定性定量分析。可采用顶空 - 固相微萃取 - 气相色谱 - 质谱联用技术（HS-SPME-GC-MS）解析抗冲共聚聚丙烯产品的气味物质，确定树脂中挥发性有机化合物的气味特征和嗅阈值。其次，筛选出产生气味的主要物质，研究催化剂、聚合工艺、聚合过程后处理工艺（如脱挥、挤压造粒、添加剂等）对产品残留挥发性有机物的影响，最终形成有效的气味物质及 VOCs 消减措施[52-56]。

3.4.1 聚烯烃气味及 VOCs 溯源

引起聚烯烃气味的物质都是能挥发的物质，可从以下5个方面对聚烯烃气味（异味）物质进行溯源研究：

① 采用优化后的聚烯烃树脂挥发物 HS-SPME-GC-MS 测试方法，利用美国国家标准与技术研究院（NIST）化学数据库检索，与相应色谱条件下各化合物标准品对照，得出定性结果。

② 基于上述挥发性化合物的定性结果，归类化合物，每类化合物各选取一个代表性化合物作为外标物，采用外标法对此类化合物依次定量，获取各化合物定量结果。

③ 查找挥发性化合物的阈值和气味特征，对于有些未获得相关数据资料的化合物待进一步补充。

④ 通过化合物的阈值及在样品中的含量，计算化合物的气味活性值。

⑤ 根据获得的化合物气味特征及其气味活性值（OAV），将具有明显的气味特征或 OAV 大于 $1g/m^3$ 的化合物视为气味关键物质，从而推测导致聚烯烃粉料、助剂主树脂产生气味的关键化合物。

3.4.2 气味和 VOCs 检测技术

气味和 VOCs 检测技术主要由以下两部分组成：助剂与粉料的聚烯烃树脂气味物质检测技术；汽蒸过程对产品 VOCs 和气味物质检测技术。

（1）助剂及粉料的聚烯烃树脂气味物质检测技术

以 EP533N 为例，从聚丙烯粉料及其专用助剂着手，进行气味物质追踪溯源，从中找到导致该类树脂产品产生气味的关键化合物。树脂产品是由粉料与助剂一起加热到一定温度，再经过双螺杆挤出造粒后而成，部分醇类、苯环类、醛类、烷烃化合物是树脂、助剂及粉料中共有的，这几类化合物同时也是聚烯烃树脂中气味物质的主要来源。

① 醇类化合物的追踪溯源 将检测到的醇类化合物进行归纳整理，源于粉料和助剂的醇类气味物质及其相应 OAV 如表 3-10 所示。

表 3-10　醇类气味物质及其相应 OAV

化合物名称	气味特征	OAV/(g/m³)		
		粉料	树脂1	树脂2
5-甲基-2-(1-甲基乙基)-1-己醇	薰衣草味	1.320	1.160	1.270
2-异丙基-5-甲基-1-庚醇	油腻味	3.424	3.144	3.394
4-十一烷醇	油腻味	8.760	—	5.790
十二醇	油腻味、蜡味	0.590	0.50	—
2-丁基-1-辛醇	油腻味、金属味	1.030	1.180	1.420
2-乙基-2-甲基十三醇	特殊的刺激性气味	25.230	24.740	25.100

注：树脂1添加复合型助剂1，树脂2添加复合型助剂2（下同）。

② 苯环类化合物的追踪溯源　将检测到的苯环类化合物进行归纳整理，源于粉料和助剂的苯环类气味物质及其相应 OAV 如表 3-11 所示。

表 3-11　苯环类气味物质及其相应 OAV

化合物名称	气味特征	OAV/(g/m³)		
		粉料	树脂1	树脂2
邻二甲苯	天竺葵味	0.073	0.61	1.16
间二甲苯	塑料味	—	—	0.006

③ 烷烃化合物的追踪溯源　烃类物质具有特殊的烷烃气味，一般视为气味较小的化合物。但是，浓度过大，也会影响树脂中其他化合物的气味释放。源于粉料和助剂的烷烃类气味物质及其相应 OAV 如表 3-12 所示。

表 3-12　烷烃类物质及其相应的 OAV

化合物名称	气味特征	OAV/(g/m³)		
		粉料	树脂1	树脂2
4-甲基辛烷	烷烃味	6.03	2.34	5.22

④ 助剂本身加热后产生的气味物质　将助剂加热至200℃，再进行气味物质的检测，分析助剂本身加热后产生的气味物质与树脂之间的相关性。助剂加热后，新检测到十六醇，在树脂中，也同时检测到其存在。在树脂与助剂中十六醇的含量如表 3-13 所示。

表 3-13　加热助剂后产生的醇类气味物质及其在树脂及助剂中的含量

化合物名称	气味特征	树脂1/(μg/g)	树脂2/(μg/g)
十六醇	花香味、蜡味	0.192	0.198

（2）汽蒸过程对产品 VOCs 及气味物质检测技术

利用 HS-SPME-GCMS 技术，研究了未经过处理粉料（粉料 1）和经过汽蒸处理粉料（粉料 2）气味物质的变化，总离子流图如图 3-15 和图 3-16 所示。

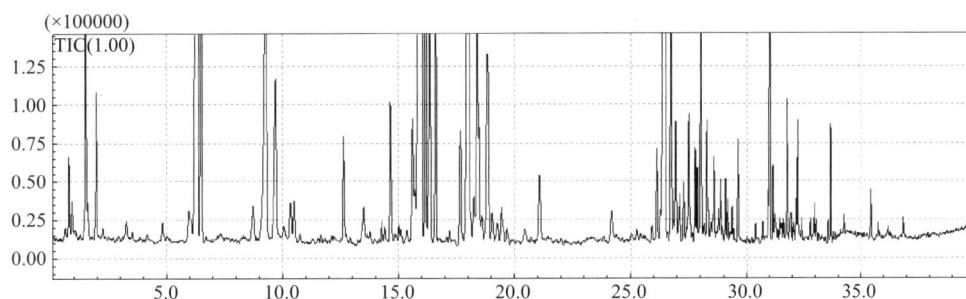

图 3-15　粉料 1 的总离子流图

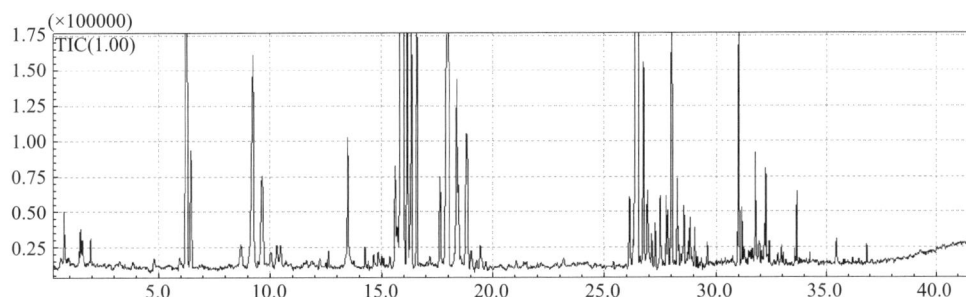

图 3-16　粉料 2 的总离子流图

粉料 1 中共检测到挥发性化合物 53 种，包括烷烃、烯烃、苯环、酮类、酯类、醇类等；粉料 2 中共检测到挥发性化合物 36 种，包括烷烃、苯环、醇类等化合物。各类化合物分解信息如表 3-14 ～表 3-19 所示。

表 3-14　粉料 1 与粉料 2 中含烷烃量对比　　　　　单位：μg/g

化合物名称	粉料1	粉料2
正己烷	3.152	1.955
甲基环戊烷	1.336	—
2,3,4-三甲基正己烷	15.477	0.967
4-甲基辛烷	5.607	0.988
2,6-二甲基辛烷	—	39.151
5-乙基-2-甲基辛烷	96.510	—
2,3,3-三甲基辛烷	—	8.484
6-乙基-2-甲基辛烷	20.489	—
2,3,6,7-四甲基辛烷	3.656	2.256
3,7-二甲基癸烷	37.494	20.632
2,3-二甲基十一烷	13.479	8.035
3,7-二甲基十一烷	3.010	—
3-乙基十三烷	9.389	7.124
十六烷	256.161	207.066

化合物名称	粉料1	粉料2
2-甲基十五烷	34.120	26.705
5-甲基十五烷	20.139	15.898
十七烷	20.666	16.045
4,9-二丙基十二烷	7.803	5.766
十八烷	74.335	58.870
2-溴代癸烷	—	12.997
3,4-双(1,1-二甲基乙基)-2,2,5,5-四甲基己烷	16.643	—
7,9-二甲基十六烷	4.449	3.209
9-甲基十七烷	18.648	14.586
2,3-二甲基十七烷	3.002	2.268
4-甲基十九烷	4.900	3.914
二十烷	116.169	94.317
3-甲基十九烷	16.159	10.762
2,6-二甲基十八烷	8.184	4.815
5-丁基十六烷	3.104	1.715
4-丙基十七烷	2.394	1.758
9-甲基十九烷	7.710	2.388
10-甲基十九烷	4.017	3.093
3-甲基二十烷	2.805	2.348
2-甲基二十烷	25.669	20.415
10-甲基二十烷	5.619	3.628
1-(乙烯氧基)-6-甲基庚烷	0.374	—
1-庚基-2-甲基环丙烷	3.892	—
2,2-二甲基二十烷	25.142	19.297
2,6,10,15-四甲基十七烷	2.439	1.748
5-甲基二十一烷	4.725	4.119
3-甲基二十一烷	3.462	2.472

表 3-15　粉料 1 与粉料 2 中含烯烃量对比　　　　　　　单位：µg/g

化合物名称	粉料1	粉料2
4,6,8-三甲基-1-壬烯	2.929	—
7-甲基-4-十一烯	2.781	—

表 3-16　1 粉料 1 与粉料 2 中含酮类量对比　　　　　　　单位：µg/g

化合物名称	粉料1	粉料2
丙酮	0.163	—

表3-17 粉料1与粉料2中含苯环类量对比 单位：μg/g

化合物名称	粉料1	粉料2
邻二甲苯	3.161	6.088

表3-18 粉料1与粉料2中含酯类量对比 单位：μg/g

化合物名称	粉料1	粉料2
甲酸己酯	3.270	—

表3-19 粉料1与粉料2中含醇类量对比 单位：μg/g

化合物名称	粉料1	粉料2
乙醇	0.635	—
正丁醇	2.527	—
2-甲基-1-丁醇	0.412	—
2-乙基-1-戊醇	3.686	—
2-乙基-1-丁醇	1.404	—
5-乙基-2-庚醇	0.793	—
2-十六醇	1.125	0.853
(2R,4R)-2,4-二甲基-1-庚醇	0.648	—
2-甲基-2-丙基-1,3-丙二醇	0.580	—
2-甲基-1-十一烷醇	0.385	—

3.4.3 聚丙烯气味及VOCs控制技术

（1）原料气味杂质控制

通常，原料乙烯和丙烯中的水、硫、醇等杂质会降低催化剂活性，并且导致较多的低分子量物质生成；硫、醇等物质自身含有相对强烈的气味，影响产品气味等级。因此，通过对原料水氧含量及硫、醇含量的有效控制，可有效降低聚合物中气味物质及VOCs含量。

（2）催化剂残留控制

若催化剂活性低，则最终产品灰分含量高，可导致Al、Mg、Ti等金属残留量过高，使制品出现金属气味；另外，残留的金属对聚丙烯降解具有诱导作用，容易产生气味物质。因此，通过对催化剂残留的有效控制，可有效降低聚合物中气味物质及VOCs含量。

（3）低聚物含量控制

聚合产生的低聚物具有较高的流动性，在较高温度下发生迁移，容易出现塑料味。通过降低产品中的低聚物含量，可有效降低聚合物中气味物质与VOCs含量。通过调整T/D、双环管密度，有助于抑制部分产品中低聚物的发生。

（4）过滤、汽蒸、干燥后处理系统优化控制

对双环管加单气相反应釜的Spheripol工艺，袋式过滤器可以脱除未反应的单体。

汽蒸单元可脱出粉料中夹带的微量单体、溶剂油和其他低分子烃类物质。干燥单元可脱除水分和微量的烃类物质。对过滤、汽蒸、干燥后处理系统优化控制，是降低聚合物中气味物质及 VOCs 含量的重要途径。

（5）助剂及挤压造粒工艺优化控制

① 助剂体系优化控制　出于对抗冲共聚聚丙烯刚性要求，挤压造粒时，需添加成核剂。刚性成核剂典型代表为 NA-21[2,2′-亚甲基双(4-取代-6-叔丁基苯基)磷酸二酯铝盐]。其熔点低，在 PP 中分散好，成核效率高，合成路线如图 3-17 所示。以氯化氧磷、烷基胺、双(4-取代-6-叔丁基苯酚-2-基)甲烷为原料，在甲苯或四氢呋喃溶剂中，滴加水反应生成双烃基双苯基磷酸二酯；然后与氢氧化钠或者三氯化铝反应生成双烃基双苯基磷酸酯金属盐。不同的取代基、不同的结晶条件，可形成性能有所差异的成核剂。生产原料和溶剂的残留，存在一定的气味。因此，应选择产物气味淡的反应物和反应条件来合成所需助剂。

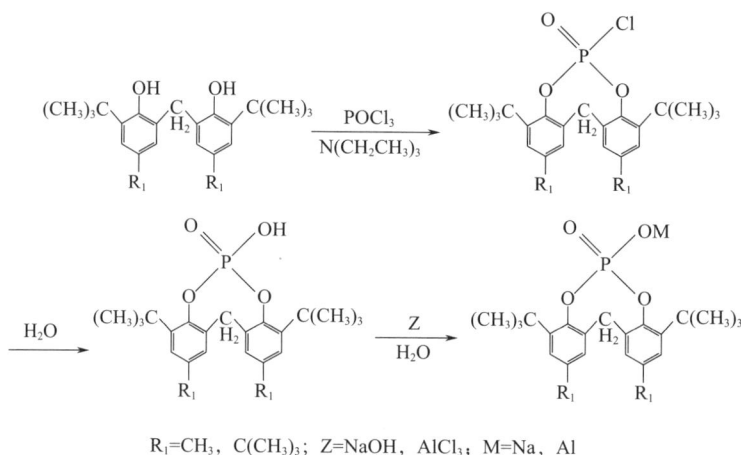

R₁=CH₃, C(CH₃)₃; Z=NaOH, AlCl₃; M=Na, Al

图 3-17　成核剂 NA-21 制备路线

同时，要考虑助剂体系的短期、长效抗氧效果，抑制聚丙烯氧化降解。应选择所需浓度低，具有长效性，抗氧化效能高，热稳定性高，耐热性好，无异味，挥发性小的助剂体系。

② 挤出造粒工艺优化控制　在密闭容器中加热改性聚丙烯，挥发物中就含有一定量的醛、酮类物质。在抗冲共聚聚丙烯生产过程中，于 200～250℃条件下，通过双螺杆挤出机对聚丙烯粉料进行熔融混炼，并添加功能助剂，混合均匀后造粒。高温和剪切作用下，聚丙烯易发生降解，形成带气味的低分子量物质。通过控制挤出机的机筒温度、闸阀开度、助剂体系等可以抑制聚丙烯降解。

从抗冲共聚聚丙烯产品粉料、助剂体系出发，对产品气味物质进行了溯源。结合模拟汽蒸单元，研究了操作条件对产品 VOCs 和气味物质的影响。通过对抗冲共聚聚丙烯产品开发全流程控制，形成了可有效控制聚丙烯气味物质和 VOCs 含量的方法、措施，使得开发的系列抗冲共聚聚丙烯产品气味等级均在 3.5 级以下（PV 3900—2000 标准），最低达到 2.85 级。

基于以上研究结果，对催化剂体系和聚合工艺进行全流程控制，特别是有针对性地控制粉料汽蒸工艺和筛选高效低挥发助剂体系，构建了低气味、低 VOCs 平台技术。

3.5　车用聚丙烯专用料的计算机辅助工程（CAE）模拟

汽车零部件的计算机辅助工程（CAE）模拟研究，为车用抗冲共聚聚丙烯树脂的推广应用提供了有力数据及案例支撑。通过共混改性技术，开发出以 EP533N、EP100N 为代表的汽车典型塑件（仪表板、门板）改性专用料。设计开发产品 CAE 数据库，借助汽车典型塑件（仪表板、门板）的浇注、冷却系统的三维数字仿真模型，对其成型行为进行动态模拟，并对其注塑加工成型工艺进行优化。通过现场注塑成型试验，验证了上述 2 种产品在汽车典型塑件（仪表板、门板）中的应用。

3.5.1　车用聚丙烯专用料的改性技术

以 EP533N 树脂为基础，研究增强体系、增韧体系和润滑体系对改性专用料力学性能、热学性能等的影响，分别开发出门板和仪表板 EP533N 改性专用料，各配方专用料的性能列于表 3-20 和表 3-21。考虑到性价比等因素，表 3-20 中由配方 5 所制备的仪表板 EP533N 改性专用料最能够满足使用要求，表 3-21 中由配方 3 所制备的门板 EP533N 专用料最能够满足使用要求。

表 3-20　不同配方仪表板产品性能对比

项目		要求	配方1	配方2	配方3	配方4	配方5	配方6	配方7
燃烧特性/(mm/min)		<70	34	34	36	37	38	33	36
灰分(质量分数)/%		20±3	19.44	19.40	19.46	19.45	19.47	19.42	19.45
密度/(g/cm³)		1.05±0.02	1.04	1.039	1.04	1.04	1.04	1.039	1.04
拉伸屈服应力/MPa		≥20.0	25.0	24.1	23.6	25.3	24.4	23.9	24.0
断裂拉伸应变/%		≥30	30	35	40	35	38	45	42
弯曲强度/MPa		≥30.0	32.0	31.5	31	33.3	32.2	31.5	31.5
弯曲模量/MPa		≥1600	1900	1830	1720	1930	1840	1765	1800
悬臂梁冲击强度/(kJ/m²)	常温	≥15	21	25	30	22	28	31	28
	−30℃	≥3	2.8	3.1	3.7	3.0	3.6	3.8	3.3
熔体流动速率/(g/10min)		≥12.0	19.0	18.6	18.2	19.2	18.6	18.1	18.6

表 3-21　不同配方汽车门板性能对比

项目	要求	配方1	配方2	配方3	配方4	配方5	配方6	配方7
燃烧特性/(mm/min)	<70	36	37	38	33	36	38	41
灰分(质量分数)/%	20.00±3.00	19.46	19.45	19.47	19.42	19.45	19.43	19.43
密度/(g/cm³)	1.05±0.02	1.04	1.04	1.04	1.039	1.04	1.04	1.04
拉伸屈服应力/MPa	≥20.0	23.6	25.3	24.4	23.9	24.0	23.5	24.8
断裂拉伸应变/%	≥30	40	35	38	45	42	50	56
弯曲强度/MPa	≥30.0	31.0	33.3	32.2	31.5	31.5	31.0	30.5

续表

项目		要求	配方1	配方2	配方3	配方4	配方5	配方6	配方7
弯曲模量/MPa		≥1600	1720	1930	1840	1765	1800	1750	1680
悬臂梁冲击强度/(kJ/m²)	常温	≥15	30	22	28	31	28	31	35
	−30℃	≥3.0	3.7	3.0	3.6	3.8	3.3	3.9	4.3
熔体流动速率/(g/10min)		≥12.0	18.2	19.2	18.6	18.1	18.6	18.0	17.6

3.5.2 车用聚丙烯专用料动态模拟用 CAE 数据库的建立

改性专用料 CAE 数据库的建立，包括性能描述、加工工艺的推荐、流变属性、热属性、压力-特定体积-温度（PVT）属性、机械属性、收缩属性、其他属性、结晶形态、质量指示器等模块。结合 EP533N、EP100N 以及国外知名企业聚丙烯改性专用料性能数据的测定，将 UDB 文件导入 MOLDFLOW 软件 CAE 分析系统，建立 EP533N、EP100N 和国外聚丙烯改性料 CAE 数据库。

（1）性能描述

（2）推荐加工工艺

（3）流变属性

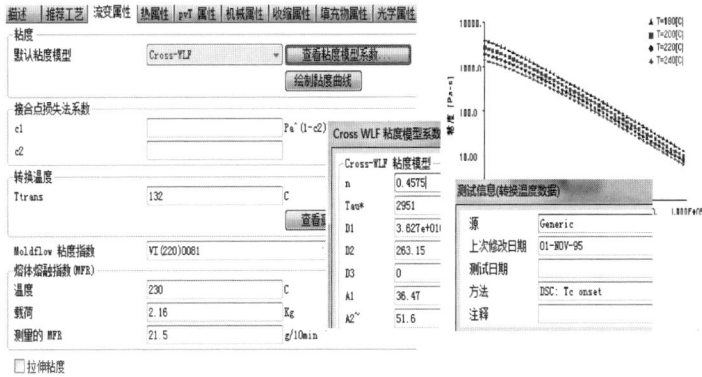

（4）热属性

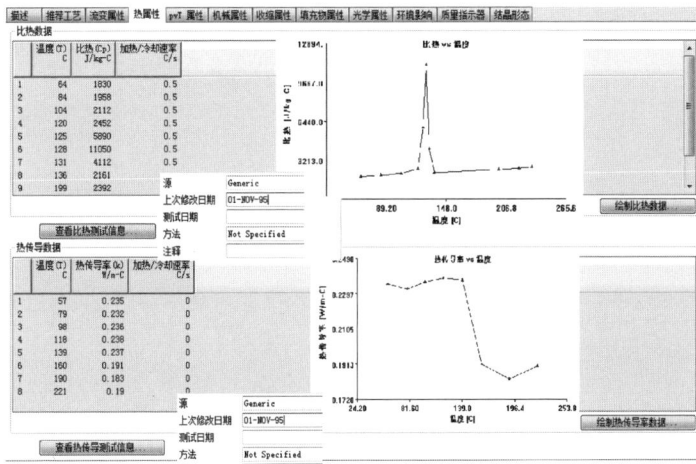

（5）PVT 属性

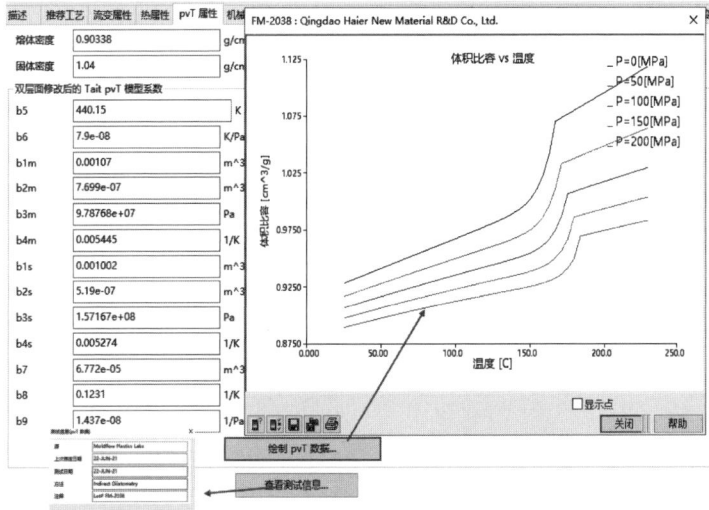

（6）机械属性

机械属性数据

弹性模量，第 1 主方向(E1)	1706	MPa
弹性模量，第 2 主方向(E2)	1694	MPa
泊松比(v12)	0.374	
泊松比(v23)	0.453	
剪切模量(G12)	649	MPa

热膨胀(CTE)数据的横向各向同性系数

Alpha1
Alpha2

测试信息(机械属性数据)

源	Other
上次修改日期	22-JUN-21
测试日期	22-JUN-21
方法	Universal Testing Machine (ASTM E 132 a
注释	Lot# FM-2038

确定　帮助

切勿使用矩阵属性

熔接线强度
WLSC1
WLSC2
Phi 临界

（7）收缩属性

选择一个收缩模型(中性面和双层面)
修正的残余模内应力(CRIMS)　　检查 CRIMS 模型　　默认流动/纤维束　　查看模型系数...

选择一个收缩模型(3D)
未修正的残余应力

测试平均收缩率

| 平行 | 0.82 | % |
| 垂直 | 0.86 | % |

测试收缩率范围

最小平行	0.6841	%
最大平行	0.8537	
最小垂直	0.7151	
最大垂直	1.221	

CRIMS 模型系数

修正的残余模内应力(CRIMS)模型系数

A1	0.42553
A2	0.040687
A3	0.001793
A4	0.510755
A5	0.002695
A6	0.002903

使用 CRIMS　　总是(改变与 CRIMS 模型一致的求解器参数)

查看应力测试信息...

确定　帮助

收缩成型摘要

	熔体温度 C	模具温度 C										
1	214.5	42.5										
2	213.4	42.5										
3	213.7	42.6										
4	213.6	42.5										
5	213.6	42.5										
6	213.6	42.4										
7	213.8	42.2										
8	214.5	42.5										
9	215.6	42.6										
10	216.7	42.7	46.4	32.4	35	55.8	2	84.5	20.1	10	0.443	0.588	2.06
11	217.1	42.8	63.2	45.1	35	55.8	2	84.7	20.1	10	0.429	0.592	2.07
12	217	42.9	79.7	57.5	35	55.8	2	84.4	20.1	10	0.431	0.594	2.09
13	216.7	42.8	29.6	20.4	35	55.8	2	84.2	20.1	10	0.458	0.607	2.03
14	216.2	42.6	13.6	9.2	35	55.7	2	84.5	20.1	10	0.477	0.64	1.86
15	216.3	42.4	46.4	32.4	35	56.1	2	84.6	20.1	15	0.425	0.586	2.06
16	216.1	42.2	46.5	32.4	35	56.3	2	84.7	20.1	20	0.428	0.583	2.07
17	202.8	41.8	46.4	33.3	35	55.9	2	84.3	20.1	10	0.468	0.625	2.13
18	200.4	41.8	46.3	35.1	35	55.8	2	21.5	20.1	10	0.736	1.01	6.26
19	230.9	42.4	46.5	32.4	35	55.9	2	84.3	20.1	10	0.429	0.572	2.02

（8）其他

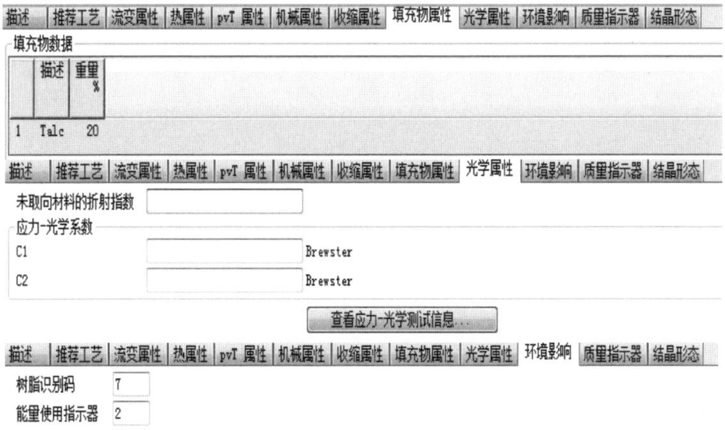

（9）结晶形态

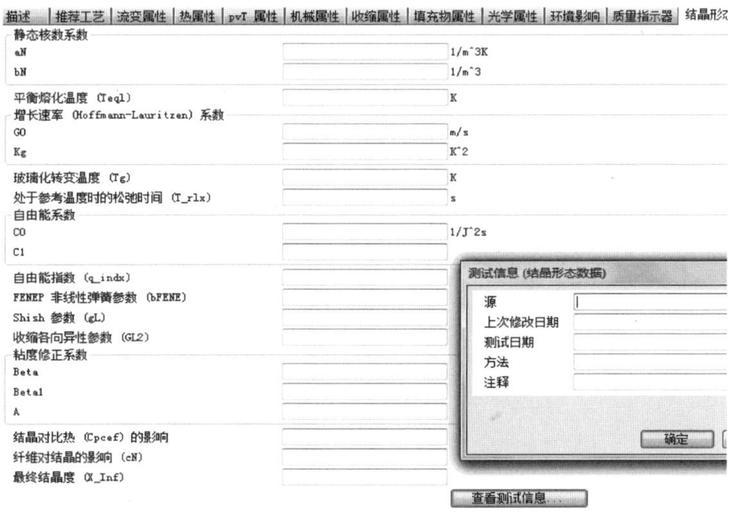

（10）质量指示器

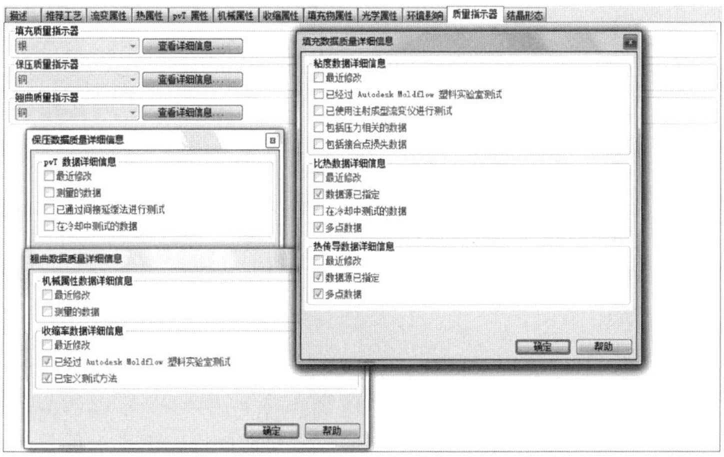

3.5.3 车用聚丙烯专用料在汽车典型塑件中成型行为模拟

基于 CAE 数据库的建立，在注塑成型过程中，对 EP533N 和一种进口改性料产品的充模动态模拟、成型工艺优化、对比分析及定性评价进行了研究。

（1）仪表板仿真模型的构建及不同材料充模动态模拟分析

① 三维数字仿真模型的建立　构建了仪表板及其浇注和冷却系统的三维网络数字模型（图 3-18、图 3-19）。其中：仪表板平均壁厚为 2.5 ～ 3.0mm，体积为 3680.5158cm³，投影面积为 4364.3650cm²。

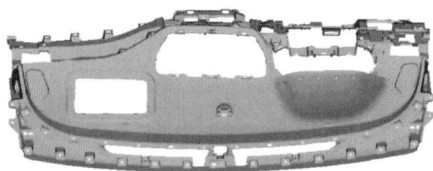

图 3-18　仪表板三维网格数字模型的构建（见文后彩图）

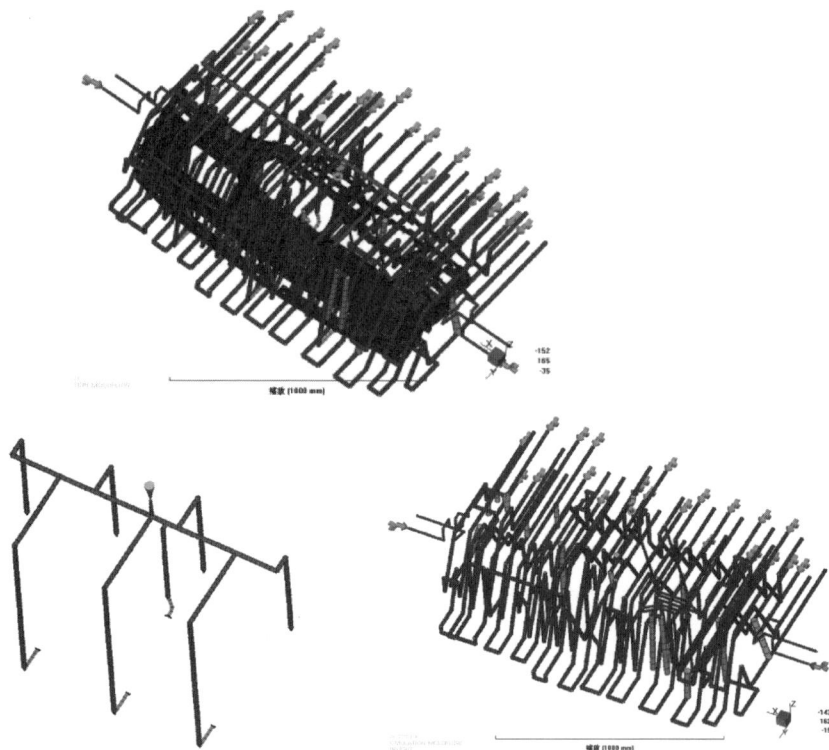

图 3-19　仪表盘模具浇注系统及冷却系统三维数字模型的构建（见文后彩图）

② 动态模拟分析及比较　在仪表板塑件中，以兰州石化 EP533N 改性料（简称 Case 1，下同）和国外企业聚丙烯改性料（简称 Case 2，下同）为原料，对二者动态填充时间、喷嘴压力曲线/保压控制曲线、填充剪切速率、填充剪切应力、锁模力、翘曲总变形等进行了模拟分析，直观模拟出了在实际成型过程中，熔体在模腔中的动态填充过程、保压过程和冷却过程，定量地给出了成型过程的状态参数，如图 3-20 ～图 3-25 所示。

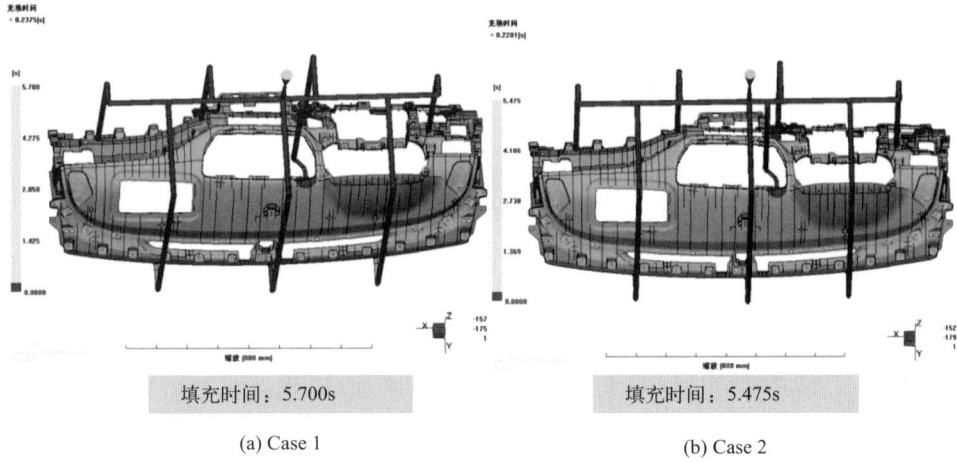

填充时间：5.700s

填充时间：5.475s

(a) Case 1

(b) Case 2

图 3-20 不同材料动态填充时间分析及优化（见文后彩图）

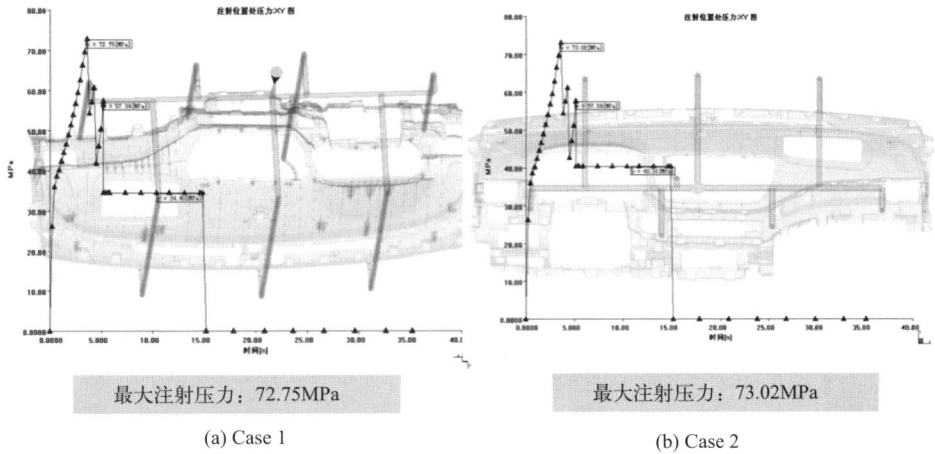

最大注射压力：72.75MPa

最大注射压力：73.02MPa

(a) Case 1

(b) Case 2

图 3-21 不同材料喷嘴压力曲线＼保压控制曲线分析及优化（见文后彩图）

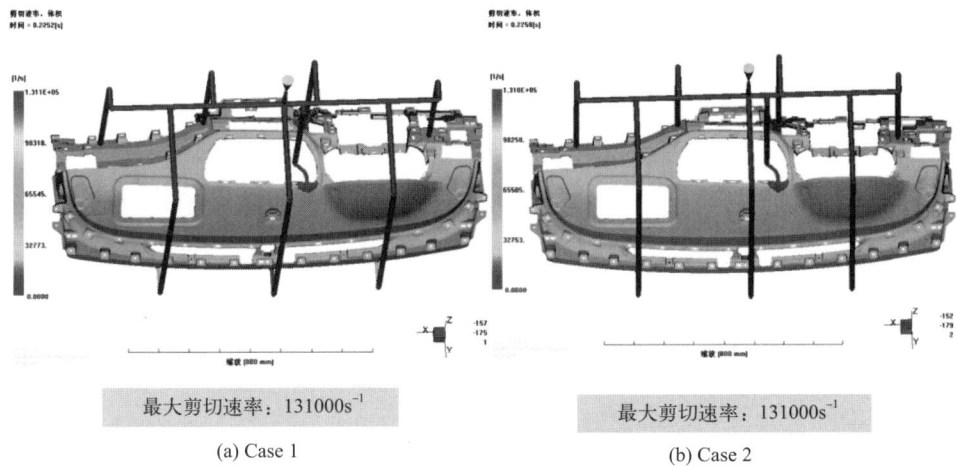

最大剪切速率：131000s^{-1}

最大剪切速率：131000s^{-1}

(a) Case 1

(b) Case 2

图 3-22 不同材料填充剪切速率分析及优化（见文后彩图）

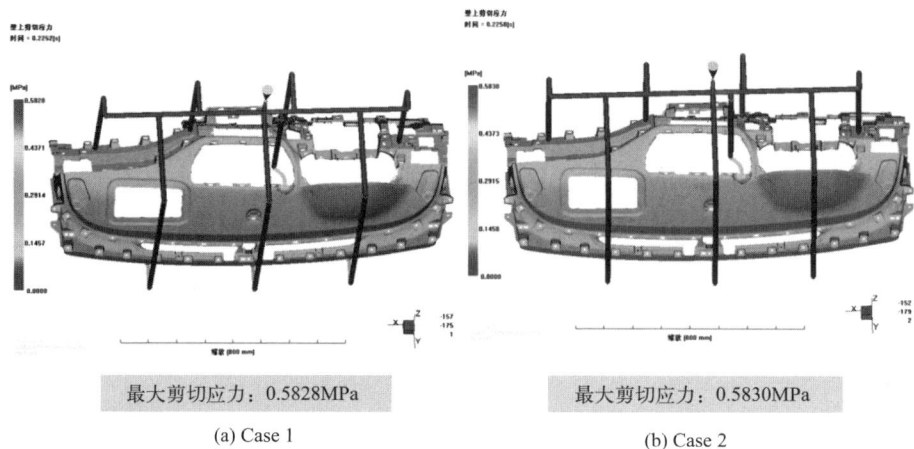

最大剪切应力：0.5828MPa

最大剪切应力：0.5830MPa

(a) Case 1

(b) Case 2

图 3-23 不同材料填充剪切应力分析及优化（见文后彩图）

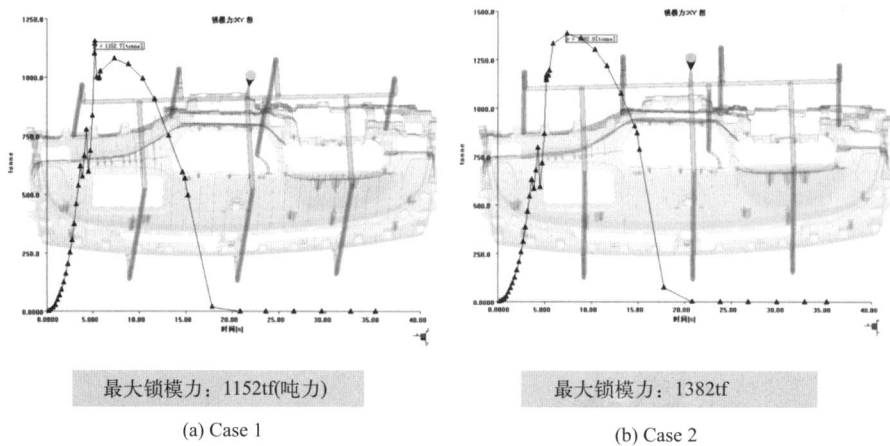

最大锁模力：1152tf(吨力)

最大锁模力：1382tf

(a) Case 1

(b) Case 2

图 3-24 不同材料锁模力分析及优化（见文后彩图）

（1tf = 9806.65N）

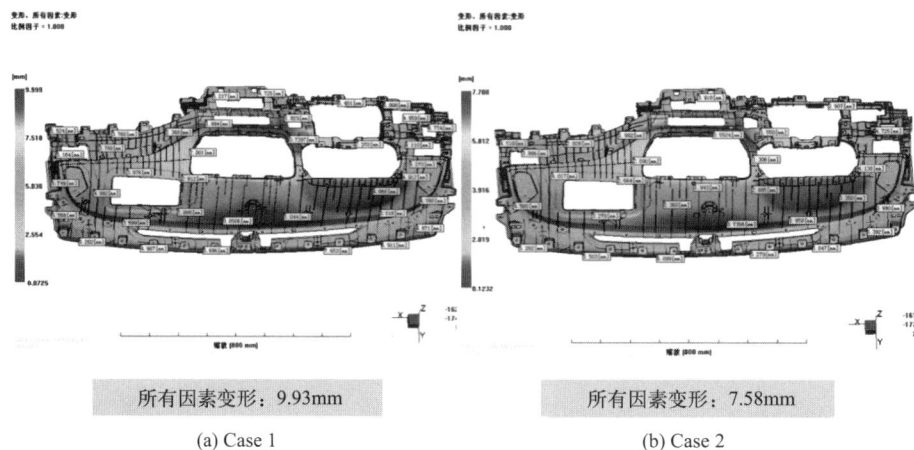

所有因素变形：9.93mm

所有因素变形：7.58mm

(a) Case 1

(b) Case 2

图 3-25 不同材料翘曲总变形分析及优化（见文后彩图）

选择建立 CAE 动态模拟分析用数据库，以 Case 1、Case 2 为原料，对二者在仪表板塑件中的动态填充时间、剪切应力、填充剪切速率、锁模力、翘曲变形等进行动态模拟分析与优化，并对其优化结果进行了分析（见表 3-22）。由表 3-22 可知：制品动态填充均衡，压力均比较适中，说明制品、浇注系统和冷却系统的优化设计结果合理；Case 1 与 Case 2 的动态填充时间、注射压力、填充剪切速率、剪切应力、锁模力及翘曲变形接近，说明由前者制备的汽车内饰件的性能能够达到国外同类产品水平。

表 3-22　仪表板用不同材料动态模拟分析结果对比

项目	Case 1	Case 2
动态填充时间/s	5.7	5.5
注射压力/MPa	72.75	73.02
剪切速率/s^{-1}	131000	131000
剪切应力/MPa	0.58	0.58
锁模力/tf	1152	1382
总变形/mm	9.9	7.6
x向变形/mm	12.9	10.4
y向变形/mm	13.7	10.5
z向变形/mm	11.0	8.5

注：1tf = 9806.65N。

（2）门板仿真模型的构建及不同材料充模动态模拟分析

① 三维数字仿真模型的建立　构建门板及其浇注、冷却系统的三维网络数字模型。其中：门板平均壁厚为 2.5mm，体积为 1303.0745cm³，投影面积为 2972.8606cm²。其网格化三维数字仿真模型如图 3-26 和图 3-27 所示。

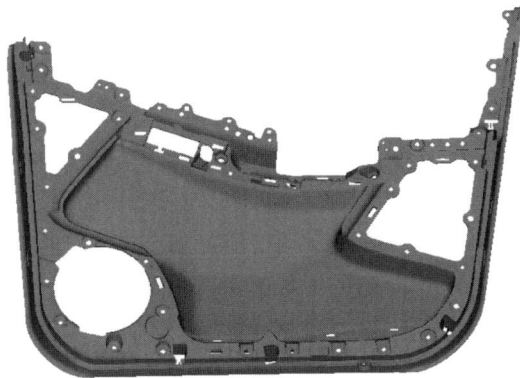

图 3-26　门板三维网格数字模型的构建（见文后彩图）

② 动态模拟分析与对比　以兰州石化 EP533N 改性料（简称 Case 3，下同）和国外企业聚丙烯改性料（简称 Case 4，下同）为原料，对二者在门板塑件中的性能进行动态模拟分析。直观地模拟出在实际成型过程中，熔体在模腔中的动态填充过程、保压过程和冷却过程，结果见图 3-28 ～图 3-33。

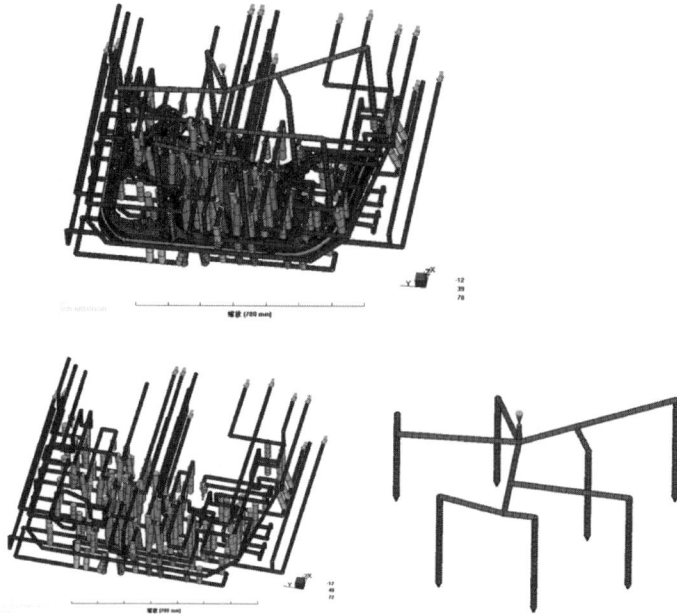

图 3-27　门板模具浇注系统及冷却系统三维数字模型的构建（见文后彩图）

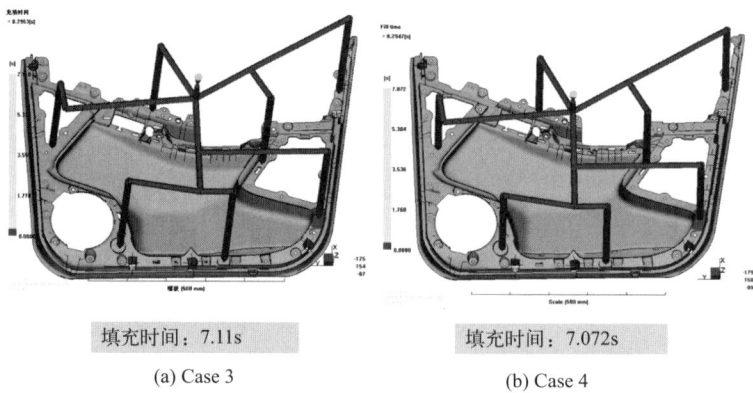

填充时间：7.11s

(a) Case 3

填充时间：7.072s

(b) Case 4

图 3-28　不同材料动态填充时间分析及优化（见文后彩图）

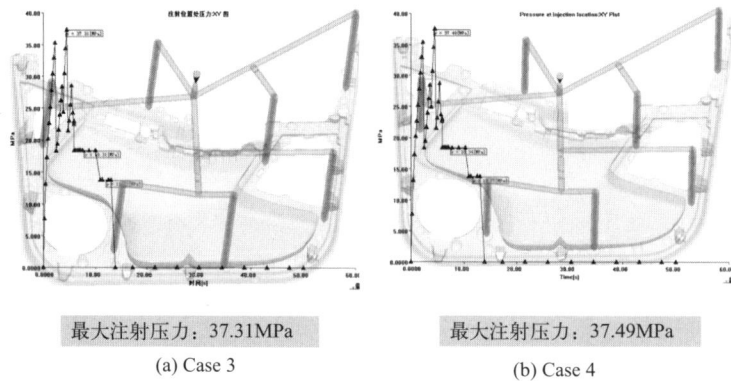

最大注射压力：37.31MPa

(a) Case 3

最大注射压力：37.49MPa

(b) Case 4

图 3-29　不同材料喷嘴压力曲线\保压控制曲线分析及优化（见文后彩图）

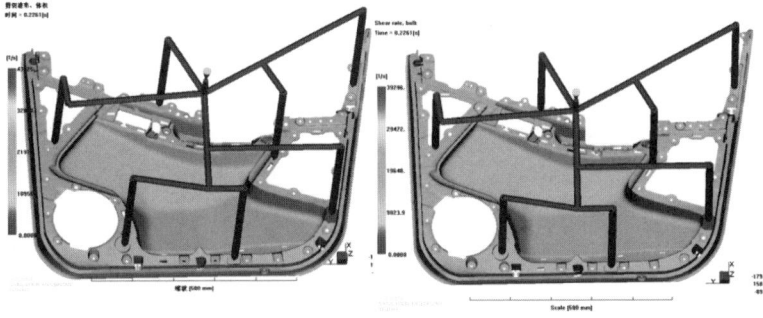

最大剪切速率：43825s^{-1}　　　　最大剪切速率：39296s^{-1}

(a) Case 3　　　　　　　　(b) Case 4

图 3-30　不同材料填充剪切速率分析及优化（见文后彩图）

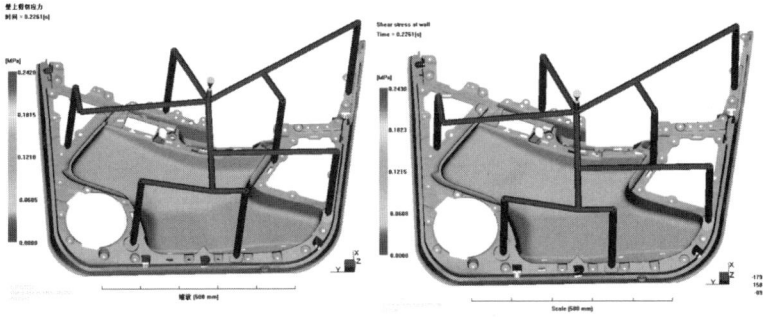

最大剪切应力：0.242MPa　　　　最大剪切应力：0.243MPa

(a) Case 3　　　　　　　　(b) Case 4

图 3-31　不同材料填充剪切应力分析及优化（见文后彩图）

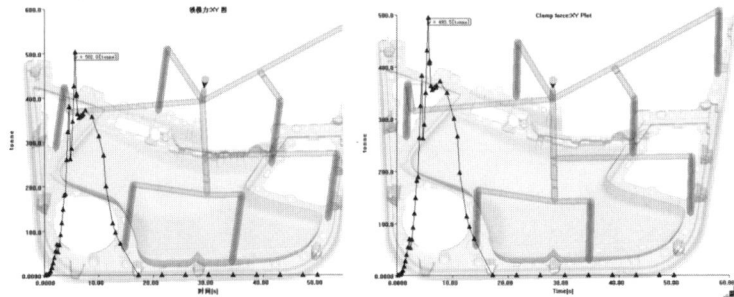

最大锁模力：502tf　　　　　最大锁模力：493tf

(a) Case 3　　　　　　　　(b) Case 4

图 3-32　不同材料锁模力分析及优化（见文后彩图）

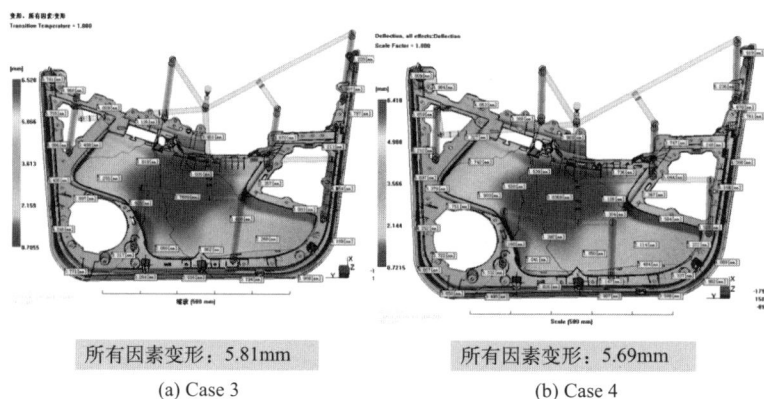

所有因素变形：5.81mm	所有因素变形：5.69mm
(a) Case 3	(b) Case 4

图 3-33　不同材料翘曲总变形分析及优化（见文后彩图）

选择建立 CAE 动态模拟分析用数据库，以 Case 3、Case 4 为原料，对门板塑件的性能进行动态模拟分析与优化，并对其优化结果进行对比分析（见表 3-23）。由表 3-23 可知：制品动态填充均衡，压力均比较适中，说明制品、浇注系统及冷却系统的优化设计结果合理；Case 3、Case 4 的动态填充时间、注射压力、填充剪切速率、剪切应力、锁模力及翘曲变形均十分接近，说明国产树脂改性料所制备的汽车内饰件的性能与国外同类产品水平相当。

表 3-23　门板用不同材料动态模拟分析结果对比

项目	Case 3	Case 4
填充时间/s	7.1	7.1
注射压力/MPa	37.3	37.5
剪切速率/s^{-1}	43825	39296
剪切应力/MPa	0.242	0.243
锁模力/tf	502	493
总变形/mm	5.81	5.69
x向变形/mm	7.66	7.63
y向变形/mm	10.59	10.61
z向变形/mm	6.75	4.49

（3）仪表板前饰板仿真模型的构建及不同材料充模动态模拟分析

对仪表板前饰板零部件及其浇注、冷却系统的三维数字仿真模型进行构建。并基于 CAE 数据库的建立，在上述汽车零部件注塑成型过程中，对 EP100N 和国外企业聚丙烯改性料的充模动态模拟、成型工艺优化、对比分析及定性评价进行了研究。

① 三维数字仿真模型的建立　仪表板前饰板平均壁厚为 3.0 ～ 3.8mm，体积为 2059.2cm³，投影面积为 4836.8cm²。其网格化三维数字仿真模型如图 3-34 所示。

② 动态模拟分析及比较　基于 CAE 动态模拟分析用数据的建立，对不同材料在仪

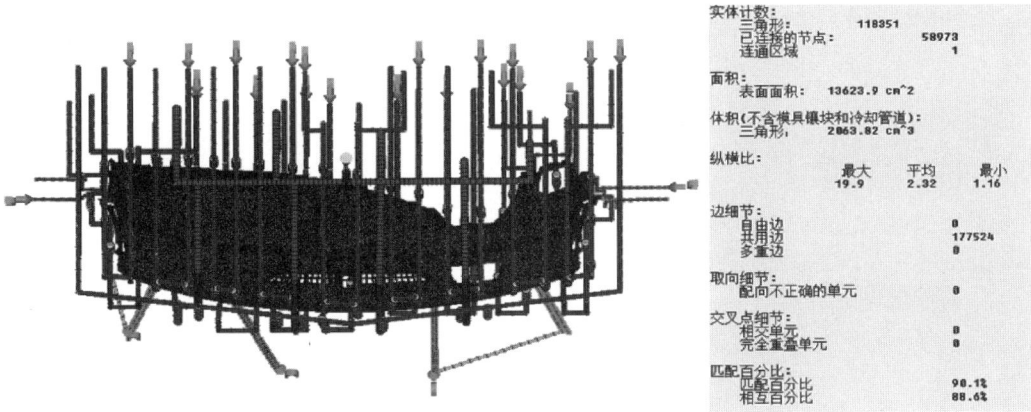

图 3-34　仪表板前饰板三维数字仿真模型（见文后彩图）

表板前饰板塑件中的性能进行动态模拟分析，直观地模拟出在实际成型过程中熔体在模腔中的动态填充过程、保压过程和冷却过程，定量地给出成型过程的状态参数。

选择已建立 CAE 动态模拟分析用数据库的国内聚丙烯改性料（简称 Case 5，下同）、兰州石化 EP100N 改性料（简称 Case 6，下同）和国外聚丙烯改性料（简称 Case 7，下同）三种不同树脂，对仪表板内门塑件性能进行动态模拟分析与优化，结果如图 3-35～图 3-41 所示。对其优化结果进行对比分析，结果如表 3-24 所示。

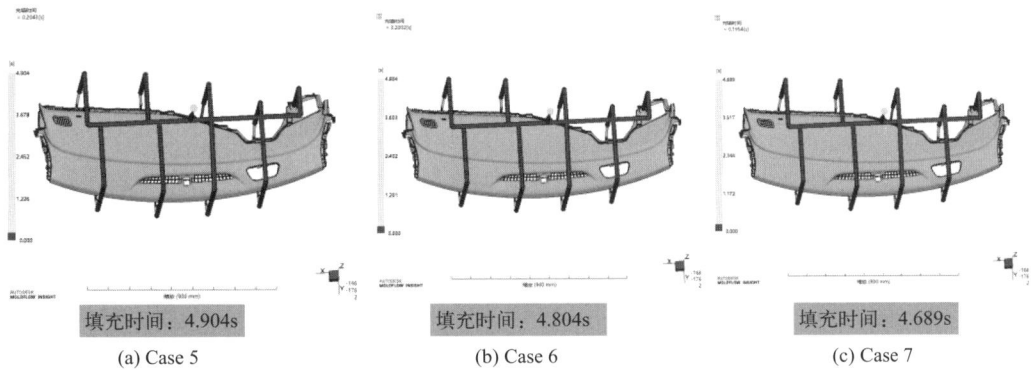

填充时间：4.904s　　(a) Case 5　　填充时间：4.804s　　(b) Case 6　　填充时间：4.689s　　(c) Case 7

图 3-35　不同材料动态填充时间分析及优化（见文后彩图）

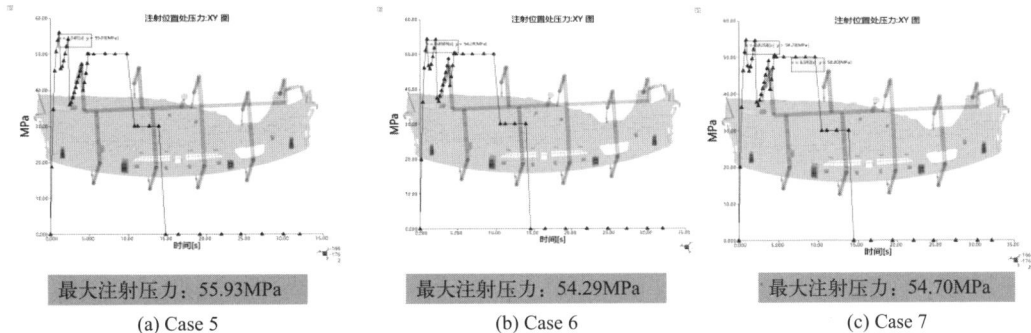

最大注射压力：55.93MPa　(a) Case 5　　最大注射压力：54.29MPa　(b) Case 6　　最大注射压力：54.70MPa　(c) Case 7

图 3-36　不同材料喷嘴压力曲线／保压控制曲线分析及优化（见文后彩图）

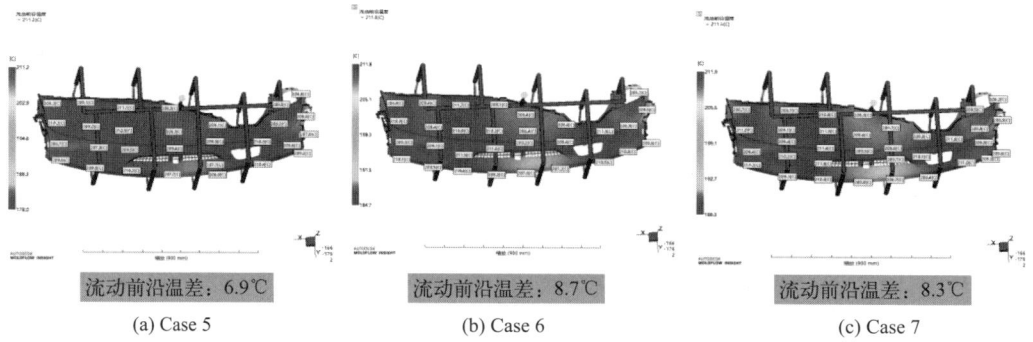

流动前沿温差：6.9℃　　　流动前沿温差：8.7℃　　　流动前沿温差：8.3℃

(a) Case 5　　　　　　　　(b) Case 6　　　　　　　　(c) Case 7

图 3-37　不同材料熔体流动前沿温度分析及优化（见文后彩图）

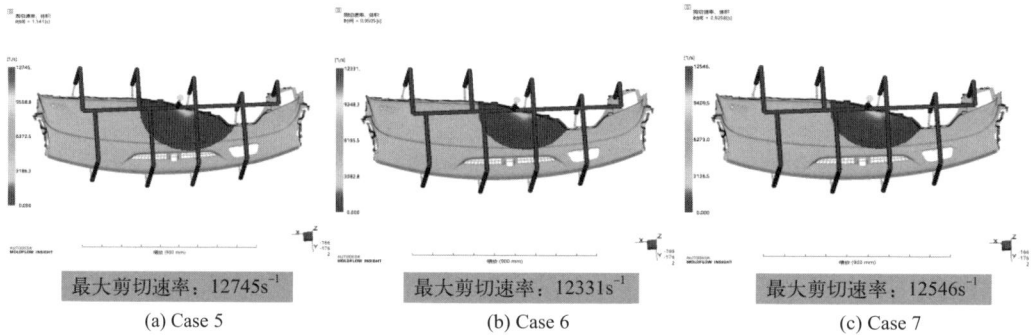

最大剪切速率：12745s⁻¹　　最大剪切速率：12331s⁻¹　　最大剪切速率：12546s⁻¹

(a) Case 5　　　　　　　　(b) Case 6　　　　　　　　(c) Case 7

图 3-38　不同材料填充剪切速率分析及优化（见文后彩图）

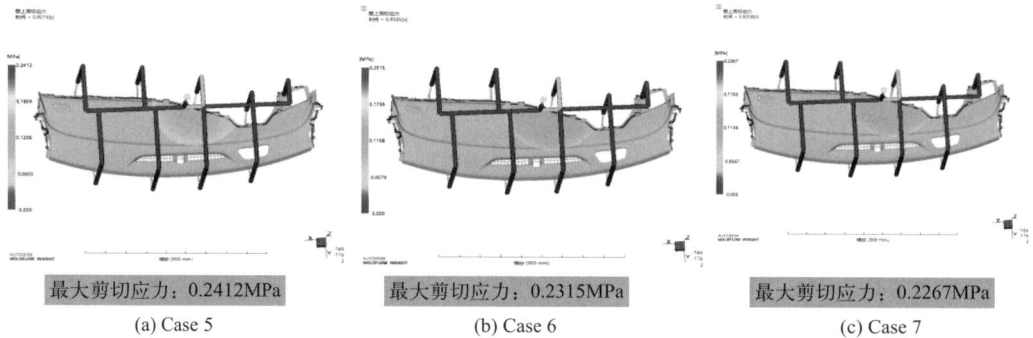

最大剪切应力：0.2412MPa　　最大剪切应力：0.2315MPa　　最大剪切应力：0.2267MPa

(a) Case 5　　　　　　　　(b) Case 6　　　　　　　　(c) Case 7

图 3-39　不同材料剪切应力分析及优化（见文后彩图）

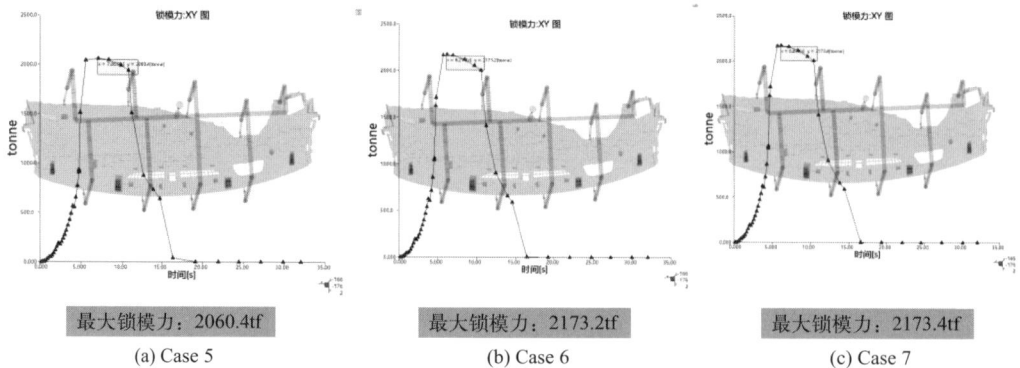

最大锁模力：2060.4tf　　　最大锁模力：2173.2tf　　　最大锁模力：2173.4tf

(a) Case 5　　　　　　　　(b) Case 6　　　　　　　　(c) Case 7

图 3-40　不同材料锁模力分析及优化（见文后彩图）

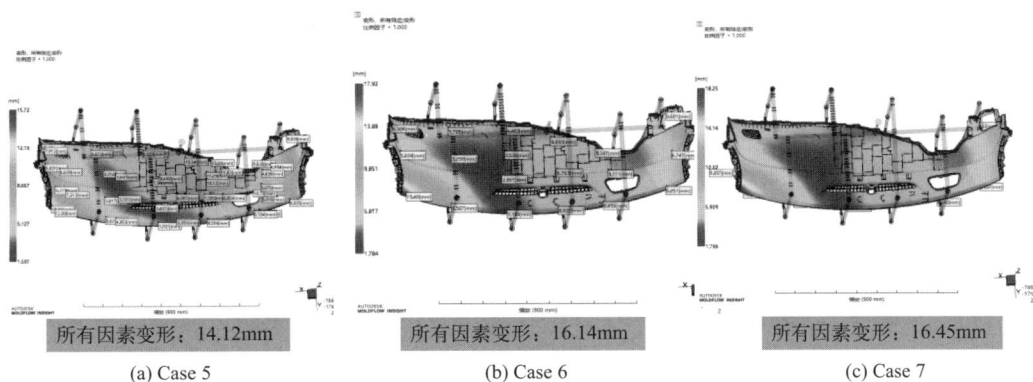

所有因素变形：14.12mm

(a) Case 5

所有因素变形：16.14mm

(b) Case 6

所有因素变形：16.45mm

(c) Case 7

图 3-41 不同材料翘曲总变形分析及优化（见文后彩图）

表 3-24 不同材料动态模拟分析结果对比

项目	Case 5	Case 6	Case 7
填充时间/s	4.904	4.804	4.689
注射压力/MPa	55.93	54.29	54.70
流前温差/℃	6.9	8.7	8.3
剪切速率/s^{-1}	12745	12331	12546
剪切应力/MPa	0.2412	0.2315	0.2267
锁模力/tf	2060.4	2173.2	2173.4
总变形/mm	14.12	16.14	16.45
z向变形/mm	13.41	16.49	16.8

模拟分析结果表明：制品动态填充均衡，压力均比较适中，说明制品、浇注系统及冷却系统的优化设计结果合理；Case 6 所制备的汽车内饰件的性能能够达到客户生产同等水平，并满足加工应用要求。

3.6 车用聚丙烯专用料的市场及应用情况

2018—2022 年，全球抗冲共聚聚丙烯消费量维持稳定增长。聚丙烯产能从 8492 万吨 / 年增长至 10745 万吨 / 年；抗冲共聚聚丙烯消费量从 2309 万吨增长至 2730 万吨。

根据中国汽车发展研究中心的研究结果可知：2019 年，中国汽车产销均超过了 2500 万辆。随着新企业的不断进入，聚丙烯行业竞争加剧，在保持通用料市场的基础上，部分油制炼化企业专注研发中高端专用料，抗冲共聚聚丙烯产量在此基础上呈逐年递增趋势。2018—2022 年，中国抗冲共聚聚丙烯产量从 449.0 万吨 / 年上涨至 661.36 万吨；预计 2027 年，中国聚丙烯产能将增至 6614 万吨 / 年，抗冲共聚聚丙烯产量将提高至 1166 万吨 / 年。抗冲共聚聚丙烯下游消费领域相对分散，多与改性料及其他通用塑料、金属材料混合使用，以更好地突出产品性能。其中，家电和汽车家电领域占比约 32%，这两个领域以中熔和高熔抗冲共聚料为主；低熔抗冲共聚主要应用在玩具，以及部分日用品、文教领域，其发展空间有限。

以市场的需求为导向，中国石油石油化工研究院联合兰州石化公司历经近 17 年的技术攻关，在抗冲共聚聚丙烯催化剂、产品结构性能调控、气味和 VOCs 辩识和控制、工程化放大等方面，完成了基础研究、中试、工业化、推广应用等关键技术开发，形成了低气味车用聚丙烯平台技术，解决了产品流动性与抗冲击性、刚性、气味、VOCs 相互制约的技术难题，开发出市场亟需的两大系列抗冲共聚聚丙烯产品，并实现了规模化稳定生产，成为了国内重要的车用聚丙烯生产基地，产品性能达到 Basell、ExxonMobil、SK 等公司同类产品水平。

上海普利特复合材料股份有限公司将车用聚丙烯（SP179、EP533N、EP408N、EP508N、SP532 等产品）应用于汽车内外饰件改性材料，累计使用兰州石化公司系列抗冲共聚聚丙烯 3.0 万吨以上。经客户的加工应用评价可知：生产的系列车用抗冲共聚聚丙烯物理性能达到国外同类产品水平，并且产品具有优异的气味等级，可达到 3.0 级，满足车用内饰件要求；产品改性配方达到技术要求，在生产仪表板等汽车制件时，具有良好的加工性能。

江苏苏州润佳工程塑料股份有限公司使用了 SP18I、SP532、EP408N、EP508N、EP100N 等系列抗冲共聚聚丙烯产品。经客户的加工应用评价可知：在改性配方中，SP18I（替代 Basell 产品）、SP532（替代 ExxonMobil 产品）作为高抗冲共聚聚丙烯，可降低弹性体质量分数；EP408N（替代 ExxonMobil 产品）、EP508N/EP100N（替代韩国产品）作为高熔体流动速率、高模量、高抗冲共聚聚丙烯，可降低汽车制件壁厚；系列抗冲共聚聚丙烯产品性能与国外同类产品相当，并且具有优异的气味等级，在同类产品中被优先选择使用。

金发科技股份有限公司使用了 SP179、EP533N 等车用抗冲共聚聚丙烯产品（达到 8 万吨以上）。加工应用结果表明：产品原材料刚性优异，冲击性能优良，气味等级为 3.5 级（PV 3900—2000），满足车用内饰件要求；在改性配方中，产品达到技术要求，在生产汽车仪表板和保险杠（见图 3-42 和图 3-43）时，具有良好的加工性能，完全满足汽车专用树脂的需求，达到国内先进水平。

图 3-42　EP533N 产品改性制备汽车仪表板

图 3-43　SP179 产品改性制备汽车保险杠

重庆会通科技有限公司使用了 EP508N、SP532 等产品。系列产品具有低气味、低VOCs 特性，可以满足车用内外饰件改性产品的生产需求。EP508N 已成为该公司生产车用抗冲共聚产品（熔体流动速率为 60g/10min）的首选。

高抗冲（SP179、SP18I、SP531、SP532）、高模量（EP533N、EP408N、EP508N、EP100N）两大系列抗冲共聚聚丙烯产品累计产销量达到 60 万吨以上，创效超过 6 亿元，提高了国内车用高端聚丙烯的自给率，降低了企业生产成本，具有显著的社会效益。开发的系列车用聚丙烯满足国内大型企业的需求，广泛应用于仪表板系统、座椅系统、门板/立柱系统等内饰件和保险杠系统、汽车尾翼、扰流板等外饰件的制备。

"三高两低"车用系列抗冲共聚聚丙烯成套技术，于 2020 年经中国石油天然气集团有限公司鉴定为达到国际先进水平，被 Basell 公司授予技术突破奖，同时被金发科技授予技术合作奖，为央企在国内外聚烯烃领域树立了良好的品牌形象。

3.7　预期与展望

近年来，塑料制品越来越向大型薄壁化、轻量化方向发展。车用聚丙烯塑料通常要求具有较高的结晶度（模量）和冲击强度；在物流行业中，使用的可折叠包装箱和周转箱也需要高冲击强度和高弯曲模量的塑料；在家电行业中，也需要此类型的产品。市场对这种高流动性、高结晶、高抗冲击聚丙烯专用料的需求越来越大。

近年来，全球抗冲共聚聚丙烯消费量呈现稳步增长趋势。预计 2023—2027 年：全球抗冲共聚聚丙烯消费量将从 2845.7 万吨增长至 3256.8 万吨，复合年均增长率将达到 3.43%；国内汽车领域中，抗冲共聚聚丙烯消费量将从 131 万吨增长至 150 万吨，年均复合增长率将达到 3.44%。未来，随着聚丙烯行业竞争的愈加白热化，越来越多的石化厂将重心放在专用料通道，国产抗冲共聚聚丙烯专用料替代进口料节奏将加快。

随着国内聚丙烯产能的增加，行业集群整合，以及产业规模和制造加工技术水平不断提升，中国聚丙烯行业进入新一轮产能扩张高峰，外资进入中国市场进一步加快了产能扩张步伐，从而加剧市场竞争。外资具有较强技术优势，将对中国聚丙烯产品形成一定程度的冲击。尽管国内聚丙烯技术发展迅速，但在一些高端产品领域仍未实现技术突破，并且缺乏具有全球竞争力的产品。我国石化企业需要利用现有设备和技术进行高端产品开发，优化产品体系，借机引进国外高端生产装备、高端牌号生产技术，进行学习—吸收—再创新，提升自主创新能力。

（1）提升产品的质量和降低生产成本

由于国内抗冲共聚聚丙烯竞争大，应着重提升产品性能，扩大市场占有率；同时，加大超高抗冲、高熔体强度等高端产品开发，提高产品附加值，扩大产品应用领域，但要考虑到高端产品市场容量有限，需平衡投入成本与收益比例。因此，生产企业需积极联合科研机构，结合下游市场需求进行高附加值牌号的开发与推广，逐步提高产品的档次和质量，降低生产成本，实现高端牌号的进口替代。

（2）加快"中国智造"的转型升级

跟踪国外高端技术，加快聚丙烯工艺技术与国际接轨，消化吸收国外先进技术，积极从"中国制造"转型为"中国智造"：一方面，加快关键设备和大型机组的国产化研究和推广应用；另一方面，消化吸收国外生产工艺，根据我国聚丙烯工业的实际情况，通过持续的科学创新和严格的科学管理，提升装置在高负荷状态下的稳定生产水平，并进一步推进环保和安全工作，降低物料消耗和能量消耗。

（3）加快国产化、高性能催化剂的研发

目前，国内的催化剂整体水平仍与国外先进国家有一定差距，仍存在产品稳定性不足、创新不够等问题，使得国产聚丙烯产品缺乏全球竞争力。通过提升催化剂技术、优化工艺条件，可提高催化剂对聚合物性能的控制能力，进而提升产品综合性能。Z-N 催化剂技术已成熟应用在抗冲共聚聚丙烯生产中，但茂金属类和非茂类催化剂仍在发展初期或起步阶段，需要加大研发投入和研究成果转化力度，加快推动国产高性能催化剂技术的突破，有助于研发出分子链规整性更优、结构调整性更强、综合性能更佳的产品。

（4）配套抗冲共聚聚丙烯的改性技术

受国内节能减排、汽车轻量化等相关政策推动，改性塑料越来越广泛地应用在汽车、家电等行业。但是，聚丙烯具有成型收缩率大，韧性特别是低温韧性较差，弯曲弹性模量较低的缺点，这些缺点也限制着其在汽车中的应用。采用玻璃纤维增强改性聚丙烯研究发现：长纤维增强材料较短纤维产品中玻璃纤维的残留长度更长，可使用于力学性能要求更高的场合，其刚性虽比金属材料低些，但是，远高于纯聚丙烯材料，通过注塑成型，可以得到结构复杂、形状多变的汽车零部件。因此，在车用抗冲共聚聚丙烯的研发中，应与下游客户紧密联系，针对客户的需求，配套车用抗冲聚丙烯玻璃纤维增强改性技术。

（5）新型循环可再生料的开发

在汽车未来发展方向中，环境友好是车用材料发展的一个主要方向。随着对汽车轻量化的现实需求不断增加，在汽车设计制造领域中，再生塑料零部件的占比越来越高，是当前及未来一段时间内整个汽车行业的制造趋势。一辆汽车中对再生塑料的应用比例，成为衡量设计和制造水平的指标。随着新能源发展和绿色发展，市场对智能化、高端化、绿色产品的需求更加迫切。

参考文献

[1] 明星星. 汽车内饰用聚丙烯材料的轻量化研究 [D]. 贵阳：贵州大学，2021.

[2] 齐姝婧，冯晓彤，等. 汽车保险杠用 TPO 增韧级改性聚丙烯的市场分析及研发进展 [J]. 弹性体，2014, 24(06): 87-91.

[3] Kim D H, Kang S Y, Kim H J, et al. Strain rate dependent mechanical behavior of glass fiber reinforced polypropylene composites and its effect on the performance of automotive bumper beam structure[J]. Composites Part B: Engineering, 2019, 166: 483-496.

[4] Ramaswamy K, Virupaksha V L, Polan J, et al. Validation of expanded polypropylene (EPP) foam material models for low speed bumper and pedestrian protection applications[R]. SAE Technical Paper, 2017.

[5] Govindaraj K, Junankar A, Venkateshwara R, et al. Polypropylene copolymer material for automotive thin wall front bumper with integrated grill application[R]. SAE Technical Paper, 2018.

[6] Shunichiro I. Polypropylene-based resin composition and molded article thereof: U S Patent 9 522992[P].

2016-12-20.

[7] Inal M, Sahin S, Sahin Y. Optimization of the young's modulus of low flow polypropylene talc/ colemanitehybrid composite materials with artificial neural networks[J]. IFAC-Papers On Line, 2018, 51(30): 277-281.

[8] Yang B, Zhang G W, Luo Z F, et al. Polypropylene composition and preparation method thereof, and film or sheet prepared from the polypropylene composition and use thereof: U S Patent Application 15/759742[P]. 2019-02-14.

[9] Noh J G, Jang K H, Kim H S, et al. Polypropylene resin composition for interior materials of automobile with advanced paint adhesivity and low specific gravity: US 2014135440A1[P]. 2014-05-15.

[10] Yan X F Shen H, Yu L C, et al. Polypropylene-glass fiber/basalt fiber hybrid composites fabricated by direct fiber feeding injection molding process[J]. Journal of Applied Polymer Science, 2017, 134(44): 45472.

[11] 齐姝婧，崔秀梅，李梦涵 . 我国聚丙烯供需情况分析及行业未来发展趋势 [J]. 化学工业，2020，38(03): 56-62.

[12] 侯景涛，张红星，李广全，等 . 浅谈聚丙烯抗冲共聚系列产品的开发与工业化 [J]. 中国设备工程，2023(S1): 169-172.

[13] 何盛宝 . 新形势下我国炼油化工行业转型发展路径与中国石油技术创新实践 [J]. 石油科技论坛，2023, 42(02): 1-11.

[14] 洪定一 . 聚丙烯——原理、工艺与技术 [M]. 2 版 . 北京：中国石化出版社，2011.

[15] 内罗·帕斯奎尼 . 聚丙烯手册：原著第二版 [M]. 胡友良，等译 . 北京：化学工业出版社，2008: 249-257.

[16] 王建强，牛伟伟，王永刚，等 . 中熔体流动速率高抗冲聚丙烯产品的开发 [J]. 合成材料老化与应用，2023, 52(01): 55-58.

[17] 张彪 . 序贯聚合制备聚乙烯及聚丙烯为基体的多组分聚烯烃材料 [D]. 杭州：浙江大学，2016.

[18] 楼均勤 . 外给电子体对负载型钛 / 镁催化剂催化丙烯聚合及其与乙烯共聚的作用与机理 [D]. 杭州：浙江大学，2009.

[19] Li R B, Zhang X Q, Zhao Y, et al. New polypropylene blends toughened by polypropylene/poly(ethylene-copropylene) in-reactor alloy: compositional and morphological influence on mechanical properties[J]. Polymer, 2009, 50(21): 5124-5133.

[20] 卢晓英，义建军 . 抗冲共聚聚丙烯结构研究进展 [J]. 高分子通报，2010(8): 7-8.

[21] 师建军，秦亚伟，牛慧，等 . 橡胶相具有交联结构的新型抗冲聚丙烯合金 [J]. 高分子学报，2013(4): 577- 581.

[22] 郭明海 . 微观结构对抗冲共聚聚丙烯冲击强度的影响 [J]. 石油化工，2020, 49(12): 1241-1245.

[23] 胡徐腾，李振宇，牛慧，等 . 聚丙烯釜内合金技术的研究进展 [J]. 石油化工，2006, 35(5): 405-410.

[24] 张建耀，刘春阳 . 汽车用聚丙烯树脂的开发及国内应用现状 [J]. 中国塑料，2018, 32(02): 19-26.

[25] 徐人威，韦少义，姚培洪等 . Ziegler-Natta 聚丙烯催化剂的进展 [C]// 中国化学会催化委员会 . 第十一届全国青年催化学术会议论文集 (上), 2007: 489-490.

[26] 黄河，刘素丽，李磊，等 . 聚丙烯催化剂研究进展 [J]. 广东化工，2014, 41(23): 98-99.

[27] 刘芮嘉，吕丹，陈平，等 . Ziegler-Natta 催化剂的研究进展 [J]. 广州化工 , 2016, 44(10): 24-26.

[28] 谢克锋，邹欣，张文学，等 . Ziegler-Natta 催化剂中各组分相互作用研究进展 [J]. 合成树脂及塑料 , 2017, 34(02): 82-85.

[29] 郑强，谭洪生，谢侃，等 . 抗冲共聚聚丙烯的组成、链结构及相形态研究进展 [J]. 高分子材料科学与工程 , 2006(05): 23-27.

[30] 刘小燕，陈旭，冯颜博，等 . 抗冲共聚聚丙烯的组成、结构与性能 [J]. 石油化工 , 2013, 42(01): 30-33.

[31] 刘宣伯，郭梅芳 . 抗冲共聚聚丙烯组成分析研究进展 [J]. 合成树脂及塑料 , 2016, 33(03): 84-88.

[32] 崔楠楠，柯毓才，胡友良 . 用 Z-N 催化剂分段聚合制备 PP/EPR 共混物的结构和形态特征 [J]. 高分子学报 , 2006(06): 761-767.

[33] 卢晓英，义建军 . 抗冲共聚聚丙烯结构研究进展 [J]. 高分子通报 , 2010(08):7-18.

[34] Kakugo M, Sadatoshi H, Yokoyama M, Kojima K. Transmission electron microscopy observation of nascent polypropylene particles using a staining method[J]. Macromolecukes, 1989, 22(2): 547-551.

[35] Kakugo M, Sadatoshi H, Sakai J, Yokoyama M. Growth of polypropylene particles in heterogeneous Ziegler-Natta polymeriziation[J]. Macromolecules, 1989, 22(7): 3172-3177.

[36] Dong Q, Wang X F, Fu Z S, et al. Regulation of morphology and mechanical properties of polypropylene/ poly(ethylene-co-propylene) in-reactor alloys by multi-stage sequential polymerization[J]. Polymer, 2007, 48(20):5905-5916.

[37] Cecchin G, Marchetti E, Baruzzi G. On the mechanism of polypropylene growth over MgCl$_2$/TiCl$_4$ catalyst systems[J]. Macromolecular Chemistry and Physics, 2001, 202(10): 1987-1994.

[38] Urdampilleta I, Gonzalez A, Iruin J J, et al. Morphology of high impact polypropylene particles[J]. Macromolecules, 2005, 38(7):2795-2801.

[39] 赵爱利 . 车用聚丙烯树脂 SP 179 的工业开发与研究 [D]. 兰州 : 兰州理工大学 , 2011.

[40] 胡杰 . 合成树脂技术 [M]. 北京 : 石油工业出版社 , 2022: 173-178.

[41] 李丽，张鹏，段宏义，等 . 低熔抗冲共聚聚丙烯结构对其力学性能的影响 [J]. 塑料科技 , 2018, 46(10): 61-65.

[42] 王相，刘小燕，赵新亮，等 . SSA 热分级技术在表征 IPC 各组分相互作用中的应用 [J]. 合成树脂及塑料 , 2020, 37(02): 72-77.

[43] 郭明海 . 微观结构对抗冲共聚聚丙烯冲击强度的影响 [J]. 石油化工 , 2020, 49(12): 1241-1245.

[44] 罗京，王莹，刘阳冬，等 . 抗冲共聚聚丙烯分级技术进展 [J]. 塑料科技 , 2023, 51(04): 98-101.

[45] 刘小燕，陈旭，张春雨，等 . 一种丙烯共聚催化剂及其由该催化剂制备聚丙烯合金的方法 : ZL201210077908. 3[P]. 2013-09-25.

[46] 刘小燕，陈旭，姜明，等 . 具有长序列乙丙嵌段结构的聚丙烯金内合金的制备 [J]. 合成树脂及塑料 , 2013, 30(1): 10-13.

[47] 刘小燕，陈旭，朱博超，等 . 聚合釜内制备聚丙烯合金的工艺、组成及性能 [J]. 合成树脂及塑料 , 2015(2): 28-30.

[48] 刘小燕，侯景涛，王海，等 . 气相比及氢气用量对聚丙烯合金性能的影响 [J]. 合成树脂及塑料 , 2017, 34(03):56-60.

[49] 王福善，赵爱利，高艳，等 . 汽车用 EP 533N 聚丙烯结构表征及性能分析 [J]. 石化技术与应用 ,

2018, 36(5): 291-294.

[50] Liu Xiaoyan. Effect of feed compositon in gas-phase polymerization reactor on structure and properties of in situ impact polypropylene copolymer[J]. Journal of Polymer Materials, 2019, 26(2): 121-132.

[51] 王焰孟, 郑思维, 朱培培, 等. 汽车领域材料气味评价方法概述［J］. 中国汽车, 2020(9): 49-52.

[52] 赵东波, 熊华伟. 车用抗冲聚丙烯产品气味控制 [J]. 石化技术与应用, 2018, 36(1): 58-61.

[53] 叶碧华, 张凌紫, 高琳心, 等. 车用聚丙烯材料气味溯源分析研究 [C]// 中国汽车工程学会. 2019 中国汽车工程学会年会论文集 (2). 北京: 机械工业出版社, 2019:473-476.

[54] 赵福, 庞院, 任明辉, 等. 车用聚丙烯复合材料气味控制技术综述 [J]. 工程塑料应用, 2021, 49(01): 146-151.

[55] 景梦娜, 李丽, 韩筱, 等. 低气味车用抗冲共聚聚丙烯的制备与性能 [J]. 塑料工业, 2021, 49(12): 155-159.

[56] 许浩洋. 车用聚丙烯气味组成、来源及控制措施研究进展 [J]. 合成树脂及塑料, 2022, 39(05): 63-67.

第 4 章
聚烯烃医用专用料

医用聚烯烃树脂是人类战胜疾病、维护身体健康的重要材料，是实现"健康中国 2030"的重要保障。其中，高风险医用聚烯烃树脂主要用于生产注射剂、眼用制剂等的包装材料。实际应用中，这些高端树脂材料需与液体药品长期接触，如果其中的可迁移物随药品进入人体，会对人体健康甚至生命安全造成危害。因此，从用药安全性角度出发，对此类聚烯烃树脂（聚丙烯和聚乙烯）提出了苛刻的技术要求。突破聚烯烃树脂超纯化生产及应用技术瓶颈，对打破国外技术垄断、实现技术自主可控具有重要意义。

4.1 概述

我国医用聚烯烃需求量正以每年 15% 的速度增长。但我国医用聚烯烃制品发展起步较晚，在 20 世纪 70 年代才进行开发并生产塑料输液瓶。据中国医疗耗材协会的统计，目前中国具有一定规模，从事一次性医用塑料生产的企业仅有 1000 多家[1]。中国经济的不断发展、人口老龄化程度的加剧以及人们保健意识的不断增强，势必带动医用塑料行业的蓬勃发展。

4.1.1 医用聚烯烃的技术特点

医用聚烯烃材料由于其安全无毒的特点，已经越来越多地应用在医药包装、医用介入材料、医用耗材和医疗器械等领域，发展速度较快。PVC 在国内仍被广泛用作医用材料，但 PVC 中大多添加塑化剂增加其柔性。通常所使用的 PVC 类产品中都含有邻苯二甲酸酯类增塑剂。其中的邻苯二甲酸二(2-乙基己基)酯（DEHP），作为最经济有效并且广泛使用的增塑剂之一，可增加 PVC 产品的弹性，使 PVC 具有柔软性和易弯曲性[1]。但邻苯二甲酸二 (2-乙基己基) 酯会造成使用者生殖系统损伤、激素分泌失调、免疫力下降、儿童性早熟和心肺功能疾病等严重的问题；此外，PVC 废弃物的处理还会产生剧毒的二噁英。因此，开发更为安全的聚烯烃材料替代 PVC 在医用领域的应用具有重要意义。目前，我们需要重点突破的是医用聚烯烃生产技术。

目前，我国已成为全球第二大医药市场，从人口老龄化程度、居民医疗消费水平等来看，未来医药包装行业的前景极为广阔。据中国药包材协会统计，中国现有医药包装企业1500家。2021年，中国医药包装行业的市场规模为1026亿元；医药包装行业进口额为72745万美元，同比下降0.16%；出口额为169942万美元，同比增长14.42%。进口产品依旧以高端医药包装材料为主。

2016年多部委联合发布的《医药工业发展规划指南》，针对医用包装重点提出逐步淘汰质量安全风险大的品种，开发更为安全的聚烯烃材料，这对实现国民用药安全具有重要意义。目前，用于医用包装材料的高分子材料主要有聚丙烯、聚乙烯、聚氯乙烯、氢化苯乙烯热塑性弹性体等。其中，聚丙烯、聚乙烯因具有质轻、安全性高、耐温性好、力学性能和光学性能优异等特性，成为医用包装材料的主要原料，占比超过40%[1]。

医用包装材料用聚丙烯种类繁多，但国产原料市场占有率低。聚丙烯安全无毒，在医疗领域中多用于输液瓶、注射器、药物包装、手套、透明管、防护服、口罩等一次性医疗产品的制备，在输液瓶领域目前已经基本实现了对传统玻璃材料的替代。除了此类一次性的医疗产品之外，聚丙烯还可以用于制备介入材料、手术缝合线、疝补片、人工器官等医疗用品。低密度聚乙烯常用于制造医疗和药物包装材料；高密度聚乙烯则可用作人体器官的替代材料和组织培养支架材料；超高密度聚乙烯具有高抗冲性、较强耐磨性、较小摩擦系数、生物惰性和较好的吸能特性，是人工关节等的理想材料[1]。值得注意的是高端医用聚烯烃价格高，医用料价格比通用聚烯烃高约1000～3000元/吨，开发医用聚烯烃的经济效益十分显著。

总之，医用聚烯烃具有低迁移、低析出及洁净度高的技术特点，同时需适应医用包装制品加工应用的场景，以保障药品安全和人体健康。

4.1.2　医用聚烯烃的国内外差距

国家"十三五"规划将医用高分子材料研究提升至战略高度。聚烯烃树脂是重要的高分子医药包装基本材料。目前中国医药包装用聚烯烃树脂领域仍然存在着两大问题：一是与国外相比，国内从事医用包装材料用聚烯烃研究开发及产业化的企业较少；二是医用包装材料用聚烯烃树脂的标准、检验方法标准体系尚不完善。以上问题导致国内医用包装材料用聚烯烃树脂不得不依赖进口，这使得我国医用包装材料用聚烯烃树脂产业链的发展处于非常被动的局面。

国外医用聚烯烃产业成熟度高，产品牌号齐全、稳定性高。全球医用聚丙烯主流牌号及技术由利安德巴塞尔、北欧化工两大公司掌握，其产品牌号较多，市场占比较高。韩国乐天、TPC、SABIC等企业也位于医用聚丙烯产业前列。

国内医用聚丙烯2016年以前全部依赖进口，近年来国内企业在该领域积极投入研发，国产医用聚丙烯牌号和产量逐渐增加。其中，中国石油RP260是国内需求量最大的医用聚丙烯牌号，并广泛应用于输液瓶、直立式输液袋的生产中。国内医用聚丙烯主要牌号见表4-1。

表 4-1　国内主要医用聚丙烯牌号

企业名称	产品牌号	熔体流动速率/(g/10min)	用途
中国石油	RP260	7.0~9.0	输液瓶、可立袋，通过原国家食品药品监督管理总局安全性评价
	RPE02M	1.5~2.5	安瓿、输液袋，通过原国家食品药品监督管理总局安全性评价
	H03M	2.5~3.5	医用输液袋
	EPB05M	5.0~6.0	医用输液袋
	H02M	1.5~2.5	口服固体药瓶
	H02M-S	1.5~2.5	口服液体药瓶
	RP340R	20~28	医用注射器
	RPE16I	14~20	输液容器用组合盖外盖
中国石化	B205	1.0	医用输液瓶
	B4902	2.2	医用输液瓶
	B4902A	1.8	医用输液瓶
	B4908	7.0	医用输液瓶
	M250E	2.5±0.7	医药包装
	K4925	24.0	医用注射器

国内医用聚乙烯专用树脂仅有中国石油 LD26D、中国石化 Q281D，主要用作医疗和药物包装材料，少部分用于制作人工关节、组织支架、输血泵、矫形外科修补材料等。

4.1.3　医用聚烯烃的监管标准

我国十分重视医用原材料的发展，明确提出了提升医用级基础原材料的战略要求，针对医用聚烯烃材料出台了一系列监管标准，目前主要集中在医药用包装容器（材料）和一次性医疗用品等领域。药品包装容器（材料）的现行 YBB 系列标准由原国家食品药品监督管理总局起草、规划并监督实施，但其中未对包装容器用的原料特性有明确的要求。现行标准 YY/T 0114—2008《医用输液、输血、注射器具用聚乙烯专用料》和 YY/T 0242—2007《医用输液、输血、注射器具用聚丙烯专用料》，分别规定了医用输液、输血、注射器具用聚乙烯和聚丙烯专用树脂的要求、试验方法、检验规则、标志、包装、运输和贮存，但其中未对聚丙烯和聚乙烯专用树脂的结构特征参数、低聚物含量、催化剂残留量等有明确的规定和要求。此外，一次性聚乙烯医用外套、一次性医用围裙、一次性聚乙烯医用薄膜手套等产品则依据《医疗器械监督管理条例》实施监管[2-4]。

美、日、欧盟等国家和组织对直接与食品及药物接触的包装材料都制定了详细的法规及相关注册程序，以保障消费者的健康和安全，其中一部分标准是关于医用聚烯烃制品的。除了对制品有相应的标准规范外，美国药典（USP）、欧洲药典（EP）中对医用包装材料原料均有相应技术要求[2]。

全球医用聚烯烃主流生产技术与牌号由国外石化企业垄断，国内医药包材行业完全依靠进口医用聚烯烃树脂满足生产需求；国内药企采购进口产品，普遍存在价格较高、采购周期过长等弊端。为改变这一局面，中国石油于2012年开发出医用聚烯烃RP260和LD26D，并实现了规模化生产。2015年RP260和LD26D通过了原中国食品药品检定研究院的安全性评价，是国产医用聚烯烃树脂首次通过生物学安全性评价。2016年RP260和LD26D通过原国家食品药品监督管理总局的认证，之后在下游龙头药企实现了规模化应用，现已覆盖国内80%医用聚烯烃树脂使用药企，并成功实现RP260和LD26D的出口。在此基础上创建的安全性评价标准体系，被原国家食品药品监督管理总局采纳，并认定为医用聚烯烃树脂市场准入标准。

4.1.4　医用聚烯烃的供应及需求

伴随着塑料工业、医学技术和生物技术的不断发展，以及人们对健康的日益关注，聚烯烃材料由于其安全无毒的特点，已经被越来越多地应用在医用领域。从全球的生产布局来看，国外医用聚烯烃生产主要集中在欧洲、北美、日韩以及中东等国家和地区。

近几年，全球医用聚丙烯行业产能、产量整体呈增长态势，2020年由于新冠疫情的影响，医用口罩、防护服等领域对聚丙烯的需求激增，全球医用聚丙烯生产规模快速扩张，在整个医用聚烯烃产业的产量份额也超过了医用聚乙烯。近两年，虽然全球医用聚丙烯行业产能规模仍有提升，但随着疫情影响的减弱，医用聚丙烯产量略有下降。医用聚乙烯主要用作医疗和药物包装材料，少部分用于制作医用耗材、人造器官、人工关节等。近年来，医用聚乙烯消费量、产能及产量呈稳定增长趋势，相较于医用聚丙烯，医用聚乙烯受新冠疫情的影响程度较小。

中国医用聚烯烃行业起步较晚，早期医用聚烯烃产品完全依赖进口。近年来随着中国石油、中国石化等国内企业积极开展医用聚烯烃专用树脂技术的开发，在大容量注射剂（大输液）领域已经基本实现进口替代。如中国石油相继开发出医用聚丙烯牌号RP260、RPE02M，医用聚乙烯牌号LD26D等。中国石化也陆续研发生产出医用输液瓶包装用聚丙烯树脂B4902、B4908等。

4.1.4.1　全球医用聚烯烃供需趋势

自2022年开始，全球疫情防控政策逐步放宽，医用口罩、防护服等产品需求呈下降态势。2023—2024年，医用聚丙烯市场大幅萎缩，进而造成整个医用聚烯烃行业产能、产量的下滑。预计2026年，全球医用聚烯烃产能预计将达到339万吨/年，产量预计为294万吨，其中医用聚丙烯产能能够达到129万吨/年，产量预计为117万吨。在供应方面，利安德巴塞尔、北欧化工、韩国乐天等仍将是全球领先的医用聚丙烯生产商。全球医用聚烯烃市场将逐步回归正轨，产能、产量也将回到疫情前的增长状态。

医用聚乙烯主要用于医用包装材料和医用耗材的生产。医用包装材料、医用耗材等下游行业将持续发展，对聚乙烯产品的需求也将保持增长态势，全球医用聚乙烯行业产能、产量将相应增长。预计 2026 年，全球医用聚乙烯产能为 210 万吨 / 年，产量为 177 万吨。

4.1.4.2　中国医用聚烯烃供需趋势

目前中国医用聚烯烃消费量将呈现先下降后升高的趋势。下降的原因是受国内新冠疫情政策调整，医用口罩、医用防护服等医用耗材市场对医用聚烯烃需求减少，导致医用聚烯烃消费量阶段性下滑；升高原因则是随着下游领域对医用聚烯烃认知度的提升，医用聚烯烃专用树脂对进口料的替代程度增强，医用聚烯烃消费量整体将会扩大。预计 2026 年，中国医用聚烯烃消费量将达到约 80 万吨。

未来，输液袋和注射器仍将是医用聚丙烯用量比较大的应用领域。预计 2026 年中国医用聚丙烯消费量为 36.48 万吨。医用聚乙烯作为比较理想的 PVC 替代品，其消费量将保持增长趋势。预计 2026 年，中国医用聚乙烯消费量为 39.99 万吨。在细分聚乙烯市场中，超高分子量聚乙烯（UHMWPE）的良好生物相容性和优秀的机械强度使其在生物支架领域中展现出光明的应用前景，未来消费需求将实现跨越式增加；但低密度聚乙烯作为膜类产品的主要原材料仍将是主流产品。

4.2　医用聚烯烃结构性能调控技术

理想的药品接触材料是既不从药品中除去成分，也不会向其中添加成分。然而没有任何药品接触材料是完全惰性的。任何药品接触材料均有潜在的析出物和析出物成分。析出物是指在苛刻条件下可能从药品接触材料中迁移出的物质，即原材料在特定温度下长时间浸泡于模拟溶剂中，得到的析出物质。测试时通过改变药物制剂的物理化学性质（如 pH 值、黏度、组分等）、接触时间、温度和灭菌条件，得到最大量的潜在析出物成分。析出物常用检测项目包括非挥发性残留物（NVR）、总有机碳（TOC）含量等，常用检测方法有电感耦合等离子体 - 质谱法（ICP-MS）、反向高效液相色谱法（RP-HPLC）、傅里叶变换红外光谱（FT-IR）、液质联用（LC-MS）、气质联用（GC-MS）和核磁共振（NMR）等 [5]。研究药品接触材料的析出物和析出物成分极为重要 [6-7]。

析出物是在实际工艺条件下，从药品接触材料上迁移进入药物制剂的一类物质，这些杂质成分来源于容器、密封组件以及包装材料等。在许多药品中都可以检测到析出物成分。析出物中既有无机成分，也包括有机成分。其中，有机析出物可能为聚合物材料的单体、低聚体、添加剂、交联剂、抗氧剂、塑化剂、色素、润滑剂、脱模剂等。因此，企业需要确认和表征可能从药品接触材料上迁移进入药品或者人体的析出物种类，并评估其对药品质量或人体健康是否产生危害。

降低聚烯烃树脂的析出物的量，是其实现应用的难点。通过模试、中试及工业试验，研究了催化剂与外给电子体系的匹配性、催化活性、氢调敏感性、分子链规整性、聚合物分子量及其分布以及聚合物产品形态的有机联系，旨在揭示聚合工艺对聚烯烃树脂析出物的影响规律，进而确定最佳生产工艺，以成功实现医用聚烯烃树脂的工业化生产与应用。

4.2.1　医用聚烯烃低迁移低析出控制技术

医用聚烯烃树脂与液体药品直接接触，其中的催化剂残留、低聚物和助剂等向药液的迁移是影响其安全性的关键因素，灭菌过程会进一步加速迁移，而迁移物进入人体会产生不可逆的伤害。

因此，设计开发出内外给电子体协同的高活性催化剂体系、低温复合过氧化物引发剂体系、分子量分布控制技术和双官能团高分子抗氧剂体系等关键技术，可有效解决医用聚烯烃树脂可迁移物含量高的问题。

4.2.1.1　高活性催化剂和低残留聚丙烯制备技术

催化剂是聚烯烃工业发展的关键技术。聚丙烯一般采用氯化镁（$MgCl_2$）负载型齐格勒-纳塔（Z-N）催化剂制备，该配位催化技术的特殊性在于催化剂会被聚合物包裹而全部残留在聚丙烯树脂中，通常由三部分组成：

① 催化剂本身含有的内给电子体；

② $MgCl_2$ 负载的 $TiCl_4$ 和活化剂烷基铝；

③ 聚合时外加的给电子体。

内给电子体通常是二酯类化合物。近年来，"塑化剂"的毒性引起了广泛关注，人们对 Z-N 催化剂中使用的二酯的关注度也逐步提升，希望尽快找到替代品。另外，二酯类内给电子体的催化体系，一般在丙烯聚合时需要加入烷氧基硅烷类外给电子体，以此来进一步调控催化剂的活性和所得聚丙烯的性能，如聚丙烯的等规度、分子量及其分布以及共聚单体分布等聚合物微观结构[8-12]。因此，外给电子体也是聚丙烯催化体系中不可缺少的重要组成部分。外给电子体的性能与其结构密切相关，研发具有新型结构的外给电子体对制备高性能聚丙烯有重要意义。

内、外给电子体是丙烯聚合 Z-N 催化体系的重要组成部分，直接影响催化剂的立构定向性、活性以及聚丙烯的微观和宏观性能。在内给电子体研究方面：一是寻求"塑化剂"邻苯二甲酸二酯类化合物的替代品；二是研究开发新结构的内给电子体，使制备的催化剂能生产高性能聚丙烯。在外给电子体研究方面：一是设计合成新结构的外给电子体；二是设计新的复合外给电子体体系，突破原有外给电子体的性能，制备高性能的聚丙烯材料。在设计新型硅氧烷类外给电子体时，除了保持甲氧基或乙氧基的烷氧基特征外，烷基取代基的位阻效应、电子效应和杂原子效应等均需要充分考虑。对于复合外给电子体，应该主要考虑两类外给电子体之间性能的互补性[8-9]。内、外给电子体在聚丙烯催化剂中作用机理的研究对给电子体的设计和创新具有重要的指导意义。

以中国石油自主开发的 RP260 为例，结合试验和密度泛函分子模拟，研究了催化剂内给电子体结构和构型对活性中心电子效应的影响规律；开发出了新型内给电子体体系，优化了内给电子体取代基给电子能力，调控了活性中心的电子效应，使催化剂对丙烯聚合的催化活性显著提高，有效降低了聚丙烯中的铝、镁、钛元素含量。包装的药品经高温（121℃）灭菌后，液体药品中镁、铝、硅、钛元素含量（质量分数）小于 0.01%，重金属元素含量小于 1.0μg/mL，药液中的金属元素含量达到欧美高端产品水平。

4.2.1.2 低迁移和窄分布的无规共聚聚丙烯制备技术

医用聚丙烯一般是含有少量乙烯组分的共聚物。$MgCl_2$ 负载型 Z-N 催化剂在催化乙丙共聚时，由于乙烯竞聚率高、链转移反应能力强，容易产生大量高乙烯含量的低聚物（特别是在聚合反应后期）。这些低聚物溶解性强，很容易进入被包装的药品中，造成污染。

以中国石油自主开发的 RP260 为例，研究了一系列烷基/烷氧基硅烷外给电子体对 $TiCl_4$ 活性中心位阻效应的影响规律，开发了含有特定大环结构的硅烷化合物复合物外给电子体，抑制了催化剂的无规活性中心，显著降低了低聚物的生成，产品的分子量分布变窄[13-14]。根据催化剂产生低聚物的动力学特征，通过工艺优化，进一步降低了低聚物的产生，重均分子量小于 10000 的低聚物占比由 3.5% 降至 2.9%，分子量分布收窄30%。RP260 与国外高端产品相比，冲击强度提高了 44%；在 100℃ 老化 200h 后，拉伸断裂标称应变提高了 125%。包装的药品经高温（121℃）灭菌后，药液中 TOC 含量 <0.5mg/L，远低于国外高端产品（TOC 含量 1.2mg/L）。有效解决了医用聚丙烯树脂中低聚物含量高的难题，同时提高了产品的韧性。

4.2.1.3 高效低迁移高分子型双官能团医用聚丙烯树脂抗氧剂体系

聚丙烯树脂中的催化剂残留物、不稳定的螺旋形构象以及结构中的叔碳原子对氧化较为敏感，从生产到加工使用过程中容易受热氧作用发生降解，直接影响聚丙烯树脂的应用性能。助剂体系主要包含主抗氧剂、辅助抗氧剂和除酸剂。主抗氧剂一般为含有受阻酚结构的化合物。如含受阻酚结构的化合物分子量过低会造成受阻酚从塑料内析出，影响制品的安全性。为解决聚丙烯树脂生产中的热氧老化，及其在高温（121℃）灭菌过程中抗氧化等助剂向所包装药品迁移的问题，通过助剂体系优化，有效提升了抗氧化性能。RP260 在 0.9% 氯化钠注射液和 5% 葡萄糖注射液灭菌（121℃，15min）过程中的迁移结果：220 ～ 240nm 紫外吸光度 0.01，241 ～ 350nm 紫外吸光度 <0.01，单个抗氧剂含量 ≤ 0.1%，抗氧剂总量 ≤ 0.1%，达到了药包材对医用聚丙烯树脂的要求，符合国家药包材相关标准和欧洲药典要求[15-16]。

4.2.1.4 低温复合过氧化物引发剂体系

中国石油开发的低密度聚乙烯 LD26D 主要由管式法工艺生产，以乙烯为原料，丙醛和丙烯为调整剂，过氧化物引发剂作为催化剂，采用单点进料多区反应的聚合方式，在反应器温度 270 ～ 310℃，压力 240 ～ 300MPa 高压状态下通过自由基聚合反应制得。为保证 LD26D 用于注射器、黏膜接触等用途时的安全性，通过研究过氧化物引发剂关键组分与温度、压力等核心工艺参数对其性能的影响，揭示了乙烯超高压聚合过程中过氧化物引发剂及工艺参数对聚合物链增长和链转移的影响规律，开发出低温复合过氧化物引发剂体系及多点加入技术，使反应压力提高 9%，过氧化物引发反应温度下降3.8%，实现了窄分子量分布与支链的控制，且不需要添加抗氧剂，有效降低了低聚物含量。在反应温度 280℃、压力 285MPa 条件下，LD26D 分子量分布收窄 35%，正己烷不挥发物含量 <30mg，炽灼残渣 ≤ 0.03%，220 ～ 360nm 紫外吸光度 ≤ 0.1，达到了药

包材对医用聚乙烯树脂的要求，符合国家药包材相关标准和欧洲药典要求 [17]。

4.2.2　医用聚烯烃析出物监测技术

在制药行业，为了保证药品的安全性、质量和使用效果，研究可能引入药品中的杂质是十分必要的。国内外的药典、标准及法规都有相关技术要求，规定与药物接触的材料不得与药品发生反应、释放物质或吸附药品而对药品质量产生不良影响。研究药物系统中的不挥发物 / 析出物，可以确认可能迁移进入药品中的化合物，用以评估药品质量、效能和安全。但不挥发物并不能包括所有析出物，部分药品中的某些成分与接触材料发生反应可形成新化合物，在不挥发物研究中则可能被忽略。当然这类物质是非常罕见的 [18]，但仍需开展析出物分析。

4.2.2.1　不挥发物 / 析出物分析试验

首先，根据药品及其包材特性和生产制备条件，确定溶剂和试验条件（如温度、时间、接触面积或样品质量、pH 值、预处理方式步骤等），保证溶剂与系统或包装材料的充分接触（如抽提、浸泡、振摇等），获得不挥发物样品。然后对不挥发物样品作必要的预处理后，即可采用合适的分析仪器进行定性和定量分析，检测溶出的化合物种类和含量。析出物分析试验与不挥发物分析试验的主要区别在于：前者是采用药液作为试验流体，后者则是采用实际生产或存储条件作为试验参数。如果药液中的组分比较复杂，还需采用进一步的预处理方法，类似定量或定性分析的试验手段。由于不挥发物 / 析出物的组分非常复杂，单一的分析方法往往不能满足检测出所有目标化合物的要求，因此需多种仪器设备及分析方法联合应用。

（1）液相色谱 - 质谱联用分析法

液相色谱（liquid chromatography，LC）主要进行不挥发物 / 析出物的色谱分离，通过二极管阵列检测器（photodiode array，PDA）和质谱法（mass spectrometry，MS）检测一定波长和质荷比（m/z）范围内的非挥发性和部分半挥发性化合物。二极管阵列检测器检测具有紫外吸收的化合物信息，质谱检测则可获得化合物的分子量及结构信息，与标准品的保留时间（retention time，RT）和质谱匹配进行化合物的鉴别，并根据标准曲线对化合物定量。

（2）气相色谱 - 质谱联用分析法

检测挥发性化合物采用顶空进样（headspace sampling，HS）气相色谱质谱联用（HS-GC-MS）方式。挥发性化合物可能产生于伽马灭菌或高温灭菌过程，可能随着放置时间增加而减少，因此必须在灭菌结束后尽快分析。检测半挥发性化合物采用直接进样（direct injection，DI）气相色谱质谱联用（DI-GC-MS）方式。一些溶出或析出样品能够直接用 GC-MS 色谱柱进样分析；然而对大多数水溶液样品，分析其中的半挥发性化合物则需要进行液液萃取。比如使用与色谱柱和分析方法兼容的二氯甲烷溶剂先进行萃取，再进行分析。通过 GC-MS 图谱获得化合物的分子量及结构信息后，对照标准品的保留时间和质谱匹配对化合物进行定性，并利用化合物响应（通常是峰面积）对比标准曲线进行定量。

（3）电感耦合等离子体 - 质谱法 / 电感耦合等离子体 - 发射光谱法

电感耦合等离子体 - 质谱法（ICP-MS）可用于分析不挥发物 / 析出物中几乎所有金属元素的含量，以及绝大部分非金属元素。被测元素通过一定形式进入高频等离子体电离成离子，产生的离子经过离子光学透镜聚焦后进入四极杆质谱检测器，按照质荷比进行分离。此外，如果能够达到符合要求的专属性及检测限值，电感耦合等离子体 - 发射光谱法（ICP-OES）作为另一种检测方法，同样可用于检测元素含量。

（4）离子色谱法

离子色谱（ion chromatography，IC）是利用被测物质的离子特性进行分离和检测的一种液相色谱法，主要用于测定不挥发物 / 析出物中各种离子的含量。根据分离原理的不同，可分为离子交换色谱、离子排斥色谱和离子对色谱，其中以离子交换色谱最为常用。离子交换色谱采用低容量离子交换树脂为固定相进行分离，通过电导检测器连续检测流出物电导变化来分析阳离子和阴离子。除电导检测器外，离子色谱还有直流安培、脉冲安培和积分安培等电化学检测器以及紫外 - 可见和荧光检测器。在不挥发物和析出物分析中，各种分析方法的互补特性几乎可以涵盖绝大多数化合物的分析，因此 IC 应用较少。

（5）紫外光谱法

紫外光谱法（ultraviolet spectroscopy，UVS）可分析不挥发物 / 析出物中带有紫外发色基团的化合物，通常为含不饱和化学键和含孤电子对的化合物。有些样品中的溶质或溶剂在特定波长下也具有较强的紫外吸收信号，可能会覆盖不挥发物 / 析出物的吸收峰。分析不挥发物 / 析出物时，采用 LC-PDA-MS 分析方法能够覆盖紫外光谱法，因此可不单独进行紫外检测。

（6）傅里叶变换红外光谱法

傅里叶变换红外光谱法（Fourier transform infrared spectroscopy，FT-IR）是一种强有力的基本定性分析工具，通过与特定的图谱匹配来表征功能基团以及化合物种类。将红外光谱图进行比较，可推断出不挥发物中部分非挥发性残留物（NVR）的种类信息。然而，为获得单一化合物的定性与定量信息，则必须借助 LC-PDA-MS 或 GC-MS 的分析方法才能实现。

（7）核磁共振波谱分析

核磁共振（nuclear magnetic resonance，NMR）波谱常用于研究不挥发物 / 析出物中有机分子的微观结构。其特点是核磁共振波谱图可以直接提供样品中某一特定原子的各种化学状态或物理状态，并可得到它们各自的定量数据，且这些数据并不需要纯物质的校正，谱带下的面积直接与提供这种面积的原子核数量成正比。由于该技术可用混合样品直接检测，而且具有不破坏样品的特点，对于不易提取出来的不挥发物 / 析出物研究具有重要意义。

（8）非挥发性残留物

作为试验流体的挥发性模型溶剂蒸发后，将不挥发物烘干所获得的物质称为非挥发性残留物（non-volatile residue，NVR）。通过称重的方法来确定最差条件下从药品生产设备及药品包装材料中迁移到模型溶剂中的非挥发性残留物的量。非挥发性残留物通常来源于高分子材质的低聚物、添加剂及降解产物等。由于药物产品中往往也含有非挥发性组分，干扰非挥发性残留物总量分析，因此此项分析不适用于析出物分析。

（9）总有机碳、pH 值、电导率

总有机碳（total organic carbon，TOC）的测定是一项非常重要的分析方法，能够直接、快速、真实、灵敏地反映不挥发物水平。然而，其局限在于该方法仅适用于电导率相对较低的无机溶液。因此，TOC 常与 pH 值、电导率共同作为三项常规的辅助分析项目，用于考察制药系统以及药品包装材料与试验流体接触前后的变化情况。由于这些参数的变化通常是由不挥发物 / 析出物所造成，因此这些数值对评估制药系统以及药品包装材料是否影响药物产品有一定帮助。

综上，LC-MS、GC-MS、ICP-MS 和 IC 均可用于定性和定量分析，UV、FT-IR、NMR 主要用于定性分析；NVR 用于常规定量分析，TOC、pH 和电导率则作为辅助分析[19]。

4.2.2.2　不挥发物 / 析出物分析在医用包装材料检测中的应用

《国家药包材标准》中，与聚丙烯、聚乙烯相关的标准均对不挥发物有明确技术要求，不挥发物分析采用的溶剂为水、正己烷和65% 乙醇。根据医用包装材料各标准的具体要求，需选择单一溶剂（水）进行分析，或者采用三种溶剂分别进行分析。如 YBB00022002—2015《聚丙烯输液瓶》标准中，不挥发物试验供试液的制备：取输液瓶平整部分内表面积 $600cm^2$，切成 5cm×0.5cm 的小块，水洗，室温干燥后放于 300mL 的玻璃瓶中，加水 200mL，密塞，置于高压蒸汽灭菌器中，121℃ ± 2℃维持 30min（若加热至 121℃导致材料被破坏，则在 100℃ ± 2℃维持 2h），放冷至室温，作为供试液；另取水同法操作，作为空白液，再进行要求的分析项目的试验。再如 YBB00132002—2015《药用复合膜、袋通则》标准中，不挥发物试验供试液的制备：取膜、袋样品适量，分别取内表面积 $600cm^2$（分割成 3cm×0.3cm 的小片）三份置具塞锥形瓶中，加水（70℃ ± 2℃）、65% 乙醇（70℃ ± 2℃）、正己烷（58℃ ± 2℃)200mL 浸泡 2h 后取出放冷至室温，用同批试验用溶剂补充至原体积作为供试液；以同批水、65% 乙醇、正己烷为空白液，进行要求的分析项目的试验[20]。

不挥发物试验的分析项目包括澄清度、颜色、吸光度、pH 值、易氧化物、不挥发物、铵离子、金属离子（包括钡离子、铜离子、铬离子、铅离子、镉离子、锡离子、铝离子）等。

析出物分析在液体药品包装材料研究中应用较多，如陈瑜等[21]采用高效液相色谱法测定三层共挤输液袋中抗氧剂 P-EPQ（联苯、2,4- 二叔丁基苯酚、三氯化磷的反应产物）的含量，测得三家不同制药企业的五批试样中抗氧剂 P-EPQ 的含量均≤ 0.01%。该方法具有快速、准确、灵敏度高及方法稳定的特点，适用于批量样品的测定。吴艳等[22]采用高效液相色谱 - 荧光检测法测定多层共挤输液用膜制袋中双酚 A 在不同注射液中的迁移量，并对测量方法进行方法学验证；建立的测定方法简便、准确，可用于该类包装中双酚 A 的迁移量检测和质量控制。对来自 7 家机构的共计 97 批次、16 个品种产品的测定结果进行初步安全性评估：仅少数品种和批次的注射液中检出双酚 A 的迁移，但均未达到检测定量限；其余品种的各批次样品中均未检出双酚 A 的迁移，不会对人体产生有害影响。

综上所述，不挥发物/析出物分析在药品包装材料领域的应用十分广泛且成效显著，可实现对药品生产过程及包装材料的检测，保证药品的安全性、质量以及使用效果。通过对低分子聚合物、金属离子和助剂分子等迁移物组分的分析，及其迁移规律研究，模拟药品高温灭菌环境，建立可用于生产过程监控的快速聚丙烯迁移物测定方法（时间<8h），可保障医用聚丙烯产品的安全性。

4.3 超洁净化医用聚烯烃生产及安全性评价技术

4.3.1 超洁净化医用聚烯烃生产技术

4.3.1.1 "超纯净化"生产

针对规模化生产医用聚烯烃过程中的控制复杂、可迁移物及杂质成因多、纯化与树脂性能相互制约等难题，中国石油通过技术攻关实现了生产全流程的协同超纯化控制，为规模化生产和应用提供了本质安全保障。

针对聚烯烃树脂超纯化的生产技术瓶颈，开发了高效液相丙烯杂质深度脱除及精制工艺，降低了一氧化碳浓度，实现了丙烯的超纯化，同时保持了催化剂的高活性，减少了催化剂用量。此外，还开发了高低压多级串联及汽蒸分离技术，摒除了可迁移低聚物对药品安全性的影响。在提升产品质量方面，开发了聚烯烃粒料粉尘脱除、高灵敏金属脱除及监控等关键工艺技术及装备，攻克了生产过程中金属残屑和环境杂质对聚合物污染、生产核心区洁净度控制等技术难题，使核心区的洁净度达到10000（C级）。在上述基础上，还从以下三方面工作确保产品质量的"超纯净化"生产。

（1）建立洁净化包装区及洁净度控制和监测

为了提高医用聚烯烃产品品质，保证产品无菌洁净包装，在原有包装装置的基础上，在低密度聚乙烯与聚丙烯包装区各新辟一处医用料洁净包装区，洁净区内各新建两条医用料包装专线，用于医用料的无菌洁净包装，从而达到聚烯烃粒料对洁净化的要求。

医用聚烯烃专用料 LD26D、RP260 和 RPE02M 等均须在洁净区包装，同时对包装线进行了洁净化改造，设置洁净度级别为 10000（C 级）和 100000（D 级）的两个区域。为确保产品的包装质量，制定了医用聚烯烃生产洁净区分析计划（见表 4-2），对洁净区空气关键指标进行监控。

表 4-2　医用聚烯烃生产洁净区分析计划

样品名称	采样地点	洁净度级别	分析项目	控制指标	分析方法
空气	包装线洁净区	10000（C级）	悬浮粒子（粒径≥0.5μm）浓度/(个/m³)	≤350000	GB/T 16292—2010
		100000（D级）	悬浮粒子（粒径≥0.5μm）浓度/(个/m³)	≤3500000	
空气	包装线洁净区	10000（C级）	浮游菌浓度/(个/m³)	≤100	GB/T 16293—2010
		100000（D级）	浮游菌浓度/(个/m³)	≤500	

续表

样品名称	采样地点	洁净度级别	分析项目	控制指标	分析方法
空气	包装线洁净区	10000（C级）	沉降菌浓度/(个/m³)	≤3	GB/T 16294—2010
		100000（D级）	沉降菌浓度/(个/m³)	≤10	

洁净改造使整个输送过程处于密闭系统，与外界无交叉污染。新建低密度聚乙烯（LDPE）包装洁净厂房（D+C级，内含新建膜包装线两条）、聚丙烯（PP）包装洁净厂房（D+C级），以及用于监测洁净区环境的分析化验功能区和辅助区域。要求洁净厂房通过《药品生产质量管理规范》（药品GMP）中的相关认证要求，并制定医用聚烯烃原料及制成品标准、检验方法标准、包装储运标准及其技术规范，建立医用聚烯烃树脂产业化基地，形成完全自主的医用聚烯烃产业链。

通过对低密度聚乙烯、聚丙烯产品的包装形式进行改造，粒料下料、包装、成垛整个过程杜绝了空气中粉尘等杂质的介入，大幅提高了产品的洁净程度。改造后洁净区各项指标均达到要求，产品吨级包装满足医用要求。清洁化包装区局部如图4-1所示。

（2）纯化水的质量监测

医用聚烯烃的切粒过程要与脱盐水接触。对脱盐水系统进行改造，使得脱盐水达到医用纯化水的质量要求，且制定了医用聚烯烃用纯化水分析计划（见表4-3），对关键工序的纯化水质量进行监控。

图4-1　清洁化包装区局部

表4-3　医用聚烯烃用纯化水分析计划

样品名称	分析项目	控制指标	分析方法
纯化水	性状	应符合规定（无色澄清液体，无臭）	《中华人民共和国药典》（以下简称《中国药典》）2015年版（二部）纯化水
	酸碱度	应符合规定	
	硝酸盐	应符合规定（不得超过0.000006%）	
	亚硝酸盐	应符合规定（不得超过0.000002%）	
	氨	应符合规定（不得超过0.00003%）	
	总有机碳	应符合规定（不得超过0.50mg/L）	
	重金属	应符合规定（不得超过0.00001%）	

（3）建立总有机碳（TOC）的分析方法

为考察医用聚烯烃制成的包装材料与药液接触并经高温灭菌后药液受污染的程度，对输液瓶加工过程中进入药液的有机杂质进行量化测量，创立了聚丙烯医用料溶出物中总有机碳（TOC）的分析方法。

以上系列技术的突破，实现了超纯化聚烯烃树脂生产技术从无到有的飞跃，中国石油建成了 20 万吨 / 年医用聚烯烃树脂产业基地，满足了医用聚烯烃标准要求。

4.3.1.2 建立医用聚烯烃质量管理体系（参照 GMP）

为了有效管控医用聚烯烃产品从原料采购、仓储、生产、检验、包装、储存到发运等全过程的质量及质量风险，参照《药品生产质量管理规范》（2010 年修订），建立了中国石油医用聚烯烃产品质量管理体系文件，分为质量手册、管理规定和作业指导书三层构架。

生产医用料，参照国家《药品生产质量管理规范》（2010 年修订），制定了包括质量管理、机构与人员管理、厂房与设施管理、设备管理、物料与产品管理、确认与验证、文件管理、生产管理、质量控制与质量保证、委托检验管理、产品发运与召回管理以及自检管理等二十多项标准。这些标准被医药企业作为现场审核的行业规范，实现了对医用聚烯烃树脂生产全过程的规范化管理和产品的质量受控，解决了医用聚烯烃产品包装、储存及运输等全过程的质量及质量风险有效管控问题，实现了产品从生产、储存、运输到终端客户的洁净化、安全化。通过对医用聚烯烃生产全过程的控制，最大限度地降低医用聚烯烃树脂生产过程中污染、交叉污染以及混淆、差错等风险，确保持续稳定地生产出符合用途和要求的医用聚烯烃树脂。建立了树脂质量可控的医用聚烯烃树脂产业化基地，形成完全自主的医用聚烯烃产业链。

在制定标准时，充分参照了《中国药典》、欧洲药典和美国药典、医药行业 YBB 系列标准和聚烯烃安全性评价研究结果，并结合医药行业相关专家审查意见，以确保标准的先进性和出厂产品的安全性、适用性。医用聚烯烃树脂标准分别设置了物理机械性能、化学性能（含元素含量和溶出物试验）等三十多项技术指标项目，同时对红外光谱特征结构、生物安全性和毒理学性能也提出了要求。树脂标准制定依据为医用包装材料相关标准（YBB 标准）、《中国药典》、欧洲药典、美国药典相关要求。依据上述标准对树脂进行质量检测，以保证医药包材级聚烯烃树脂的质量。

4.3.2 医用聚烯烃安全性评价方法

用于注射剂包材等的医用聚烯烃树脂与人民生命安全紧密相关。因此需要开发出安全性评价技术，建立标准体系和准入条件，打通生产、应用及评价的产业链全流程，以解决国产医用聚烯烃树脂市场准入的难题。

聚烯烃树脂应用在医用包装领域，对其生物安全性要求极高。中国石油联合中国食品药品检定研究院创建的标准体系被原国家食品药品监督管理总局认定为医用聚烯烃市场准入的标准。

RP260 和 LD26D 作为首批通过安全性评价和认证的产品，已在四川科伦药业、张家港众辉科技等 18 家药企的 6 类 118 个药品中使用，其性能优于国外高端产品，现已覆盖国内 80% 药企，打破了完全依赖进口的局面，并成功进入国际市场，这标志着我国医用聚烯烃树脂技术已经迈入世界先进行列。

4.3.2.1 医用聚乙烯 LD26D 的安全性评价

根据原国家食品药品监督管理总局安全性评价要求，对医用聚乙烯 LD26D 开展了化学性能、生物性能、毒理学性能等安全性评价研究。

（1）化学性能评价

① 按 YBB 标准评价　按 YBB00102005—2015 的技术要求，对 LD26D 和同类产品开展了溶出物试验，粒料的测试结果见表 4-4，片材测试结果见表 4-5。LD26D 和同类产品均能达到 YBB00102005 的技术要求。

表 4-4　粒料参照 YBB00102005—2015 标准测试结果

项目		LD26D	同类产品
金属元素	铜	＜3μg/g	＜3μg/g
	铬	＜3μg/g	＜3μg/g
	镉	＜3μg/g	＜3μg/g
	铅	＜3μg/g	＜3μg/g
	锡	＜3μg/g	＜3μg/g
	钡	＜3μg/g	＜3μg/g
溶出物	澄清度	溶液澄清	溶液澄清
	颜色	溶液无色	溶液无色
	pH值	6.4	6.3
	紫外吸光度	＜0.01（240nm）；＜0.01（241nm）	＜0.01（240nm）；＜0.01（241nm）
	不挥发物①	0.1mg	0.2mg
	易氧化物②	＜0.1mL	＜0.1mL
	铵离子③	＜0.8μg/mL	＜0.8μg/mL
	铜离子	＜1μg/mL	＜1μg/mL
	铬离子	＜1μg/mL	＜1μg/mL
	镉离子	＜0.1μg/mL	＜0.1μg/mL
	铅离子	＜1μg/mL	＜1μg/mL
	锡离子	＜0.1μg/mL	＜0.1μg/mL
	钡离子	＜1μg/mL	＜1μg/mL
	铝离子	＜0.05μg/mL	＜0.05μg/mL
	重金属	＜1μg/mL	＜1μg/mL
	泡沫试验	泡沫在3min内消失	泡沫在3min内消失

① 50mL 供试液与 50mL 空白液干燥恒重后的质量差。
② 20mL 供试液与 20mL 空白液消耗硫代硫酸钠滴定液（0.01mol/L）的体积差。
③ 50mL 供试液与 50mL 对照液（NH_4^+ 浓度 0.8μg/mL）相比，颜色不得更深。

表 4-5　片材参照 YBB00102005—2015 标准测试结果

溶出物试验	LD26D	同类产品
澄清度	溶液澄清	溶液澄清
颜色	溶液无色	溶液无色
pH值	5.7	6.0

续表

溶出物试验	LD26D	同类产品
不挥发物[①]	0.4mg	0.5mg
易氧化物[②]	0.1mL	<0.1mL
铵离子[③]	<0.8μg/mL	<0.8μg/mL
铜离子	<1μg/mL	<1μg/mL
铬离子	<1μg/mL	<1μg/mL
镉离子	<0.1μg/mL	<0.1μg/mL
铅离子	<1μg/mL	<1μg/mL
锡离子	<0.1μg/mL	<0.1μg/mL
钡离子	<1μg/mL	<1μg/mL
铝离子	<0.05μg/mL	<0.05μg/mL
重金属	<1μg/mL	<1μg/mL
泡沫试验	产生的泡沫在3min内消失	产生的泡沫在3min内消失

①、②、③同表4-4。

② 按 YY/T 标准评价　依据标准 YY/T 0114—2008 的技术要求，对 LD26D 和同类产品的片材开展了化学性能检测，检测结果见表4-6。结果表明，二者性能均满足标准要求。

表4-6　片材参照 YY/T 0114—2008 标准检测结果

项目	技术要求	LD26D	同类产品
酸碱度（与空白对照液之差）	≤1.0	0.13	0.72
重金属	≤1.0μg/mL	符合规定	符合规定
镉含量	<0.1μg/mL	<0.1μg/mL	<0.1μg/mL
紫外吸光度（242nm）A_{max}	≤0.10	0.090	—

③ 按欧洲药典评价　按欧洲药典 EP 8.0 3.1.6 的技术要求，对 LD26D 和同类产品开展了化学性能检测，结果见表4-7，二者均满足欧洲药典技术指标的要求。

表4-7　粒料参照欧洲药典的测试结果

溶出物试验	LD26D	同类产品
酸碱度	消耗0.01mol/L盐酸0mL，消耗0.01mol/L氢氧化钠0.7mL	消耗0.01mol/L盐酸0mL，消耗0.01mol/L氢氧化钠0.7mL
紫外吸光度（220nm）A_{max}	0.003	0.004
还原性物质[①]	0.1mL	0.2mL
正己烷不挥发物（质量分数）	0.6%	1%
重金属	<2.5μg/mL	<2.5μg/mL

① 数据为按欧洲药典8.0 3.1.6中要求的方法制备的20mL供试液与20mL空白液消耗硫代硫酸钠滴定液（0.01mol/L）的体积差。

（2）毒理学安全性评价

中国食品药品检定研究院对 LD26D 的毒理学安全性进行了评价研究，评价了细胞毒性等 21 个项目，毒理学试验研究结果如下：

① 细胞毒性试验：相对增殖率（RGR）69%，细胞毒性为 2 级。

② 血管刺激、眼刺激反应、皮内刺激反应：无刺激反应。

③ 肌肉刺激反应：存在炎细胞浸润的肌肉刺激反应。

④ 全身主动过敏反应、迟发性超敏反应：没出现阳性反应。

⑤ 急性毒性实验：静脉和腹腔注射没有观察到体重降低、死亡或全身毒性。

⑥ 30 天亚慢性静脉滴注（iv）毒性试验：嗜中性（N）和嗜酸性（E）粒细胞数值升高与静脉注射检测样品浸提液出现的轻度感染，或异物刺激组织出现的应激性反应有关，其它数值均未显示出具有临床意义的异常指标或毒性靶器官。

⑦ Ames 试验、体外染色体畸变试验、微核试验：结果阴性。

⑧ 生育力与早期胚胎发育毒性试验：精子活动强度和爬升高度显著降低，无其他生长发育的损害作用。

⑨ 胚胎 - 胎仔发育毒性、围产期毒性：无母体毒性、胚胎毒性和胎仔致畸毒性作用，对 F0 代和 F1 仔鼠未见明显毒性。

⑩ 热原试验：初试无致热作用。

⑪ 肌肉植入试验：肌肉组织未见炎症反应和纤维囊腔形成。

⑫ 溶血试验：结果为阴性。

⑬ 90 天亚慢性腹腔注射（ip）毒性试验：高、低剂量组和对照组均出现腹腔刺激性反应（脏器收缩、胃肠等粘连），有少量死亡。可见雌性大鼠子宫湿重值和系数值升高，但组织病理学仅个别卵巢系膜可见吞噬细胞和结缔组织增生。未见子宫出现特异性组织病理学改变，说明主要是检测样品浸提液的刺激所致，具有雌性激素类作用影响生殖器官发育的可能性较小。各项指标均未显示出具有临床意义的异常指标或毒性靶器官。

⑭ 180 天慢性 ip 毒性试验：高剂量组和对照组均出现腹腔刺激性反应（脏器收缩、胃肠等粘连），有少量死亡。脏器表面炎性渗出和纤维结缔组织增生等改变，导致内脏粘连。

⑮ 微生物限度试验：在容许范围。

⑯ 细胞毒性试验比较：浸提液间接法比粒料直接法敏感。

⑰ 体外精子活力试验：无精子活力异常。

（3）迁移试验

开展了定性鉴别试验和材料中的抗氧剂（液相色谱法和薄层色谱法）检测实验。

① 定性鉴别 采用 TA 差示扫描量热（DSC）仪对 LD26D 进行了测定。实验条件为：样品量约 5mg，起始温度 30℃；将样品以 20℃ /min 的升温速率升温到 200℃，恒温 5min；然后以 20℃ /min 的降温速率降温至约 30℃。重复升温降温过程，记录的 DSC 图谱见图 4-2，试验结果见表 4-8。

表4-8 熔融温度测试结果

样品	熔融温峰T_m/℃	结晶温峰T_c/℃
LD26D	115.9	93.5

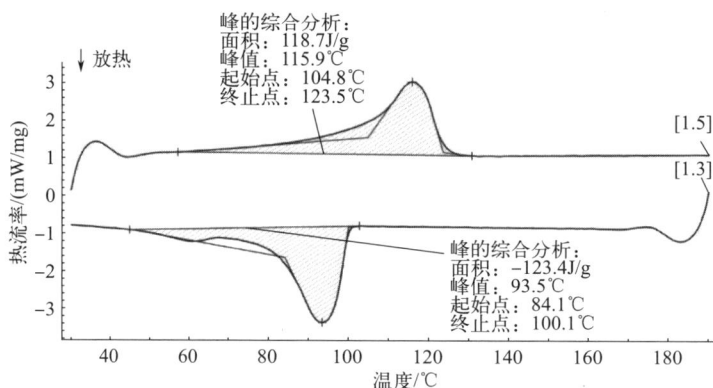

图4-2 LD26D熔融结晶曲线

由检测结果可知：LD26D样品成分为低密度聚乙烯，无其他物质。

② 抗氧剂分析 参照欧洲药典第七版，对LD26D中的抗氧剂进行了测定，结果见表4-9。

表4-9 抗氧剂含量检测结果

样品名称	批次A
抗氧剂1010	未检出
抗氧剂330	未检出
抗氧剂1076	未检出
抗氧剂168	未检出
抗氧剂3114	未检出
抗氧剂BHT	未检出
抗氧剂O_3	未检出

LD26D样品中均未见抗氧剂618、抗氧剂SE、抗氧剂DLTDP和抗氧剂DSTDP相应斑点，即4种抗氧剂的含量均小于欧洲药典规定的抗氧剂添加量低于0.3%的技术要求。

（4）生物六级试验

上海食品药品包装材料测试所依据USP36<87>、USP36<88>，对LD26D开展了生物六级试验，对细胞毒性等10个项目进行检测，结果见表4-10，10项生物六级试验结果均符合USP36<87>、USP36<87>技术指标的要求。

表4-10 生物试验结果

检查项目及单位	技术要求	检验结果	单项判定
细胞毒性	应符合规定	符合规定	符合
全身毒性（0.9%氯化钠注射液）	应符合规定	符合规定	符合

检查项目及单位	技术要求	检验结果	单项判定
全身毒性（聚乙二醇400）	应符合规定	符合规定	符合
全身毒性（乙醇:0.9%氯化钠注射液=1:20）	应符合规定	符合规定	符合
全身毒性（植物油）	应符合规定	符合规定	符合
皮内刺激（0.9%氯化钠注射液）	应符合规定	符合规定	符合
皮内刺激（聚乙二醇400）	应符合规定	符合规定	符合
皮内刺激（乙醇:0.9%氯化钠注射液=1:20）	应符合规定	符合规定	符合
皮内刺激（植物油）	应符合规定	符合规定	符合
植入	应符合规定	符合规定	符合

（5）按美国食品与药物管理局法规检测

依据美国食品与药物管理局（FDA）法规中关于烯烃类聚合物的要求，按照FDA法规第21篇第177.1520章节，对LD26D进行检测，结果见表4-11，符合FDA法规第21篇第177.1520章节中对聚乙烯的规定。

表4-11 FDA检测结果

项目	批次A	批次B	批次C	方法检出限	标准限值
密度/(g/cm^3)	0.923	0.922	0.922	—	0.85~1.00
正己烷提取物质量分数/%	ND	ND	0.8	0.5	≤5.5
二甲苯提取物质量分数/%	ND	1.2	1.2	1.0	≤11.3

注：ND=未检出（<方法检出限）。

（6）RoHS检测

对LD26D样品中的铅（Pb）、镉（Cd）、汞（Hg）、六价铬（Cr(Ⅵ)）、多溴联苯（PBBs）、多溴二苯醚（PBDEs）进行测试，检测依据见表4-12，结果见表4-13～表4-15，均未检出Pb、Cd、Hg、Cr(Ⅵ)、PBBs与PBDEs。

表4-12 RoSH检测依据

测试项目	测试方法	测试仪器	方法检测限
Pb	IEC 62321:2008 Ed.1 Sec.8	ICP-OES	2mg/kg
Cd	IEC 62321:2008 Ed.1 Sec.8	ICP-OES	2mg/kg
Hg	IEC 62321:2008 Ed.1 Sec.7	ICP-OES	2mg/kg
Cr(Ⅵ)	IEC 62321:2008 Ed.1 Annex C	UV-Vis	2mg/kg
PBBs	IEC 62321:2008 Ed.1 Annex A	GC-MS	5mg/kg
PBDEs	IEC 62321:2008 Ed.1 Annex A	GC-MS	5mg/kg

表4-13　LD26D 的重金属检测结果

测试项目	检测结果
Pb	ND
Cd	ND
Hg	ND
Cr(Ⅵ)	ND

表4-14　LD26D 的多溴联苯（PBBs）检测结果

PBBs	检测结果
一溴联苯	ND
二溴联苯	ND
三溴联苯	ND
四溴联苯	ND
五溴联苯	ND
六溴联苯	ND
七溴联苯	ND
八溴联苯	ND
九溴联苯	ND
十溴联苯	ND

表4-15　LD26D 的多溴二苯醚（PBDEs）检测结果

PBDEs	检测结果
一溴二苯醚	ND
二溴二苯醚	ND
三溴二苯醚	ND
四溴二苯醚	ND
五溴二苯醚	ND
六溴二苯醚	ND
七溴二苯醚	ND
八溴二苯醚	ND
九溴二苯醚	ND
十溴二苯醚	ND

（7）塑化剂检测

对 LD26D 样品进行了 19 种邻苯二甲酸酯物质含量测定，结果见表4-16，19 种邻苯二甲酸酯在送检样品中均未检出。

表 4-16 LD26D 样品中塑化剂检测结果

检测项目	检测结果	方法检出限/(mg/kg)
邻苯二甲酸二甲酯（DMP）	ND	1.0
邻苯二甲酸二乙酯（DEP）	ND	1.0
邻苯二甲酸二异丁酯（DIBP）	ND	1.0
邻苯二甲酸二丁酯（DBP）	ND	0.3
邻苯二甲酸二(2-甲氧基乙基)酯（DMEP）	ND	1.0
邻苯二甲酸二(4-甲基戊-2-基)酯（BMPP）	ND	1.0
邻苯二甲酸二(2-乙氧基乙基)酯（DEEP）	ND	1.0
邻苯二甲酸二戊酯（DPP）	ND	1.0
邻苯二甲酸二己酯（DHXP）	ND	1.0
邻苯二甲酸丁基苄基酯（BBP）	ND	1.0
邻苯二甲酸二(2-丁氧基乙基)酯（DBEP）	ND	1.0
邻苯二甲酸二环己酯（DCHP）	ND	1.0
邻苯二甲酸二(2-乙基己基)酯（DEHP）	ND	1.0
邻苯二甲酸二苯酯（DPhP）	ND	1.0
邻苯二甲酸二正辛酯（DNOP）	ND	1.0
邻苯二甲酸二壬酯（DNP）	ND	1.0
邻苯二甲酸二异壬酯（DINP）	ND	1.0
邻苯二甲酸二异癸酯（DIDP）	ND	1.0
邻苯二甲酸二正癸酯（DNDP）	ND	1.0

4.3.2.2 医用聚丙烯 RP260 的安全性评价

根据原国家食品药品监督管理总局安全性评价要求，对医用聚丙烯 RP260 开展了化学性能、生物性能、毒理学性能等安全性评价研究。

（1）化学性能评价

① 按 YBB 标准评价　按 YBB00102005—2015 的技术要求，对 RP260 和同类产品开展了溶出物试验，粒料和片材的测试结果分别见表 4-17 和表 4-18，由此可知，二者性能均满足标准要求。

表 4-17 粒料参照 YBB00102005—2015 标准测试结果

项目		RP260	同类产品
金属元素	铜	<3μg/g	<3μg/g
	铬	<3μg/g	<3μg/g
	镉	<3μg/g	<3μg/g
	铅	<3μg/g	<3μg/g
	锡	<3μg/g	<3μg/g
	钡	<3μg/g	<3μg/g

项目		RP260	同类产品
溶出物	澄清度	溶液澄清	溶液澄清
	颜色	溶液无色	溶液无色
	pH值	6.7	6.5
	紫外吸光度	0.029（236nm）；0.027（241nm）	0.022（220nm）；0.014（241nm）
	不挥发物①	0.3mg	0.3mg
	易氧化物②	0.1mL	0.1mL
	铵离子③	<0.8μg/mL	<0.8μg/mL
	重金属	<1μg/mL	<1μg/mL
	泡沫试验	泡沫在3min内消失	泡沫在3min内消失
	铜离子	<1μg/mL	<1μg/mL
	铬离子	<1μg/mL	<1μg/mL
	镉离子	<0.1μg/mL	<0.1μg/mL
	铅离子	<1μg/mL	<1μg/mL
	锡离子	<0.1μg/mL	<0.1μg/mL
	钡离子	<1μg/mL	<1μg/mL
	铝离子	<0.05μg/mL	<0.05μg/mL

①、②、③同表4-4。

表4-18　片材参照 YBB00102005—2015 标准测试结果

溶出物试验	RP260	同类产品
澄清度	溶液澄清	溶液澄清
颜色	溶液无色	溶液无色
pH值	5.5	5.9
不挥发物①	1.0mg	0.7mg
易氧化物②	0.3mL	0.3mL
铵离子③	<0.8μg/mL	<0.8μg/mL
铜离子	<1μg/mL	<1μg/mL
铬离子	<1μg/mL	<1μg/mL
镉离子	<0.1μg/mL	<0.1μg/mL
铅离子	<1μg/mL	<1μg/mL
锡离子	<0.1μg/mL	<0.1μg/mL
钡离子	<1μg/mL	<1μg/mL
铝离子	<0.05μg/mL	<0.05μg/mL
重金属	<1μg/mL	<1μg/mL
泡沫试验	产生的泡沫在3min内消失	产生的泡沫在3min内消失

①、②、③同表4-4。

② 按欧洲药典评价　按欧洲药典 EP8.0 3.1.6 的技术要求，对 RP260 和同类产品开展了化学性能检测，结果见表 4-19，二者的性能均能达到欧洲药典技术指标的要求。

表 4-19　粒料参照欧洲药典的测试结果

溶出物试验	RP260	同类产品
澄清度与颜色	溶液澄清且无色	溶液澄清且无色
酸碱度	0.6mL，0.01mol/L HCl； 1.5mL，0.01mol/L NaOH	0.6mL，0.01mol/L HCl； 1.5mL，0.01mol/L NaOH
紫外吸光度	0.066（230nm）	0.007（234nm）
还原性物质[①]	0.1mL	0.04mL
正己烷不挥发物（质量分数）	3%	1%
重金属	样品管浅于对照管	样品管浅于对照管
灰分（质量分数）	0.08%	0.05%
可提取铝	<1μg/mL	<1μg/mL
可提取铬	<0.05μg/mL	<0.05μg/mL
可提取钛	<1μg/mL	<1μg/mL
可提取钒	<0.1μg/mL	<0.1μg/mL
可提取锌	<1μg/mL	<1μg/mL
钛	<0.02mg/g	<0.02mg/g
镁	0.05mg/g	0.02mg/g
铝	0.07mg/g	0.07mg/g
硅	<0.1mg/g	<0.1mg/g

① 同表 4-7 ①。

（2）毒理学安全性评价

中国食品药品检定研究院对 RP260 的毒理学安全性进行了评价研究，通过对细胞毒性等 21 个项目的试验，RP260 毒理学安全性评价结果如下：

① 细胞毒性试验：相对增殖率（RGR）77%，细胞毒性为 2 级。

② 血管刺激、眼刺激反应、皮内刺激反应：无刺激反应。

③ 肌肉刺激反应：存在炎细胞浸润的肌肉刺激反应。

④ 全身主动过敏反应、迟发性超敏反应：没出现阳性反应。

⑤ 急性毒性实验：静脉和腹腔注射没有观察到体重降低、死亡或全身毒性。

⑥ 30 天亚慢性 iv 毒性试验：睾丸湿重值和系数值降低，但组织病理学未见睾丸出现特异性组织病理学改变，说明检测样品浸提液影响生殖细胞发育的可能性较小。其它数值均未显示出具有临床意义的异常指标或毒性靶器官。

⑦ Ames 试验、体外染色体畸变试验、微核试验：结果阴性。

⑧ 生育力与早期胚胎发育毒性试验：精子活动强度和爬升高度显著降低，无其他生长发育的损害作用。

⑨ 胚胎 - 胎仔发育毒性、围产期毒性：无母体毒性、胚胎毒性和胎仔致畸毒性作用，对 F0 代和 F1 仔鼠未见明显毒性。

⑩ 热原试验：复试无致热作用。

⑪ 肌肉植入试验：肌肉组织未见炎症反应和纤维囊腔形成。

⑫ 溶血试验：结果为阴性。

⑬ 90 天亚慢性 ip 毒性试验：高、低剂量组和对照组均出现腹腔刺激性反应（脏器收缩、胃肠等粘连），有少量死亡。可见雌性大鼠子宫湿重值和系数值升高，但组织病理学仅个别卵巢系膜可见吞噬细胞和结缔组织增生，未见子宫出现特异性组织病理学改变，说明主要是检测样品浸提液的刺激所致，具有雌性激素类作用影响生殖器官发育的可能性较小。各项指标均未显示出具有临床意义的异常指标或毒性靶器官。

⑭ 180 天慢性 ip 毒性试验：高剂量组和对照组均出现腹腔刺激性反应（脏器收缩、胃肠等粘连），有少量死亡。脏器表面炎性渗出和纤维结缔组织增生等改变，导致内脏粘连。

⑮ 微生物限度试验：在容许范围。

⑯ 细胞毒性试验比较：浸提液间接法比粒料直接法敏感。

⑰ 体外精子活力试验：无精子活力异常。

（3）迁移试验

开展迁移实验，包括定性鉴别、抗氧剂及其迁移试验和镁、铝、硅、钛元素含量及迁移试验。

① 定性鉴别　采用 TA 差示扫描量热仪对样品进行了测定。实验条件为：样品量约 5mg，起始温度 30℃；将样品以 20℃/min 的升温速率升温到 220℃，恒温 5min；然后以 20℃/min 的降温速率降温至约 30℃。重复升温降温过程，记录的 DSC 图谱见图 4-3，试验结果见表 4-20，材料成分为聚丙烯。

表 4-20　熔融温度测试结果

样品	熔融峰温 T_m/℃	结晶峰温 T_c/℃
RP260	148.3	105.1

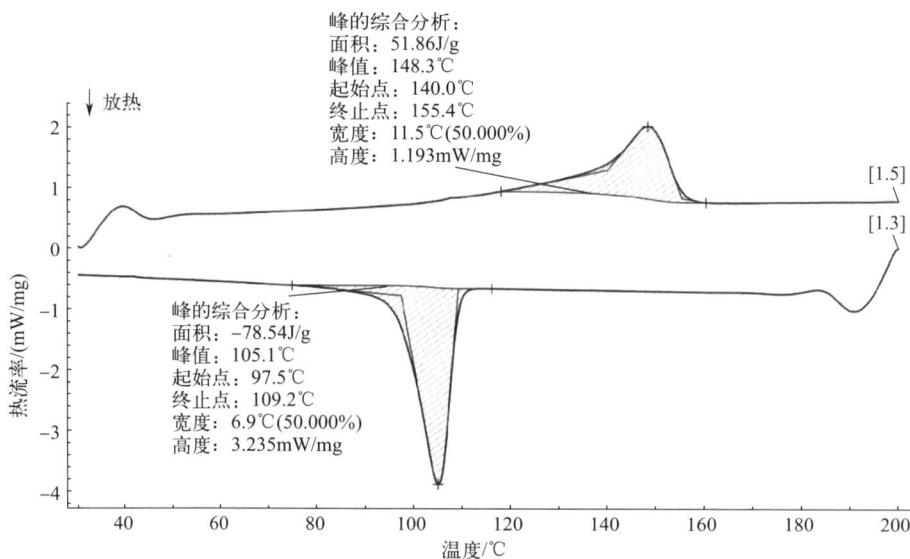

图 4-3　RP260 熔融结晶曲线

② 抗氧剂分析　参照欧洲药典第七版，对 RP260 中的抗氧剂进行了测定，结果表明，RP260 中的抗氧剂 1010 和 168 单个含量和总含量均未超过 0.1%，均符合欧洲药典第 7 版 3.1.6（非肠道制剂及眼科制剂用容器用聚丙烯）规定的单个抗氧剂含量不得超过 0.3%、总量不得超过 0.3% 的限度要求。

检测 RP260 中的抗氧剂 1010 和 168 分别在 0.9% 氯化钠注射液和 5% 葡萄糖注射液中的迁移。0.9% 氯化钠注射液和 5% 葡萄糖注射液在 121℃、30min 灭菌后进行的迁移试验结果显示，注射液中均未发现迁移的抗氧剂 1010 和抗氧剂 168。

RP260 中的镁、铝、硅元素含量（质量分数）均小于 0.01%，满足欧洲药典对镁、铝、硅含量要求。钛含量小于 0.0001%。

在氯化钠注射液（批号 12111104）、5% 葡萄糖注射液（批号 12111101）中，于 121℃、30min 灭菌后进行的 RP260 中镁、铝、硅、钛元素迁移试验结果表明，镁、铝、钛在注射液中的迁移量小于 0.025μg/mL，硅含量小于 0.2μg/mL。

（4）生物六级试验

依据 USP36<87>、USP36<88>，对 RP260 开展了生物六级试验，对细胞毒性等 10 个项目进行检测。结果见表 4-21，10 项均符合 USP36<87>、USP36<87> 技术指标的要求。

表 4-21　RP260 生物试验结果

检测项目	技术要求	检测结果
细胞毒性	应符合规定	符合
全身毒性（0.9%氯化钠注射液）	应符合规定	符合
全身毒性（聚乙二醇400）	应符合规定	符合
全身毒性（乙醇:0.9%氯化钠注射液＝1:20）	应符合规定	符合
全身毒性（植物油）	应符合规定	符合
皮内刺激（0.9%氯化钠注射液）	应符合规定	符合
皮内刺激（聚乙二醇400）	应符合规定	符合
皮内刺激（乙醇:0.9%氯化钠注射液＝1:20）	应符合规定	符合
皮内刺激（植物油）	应符合规定	符合
植入	应符合规定	符合

（5）按 FDA 法规检测

依据美国食品与药物管理局法规中关于烯烃类聚合物的要求，按照美国食品与药物管理局法规第 21 篇第 177.1520 章节，对 RP260 进行检测。结果见表 4-22，符合美国食品与药物管理局法规第 21 篇第 177.1520 章节中聚丙烯的规定。

表 4-22　FDA 检测结果

检测项目	标准限值
密度/(g/cm³)	0.85～1.00
正己烷提取物（质量分数）/%	≤5.5
二甲苯提取物（质量分数）/%	≤30

（6）RoHS检测

由表4-23和表4-24可知：在RP260样品中，均未检测出铅、镉、汞、六价铬、多溴联苯（PBBs）和多溴二苯醚（PBDEs）物质。

表4-23 RoSH检测依据

测试项目	测试方法	测试仪器	方法检测限
Pb	IEC 62321:2008 Ed.1 Sec.8	ICP-OES	2mg/kg
Cd	IEC 62321:2008 Ed.1 Sec.8	ICP-OES	2mg/kg
Hg	IEC 62321:2008 Ed.1 Sec.7	ICP-OES	2mg/kg
Cr(Ⅵ)	IEC 62321:2008 Ed.1 Annex C	UV-Vis	2mg/kg
PBBs	IEC 62321:2008 Ed.1 Annex A	GC-MS	5mg/kg
PBDEs	IEC 62321:2008 Ed.1 Annex A	GC-MS	5mg/kg

表4-24 RP260的RoSH检测结果

检测项目	检测结果
Pb	ND
Cd	ND
Hg	ND
Cr(Ⅵ)	ND
PBDEs	ND
PBBs	ND

（7）塑化剂检测

对RP260样品进行了19种邻苯二甲酸酯物质含量测定。结果见表4-25，19种邻苯二甲酸酯在送检样品中均未检出。

表4-25 RP260样品中塑化剂检测结果

检测项目	检测结果	方法检出限/(mg/kg)
邻苯二甲酸二甲酯（DMP）	ND	1.0
邻苯二甲酸二乙酯（DEP）	ND	1.0
邻苯二甲酸二异丁酯（DIBP）	ND	1.0
邻苯二甲酸二丁酯（DBP）	ND	0.3
邻苯二甲酸二(2-甲氧基乙基)酯（DMEP）	ND	1.0
邻苯二甲酸二(4-甲基戊-2-基)酯（BMPP）	ND	1.0
邻苯二甲酸二(2-乙氧基乙基)酯（DEEP）	ND	1.0
邻苯二甲酸二戊酯（DPP）	ND	1.0
邻苯二甲酸二己酯（DHXP）	ND	1.0
邻苯二甲酸丁基苄基酯（BBP）	ND	1.0
邻苯二甲酸二(2-丁氧基乙基)酯（DBEP）	ND	1.0

续表

检测项目	检测结果	方法检出限/(mg/kg)
邻苯二甲酸二环己酯（DCHP）	ND	1.0
邻苯二甲酸二(2-乙基己基)酯（DEHP）	ND	1.0
邻苯二甲酸二苯酯（DPhP）	ND	1.0
邻苯二甲酸二正辛酯（DNOP）	ND	1.0
邻苯二甲酸二壬酯（DNP）	ND	1.0
邻苯二甲酸二异壬酯（DINP）	ND	1.0
邻苯二甲酸二异癸酯（DIDP）	ND	1.0
邻苯二甲酸二正癸酯（DNDP）	ND	1.0

4.4 医用包装聚烯烃专用料

医药包装是药品组成的一部分，直接影响临床用药安全和患者用药体验。因此，对医药包装的要求逐渐从追求产品生产质量，转变到强调原辅材料的控制和过程管理。2018 年以来，我国医用包装材料的监管从企业生产许可、产品注册审批，转入与药品制剂注册申请一并审评审批阶段。

中国药品监管体系文件《国家药包材标准》、《中国药典》和"药包材登记资料要求"等文件对医用包装材料、容器、制品均有强制性要求，但对医用包装材料用聚烯烃树脂未有强制性标准。但在药品申报关联审评审批时，医用包装材料用聚烯烃材料需开展相关的生物安全性评价。

医用包装材料用聚丙烯种类繁多，国产原料市场占有率低。医用包装材料用聚丙烯产品包含输液瓶、直立式输液袋、多层复合输液袋、安瓿、泡罩、固体药品瓶等[23]，市场需求超过 25 万吨 / 年，目前大部分还依靠进口。

医用包装材料用聚丙烯树脂的安全性是其核心要求。然而，对医用包装材料用聚丙烯中的抗氧剂、金属离子、低分子聚合物等的迁移规律及与药物的相互作用研究较少。

中国石油石油化工研究院形成了系列化牌号医用聚丙烯中试技术并模拟了产品转产方案。在工程放大技术研究基础上，中国石油在 30 万吨 / 年聚丙烯装置上实现了医用聚丙烯中试技术的精准转化，开发生产出系列化医用聚丙烯树脂 RP260、RPE02M、H03M、EPB05M、H02M 等。此外，通过对高压自由基聚合机理的研究，结合正己烷不挥发物含量控制技术，在 20 万吨 / 年高压聚乙烯装置上，开发出医用聚乙烯 LD26D产品。医用聚烯烃专用树脂在下游实现了规模化应用。

4.4.1 输液瓶 / 直立式输液袋聚丙烯专用料

4.4.1.1 医用输液瓶产能现状

医用输液瓶是聚丙烯在医用领域的一项重要应用。医用玻璃瓶较重，发脆易破损，且熔点高，熔封时废品率高，不便携带，运输能耗高，在使用中易产生玻璃屑，储存不便。考虑到玻璃输液瓶使用过程中存在的问题，20 世纪 60 年代中期，西方发达国家开始探索使用塑料输液瓶代替玻璃输液瓶,至 20 世纪 70 年代,西欧、美国、日本等逐步采用塑料输液瓶代替玻璃输液瓶。塑料输液瓶具有化学稳定性好、气密性好、无脱落物、质量轻、抗冲击力强、生产过程受污染的概率小等优点。稳定性好且耐高温的聚丙烯输液瓶极大地改善了药品的封装质量,并延长了其储存期,因此,输液包装塑料化是国际公认的发展趋势。

全球医用输液瓶市场需求整体稳定增长,新兴市场的需求增长较为明显,如亚洲、非洲等地区随着医疗水平的提高和人口的增长,对医用输液瓶的需求不断增加。欧美等发达国家和地区在医用输液瓶的生产技术和设备方面不断创新,如新型塑料材料的研发、更先进的无菌包装技术等,提高了生产效率和产品质量,也在一定程度上提升了产能。全球医用输液瓶市场竞争激烈,主要厂商包括费森尤斯卡比、科伦药业等。

我国大输液产品包装的发展趋势与世界发展趋势一致,都朝着塑料瓶、非 PVC 软袋和直立式软袋包装的方向发展,软塑包装输液产品所占市场份额将逐渐上升。目前我国大输液市场呈现"4(软袋)-4(塑料瓶)-2(玻璃瓶)"格局,即输液软袋、塑料瓶输液产品各占 40% 的市场份额,玻璃瓶输液占据 20% 的市场份额。

目前中国通过了新版 GMP 认证的输液产品生产企业已超过 200 家,拥有输液瓶产能约 250 亿瓶(袋)/ 年,产能利用率约 55% 左右。塑料瓶仍是市场上的主流包材,但份额在逐渐下降;软袋和直立式软袋的市场份额在逐年增加;而玻璃瓶的市场份额最低,其销量逐年递减。

2019—2024 年塑料输液瓶产量整体呈增长趋势,2023 年中国塑料输液瓶的产量为 43 亿瓶,2023 年同比增长 2.6%,2025 年预计同比增长约 5%。

在大输液包装领域,高风险医用高分子包装材料主要有聚丙烯、聚乙烯、聚氯乙烯、氢化苯乙烯热塑性弹性体等。其中,聚丙烯因其安全性高、质轻、力学性能和光学性能优异、耐辐射、耐高热等优点,逐步过渡成高风险医用输液药品包装的首选材料,占比超过 40%,在输液瓶、直立式输液袋、安瓿、固体药瓶、医用泡罩等领域得到广泛应用 [24],国内市场需求量超过 10 万吨 / 年。

4.4.1.2 国产医用输液瓶原料现状

中国石油组织生产、科研开发及销售人员,在对国内主要制药和输液瓶生产企业广泛调研、实地考察的基础上,2012 年开始进行医用聚丙烯输液瓶专用树脂 RP260 的开发。2016 年,RP260 聚丙烯通过了中国食品药品检定研究院的安全性评价,其配套的无菌包装厂房为国内首套,目前已在四川科伦药业集团、山东辰欣药业、贵州天地药业等 20 多家国内大型药企实现了大规模应用。2018 年 2 月 12 日,由中国石化燕山分公司生产的医用聚丙烯输液瓶专用树脂 B4908 和 B4902 产品也正式通过国家权威机构的安全性认证。

4.4.1.3 直立式聚丙烯输液袋

直立式聚丙烯输液袋是继玻璃瓶、聚丙烯塑料瓶、非 PVC 多层共挤膜软袋之后被批准的第四类全新的输液包装材料和容器。与普通聚丙烯输液瓶相比,直立式聚丙烯输液袋具有三个特点：

① 具有自动排液功能，无须进气，完全排除了空气对药品的潜在污染；

② 液体排放完毕后形状为两面器壁紧贴的空袋；

③ 容器具有与多层共挤输液袋相似的柔韧性。

除此以外，直立式输液袋的优势还体现在以下几个方面：

① 产生的不溶性微粒比玻璃瓶减少了 83%；

② 价格比软袋便宜；

③ 用后焚烧无毒；

④ 漏液少，可直立[25-26]。

直立式输液袋安全性更高，是未来发展的主要方向。由于其不需空气导管直接借用大气压力即可输液，特别适合在高传染病区使用。目前输液瓶与直立式输液袋使用比例约为 7 ∶ 3，未来直立式输液袋将成为主流。

4.4.2　医用安瓿级聚烯烃专用料

塑料安瓿来源于吹制 - 灌装 - 密封三合一技术（blow-fill-seal，BFS），20 世纪 70年代开始应用于制药和医疗器械的无菌或最终灭菌的液体灌装工序。BFS 技术生产塑料安瓿的主要工艺步骤为：首先在真空条件下加热塑料粒料；然后在高温状态下将粒料挤出形成管状瓶坯；最后将瓶坯充气成型，同时灌装药液并封口。BFS 技术因吹制、灌装、密封三种操作均在同一工位完成，配合无菌生产条件，极大地降低了产品的微生物污染，提高了无菌保证水平。

塑料安瓿在包装注射剂药物的应用依赖于 BFS 技术的发展。在欧美发达国家，这项技术从诞生到高度成熟，历经了近 50 年的发展历程，现已广泛应用于无菌药物的包装。国际上，如瑞士的 Rommelag，美国的 ALPS、Weiler，意大利的 Brevetti Angela 等企业，具有成熟的 BFS 装备生产技术。BFS 技术于 20 世纪 80 年代进入中国，但由于其复杂且引进时仍处于不断完善和创新阶段，国内有较长一段时间未能很好地掌握这一技术，导致国内塑料安瓿制造、包装技术滞后于欧美发达国家。随着医药行业发展和管理水平的提高，21 世纪以来，我国 BFS 一体设备已基本实现国产化，国产塑料安瓿包装的小容量注射剂（俗称水针）在临床上的应用也不断增多，进入高速发展时期。

塑料安瓿具有传统玻璃安瓿无法比拟的优点，可解决玻璃安瓿被腐蚀的析出问题、使用过程的碎屑问题、标签易模糊导致错误用药问题等，又因其具有优良的密封性、轻便性和成本效益，在医药包装领域的应用越来越广泛。塑料安瓿主要分为聚丙烯安瓿和聚乙烯安瓿。其中，聚乙烯安瓿多采用低密度聚乙烯，并较多应用于无菌生产工艺中。2023 年，国产医用聚乙烯安瓿专用树脂在高风险注射剂上得以应用，取得重要突破，结束了国外技术垄断，且成本比国际同类产品低约 2000 元 / 吨。

近年来，塑料安瓿全球市场稳定增长。据贝哲斯咨询数据，全球塑料安瓿市场规模在 2024 年达到一定规模，并预计至 2030 年将会进一步扩大。越来越多的企业进入塑料安瓿市场，如中国的 Seriplast、浙江天瑞药业有限公司、石家庄四药集团有限公司等。

4.4.2.1 聚乙烯安瓿专用树脂

（1）概述

随着聚乙烯材料在医用包装材料领域应用需求的增加，为摆脱市场上医用级聚乙烯树脂长期受进口料垄断的局面，近年来，国内大型石化企业积极投入到医用级聚乙烯的开发与攻关中。目前，虽然国产医用级聚乙烯的产品种类和牌号尚不丰富，但国内石化企业已经具备了一定规模的高端医用级聚乙烯生产能力。中国石油在高端医用包装材料用 LDPE 产品上取得了关键技术突破，并实现了洁净化、规模化的工业化生产。

中国石油联合中国食品药品检定研究院，共同致力于医用包装材料用聚乙烯树脂的研发，经过十余年科技攻关，成功开发出"超纯净"医用包装材料用聚乙烯树脂生产技术，并利用该技术在 20 万吨 / 年 LyondellBasell 管式法高压聚乙烯装置上成功生产出低迁移、低析出、高安全性、高洁净度的医用包装材料级低密度聚乙烯 LD26D，实现了规模化生产，其包装水平达到 D 级 +C 级的洁净化标准。2015 年 LD26D 产品通过了中国食品药品检定研究院的生物安全性评价；2016 年通过了原国家食品药品监督管理总局的关联审批审评。LD26D 产品满足医用包装材料原料的生物安全性要求，适用于采用 BFS 三合一工艺生产安瓿，在滴眼液、注射剂等药品包装领域实现了推广与应用。

（2）医用聚乙烯 LD26D 生产工艺技术

LD26D 的生产，以乙烯为主要原料，以过氧化物为引发剂，以丙烯、丙醛为分子量调节剂，采用乙烯单点进料、过氧化物四点注入的脉冲式反应方式。工艺流程如图 4-4 所示。

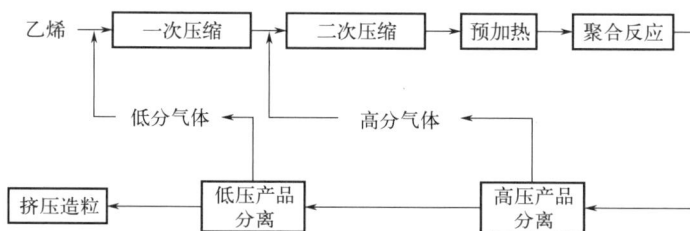

图 4-4 高压聚乙烯生产流程

新鲜及循环乙烯经一次压缩和二次压缩，升高到一定压力；随后通过预热器加热至恒定温度，进入管式反应器，在第一反应区经有机过氧化物引发剂引发聚合；温度逐渐上升，随着引发剂的消耗，反应温度逐渐降低；在第二至第四反应区分别注入过氧化物，重新引发聚合，反应放出的热量由夹套中的热水带走；聚乙烯和乙烯混合物经过脉冲阀后经后冷器冷却至恒定温度，在分离器中分离出高压聚乙烯树脂，送至挤压单元进行挤压造粒，在分离器中分离出的乙烯气体返回至压缩机入口。

① 超高压聚合反应压力的确定 高压聚乙烯装置反应是在有机过氧化物引发下的自由基聚合反应。聚合物分子是非线型大分子，大分子链上含有很多长支链和短支链，产品密度主要取决于短支链的多少，即支化度的大小。

支化度 R_b/R_p 如下式：

$$\frac{R_b}{R_p}=\frac{K_b[\text{R}\cdot]}{K_p[\text{R}\cdot][\text{M}]}=\frac{K_b}{K_p[\text{M}]}$$

式中，R_b、R_p 为短支链、链增长速率；$[\text{R}\cdot]$、$[\text{M}]$ 为自由基、单体浓度；K_b、K_p 为支化反应、链增长反应速率常数。支化度越高，产品的结晶度越低，密度越低。反应压力越高，则单体浓度也越高；单体浓度越高，则支化度越小。在其他条件变化不大时，反应压力对密度的影响起决定作用。为了保证安瓿生产及使用过程中的机械强度及挺度，以及确保瓶口易于拧开，需要将 LD26D 的密度控制在较高范围。同时，较高的密度也可提高维卡软化温度，从而保证 LD26D 制品在高温消毒过程中不易发生形变。LDPE 反应压力与密度关系曲线见图 4-5。

LDPE 装置提高反应压力，乙烯浓度有所增加，有利于生成平均分子量较大的 LDPE，可实现对正己烷不挥发物含量的控制。

② 反应温度的确定 高压聚乙烯生产工艺是典型自由基聚合反应，该聚合由链引发、链增长、链转移、链终止等基元反应组成。其中，链转移活化能约为 62.7kJ/mol，链增长活化能约为 20 ~ 34kJ/mol。聚合反应本身会放出大量热量，使得反应通常在高温下进行。反应速率与活化能和温度的关系遵循阿伦尼乌斯方程：

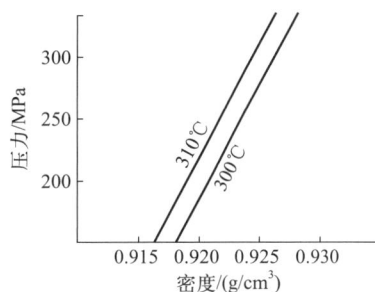

图 4-5 LDPE 树脂反应压力与密度关系曲线

$$\ln k=-E_a/RT+\ln A \text{ 或 } k=Ae^{-E_a/RT}$$

式中，k 为反应速率常数；A 为指前因子；E_a 为基元反应活化能；R 为摩尔气体常数；T 为热力学温度。由阿伦尼乌斯方程可知，$\ln k$ 随温度 T 的变化与活化能 E_a 成反比，即活化能越高，温度升高时反应速率增加得越慢。因此，高温对活化能较低的链转移有利，低温对于活化能较高的链增长有利。

若反应在高温下进行，链转移速率会增加，将导致低分子量聚乙烯含量增加，进而使得产品分子量降低，分子量分布指数增大，同时支化度增加，最终使得产品的密度降低。相反，降低温度有利于链增长反应，生成结晶度较高、密度较大、分子量较大且分布较窄的大分子聚合物。

③ 分子量调节剂种类及浓度的确定 分子量调节剂对分子结构影响非常大，生产中使用的分子量调节剂为丙醛、丙烯。其中，丙醛反应活性较高，丙烯次之。由于使用丙烯作为分子量调节剂，丙烯与乙烯发生共聚，使高分子聚乙烯的支化度明显增加，产品的密度降低。为保证产品密度，确定丙醛作为 LD26D 产品的分子量调节剂。

④ 低温引发体系的确定 由于反应压力高达 285MPa，而反应温度较低（285℃），对有机过氧化物引发剂的需求量明显降低。在生产过程中，为防止过氧化物浓度偏高，导致过氧化物注入后温峰波动幅度偏大，需降低过氧化物浓度。

⑤ 正己烷不挥发物的控制技术 为防止迁移物影响药液的安全性，须严格控制树脂中的正己烷不挥发物含量。通过试验测试发现，正己烷不挥发物主要由低分子量、短链的LDPE构成。因此，控制低分子量LDPE的含量成为聚乙烯医用料生产的关键问题。为解决这一问题，首先提高LDPE产品的平均分子量，即提高其聚合度，这将有效降低LDPE产品中低分子量、短链聚乙烯的含量，使得产品的正己烷不挥发物相对偏低。根据LDPE自由基反应聚合度方程式：

$$\frac{1}{K_n} = C_p \frac{[O]^{\frac{1}{2}}}{[M]} + C_m + \frac{C_a[O]}{[M]} + \frac{C_b[b]}{[M]}$$

式中，K_n 为平均聚合度；C_p、C_m、C_a、C_b 为正常反应、向单体转移、向引发剂转移、向调节剂转移的反应系数；[O]、[M]、[b] 为引发剂、乙烯、调节剂浓度。要提高产品的平均分子量，需要降低产品链转移反应系数、引发剂浓度 [O]、调节剂浓度 [b]，提高乙烯浓度 [M]，即降低温度、引发剂用量、调节剂用量，提高反应压力。

其次，应减小LDPE产品的分子量分布宽度。分子量分布宽度可用于表征聚合物分子量的分散程度，分布宽度越窄，产品中过低分子量和过高分子量聚合物含量越低。而提高反应压力，降低反应温度，使链转移速率降低，可得到分子量分布宽度较窄的LDPE产品。

（3）LD26D应用情况

LD26D产品按GB/T 16886.1—2022《医疗器械生物学评价 第1部分：风险管理过程中的评价与试验》规定的原则开展生物学安全性评价试验，结果表明LD26D产品性能满足医药包材使用要求，符合USP36＜87＞、USP36＜88＞技术要求，符合FDA法规21 CFR177.1520烯烃聚合物技术要求，满足YY/T 0114—2008《医用输液、输血、注射器具用聚乙烯专用料》的技术要求，满足YBB00072005—2015《药用低密度聚乙烯膜、袋》和YBB00062002—2015《低密度聚乙烯药用滴眼剂瓶》等标准技术要求，适用于注塑、吹塑类医疗器械，适用于吹塑、注塑等医用包装材料容器，主要适用于BFS三合一工艺安瓿（见图4-6～图4-8）、滴眼剂瓶、口服液体药品瓶、外用液体药品瓶等药品包装领域。

图4-6　BFS三合一安瓿生产线

图4-7　BFS三合一安瓿成型模具

4.4.2.2 聚丙烯安瓿专用树脂

社会各界对于开发出没有微粒污染、操作没有职业伤害、使用没有识别隐患的水针产品寄予厚望，而科学技术的进步让这种期望成为现实。聚丙烯安瓿作为改良方案问世后得到了广泛的应用，它将水针产品临床用药安全性与便利性提升到了一个崭新的高度。

与聚乙烯安瓿（灭菌温度≤105℃）相比，聚丙烯安瓿软化温度更高（>121℃），可满足产品的终端灭菌要求，提升了药品的安全边界。

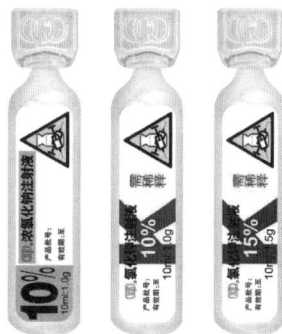

图4-8 BFS三合一安瓿产品图

聚丙烯安瓿（2～20mL）具有化学稳定性强、耐腐蚀、耐药液浸泡等特点，同时可避免玻璃安瓿可能出现的表面脱片及析碱问题。此外，聚丙烯中的添加剂无毒，与药液间无理化反应，不吸收药物，对人体也无不良的影响。在生产过程中，聚丙烯安瓿瓶体的冷却和成型过程几乎是同时完成的，药液的灌装温度控制在20～25℃，与洁净区温度相适宜。并且由于材质的延展性高，开启聚丙烯安瓿时不会产生碎屑，提高了临床使用的安全性。

聚丙烯安瓿专用料为高共聚单体含量的二元无规共聚聚合物体系。为了实现装置的安全平稳运行、减少过渡料和析出物含量，应选择高共聚单体结合率、催化剂活性释放平稳的体系。国内企业通过对共聚单体加入量、分布与竞聚率之间的关系调控，实现了工艺控制与聚合物规整性动态平衡控制，开发出共聚单体含量适宜、分布均匀、低析出的聚丙烯安瓿规模化生产技术；并通过切换牌号的路线优化，有效减少了过渡产品数量，提升了装置的赢利能力。

中国石油医用聚丙烯安瓿专用树脂RPE02M在2019年通过了中国食品药品检定研究院生物相容性及毒理性16项检验，符合医用聚丙烯安全标准。

4.4.3 固体药品瓶聚丙烯专用料

4.4.3.1 概况

随着药用塑料瓶生产线的不断引进和自主研发，以"塑"代"玻"的序幕已经拉开，从此大容量的玻璃瓶、棕色瓶等逐步退出了固体药品包装领域，取而代之的是药用塑料瓶。它主要是以无毒的高分子聚合物如聚乙烯（PE）、聚丙烯（PP）、聚酯（PET）为原料，采用先进的塑料成型工艺生产的，主要用于盛装各类口服片剂、胶囊、胶丸等固体剂型与液体制剂的药物[27]。

医药行业对固体药品包装塑料瓶产品的气味、洁净性、析出性等有较高的要求，为此，原国家食品药品监督管理总局发布了YBB00112002—2015《口服固体药用聚丙烯瓶》。

聚丙烯材料透明度高于聚乙烯，可以根据结晶度的不同制成透明或半透明的产品。聚丙烯具有优良的力学性能，特别是在80℃以上的环境中，仍可以保持出色的性能，因此，需要最终灭菌的药物一般会选择聚丙烯药瓶。此外，聚丙烯可以耐受大多数酸碱的侵蚀，电绝缘性能优良。但其在低温状态下容易发脆。为了改善这一问题，一般会在原料中加入乙烯，通过丙烯和乙烯共聚物加工而成的药瓶，其抗摔性能得到有效改善。

聚丙烯是耐热性最好的通用塑料，最高使用温度可达 130℃，具有无毒、相对密度低、耐化学药品、力学性能好、容易加工成型等优良特性，目前国内外均有聚丙烯应用于口服固体药品包装的研究。根据 YBB00112002—2015《口服固体药用聚丙烯瓶》，口服固体药用聚丙烯瓶需满足密封性、振荡试验、水蒸气透过量、炽灼残渣、溶出物试验、微生物限度、异常毒性等检测项目要求，且具有低析出、与治疗性药物作用小等特点。在密封性测试中，抽真空至 27kPa 并维持 2min，瓶内不得进水或冒泡；在温度 25℃±2℃、相对湿度 95%±5% 条件下，其水蒸气透过量不得超过 100mg/（24h·L）；按照标准规定方法检测，其遗留残渣量不得超过 0.1%（含遮光剂的瓶不得超过 3.0%）；按标准规定进行溶出物试验，易氧化物、不挥发物、重金属等的检测结果应符合标准要求；微生物限度测试时，细菌、霉菌、酵母菌等每瓶不得超过标准限值，且不得检出大肠埃希菌；异常毒性按标准并依法进行检测，结果应符合规定。与瓶身配套的瓶盖可根据需要选择不同材料，并按照标准中的溶出物试验、异常毒性等项目进行试验，结果同样需符合标准规定。

4.4.3.2　固体药品包装瓶专用树脂 H02M

医用固体药品包装要求聚丙烯析出物低，对原材料洁净性和安全性要求较高。国内多家聚丙烯生产企业都致力于开发能够满足固体药品包装瓶标准要求的聚丙烯原材料，但进展甚微。国内固体药品包装瓶用聚丙烯原材料基本依赖进口，其核心控制指标是根据 YBB00112002—2015 标准要求，50mL 供试液中正己烷不挥发物含量不大于 75.0mg。

中国石油在考察固体药瓶及其加工过程对原料要求的基础上，研究了催化剂的结构形态及催化剂体系对聚合物规整性和迁移性能的影响，通过聚合工艺调控及产品后处理工艺优化，实现了对聚丙烯分子链结构的控制，形成了高熔体强度、低析出、窄分布的聚丙烯中试生产技术。同时考察助剂体系及其配伍关系对固体药品包材用聚丙烯熔体强度及析出性能的影响，形成了高稳定、耐析出的助剂体系，开发出固体药品包装瓶专用树脂 H02M。产品性能见表 4-26。

表 4-26　固体药瓶专用树脂 H02M 性能

项目	测试标准	测试值
熔体流动速率/(g/10min)	GB/T 3682.1—2018	1.35～2.25
弯曲弹性模量/MPa	GB/T 9341—2008	≥1200
简支梁缺口冲击强度/(kJ/m²)	GB/T 1043.1—2008	≥3.0
拉伸屈服应力/MPa	GB/T 1040.2—2022	≥30.0
正己烷不挥发物（50mL供试液中）/mg	YBB00112002—2015	≤75

通过固体药品包装瓶用聚丙烯原材料的工业化开发，研发出国内首个能用于固体药品包装瓶加工的高洁净、低析出的聚丙烯原材料，实现了固体药品包装用聚丙烯国产化的突破。这一成就不仅降低了加工企业原材料成本，还进一步推进了医用聚丙烯产业链的发展，在医用包装材料领域为维护国家战略安全做出了贡献。

4.4.4 多层复合型输液袋聚丙烯专用料

4.4.4.1 概况

多层复合输液软袋的优点：弹性好、抗跌落、耐高温、透光性好；安全无毒、与药液无反应，能有效保持药液稳定性；重量轻、体积小、保质期长，便于储存和运输；使用后易于处理、对环境无污染；阻隔性能好，透水性、透气性及迁移性极低，因此适用于绝大多数药物的包装，可进行多种药液的提前预装，实现真正的密闭式输液。

多层复合输液袋加工性能优异，可生产"多室"产品。多室包装的出现给输液产品从生产到使用整个过程都带来了革新。各室腔的交接处为虚焊，其他为实焊，不同的药物被装在不同的室腔内，使用时通过对多室袋的挤压，虚焊处在一定的压力下被挤压开，使得室腔中的药物混合在一起。从理论上来说，临床上所有药物与大输液配伍的方案都可以通过多室袋大输液来实现。多层复合输液袋因具备诸多优点，逐渐成为输液包装发展的重要方向之一，同时也是国家鼓励发展的药品包装发展方向。目前，它已经在医疗领域广泛应用，且应用前景十分广阔。但其产品结构较为复杂，原材料基本依赖进口，价格昂贵并存在断供风险。目前国内市场对该产品原材料的需求超过 2.5 万吨/年。

制备多层复合输液软袋薄膜，要求其使用的原料为完全无毒的惰性聚合物，化学性质稳定、不脱落或降解出异物，还应具有热封温度较低、对温度的适应范围较宽、耐温性和热封强度高的特性，以确保在制袋、焊接、成型条件下的强度。多层复合输液软袋专用树脂开发方面，技术领先的企业有北欧化工、韩国乐天化学等，其中北欧化工开发的外层专用树脂 HD800、中间层专用树脂 RD804、热封层专用树脂 TD109，和韩国乐天开发的外层专用树脂 SFO130A、中间层专用树脂 SB520Y、热封层专用树脂 SFC750D 等，是目前市场主流牌号，也是国内多层复合输液软袋制作厂家进口量最大的原料。主要薄膜产品有美国希悦尔公司的 M312、M712，德国玻利西尼的 APP114、德国率格沃的 PP6080，以及韩国利生公司的 EM304 等。

国外采用的多层复合输液袋用膜多为三层结构或五层结构，其厚度根据材质与结构的不同有一定差异。

三层复合输液袋用膜的结构见图 4-9，材质见表 4-27。外层主要用于提高软袋的机械强度，具有阻绝空气的作用，要求材料具有高等规度、低析出、高刚性和高洁净性等特点；中层为致密材料，必须具有优良的阻隔性能和弹性，制备时应采用有效措施，提高膜的韧性，改善薄膜的耐低温性能，是多层复合输液软袋中用量最大的组成部分；内层要求具有低熔点、耐蒸煮、热封强度高、阻水性能优良等特点，同时要求具有良好的焊接性能，一般为三元共聚聚丙烯材料，对材料的耐温性、洁净性和析出性均有较高要求，是系列产品中技术难度最大，要求最高的产品[28-30]。德国玻利西尼公

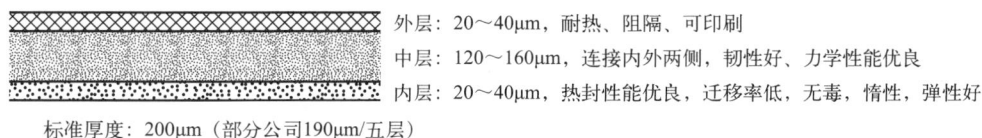

外层：20～40μm，耐热、阻隔、可印刷
中层：120～160μm，连接内外两侧、韧性好、力学性能优良
内层：20～40μm，热封性能优良，迁移率低，无毒，惰性，弹性好

标准厚度：200μm（部分公司190μm/五层）

图 4-9 三层复合输液袋用膜的结构及特点

司采用共挤吹塑法（下吹水冷工艺）生产三层复合膜，产品质量稳定可靠，在中国市场占有率超过50%。

表4-27　三层共挤输液袋用膜的材质

外层	中层	内层
聚酯	聚乙烯	聚丙烯
聚丙烯、SEBS	聚丙烯/聚乙烯、SEBS	聚丙烯、SEBS
聚丙烯、SEBS	聚丙烯、热塑性弹性	聚丙烯、SEBS
聚丙烯	聚丙烯	聚丙烯

注：SEBS—氢化苯乙烯-丁二烯嵌段共聚物。

五层共挤输液袋用膜的材质见表4-28。美国希悦尔集团是世界上最早开发非PVC输液袋包装膜的著名企业，采用共挤吹塑法（上吹风冷工艺）生产五层复合膜，国际市场占有率达到50%。费森尤斯和百特公司均为大输液膜生产商，生产的输液膜主要为自产自用，少部分进行出口销售。

表4-28　五层共挤输液袋用膜的材质

内层	第二层	第三层	第四层	第五层
改性乙烯/丙烯聚合物	聚乙烯	聚乙烯	乙烯-甲基丙烯酸酯聚合物	多酯共聚物
聚酯	改性聚乙烯	聚烯烃共混合金	聚α-烯烃共混材料	改性热塑性弹性体
多酯共聚物	乙烯-甲基丙烯酸酯聚合物	聚乙烯	聚乙烯	改性乙烯-丙烯聚合物
酯类共聚物	乙烯-甲基丙烯酸酯聚合物	聚乙烯	聚乙烯	改性乙烯-丙烯聚合物
聚乙烯	聚乙烯	聚乙烯	聚乙烯	聚乙烯
聚乙烯	聚乙烯	聚丙烯	聚乙烯	聚乙烯

与其它材料的多层复合输液袋相比，聚丙烯多层复合输液软袋性能优势主要体现在以下几个方面：

① 透明度好，可及时观察储存药液的状态；
② 具有优异的力学性能，如良好的抗拉伸、耐穿刺、耐撕裂性能；
③ 具有良好的化学稳定性及生理惰性，与药物不发生相互作用，对人体无副作用；
④ 具有高阻隔性，且在加工过程中不使用增塑剂，降低了析出量，进一步降低了药液受到污染的风险；
⑤ 可在应急及高危条件下使用，安全性更高。

4.4.4.2　国内技术进展

目前，国内青岛迈迪发包装材料有限公司、朗活医药耗材（北京）有限公司和四川科伦药业股份有限公司等医药制品生产企业，依托进口原料，已开发出多层复合输液软袋用薄膜及软袋制品的加工技术。多层复合输液软袋用系列聚丙烯原材料短缺的现状已经成为限制国内高风险医用包装行业发展的重要瓶颈。

在多层复合输液软袋方面，多家企业都在进行产业化开发布局，其中中国石油已完成了多层复合输液软袋系列产品中试技术开发，实现了工业化生产。不同公司三层共挤输液软袋膜的材质见表4-29。

表4-29 不同公司三层共挤输液软袋膜的材质

公司	内层	中层	外层
青岛迈迪发	聚丙烯共聚物-聚苯乙烯（2:1）	聚丙烯共聚物-聚苯乙烯（2:1）	均聚聚丙烯
朗活医药	聚丙烯共聚物-聚苯乙烯	聚丙烯共聚物-聚苯乙烯	聚丙烯共聚物-聚苯乙烯
四川科伦	聚丙烯	聚丙烯、SEBS	聚丙烯

中国石油开展了输液软袋用聚丙烯原材料产品生产技术研究，研究了聚合工艺优化对均聚聚丙烯析出性能的影响，开发了可用于输液软袋外层的均聚聚丙烯H03M产品。明确了共聚单体加入量及其加入方式对共聚单体含量及分布的影响，实现了生产装置长周期稳定运行，开发了可用于中间层及热封内层的RPE02M及EPB05M产品，产品指标见表4-30～表4-32。

表4-30 均聚聚丙烯H03M

项目	测试标准	测试值
熔体流动速率/(g/10min)	GB/T 3682.1—2018	2.25～3.75
弯曲弹性模量/MPa	GB/T 9341—2008	≥1100
简支梁缺口冲击强度/(kJ/m²)	GB/T 1043.1—2008	≥3.0
拉伸屈服应力/MPa	GB/T 1040.2—2022	≥29.0

表4-31 乙丙二元共聚物RPE02M

项目	测试标准	测试值
熔体流动速率/(g/10min)	GB/T 3682.1—2018	1.30～2.70
弯曲弹性模量/MPa	GB/T 9341—2008	≥700
简支梁缺口冲击强度/(kJ/m²)	GB/T 1043.1—2008	≥5.0
拉伸屈服应力/MPa	GB/T 1040.2—2022	≥20.0

表4-32 乙烯-丙烯-丁烯三元无规共聚物EPB05M

项目	测试标准	测试值
熔体流动速率/(g/10min)	GB/T 3682.1—2018	4.50～7.50
弯曲弹性模量/MPa	GB/T 9341—2008	≥500
简支梁缺口冲击强度/(kJ/m²)	GB/T 1043.1—2008	≥5.0
维卡软化点/℃	GB/T 1633—2000	113.0～123.0
拉伸屈服应力/MPa	GB/T 1040.2—2022	≥16.0
熔点/℃	GB/T 19466.3—2004	≤140

4.4.4.3 多层复合输液袋系列产品的加工应用

由 H03M（外层）、RPE02M（中层）、EPB05M（内层）三种聚烯烃，经多层共挤加工工艺，制成多层复合输液膜（简称国产料共挤膜），测试其各项性能，并与进口聚烯烃原料制得的多层复合输液膜（简称进口料共挤膜）进行比较，结果见表 4-33。测试结果表明，国产聚烯烃原料制得的三层共挤输液膜，其热合强度、拉伸强度、透光率、溶出物中不挥发物含量、溶出物中易氧化物含量和溶出液吸光度均能满足使用要求。多室袋样品试验显示拉伸强度和氧气透过量均能满足 YBB00102005—2015 要求。膜材内层焊接温度与现有进口膜材相当，可满足用户使用需求。

表 4-33　输液膜的性能

检验项目		标准规定	国产料共挤膜	进口料共挤膜	检验结论
外观		应透明、光洁、无肉眼可见异物	符合规定	符合规定	符合规定
物理性能					
水蒸气透过量（膜）/[g/(m²·24h)]		不得超过5.0	2.91	2.21	符合规定
氧气透过量（膜）/[cm³/(m²·24h·0.1MPa)]		不得超过1200	1084	817	符合规定
氮气透过量（膜）/[cm³/(m²·24h·0.1MPa)]		不得超过600	259.7	202	符合规定
拉伸强度（膜）/MPa		纵向、横向拉伸强度平均值不得低于20	纵向29.3 横向27.2	纵向26.9 横向26.0	符合规定
热合强度（袋）[1]/[N/15mm]		不得低于20	40	40	符合规定
透光率		均不得低于75%	95%	94%	符合规定
炽灼残渣（质量分数）		遗留残渣不得超过0.05%	0.038%	0.034%	符合规定
溶出物试验					
澄清度		溶液应澄清	澄清	澄清	符合规定
颜色		溶液应无色	无色	无色	符合规定
pH值		应为5.0～7.0	6.21	6.16	符合规定
吸光度	220～240nm	不得超过0.08	0.014	0.006	符合规定
	241～350nm	不得超过0.05	0.006	0.003	符合规定
不挥发物[2]/mg		不得超过2.5	0.6	0.6	符合规定
易氧化物[3]/mL		不得超过1.5	0.10	0.10	符合规定
铵离子[4]		不得更深（0.00008%）[5]	符合规定	符合规定	符合规定
重金属		不得超过百万分之一[6]	符合规定	符合规定	符合规定
泡沫试验		产生的泡沫应在3min内消失	符合规定	符合规定	符合规定

[1] 热合部位的平均值。

[2]、[3]、[4]同表4-4的[1]、[2]、[3]。

[5] 即NH₄⁺浓度≤0.8µg/mL。

[6] 即≤1µg/mL。

4.5 医疗器械聚烯烃专用料

4.5.1 透明注射器用聚丙烯专用料

4.5.1.1 市场需求

透明聚丙烯具有良好的透明性和表面光泽度，兼具质轻、价廉、卫生、耐高温消毒、易加工成型等优点，因此被广泛应用于医疗器械、医用介入材料包装、食品包装、透明家居用品等领域。近几年，国内外透明聚丙烯市场增长很快，如韩国 LG 将透明聚丙烯作为聚对苯二甲酸乙二醇酯（PET）替代品推向市场；德国某公司用透明聚丙烯替代 PVC；美国透明聚丙烯制品的增长速度高出普通聚丙烯制品 7%～9%；日本透明聚丙烯的年产量可达 80 万吨以上，微波炊具及家具用品两方面的消费量最大。

近几年，我国一次性医疗器械的消费需求逐年上升，随着人们对医疗器械卫生安全要求的提高，作为原料的医用级透明聚丙烯的需求量也呈上升趋势。至 2023 年底，我国医用无规透明聚丙烯的年需求量已超过 30 万吨。但因医疗器械对原料的要求较高，满足其使用要求的原料开发难度较大。同时，随着行业的发展和加工技术的进步，尤其是注塑成型技术的升级，普通中、低熔体流动速率的透明聚丙烯因流动性较低无法满足薄壁和一模多腔制品的加工工艺要求。而高流动高透明无规聚丙烯具有优异透明性的同时兼具出色的流动性，相对普通透明聚丙烯更易于加工，可满足薄壁和一模多腔制品的加工要求，在未来具有良好的市场前景。

4.5.1.2 透明聚丙烯开发现状

BP 阿莫科公司与美利肯公司合作，利用 Millad 3988 透明成核剂推出了 Acclear 系列透明聚丙烯树脂。其中，牌号为 8649X 的透明聚丙烯的熔体（质量）流动速率（MFR）为 23g/10min，透明性能接近透明 PET 树脂，可以应用于生产注-拉-吹成型聚丙烯瓶；而牌号为 8940X 的透明聚丙烯为高流动性树脂，其 MFR 达到 55g/10min，可用于高速注射成型生产光盘盒、磁带盒、食品容器以及其他硬包装材料。该系列是透明性能最好且最早商品化的透明聚丙烯产品之一。Montell 公司也推出了透明聚丙烯树脂产品，其中一款牌号为 Pro-faxSR832M 的产品不仅透明度高，而且抗冲击性能好，已经应用于生产音像制品包装材料和家用器皿。

Huntsman 公司使用第 4 代 Z-N 催化剂和 Rexene 公司专利技术开发了新型无规共聚透明聚丙烯树脂。其中，牌号为 Rexene23M2A、23M2ACS038 和 23M2ACS198 的产品的 MFR 均为 2g/10min，为注塑、挤出和拉伸吹塑专用树脂；牌号为 Rexene13M11A 的产品的 MFR 为 11g/10min，可用于生产电子产品和药品包装材料。上述产品的耐热性、刚性和稳定性都得到改善，而且可以在高压下进行灭菌处理。国内进口较多的主要是大林和 SK 公司生产的透明聚丙烯。大林的 RP344R 具有良好的透明性和光泽度，可用于食品、医用领域，适用于薄壁制品的加工成型。SK 公司开发的 R370Y 具有优异的透明度和良好的流动性，可用于食品包装容器及大型薄壁透明制品的成型加工。

陶氏化学公司与美利肯公司合作推出了牌号为 AGILITNX 的透明聚丙烯树脂，其不仅具有优异的外观，而且使用效率得到大幅提升，大大改善了聚丙烯的可加工性。该树脂采用了美利肯的新一代透明成核剂 MilladNX8000 和道康宁无规共聚聚丙烯生产工艺技术。该透明聚丙烯适用于注射成型生产薄壁食品与消费品存储容器和其他洁净度要求高的消费品。

国外技术先进公司也在积极开发茂金属透明聚丙烯产品，如 Basell 公司推出了茂金属透明聚丙烯产品，不仅具有高透明性、高刚性、高流动性、高光泽、易加工以及分子量分布窄等特性，而且能够耐环境应力开裂和化学腐蚀，已在纤维及注塑等领域得到广泛应用。ExxonMobil 公司也推出了茂金属均聚透明聚丙烯（牌号为 AchieveEX PP-68），其透明性、刚性以及流动性均非常突出，可广泛应用于食品包装和薄壁注射成型等领域。

国内于 20 世纪 90 年代开始研究和开发透明聚丙烯树脂，起步较国外相对较晚。因此，在透明聚丙烯产品的种类、市场消费量以及相关工艺技术的研究和开发方面与国外公司仍具有较大的差距。

中国石油开发出了无规共聚透明聚丙烯专用树脂 RP340R，并且成功在其 30 万吨/年的聚丙烯装置上实现了工业化生产。该产品可以在较宽的温度范围内进行加工，不存在泛黄、光泽性差、有气味等问题，且可以取代聚苯乙烯（PS）并应用于热成型聚丙烯食品包装容器中，产品的熔体流动速率、弯曲模量、冲击强度均优于同类产品。

中国石化燕山石化公司也开发了系列透明聚丙烯产品，如 K4808、K4818、K4902 等牌号，主要应用于热成型、注塑等领域。上海石化开发了丙烯-丁烯无规共聚透明聚丙烯新产品 M850B、M1200B 等，实现了产品透明性、韧性及刚性的平衡。

4.5.1.3 透明聚丙烯加工应用情况

（1）注塑成型

注塑用透明聚丙烯专用树脂主要用于生产透明容器（如储藏箱、活扣密封盒、微波炉套件等）和注射器。

（2）中空成型

中空成型制品主要包括调料瓶、清洁剂瓶、水瓶、食品袋、饮料瓶等。

（3）热成型

热成型工艺主要用于制备微波速食包装、一次性饮料杯、医用托盘、乳品箱包装、饼干盒、泡沫包装材料、冷饮容器等。

（4）薄板挤压成型

经过挤压成型，透明聚丙烯可用于制备录音带套盒、午餐盒、文教办公用品、垫子、多层共挤薄膜等。

（5）注-拉-吹成型

主要用于生产双向拉伸聚丙烯（BO 聚丙烯）瓶和热罐装饮料瓶。

（6）多层共挤出吹膜加工

透明高阻隔输液袋是透明聚丙烯在该领域的典型应用。

4.5.1.4 透明聚丙烯技术研发进展

（1）透明聚丙烯聚合工艺

透明聚丙烯的主要类型为乙丙二元无规共聚物，由丙烯和少量乙烯共聚单体分子同时进行聚合反应制得，采用的工艺与生产聚丙烯均聚物一样，主要有本体法、气相法、本体-气相法，采用单个或两个反应器串联的生产工艺，通过控制乙烯与丙烯的比例来生产无规共聚物。

（2）透明聚丙烯生产技术进展

目前获得高透明聚丙烯主要通过以下三个途径：利用 Z-N 催化剂生产；采用茂金属催化剂生产；在聚丙烯树脂中加入透明剂。

① Z-N 催化剂体系及生产透明无规共聚聚丙烯的生产工艺　无规共聚聚丙烯透光率可超过 94%，基本上接近 PS 的透明性。在聚丙烯生产过程中直接制备高透明聚丙烯产品是一种最理想的方法。当前世界上 60% 以上的透明聚丙烯生产在使用第三代超高活性催化剂和第四代高活性催化剂。

② 茂金属催化剂体系及生产高透明聚丙烯的生产工艺　目前聚丙烯催化剂市场主要由巴塞尔（Basell）公司、埃克森美孚化工公司和道达尔石化公司控制。茂金属聚丙烯是目前得到的透明性最好的产品，如果把 PET 透明度定为 100%，用成核剂生产的透明聚丙烯透明度为 89%，茂金属催化无规共聚聚丙烯的透明度可达 96%。目前巴塞尔公司、埃克森美孚化工公司、道达尔公司、三井化学公司均致力于开发高透明性的 mPP 产品。巴塞尔公司在这方面处于领先地位，开发了用于透明食品容器或包装的 mPP 牌号 Clyrell EM248U 和主要用于医疗卫生领域的 Purell HM671T。Clyrell EM248U 具有透明度高、感官性能好、冲击性能好、热稳定性能高以及硬度高、耐应力发白等特点。Purell HM671T 具有感官性能好、透明度高、流动性高和硬度高等特点。

③ 在聚丙烯树脂中加入透明剂生产透明聚丙烯　在聚丙烯中加入 0.1%～0.4% 透明剂生产的透明聚丙烯树脂，开发周期短，产品性能好，生产稳定，是目前透明聚丙烯的主要生产方法。该技术的关键是透明剂的性能，透明剂可赋予原本不透明的聚丙烯以良好的透明度，而且可改进聚丙烯的刚性、冲击强度、热变形温度等性能。

4.5.1.5 中国石油透明聚丙烯开发

（1）低 MFR 透明无规聚丙烯专用树脂

中国石油 2018 年开发了低 MFR 透明无规聚丙烯 RPE02B，产品 MFR 为 1.6～2.2g/10min，冲击强度达到 20～26kJ/m² 以上，弯曲模量达到 850MPa 以上。

（2）中高 MFR 透明无规聚丙烯专用树脂

中国石油陆续开发了中高 MFR 透明聚丙烯产品，包括 RP342N、RPE16I、RP340R，产品 MFR 达到 9～28g/10min，雾度 <15%，弯曲模量 >900MPa，冲击强度大于 5kJ/m²，成为市场上的名牌产品。通过对比研究，中高 MFR 透明聚丙烯 RPE16I 与进口产品 STM868 性能相当。根据科伦研究院的加工应用研究，RPE16I 产品已成功应用于医用输液瓶外盖。

（3）高 MFR 透明聚丙烯专用树脂

中国石油 2020 年开发了高 MFR 透明聚丙烯 RPE40I，产品 MFR 达到 40g/10min，弯曲模量达到 1000MPa 以上，冲击强度达到 5.0kJ/m² 以上，雾度在 11% 左右。其后，成功开发了高 MFR、高透明聚丙烯 RPE60I 工业产品，产品性能见表 4-34。

表 4-34　RPE60I 工业产品性能

项目	数值
熔体流动速率/(g/10min)	55～65
拉伸屈服应力/MPa	≥26.0
弯曲弹性模量/MPa	≥900
简支梁缺口冲击强度/(kJ/m²)	≥4.0
黄色指数/%	≤2.0
雾度/%	≤15

高 MFR 透明聚丙烯 RPE60I 工业产品在上海康德莱企业发展集团股份有限公司等企业成功实现了应用。应用结果显示 RPE60I 产品气味低、透明性好、制品尺寸稳定性高，达到同类主流市售产品水平。

（4）产品优势

开发系列化产品的优势主要体现在以下三个方面：一是通过采用挥发物脱出技术，实现了产品低气味特性，使其可用于医疗卫生领域；二是采用自主开发的高效复配助剂体系，保证了产品低析出，且透明性高于进口同类产品；三是产品可用于医用领域，如生产疫苗、胰岛素等小剂量注射器等制品。

医疗器械用高熔体流动速率无规透明聚丙烯产品采用乙烯 - 丙烯无规共聚物为原料，通过助剂改性，使其具有良好的透明性和光泽度，同时熔体流动速率适宜，可用于医用注射器、中大型透明注塑制品及食品硬包装等领域。产品主要投放华东、华南及华北地区，得到了下游用户的认可。RPE40I、RPE60I 产品性能优良，填补了国内在高熔体流动速率透明聚丙烯领域的技术空白，提高了国产医用聚丙烯的技术开发水平和核心竞争力。

4.5.2　特种医疗器械用聚丙烯专用料

医疗器械产业是提高医疗技术水平、维护人民健康安全、构建强大公共卫生体系的重要支撑。国内外医疗器械产业长期保持良好发展势头。随着国家鼓励创新医疗器械研发、医疗器械注册人制度推广试点以及进口医疗器械产品国产替代等政策的实施，我国涌现了一批具有自主知识产权的创新医疗器械，逐步实现了中低端产品向高端产品的突破。医疗器械用聚烯烃树脂也迎来了新的生机，各生产企业陆续开发出了多种特种医疗器械用聚丙烯专用料，其生物安全性也逐步向安全等级要求更高的医药包装材料靠近，如耐辐照聚丙烯专用料、预灌封注射器聚丙烯专用料等。

4.5.2.1　耐辐照聚丙烯专用料

（1）市场需求

医用高分子材料常用的灭菌方式主要有辐照、电子束、环氧乙烷（EO）、蒸汽以及干热灭菌等。对于聚丙烯材料，电子束灭菌方式由于其穿透力弱而很难达到灭菌要求；蒸汽灭菌能耗高，工艺控制难度大，且灭菌温度高，很多材料都难以承受；环氧乙烷具有毒性和致癌性，故此法正逐渐被替代。辐照灭菌以其穿透力强、操作简便、灭菌速度快以及可常温灭菌的特点，成为替代环氧乙烷灭菌的主要方法。然而，传统的聚烯烃材料，特别是叔碳基聚丙烯类材料，是无法耐受辐照灭菌的。辐照下聚合物最基础的反应是发生交联反应和降解反应。交联反应和降解反应是同时发生的，反应的结果取决于哪种反应占据优势。如果交联反应速率大于降解反应速率，则反应的最终结果是产生网状交联复合物；反之，如果降解反应速率大于交联反应速率，则聚合物的分子量愈来愈小，逐渐失去原材料特性。目前，研制能耐辐照灭菌的注射器用聚丙烯材料已成为行业内的研究热点。

耐辐照聚丙烯专用树脂具有辐照后力学性能保持稳定、不变色等特点，国外已有成熟的耐辐照医用聚丙烯生产技术和性能优异的产品，如韩国乐天 J-560M、北欧化工 RF830MO 等。国内仅有中韩石化、燕山石化开发出个别产品，如 GA260R、K2945R，在产品系列化、规模化方面与国外还有较大差距。

（2）辐照对聚丙烯结构性能的影响

利用医用耐辐照材料制备的用品，要求其用钴源或电子加速器辐照消毒后，物化性能和颜色都不发生改变或改变很小，在辐照消毒后不产生有毒物质。然而，聚丙烯叔碳原子上的氢非常活泼，经过辐照灭菌时容易发生降解，材料会发生严重黄变和脆化，力学性能急剧下降而失去使用功能。

Carlsson 等[31] 用电子自旋共振和红外光谱研究了聚丙烯受辐照后的降解过程，指出聚丙烯的辐照降解是一个自动氧化过程。自由基和氢过氧化物的产生是聚丙烯辐照降解的主要原因，反应式如下：

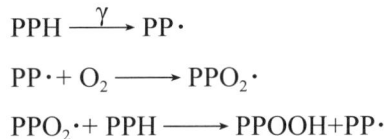

$$PPH \xrightarrow{\gamma} PP\cdot$$
$$PP\cdot + O_2 \longrightarrow PPO_2\cdot$$
$$PPO_2\cdot + PPH \longrightarrow PPOOH + PP\cdot$$

聚丙烯在 γ 射线辐照下发生分子键断裂，生成了自由基 PP·，然后又与 O_2 结合生成了 PPO_2·。PPO_2· 可以夺取聚丙烯分子链中的氢原子，形成氢过氧化物 PPOOH。

氢过氧化物缓慢分解，在室温下产生新的自由基，这导致了聚丙烯进一步降解。反应如下所示：

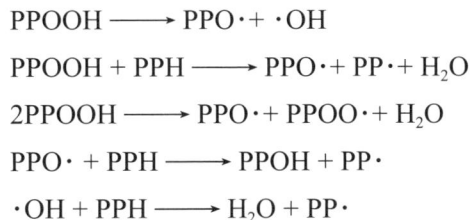

$$PPOOH \longrightarrow PPO\cdot + \cdot OH$$
$$PPOOH + PPH \longrightarrow PPO\cdot + PP\cdot + H_2O$$
$$2PPOOH \longrightarrow PPO\cdot + PPOO\cdot + H_2O$$
$$PPO\cdot + PPH \longrightarrow PPOH + PP\cdot$$
$$\cdot OH + PPH \longrightarrow H_2O + PP\cdot$$

近年来，人们采用 ^{13}C 对聚丙烯不同位置的碳原子进行标定，通过生成的辐照降解产物推断发生反应的碳原子位置，用核磁碳谱（C-NMR）、气相色谱 - 质谱联用（GC/

MS）等测试方法进一步深入研究了聚丙烯的辐照氧化降解机理。Bernstein 等 [32] 用 ^{13}C 标定了聚丙烯三个不同位置的碳原子，用 GC/MS 分析了聚丙烯辐照后降解产物，共发现了 33 种有机降解产物，且发现聚丙烯辐照降解主要发生在叔碳位置。

聚丙烯经辐照消毒储存一段时间后降解更严重，称为后辐照效应。有两种假说解释聚丙烯的后辐照效应。一是聚丙烯经射线辐照后，结晶区产生陷落自由基。在聚丙烯存储期间，结晶区陷落的自由基从结晶区迁移到晶区 / 非晶区界面。这些自由基易于和氧气发生氧化反应，导致了后辐照效应。二是氢过氧化物的缓慢降解导致了后辐照效应。Rivaton[33] 等通过 γ 射线和紫外线辐照聚丙烯的对比实验证实了：后辐照效应是晶区陷落自由基从晶区迁移到晶区 / 非晶区界面，然后与氧气反应导致的，而氢过氧化物的影响几乎可以忽略。

聚丙烯在辐照消毒后一般会变黄，作为医用材料使用时，聚丙烯变黄不但影响外观，而且影响产品品质。由于辐照致色问题的存在会影响聚丙烯在医疗方面和其它辐照加工方面的应用，因此，对这一问题的研究具有很大的实际应用价值。

目前对聚合物辐照致色问题研究得不多。聚合物辐照致色一般认为是由两方面因素引起的：一是聚合物中形成了生色的共轭基团；二是自由基或离子的陷落。

辐照对不同聚丙烯力学性能的影响不同。均聚聚丙烯的力学性能随紫外辐照时间的延长而急剧下降，这主要是由于其老化机理涉及大分子链的降解，导致分子量急剧降低，进而引起冲击强度和拉伸强度急剧下降。随辐照量增大，共聚聚丙烯力学性能下降幅度小于均聚聚丙烯。有文献报道，长时间辐照后共聚聚丙烯的力学性能反而会略有提高，这可能是由于聚乙烯链段经辐照后产生了交联作用。

（3）聚丙烯耐辐照技术

提高聚丙烯耐辐照性能常用的方法有加入稳定剂、成核剂，以及物理改性等。国内外报道主要聚焦于通过向聚丙烯中加入稳定剂，并采用共混方法制备耐辐照聚丙烯。稳定剂主要有主抗氧剂、辅助抗氧剂以及光稳定剂等。

抗氧剂可以抑制聚丙烯氧化反应，从而提高其辐照稳定性。常用的主抗氧剂有受阻酚、维生素 E、维生素 C 等。受阻酚类抗氧剂的辐照稳定机理是消除自由基。然而受阻酚抗氧剂在接受高能辐照后易发生氧化，酚类结构被氧化成了醌类结构，而使聚丙烯变色更严重，如图 4-10 所示。

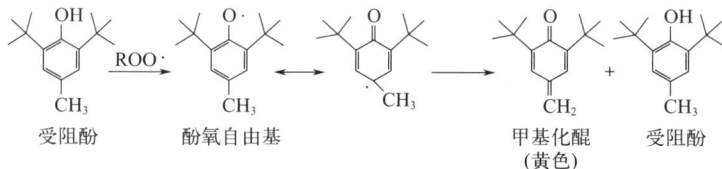

图 4-10　受阻酚类抗氧剂辐照稳定机理

辅助抗氧剂，如亚磷酸酯类或有机硫化物，主要通过分解氢过氧化物使聚合物稳定。

除抗氧剂外，也可以添加光稳定剂。在耐辐照改性中最常用到的是自由基捕获型的受阻胺光稳定剂（HALS）。HALS 主要为哌啶衍生物，如 2,2,6,6-四甲基哌啶-4- 醇、甲基丙烯酸 2,2,6,6-四甲基哌啶-4-醇酯、1,2,2,6,6-五甲基哌啶-4-醇、甲基丙烯酸1,2,2,6,6-五甲基哌啶-4-醇酯等。HALS 的辐射稳定机理是消除自由基和分解氢过氧化物。清除带颜色的陷落的自由基 PP·和 PPOO·，从根本上消除了辐照致色的因素；同时，清除自由基和分解氢过氧化物可以进一步阻止引起变色的共轭双键的生成，因而可以有效阻止辐照致色。汪辉亮等[34-35]研究发现，在相同的辐照剂量下，添加五甲基 HALS 的聚丙烯黄度小于添加四甲基 HALS 的聚丙烯黄度，五甲基 HALS 更能有效地消除由辐照引起的聚合物变色。分析其原因，认为是由于五甲基 HALS 比四甲基 HALS 有更多的稳定步骤。

在聚丙烯中加入成核剂通常可提高其结晶度和透明度、加快结晶速度、提高透气度及强度等。加入成核剂可提高聚丙烯的结晶度，减小球晶尺寸，使氧气渗入聚丙烯中的速度减慢，使用低剂量辐照时，氧气来不及透入聚丙烯内部，故辐照稳定性提高；随着辐照剂量提高，氧气有足够的时间渗入聚丙烯内部，加之成核剂使聚丙烯中的过渡相含量增加，故此时聚丙烯的辐照稳定性变差。

物理改性方法主要包括填充改性和共混改性。填充改性是通过在聚丙烯中添加适量的填料，如碳酸钙、滑石粉等，提高其耐辐照性能。共混改性是通过将聚丙烯与其他聚合物（如聚乙烯、聚酰亚胺等）进行共混，提高聚丙烯的辐照稳定性。

（4）耐辐照聚丙烯专用树脂开发进展

中国石油开发出了一种耐辐照复合助剂体系，该体系通过抗氧剂、成核剂与耐辐照助剂的协同作用，可以为聚烯烃树脂提供耐辐照、耐热氧化老化性能，并显著改善透明性和力学性能。使用耐辐照助剂配方的样品辐照后黄色指数增加不明显，抗黄变性能明显好于普通透明聚丙烯配方样品。添加不同助剂量样品辐照后冲击强度变化在 7% 以内，雾度变化在 6% 以内，弯曲模量变化在 2% 以内，拉伸强度变化在 3.5% 以内。

对辐照后聚丙烯样品进行长周期稳定性验证，将添加和未添加耐辐照助剂的聚丙烯样品经辐照后在同等条件下放置一个月以上：添加耐辐照助剂样品的黄色指数和雾度比刚辐照完时都有所降低；而未添加耐辐照助剂样品辐照后黄色指数明显升高，放置一段时间后黄色指数和雾度会继续升高。

将此体系应用于透明聚丙烯的制备中，可制得耐辐照聚丙烯医用料，批量制备样品在下游用户处进行了加工应用试验，制品经 25kGy 的 γ 射线辐照后雾度＜ 15%、黄色指数＜ 1%，耐辐照性能达到在用市场产品水平，能够满足其使用需求。

4.5.2.2　预灌封注射器聚丙烯专用料

（1）预灌封注射器概况

用于人体注射的注射器在世界范围内先后经历了四代产品的更迭，包括：第一代，多次使用的全玻璃注射器；第二代，一次性使用的无菌塑料注射器；第三代，一次性预灌封注射器；第四代，氮气高压无针注射器。目前，第一代注射器已较少使用；第二代注射器在全世界普遍使用，虽然成本低廉且使用方便，但存在不耐酸碱等局限；日本、欧美等发达国家或地区已广泛使用第三代注射器；第四代产品目前还处于研制与开发阶段。

全球第一支预灌封注射器于 1984 年诞生于美国 BD 公司，至 2019 年，全球预灌封注射器市场规模达到了 46 亿美元，成为所有形式的包装容器中增长速度最快的一类。这种新型的药械组合形式，集成了药物储存和临床使用两大功能，能最大限度减少药物在储存及转移过程中因吸附造成的浪费，同时有效避免了污染和交叉污染的风险。经过多年的推广使用，预灌封注射器在预防传染病的传播和医疗事业的发展方面发挥了重要作用，主要应用于高档药物的包装储存，并可直接用于注射或用于眼科、耳科、骨科等的手术冲洗。相比之下，国内的预灌封注射器研究起步较晚，中国的第一支玻璃预灌封注射器在 2005 年诞生于山东威高集团。

为加强预灌封注射器的质量控制，预灌封注射器各类配件均有单独的标准，如 YBB00062004—2015《预灌封注射器用硼硅玻璃针管》、YBB00092004—2015《预灌封注射器用不锈钢注射针》、YBB00072004—2015《预灌封注射器用氯化丁基橡胶活塞》、YBB00082004—2015《预灌封注射器用溴化丁基橡胶活塞》、YBB00102004—2015《预灌封注射器用聚异戊二烯橡胶针头护帽》、YBB00112004—2015《预灌封注射器组合件（带注射针）》等。另外，国际上预灌封注射器还有 ISO 11040 系列标准，如 ISO 11040-4《预灌封注射器用玻璃针管》，ISO 11040-5《预灌封注射器用活塞》，ISO 11040-6《预灌封注射器用塑料针管》，ISO 11040-7《预灌封注射器组合件的包装系统》，ISO 11040-8《预灌封注射器组合件的要求和测试方法》等。

预灌封注射器主要技术指标包括以下几个方面：

① 预灌封注射器器身密合性　预灌封注射器器身密合性直接影响其使用性能，是各生产企业重点关注的指标之一。

② 预灌封注射器应力值　玻璃预灌封注射器生产过程中要经过退火处理，内应力一旦超标，可能导致不定时的自爆或受到轻微外力诱导即破裂，给使用造成很大的安全隐患。对预灌封注射器内应力进行科学的检测可以帮助企业分析和改进产品的内应力指标，有效降低市场风险。

③ 预灌封注射器活塞滑动性　活塞滑动性是预灌封注射器的一项重要检测指标。因为推动活塞时，活塞和玻璃针管内壁会产生一定的阻力，在实际使用中阻力值过大会造成注射困难，而阻力值过小会导致注射过快过猛造成危险。

④ 预灌封注射器注射针刚性测试项目　不锈钢针在应用过程中，要求其具备一定的刚性，以保证在使用过程中钢针不易弯曲，从而减小医疗事故发生的可能性。

（2）预灌封注射器材料

市场常用的预灌封注射器一般主要分为玻璃预灌封注射器和塑料预灌封注射器两类。玻璃产品的规格涵盖 0.5～20mL，塑料产品的规格则从 5mL 到 50mL 不等。目前全球 80% 以上的预灌封注射器材料为硼硅玻璃，而在我国更是高达 90% 以上的预灌封注射器使用硼硅玻璃作为材料。但是传统的玻璃材料与碱性药物接触时易发生玻璃脱片，且内表面耐水性差，这导致了药物相容性和稳定性的降低。

相比之下，塑料在预灌封注射器领域的使用率仍然很低。未来，随着预灌封注射器产量的快速增长以及塑料在预灌封注射器渗透率的逐步提升，中国对预灌封注射器用高端塑料的需求将快速增长。聚丙烯树脂凭借高生物安全性和低成本优势，成为各药企预灌封注射器生产的热门材料。值得一提的是，2020 年 11 月，茂名石化 1 号聚丙烯装置成功试产了预充式注射器用高光高模量抗冲聚丙烯树脂 B-MG20。

（3）预灌封注射器用聚丙烯的开发现状

威高集团下属威高普瑞医药包装有限公司预灌封注射器年产能已超过 10 亿支，并计划在 2026 年达到 20 亿支产能目标。以中国预灌封注射器年总产量 30 亿支计，若其中 50% 采用聚丙烯材料，且 1 吨聚丙烯材料可生产 40 万支，那么未来中国预灌封注射器领域聚丙烯需求量将达到 3750 吨 / 年。另外，预灌封注射器不仅具备替代传统的安瓿、西林瓶的潜力，在美容、护肤领域也展现出广阔前景，因此，预灌封注射器领域聚丙烯需求有望进一步扩大。2022 年，预灌封注射器领域聚丙烯材料需求量、供给量均为 10 吨左右，典型用户如山东永聚医药科技有限公司，其用量为 2.5 吨。

中国石油通过优选催化剂及其助剂体系、优化共聚单体种类及含量等手段，有效调控了共聚聚丙烯共聚单体分布及链段结构，从而制备出刚韧平衡性能、透明性能及析出性能均优异的产品，实现了高洁净、低析出预灌封聚丙烯专用树脂的生产。

EPB20M 产品在成都青山利康药业股份有限公司开展了聚丙烯预灌封注射器产品的加工应用试验，考察了中试产品用于生产预灌封注射器的加工性能、光学性能和初步安全性。加工过程中产品的性能稳定，所生产的注射器外表面光洁、无异物，管壁厚度均匀；注射器透明度高、雾度低，符合客户要求。目前，正在开展预灌封注射器灌装后的初步安全性评价。

4.5.3 透析液桶用聚乙烯专用料

4.5.3.1 市场需求

透析是利用小分子经过半透膜扩散到水（或缓冲液）中的原理，将小分子与生物大分子分开的一种分离纯化技术。透析疗法则是利用这一过程，使体液内的成分（溶质或水分）通过半透膜排出体外的治疗方法。在透析过程中需要用到透析液。血液透析时，透析液与血液分布在透析膜两侧，通过扩散进行溶质交换。透析液中含有 K^+、Na^+、Ca^{2+}、Mg^{2+}、Cl^-、HCO_3^- 和醋酸。在生产和运输过程中，透析液一般被盛装在透析液桶中。

随着中国老龄化社会的到来，透析患者数量逐年增加，透析耗材及透析液的需求量剧增。面对国家大量采购所带来的医疗耗材价格降低的必然趋势，寻找符合医疗行业要求且生产成本更低的原材料成为迫切需求。开发透析桶专用树脂，以替代现用的混配料等原料，不仅能够满足下游用户对单一透析液包装桶原料的需求，还能有效减小透析液桶质量波动的风险，进而为人民群众医疗卫生安全提供坚实保障。

透析液包装桶国内已有相关研究，但多数集中在对透析液桶的结构设计进行优化以提升其使用性能；少数有提到对透析液桶材料的改进。尽管已有中空专用树脂的研究，但尚未发现专门针对透析液包装桶的聚乙烯深入研究报道。

透析液桶采用医用级的塑料材料经吹塑机吹塑制成。现阶段的透析液存储容器主要采用 PVC 或不同高密度聚乙烯牌号掺混生产。其中，PVC 材料存在着安全环保和低温韧性差的问题；而高密度聚乙烯掺混牌号则可能因使用铬系催化剂而引入重金属，存在卫生安全风险，且掺混产品的质量影响因素复杂，产品质量不易控制。因此急需能满足透析液桶生产需要的医用透析液包装材料。目前医疗器械企业对医用透析液包装材料的市场需求超过 5 万吨／年。

4.5.3.2 透析液包装桶聚乙烯专用树脂的开发

医用透析液包装材料需要解决的关键技术问题：首先是产品需要符合医疗行业安全卫生要求，然后需要满足现代化吹塑加工性能要求，最后制品还需要满足刚韧平衡性能和耐环境应力开裂要求。

行业标准 YY/T 1494—2016《血液透析及相关治疗用浓缩物包装材料通用要求》规定了血液透析及相关治疗用浓缩物包装材料质量检验的通用技术要求，包括分类与性状、试验方法、标志、包装、运输和贮存等。安全卫生方面要求有炽灼残渣、不挥发物试验（重金属、紫外吸光度、不挥发物）等。

现代化吹塑加工多是全自动成型，对专用树脂的加工性能要求高。专用树脂在加工时既需要有适宜的流动性，还需要有合适的熔体强度。熔体强度过低，吹塑时易发生熔垂和成型缺陷；熔体强度过高，包装桶的表面容易出现凸凹不平。

透析液包装桶需兼顾抗跌性，既要有较好的韧性，同时也需要满足码垛堆放时的刚性要求，达到刚韧平衡。使用钛系催化剂，通过调控淤浆串联工艺中各釜的参数变量，均衡低分子量与高分子量的比例及分布，可赋予产品优异的加工性能以及耐环境应力开裂性能。

透析液包装桶容积比一般的小中空容器要大，但远小于通常的大中空容器。为满足加工性能和制品性能要求，市场上多采用小中空容器专用树脂和更低熔体流动速率的高密度聚乙烯掺混进行加工。为开发单一牌号透析液包装桶聚乙烯专用树脂，在确定产品的技术指标后，结合淤浆串联牌号生产经验确定产品生产技术方案；然后进行产品工业化试生产，对工业化产品进行性能测试和结构表征，并完成产品的加工应用研究。2023年，中国石油在 HDPE 装置上开发出透析桶专用料 L5203B，在下游用户生产现场开展吹塑成型加工应用试验。加工过程中试验样品性能稳定，包装桶制品外观良好，能够满足下游用户加工 5～25L 中空容器的原料需求。L5203B 成品质量标准见表 4-35。

表 4-35　L5203B 成品质量标准

分析项目		技术指标
熔体流动速率/(g/10min)		12～16
密度（23℃）/(g/cm³)		0.9480～0.9520
拉伸屈服应力/MPa		≥21.0
拉伸断裂标称应变/%		实测
弯曲弹性模量/MPa		≥900
简支梁缺口冲击强度（23℃）/(kJ/m²)		≥10
颗粒外观	黑斑粒和色粒/(个/kg)	≤10
	大粒和小粒/(g/kg)	≤15

4.6　展望

（1）依然存在技术差距

尽管我国是世界上聚烯烃产业发展最快的国家之一，但是我国的聚烯烃产业早期都是以消化吸收为主，随着产业基础的不断扩大，医用聚烯烃技术的研究不断深入，医用聚烯烃技术研究及应用基础研究的力量才逐渐加强。我国自有技术少，难以全面替代进口，一些核心关键技术如聚合技术、催化剂技术以及加工改性技术等长期被国外企业垄断。此外，在反应器结构设计、核心表征仪器、关键加工装置以及标准等方面，我国还有很大的进步空间。技术产生差距的原因具体体现如下：

① 原创性技术是实现材料高端化的核心。由于基础和应用基础研究不足，我国大部分医用聚烯烃企业的技术工艺主要是引进—消化—吸收—再创新，尽管在整条产业链中有一些技术环节存在原创性技术，但未能形成包括单体、催化剂、聚合工艺、结构设计、工程化技术、加工应用和标准等在内的全产业链原创基础，尤其是缺乏自主可控的工艺技术，因此不能有效支撑我国医用聚烯烃产业的高质量发展。

② 中试研究平台严重缺乏。中试研究平台是连接基础研究和应用基础研究与工业化生产的桥梁，是原创技术、关键技术实现工业转化无法逾越的重要途径，是实现连续化、规模化应用的基本条件。目前，我国部分企业也有中试平台，但整体上严重不足，特别是原创技术的中试平台建设和运行缺乏有利的政策支持和保障。

③ 工程装备技术亟须提升。工程装备是实现医用聚烯烃产品稳定高质量连续化生产的关键，与反应工艺、催化剂和原料等共同决定着医用聚烯烃的分子链结构，是开发高附加值产品必不可少的基础。典型的工程装备包括压缩机、反应釜、溶液聚合的脱挥装置、造粒机等。近些年，随着国外对许多工艺技术的许可开始限制，我国医用聚烯烃成套工艺以及工程化技术的自主可控显得更加迫切。

④ 原料成本需要持续降低。原料成本是医用聚烯烃产业提升国际竞争力的基本条件，但我国原油进口依赖度较高，基于石油路线的烯烃原料成本无法与中东及美国等竞争，因此如何最大程度地降低原料成本是我国医用聚烯烃产业面临的重大挑战。尽管我国也有一些非石油单体制备路线，例如丙烷脱氢（propane dehydrogenation，PDH）、甲醇制烯烃（methanol to olefin，MTO）等，但 PDH 路线的原料和技术都被国外垄断，未来发展受限，MTO 路线存在综合成本偏高的问题。

目前，中国石油成功开发出了成套"超纯净化"聚烯烃生产技术，建成了国内首个规模化医用聚烯烃树脂洁净化生产基地，打通了高风险医用聚烯烃的全流程，提升了具有自主知识产权的医用材料的国际竞争力。同时，中国石化等树脂生产企业也都在加紧布局医用聚烯烃材料的开发和研究。

（2）需全面提高技术研发、生产能力

未来，随着中国聚烯烃材料市场角逐日益激烈和高科技含量技术手段不断涌现，材料向着个性化、复合化、多功能化的方向迅速发展，要求相关企业不断提升研发生产的高科技含量，加速推进国内高端产品的国产化进程，引领未来医用聚烯烃发展方向。具体可以从以下几个方面入手，提高自主医用聚烯烃开发及生产能力：

①　加快创新步伐，攻破专利壁垒。国外领先企业医用聚烯烃相关技术经过多年的迭代和发展，已经进入了稳定发展阶段，并且在一些关键技术领域如催化剂体系、聚合工艺方法、加工及改性工艺方法等方面已经建立了相对完整的专利壁垒，这对我国医用聚烯烃的发展带来了很多限制和约束。在这样的环境条件下，我国医用聚烯烃企业突围的唯一出路在于自主创新，而且要加快步伐，加大创新投入力度，坚持创新思维，尽早实现关键产品和技术的国产化以及知识产权的自主化。

②　整合优势资源，形成发展合力。国外医用聚烯烃领先企业在布局和发展医用聚烯烃业务过程中所采取的发展策略基本均是对优势资源快速整合的策略。如，北欧化工对Neste公司相关专利技术的整合以及对阿布扎比国家石油公司相关能力资源的整合等。此外，北欧化工还以设立技术创新中心的方式从不同国家整合优秀的技术研发能力资源。

反观国内医用聚烯烃产业发展现状，在研发、生产与应用领域的发展较不平衡，且相互之间存在脱节问题，这也是限制国内医用聚烯烃产业发展的主要原因。因此，借鉴国外领先企业的发展模式，我国医用聚烯烃企业应当加快推进对国内外优势资源和能力的整合，包括收并购、设立面向全球的关键技术突破创新平台等方式，抢占优势资源，通过有效整合，形成发展合力，以推动我国医用聚烯烃产业快速发展。

③　加强交流合作。我国医用聚烯烃生产企业应主动加强与科研机构、高校和下游客户的交流合作，以产业发展引领者的姿态主动带领下游企业共同创新和发展，积极配合客户做好安全、环保、卫生等相关认证。一方面，以市场需求为导向促进上游研发产品与市场需求相匹配。另一方面通过研发来创造新用法、新用途，引导下游用户需求，拓展新的市场。鉴于医用聚烯烃技术创新需要高分子物理、催化、工艺、加工等多方面配合，建议企业组建联合创新团队，发挥各自优势、实现协同发展。

（3）加强预警监测，规避创新风险

目前，国外医用聚烯烃领先企业已经对关键技术进行了大量专利布局，并且还在加速推进构建相关技术的壁垒，这给我国发展医用聚烯烃带来严峻挑战。我国企业在研发过程中，应当建立动态有效的专利技术预警机制，在研发的各个阶段实时进行专利检索分析，掌握医用聚烯烃技术研发方向，对产品和技术进行规避设计，对专利产品及时进行优化和改进。与此同时，还要对医用聚烯烃技术研发方向深入分析，探索更多的技术方案，并对不同的技术方向通过多个专利进行全方位的保护，通过专利组合的方式，全面保护企业核心技术，建立有效的专利壁垒。

参考文献

[1] 陶永亮,李彬杰,杨建京.医用塑料应用与介绍[J].橡塑技术与装备,2022,48(12):1-7.

[2] 张凤兰,陈蕾,王彦,等.国内外食品包装法规和标准对我国药包材标准体系建设的启示[J].医药导报,2023,42(8):1136-1140.

[3] 王丹丹,金宏,蔡荣,等.中国国家药包材标准体系的沿革与启示[J].医药导报,2023,42(8):1123-1128.

[4] 杨杰荣,韩潇,康笑博,等.中国药包材团体标准概况及展望[J].医药导报,2023,42(8):1130-1135.

[5] 庄劲聪 . 多层共挤聚乙烯输液袋中可提取物和溶出物的安全性研究 [D]. 北京：北京化工大学 , 2018.

[6] 毕清华 . 聚丙烯、聚乙烯类药包材正己烷不挥发物的组成分析和安全性研究 [D]. 北京：中国食品药品检定研究院 , 2019.

[7] 王悦雯，刘言 . 塑料包装材料与药用注射剂的相容性研究进展 [J]. 天津药学 , 2023, 35(1): 66-71.

[8] 内罗·帕斯奎尼 . 聚丙烯手册：原著第二版 [M]. 胡友良 , 等译 . 北京：化学工业出版社 , 2008: 249-257.

[9] 洪定一 . 聚丙烯——原理、工艺与技术 [M]. 北京：中国石化出版社 , 2002: 568-584.

[10] Qiao J L, Guo M F, Wang L S, et al. Recent advances in polyolefin technology[J]. Polymer Chemistry, 2011, 2(8): 1611-1623.

[11] 胡友良，常贺飞，李化毅，等 . 内外给电子体在丙烯聚合 Ziegler-Natta 催化体系中作用的研究进展（上）[J]. 石油化工 , 2013, 42(11):1189-1196.

[12] 胡友良，常贺飞，李化毅，等 . 内外给电子体在丙烯聚合 Ziegler-Natta 催化体系中作用的研究进展（下）[J]. 石油化工 , 2013, 42(12):1305-1311.

[13] 张文学，黄安平，王霞，等 . 齐格勒 - 纳塔型催化剂及其制备方法和催化剂体系：CN201510068326.2[P]. 2018-07-10.

[14] 谢克锋，黄安平，王霞，等 . 负载型聚丙烯催化剂及其制备方法：CN201310520867. 5[P]. 2017-01-04.

[15] 中国石油天然气股份有限公司 . 一种双官能团的化合物、其合成方法及作为抗氧剂的应用：CN 110734459B[P]. 2022-03-29.

[16] 李广全，段宏义，李丽，等 . 一种包含受阻酚和亚磷酸酯双亲化合物及其合成方法和应用：CN201810800964. 2[P]. 2022-03-29.

[17] 胡杰 . 合成树脂技术 [M]. 北京：石油工业出版社 , 2022: 173-178.

[18] 洪海燕 . 除菌过滤器验证（三）：溶出物 / 析出物验证 [J]. 中国新药杂志 , 2011, 20(14): 1266-1269.

[19] 杨雨希 . 药品包装材料中可提取物与浸出物的检测及风险评估 [D]. 北京：北京化工大学 , 2021.

[20] 孙会敏，张伟，邹健 . 国家药包材标准 [M]. 北京：中国医药科技出版社 , 2015.

[21] 陈瑜，金立，俞辉，等 . HPLC 测定三层共挤输液用袋中抗氧剂 PEPQ 的含量 [J]. 中国现代应用药学 , 2015, 32(8): 963-965.

[22] 吴艳，刘艳娥，原王晓，等 . 多层共挤输液用膜制袋中双酚 A 的迁移试验研究 [J]. 解放军药学学报 , 2018, 34(3):251-253.

[23] 康可欣，李莎，韩祥东，等 . 我国药品包装材料的应用现状及发展方向 [J]. 医药导报 , 2024, 43(5):722-725.

[24] 张永涛 . 大输液软袋用高分子材料的研究进展 [J]. 合成树脂及塑料 , 2020, 37(4):92-95.

[25] 刘革新，程志鹏，陈得光，等 . 直立式聚丙烯输液袋壁厚度对输液性能影响的数值研究 [J]. 生物医学工程与临床 , 2013, 17(5):433-438.

[26] 刘革新，万阳浴，陈得光，等 . 直立式聚丙烯输液袋专用粒料的性能考察 [J]. 高分子材料科学与工程 , 2013, 29(12):133-137.

[27] 王伯阳，王敏，储藏，等 . 口服固体制剂常用包装材料及容器的研究进展 [J]. 包装工程 , 2023, 43(3):87-92.

[28] 曹志峰, 赵立品, 何汀, 等. 以国产聚丙烯粒料作为中层的三层共挤输液用膜的性能考察 [J]. 中国医药工业杂志, 2022, 53(7):1038-1042.

[29] 高忠明. 非 PVC 五层共挤输液用膜的相容性研究 [D]. 杭州 : 浙江大学, 2018.

[30] 贾江飞. 大容量注射液包材残留杂质的检测与监控 [D]. 上海 : 上海交通大学, 2019.

[31] Carlsson D J, Dobbin C J B, Wiles D M. Direct observations of macroperoxyl radical propagation and termination by electron-spin resonance and infrared spectroscopies[J]. Macromolecules, 1985, 18(10): 2092-2094.

[32] Bernstein R, Thornberg S M, Clough R L. et al. Radiation-oxidation mechanisms: volatile organic degradation products from polypropylene having selective C-13 labeling studied by GC/MS[J]. Polymer Degradation and Stability, 2008, 93(4): 854-870.

[33] Rivaton A, Lalande D, Gardette J L. et al. Influence of the structure on the γ-irradiation of polypropylene and on the post-iradiation efects[J]. Nuclear Instruments and Methods in Physics Research Section B: Beam Interactions with Materials and Atoms, 2004, 222(1-2）: 187-200.

[34] 汪辉亮. 耐辐射致色聚烯烃的研究 [J]. 化学研究, 2000, 11(4): 19-23.

[35] 汪辉亮, 孔祥波, 陈文绣. HALS 及抗氧剂对聚丙烯辐射致色的影响 [J]. 辐射研究与辐射工艺学报, 1999, 17(2): 70-75.

第5章
聚乙烯薄膜专用料

聚乙烯是目前最常用、应用领域最广泛并且产量最大的薄膜材料，其价格低廉，成型简单，无毒无味且具有较好的加工性能和使用性能。聚乙烯薄膜的一般生产过程包括将乙烯单体聚合成高分子链的聚乙烯树脂，然后通过加工将其变为薄而柔韧的薄层。

5.1 简介

聚乙烯薄膜根据原料不同可分为低密度聚乙烯（LDPE）薄膜、中密度聚乙烯（MDPE）薄膜、高密度聚乙烯（HDPE）薄膜、线型低密度聚乙烯（LLDPE）薄膜等。

LDPE 是有长支链和大量短支链的聚乙烯树脂。LDPE 由于支链原因，结晶度较低，密度也较小，密度一般在 0.91 ～ 0.93g/cm³ 之间。LDPE 往往相对容易加工，与其他结构 PE 相比，它在较低温度（105 ～ 115℃）下即可熔融。低密度聚乙烯具有较好的柔软性、较高的透明性和表面光泽性，因而备受青睐，特别是在包装行业，以及对透明度要求较高的应用领域。其加工性能优良，非常适于吹膜生产，吹塑过程中膜泡稳定性最佳。主要应用于包装膜、农业用膜、重包装膜、医用包装膜等领域。低密度聚乙烯薄膜也是当前薄膜领域中应用最广且用量最大的塑料包装薄膜，约占总用量的 40% 以上。国内的高端低密度聚乙烯薄膜专用料性能与进口产品仍有一定差距。需加大对低密度聚乙烯薄膜生产工艺、产品性能和应用性能的研究，开发出更高性能的低密度聚乙烯薄膜料。

MDPE 是指密度为 0.926 ～ 0.940g/cm³ 的一类聚乙烯树脂，性能介于高密度聚乙烯与低密度聚乙烯之间。MDPE 既具有高密度聚乙烯的刚性，又具有低密度聚乙烯的柔性，同时兼具优异的耐环境应力开裂性能、焊接性能和长期使用性能，广泛应用于电缆、管材、包装等方面。中密度聚乙烯在薄膜领域主要用于高透明薄膜和土工膜等。其中，采用 MDPE 制备的土工膜在土木工程领域的应用已有 60 余年的历史。

HDPE 是指密度为 0.941 ～ 0.960g/cm³ 的一类聚乙烯树脂。与其他聚乙烯相比，HDPE 的支链含量较低，这使得它具有较高的结晶度和密度。此外，HDPE 结晶后晶体尺寸较大，从而使其具有较高的熔点、强度和硬度。虽然其冲击强度略低于 LDPE，但其优异的耐化学性能和低渗透性使其在许多领域得到广泛应用。

HDPE 普遍应用于包装膜领域。HDPE 薄膜的优点是力学性能优良，撕裂强度高、变形适应能力强、抗穿刺性能好，拉伸强度在聚乙烯薄膜中最高，是低密度聚乙烯薄膜的两倍以上；具有很好的防潮性和耐油性，是聚乙烯薄膜中阻隔性能最好的品种；HDPE 薄膜的热性能在聚乙烯薄膜中最好，熔点最高。HDPE 薄膜主要应用于垃圾袋、购物袋、食品袋、重包装袋、工业用衬里、粉状产品或小型松散物品包装用内衬、多层结构薄膜等，其中，用量最大的是垃圾袋、购物袋和食品袋。

LLDPE 通常是通过乙烯与少量的短链 α- 烯烃（如丁烯、己烯和辛烯）共聚制成，密度一般在 0.918 ～ 0.935g/cm³ 之间，其分子结构呈线型低密度形态。LLDPE 可以通过共聚合等方式来调节其物理和化学性质，LLDPE 与 HDPE 相比，其密度较低，分子量分布更宽，结晶性较弱，因此具有更高的柔韧性和延展性。同时，LLDPE 也比 LDPE 具有更好的物理和化学性能，例如较高的熔融强度和抗撕裂性能等。这些特性使得 LLDPE 成为许多领域的理想材料选择。LLDPE 薄膜的力学性能（撕裂、穿刺等）明显优于高密度聚乙烯和低密度聚乙烯制备的薄膜，所以 LLDPE 被广泛地用于制备各种薄膜产品。

茂金属线型低密度聚乙烯（mLLDPE）是采用茂金属催化剂体系生产的 LLDPE。相较于通用线型低密度聚乙烯，mLLDPE 的耐撕裂和耐穿刺性能更好，相比其他同厚度薄膜，mLLDPE 的减薄性能更加突出，有助于下游客户降低成本，一般可以减薄 15% 以上。广泛应用于棚膜、重包装膜、热收缩膜、拉伸缠绕膜和其他高端包装材料等领域。我国在茂金属聚乙烯薄膜料研发方面技术水平落后、原创性技术不强的问题突出。近年来，国家已出台多个鼓励政策促进茂金属聚乙烯相关产业的发展，将茂金属聚乙烯列为高性能合成树脂的发展重点之一。

总之，通过大力开发茂金属聚乙烯薄膜料、低密度聚乙烯薄膜料等应用前景广阔的薄膜料产品开发，提升我国高端聚乙烯薄膜全产业链的创新能力，不仅能够有效带动我国先进制造业的国际综合竞争力跃升，更能为国内经济循环注入强劲动力。聚乙烯薄膜全产业链开发是一个系统工程，需要进行催化剂研发、聚合工艺研究、聚乙烯薄膜专用料开发以及下游材料加工及应用的协同和集成创新。

5.2 茂金属聚乙烯薄膜专用料

5.2.1 茂金属聚乙烯和茂金属催化剂

茂金属聚乙烯（mPE）是以茂金属催化剂为基础，通过乙烯与 α- 烯烃共聚而成的聚乙烯，其中 α- 烯烃包含丁烯、己烯、辛烯等 [1]。研究发现共聚成分 α- 烯烃的分子链越长，mPE 的性能越好；1- 辛烯（C₈）类 mPE 性能最佳；1- 己烯（C₆）类 mPE 性能次之；1- 丁烯（C₄）类 mPE 性能最差。茂金属催化剂具备单一的活性中心，所得聚合物分子量分布较窄，可以准确地控制聚合物性能，使其满足更多用途要求 [2]。

mPE 产品用途十分广泛，包装领域是 mPE 最大的消费领域，全球消费占比达到 60% 以上，国内消费占比达到 70% 以上，可生产各种薄膜制品，如拉伸缠绕膜、重包装膜、热收缩膜、自立袋、高品质农膜、复合包装膜等。

茂金属催化剂是一种高效的催化剂，主要用于烯烃聚合反应，具有极高的催化活性和单一活性中心[3]。茂金属催化剂的单活性中心使其比 Z-N 催化剂具有更高的催化活性，且聚合时共聚单体在分子内和分子间组成比较均匀，共聚物分子量分布较窄。茂金属催化剂与能提高其催化活性的助催化剂 [如甲基铝氧烷（MAO）] 共同构成了茂金属催化体系。茂金属催化体系的催化机理如图 5-1 所示。

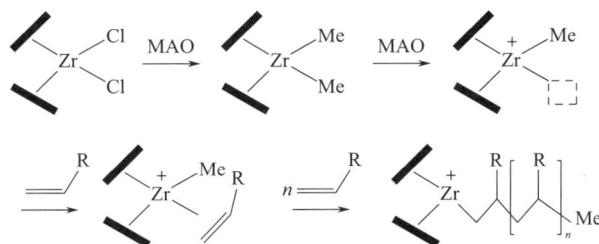

图 5-1　茂金属催化体系的催化机理

欧美国家茂金属催化技术研发起步较早，茂金属聚乙烯工业生产能力和市场容量均处于领先地位。1986 年，Ishihara 等发现使用单茂金属催化剂可以合成间规聚苯乙烯。1990 年，美国陶氏公司（Dow）和埃森克美孚（ExxonMobil）公司几乎同时申请了关于烯烃聚合用 "限制几何构型" 催化剂（一种氮原子配位的桥联单茂金属）的专利。1991 年，埃森克美孚开发了基于茂金属催化的 Exxpol 技术用于生产 mPE，由此，茂金属催化剂才真正开始工业化应用于烯烃聚合。其后，在 20 世纪 90 年代，美国陶氏公司、德国巴斯夫、日本三井也实现了 mPE 的工业化[4-5]。茂金属化合物是茂金属催化剂的核心组分，国外公司已经申请了大量的专利。

最早发现的助催化剂是 MAO。目前，除 MAO 外，已开发出了烷基铝氧烷、多种改性甲基铝氧烷（MMAO）和有机硼化合物[6] 等助催化剂，包括乙基铝氧烷（EAO）、丁基铝氧烷（BAO）、甲基乙基铝氧烷（MEAO）、甲基丁基铝氧烷（MBAO）、乙基丁基铝氧烷（EBAO）、$B(C_6F_5)_3$、$[C_6H_5NH(CH_3)_2][B(C_6F_5)_4]$ 等[7-8]。但是，最有效的、活性最高的助催化剂仍然是 MAO。

我国茂金属催化剂的研发工作始于 20 世纪 90 年代初，起步较晚。经过不断努力，中国石油开发的多种茂金属催化剂已实现工业化应用。在技术攻关过程中，攻克了聚合反应系统模拟、工艺流程再造、循环气流量分配、链转移反应竞争控制等技术难题[9]。石油化工研究院开发的 PME-18 催化剂在兰州石化 30 万吨 / 年全密度聚乙烯装置长周期工业应用中取得成功，该装置稳定运行 192h，累计生产茂金属聚乙烯薄膜专用料产品 7198 吨，产品合格率达 100%。

茂金属催化剂虽有诸多优势，但其在均相聚合时，聚合物颗粒形态差，反应釜易发生粘釜现象。通过物理吸附或者化学连接作用，将茂金属催化剂负载于无机载体或者有机高聚物载体的表面，可以增加催化剂的有效表面积，提高催化剂的机械强度，为反应提供合适的孔结构，节省活性组分用量，降低成本[10-19]。为了使负载催化剂性能达到最佳，需要综合考虑载体的强度、粒径、孔径和比表面积。目前，常用的载体主要有无机载体、有机载体和纳米材料载体。其中，最广泛应用的载体是硅胶，已经用于工业化生产。

5.2.2 茂金属聚乙烯薄膜制品

5.2.2.1 塑料软包装膜

塑料软包装膜是将两种或两种以上材料，经过一次或多次复合工艺组合在一起从而具备一定功能的复合材料。塑料软包装膜一般又称为塑料软包装复合膜，复合膜能使包装内含物保湿、保香、保持外观状态、保鲜，并且具有避光、防渗透等功能。单层LDPE或LDPE与其它树脂共混生产的薄膜，性能单一，已经无法满足现代物品发展对包装的要求，故一般情况下将mPE主要作为复合材料的内膜层使用。

热封层也就是与包装物直接接触的内层膜。内层膜从LDPE、LLDPE、CPP、mLLDPE，发展到了现在大量使用的共挤膜。共挤膜是通过多台挤塑机将多种原材料进行挤压形成的多层薄膜。多层共挤膜是指3层及以上，含有阻隔材料的共挤膜。

随着包装市场的不断发展和变化，对包装的特殊要求也愈来愈多。mLLDPE与LDPE、LLDPE具有良好的共混性和易加工性，添加了mLLDPE的内层膜，具有良好的拉伸强度、抗冲击强度、良好的透明性以及较好的低温热封性和抗污染性。以其作内层的复合材料广泛用于冷冻和冷藏食品、液体/粉末产品的包装等，涉及食品包装和日化包装等行业，能解决上述产品在包装生产、运输过程中的包装速度慢、破包、漏包、渗透等问题。

综合分析来看，塑料软包装行业常规使用的mPE熔体流动速率为1～2g/10min，使用牌号主要集中在ExxonMobil的2018系列、2010系列，Dow的5400G/5401G系列，以及日本Prime的SP1520。另外，ExxonMobil的3505MC、3527PA、XP8318ML等也有少量使用。

5.2.2.2 重包装膜

传统的合成树脂粒料包装，主要使用顶部开口的复合编织袋，在包装时由于工序多而复杂，因此包装效率较低。为了满足国内自动包装线高速装填、运送和自动码垛的需要，2005年之后建设的生产线基本都采用了重包装膜。国内的大型石化企业，如大庆石化、上海赛科、扬子巴斯夫公司、中海壳牌公司等，全都要求采用这一新型包装方式，部分老企业也对原有包装线进行改造或采用新的高速包装线，比如齐鲁石化、燕山石化等。近几年，我国多套大型炼厂配套的聚烯烃和煤制聚烯烃，也都选择了重包装膜的包装方式，大幅带动了对mPE的需求量。

每家企业生产重包装膜厚度不同、配方不同，mPE的添加量也不一样。按照广州石化的经验，为确保0.14mm的重包装膜耐穿刺性良好，要求影响该性能指标的mPE的添加比例不低于45%，较0.16mm的重包装膜提升5%，同时要求包装袋的力学性能指标与0.16mm的重包装膜指标相比不降低。重包装膜行业使用的主要牌号mPE的熔体流动速率一般为0.5～1.0g/10min，密度为0.916～0.920g/cm^3。同农膜类似，不含有开口剂和爽滑剂。使用的牌号主要有ExxonMobil公司的2005MC、1018MA，Dow

的 5400G。日本 Prime 产品由于价格较高，使用较少。另外，2021 年独山子石化的 1018HA 产品也在 FFS 生产企业进行了试验，并推广成功。为了降低生产成本，企业也经常使用 Dow 的 C8 线型茂金属聚乙烯 2045G、2049G 等，以及北欧化工的双峰线型料 FB2230、FB2310 等，两种高性能的 PE 产品抢占了茂金属聚乙烯的部分市场。

5.2.2.3　农膜

农膜分为棚膜和地膜。目前我国农用塑料薄膜使用主要以地膜为主，占比达到了近 60%。棚膜按照使用的原材料来分，又分为 PVC 棚膜、PE 棚膜、EVA 棚膜等，其中 PVC 由于对环境的污染严重，如今已经被淘汰。目前市场中以 EVA 和 PE 棚膜为主。棚膜又分为高、中、低端棚膜。mPE 的使用主要集中在中、高端棚膜。

其中，PO 膜（一种聚烯烃共混膜）是农膜中使用 mPE 量最大的一个品种，主要是因为其对透光率、拉伸力等要求较高，要求使用较多的 mPE。一般应用比例为 mLLPE 40%、LDPE 30%、线型 LLDPE 及其它填料 30%。虽然 PO 膜价格偏高，但产品质量毋庸置疑，且功能效果时间长，一年保质期的 PO 膜实际可以使用两年甚至以上，使用成本下降使其越来越受到农户的喜爱。目前生产 PO 膜的厂家仍然以中大型企业为主。

农膜的生产主要使用 ExxonMobil 的 mLLDPE，包括 Enable 2005 系列、2010 系列及 Exceed 1018 系列，其次为独山子石化的货源，另外也有大量 Dow 的 C8 线型茂金属聚乙烯在广泛使用。综合来看，ExxonMobil 的产品应用广泛，其韧性、光学性能和加工性能最优，消费量最大。农膜产品熔体流动速率通常为 1.0g/10min 左右。其中，Exceed 1018 系列产品的力学性能较优，主要应用于双防膜产品（也叫长寿膜，主要是防老化、防滴水）领域；Enable 2010 系列产品的光学性能较优，主要应用在 PO 膜领域较多；Enable 2005 系列熔体流动速率为 0.5g/10min，主要用于改善加工性能。

5.2.2.4　缠绕膜

缠绕膜又叫拉伸膜，是 CPE 流延膜的一种，是一种透明、富有弹性及强度的柔软塑料薄膜。国内最早以 PVC 为基材，以己二酸二辛酯（DOA）为增塑剂兼起自粘作用，生产 PVC 缠绕膜。由于环保问题、成本高、拉伸性差等原因，逐步被淘汰。PE 拉伸膜先是以 EVA 为自粘材料，但其成本高又有味道，后发展用聚异丁烯（PIB）、极低密度聚乙烯（VLDPE）为自粘材料；基材现在以 LLDPE 为主，包括普通线型、C8 线型及 mLLDPE。

缠绕膜主要有两种：一种是机器缠绕膜，另一种是人工缠绕膜。人工缠绕膜包装由于拉伸倍率低，对强度的要求不是很高，一般不使用 mPE。在机器缠绕膜中为了增加其抗穿刺性和强度等性能需添加一定的比例 C8LLDPE 和 mPE。根据不同产品和用途，添加比例也不同。

我国的缠绕膜市场，企业两极分化明显：一类是走低价路线的传统劳动力企业；另一类是走高端研发路线、追求高性能、多功能、高附加值的企业。两者的经营状况形成鲜明对比，也同样引导了 mPE 的使用分流。

缠绕膜行业对 mPE 的熔体流动速率要求为 2～4g/10min，主要使用熔体流动速率 3.5g/10min 的牌号，原料要求不含有爽滑剂。另外，还重点关注力学性能，比如断裂拉伸强度、抗撕裂强度能、耐穿刺性能等。

使用的牌号主要有 ExxonMobil 的 3518CB/3518PA（不含防老剂 TNPP）、2010PA（用量较少），Dow 的茂金属聚乙烯 5220G 和 C8 LLDPE 产品，日本 Prime 的 SP1520 等。其中主流牌号为 3518 系列（典型的缠绕膜专用料牌号）和 5220G。日本 Prime 公司的茂金属聚乙烯由于价格较高，在缠绕膜行业中使用较少。

5.2.2.5 透气膜

透气膜属于流延薄膜，也叫 CPE 流延膜。CPE 流延膜又分为单层流延膜和多层共挤流延膜两种，常用于复合基材膜以及缠绕膜。与普通 PE 流延压纹膜相比，透气膜的制造具有更高的技术要求，一般采用多层共挤流延。多层共挤流延膜一般可分为热封层、支撑层、电晕层三层，在材料的选择上较单层膜宽，可单独选择满足各个层面要求的原料，赋予薄膜不同的功能和用途。其中热封层要进行热封合加工，要求材料的熔点较低，热熔性要好，热封温度要宽，封口要容易，对材料的要求较高，所以通常选用mPE。目前，透气膜的用途主要有三大领域——尿不湿、卫生巾以及防护服。

根据统计，2016 年 mPE 在透气膜行业的消费为 4.5 万吨，占总消费量的 6.3%。2021年消费量为 5 万吨，占比 3.8%。预计未来在该领域的需求还将稳定增加，到 2025 年将达到 6 万吨，占比 3.6%。透气膜行业使用的 mPE 熔体流动速率较高，为 3.5g/10min，和缠绕膜类似，但使用的牌号不同。透气膜行业大多使用美国 ExxonMobil 的 3518PA、3527PA 以及 Dow 的 5220G，也可以使用 Dow 的 C8 线型产品。

5.2.3 茂金属聚乙烯聚合工艺模拟

在现代工业生产中，聚合工艺模拟起着至关重要的作用，尤其是，对于塑料、橡胶等聚合物而言。它如此重要的原因如下：① 降低成本，通过工艺的预先模拟，制造商可以确定和优化反应条件，如温度、压力和催化剂浓度。这有助于最大程度地减少浪费，降低能耗，并最终降低生产成本。②提高产量，模拟可以预测原材料转化为所需聚合物的转化率，从而通过调整，最大限度地提高产品产量。③定制特性，模拟可以根据不同的反应条件，预测聚合物的最终特性，这使生产商能够微调工艺，以获得具有特定性能（如强度、柔韧性或耐热性）的聚合物。④持续生产，模拟有助于确定可能导致最终产品不一致的因素。通过预先解决这些因素，制造商可以确保不同生产批次产品的质量一致，持续进行生产活动。⑤危害预测，模拟可以识别聚合过程中的潜在危害，例如反应失控或有害副产品的形成，并通过制定和实施安全措施来减轻这些风险。⑥虚拟实验，模拟提供了一种安全且经济高效的方法来测试不同的工艺条件，从而可有效减少昂贵且具有潜在风险的实际实验的次数。⑦缩短上市时间，通过模拟不同的聚合过程，可以加速开发新的和改进的聚合物。⑧新材料的探索，模拟可以帮助探索使用新型催化剂、单体或反应条件，以开发具有独特性能的全新类型聚合物。

在气相法聚乙烯工艺包开发项目中，聚合模拟的重要性更是不言而喻。聚乙烯产品广泛应用于众多领域，市场对其质量、性能及产量需求不断攀升，成本控制与安全生产要求亦愈发严苛。鉴于此，通过精确的聚合模拟技术，可深入剖析聚乙烯生产各环节。

于工艺设计阶段，依据模拟优化反应条件参数，精准调配温度、压力、催化剂用量等，可为后续大规模工业化生产筑牢根基，确保装置稳定高效运行，提升整体生产效率，降低能耗与原材料损耗，增强产品市场竞争力。于产品质量把控层面，模拟可精准预测产品分子量分布、分子链结构及微观形态等关键特性，助力开发满足不同行业需求的定制化聚乙烯产品，提升产品质量均一性与稳定性，拓展市场应用范畴。于安全管理维度，模拟能前瞻性排查潜在安全隐患，提前规划风险应对策略，规避生产事故，保障人员与设备安全，实现可持续安全生产。故而，在工业生产前积极开展聚合模拟研究，是实现聚乙烯高效、优质、安全生产及推动产业创新升级的核心举措，对达成项目总体目标意义深远。

5.2.3.1　模型的建立

在 Aspen 软件平台上，首先，建立气相聚合单元的稳态模型，该模型基于 Polymers Plus 平台；接下来，将这个稳态模型导入到 Aspen Dynamics 中，以进一步建立系统的动态模型。这个动态模型将用于不同牌号产品的工艺条件设计。在模型建立过程中，需要考虑聚合单元的物性模型、物性参数、反应动力学、动力学参数和单元设备的模型。

（1）物性方法及参数

乙烯气相聚合过程的组分包括单体乙烯、链转移剂氢气、少量共聚单体 1- 己烯、氮气、聚乙烯和催化剂等。

在计算此体系的物性时，采用了 PC-SAFT 状态方程。该方程中，纯组分物性包含 3 个一元参数 PCSFTM/PCSFTR、PCSFTV、PCSFTU，以及两种物质相互作用的二元参数 PCSKIJ。

（2）乙烯聚合机理

乙烯共聚和反应的基元反应见表 5-1，包括催化剂活化、链引发、链增长、链转移和链失活反应。

表 5-1　乙烯与 α-烯烃二元共聚的基元反应

反应	说明	反应阶数
催化剂活化		
$C_p \longrightarrow P_0$	自活化	1
链引发反应		
$P_0 + M_1 \longrightarrow P_{1,0,1}$	M_1 的链引发	1
$P_0 + M_2 \longrightarrow P_{0,1,2}$	M_2 的链引发	1
链增长反应		
$P_{m,n,1} + M_1 \longrightarrow P_{m+1,n,1}$	链1和 M_1 反应	1
$P_{m,n,1} + M_2 \longrightarrow P_{m,n+1,2}$	链1和 M_2 反应	1
$P_{m,n,2} + M_1 \longrightarrow P_{m+1,n,1}$	链2和 M_1 反应	1
$P_{m,n,2} + M_2 \longrightarrow P_{m,n+1,2}$	链2和 M_2 反应	1

反应	说明	反应阶数
链转移反应		
$P_{m,n,i} \longrightarrow P_0 + Cd_{m,n}$	自发链转移	1
$P_{m,n,i} + H_2 \longrightarrow P_0 + Cd_{m,n}$	向氢气链转移	0.5
$P_{m,n,i} + M_1 \longrightarrow P_{1,0,1} + Cd_{m,n}$	向M_1链转移	1
$P_{m,n,i} + M_2 \longrightarrow P_{0,1,2} + Cd_{m,n}$	向M_2链转移	1
失活反应		
$P_{m,n,i} \longrightarrow Cad + Cd_{m,n}$	自失活	1

注：C_p代表催化剂；P_0代表初始活性物种；M_1代表乙烯单体；M_2代表己烯单体；$P_{m,n,i}$中，P代表聚合物链，m表示单体M_1的重复单元数，n表示单体M_2的重复单元数，i表示链段最后的单体的种类，如$P_{1,0,1}$表示聚合物链中M_1的重复单元数为1、M_2的重复单元数为0、链段的最后一个单体是M_1；$Cd_{m,n}$代表链转移后的产物，m表示单体M_1的重复单元数，n表示单体M_2的重复单元数；Cad代表失活后的产物。

（3）催化剂活性位分析

反应器出口聚乙烯的分子量分布大于2。目前，有两种理论来解释这种现象：一种认为在催化剂内存在不同的活性中心，由这些活性中心生成的聚乙烯混合物导致了分散系数的增大；另一种认为存在传质阻力影响单体扩散到活性中心，造成了分散系数的增大。在许多聚合条件下，不同的活性中心是造成多分散性的主要原因。要确定活性位的数目，需要确定每个活性位的权重及其所生成的聚合物分子量。

分子量的分布函数采用Flory最可能分布。该分布是一个单参数（p）的方程，可表示为：

$$F_n(j) = p^{j-1}(1-p)$$
$$F_w(j) = jp^{j-1}(1-p)^2$$

式中，j为聚合度，代表聚合物分子中重复单元的数量；$F_n(j)$为数均聚合度分布函数，表示聚合度为j的聚合物分子在所有聚合物分子中所占的数量分数；$F_w(j)$为重均聚合度分布函数，表示聚合度为j的聚合物分子在所有聚合物分子中所占的质量分数。

其数均、重均聚合度分别为：

$$\overline{DP_n} = 1/(1-p)$$

$$\overline{DP_w} = (1+p)/(1-p)$$

式中，$\overline{DP_n}$代表数均聚合度；$\overline{DP_w}$代表重均聚合度。

若考虑到p接近1，有$(1-p)^2/2 \ll (1-p)$，则重均分布函数为：

$$F_w(j) \times \overline{DP_n} \approx p^{-1}\left(j/\overline{DP_n}\right)\exp\left(-j/\overline{DP_n}\right)$$

$$\approx \left(j/\overline{DP_n}\right)\exp\left(-j/\overline{DP_n}\right)$$

$$dW_t = F_w(M_w) \approx \left(M_w/\overline{DP_n}^2\right)\exp\left(-M_w/\overline{DP_n}\right)$$

式中，W_t 为聚合物质量。

凝胶渗透色谱仪（GPC）测定分子量的输出数据中，横坐标为 $\lg M_w$，纵坐标为 $\mathrm{d}W_t/\mathrm{dlg}M_w$，则：

$$\lg M_w = \lg M + \lg j$$

$$x = \lg M_w - \lg M$$

$$
\begin{aligned}
y &= \frac{\mathrm{d}W_t}{\mathrm{dlg}M_w} \\
&= \frac{\mathrm{d}W_t}{\mathrm{dlg}j + \mathrm{dlg}M} \\
&= \frac{F_w(j)}{\mathrm{dlg}j} \\
&= \frac{\dfrac{j}{\mathrm{DP}_n^2}\exp\left(\dfrac{-j}{\mathrm{DP}_n}\right)}{\mathrm{dlg}j} \\
&= \frac{j^2}{\mathrm{DP}_n^2}\exp\left(\frac{-j}{\mathrm{DP}_n}\right)^* \ln 10 \\
&= \frac{\ln 10}{\mathrm{DP}_n^2}\exp\left(4.6x - \frac{1}{\mathrm{DP}_n}\exp(2.3x)\right)
\end{aligned}
$$

采用 GPC 的检测结果，将坐标作变化，根据以下公式，可以得到活性位的个数及每个活性位生成聚合物所占的比例。

$$x = \lg M_w - \lg M$$

$$y = \frac{\mathrm{d}W_t}{\mathrm{dlg}M_w} = \sum_{i=1}^{n} a_i \frac{\ln 10}{\mathrm{DP}_{ni}^2}\exp\left(4.6x - \frac{1}{\mathrm{DP}_{ni}}\exp(2.3x)\right)$$

（4）动力学参数调整方法

乙烯聚合的许多反应是耦合的，一个参数的改变会引起产率、分子量等多个参量的改变。乙烯聚合的动力学参数很多，并不是所有的参数都需要调整，只需调整对模拟结果敏感度最大的动力学参数。

链增长速率常数是决定催化剂活性的关键[20]。调整反应速率的指前因子时，如认为选取的乙烯-乙烯的链增长速率常数是可靠的，后面的模型调整中，不调整该速率常数，而是根据需要改变其他速率常数与该速率常数的关系，以符合实际生产值。

当反应体系中乙烯与共聚单体的摩尔比确定后，共聚单体的含量主要由 2 种单体的竞聚率、4 个链增长反应速率常数的比值决定。通过调整这 4 个链增长速率常数之间的比值，使得模拟结果与分析结果吻合。

链转移速率常数与增长速率常数的相互关系是决定产品分子量的关键，确定了链增长速率常数之后，M_n 就由链转移速率常数决定。

根据不同牌号操作参数——反应温度的差异，调节活化能使得模型符合不同牌号。

（5）基于 PolymersPlus 的聚合过程建模

Aspen 的建模过程包括模块、物流、物性方法、反应动力学等。Aspen 的模型建立步骤如下：Setup 设定（全局模拟选项设定）；Components 与 Polymers 定义（在 Components 目录下设定过程涉及的组分）；Methods 设定（物性模型设定）；Flowsheet 设定与模型假设（流程定义）；Streams 设定（物流设定）；反应机理及动力学常数设定（Reactions，聚合动力学设定）。

① Setup 设定　在 PolymerPlus 平台上，建立模型的第一步是说明全局模拟选项（模拟类型等）、参数输入和结果输出的单位、FlowBasis 最大模拟次数、错误诊断的选项。

对于乙烯聚合过程，模拟模板应选用与 Polymer 相关的模板，在 Aspen Plus 库中，默认的关于 Polymer 的模板包括 Polymer with English Units 和 Polymer with Metric Units。选用后者为乙烯聚合过程的模拟模板。

Aspen Plus 可在控制面板（Control Panel）中显示程序的进程和诊断信息。所有诊断信息级别的默认值为 4，在 Setup → Specifications 下，设定 Diagnostics 的诊断信息的级别。当诊断信息级别增加时，可以显示不同详细程度的流程收敛情况，以及用户 Fortran 程序的调试。

② Components 与 Polymers 定义　聚合单元涉及的组分包括乙烯、己烯、氢气、氮气、聚合物、催化剂等。

对于系统中的 Conventional 组分，无需设定其组分的特性；对于其他的组分需要设定组分特性（聚合物的性质）：

a. 链段类型。在 Components → Polymers → Characterization 下，设定链段类型和需要计算的聚合性质、低聚物结构、催化剂类型和活性位的个数。

b. 聚合物的分子量分布。

在催化剂的 Site-Based Species 中，需要设定催化剂的活性中心类型数目和活性中心位点浓度。

③ Methods 设定　Methods 采用 PC-SAFT 方法、各物性（Property）默认的方法计算。

④ Flowsheet 设定与模型假设　对于以流程图为基础的模型，需要定义工业流程中的操作单元模型，以及操作单元之间的连接。

流化床反应器不考虑流动状态，床内采用均一的温度和气体组成，反应器内的物料重量不变；在反应器内，聚合物颗粒均匀混合；催化剂连续进料，循环气中无粉末夹带。因此，流化床反应器采用 RCSTR 模块进行模拟。

循环气压缩机和换热器分别采用 Compr、Heater 模块模拟。流化床反应器采用 RCSTR 模块进行模拟，相态包括气固两相，操作的流程见图 5-2。

⑤ Streams 设定　以流程图为基础的模型中，必须输入过程物流的条件，如果进料物流中含有聚合物，需要对聚合物的性质进行初始化。在 Aspen 中，物流的设定包括物流的温度、压力、流量和组成。

需要输入的物流包括乙烯、己烯、氢气、异戊烷进料流股，以及循环液体、催化剂、氮气和循环气流股（切断流股）。根据企业提供的不同牌号的操作数据，分别设定

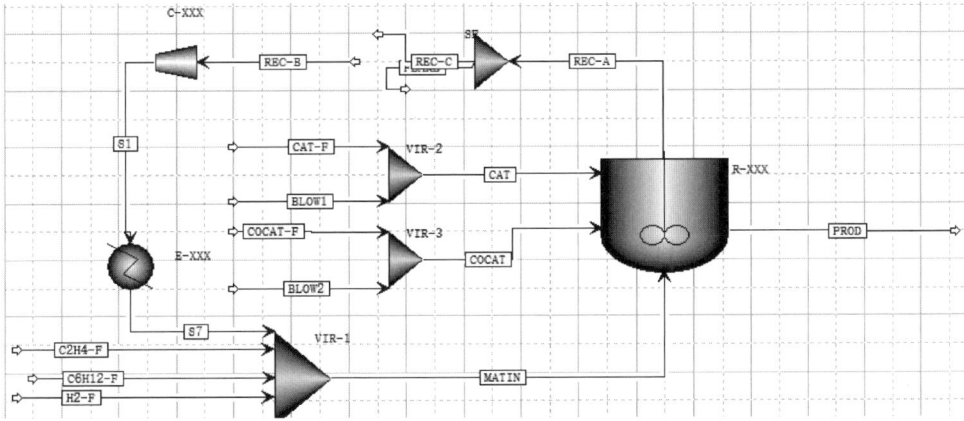

图 5-2　乙烯聚合工段 Flowsheet

各流股的温度、压力、流量和组成。

⑥ 反应机理及动力学常数设定（Reactions）　反应机理和动力学常数是反应过程模拟的基础。在 Aspen 中，首先，要确定反应的类型，通常选用茂金属催化反应类型；其次，确定指定聚合物、单体、生成的链段、催化剂、助催化剂、氢气；最后，根据反应机理生成所需的反应，包括催化剂活化、链引发、链增长、链转移、催化剂失活等。

5.2.3.2　茂金属聚乙烯薄膜料生产过程模拟

采集企业聚乙烯薄膜料的工业操作数据和样品，分析数据和表征样品，对模型进行修正。

（1）数据分析及样品表征

采集十天内的工业数据，包括氢气的流量阶跃、己烯进料流量的波动、乙烯进料流量的波动、催化剂进料转速、气相组成、循环气量、放火炬情况、各测量点压差、反应器压力、反应温度。

随后进行催化剂的进料量确定：

$$OUT1 = F2 \times D2 \times D3 \times D10 \times D9 \times D7/(D8 \times 60)$$

式中　OUT1——催化剂下料量，kg/s；

　　　　F2——单孔体积，0.004868829L；

　　　　D2——计量盘孔数，15 个；

　　　　D3——下料口数量，1 个；

　　　D10——填充比，0.95；

　　　　D9——催化剂堆积密度，320kg/m³；

　　　　D7——电机转速，r/min；

　　　　D8——速比，1000。

同时采集循环气的组成及温度参数，完成表观气速计算及核对。随后由 PL 1260HT (GPC 220) 型凝胶渗透色谱仪测定分子量及分布。采用 3 根 PL gel Olexis 300mm×7.5mm 串联。聚乙烯于 160℃溶于 1,2,4- 三氯苯（TCB）中制成浓度约为 0.3% 的样品。测试在 150℃下进行，以 1,2,4- 三氯苯为淋洗剂，流量为 1.0mL/min。用窄分布聚苯乙烯作为标准样品，采用普适校正方法计算样品的分子量。聚苯乙烯的 MH 参数为 $K = 12.1$；$\alpha = 0.707$；聚乙烯的 MH 参数为 $K = 59.1$、$\alpha = 0.69$。

（2）模型建立及验证

首先通过对 GPC 数据的解析，获得每个类型活性位所产生的聚合物的比例，以及每个类型活性位所产生聚合物的平均分子量（M_n、M_w）。通过反应器内不同高度压力差，利用 PDI-401A、PDI-401B 计算反应器内平均密度，进而完成填料量的计算。在生产过程模型中物性、模型框架不变的前提下，进行动力学参数整定。此后进行模拟值与操作数据的比较，误差控制在 5% 之内。

（3）茂金属聚乙烯薄膜料生产条件计算

利用模型，通过一定的生产温度和压力，完成茂金属聚乙烯薄膜料生产条件的计算。通过产能、操作时长得到催化剂流量；乙烯进料流量为调节变量，以反应器出口聚合物的分子量为目标，调节气相流股氢气 / 乙烯浓度比，计算出氢气的进料流量；以反应器出口聚合物中己烯链段的含量为目标，调节气相流股己烯 / 乙烯浓度比，计算出己烯的进料流量。

5.2.4　茂金属聚乙烯薄膜专用料生产技术

5.2.4.1　茂金属聚乙烯重包装膜专用料

重包装膜袋也被称作成型 - 填充 - 密封（form-fill-seal，FFS）膜袋，是一种由自动灌装封口技术制成的高性能包装材料，具有优异的拉伸断裂强度和防水性能，可用于包装和保护大型或重型物品，并且可重复使用。其具有很高的强度、耐用性和防水性能，应用范围涵盖了多个行业。在工业、农业等领域中，FFS 膜广泛应用于颗粒、粉末和液态物品的包装和运输。相比于传统的木箱或纸板箱包装，FFS 膜具有更高的保护性能，也更轻便、更加易于搬运和储存，能够有效降低包装成本和运输成本。除了工业和农业应用外，FFS 膜因其防潮、耐冲击、抗氧化等特性，也逐渐在食品、医药等领域得到应用，可防止物品在运输和储存过程中的磨损和损坏。

全球 FFS 膜市场竞争激烈。总体来说，在原料多样化、技术升级、包装材料创新、市场扩大等方面，全球 FFS 膜市场得到了快速发展，未来几年仍将保持良好的增长趋势，主要产品类型包括单层膜、多层膜和高强度膜。多层膜主要用于液体包装，高强度膜则可用于包装较重的产品，主要厂商包括美国 DuPont 公司、瑞士 Amcor 公司、美国 Bemis 公司、美国 Sonoco 公司、美国 Winpak 公司等。总体而言，这些公司无论在技术、产品品质、品牌知名度，还是服务质量等方面都有明显的竞争优势，因此占据了 FFS 膜市场的主要份额。此外，一些新兴公司通过技术创新、产品差异化等手段获取了市场份额并开始崭露头角。例如，荷兰 Synvina 公司生产的聚酯类 FFS 膜，已广泛用于食品、医药和工业产品的包装中。在国内，近几年，FFS 膜主要应用于化工、食品、医药等行业，随着消费者对包装安全、环保和便利性的日益重视，FFS 膜市场不断扩大。市场研究机构发布的报告指出：2022 年，中国 FFS 膜市场份额约为 35%，位居全球首位；中国 FFS 膜市场规模为 29.87 亿元人民币，年复合增长率（CAGR）可达 7 %，到 2028 年，市场规模预计可达到 44.82 亿元人民币。

（1）产品简介

mPE1018 是一种茂金属线型低密度聚乙烯吹塑料。相较于传统的线型低密度聚乙烯吹塑料，mPE1018 具有更高的拉伸强度、抗穿刺性和撕裂强度，这使得其非常适合薄膜需要承受压力和应变的苛刻应用。同时得益于茂金属催化剂具有精确的分子结构，可以在吹塑过程中实现更好的控制，因此使薄膜厚度更加一致，整体质量也得到改善。mPE1018 可用于制造重包装袋、棚膜、各种包装材料等。

随着重包装膜市场的持续发展以及对高性能包装材料需求的不断增长，mPE1018 在工业生产中展现出独特的地位与关键作用。在其工业生产的筹备阶段，要依据严格的质量标准筛选高纯度的乙烯及共聚单体原料，这些原料的品质将直接影响 mPE1018 最终的性能表现。接着，在聚合反应工序，凭借先进且精准的茂金属催化体系，在高度精密控制的温度、压力及反应时间条件下，促使原料发生聚合反应。在此过程中需借助先进的监测设备实时监控反应进程，确保分子链的形成与共聚单体的分布符合预期标准，从而得到具有分子量分布窄且分子结构规整的 mPE1018 树脂。随后，将生产出的树脂输送至吹塑膜生产车间，在这里，专业技术人员会依据产品要求设定吹塑工艺参数，包括吹塑温度、吹胀比、牵引速度等。在吹塑过程中，由于 mPE1018 自身特性以及精确的分子结构，能够有效实现对薄膜厚度与质量的精准把控，生产出厚度均匀、力学性能优异的重包装膜产品。这些产品凭借其卓越的拉伸强度、抗穿刺性和撕裂强度，在重包装袋、棚膜以及各类包装材料的制造领域得以广泛应用，有力地推动了重包装行业的发展与进步。

（2）工业产品性能

① mPE1018 成品物理性能　一般来说，聚乙烯的熔体流动速率越高，流动性越好，更容易加工成型；聚乙烯的密度越高，强度和刚度越高。常见聚乙烯膜料的熔体流动速率和密度分别为 0.1 ～ 100g/10min、0.91 ～ 0.94g/m³，属于线型低密度聚乙烯范围。

由表 5-2 可知：mPE1018 的色粒和黑斑粒数、熔体流动速率和密度均达到指标要求，并且高于产品质量要求。这表明参数控制能力和工艺水平完全符合产品生产要求。

表5-2　mPE1018 物理性能

项目	色粒和黑斑粒/(个/kg)	熔体流动速率/(g/10min)	密度/(g/cm³)
合格指标	≤10	0.7～1.3	0.916～0.922
产品1	5	0.96	0.9178
产品2	5	0.98	0.9214
产品3	4	1.0	0.918

② 分子量及分子量分布　图 5-3 和表 5-3 所示为 mPE1018 和同类产品 1 的分子量分布曲线和分子量及其分布数据。mPE1018 分子量分布相对较宽，为 2.83，数均分子量 38300，重均分子量 108200。在应用性能方面，因结构中的长链提供强度、短链辅助，且二者具有协同作用，mPE1018 在拉伸时兼具较好拉伸强度与柔韧性，适用于多

种对拉伸和抗冲击有较高要求的包装领域；加工时，低分子量部分保障流动性，高分子量部分维持熔体强度，利于吹塑等加工成型。而同类产品 1 分子量分布较窄，为 2.73，重均分子量 102700，数均分子量 37600。应用性能上，同类产品 1 的拉伸行为均匀，拉伸精度高，韧性表现稳定，适用于高精度、高外观要求包装；加工时流动性稍逊于 mPE1018，需适当调整加工温度或压力，但熔体强度变化平稳，对薄膜厚度精度要求极高的加工有优势，如光学薄膜制作。

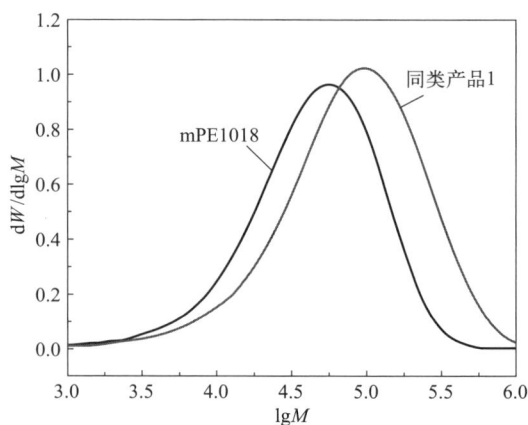

图 5-3　样品的分子量分布曲线

表 5-3　不同产品的分子量测试结果

项目	mPE1018	同类产品1
M_w	108200	102700
M_n	38300	37600
M_w/M_n	2.83	2.73

③ 熔融温度测试结果　聚乙烯的熔融温度受到结晶度、分子量、分子结构等因素的影响。这些因素决定了聚乙烯在加热过程中相转变的进程和熔融温度范围。例如，聚乙烯的结晶度越高，熔融温度就越高。此外，聚乙烯的分子量也会影响熔融温度，分子量越大，熔融温度就越高。根据测试结果，mPE1018 产品的熔融温度略高于同类产品 1，表明这两种聚乙烯的加工条件相近，结果如表 5-4 所示。

表 5-4　mPE1018 和对比样品的熔点测试结果

项目	同类产品1	mPE1018
熔融温度/℃	120.9	124.3

④ 力学性能测试结果　材料的屈服强度、拉伸强度和断裂伸长率反映了材料在受到外力时的抵抗能力，材料在被拉伸到断裂时所能承受的最大应力，材料在受到外力作用至断裂时的总变形量，材料在高速冲击状态下的韧性或对断裂的抵抗能力。由表 5-5 可知：同类产品 1 和同类产品 2 的屈服强度、拉伸强度、断裂伸长率和落镖冲击破损质量均较好；与二者相比，mPE1018 的上述 4 种性能更为优异；3 种试样均没有 0.8mm 的鱼眼，而 mPE1018 的 0.4mm 鱼眼的数量居于两种同类产品之间。

表 5-5　力学性能测试结果对比

项目	同类产品1	同类产品2	mPE1018	测试标准
屈服强度/MPa	10.2	10.2	10.6	GB/T 1040.2—2022
拉伸强度/MPa	31.6	32.3	35.3	GB/T 1040.2—2022
断裂伸长率/%	568	563	678	GB/T 1040.2—2022
落镖冲击破损质量/g	1017	1015	1516	GB/T 9639.1—2008

项目	同类产品1	同类产品2	mPE1018	测试标准
鱼眼（0.8mm）/(个/1520cm²)	0	0	0	GB/T 11115—2009
鱼眼（0.4mm）/(个/1520cm²)	10	25	21	GB/T 11115—2009

（3）加工应用

在下游用户处，对 mPE1018 进行了加工应用试验。根据一定配方进行的重包装膜试验，能够满足质检部对重包装膜的各项指标要求。在实际生产中，mPE1018 可代替进口产品用于重包装膜的生产。生产出的重膜包装袋，已应用于低密度、高密度聚乙烯产品包装中，从使用过程中和现场摔包试验结果来看，完全满足生产要求。在重包装膜加工过程中，挤出机 A～挤出机 C 的螺杆转速依次为 62.6r/min、47.6r/min、48.68r/min，牵引速率为 25m/min。加工温度见表 5-6，现场性能检测结果如表 5-7 所示。

表 5-6　挤出机不同区域的温度　　　　　　　　　　　　单位：℃

挤出机	1区	2区	3区	4区	5区	6区	7区
A	165	170	175	175	175	175	175
B	160	165	170	170	170	170	170
C	165	170	175	175	175	175	175

注：1区为进料区；2～4区为压缩区；5区为熔融区；6区为均化区；7区为挤出成型区。

表 5-7　试验检测结果

项目	下游用户对产品的质量要求	现行生产配方产品的实测值
纵向拉伸强度/MPa	32.0	39.4
横向拉伸强度/MPa	30.0	36.2
纵向拉伸屈服应力/MPa	10	13.1
横向拉伸屈服应力/MPa	10	11.5
纵向断裂标称应变/%	600	967
横向断裂标称应变/%	600	999
冲击破损质量（表面）/g	800	1298
冲击破损质量（折边）/g	500	791
厚度/μm	170～190	182

5.2.4.2　茂金属聚乙烯软包装膜专用料

（1）产品简介

软包装是指在充填或取出内装物后，容器形状可发生变化的包装。塑料薄膜无色透明，具有韧性、防水性和阻气性，化学性质稳定并且具有一定的机械强度，可以满足各类物品的包装要求，是理想的包装材料。在实际应用中，通常采用复合薄膜作为包装材料，其中里层材料常选用无毒无味的聚乙烯等热塑性树脂。常用的聚乙烯种类有LDPE、HDPE、LLDPE 和 mLLDPE 等。

由于包装市场对产品的要求不断变化，特种要求也越来越多，产品也逐代升级。mLLDPE 具有良好的共混性和易加工性能，在加工过程中使用 mLLDPE 后，膜料具有良好的拉伸强度、抗冲击强度、透明性以及较好的低温热封性和抗污染性，广泛用于包装冷冻食品、冷藏食品、洗发水、酱油、醋等，解决了包装在生产运输中的破包、漏包和渗透等问题。美国 Dow 化学公司用茂金属催化法聚合生产了 mLLDPE，如 APFINITY 和 POP1880、1881、1840、1450 等树脂。在 Dow 化学公司之后，美国 ExxonMobil、日本三井化学、美国菲利普公司也相继生产了 mLLDPE。所产牌号有：ExxonMobil 的 Exceed 350D60、350D65；三井石化的 EVOLVE SP0450、SP2520；菲利普的 MPACT D143、D139 等。

mPE2018 是专为软包装膜设计的茂金属线型低密度聚乙烯专用料。其特点是分子量分布窄，共聚单体分布均匀，与传统聚乙烯相比具有更低的熔点、更好的韧性、更高的透明度和热黏性。这种材料可以用于制备单层或多层复合膜，广泛应用于盒中袋、食品包装膜等产品的生产。

mPE2018 在工业生产中有着独特的地位与应用流程。在其工业生产环节，首先需要精准调配乙烯与 α- 烯烃的共聚合比例，以确保 mPE2018 分子量分布窄以及共聚单体分布均匀的特性得以实现。然后，借助先进的聚合反应设备与精细的工艺控制，在特定的温度、压力与催化剂作用下，使原料充分反应生成高质量的 mPE2018 树脂。后续，将生产出的 mPE2018 树脂通过吹膜、流延等膜料生产工艺，严格控制膜的厚度、平整度与均匀度等参数，制备出单层或多层复合膜。

（2）工业产品性能

① 基础性能　从表 5-8 可以看出：mPE2018 和同类产品的熔体流动速率、密度和支化度相当。相对于同类产品，略增加的重均分子量，使得 mPE2018 的较大分子经历更多的分子间缠结，限制其运动，并且减少流动，使其熔体流动速率略有降低。

表 5-8　两种茂金属薄膜料产品的基础性能对比

项目	mPE2018	同类产品
熔体流动速率（2.16kg，190℃）/(g/10min)	1.8	1.9
密度/(g/cm³)	0.921	0.920
支化度/(个/1000 C原子)	11.7	11.8

② 分子量及分子量分布　由图 5-4 可知，两种产品分子量分布均比较窄，呈单峰

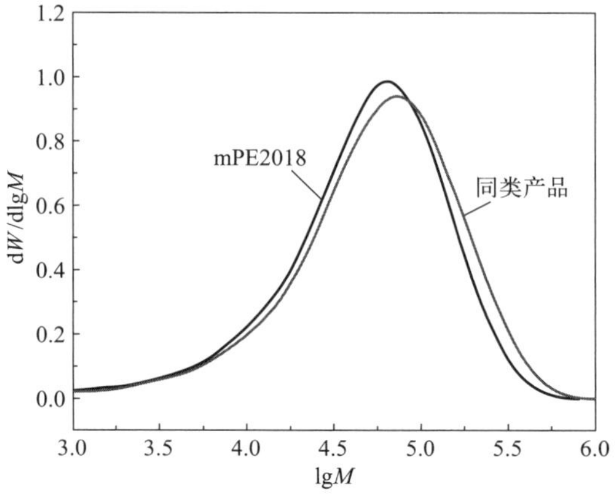

图 5-4　样品的分子量分布曲线

分布。由表 5-9 可知，重均分子量相近，mPE2018 分子量分布略宽，可提高熔体强度，改善热封性能，有利于提升加工性能。

表 5-9　不同产品的分子量测试结果

项目	mPE2018	同类产品
M_w	89500	89100
M_n	26200	27843
M_w/M_n	3.4	3.2

③ 熔融行为分析　从图 5-5、表 5-10 可知：两个产品的熔融温度和熔融焓相近。mPE2018 略高的熔融焓表明其具有更高的结晶度，这使其更硬且具有更好的阻隔性能，但柔韧性较好，这与其产品膜可以承受更高的应力作用相一致。

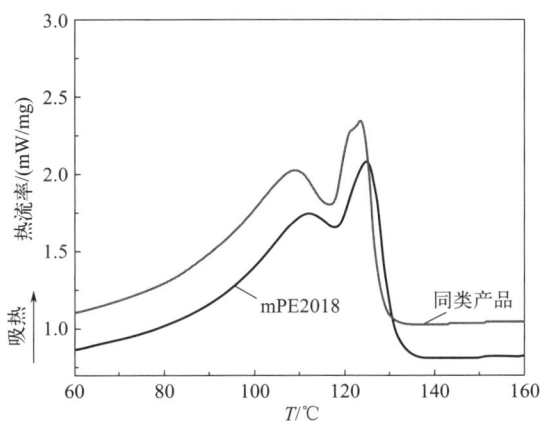

图 5-5　茂金属薄膜料的熔融曲线

表 5-10　茂金属薄膜料的 DSC 测试结果

项目	mPE2018	同类产品
熔融温度/℃	124.7	123.2
熔融焓/(J/g)	113.4	111.2

④ 力学性能和光学性能分析　将 mPE2018 和同类产品进行吹膜和注塑，测试其力学性能和光学性能，测试结果见表 5-11。

表 5-11　茂金属产品薄膜力学性能和光学性能对比

项目		mPE2018	同类产品
拉伸屈服应力/MPa		10.7	10.2
拉伸断裂标称应变/%		622	532
鱼眼/(个/1520cm²)	0.8mm	1	2
	0.4mm	2	1
落镖冲击破损质量/g		≥1215	896
雾度/%		12.0	13.1

由表 5-11 可知：两种产品的拉伸屈服应力相近，鱼眼数相当；mPE2018 的拉伸断裂标称应变和落镖冲击破损质量均明显优于同类产品。这表明 mPE2018 在相近的强度和硬度下具有更好的韧性。

（3）加工应用

对 mPE2018 在下游用户处进行了吹塑薄膜应用试验，用于生产软包装膜产品。在薄膜生产过程中，与下游用户使用的进口同类产品进行了对比试验，二者采用相同的加工温度（见表 5-12）。

表 5-12　加工温度

区域	1区	2区	3区	4区	5区	6区
加工温度/℃	185	195	200	205	210	210

使用 mPE2018 时，加工过程平稳，薄膜表面光滑平整，在冲击性能和耐撕裂性能上优于同类产品，不同批次之间性能稳定。

从对比的分析数据可以看出，mPE2018 性能与进口产品相当，并且已经在下游用户企业中实现了规模化应用。

5.2.4.3　茂金属聚乙烯流延膜专用料

聚乙烯流延包装薄膜是以聚乙烯为主要原料，配入合适比例功能改性母料，经流延法生产的无拉伸、非定向的平挤聚乙烯薄膜。聚乙烯流延膜特点是：高光泽、高透明，外观远胜于吹膜法工艺生产的聚乙烯薄膜；自动控厚系统可保证优良的厚薄均匀度，公差在 ±2% 之内，更适合高速复合及无溶剂复合生产；耐寒抗冻，可在寒冷环境里使用，不会出现破包等现象，因此，被广泛应用于包装领域。其中 mPE 流延膜具有出色的拉伸强度、伸长率和抗穿刺性。这意味着薄膜可以承受巨大的压力、冲击和撕裂，使其成为重型包装、农用薄膜等要求苛刻的应用的理想选择。mPE 的独特结构使薄膜既坚固又柔韧。这种韧性使它们在处理和使用过程中，不易破裂或撕裂。茂金属催化剂促成了 mPE 明确的分子结构，在流延过程中使薄膜加工更为顺畅。这可以更好地控制薄膜厚度，并提高整体质量。由于 mPE 薄膜的强度显著提高，制造商可以采用更薄的厚度，同时仍能保持所需的性能，这意味着材料使用量减少，有效降低了生产成本。mPE 流延膜可生产出各种透明度产品（从完全透明到不透明），具体取决于所需的应用，这使得薄膜可以展示其内包物或为敏感材料提供完全的光线阻挡。mPE 薄膜通常具有高光泽度，可以增强包装产品的视觉吸引力。与其他聚乙烯薄膜类似，mPE 对许多化学品和氧具有良好的耐受性，这使其适用范围很广。mPE 薄膜通常气味极小，使其成为食品包装应用的理想选择。

（1）产品简介

mPE3518 是一种茂金属线型低密度聚乙烯流延膜专用料[21]，其工业生产流程有着极高的技术要求与精准度。在生产起始阶段，原料的采购与筛选至关重要，需严格把控乙烯及其他共聚单体的纯度与质量，以保障 mPE3518 能具备分子量分布窄、分子链排列规整以及共聚单体分布均匀的特性。随后，在聚合反应环节，凭借先进的茂金属催化剂体系，于特定的反应温度、压力及反应时间等条件下，促使乙烯与共聚单体发生高效聚合反应。过程中要通过精密的仪器设备实时监测反应进程，确保反应的稳定性与可控性。反应完成后得到的 mPE3518 树脂，需经过严格的质量检测与筛选，剔除不合格产品。之后，将合格的树脂输送至流延膜生产设备，在精确设定的挤出温度、挤出速度、冷却速率等工艺参数下，进行流延成膜操作，同时配合先进的自动控厚系统，确保薄膜厚度均匀且公差在极小范围内，从而生产出符合标准的 mPE3518 流延膜产品。这些产品凭借其独特的性能优势，在拉伸缠绕膜、卫生薄膜、食品包装膜等众多领域得以广泛应用并发挥重要作用。

（2）工业产品性能

① 基本性能测试　对 mPE3518 和进口同类产品的基本性能进行测试，其结果见表 5-13。mPE3518 相比同类产品具有较高的分子量和支化度，增加了分子的尺寸和复杂性，阻碍了其流动能力，这使得其熔体流动速率相对较低。

表 5-13　基本性能测试结果

项目	mPE3518	同类产品
熔体流动速率（2.16kg）/(g/10min)	3.2	3.6
密度/(g/cm^3)	0.9199	0.9197
支化度/(个/1000 C原子)	12.3	11.9

② 分子量及其分布测试　从图 5-6 和表 5-14 可知：与同类产品相比，mPE3518 的 M_w 和 M_z 均较高，M_n 较低，M_w/M_n 略宽，这是由于氢气加入方式导致其分布加宽。

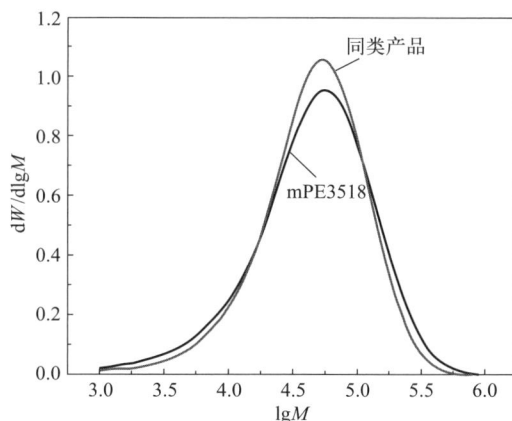

图 5-6　样品的分子量分布曲线

表 5-14　样品的分子量及其分布数据

项目	mPE3518	同类产品
M_w	70200	66000
M_n	23000	25200
M_z	138800	122300
M_w/M_n	3.1	2.6

③ 熔融行为分析 结晶聚乙烯在熔融时会放热，因此，熔融焓与聚合物的结晶度成正比关系。也就是说，结晶度越高，熔融焓越大。这是因为熔融焓反映了结晶过程中的热效应，而后者又直接关联到结晶度的大小。由图 5-7 和表 5-15 中的 DSC 测试结果可知，mPE3518 的熔融温度、熔融焓和结晶度高于同类产品。

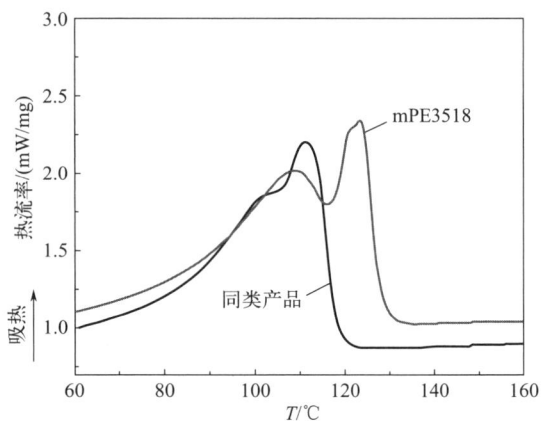

图 5-7 两种茂金属薄膜料的熔融曲线对比

mPE3518 中己烯含量较高，使其熔点较低，经流延膜工艺制得的薄膜的透明度较高。这是因为在薄膜形成过程中，较低的熔点可使链取向更加均匀，从而减少光学缺陷。

表 5-15 两种茂金属薄膜料的 DSC 测试结果对比

项目	mPE3518	同类产品
熔融温度/℃	123.5	117.2
熔融焓/(J/g)	110.3	102.4
结晶度/%	37	35

④ 力学性能测试 将两种产品进行吹膜和注塑，分别测试光学性能和力学性能，测试结果见表 5-16。

表 5-16 两种茂金属薄膜料的力学性能对比

项目		mPE3518	同类产品
拉伸屈服应力/MPa		10.0	9.9
断裂标称应变/%		635	629
落镖冲击破损质量/g		260	219
鱼眼/(个/1520cm²)	0.4mm	0	0
	0.8mm	3	3
雾度/%		2.5	6.0

由表 5-16 可知：两种产品的拉伸性能相差不大。分子结构相差不大的情况下，拉伸性能一般只与树脂的结晶度有关，拉伸过程实质上是破坏结晶的过程。mPE3518 薄膜的落镖冲击破损质量和雾度略优于同类产品。

（3）加工应用

下游用户应用 mPE3518 生产出三层共挤拉伸缠绕膜产品。中试产品作为三层共挤流延膜的 A 层和 C 层，B 层使用 DFDA 7042N（牌号为 TL 2020），生产的拉伸缠绕膜制品幅宽为 500mm，厚度为 28μm。

薄膜生产过程中，与下游用户使用的进口同类产品进行了对比试验，两者采用相同的加工参数，挤出机 A ～挤出机 C 的螺杆转速依次为 32r/min、45r/min、45r/min，牵引速度为 132m/min，加工区温度见表 5-17。现场加工情况如图 5-8 所示。

表 5-17　加工温度表　　　　　　　　　　　　　　单位：℃

挤出机	1区	2区	3区	4区	5区	6区
A	185	210	230	250	—	—
B	190	200	215	230	240	250
C	190	200	220	235	250	—

注：1区为进料区；2～4区为压缩区；5区为熔融区；6区为均化区。

图 5-8　应用试验现场照片

用户对流延膜制品进行了手工测试，表明力学性能满足要求。对试验所得拉伸缠绕膜进行了全面分析，结果如表 5-18 所示。由表可知：试样的雾度、透光率、屈服强度、落镖冲击强度与进口同类产品相近；拉伸强度略高于进口同类产品。

表 5-18　试验膜料的测试结果

项目		mPE3518	同类产品
雾度%		1.8	1.9
透光率/%		92.1	92.0
鱼眼/(个/1520cm^2)	0.8mm	0	0
	0.4mm	2	0
横向屈服强度/MPa		9.62	9.30
纵向屈服强度/MPa		11.98	10.28
横向拉伸强度/MPa		15.63	13.98
纵向拉伸强度/MPa		18.08	11.56
落镖冲击强度/g		247.0	244.5

5.2.5　展望

相较于通用线型低密度聚乙烯，mLLDPE 的冲击强度和耐穿刺性能更好。相比其他同厚度薄膜，mLLDPE 的减薄性能更加突出，有助于下游客户降低成本，一般可以减薄 15% 以上，广泛应用于棚膜、重包装膜、热收缩膜、拉伸缠绕膜和其他高端包装材料等领域。热收缩膜、液体包装、冷冻包装等高端产品的快速发展，将拉动对 mLLDPE 需求的快速增长。同时伴随国家"双碳"目标绿色环保政策引导，塑料制品可循环利用将成为新目标，高性能的茂金属替代多层复合材料将成为新增长点。ExxonMobil 公司开发的 Exceed™XP 和 Exceed™S 产品，性能相比于 Exceed 系列有进一步提高，为国内气相法工艺茂金属聚乙烯产品研发提供了新方向。此外，采用溶液法工艺可使用辛烯作为共聚单体生产茂金属聚乙烯，产品性能更加优良。国内目前已建或在建多套用于生产 POE 的溶液法装置，未来可用于生产溶液法茂金属聚乙烯产品。将进一步丰富国产茂金属聚乙烯薄膜料的产品序列。

5.3 高压聚乙烯薄膜专用料

5.3.1 概述

高压聚乙烯因具有较好的柔软性能、较高的透明性和表面光泽性而备受青睐。特别是在包装行业，以及对透明度要求较高的应用领域，低密度聚乙烯薄膜是最佳的选择之一 [22]。其加工性能优良，非常适于吹膜生产，吹塑过程中膜泡稳定性好，应用于包装膜、农业用膜、重包装膜、医用包装膜等领域 [23]。其中，包装膜在低密度聚乙烯薄膜中占主导地位，约为 44.6% [24-26]。

高压聚乙烯是在高温、高压的条件下，以乙烯为原料，丙烯、丙醛、1- 丁烯等为分子量调节剂，氧气、空气、有机过氧化物等为引发剂，经聚合反应制备的低密度聚乙烯。低密度聚乙烯聚合反应包括链引发、链增长、链转移和链终止 [27]，而链转移反应有活性增长链向单体乙烯、杂质、聚合物大分子以及分子内部转移四种形式。向聚合物大分子的转移，可能形成带有长支链的聚合物。经过多次的大分子间的链转移，就可以生产分子量巨大的不溶性凝胶状聚合物。

高压聚乙烯的聚合机理是：通过有机过氧化物热分解产生过氧化物自由基，引发乙烯分子生成乙烯活性基，后者与单体发生聚合、再引发、链转移等链增长反应，最终生成大分子链、多支化的产物 [28-33]。低密度聚乙烯产品的分子结构和物性是工业化生产中的聚合工艺参数综合作用的结果。其中，聚合峰温的分布形态是影响产品结构的重要参数，通过对反应峰温的监测，可以及时了解反应器中聚合的实时状况。在实际生产中，通过调节峰温满足产品设计要求，是非常有效且常用的调节手段。

Baseel 公司 Lupotech T 管式法反应器专利技术，以乙烯为主要原料，乙烯、乙酸乙烯酯（VA）为共聚单体，过氧化物为引发剂，丙烯或丙醛为分子量调节剂。该技术采用乙烯单点进料，过氧化物由四点注入脉冲式反应器，可生产均聚和共聚两种产品，单程转化率达到 35% [34]。该装置主要由原料贮存、压缩、聚合、挤压造粒、热水、高低压循环气处理、引发剂配制注入、风送等单元组成。可生产密度为 0.915 ～ 0.935g/cm^3、熔体流动速率为 0.15 ～ 50g/10min 的产品 [35-39]。

薄膜专用低密度聚乙烯在结构上的特点是：高分子量的主碳链含较多长支链。因此，就生产控制的方向而言，生成密度较高、熔体流动速率较低、分子量分布适中的产品应为主要调整方向。而密度高意味着分子应尽可能短支链少、长支链多。沿反应器向前推进，随反应的进行，链转移剂的用量不断消耗；转化率随单体的消耗在不断增加；沿管程方向，重均分子量增加，数均分子量减小[24]。要达到分子量分布适中的目标，既要保持分子量较大的那部分聚合物的量，又要有一定含量的小分子量部分。因此，在反应器前端，可适当增加链转移剂的用量，增加小分子量部分；同时，促进聚合的链增长和链转移反应的进行，提高转化率，保持反应器末端的大分子量部分聚合物的量。

另外，提高反应压力和温度，同时提高聚合物在反应器内的流速，缩短停留时间，即加大反应器前后的压差，可以提高产品的分子密度和长链支化度，适当增宽分子量分布。

5.3.2　高压电子保护膜专用料

随着信息产业的高速发展与高端光学器件的大量应用，电子保护膜已成为高端电子、光学领域的关键材料之一。在运输、贮存、加工或组装过程中，往往需要对材料和零部件表面加以保护，防止粉尘污染或避免因机械划伤产生刮痕等，常用的方法之一是在物体表面贴上一层保护膜，在运输、贮存、加工或组装等完成之后，再把保护膜揭去，达到保护材料表面的作用。也有成品的表面保护，例如，高档摄像机的光学镜头保护，平板电脑、导光板等的表面保护。低密度聚乙烯由于优异的综合性能，广泛用于电子保护膜领域。电子保护膜原料需求超过20万吨/年[40]，某生产流程见图5-9。

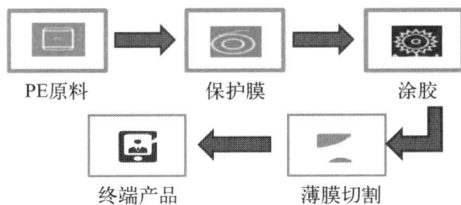

图5-9　电子保护膜生产流程

电子保护膜对薄膜外观的要求很高，必须严格控制晶点大小和数目。因此，除了对薄膜生产车间洁净化和工艺控制要求很高外，对低密度聚乙烯原料的要求也非常高，需要原料质量稳定，晶点极少[41-45]，同时薄膜原料生产车间也需进行洁净化处理。

高压聚乙烯装置工艺过程复杂、工艺条件苛刻、系统连锁多、操作难度大，这使得原料晶点控制难度很大，因此，控制晶点的问题一直是本领域的一项技术难题。国内低密度聚乙烯电子保护膜专用料晶点较多，且质量稳定性不好，限制了其在高端电子保护膜领域的使用。因此，大部分电子保护膜专用料依赖进口，而进口产品与国产产品差价3000元/吨左右。市场认可的进口电子保护膜专用料有东曹（牌号为14M01A）、博禄（牌号为FT6230）等。目前，国内兰州石化、中海壳牌开发了电子保护膜专用料，可以部分满足电子保护膜使用要求。

5.3.2.1　聚合工艺对高压电子保护膜专用料结构与性能的影响

（1）聚乙烯主流高压法工艺对比

聚乙烯主流高压法工艺有高压釜式（如英国帝国化学工业公司的ICI工艺）和高压

管式（如利安德巴赛尔公司的 Lupotech T 工艺）。

聚乙烯主流高压法工艺对比见表 5-19 和表 5-20[16]。

表 5-19 聚乙烯主流高压管式法工艺对比

项目	DSM	Exxon	Imhausen	三菱油化	Lupotech T
引发剂	过氧化物	过氧化物	氧气	空气和过氧化物	过氧化物
分子量调节剂	丙烯、丙烷	己烷、1-丁烯、丙烷	丙烯、丙烷	丙烯、丙醛、甲醇	丙烯、丙醛
共聚单体	醋酸乙烯酯、丙烯酸酯	醋酸乙烯酯、丙烯酸酯	醋酸乙烯酯、丙烯酸酯	醋酸乙烯酯、丙烯酸酯	醋酸乙烯酯、丙烯酸酯
反应温度/℃	150～340	150～340	150～340	150～340	150～340
反应压力/MPa	250～280	270～300	245～280	245～280	245～300
转化率/%	32～37	32～37	21～32	17～24	32～37
密度/(g/cm³)	0.919～0.928	0.919～0.928	0.918～0.930	0.918～0.929	0.915～0.935

表 5-20 聚乙烯主流高压法釜式工艺对比

项目	Exxon	Equistar	ICI	住友化学	三井
引发剂	过氧化物	过氧化物	过氧化物	过氧化物	过氧化物
分子量调节剂	己烷、1-丁烯、丙烷	丙烯、丙醛	丙烯、丙醛	丙烯、丙醛	丙烯、丙醛
共聚单体	醋酸乙烯酯、丙烯酸酯	醋酸乙烯酯	醋酸乙烯酯	醋酸乙烯酯、丙烯酸酯	醋酸乙烯酯、丙烯酸酯
反应温度/℃	160～300	160～300	160～280	170～280	150～300
反应压力/MPa	115～198	115～198	108～196	108～235	147～245
转化率/%	16～19	16～19	16～19	16～24	15～20
密度/(g/cm³)	0.919～0.928	0.915～0.930	0.913～0.929	0.920～0.925	0.915～0.930

国内高压聚乙烯主要以管式法为主，不同高压管式法工艺的区别主要在于引发剂和反应器压力控制阀的差别。Lupotech T 工艺以过氧化物为引发剂，Lupotech TM 工艺用压力控制阀调控乙烯侧流，没有侧流的是 Lupotech TS 工艺。为提高传热导效率，一般使用高气体流速；根据所需要的聚合物牌号，反应器末端的压力控制阀为脉冲式或非脉冲式。

低密度聚乙烯生产工艺技术多样化，每种工艺都有自己的优缺点，国内引进的生产工艺主要以 LyondellBasell 公司的 Lupotech TS 高压管式法为主。与其他几种低密度聚乙烯生产技术相比，该工艺乙烯单程转化率高（最大可达 35%）、自动化程度高、能耗相对低，具有反应相对平稳、副产品少、产能规模大、工艺灵活性高等优点，技术相对成熟，产品范围宽，因此，利润空间大，故使用较为广泛。

采用高压法工艺生产低密度聚乙烯，聚合压力为 110～350MPa，聚合温度为 130～350℃，聚合时间一般为 15s 到 2min。通过循环过量的冷单体实现撤热，系统基本在绝热条件下操作。

（2）过氧化物引发体系

高压聚乙烯的各种生产工艺最大的区别在引发剂体系的选择上[46]。引发剂体系常用的有3类：纯氧或空气；空气和有机过氧化物混合；有机过氧化物混合剂。不同的引发剂体系决定了有不同的反应控制过程，不同的生产转化率，不同的产品质量。

兰州石化公司20万吨/年高压聚乙烯装置，采用LyondellBasell公司Lupotech TS管式法工艺技术，使用过氧化物混合剂体系。通过对不同过氧化物引发剂进行优选，最终选择了二叔丁基过氧化物（DTBP）、过氧化-3,5,5-三甲基己酸叔丁酯（TBPIN）、过氧化-2-乙基己酸叔丁酯（TBPEH）、叔丁基过氧化叔戊酸酯（TBPPI）复合引发体系。不同过氧化物有效引发温度见表5-21。

表5-21 不同过氧化物的引发温度

引发剂	DTBP	TBPIN	TBPEH	TBPPI
引发温度/℃	240～290	210～255	160～210	190～240

每一种引发剂最适宜的引发温度范围宽度约30～50℃。兰州石化公司LDPE装置反应温峰分布为160～320℃，温度梯度范围有大约160℃。通过对过氧化物配方进行优化，可提高过氧化物分散性。过氧化物引发剂分别在反应器的4个不同注入点注入，以满足反应温度控制的条件，形成4个连续且平稳的反应区域。

（3）聚合工艺参数对结构性能的影响

Lupotech TS高压管式法工艺是以乙烯为原料，以丙烯或丙醛为分子量调节剂，采用乙烯单点进料，过氧化物4点注入的脉冲方式。

高压条件下，合成低密度聚乙烯的反应机理遵从自由基聚合反应机理。它是将乙烯压缩到超高压的条件下，以有机过氧化物为引发剂，在较高的温度下，经自由基聚合反应而得到聚乙烯产品。通过调节不同的反应参数或原料组成，可以得到不同牌号的高压聚乙烯产品。在生产过程中，反应压力、温度峰值、引发剂浓度、调节剂类型和浓度均对聚合物的分子结构有影响。反应参数和分子结构之间的关系见表5-22。

表5-22 反应参数和分子结构之间的关系

反应参数	SCB	LCB	M_n	M_w/M_n
压力升高	下降	下降	上升	下降
温度峰值升高	上升	上升	下降	上升
引发剂增多	不影响	上升	下降	上升
调节剂增多	不影响	下降	下降	下降
转化率增大	不影响	上升	不影响	上升

注：SCB、LCB分别为短链支化和长链支化。

由于高压聚乙烯的聚合反应在高温下进行，分子极易发生链转移，使得产品支化度较高，叔碳原子活性较高，氢原子更易被夺走，从而形成大分子量长支链。生成过多长支链是产生凝胶状聚合物的主要原因，最终形成了大分子量凝聚物。因此，在生产低晶点薄膜产品时，通过反应过程中温度和压力的协同控制，可实现产品的凝胶含量控制。

5.3.2.2　电子保护膜的晶点问题

晶点的存在会降低薄膜产品的光学性能和力学性能，使其外观粗糙，透明度降低；在晶点处，薄膜产品易于破裂；原膜上的小晶点，涂胶后至少放大 4 倍，成为气泡圈，对涂布后制品影响较大，有可能造成产品作废，给应用企业带来较大的经济损失。因此，除了后加工过程洁净化外，必须严格控制原料带来的晶点。为此，需要分析高压电子保护膜专用料晶点的来源。

（1）高压电子保护膜晶点溯源

收集膜面上的晶点（标为晶点膜）与晶点周围膜片（标为基膜），对其进行偏光显微镜（POM）、结构和熔融结晶性能分析。

① POM 分析　POM 分析是一种形态学方法，结合 DSC 的检测原理，可以直接视觉识别高熔点的成分[47]，图 5-10 为不同温度下晶点膜的 POM 形貌。

由图 5-10 可知：当温度升至 140℃时，晶点开始熔化；升至 220℃时，晶点基本熔化完全；图中（j）、（k）、（l）图像为熔化流动过程中产生的气泡，说明晶点不是交联产物，而是不容易塑化的物质。为了更进一步确定晶点产生的原因，还需进行结构性能对比分析。

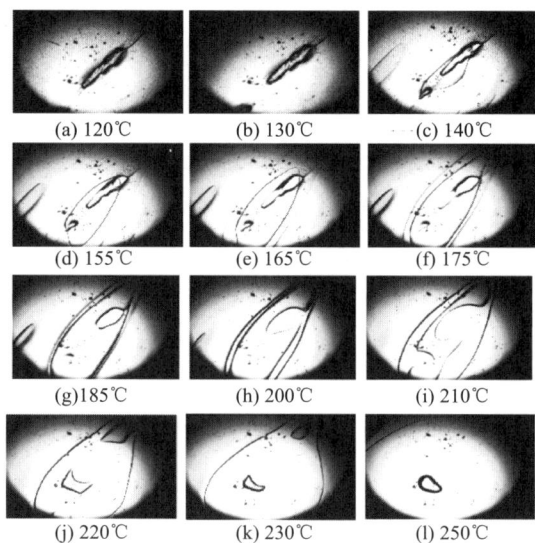

图 5-10　不同温度下晶点膜的 POM 形貌（×50 倍）

② 分子量及其分布　由表 5-23 和表 5-24 可知，与基膜相比，含晶点膜具有较宽的分子量分布，并且分子量高于 100 万的物质较多，这会增加未塑化的概率，也说明晶点的成分不是化学交联的产物，而是分子量相对较高的大分子。

表 5-23　不同外观样品的分子量及分布

样品	$M_w/(\times10^4)$	$M_n/(\times10^4)$	$M_z/(\times10^4)$	M_w/M_n
晶点膜	7.56	1.45	27.00	5.20
基膜	7.09	1.47	19.79	4.83

表 5-24　不同外观样品分子量切片数据

样品	质量分数/%				
	<1万	1万~10万	10万~50万	50万~100万	>100万
晶点膜	16.71	60.99	21.43	0.67	0.20
基膜	16.73	61.73	20.98	0.47	0.09

③ 熔融结晶行为对比分析　高聚物结晶行为的内部成因主要包括分子链的化学结构、分子量、分子链形状等；外部成因包括温度、压力和杂质等。内外成因相互影响，共同决定高聚物的结晶过程。相同测试条件下，不同样品熔融结晶行为结果见图 5-11及表 5-25。

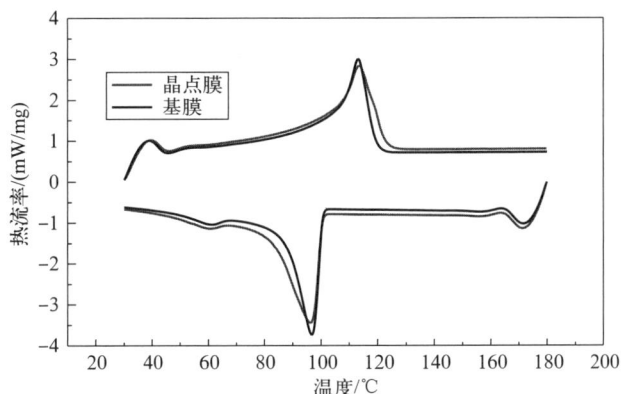

图 5-11　不同样品熔融结晶曲线（见文后彩图）

表 5-25　不同样品熔融结晶数据

样品	熔点/℃	熔融焓/(J/g)	结晶温度/℃	结晶度/%
基膜	113.2	92.72	96.7	31.64
晶点膜	113.5	99.24	96.2	33.87

由图 5-11 和表 5-25 可知，晶点膜和基膜的熔点相近，表明两者的分子链结构相似。

④ 连续自成核退火分级（SSA）　SSA 技术是基于可结晶性链段在熔体中重组织和重结晶行为，产生温度依赖性的相分离过程，可以反映出分子链的规整性[48]。在热分级过程中，相邻的序列可以独立结晶，对应于结晶的大小和片晶厚度；在升温曲线上出现不同的熔融峰，出现分级现象。对不同样品进行了分级结晶测试分析，结果见图 5-12和表 5-26。

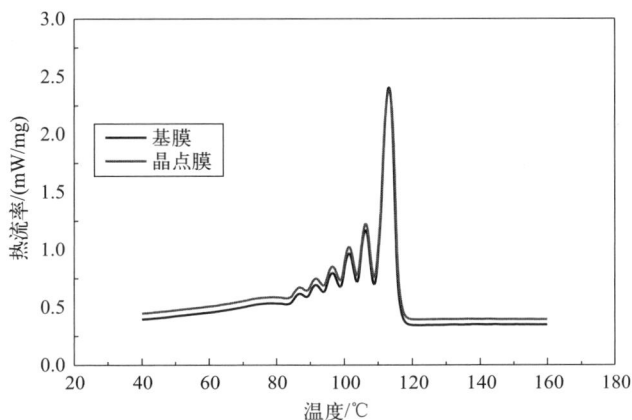

图 5-12　不同样品的 SSA（见文后彩图）

表 5-26　不同样品 SSA 分级结果

熔融峰	基膜			晶点膜		
	熔点/℃	MSL/nm	L/nm	熔点/℃	MSL/nm	L/nm
P1	86.6	38.87	4.30	86.8	39.04	4.32
P2	91.6	43.69	4.70	91.6	43.69	4.70
P3	96.3	49.26	5.15	96.3	49.26	5.15
P4	101.1	56.38	5.71	101.2	56.55	5.72
P5	105.9	65.56	6.40	106.0	65.78	6.42
P6	112.7	84.34	7.73	112.8	84.69	7.75

注：将样品进行热分级测试，热曲线均含有多重熔融峰，分别为 P1～P6；L 为片晶厚度；MSL 为亚甲基序列长度。

由图 5-12 和表 5-26 可知，经 SSA 热分级后，出现了多个熔融峰，相应熔融峰对应的温度晶点膜相对较高。熔融峰温度高低与退火过程中形成的片晶厚度有关，片晶越厚温度越高。片晶厚度与亚甲基序列长度有关，可结晶的亚甲基序列长度越长，片晶越厚。晶点膜的熔点总体高于基膜，说明晶点膜比基膜含有较长的亚甲基序列长度。因此，分析结果认为，晶点膜晶点的成分是分子量相对较高、分子链段相对较长的大分子。除了原料自身结构因素，运输过程、后加工过程等均有可能带来晶点数量的增多。因此，晶点控制技术也十分重要。

（2）高压电子保护膜晶点控制技术

① 链转移控制技术开发。通过反应工艺组合技术，以及开发出的复配过氧化物引发体系，结合脉冲式多点注入技术，可有效控制大分子间的链转移，不仅在大分子凝胶控制方面取得突破，还实现了对大分子量部分的良好控制。

② 薄膜晶点在线检测。建立了薄膜晶点在线检测方法，实现了薄膜晶点的快速检测（检测时间小于 30 min），解决了薄膜晶点测试流程较长，数据准确性不高的难题。建立了针对性的消减方法，同时，通过生产过程的精细化管控，有效提升了产品质量稳定性。

主要原理：在光束的照射下，晶点颗粒具有遮光性。选用恒定、连续、可调控的光源，试样带在此光束下，透光和遮光的光束被电子摄像仪所接收，晶点颗粒检测仪检测出颗粒大小和数量。如图 5-13 和图 5-14 所示。

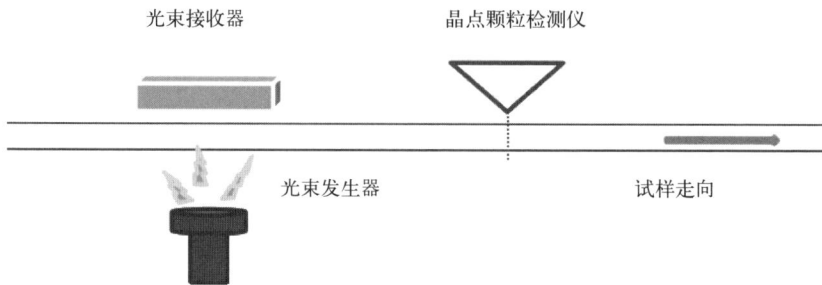

图 5-13　晶点检测原理示意图

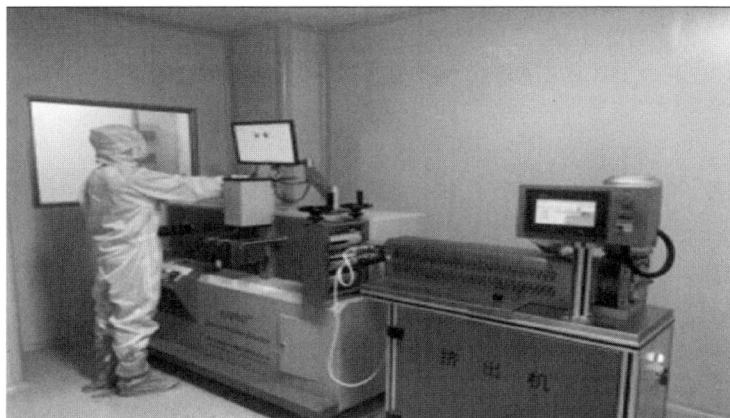

图 5-14　晶点检测试验

（3）国产系列电子保护膜与进口同类产品性能对比

在上述研究开发的基础上，形成了具有中国石油自主知识产权的低密度聚乙烯电子保护膜生产技术。在 Basell 高压管式法聚乙烯装置中，开发出系列电子保护膜产品，牌号分别为 2420H、2420K。前者产量约 2 万吨 / 年，可以替代进口产品，打破了国外技术垄断，以技术创新引领了国内电子保护膜的发展；后者填补了国内高熔体流动速率电子保护膜产品空白。下面是开发产品及与对标产品性能的比较：

① 2420H 性能　2420H 产品透明性与晶点数优于进口同类产品 1，其他性能相当，结果见表 5-27、图 5-15 ～图 5-17。

表 5-27　2420H 产品性能对比表

项目	2420H	同类产品1	测试标准
长支链含量/‰	0.9640	0.9327	企业标准
分子量>100万占比/%	0.06	0.07	企业标准
密度/(g/cm³)	0.9236	0.9216	GB/T 1033.2—2010
熔体流动速率/(g/10 min)	2.1	2.2	GB/T 3682.1—2018
拉伸断裂应力/MPa	12.0	11.75	GB/T 1040.2—2022
雾度/%	6.3	8.0	GB/T 2410—2008

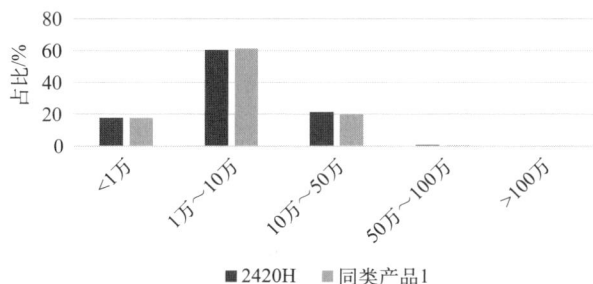

图 5-15　2420H 与同类产品 1 分子量切片图

晶点总数：1

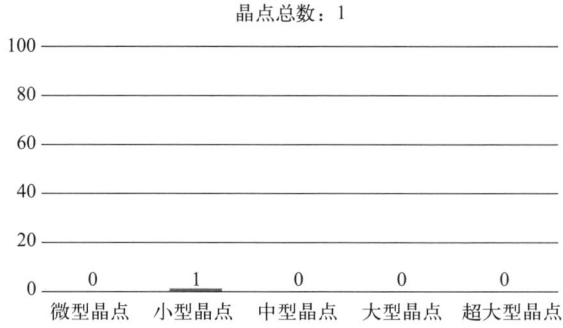

图 5-16　2420H 晶点总数

检测长度 67200.0cm；检测用时 28min；检测质量 250g

晶点总数：2

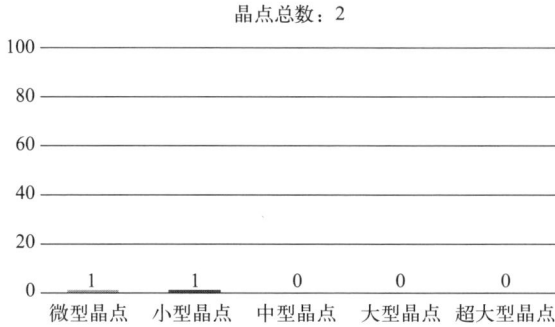

图 5-17　同类产品 1 晶点总数

检测长度 67200.0cm；检测用时 28min；检测质量 250g
在杂质总量中占比（质量分数）：微型晶点—37.5%；小型晶点—62.5%

② 2420K 性能　2420K 产品大分子量部分得到很好控制（图 5-18），透明性能优于同类产品 2，其他性能相当，其结果见表 5-28 及图 5-19 ～图 5-21。

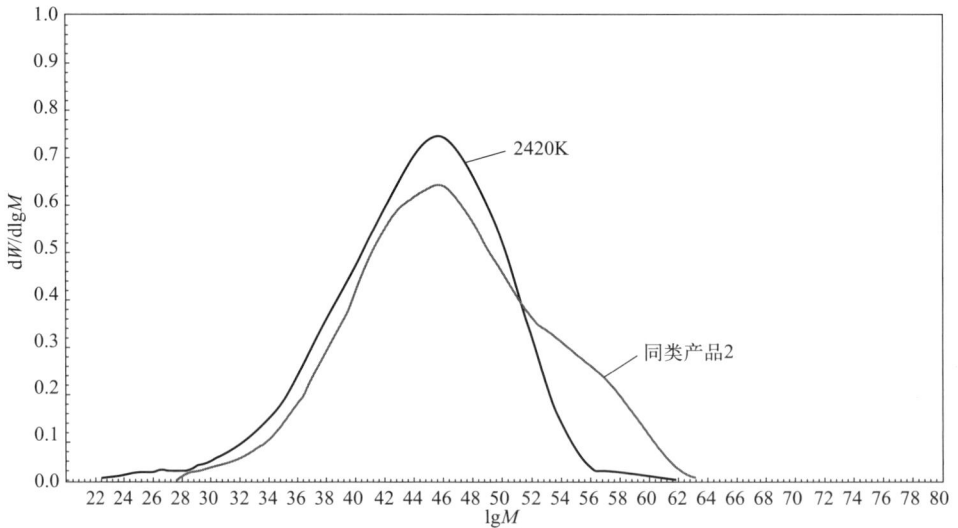

图 5-18　分子量及分布对比图

表 5-28 2420K 产品性能对比

项目	2420K	同类产品2	测试标准
长支链含量/‰	0.91	0.91	企业标准
分子量>100万占比/%	0.07	1.28	企业标准
密度/(g/cm³)	0.9253	0.9223	GB/T 1033.2—2010
熔体流动速率/(g/10 min)	3.81	4.8	GB/T 3682.1—2018
拉伸断裂应力/MPa	10.9	10.0	GB/T 1040.2—2022
雾度/%	5.0	8.5	GB/T 2410—2008

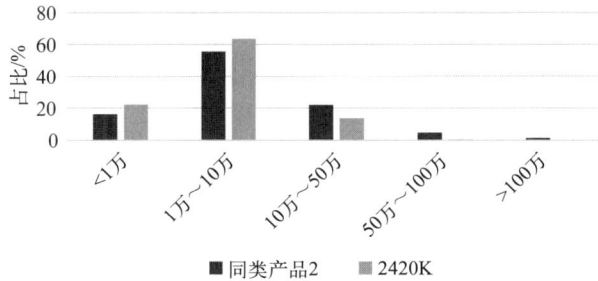

图 5-19 2420K 与同类产品 2 分子量切片图

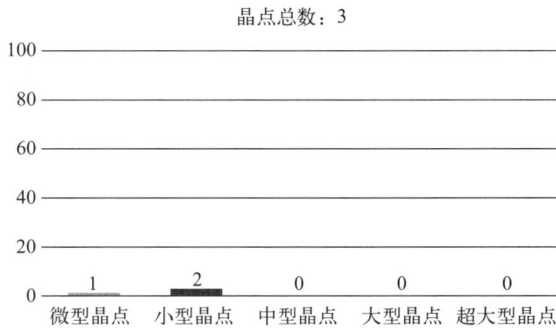

图 5-20 2420K 晶点总数

检测长度 67200.0cm；检测用时 28min；检测质量 250g
在杂质总量中占比（质量分数）：微型晶点—23.1%；小型晶点—76.9%

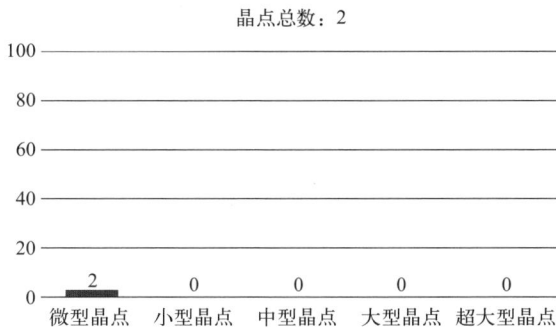

图 5-21 同类产品 2 晶点总数

检测长度 67200.0cm；检测用时 28min；检测质量 250g

5.3.2.3 使用专用料生产电子保护膜的工艺研究

（1）工艺条件对晶点的影响

采用单螺杆挤出机（SXT 1 型）进行挤出实验，测试挤出的 250g 2420K 中的晶点数量，每个样品平行测定 3 次。研究滤网目数、温度和厚度对晶点的影响，对下游用户加工过程中晶点的控制提供指导。

① 滤网对晶点的影响　随着过滤网目数增加，晶点数呈降低趋势。不同过滤网目数对 2420K 薄片晶点影响的实验加工条件：温度，一区 120℃、二区 140℃、三区 160℃、机头 160℃；转速 14.8r/min。实验结果见表 5-29、表 5-30。

表 5-29　滤网目数对晶点影响的实验结果

滤网目数	平行测定编号	晶点数/(个/250g)					晶点总数/(个/250g)
		微型晶点	小型晶点	中型晶点	大型晶点	超大型晶点	
0目	1	1	2	0	0	0	3
	2	1	1	0	0	0	2
	3	2	0	0	0	0	2
300目	1	1	0	0	0	0	1
	2	1	1	0	0	0	2
	3	0	2	0	0	0	2
400目	1	0	0	1	0	0	1
	2	1	1	0	0	0	2
	3	1	0	0	0	0	1
500目	1	1	0	0	0	0	1
	2	0	1	0	0	0	1
	3	0	0	0	0	0	0

表 5-30　晶点数汇总结果

滤网目数	三次测定晶点总数/(个/250g)	晶点数下降率/%
0目	7	
300目	5	28.6
400目	4	42.9
500目	2	71.4

② 膜厚度对晶点的影响　膜的薄厚对晶点数量影响明显，太薄不容易吹膜，太厚容易引起晶点数量的增加。不同膜厚度对 2420K 薄片晶点影响的实验加工条件见表 5-31，实验结果见表 5-32。

表 5-31　实验加工条件

2420K种类	厚度/μm	温度/℃				转速/(r/min)
		一区	二区	三区	机头	
H	300	120	140	160	160	81
Z	100	120	140	160	160	27.6
B	50	120	140	160	160	14.8
CB	<50	120	140	160	160	/

注：H、Z、B、CB分别表示厚膜、中厚膜、薄膜、超薄膜。

表 5-32　厚度对晶点影响结果

2420K 种类	平行测定编号	晶点数/(个/250g)						平均晶点数
		微型晶点	小型晶点	中型晶点	大型晶点	超大型晶点	晶点总数	
H	1	3	1	1	1	0	6	6.67
	2	8	1	2	0	1	12	
	3	1	0	0	1	0	2	
Z	1	0	0	0	0	0	0	1.67
	2	4	0	0	0	0	4	
	3	1	0	0	0	0	1	
B	1	1	2	0	0	0	3	2.33
	2	1	1	0	0	0	2	
	3	2	0	0	0	0	2	

③ 温度对晶点的影响　加工温度较低与较高均引起晶点数量增多，这是因为温度较低，塑化欠佳，造成晶点数量增多，较高容易引起交联造成晶点数量的增多。不同温度对 2420K 薄片晶点影响的实验加工条件见表 5-33，实验结果见表 5-34。

表 5-33　实验加工条件

平行测定编号	温度/℃				转速/(r/min)
	一区	二区	三区	机头	
1	120	140	150	150	14.8
2	120	140	160	160	14.8
3	120	140	160	170	14.8
4	120	140	160	180	14.8

表 5-34　温度对晶点影响结果

机头温度/℃	平行测定编号	晶点数/(个/250g)						平均晶点数
		微型晶点	小型晶点	中型晶点	大型晶点	超大型晶点	晶点总数	
150	1	2	1	0	0	0	3	4
	2	3	2	3	0	0	8	
	3	1	0	0	0	0	1	

续表

机头温度/℃	平行测定编号	晶点数/(个/250g)						平均晶点数
		微型晶点	小型晶点	中型晶点	大型晶点	超大型晶点	晶点总数	
160	1	1	2	0	0	0	3	2.33
	2	1	1	0	0	0	2	
	3	2	0	0	0	0	2	
170	1	0	0	0	0	0	0	0
	2	0	0	0	0	0	0	
	3	0	0	0	0	0	0	
180	1	1	0	0	1	0	2	2.67
	2	4	1	0	0	0	5	
	3	0	1	0	0	0	1	

综合以上工艺条件对晶点的影响试验可以看出，加工温度、厚度、过滤网目数对晶点均有明显影响。因此，在加工应用过程中，要选择合适的厚度及加工温度；同时，在不影响生产的条件下加较细的滤网，可以减少晶点数量。

（2）吹膜工艺研究

吹膜工艺条件对薄膜的性能有很大影响。因此，在不同吹胀比、吹膜温度和薄膜厚度的条件下，研究了2420K薄膜的性能，选出产品综合性能较优的吹膜条件，为产品应用提供一定的指导。

① 吹胀比对薄膜性能的影响　在熔体温度为190℃，吹膜温度为170℃，薄膜厚度为50μm的条件下，研究了不同吹胀比对2420K薄膜性能的影响。吹膜过程中发现，当吹胀比为2.5、3.0时，薄膜的膜泡均比较稳定；当吹胀比达到3.5时，膜泡开始摆动，工艺稳定性降低。这是因为吹胀比增大，由口模熔体流动和风环冷风存在导致的不均匀性增加，使得薄膜厚度的不均匀性增加；吹胀比增大，膜泡表面随之增大，使其易受牵伸影响，导致膜泡稳定性变差，最终使薄膜产生皱褶，降低薄膜外观质量。所以用兰州石化2420K产品吹制薄膜时吹胀比不宜超过3.5，并应根据设备特点进行相应调整。吹胀比对薄膜性能的影响结果见图5-22～图5-27。

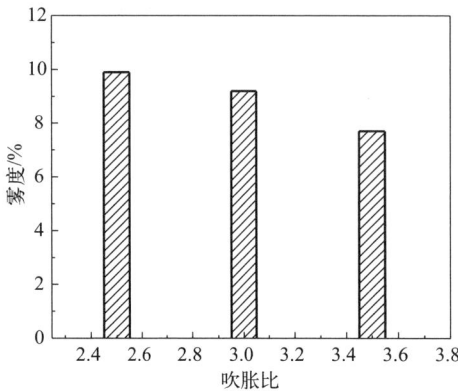

图5-22　薄膜雾度随吹胀比的变化

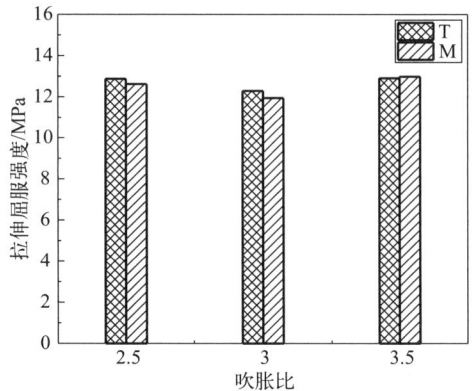

图5-23　薄膜拉伸屈服应力随吹胀比的变化

T—横向；M—纵向

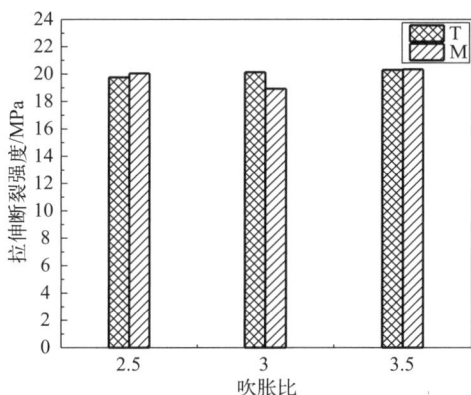

图 5-24　薄膜拉伸断裂强度随吹胀比
的变化

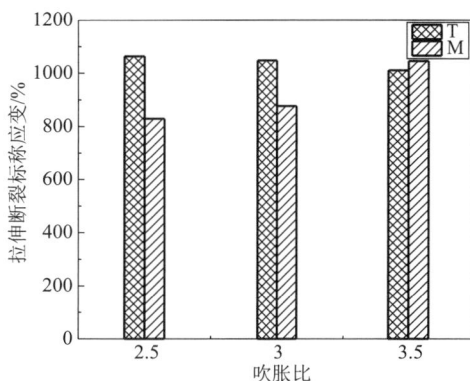

图 5-25　薄膜拉伸断裂标称应变随吹胀比
的变化

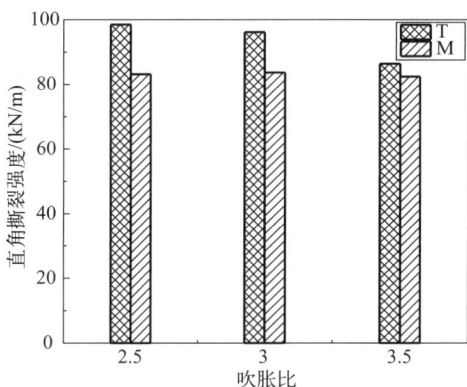

图 5-26　薄膜直角撕裂强度随吹胀比
的变化

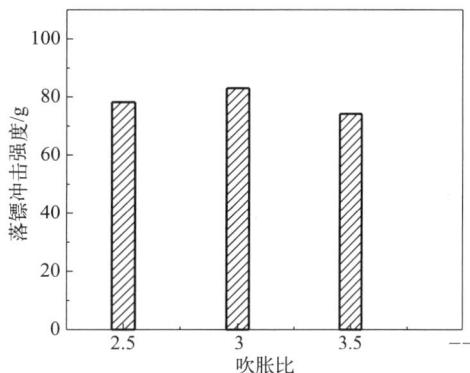

图 5-27　薄膜落镖冲击强度随吹胀比
的变化

由图 5-22～图 5-27 可知，随吹胀比增大，雾度、直角撕裂强度呈降低趋势，其他力学性能变化趋势不明显；吹胀比为 3 时，薄膜综合性能较好；吹胀比增加，膜泡稳定性变差。因此，吹胀比以 2.5～3.0 为最佳。

② 加工温度对薄膜性能的影响　采用低密度聚乙烯 2420K 吹制薄膜时，当加工温度低于 150℃时，由于温度较低导致塑化不良，会使表面光泽性和透明度等性能变差。而当吹膜温度高于 200℃时，会使膜泡不稳，甚至出现破膜现象。这是因为温度太高，熔体来不及冷却，致使膜泡稳定性下降。另外，挤出机温度过高，树脂容易分解，导致薄膜发脆，尤其是纵向拉伸断裂强度会显著下降。因此，低密度聚乙烯 2420K 薄膜的吹膜温度优选在 150～190℃之间，并根据设备特点进行相应调整。

在吹胀比为 3，厚度为 50μm，保持其他加工条件相同的情况下，分别于 150℃、170℃、190℃、210℃下吹制薄膜，研究了加工温度对薄膜性能的影响，结果见图 5-28～图 5-33。

由图 5-28～图 5-33 可知：随加工温度的上升，雾度降低，薄膜拉伸断裂强度、直角撕裂强度和落镖冲击强度变化规律不明显，拉伸断裂标称应变呈上升趋势，综合力学性能在 170℃较好。考虑能耗等综合因素，可以在 150～170℃进行加工使用。

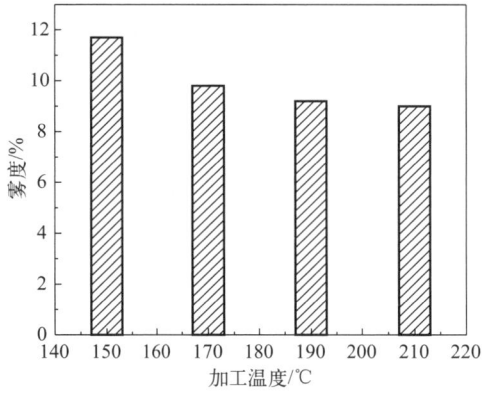

图 5-28 薄膜雾度随加工温度的变化

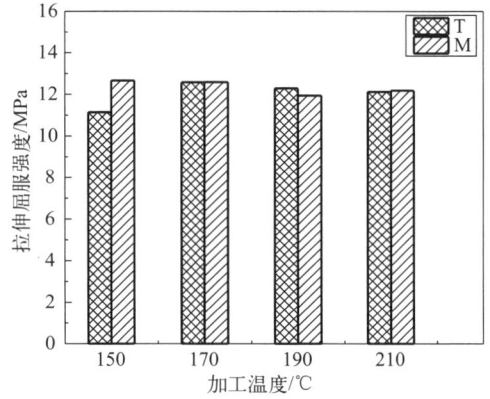

图 5-29 拉伸屈服应力随加工温度的变化

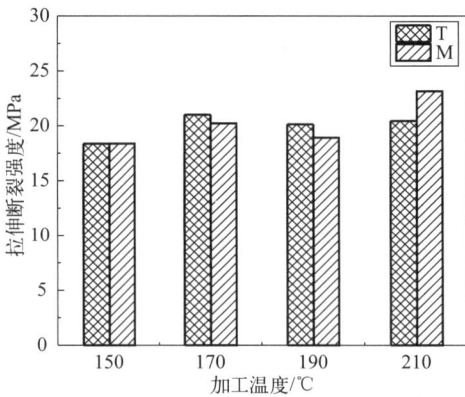

图 5-30 拉伸断裂强度随加工温度的变化

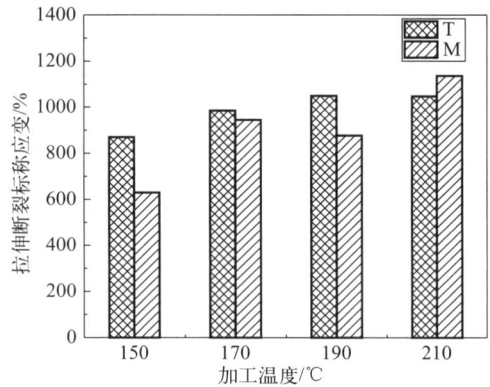

图 5-31 拉伸断裂标称应变随加工温度的变化

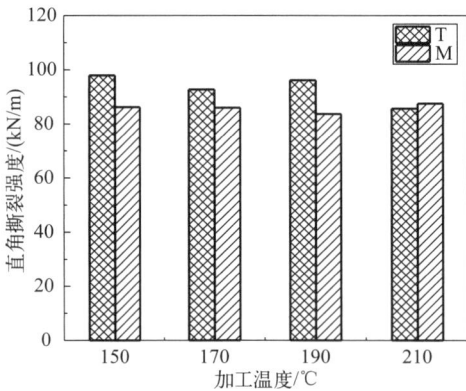

图 5-32 薄膜直角撕裂强度随加工温度的变化

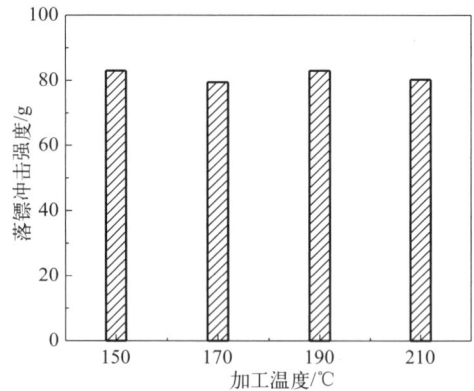

图 5-33 薄膜落镖冲击强度随加工温度的变化

③ 薄膜厚度对薄膜性能的影响 在吹膜温度为 190℃，吹胀比为 3 的条件下，研究了薄膜厚度（30μm、50μm、80μm）对电子保护膜专用料 2420K 薄膜性能的影响，结果见图 5-34～图 5-39。

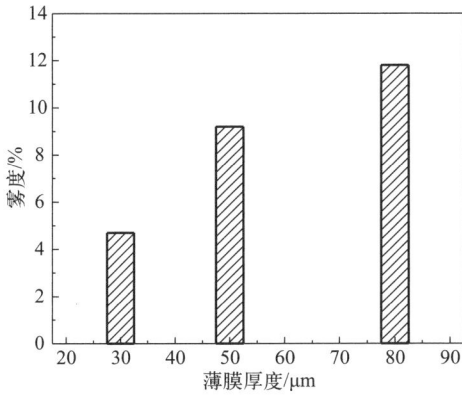

图 5-34　薄膜雾度随薄膜厚度的变化

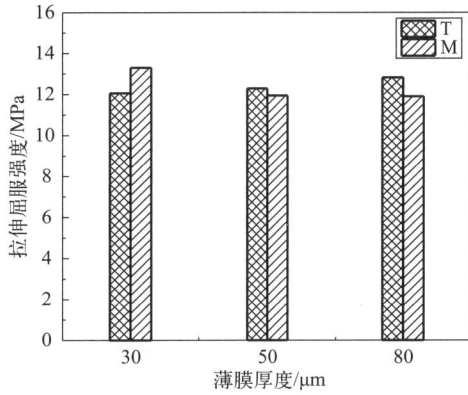

图 5-35　拉伸屈服应力随薄膜厚度的变化

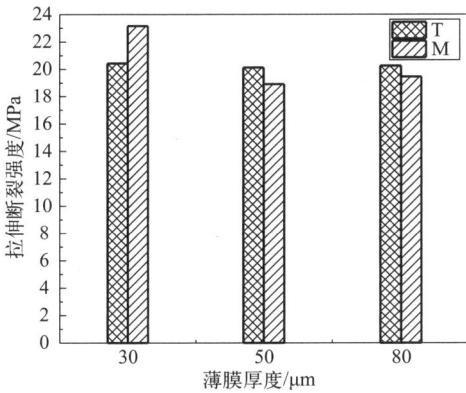

图 5-36　拉伸断裂强度随薄膜厚度的变化

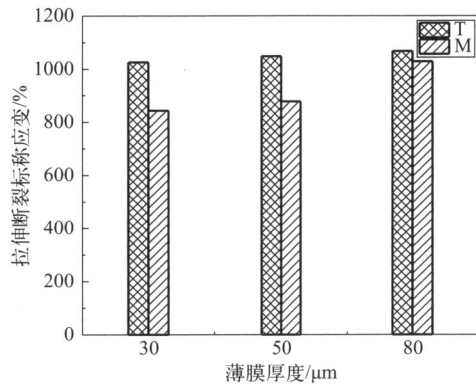

图 5-37　拉伸断裂标称应变随薄膜厚度的
变化

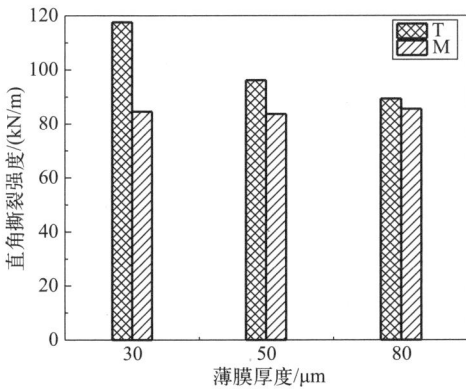

图 5-38　薄膜直角撕裂强度随薄膜厚度的
变化

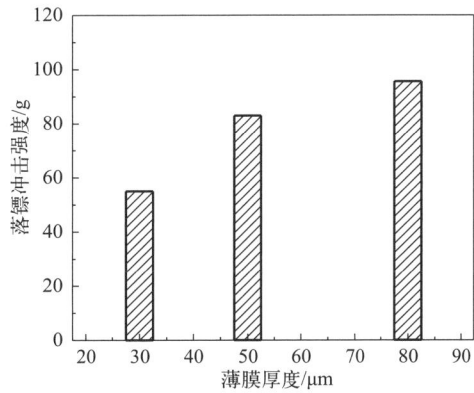

图 5-39　薄膜落镖冲击强度随薄膜厚度的
变化

　　由图 5-34 ～图 5-39 可知：随薄膜厚度增加，雾度呈上升趋势，拉伸性能和纵向直
角撕裂强度变化规律均不明显，横向直角撕裂强度呈下降趋势，落镖冲击强度呈增加趋
势。因此，根据所生产薄膜的用途与设备情况，可以对生产工艺进行相应的调整，以满

足产品最优的性能。建议加工时，选择吹胀比为 2.5 ～ 3.0，熔体温度约为 170℃，此时薄膜综合性能较好。考虑能耗等综合因素，可以在 150 ～ 170℃进行加工使用。

5.3.2.4 预期与展望

电子保护膜聚乙烯主要应用领域为摄像机、家用电器、手机通信、汽车电子等。下游应用领域的发展，直接影响着中游产品的市场情况。

据调查，电子保护膜在摄像机领域的应用主要集中在对屏幕的保护，一般为玻璃与聚乙烯或 PET 复合材质。伴随着网络需求的发展，摄像机对 PE 膜的需求也呈增长趋势，需求量与预测见图 5-40。

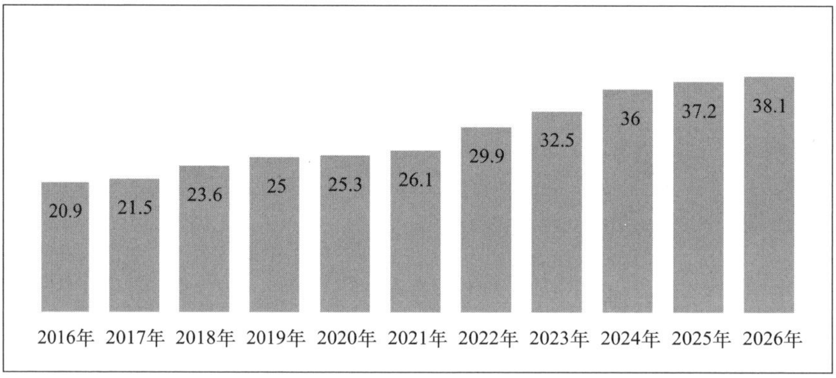

图 5-40　摄像机屏幕用 PE 膜需求量与预测（单位：万吨）

据全国家用电器工业信息中心数据显示，2022 年，家电内销市场传统品类出现了不同程度的下滑，但是风口型品质家电增长态势良好。在多重利好因素的支撑下，家电国内销售规模会进一步增大，对 PE 膜的需求量与预测见图 5-41。

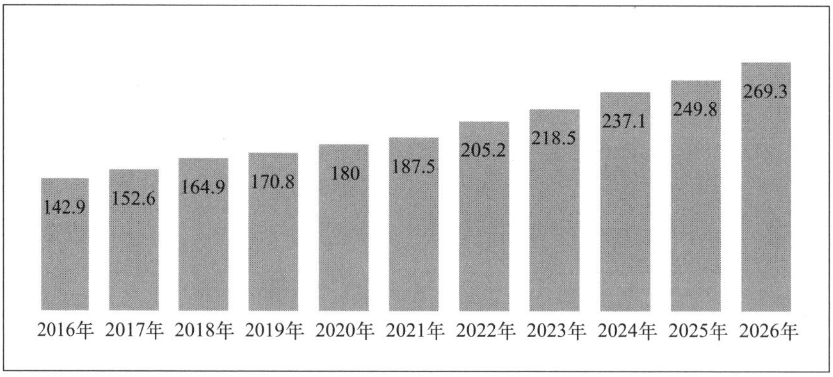

图 5-41　家电用 PE 膜需求量与预测（单位：万吨）

大数据、人工智能和移动互联网的普及，为智能手机的发展提供较大的支持，智能手机的更新换代也会为 PE 膜应用市场提供新的需求，需求量与预测见图 5-42。

汽车电子是安装在汽车中的电子元器件和电子设备的总称。随着汽车电子化水平的日益提高，对电子保护 PE 膜的需求也迅速攀升。

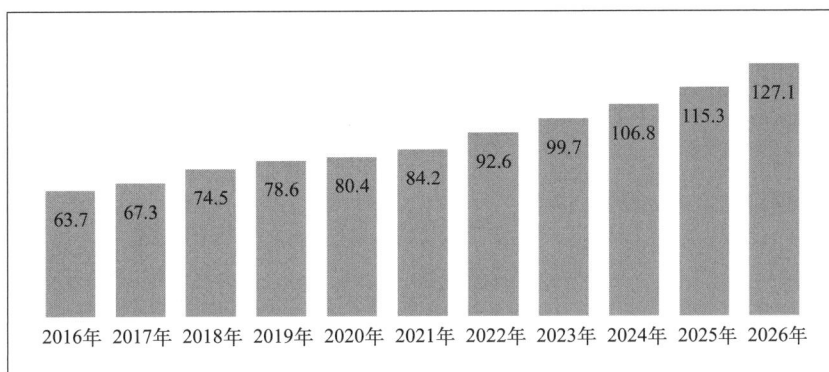

图 5-42 智能手机用 PE 膜需求量与预测（单位：万吨）

总之，电子产品需求的进一步增加与品质的高端化，必将带来电子保护膜专用料需求的进一步增加。国内相关生产企业应该加大对电子保护膜专用料的研发力度，稳定产品质量，生产出性能优良的电子保护膜专用料，满足日益增加的市场需求，促进行业发展。

5.3.3 其他高压聚乙烯薄膜专用料

为了降低生产成本，获得更高的经济效益和满足市场的不同需求，需要改进加工流程，以提高低密度聚乙烯薄膜产品的性能和质量。加大对低密度聚乙烯薄膜生产工艺、性能和应用性能的研究，建立其结构与生产工艺、性能与应用性能的定性定量关系，能更好地指导石化企业开发出高端低密度聚乙烯膜料，同时，指导下游用户加工出高档薄膜[49]。

中国石油大庆石化公司针对 Lupotech T 管式法工艺，通过调整复合引发剂与链转移剂，优化聚合峰温，调控长短支化结构，提升了产品膜泡稳定性，形成了先进的工艺调控技术，在 20 万吨 / 年 LDPE 生产装置上，生产出了高档薄膜专用料。

5.3.3.1 高档棚膜专用料（牌号为 2820D）

随着聚烯烃技术与我国塑料工业的发展，塑料市场对低密度聚乙烯产品性能要求越来越精细化。高档棚膜专用树脂不仅具有良好的膜泡稳定性能和加工性能，而且成膜的宽度超过其他通用料吹膜宽度，吹胀比更突出。该产品不添加任何助剂，生产成本较低，主要用于高端重包装膜、农膜、重包装袋、购物袋、收缩膜等的生产。表 5-35 是 2820D 与壳牌 PTT2420D 的性能测试数据，两种专用料的性能较为接近。

表 5-35 专用料基础物性分析

项目	测试方法	2820D	PTT2420D
熔体流动速率（2.16kg）/(g/10min)	GB/T 3682.1—2018	0.28	0.32
熔体流动速率（5kg）/(g/10min)	GB/T 3682.1—2018	1.16	1.42
熔体流动速率（21.6kg）/(g/10min)	GB/T 3682.1—2018	26.3	31.2
密度/(g/cm^3)	GB/T 1033.2—2010	0.9214	0.9223

专用料制得产品的力学性能（见表 5-36）分析表明：两种产品的断裂标称应变和弯曲模量接近；2820D 的熔体强度较高，这与膜泡稳定性直接相关。高档宽幅棚膜加工与

制品性能对于基础树脂的要求见表 5-37。

表 5-36 产品力学性能分析

项目	测试方法	2820D	PTT2420D
屈服强度/MPa	GB/T 1040.1—2018	11.6	11.0
断裂标称应变/%	GB/T 1040.1—2018	478	410
弯曲模量/MPa	GB/T 9341—2008	254	260
悬臂梁冲击强度（23℃）/(kJ/m²)	GB/T 1043—2018	45.5	45.7
熔体强度/cN	—	28	24

表 5-37 高档宽幅棚膜对基础树脂的要求

项目	指标
黑斑粒和色粒/(个/kg)	≤5
蛇皮粒和拖尾粒/(个/kg)	≤15
大粒和小粒/(g/kg)	≤10
熔体流动速率（2.16kg）/(g/10min)	0.26±0.04
熔体流动速率（5kg）/(g/10min)	实测
密度/(g/cm³)	0.9225±0.0015
拉伸屈服应力/MPa	≥7.0

① 山东东大加工试验的数据见表 5-38。与其他两种专用料相比，2820D 雾度明显降低，透明度变化不大，拉伸强度和横向伸长率稍有增加。

表 5-38 加工试验数据

项目	2426H	2820D	PPT2420D
厚度/mm	0.15	0.15	0.15
宽度/m	0.5	0.5	0.5
透光率/%	91.6	91.8	91.58
雾度/%	21.4	15.97	17.3
拉伸强度(横/纵)/MPa	30.1/30.7	33.3/35.7	32.5/35.5
伸长率(横/纵)/%	999/804	1030/802	974/811

② 黑龙江大庆福骏塑业有限公司 开展了 2820D 产品的加工试验。吹膜加工条件为：挤出温度 215℃，长径比 25/1，口模直径 500mm，吹胀比 3.8，牵引速度 17.5m/min。使用 2820D 产品进行吹膜后的试验样品，透明度、挺膜力度与膜泡稳定性明显优于 PTT2420D。

5.3.3.2 涂覆级低密度聚乙烯专用料（牌号为 19G）

① 19G 的性能 涂覆级低密度聚乙烯具有韧性好、黏合力强、成膜均匀、卫生性好等特点，广泛应用于食品、化工、纺织品等产品的外包装[50]。涂覆工艺是用辊筒将

低密度聚乙烯熔体涂覆在基材上，关键性技术参数是缩幅和黏合性。产品长链支化度越高、分子量分布越宽、熔体流动速率越小，则缩幅越小。涂覆级低密度聚乙烯专用料要求产品加工过程中缩幅小于5%，加工速度高于100m/min，制品平整，剥离强度高。随着国内包装业的发展，该专用料的使用范围与用量逐步扩大，市场需求量日益增加。2020年，涂覆级低密度聚乙烯需求量已经达到40万吨，并且年增长速度达到10%以上。目前，市售的涂覆主流产品为釜式法工艺生产，以中国石化燕山分公司产品性能最佳。

针对包装市场涂覆级低密度聚乙烯日益增长的需求，通过控制峰温形态，调整脉冲参数，优化乙烯自由基聚合工艺条件，解决了管式法工艺产品熔体强度低的问题，在大庆石化公司高压管式聚乙烯装置上，实现涂覆产品19G的工业化生产。19G与SABIC 7019EC的性能要求见表5-39，实测值见表5-40。

表5-39 高压管式涂覆产品19G性能要求

项目	19G	SABIC 7019EC
熔体流动速率（2.16kg）/(g/10min)	3.0～5.0	4.5～5.5
密度/(g/cm³)	0.918±0.002	0.918±0.002
溶胀比	≥1.5	≥1.5
熔体强度/cN	≥7	≥7
剥离力（横/纵）/N	≥3	—

表5-40 产品性能测试

名称	测试方法	19G	SABIC 7019EC
熔体流动速率/(g/10min)	GB/T 3682.1—2018	4.1	7
密度/(g/cm³)	GB/T 1033.2—2010	0.918	0.919
拉伸屈服应力/MPa	GB/T 1040.1—2018	11.7	14

② 19G加工应用 辽宁沈阳防锈包装材料有限公司将19G熔融挤出淋膜作为黏合层，用于制作复合型防锈纸，广泛应用于冶金、机电、汽车零配件、武器装备等行业的钢铁、有色金属的防护。19 G与SABIC 7019EC加工条件见表5-41所示。

表5-41 加工试验条件

加工条件	19G	SABIC 7019EC
原料组成（质量比）①	19 G/6101=3/1	市场比较产品/6101=2/1
加工温度/℃	320	320
淋膜速度/(m/min)	60	60
淋膜厚度/μm	27	27
淋膜幅宽/cm	129	127
制品幅宽/cm	125	125

① 6101即SABIC公司生产的LLDPE粉料DFDA-6101。

③ 19G 加工产品性能 19G 加工过程中设备运行平稳，完全敷满基材，缩幅与市场比较产品基本相当，能够满足淋膜要求。本次试验制备的制品平纹纸，单面覆膜结构（PA）防锈纸测试性能如表 5-42 所示，黏合性能完全满足制品要求。

表 5-42 不同专用料制品的性能

项目	19G制品	7019EC制品
克重/(g/m²)	105	105
耐破度/MPa	0.18	0.18
拉伸强度/MPa	4.5	4.5
黏合牢度	满足企标	满足企标

5.3.3.3 溶液包装用高透明低密度聚乙烯薄膜专用料（牌号为 2811K）

溶液包装用高透明膜专用树脂具有透明度高、水蒸气透过率低、耐低温性好的特点，广泛应用于各种食品、化妆品与试剂的包装[51]。随着国内液态包装业发展，2023年，溶液包装用高透明膜专用树脂需求已经达到 10 万吨，国内售价高通用料 300 元 /吨以上。

目前，国内性能最佳的溶液包装用高透明膜专用低密度聚乙烯树脂由上海石化生产，牌号为 Q281，雾度低于 8%，用于液态化妆品及各类试剂的包装[52-55]。

通过对溶液包装用高透明膜专用树脂的加工和制品研究，开展专用树脂结构设计。大庆石化公司针对 Lupotech T 管式法工艺，通过调整复合引发剂与链转移剂，优化聚合峰温，调控长短支化结构，提升了产品透明性和化学稳定性，开发了溶液包装用高透明膜专用树脂生产技术，产品牌号为 2811K。

2811K 是以乙烯为聚合单体，有机过氧化物为引发剂，丙醛等为分子量调节剂，采用乙烯一点进料、引发剂四点注入的方式，聚合生产的基础树脂产品。

在生产过程中，按设定的工艺参数对分子量调节剂用量、过氧化物用量、反应温度、反应压力等条件进行调整，并进行实时监测，整个生产过程运行状态平稳。工业化产品性能测试如表 5-43 所示。

表 5-43 工业化产品性能

项目	性能要求	工业产品实测值
熔体流动速率/(g/10min)	2.3～3.3	2.7
密度/(g/cm³)	0.923～0.926	0.924
拉伸强度/MPa	≥11.0	11.4
拉伸断裂标称应变/%	≥500	512
雾度/%	≤10	6
灼烧残渣质量分数/%	≤0.2	0.01
正己烷提取物质量分数/%	≤2.0	1.4

① 2811K 的加工工艺 在辽宁大连瑞贤达塑胶有限公司开展加工应用试验，制品名称为三层共挤海鲜包装膜，加工工艺见表 5-44。

表5-44　加工工艺条件

项目	工艺条件
模头温度/℃	190，185，180
挤出温度/℃	135，140，140，145，140
长径比	30/1
螺杆转速/(r/min)	16.5
模口直径/mm	350
牵引速度/(m/min)	7.25

② 吹膜配方　具体吹膜配方如表5-45所示。

表5-45　吹膜配方

项目	试验样品A	对比样品B
内层	大庆石化2811K：60% 三井SP1520：40%	Basell2427H：60% 三井SP1520：40%
中层	大庆石化2811K：40% 三井SP1520：60%	Basell2427H：40% 三井SP1520：60%
外层	大庆石化2811K：40% 三井SP1520：60%	Basell2427H：40% 三井SP1520：60%

③ 薄膜制品性能　在2811K加工过程中，膜泡稳定，薄膜平整，无明显鱼眼。测试结果表明：薄膜光学性能优异，力学性能满足制品要求，2811K制品性能与对比样品相当。结果见表5-46。

表5-46　制品性能

项目	试验样品A	对比样品B
膜厚/μm	60	60
幅宽/m	1	1
雾度/%	5.4	5.7
拉伸强度（横/纵）/MPa	33.6/40.2	32.7/38.9

参考文献

[1] 胡程，张连红，文婕，等. 茂金属烯烃聚合催化剂研究进展 [J]. 广州化工，2022，50: 16-19.

[2] 段欣瑞. 我国线性低密度聚乙烯行业分析 [J]. 广东化工，2022，49: 98-101.

[3] 张晓帆，王伟，张龙贵，等. 单中心催化剂及其聚烯烃材料的研发进展 [J]. 高分子材料科学与工程，2021，37: 141-149.

[4] 陈世军，赵康，李磊，等. 茂金属催化剂在合成树脂生产中的应用 [J]. 合成树脂及塑料，2015，32: 60-63.

[5] 仇国贤 . 我国茂金属聚烯烃产业化路在何方 [J]. 中国石油和化工 , 2021, 33: 39-42.

[6] 于建金 , 贾军纪 , 王向辉 , 等 . 甲基铝氧烷的合成进展 [J]. 石油化工 , 2023, 52: 846-854.

[7] 陈志康 , 毛远洪 , 蒋文军 , 等 . 乙烯和 1- 辛烯聚合催化体系的研究进展 [J]. 厦门大学学报 (自然科学版), 2020, 59: 679-701.

[8] 宋润喆 . 单活性中心催化剂制备聚烯烃蜡研究进展 [J]. 广东化工 , 2023, 50(11): 69-72.

[9] 宋倩倩 , 黄格省 , 周笑洋 , 等 . 茂金属聚乙烯市场现状与技术进展 [J]. 石化技术与应用 , 2021, 39: 153-158.

[10] Fink G, Steinmetz B, Zechlin J, et al. Propene polymerization with silica-supported metallocene/MAO catalysts [J]. Chemical reviews, 2000, 100(4): 1377-1390.

[11] Ullmann M A, Bernardes A A, Santos J H Z D. Silica-supported metallocene catalyst poisoning: the effect of surface modification on the efficiency of the catalytic system [J]. Colloids and Surfaces A: Physicochemical and Engineering Aspects, 2019, 565: 36-46.

[12] 葛腾杰 , 王世华 , 李瑞 . 茂金属催化剂负载化的研究进展 [J]. 合成树脂及塑料 , 2018, 35(01): 76-80.

[13] 胡璋 . 负载茂金属催化剂的制备及催化乙烯聚合 [D]. 长沙 : 湖南大学 , 2012.

[14] Kaminsky W, Renner F. High melting polypropenes by silica‐supported zirconocene catalysts [J]. Die Makromolekulare Chemie, Rapid Communications, 1993, 14(4): 239-243.

[15] Chien J C W, He D W. Olefin copolymerization with metallocene catalysts. I. Comparison of catalysts [J]. Journal of Polymer Science Part A: Polymer Chemistry, 1991, 29(11): 1585-1593.

[16] Chen Y X, Rausch M D, Chien J C W. Heptane‐soluble homogeneous zirconocene catalyst: Synthesis of a single diastereomer, polymerization catalysis, and effect of silica supports [J]. Journal of Polymer Science Part A: Polymer Chemistry, 1995, 33(13): 2093-2108.

[17] Soga K, Kaminaka M. Polymerization of propene with a rac-$(CH_3)_2Si(2, 4$-$(CH_3)_2C_5H_3)(3', 5'$-$(CH_3)_2C_5H_3)$ $ZrCl_2/MAO/SiO_2$‐$Al(iC_4H_9)_3$ catalyst system [J]. Macromolecular rapid communications, 1994, 15(7): 593-600.

[18] 唐毅平 , 王临才 , 秦一秀 , 等 . 无机载体负载茂金属催化剂研究进展 [J]. 工业催化 , 2011, 19: 7-10.

[19] Guan Z, Zheng Y, Jiao S K. Spherical $MgCl_2$-supported MAO pre-catalysts: preparation, characterization and activity in ethylene polymerization [J]. Journal of Molecular Catalysis A: Chemical, 2002, 188(1-2): 123-131.

[20] 张鹏 , 李丽 , 徐人威 , 等 . 茂金属催化剂的表征及其聚合性能 [J]. 合成树脂及塑料 , 2018, 35: 58-61.

[21] 张鹏 , 李丽 , 王海 , 等 . 流延膜专用茂金属聚乙烯的结构与性能 [J]. 合成树脂及塑料 , 2018, 35: 69-71.

[22] 周兵 . 高透明薄膜用 LDPE 2436H 的开发 [J]. 合成树脂及塑料 , 2010(5): 21-23.

[23] 许惠芳 , 慕雪梅 , 魏福庆 , 等 . 不同牌号 LDPE 树脂的流变与结构性能 [J]. 石化技术与应用 , 2022, 40: 383-386.

[24] 何加强 . 高压法聚乙烯管式反应器模拟研究 [J]. 广东化工 , 2021, 48(10): 182-186.

[25] 杨正顺 . 我国聚乙烯树脂行业的现状及发展方向 [J]. 石油化工 , 2006, 35(4): 394-398.

[26] Brydson J A. Plastics materials [M]. Elsevier, 1999.

[27] 杨成兵 , 贾国仙 , 阮艳军 . 国内 LDPE 生产工艺技术与应用现状 [J]. 辽宁化工 , 2016, 45(08): 1099-1101, 1111.

[28] 鲍琳.高压聚乙烯装置分解反应原因分析及控制对策 [J]. 中外能源 , 2020, 25(06): 79-82.

[29] 从文杰，黄嘉雯，范小强，等.高压法 LDPE 管式反应器的结构优化方法 [J]. 化工学报，2024, 75(10): 3557-3567.

[30] 罗文磊.影响高压聚乙烯产品质量的因素与应对策略 [J]. 化工设计通讯 , 2018, 44: 62.

[31] 唐玲.影响高压聚乙烯产品质量的因素分析及对策 [J]. 甘肃科技 , 2013, 29: 24-26.

[32] 滕文鹏.乙烯装置聚合反应分解原因分析及对策 [J]. 炼油与化工 , 2014, 25: 49-50.

[33] 赵亮，刘伟萍.高压聚乙烯生产装置的使用及维护措施 [J]. 化工设计通讯 , 2017, 43(11): 20.

[34] 谢云良.高压聚乙烯生产技术及其发展 [J]. 化工管理 , 2019(14): 118-119.

[35] 曹胜先，李德爱，李传明，等.200kt/a LDPE 装置的工艺特点及产品开发 [J]. 炼油与化工 , 2011, 22: 47-50, 87-88.

[36] 樊安宁，马文礼.不同链转移剂对低密度聚乙烯生产的影响 [J]. 炼油与化工 , 2019, 30: 32-34.

[37] 金山，陆红楠，刘灿刚，等.高压低密度聚乙烯生产工艺技术探究及思考 [J]. 炼油与化工 , 2021, 32: 6-9.

[38] 张德生.兰州石化分公司新建高压聚乙烯装置工艺流程及特点 [J]. 石化技术与应用 , 2007(05): 455-460.

[39] 折军.高压聚乙烯装置工艺废气处理工艺选择及实例应用 [J]. 石化技术 , 2024, 31(02): 16-18.

[40] 许惠芳，吴冬，魏福庆，等.电子保护膜 LDPE 专用料流变性能研究 [J]. 现代塑料加工应用 , 2023, 35: 23-26.

[41] 苏肖群，柴兵文，陈永泉.LDPE 薄膜中"鱼眼"的形成及对策 [J]. 合成树脂及塑料 , 2010, (4): 56-58.

[42] 宫向英，陈雷，李林响，等.线性聚乙烯树脂晶点形成原因及质量改进 [J]. 炼油与化工 , 2020, 31: 33-36.

[43] 马东芳，陈晓东.浅析 LDPE 薄膜鱼眼的成因及解决方法 [J]. 石化技术 , 2020, 27(12): 104-105.

[44] 王文燕，马丽，任鹤.聚乙烯薄膜"鱼眼"成因分析 [J]. 合成树脂及塑料 , 2018, 35(1): 41-43.

[45] 吴希，雷佳伟，余宗蔚，等.线性低密度聚乙烯薄膜晶点问题分析及改进措施 [J]. 石化技术与应用 , 2023, 41: 126-129.

[46] 孙海涛，王涛.引发剂活性与 LDPE 生产及其产量间关系的探讨 [J]. 齐鲁石油化工 , 2003, 31(3): 240-242.

[47] 顾俊捷.偏光显微镜在纤维定性中的应用 [J]. 纺织检测与标准 , 2020, 6(04): 8-12.

[48] Zhang M, Wanke S E. Quantitative determination of short‐chain branching content and distribution in commercial polyethylenes by thermally fractionated differential scanning calorimetry [J]. Polymer Engineering & Science, 2003, 43(12): 1878-1888.

[49] 刘少成，谢侃，裴小静.国内涂覆级 LDPE 市场及应用概述 [J]. 齐鲁石油化工 , 2014, 42(2): 175-178.

[50] 罗任杰，汪钰文，黎永乐，等.PVC/LDPE 复合包装中 13 种化学物的迁移及安全评估 [J]. 包装工程工程版 , 2021, 42: 29-38.

[51] 黄虹.塑料薄膜吹塑风环技术的发展及塑料薄膜厚度的控制技术 [J]. 塑料包装 , 2004, 14(2): 33-36.

[52] Jia X, Ren J N, Fan G, et al. Citrus juice off-flavor during different processing and storage: Review of odorants, formation pathways, and analytical techniques [J]. Critical reviews in food science and nutrition, 2024, 64(10): 3018-3043.

[53] Perez-Cacho P R, Rouseff R. Processing and storage effects on orange juice aroma: a review [J]. Journal of agricultural and food chemistry, 2008, 56(21): 9785-9796.

[54] Rodrigues P V, Vieira D M, Martins P C, et al. Evaluation of active LDPE films for packaging of fresh orange juice [J]. Polymers, 2022, 15(1): 50.

[55] Souza M C C d, Benassi M, Meneghel R, et al. Stability of unpasteurized and refrigerated orange juice [J]. Brazilian Archives of Biology and Technology, 2004, 47: 391-397.

第6章
聚烯烃管材专用料

6.1 简介

与传统的铸铁管、镀锌钢管、水泥管等相比，塑料管具有节能节材、环保、轻质高强、耐腐蚀、内壁光滑不结垢、施工和维修简便、使用寿命长等优点，可广泛应用于建筑给排水、城乡给排水、城市燃气、电力和光缆护套、工业流体输送、农业灌溉等建筑业、市政、工业和农业领域。

聚烯烃管材因在耐腐蚀、耐压强度、卫生安全、使用寿命等方面具有优异性能，逐渐占据了管材应用领域的主导地位。聚烯烃管材主要由聚乙烯（PE）和聚丙烯（PP）等烯烃聚合物制成，被广泛应用于国民经济建设的各个领域，是目前发展最快的塑料管材品种。

几十年来，研究者们致力于开发更轻质、更高强度、可回收的聚烯烃材料，目前已开发出以无规共聚聚丙烯（PP-R）、均聚聚丙烯（PP-H）为主的 PP 管材专用料，和以耐开裂聚乙烯（PE100-RC）、耐热聚乙烯（PE-RT）为主的 PE 管材专用料。PP-H 管材主要适用于化工行业的腐蚀性液体输送系统；PP-R 和 PE-RT 管材则由于具有良好的热稳定性而被广泛应用于冷热水供应系统、地暖系统等；PE100-RC 管材具有优异的耐候性和长期稳定性，以及卓越的抗快速开裂扩展和抗慢速裂纹生长性能，主要用于城市给水网、集污管道、灌溉引水工程等领域。

（1）PP-R 管材专用料

无规共聚聚丙烯管材专用料是目前需求量较大的聚丙烯产品之一，是在一定温度、压力和催化剂的作用下，由丙烯单体和质量分数为 1% ～ 6% 的乙烯共聚单体无规共聚得到的聚丙烯。乙烯单体无规律地插在丙烯单体中间，影响了聚丙烯分子链的晶型排列，使聚合物的结晶度下降且无规程度增加。

与均聚聚丙烯管材专用料相比，无规共聚聚丙烯管材专用料的结晶度有所下降，同时冲击强度和透明度得到提高，被广泛用于要求低熔点和高温耐压的领域。PP-R 管材属于聚丙烯管材的第三代产品。与第一代 PP-H 管材和第二代嵌段共聚聚丙烯（PP-B）管材相比，PP-R 管材既克服了 PP-H 管材低温条件下易脆裂的缺点，又保留了其高强度、抗弯曲、耐腐蚀、无毒害等性能。同时，PP-R 管材的长期抗蠕变性能优于 PP-B 管材。

（2）PE100-RC 管材专用料

PE100-RC 管材专用料是分子量双峰分布的聚乙烯，均聚的低分子量组分提供良好的刚性和加工性能，共聚的高分子量组分提供优异的抗蠕变和力学性能。PE100-RC 管材在 20℃条件下使用 50 年后仍能保证 10MPa 的最小必须强度，而且具有优异的抗慢速裂纹生长和抗快速裂纹扩展性能。PE100-RC 管材还具有重量轻、成本低、强度高、耐腐蚀性能好等特点，广泛用作燃气输送、给排水管等压力输送管道。

（3）PE-RT 管材专用料

PE-RT 是采用乙烯与 α- 烯烃共聚合的方法，通过控制支链数量和分布得到的特殊分子结构聚乙烯。通过分子设计和聚合工艺能控制共聚单体在主链上的分布及数量，形成较多系带分子，使 PE-RT 兼具良好的柔韧性和耐热性能，适用于民用建筑冷热水管路系统、工业热介质输送系统、地板辐射采暖系统等。

随着我国低温地板辐射采暖技术的普及，PE-RT 管材市场需求不断扩大，以年均 10% 以上的速度持续增长。目前，PE-RT 树脂约 80% 主要从欧美和韩国进口，生产厂家有美国陶氏化学公司、法国道达尔石化公司、荷兰利安德巴塞尔公司、韩国 SK 公司和韩国 Daelim 公司；国内生产厂家则以中国石化和中国石油为主。

随着聚烯烃产能的释放，PP-R、PE-RT 和 PE100-RC 等高端聚烯烃管材专用料的需求量和产量将持续增加。目前进口料凭借部分成本和性能优势，在市场上仍占重要位置，未来加大自主高端聚烯烃管材专用料开发，实现进口替代，将成为管材专用料开发的重要方向。

6.2 无规共聚聚丙烯管材专用料

6.2.1 概述

在国家政策的积极推动下，我国对塑料管道产业的发展给予了高度重视。自国家针对化工建材行业发布发展规划纲要以来，我国的塑料管道产业迎来了突破性的发展，实现了质的飞跃。目前，我国的建筑供水、热水供应以及采暖系统中有超过 85% 的管道已经采用塑料材质，其中以无规共聚聚丙烯管居多。这一转变标志着我国在全球塑料管材生产和应用领域中已处于领先地位，且该行业持续保持着稳健的增长态势。

聚丙烯管材专用料按照聚合方式可分为均聚聚丙烯（PP-H）管材专用料、嵌段共聚聚丙烯（PP-B）管材专用料和无规共聚聚丙烯（PP-R）管材专用料三大类。

均聚聚丙烯管材专用料的分子量高、熔体流动速率低，且具有优良的耐化学性、耐高温性以及良好的抗蠕变性，广泛用于钢铁冶金、石油化工、电子、药品、食品、半导体等工业领域。

嵌段共聚聚丙烯管材专用料属于抗冲共聚物，具有良好的韧性、抗腐蚀性能和耐磨性能，在较宽的温度范围内（−20 ～ 40℃）力学性能良好。制成的管材连接安装方式简单可靠，适合我国北方的寒冷气候，可很好地弥补无规共聚管材的不足和市场空缺，广泛应用于制备建筑给排水管道。新型的高模量嵌段共聚聚丙烯管材专用料不仅具有更高的模量，而且能保持优异的抗冲性能，能高质量地应对苛刻的埋地排水排污环境，还可以生产更大口径的管道，具有优异的长期耐用性能。因此高模量嵌段共聚聚丙烯管材专用料在市场上极具竞争优势。

无规共聚聚丙烯管材专用料是目前需求量较大的聚丙烯产品之一。其无规共聚聚丙烯管材的性能特点如下[1]：

① 耐温性　PP-R 管可以在 70℃的温度下长期使用，短期可承受高达 95℃的热水。

② 耐压性　在长期压力为 1MPa 的条件下，PP-R 管的使用寿命可达 50 年。

③ 耐腐蚀性　PP-R 管对于大多数酸碱盐类化学物质具有良好的抗腐蚀性能。

④ 高韧性　PP-R 管即使在较低的温度下也能保持优异的韧性，可避免低温脆性导致的破裂问题。

⑤ 卫生性　PP-R 管符合饮用水卫生标准，适用于食品接触。

⑥ 连接方式　PP-R 管采用热熔接技术，连接牢固且不会渗漏。

无规共聚聚丙烯管材广泛应用于以下领域：

① 冷热水管道系统　包括住宅和商业建筑内的饮用水管、热水器连接管等。

② 供暖系统　作为暖气管道，在地板辐射供暖系统中有广泛应用。

③ 工业用途　如食品加工、化工等领域中的液体输送管道。

6.2.2　无规共聚聚丙烯的技术特点

为了满足管材实际使用需求和标准规定，对无规共聚聚丙烯树脂的技术要求如下：

（1）树脂分子量要足够大

PP-R 管材主要用于市政及家居冷热水水管中，需长期处于带压环境，在长期负荷作用下将产生蠕变。如果在制作过程中管材内部存在某种微小裂纹，那么这些小裂纹会在蠕变过程中慢慢扩展并逐渐变大，最终导致管材断裂。初始的微裂纹存在于非晶相中，也在非晶相中扩展，扩展快慢和结晶相的晶粒多少、大小以及晶粒间联系紧密程度有关。显然，晶粒多且小，裂纹扩展时遭遇阻挡就多；如晶粒之间有许多连接点，那么裂纹扩展就更困难。晶粒间的连接可依赖于"系带分子（tie mole-cule）"。所谓系带分子即一个大分子链，由于其链较长，可以进入若干个片晶中，这样大分子链就可以把几个晶粒联系在一起，形成一个网络体系。树脂的平均分子量愈大，特别是存在很高的分子量级分，系带分子就愈多。因此，分子量大有利于提高管材韧性，其中很重要的一点是让系带分子增多，加强阻止裂纹扩展的能力。

（2）必须用少量乙烯（3%～4%）或其它 α-烯烃共聚

共聚的目的是破坏大分子链的规整性，以降低其结晶度，减薄片晶厚度，降低结晶的熔点，还可降低玻璃化转变温度。若系带分子的大分子链上存在较长的支链，将使其更难从片晶中拔出，其抵制裂纹扩展的作用更大。

（3）分子量分布应稍宽

分子量分布宽有利于系带分子的产生，也有利于提高剪切速率对剪切黏度的敏感性，使原本分子量很高的树脂加工性能得到改进，有利于挤出成型。分子量分布最好在

5～6 之间。PP-R 的熔体流动速率较低，一般熔体流动速率在 0.5g/10min 以下，通常在 0.3g/10min 左右。在聚丙烯生产装置的挤出造粒以及下游用户生产管材的过程中，其熔体流动性较差，可能在挤出机内出现降解，从而影响管材质量。因此，要求 PP-R 具有较宽的分子量分布，其低分子量部分可提高其加工性能，超高分子量部分作为"系带分子"可防止管材开裂，并增加其冲击强度。

（4）较高的冲击强度

PP-R 管材主要用于带压的冷热水管，管材的运输、施工安装及后期防冻方面均对其冲击强度提出了较高要求。因此，虽然 GB/T 12670—2008 中仅要求管材专用 PP-R 的常温（23℃）简支梁缺口冲击强度大于 25kJ/m²，但实际上市场对 PP-R 专用料的冲击强度要求是越高越好。

6.2.3 聚合工艺对管材专用料性能的影响

6.2.3.1 主催化剂对共聚反应的影响

催化系统是决定共聚物结构的关键因素，其中催化剂的对称性和电子特性对聚合过程有显著影响。不同催化系统之间的反应速率差异巨大，因此在生产过程中，通过精确控制催化系统可以有效调节产品的组成和乙烯单元在共聚物中的分布。在丙烯与乙烯共聚反应中，主催化剂扮演着至关重要的角色。

理想的丙烯聚合催化剂应当具备若干关键特性，包括高催化活性、卓越的立体选择性、可调控分子量分布、细小的平均粒径以及良好的聚合物颗粒形态。在催化剂的研发进程中，第四代基于 $TiCl_4$、以 $MgCl_2$ 为载体、以二酯类物质为内给电子体、以烷基硅氧烷为外给电子体的齐格勒-纳塔催化剂被选中作为高性能聚丙烯的催化剂。这种 $MgCl_2$ 负载型催化剂之所以表现出更高的活性，主要归因于其表面活性中心数量的增加，以及聚合链增长的稳定性。在此结构中，钛化合物通常被锚定在载体表面，使 $MgCl_2$ 晶体的表面富含钛活性中心。共聚产物呈现出良好的化学性质，并且覆盖了催化剂颗粒，这些颗粒具有较大的粒径和均匀的球形度。此外，该催化剂还可以形成具有高比表面积和高孔隙率的微米球形粒子，利用扩散键合技术可以实现无规共聚物的均匀共轭分布。催化剂中的 Ti 活性中心对于催化乙烯和丙烯等的聚合反应具有显著效果。在此类反应中，过渡金属的氧化态对单体的反应起着决定性作用。通过避免活性中心金属原子的过度还原，可以降低共聚产物中不规则结构的含量。

综上所述，通过精确控制催化剂的化学环境和氧化态，可以优化共聚物的微观结构，从而获得具有更佳性能的聚合物产品。这对于提升聚合物材料的市场竞争力和应用范围具有重要意义。

6.2.3.2 给电子体的影响

通常，在合成催化剂的过程中添加的电子给体被称为内给电子体，而在烯烃聚合系统中添加的电子给体则被称为外给电子体。内给电子体能提升催化剂的催化活性。然而，仅依靠内给电子体来改善催化剂系统的性能并不充足。为了进一步增强 $MgCl_2$ 负载型催化体系的立体定向性能，聚合过程中还需添加外给电子体。不同类型的外给电子体对催化剂的活性、立体选择性以及产物的分子量分布会产生不同的影响。一般认为，外给电子体在催化体系中发挥着至关重要的作用，如能增加同位素链的增长速率，并促使活性中心从随机分布转向定向分布。内外给电子体的协同效应对于实现理想的聚合效果至关重要。

可选择环氧硅烷作为外给电子体。对环氧硅烷的结构有如下要求：

① 许多小型环氧化物需要含有环氧乙基或环氧丙基。

② 环氧硅烷的体积不应过大。

因此，理想中的环氧硅烷应具备较低的结构复杂性、多个环氧基团以及较大的烷基，以优化催化活性和立体选择性。

6.2.3.3　共聚单体的影响

在烯烃聚合时，不同的共聚单体对结构有不同的影响。共聚聚合速率随着双键附近位阻的增大而降低，因此，会影响共聚物的平均组成和基体结构。其他共聚单体的加入，也会对催化效果产生重要影响。人们通常认为，在乙烯进入聚合反应中后，丙烯能够更快地聚合，并提出了一个不均匀的动力学传播模型，来解释聚合效率的反常增加。

6.2.3.4　催化剂体系的控制

聚烯烃生产过程中通常要控制两个关键参数：一个是助催化剂与主催化剂的摩尔比；另一个是助催化剂与给电子体的摩尔比。

在生产 PP-R 无规共聚物时，需要确保产品的生产稳定性和性能。一方面，通过降低铝硅比（即增加外给电子体的添加量），来提升产品的立构规整性，减少粉末的附着力，同时降低产品的刚度。另一方面，调节催化剂的初始活性至一个适中水平，可以确保乙烯能够参与反应，保持设备运转的稳定性。

6.2.3.5　无规共聚物的组成分布

由于钛催化体系包含了多个活性中心，这些不同的活性中心在聚合过程中产生了均聚和共聚反应的竞争速率的差异，导致生成的共聚物中存在着不同的序列链段分布。因此，无规共聚物在其分子结构中的分布是不均匀的。生产的共聚物不仅具有分子量分布和序列分布，还具有化学组成分布。

即使共聚物的平均成分相同，组成分布的差异也会对其结构特性产生影响。因此，研究聚丙烯无规共聚物的微观结构特征时，不仅要关注树脂的一般成分和序列构成，还必须考虑成分与结构之间的多分散性。淋洗分级法通常用来进一步深入研究共聚物的组成分布。

6.2.3.6　氢气对 PP-R 熔体流动速率的影响

熔体流动速率（MFR）是聚丙烯产品质量控制的一个重要指标，并且也是制定加工工艺时的重要参考数据。

为了实现 PP-R 产品质量的实时监控，并对产品牌号切换过程进行优化控制，研究氢气用量与 PP-R 的 MFR 之间的关系至关重要。氢气因其显著的链转移作用而被用作 PP-R 的分子量调节剂。通过调整反应器中的氢浓度，可以控制聚合物的分子量。实际上，氢气用量的变化会直接影响 PP-R 的 MFR，不同牌号的 PP-R 对氢气的需求量也有很大差异。加氢有助于提高丙烯的聚合速率，尤其是初始聚合速率，可根据 PP-R 管材专用材料的综合性能和使用要求，将 MFR 控制在 0.2g ～ 0.3g/10min 范围内。

6.2.3.7 毒物对催化剂活性的影响

在 PP-R 生产过程中，反应不稳定和产量低下的主要原因通常是丙烯原料中含有杂质。即使是微量的杂质也会降低催化剂的活性，导致催化剂的活性中心中毒失活。对于高效催化剂，尽管其活性成分（如 $TiCl_4$）只占催化剂总质量的 1% ～ 3%，但它对反应介质中的微量杂质却极为敏感，容易中毒并失去活性，从而使反应终止。如果原料中的杂质含量较高，还会对产品质量产生不利影响。因此，对原料进行精制处理是必要的。

（1）硫对催化效率的影响

硫（包括有机硫和无机硫）能迅速终止 PP-R 的聚合反应，是丙烯中极为有害的杂质。当硫含量较高时，催化活性下降，导致单釜催化剂投入量增大、产品质量变差、产量降低、粉料结团，严重时会粘釜甚至不发生反应。特别是当采用高效催化剂时，对原料的要求更为苛刻。图 6-1 为丙烯中的硫含量对催化效率的影响。从图 6-1 可以看出，随着丙烯中硫含量的增加，聚合反应的总催化效率逐渐下降，当丙烯中的硫含量超过 5μg/g 时，催化效率降到了 60% 以下。

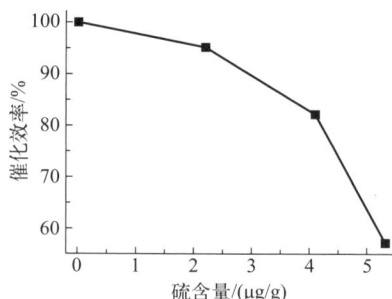

图 6-1 丙烯中的硫含量对催化剂效率的影响

（2）CO 对催化效率的影响

CO 极易和催化剂中的钛活性中心络合，引起催化剂的永久失活，CO 对聚合反应有瞬间阻聚作用。所以，精制工段应严格控制原料丙烯中 CO 的含量。图 6-2 为丙烯中的 CO 含量对催化效率的影响。从图 6-2 可以看出，丙烯中的 CO 含量和催化效率成反比。当丙烯中的 CO 含量超过 80μL/L 时，催化效率降到了 20% 以下，催化剂的活性明显下降。这是因为 CO 会与主催化剂 $TiCl_4$ 及助催化剂（如三乙基铝）发生化学反应，从而消耗过多的催化剂。

（3）水对催化效率的影响

水不仅可以与催化剂的钛活性中心发生反应，还能与三乙基铝（TEA）发生反应，从而使水对主催化剂活性的影响变小。在工业生产中，丙烯中水含量超标时，增大助催化剂用量，能使主催化剂的活性基本维持正常，但这将导致产品灰分含量提高、催化剂单

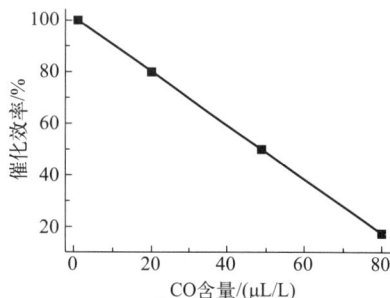

图 6-2 丙烯中 CO 含量对催化剂效率的影响

耗增加、产品质量下降。图 6-3 为丙烯中的水含量对催化效率的影响。从图 6-3 可以看出，随着丙烯中水含量的增加，催化效率逐渐降低，当水含量达到 38μg/g 时，催化效率降到了 50% 以下。

（4）砷对催化效率的影响

砷是丙烯聚合反应中极其有害的杂质，对聚合催化剂的活性影响十分严重，它可与钛活性中心反应，引起中毒，造成催化剂的永久性失活。随着 PP 工业中高效催化剂的应用，对丙烯原料中砷含量的要求变得更加严格。图 6-4 为丙烯中的砷含量对催化效率的影响。从图 6-4 可以看出，当丙烯中的砷含量达到 18μg/g 时，催化效率可降至 40% 左右。

为了降低杂质含量，通常丙烯在进入聚合釜前须经过精制。另外，在聚合釜内加入一定量的活化剂也能去除一些杂质。表 6-1 为聚合级丙烯规格。在原料丙烯中，一氧化碳、硫、水、砷等杂质对主催化剂的活性影响最大[2]。

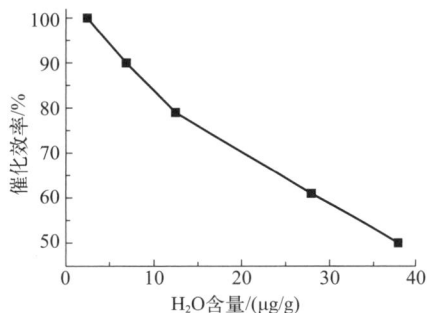

图6-3　丙烯中水含量对催化剂效率的影响

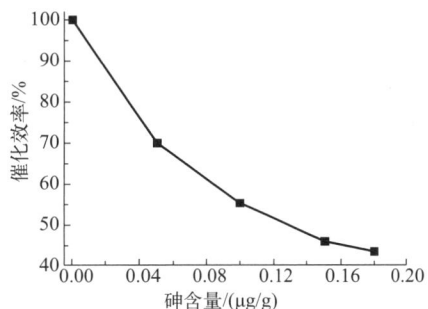

图6-4　丙烯中砷含量对催化剂效率的影响

表 6-1　聚合级丙烯规格

项目	含量/%	项目	含量/%
丙烯	≥99.6	O_2	≤0.2×10^{-3}
丙烷	≤0.5	砷	≤0.3×10^{-5}
CO	≤0.3×10^{-4}	硫	≤0.1×10^{-3}
CO_2	≤0.5×10^{-3}	水	≤0.2×10^{-3}

6.2.3.8　MFR 对催化剂活性的影响

图 6-5 显示了催化剂活性与 PP-R 的 MFR 的关系[2]。由图可见，随着催化剂活性的提高，MFR 亦相应增加。因此，在生产高 MFR 值的 PP-R 时，由于催化剂活性较高，其消耗量会降低。在实际生产中，通过增加反应体系中氢气（H_2）的浓度可以提升催化剂的活性，进而减少催化剂的使用量。当催化活性有所下降时，可以从以下两个方面着手提升催化剂的活性：

① 加强原料精制控制，提高丙烯的质量。经过精制的丙烯原料可以去除硫、一氧化碳（CO）、砷、水等杂质，确保了各种杂质含量均控制在聚合级丙烯的标准范围内，以满足生产要求。

② 加强生产过程的控制。当生产不稳定时，主要通过加强原料杂质含量的分析和检验来控制杂质水平，并及时调整操作和参数；同时，与原料稳定状态进行对比分

析，迅速识别导致杂质超标的原因，并减少这些因素给生产带来的波动。助催化剂与主催化剂的比例（Al/Ti 比）对催化剂活性有显著影响：过低的 Al/Ti 比不能提供足够的催化活性，而过高的 Al/Ti 比则可能导致主催化剂被过度还原，反而降低了催化活性。

6.2.3.9 乙烯含量对 PP-R 熔点的影响

高聚物的结晶性由其分子链结构决定，分子链的规整性越高越容易结晶。当乙烯-丙烯无规共聚时，其性能会发生较大变化。由于乙烯的无规则引入改变了 PP-R 主链甲基的排列方式，使主链内旋转位阻减小，分子链柔顺性增加，导致结晶度和熔点降低。

图 6-6 为乙烯含量对 PP-R 熔点的影响[2]。从图 6-6 可以看出，乙烯含量越高，PP-R 的熔点越低。三种不同乙烯含量 PP-R 样品的熔点如表 6-2 所示。

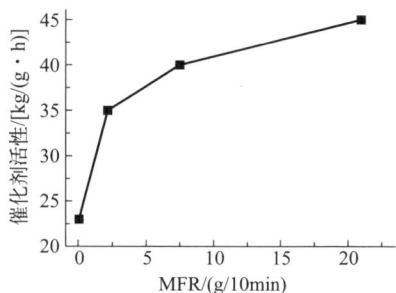

图 6-5　MFR 与催化剂活性的关系

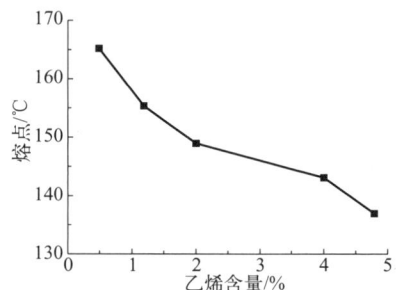

图 6-6　乙烯含量对 PPR 熔点的影响

表 6-2　PP-R 样品的乙烯含量和熔点

样品	PP-R 1号	PP-R 2号	PP-R 3号
乙烯含量（质量分数）/%	4.8	4.2	3.5
熔点/℃	141.2	143.9	144.5

从表 6-2 可以看出，随乙烯含量的降低，熔点升高。

Hypol 工艺装置有四个反应器，为生产乙烯无规分布的 PP-R，应对每个反应器的乙烯加入量进行实时调整。当少量乙烯与丙烯共聚时，聚合速率得到显著提高。共聚物的微观结构与各单体反应的竞聚率有关。由于少量乙烯共聚丙烯的竞聚率大于 1，所以共聚时易生成乙烯嵌段共聚物。但只要乙烯加入量在一定范围内，加入少量的乙烯就可以制备乙烯无规分布的共聚物。

PP-R 管材专用料中乙烯的含量对其综合性能具有显著影响。如果乙烯含量过低，PP-R 管材的刚性会提高，但韧性会不足，这会导致管材的耐慢速裂纹开裂性能下降，进而影响管材的使用寿命。相反，如果乙烯含量过高，则 PP-R 的韧性会增加，但其强度会降低，导致管材的耐压强度不足。因此，合理控制 PP-R 管材专用料中的乙烯含量至关重要。

在 PP-R 的生产过程中，需要准确确定聚合反应时乙烯的加入量，并通过聚合装置上的乙烯进料泵精确控制乙烯的加入。通过四个反应釜同时添加乙烯，保持乙烯的加入量在 3.5% ～ 3.8% 之间，就可以生产出熔点低于 146℃的 PP-R 管材专用料。

6.2.4　无规共聚聚丙烯管材专用料工业化生产及认证

目前，国内具备 PP-R 生产能力的企业已有十多家，但市场认可度较高的不多。国内认可度较高的管材专用 PP-R 生产企业及相应的生产工艺见表 6-3[3]。

表6-3 国内管材专用料的典型生产企业情况

典型企业	牌号	聚合工艺路线	产能/(kt/a)
大庆炼化	PA14D	巴塞尔的Spheripol本体-气相组合工艺	300
	PA14D-2	巴塞尔Spherizone气相法工艺	300
徐州海天石化	PA14D	巴塞尔的Spheripol本体-气相组合工艺	200
燕山石化	PPR4220	三井油化的Hypol本体-气相组合工艺	40
	PPR4400	英力士的Innovene气相法	120
独山子石化	T4401	英力士的Innovene气相法	120
茂名石化	T4401	英力士的Innovene气相法	200

注：大庆炼化为中国石油天然气股份有限公司大庆炼化分公司；徐州海天石化为徐州海天石化有限公司；独山子石化为中国石油天然气股份有限公司独山子石化分公司；茂名石化为中国石化茂名分公司；巴塞尔为利安德巴塞尔工业公司；三井油化为日本三井油化公司；英力士为英国英力士公司。

6.2.4.1 无规共聚聚丙烯管材专用料 PA14D

大庆炼化的无规共聚聚丙烯管材专用料 PA14D 采用巴塞尔公司的 Spheripol-Ⅱ液相本体法工艺技术生产，通过乙烯-丙烯无规聚合稳定控制技术，实现了管材专用料的力学性能和加工性能之间较好的平衡，并实现了高负荷、无降解、无粘连母粒生产。

（1）基础性能

PA14D 与进口和国产同类样品的对比分析结果见表 6-4。

表6-4 基础性能

项目	PA14D			国产同类样品	进口同类样品
	R-1-1	R-1-2	R-1-3		
熔体流动速率/(g/10min)	0.25	0.25	0.25	0.26	0.23
密度/(g/cm³)	0.8982	0.8982	0.8980	0.8981	0.8982
熔流比	112	116	120	111	116
拉伸强度/MPa	39.2	37.6	39.6	39.5	39.1
断裂伸长率/%	740	744	744	780	748
拉伸屈服应力/MPa	21.4	21.8	21.8	20.5	23.1
弯曲模量/MPa	851	878	839	769	881
缺口冲击强度(23℃)/(kJ/m²)	46.5	47.1	46.9	37.5	48.9
灰分/%	0.029	0.016	0.029	0.030	0.012
氧化诱导期/min	112	111	106	105	79
结晶度/%	26	32	31	31	32

注：R-1-1、R-1-2、R-1-3为PA14D的三个批次产品。

从表 6-4 的数据可以看出：三个批次的熔体流动速率、密度、熔流比、悬臂梁冲击强度等性能稳定性较好；与进口和国产同类样品比较，冲击强度和弯曲模量明显高于国内同类样品，稍低于进口同类样品，这主要与分子量、乙烯含量及序列结构的差异有关；从氧化诱导期数值来看，PA14D 的时间较长，表明抗氧化体系比较稳定。

（2）分子链结构核磁共振谱（NMR）分析

通过 ^{13}C-NMR 谱分析得到的 PA14D 与同类样品的链结构序列分布如表 6-5 所示。

表6-5　管材专用料的核磁分析数据

项目		PA14D	国产同类样品	进口同类样品
$w(P)/\%$		96.1177	96.6573	96.4219
$w(E)/\%$		3.8823	3.3427	3.5781
共聚物的序列结构	$y(PPE)/\%$	0.8459	0.7580	0.86757
	$y(EEP)/\%$	1.2350	1.2530	1.1930
	$y(EEE)/\%$	0.3312	0.4294	0.3525
	$y(EEP)/\%$	0.8962	0.5530	1.1930
	$y(PEP)/\%$	3.8750	3.5320	3.7800
	$y(PPP)/\%$	93.8520	95.415	93.8070

注：w—质量分数；y—摩尔分数；P—丙烯单元；E—乙烯单元。

PA14D 的 $w(E)$ 较同类样品有明显提高，且较稳定，使得产品的抗冲击性能得到显著改善，提高了专用料的长期使用性能。从三单元序列结构可以看出，PA14D 样品的 $y(EEE)$ 为 0.3312%，表明乙烯长链数量减少，与国产同类样品的 $y(EEE)$ 相当。EEE 序列可能含有四单元、五单元甚至更长的乙烯链段结构，EEE 结构对提高冲击强度虽然有一定的贡献，但对产品刚性有一定的负面影响。对比国产同类样品的 PEP 组分含量（3.532%，摩尔分数），PA14D 产品的 PEP 含量有较大的改善，其 PEP 含量达到了 3.875%（摩尔分数），说明乙烯分布较好。

（3）分子链结构红外光谱（IR）分析

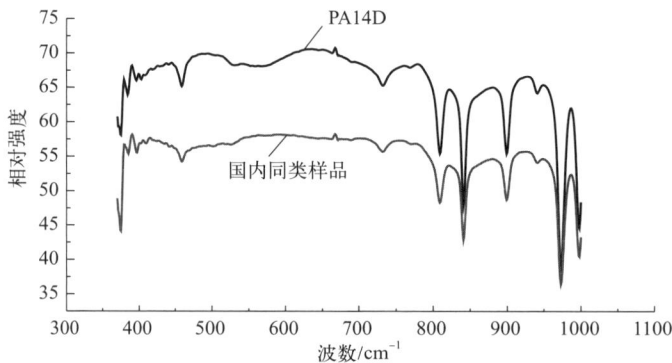

图6-7　PA14D 和国产同类样品的 IR 谱图

样品的红外光谱如图 6-7 所示，国产同类样品和 PA14D 在 997cm^{-1}、895cm^{-1} 和 840cm^{-1} 等处都出现了一系列尖锐的中等强度的吸收峰，这些吸收峰与聚丙烯分子链的螺旋状排列结构有关，证明了聚丙烯的等规结构。

乙丙无规共聚聚丙烯在 733cm^{-1} 或 731cm^{-1} 处有吸收峰，乙丙嵌段共聚聚丙烯在 719cm^{-1} 处有吸收峰。乙烯链段长短不同时，吸收峰的位置会在 740 ~ 700cm^{-1} 区间发生位移。在无规共聚物中，乙烯分子是单个插入到丙烯链段中的，其红外光谱图中在 740 ~ 700cm^{-1} 区间内应只含有 733cm^{-1} 或 731cm^{-1} 处的峰，即丙烯链段与乙烯分子可能以头 - 头或头 - 尾两种方式相接。若出现 721cm^{-1} 处的峰，则说明在无规共聚物中存在一定量的乙烯长链。而嵌段共聚物的红外谱图中在上述区间内则只在 719cm^{-1} 处有吸收峰，即乙烯分子是以聚乙烯长链的形式与丙烯链段共聚的。PA14D 在 733cm^{-1} 附近有一个无规共聚物的特征吸收峰，在 721cm^{-1} 和 719cm^{-1} 附近处没有吸收峰，说明 PA14D 中有单个插入聚丙烯链段的乙烯单元存在，没有乙烯长链存在。

（4）分子量及其分布分析

表 6-6　产品的分子量及其分布

材料	$M_n/(\times 10^4)$	$M_w/(\times 10^4)$	分子量分布
进口同类样品	15.5687	59.3597	4.60
国产同类样品	13.4521	54.7694	4.07
PA14D R-1-1	15.1466	54.1616	4.18
PA14D R-1-2	14.3511	56.1104	4.21
PA14D R-1-3	13.1227	51.2085	4.15

从表 6-6 中可以看出，PA14D 的分子量与国产同类样品基本相当，而分子量分布介于国产同类样品和进口同类样品之间。

（5）结晶行为分析

表 6-7　产品的热性能

材料		熔点/℃	结晶度/%	结晶温度/℃
国产同类样品		144.5	33.0	101.2
进口同类样品		142.5	32.0	99.1
PA14D	R-1-1	143.1	29.0	99.9
	R-1-2	143.6	32.0	100.5
	R-1-3	143.7	31.0	99.9

从表 6-7 中的数据可以看出：三个批次 PA14D 专用料的结晶度的平均值均低于国产同类样品和进口同类样品；PA14D 的熔点和结晶温度均介于国产同类样品和进口同类样品之间。

（6）流变性能

PP 管材专用料的熔体流动速率较低、分子量较大，而为提高管材生产能力，必须要有较快的挤出速度，这就要求材料要有好的熔体流动性。熔体的黏度与分子量以及分子量分布有直接关系，分子量升高，熔体黏度变大，流动性下降。对 PA14D、进口同类样品做了毛细管流变实验，具体结果可见图 6-8。

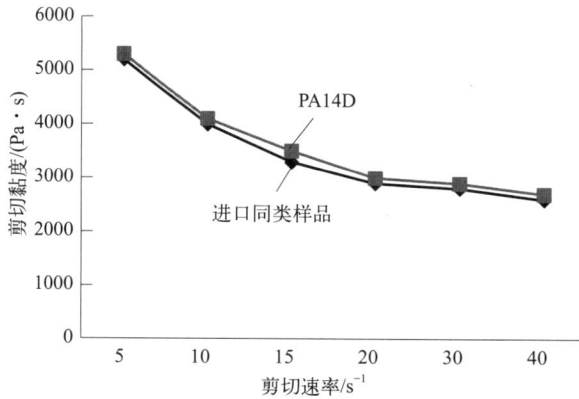

图 6-8　220℃条件下剪切速率 – 剪切黏度的关系

从图 6-8 可知：在温度为 220℃时，PA14D 和进口同类样品的剪切速率 - 剪切黏度的变化趋势相似，且数值较为接近；在低剪切速率区，随剪切速率的增加，剪切黏度下降较快；剪切速率超过 $15s^{-1}$ 后，剪切黏度变化较小。因此，PA14D 或进口同类样品的加工剪切速率应高于 $15s^{-1}$。

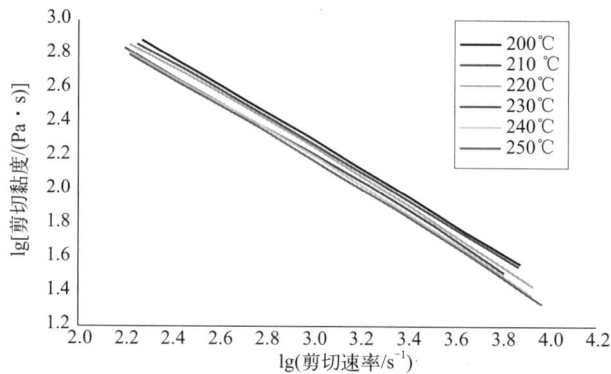

图 6-9　不同温度条件下剪切速率与剪切黏度的关系（见文后彩图）

由图 6-9 的不同温度下剪切速率与剪切黏度对数曲线可知：在相同的剪切速率下，剪切黏度与温度间存在着较强的依赖关系，随着温度增加，剪切黏度逐渐降低。在低剪切速率区剪切黏度较高，进入高剪切速率区时剪切黏度下降较快。这可能是由于 PP-R 在低温时分子缠结结构的破坏与形成同时存在，分子弹性很大；当温度超过一定值后，链段的活动能力增加，分子间作用力减弱，分子缠结结构被破坏的速度已增大到远远大于其形成的速度，分子弹性下降，黏度降低。温度进一步升高对缠结结构的破坏与形成的平衡已没有更大的作用。

（7）管材挤出试验

对 PA14D 专用料的挤出加工性能进行了考察，在 $\phi 65mm$ 管材挤出机组上进行了 $\phi 32mm \times 2.9mm$、$\phi 32mm \times 3.6mm$ 两个规格管壁的管材成型试验。根据试验结果，确定了适宜的管材挤出加工工艺条件（见表 6-8）。试验表明，在此条件下挤出稳定，管材外观性能良好。

表6-8 加工工艺条件

专用料	熔体温度/℃	熔体压力/MPa	主机转速/(r/min)	牵引速度/(m/min)	产品规格/mm
进口同类样品	230	32	63	0.68	φ32×2.9
	230	33	67	0.66	φ32×3.6
PA14D	230	50	63	0.67	φ32×2.9
	230	50	67	0.66	φ32×3.6

对管材进行了常规的物理性能检测，两种专用料制备的管材均通过了标准要求，检测结果见表6-9。

表6-9 管材的物理性能

项目	ISO/DIS15874标准要求	进口同类样品	PA14D
外观	管材内外壁光滑、平整，不许有裂纹、气泡、分解颜色或明显沟槽、凹陷、杂质、划痕，切口基本垂直于管材轴线	合格	合格
纵向伸长率/%	≤2.0	1.2	0.62
熔体流动速率（230℃，2.16kg）/(g/10min)	≤0.5，管材与原料之差不超过30%	合格	0.27，合格

（8）管材爆破试验

对由PA14D和进口同类样品制备的φ32mm×2.9mm管材进行了爆破试验，试验结果见表6-10和图6-10。

表6-10 由两种专用料制备的φ32mm×2.9mm管材爆破试验

专用料	最小壁厚/mm	爆破压力/MPa	备注
PA14D	2.62	4.324	1个韧性断裂、4个脆性断裂
进口同类样品	2.73	4.268	5个脆性断裂

PA14D管材（图6-10中下面的管）的爆破压力较进口同类样品管材（图6-10中上面的管）的略高，并且有1个试样破口呈韧性断裂，表现出较好的韧性。

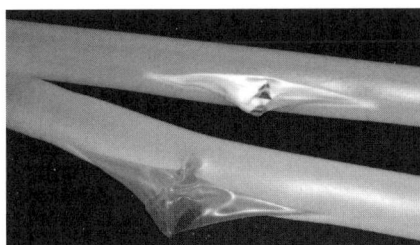

图6-10 PA14D管材的静液压爆破图

（9）管材静液压试验

根据GB/T 18742.3—2017对PA14D和进口同类样品两种专用料加工的φ32mm规

格管材进行了静液压试验，结果见表6-11。

表6-11 由两种专用料加工的 ϕ32mm 管材耐静水压性

项目	最小壁厚/mm	静液压应力/MPa	测试结果	结论
进口同类样品	2.68	3.8	未破裂	通过
	2.47		未破裂	
	2.97		未破裂	
	3.00		未破裂	
	2.89		未破裂	
PA14D	2.74	3.8	未破裂	通过
	2.53		未破裂	
	2.51		未破裂	
	2.89		未破裂	
	2.74		未破裂	

注：温度为95℃，时间为165h。

测试结果表明，PA14D 通过了 165h 的耐静液压试验，五个试样在静液压应力 3.8MPa、时间 165h 的条件下无破裂。

6.2.4.2　无规共聚聚丙烯管材专用料 PA14D-2

大庆炼化 PA14D-2 利用巴塞尔公司先进的 Spherizone 聚丙烯工艺生产，采用不对称乙烯无规分布技术，并协同聚合温度分段循环控制技术，实现了聚合物类似"洋葱"状的均匀混合，使专用料形成了类似"钢筋 - 混凝土式"的聚集态结构。该聚合物既具有高强度又具有好的抗蠕变性能，产品综合性能较好。

（1）基础性能

将 PA14D-2 与进口同类样品和国产同类样品进行了对比分析，结果见表6-12。

表6-12 基础性能

项目	PA14D-2	国产同类样品	进口同类样品
熔体流动速率/(g/10min)	0.28	0.26	0.23
密度/(g/cm³)	0.8980	0.8981	0.8982
熔流比	118	111	116
拉伸强度/MPa	38.2	39.5	39.1
断裂伸长率/%	680	780	748
弯曲模量/MPa	684	769	881
缺口冲击强度(23℃)/(kJ/m²)	40.2	37.5	48.9
灰分/%	0.028	0.030	0.012

与进口和国产同类样品比较，PA14D-2 的熔体流动速率和熔流比较高，常温冲击强度介于两者之间，弯曲模量较低，这与 PA14D-2 的分子量、乙烯含量及序列结构的差

异有关。

（2）分子链结构核磁共振谱（NMR）分析

通过 ^{13}C-NMR 谱分析得到了进口、国产同类样品及 PA14D-2 的链结构序列分布，如表 6-13 所示。

表6-13　PPR管材专用料分子链结构序列分布

项目	PA14D-2	国产同类样品	进口同类样品
w(P)/%	94.42	96.6573	96.4219
w(E)/%	5.58	3.3427	3.5781
y(PPE)/%	8.91	0.758	0.86757
y(EEP)/%	0.78	1.253	1.193
y(EEE)/%	0.01	0.4294	0.3525
y(EEP)/%	0.78	0.553	1.193
y(PEP)/%	3.79	3.532	3.78
y(PPP)/%	85.96	95.415	93.807

注：w—质量分数；y—摩尔分数；P—丙烯单元；E—乙烯单元。

PA14D-2 的 w(E) 含量较高，为 5.58%，显著提高了材料的冲击强度。同时，PA14D-2 样品中的 y(EEE) 为 0.01%，明显低于同类样品，表明 PA14D-2 是典型的无规共聚聚丙烯产品。

（3）分子链结构红外光谱（IR）分析

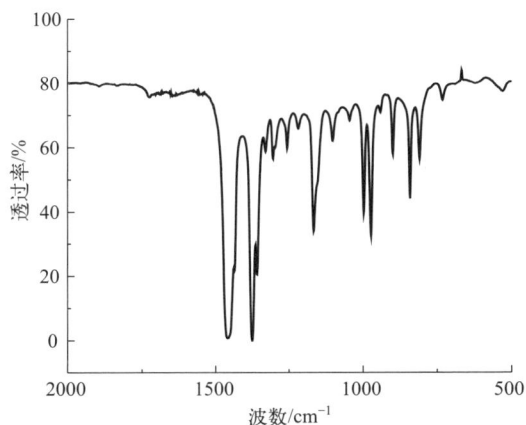

图6-11　PA14D-2的IR图谱

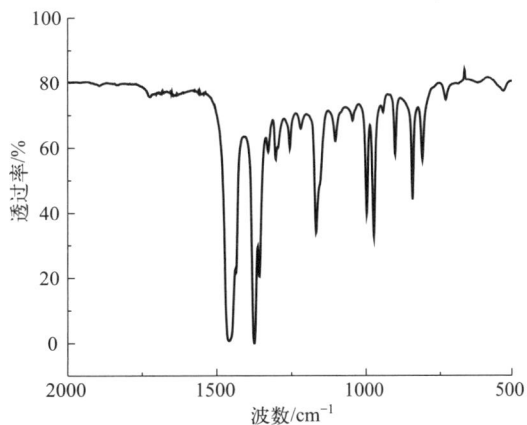

图6-12　进口同类样品的IR图谱

样品的红外光谱如图 6-11 和图 6-12 所示，PA14D-2 和进口同类样品在 1167cm^{-1}、997cm^{-1}、895cm^{-1} 和 840cm^{-1} 等处都出现了特征吸收峰，这些特征峰证明分子链中具有聚丙烯的等规结构。PA14D-2 在 733cm^{-1} 附近处出现了无规共聚物的特征吸收峰，而在 721cm^{-1} 和 719cm^{-1} 附近处没有出现吸收峰，这表明 PA14D-2 中含有无规共聚的乙烯单体，不存在乙烯长链。

（4）分子量及其分布分析

表6-14 产品的分子量及其分布

材料	$M_n/(\times 10^4)$	$M_w/(\times 10^4)$	分子量分布
PA14D-2	12.2704	65.4014	5.33
进口同类样品	12.7202	68.8167	5.41
国产同类样品	11.9225	62.3545	5.23

从表6-14中可以看出，与国产同类产品相比，PA14D-2分子量基本相当，但其分子量分布稍宽，有利于改善产品的加工性能。

（5）结晶行为分析

表6-15 产品的热性能

材料	熔点/℃	结晶度/%	结晶温度/℃
PA14D-2	141.1	29.0	99.2
国产同类样品	142.5	32.0	99.1
进口同类样品	144.5	33.0	101.2

从表6-15中数据可以看出：PA14D-2的熔点和结晶度均低于国产和进口同类样品，结晶温度介于国产和进口同类样品之间。

（6）流变性能

对PA14D-2和进口同类样品做了毛细管流变实验，结果见图6-13。

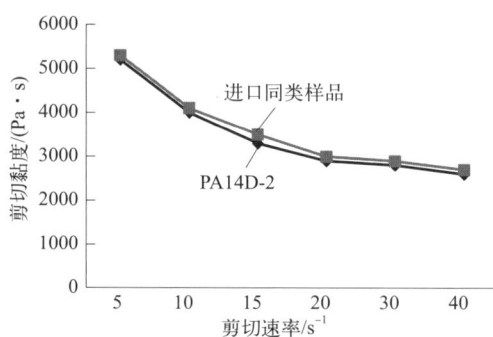

图6-13 220℃条件下剪切速率-剪切黏度的关系

由图6-13可知：当温度维持在220℃时，PA14D-2与进口同类产品展现出了类似的剪切速率与剪切黏度的变化趋势，且数值较为接近；在低剪切速率区，随着剪切速率的上升，剪切黏度减小较快；然而当剪切速率超过 $15s^{-1}$ 之后，剪切黏度的变化趋于平缓。基于这一现象，建议PA14D-2的加工剪切速率应设定在高于 $15s^{-1}$，以便获得更稳定的流变性能。

（7）管材挤出试验

对PA14D-2专用料的挤出加工性能进行了考察，在 $\phi65mm$ 管材挤出机组上进行了 $\phi32mm\times2.9mm$、$\phi32mm\times3.6mm$ 两个规格管壁的管材成型试验。根据试验结果，确定了适宜的管材挤出加工工艺条件（表6-16）。试验表明，在此条件下挤出稳定，管材外观性能良好。

表6-16 加工工艺条件

专用料	熔体温度/℃	熔体压力/MPa	主机转速/(r/min)	牵引速度/(m/min)	产品规格/mm
进口同类样品	230	32	63	0.68	$\phi32\times2.9$
	230	33	67	0.66	$\phi32\times3.6$
PA14D-2	230	32	63	0.68	$\phi32\times2.9$
	230	34	67	0.66	$\phi32\times3.6$

（8）管材爆破试验

对由PA14D-2和进口同类样品制备的$\phi32mm\times2.9mm$管材进行了爆破试验，试验结果如表6-17所示。

表6-17 由两种专用料制备的$\phi32mm\times2.9mm$管材爆破试验

专用料	最小壁厚/mm	爆破压力/MPa	备注
PA14D-2	2.63	4.271	1个韧性断裂、4个脆性断裂
进口同类样品	2.73	4.268	5个脆性断裂

从爆破试验结果来看，PA14D-2管材的爆破压力较进口同类样品管材的略高，并且有1个试样的破口呈韧性断裂，表现出了较好的韧性。

（9）管材静液压试验

根据GB/T 18742.3—2017，对PA14D-2和进口同类样品两种专用料加工的$\phi32mm$规格管材进行了静液压试验，结果见表6-18。

表6-18 由两种专用料加工的$\phi32mm$管材耐静水压性

项目	最小壁厚/mm	静液压应力/MPa	测试结果	结论
进口同类样品	2.68	3.8	未破裂	通过
	2.47		未破裂	
	2.97		未破裂	
	3.00		未破裂	
	2.89		未破裂	
PA14D-2	2.62	3.8	未破裂	通过
	2.75		未破裂	
	2.53		未破裂	
	2.70		未破裂	
	2.86		未破裂	

注：温度为95℃，时间为165h。

测试结果表明，PA14D-2 通过了 165h 的耐静液压试验，五个试样在静液压应力为 3.8MPa、时间为 165h 的条件下无破裂。

6.2.4.3 PP-R 管材产品的认证标准

目前聚丙烯管材产品在我国的执行标准为 GB/T 18742.2—2017《冷热水用聚丙烯管道系统 第 2 部分：管材》。该标准于 2018 年 5 月 1 日起实施，取代了 2002 版标准。新标准的发布和实施提高了产品的准入门槛，并在产品性能方面提出了更高的要求。该标准是在 ISO 15874-2: 2013 的基础上结合我国的国情和产品实际进行了修改。此外，聚丙烯管材在国外还有 DIN 标准及 ASTM 标准等，具体情况见表 6-19。

表 6-19 冷热水用聚丙烯管材执行标准汇总

标准类别	标准号及标准名称	采用该标准的产品
我国国家标准	GB/T 18742.2—2017《冷热水用聚丙烯管道系统 第 2 部分：管材》	我国生产的国内使用的聚丙烯管材产品，不适用于出口的产品
ISO国际标准	ISO 15874-2: 2013 *Plastics Piping Systems for Hot and Cold Water Installations Polypropylene (PP) Part2: Pipes*《冷热水装置用塑料管道系统聚丙烯（PP） 第2部分：管道》	国外大部分产品采用该标准，我国的一些出口产品也采用该标准
DIN德国工业标准	DIN 8077/DIN 8078: *Polypropylene (PP) Pipes PP-H, PP-B, PP-R, PP-RCT Dimensions/Polypropylene (PP) Pipes PP-H, PP-B, PP-R, PP-RCT General Quality Requirements and Testing*《聚丙烯（PP）管PP-H、P-B、PP-R、PP-RCT尺寸/聚丙烯（PP）管PP-H、PP-B、PP-R、PP-RCT一般质量要求和试验》	一些欧洲国家产品采用该标准，以德国产品为主
ASTM美国实验协会标准	ASTM F2389-23: *Standard Specification for Pressure-rrated Polypropylene (PP) Piping Systems*	市面上未找到标识该标准的相关产品

对表 6-19 中所列标准的内容进行对比可以发现：几个国外标准在技术指标上有一定的相似性，但在技术要求上与我国的国家标准有较大差异。我国标准中的一些重要指标要求与国际标准保持了一致，并结合我国的国情和产品实际，增加了新材料 PP-RCT，同时增加了"熔融温度"等 6 项重要技术指标，完善了系统适用性的内容，使我国标准与国际标准能够紧密联系，同时避免了因不加分析、不经验证、不切实际地照搬国际标准而造成标准无法应用的问题。

静液压强度是 PP-R 管材产品重要的物理性能指标之一，无论在我国标准还是国外标准中，均分为多个试验条件，试验温度分别为 20℃和 95℃。在不同的试验温度下对应的静液压应力不同。静液压应力是以水为介质，管材受内压时管壁内的环应力。达到标准中静液压强度的技术指标是保证管材产品能够长时间使用的基础保证，GB/T 18742.2—2017 中的静液压应力参数是参考 ISO 标准设定的。

6.2.4.4 PP-R 管材专用料认证情况

大庆炼化 PP-R 管材专用料 PA14D、PA14D-2 和茂名石化公司 PP-R 管材专用料 T4401 等成功通过了国家化学建筑材料测试中心的定级认证。国能榆林化工 PP-R 管材专用料 T4401 产品也已通过了国家化学建筑材料测试中心的认证。

6.2.5 无规共聚聚丙烯管材专用料加工应用

6.2.5.1 塑化温度对无规共聚聚丙烯管材力学性能的影响

无规共聚聚丙烯管材专用料的熔点一般在 140℃ 左右，平均塑化温度在 180～220℃ 之间。温度过低，物料黏度大，塑化不良；温度过高，会造成分子链的断裂及微晶结构的破坏。现将料斗烘干温度设定为 80℃，螺杆转速设定为 35r/min，冷却水温度设定为 30℃，并设定不同塑化温度（见表 6-20）。在不同塑化温度下挤出成型 DN63 规格（即管材外径为 63mm）的无规共聚聚丙烯管材，测试其力学性能，结果见图 6-14。

表6-20 塑化温度

编号	温度区域/℃	平均温度/℃
1	170～190	180
2	180～200	190
3	185～210	200
4	200～225	210
5	200～225	220
6	220～235	230

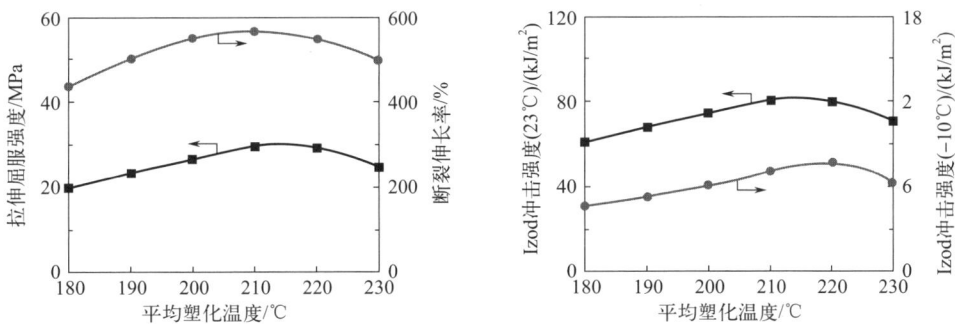

图6-14 平均塑化温度对无规共聚聚丙烯管材力学性能的影响

由图 6-14 可以看出，当平均塑化温度由 180℃ 升至 220℃ 时，无规共聚聚丙烯管材力学性能随平均塑化温度的升高而提高；当平均塑化温度升至 220～230℃ 时，无规共聚聚丙烯管材力学性能开始下降；平均塑化温度在 210～220℃ 之间时，无规共聚聚丙烯管材力学性能较理想。这主要是因为：无规共聚聚丙烯管材专用料为假塑性流体，其黏度随温度升高而下降。若温度过高其黏度下降会引起降解，对制品带来不利影响；若温度过低，专用料不能完全熔融造成管材质量下降，在合适的平均塑化温度下无规共聚聚丙烯管材才具有理想的力学性能。

6.2.5.2 螺杆转速对无规共聚聚丙烯管材力学性能的影响

料斗烘干温度设定为 80℃，冷却水温度设定为 30℃，平均塑化温度设定为 210℃，在不同螺杆转速下挤出成型外径为 63mm 的 DN63 规格的无规共聚聚丙烯管材，测试其力学性能，结果见图 6-15。

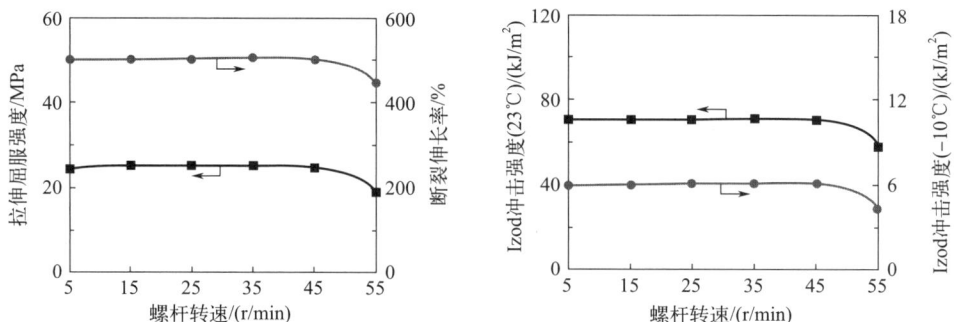

图 6-15　螺杆转速对无规共聚聚丙烯管材力学性能影响

由图 6-15 可以看出，当螺杆转速由 5r/min 增至 45r/min 时，无规共聚聚丙烯管材力学性能无明显变化；当螺杆转速超过 45r/min 时，无规共聚聚丙烯管材力学性能开始下降。这主要是因为：在无规共聚聚丙烯管材挤出成型过程中，树脂和色母粒的塑化共混的主要影响因素是外部料筒加热传递过去的热量，物料之间、物料与螺杆之间、物料与料筒之间产生的摩擦剪切热和剪切力，以及物料在设备中停留时间的长短。当螺杆转速提高时，物料在设备中停留的时间缩短，受热时间缩短，但由于物料之间、物料与螺杆之间、物料与料筒之间产生的摩擦剪切热和剪切力加剧，所需热量得到补充，因而仍能达到良好的塑化效果；当螺杆转速超过一定值后，摩擦剪切产生的热量不能满足缩短物料在设备中的停留时间所需补充的热量，使无规共聚聚丙烯物料不能充分塑化共混，导致无规共聚聚丙烯管材力学性能下降。尽管在螺杆转速 5 ～ 45r/min 之间挤出的无规共聚聚丙烯管材力学性能无明显变化，从生产效率、节能降耗等角度考虑，在保证产品质量的情况下，螺杆转速设定在 40 ～ 45r/min 之间比较合理。

6.2.5.3　冷却水温度对无规共聚管材力学性能的影响

料斗烘干温度设定为 80℃，平均塑化温度设定为 210℃，螺杆转速设定为 40r/min，调整冷却水温度，挤出成型外径为 63mm 的无规共聚聚丙烯管材，测试其力学性能，结果见图 6-16。

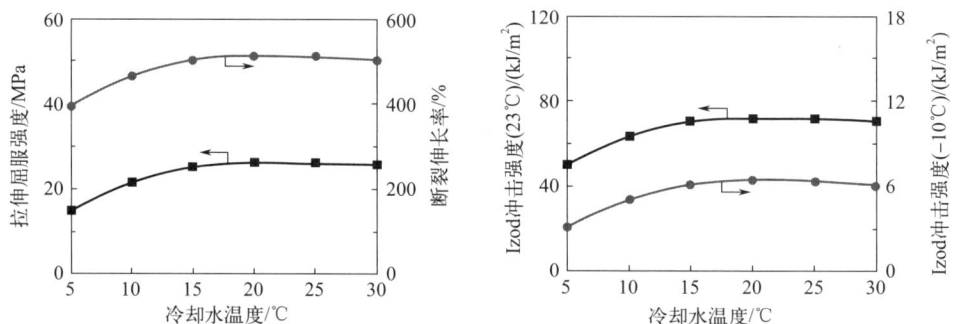

图 6-16　冷却水对无规共聚聚丙烯管材力学性能的影响

由图 6-16 可以看出，当冷却水温度由 5℃升至 20℃时，生产出的无规共聚聚丙烯管材力学性能逐步提高；当冷却水温度由 20℃继续升至 30℃时，无规共聚聚丙烯管材力学性能无明显变化。这主要是因为：无规共聚聚丙烯是一种半结晶态聚合物，熔体在冷却时所形成的晶体结构的尺寸和形态，随晶体成型速率不同而不同，从而表现出不同的力学性能。在挤出管材成型过程中，能否形成结晶、结晶程度、晶体的形态和尺寸都与熔体冷却速率有关，冷却速率取决于熔体温度 T_m 和冷却介质温度 T_c 之间的温度差，即 $T_m-T_c=\Delta T$，ΔT 称为冷却温差。当冷却水温度在 20℃以下时，若 ΔT 过大，冷却速率过快，会使管材内外结晶程度不均匀，引起内部出现内应力，从而使无规共聚聚丙烯管材力学性能不太理想；当冷却水温度在 20 ～ 30℃之间时，无规共聚聚丙烯树脂熔体能获得晶核数量与其生长速率之间有利的比例关系，结晶较均匀，结构较稳定，所以制得的管材力学性能稳定性良好。

6.3 茂金属耐热聚乙烯管材专用料

6.3.1 概述

茂金属耐热聚乙烯（PE-RT）管材专用料是采用乙烯与共聚单体 α- 烯烃共聚得到的茂金属聚乙烯管材专用料。其中共聚单体 α- 烯烃包括 1 - 丁烯、1 - 己烯及 1 - 辛烯，国内以 1 - 丁烯和 1 - 己烯为主。通过改进聚合工艺和开发新的催化剂体系，控制聚合物的支链数量以及分布，形成长支链相互缠绕所组成的立体网状结构。茂金属催化剂生产 PE-RT 管材专用料可以更加准确地控制聚乙烯树脂的结晶，增加系带分子的含量，以达到提高聚乙烯树脂耐高温性和抗蠕变性的目的，赋予 PE-RT 管材专用料良好的安全稳定性和优异的力学性能[4]。

耐热聚乙烯具有长期热稳定性。常规管材在长期接触热水等高温环境条件下，会出现热老化现象，具体可表现为拉伸屈服强度下降、断裂标称应变降低，导致管道损坏。耐热聚乙烯则可在 100℃的环境下维持其性能达上千小时，其断裂标称应变仍旧保持在较高水平，甚至其拉伸屈服强度在一定程度上略微增加，显示了其优良的长期热稳定性[5-6]。PE-RT 管材专用料的氧化诱导期均较长，但由于助剂体系和分子结构不同会造成稳定性存在差异[7]。PE-RT 管材专用料还具有优异的加工稳定性。此外，它还具备耐低温性能，冬季低温情况下施工不会出现"冷脆"现象[8]。

耐热聚乙烯具有良好的散热性。管材的散热性主要由热导率决定，常见的聚乙烯管材的热导率一般在 0.15 ～ 0.25W/(m·K)，而耐热聚乙烯管材的热导率则可以达到 0.4W/(m·K)。在同等条件下，耐热聚乙烯管材内热水的散热速率要远快于交联聚乙烯管材等其他同类管材。因此，相较于其他种类聚乙烯管材，PE-RT 管材可以更快地将管道内部的能量传递到外部空间，实现高效供暖。

耐热聚乙烯具有较高的熔体强度。耐热聚乙烯的熔体强度通常在 0.2 ～ 0.25N 之间，这一数值相较于其他同类管材较高。高熔体强度使得耐热聚乙烯在加工时能够承受更高的牵引速度，从而提高生产效率。此外，耐热聚乙烯的分子量和分子量分布对其性能有重要影响。作为反映聚合物分子量大小的重要参数，熔体流动速率会受到分子量分布及支链等因素的共同影响。高密度耐热聚乙烯熔体流动速率为 0.45 ～ 0.70g/10min；中密度耐热聚乙烯的熔体流动速率为 0.60 ～ 0.85g/10min。耐热聚乙烯管材采用茂金属催化剂生产时，分布系数在 3 ～ 4 之间，分子量分布较窄。采用淤浆法工艺和 Z-N 催化剂生产的耐热聚乙烯管材，其分布系数在 16 ～ 18 之间，分子量分布较宽。

GB/T 28799.1—2020 中根据混配料的长期预测静液压强度曲线，将 PE-RT 分为 PE-RT Ⅰ型和 PE-RT Ⅱ型，并在附录 B 中给出了 PE-RT Ⅰ型和 PE-RT Ⅱ型的预测静液压强度参照曲线，如图 6-17 所示。从该标准中可以看出，Ⅱ型的设计应力高于Ⅰ型，但是在低温状态下强度差距小，高温状态下强度差距大。对于温度较低的地暖等领域，假设Ⅰ型和Ⅱ型所制管材尺寸都相同，Ⅰ型就足以满足；而对于较高温的生活热水等领域，Ⅱ型优势明显，管材壁更薄、通径更大。典型的 PE-RT Ⅰ型料为茂金属催化剂生产的单峰窄分布、中密度结构产品，典型的 PE-RT Ⅱ型料为双峰或宽分布、高密度结构产品。

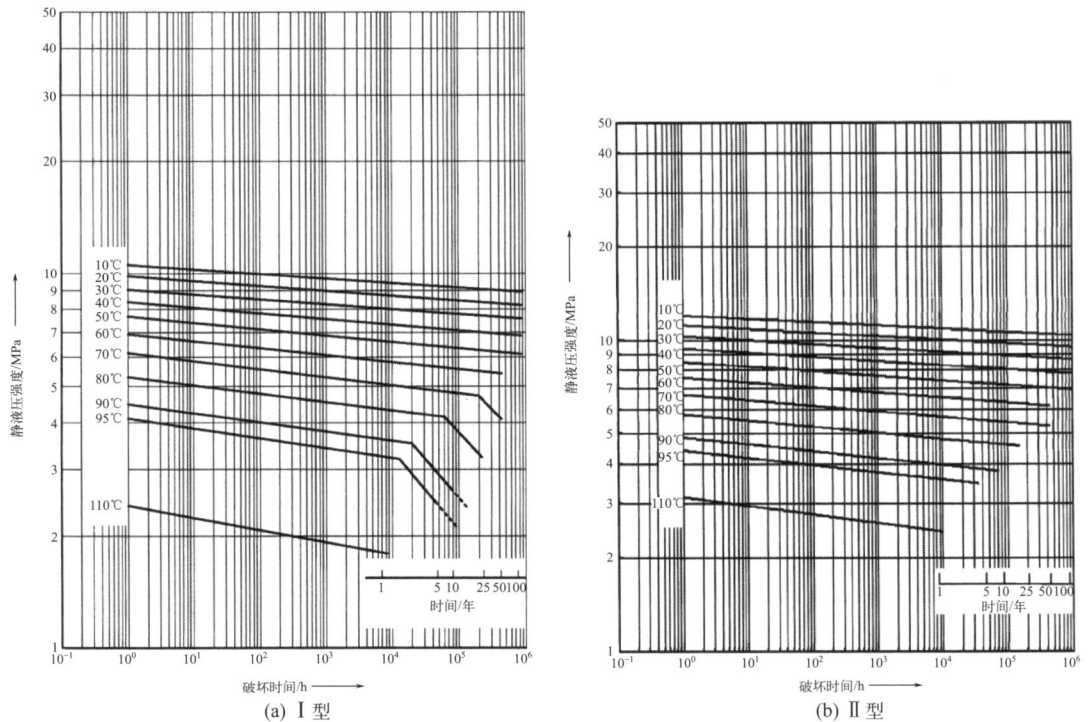

图 6-17 PE-RT 预测静液压强度参照曲线

GB/T 18991—2003《冷热水系统用热塑性塑料管材和管件》将冷热水系统用热塑性塑料管材的使用条件分为 1 ～ 5 五个级别，每个级别均对应一个 50 年的设计寿命下的使用条件。表 6-21 列出 PE-RT Ⅰ和 PE-RT Ⅱ的设计应力。设计应力定义为在规定的使用条件下，管材材料的许用应力或管件材料的许用应力，是表征材料力学性能的关键指标。表 6-21 所列举的使用条件下，PE-RT Ⅱ的设计应力均高于 PE-RT Ⅰ。

表6-21　产品使用条件级别及设计应力

使用条件级别	1	4	2	5
典型应用范围	供热水（60℃）	地板下供热和低温暖气	供热水（70℃）	较高温暖气
Ⅰ型	3.29MPa	3.25MPa	2.68MPa	2.38MPa
Ⅱ型	3.84MPa	3.60MPa	3.72MPa	3.16MPa

　　管系列（S）定义为一个与公称外径和公称壁厚有关的无量纲数值，用以指导管材规格的选用：

$$S = \frac{d_n - e_n}{2e_n}$$

　　式中，d_n 为公称外径；e_n 为公称壁厚。

　　管系列值越大，管的公称壁厚越小。管材按不同的材料、使用条件级别和设计压力选择对应的管系列，见表6-22。PE-RT Ⅱ在低温领域（级别1和级别4）与PE-RT Ⅰ管系列值相同，说明其制备的管材规格相同，在此领域内，PE-RT Ⅰ完全可满足地暖管应用要求，相较于PE-RT Ⅱ性价比更高；在高温领域（级别2和级别5），PE-RT Ⅱ管系列值更高。PE-RT Ⅰ在地暖领域应用广泛，PE-RT Ⅱ性能优势明显。结合市售典型PE-RT Ⅰ型及Ⅱ型原料的结构性能分析可知，高密度PE-RT Ⅱ型与中密度PE-RT Ⅰ型的区别在于，提升了力学性能的同时，改进了开裂性能以及抗熔垂特性，因此可以生产大口径管道，在高温领域以及腐蚀性液体输送领域开拓了更广泛的用途。但较高的密度导致其不利于施工盘管，目前很少应用于家装地面辐射采暖领域。

表6-22　产品管系列的选择

设计压力/MPa	Ⅰ	Ⅱ	Ⅰ	Ⅱ	Ⅰ	Ⅱ	Ⅰ	Ⅱ
	级别1		级别4		级别2		级别5	
	管系列							
0.4	5	5	5	5	5	5	5	5
0.6	5	5	5	5	4	5	3.2	5
0.8	4	4	4	4	3.2	4	2.5	3.2
1.0	3.2	3.2	3.2	3.2	2.5	3.2	—	2.5

　　随着聚合工艺技术的进步以及PE-RT管材市场占有率的不断扩大，PE-RT管材已经由原来只有乙烯-辛烯共聚发展到乙烯-己烯共聚、乙烯-丁烯共聚，从中密度聚乙烯发展到高密度聚乙烯，聚合工艺技术从溶液聚合工艺技术发展到气相聚合工艺技术和淤浆聚合工艺技术，极大丰富了PE-RT树脂的种类（表6-23）。

表6-23　国外耐热聚乙烯的主要牌号及聚合工艺

牌号	共聚单体	类型	聚合工艺
Basell 4731B	丁烯	PE-RT Ⅱ型	淤浆串联
Dow 2344	辛烯	PE-RT Ⅰ型	陶氏溶液
Dow 2388	辛烯	PE-RT Ⅱ型	陶氏溶液

续表

牌号	共聚单体	类型	聚合工艺
LG SP980	己烯	PE-RT Ⅰ型	单釜淤浆
LG SP988	己烯	PE-RT Ⅱ型	单釜淤浆
Daelim XP9000	己烯	PE-RT Ⅰ型	气相法工艺
SK DX800	辛烯	PE-RT Ⅰ型	杜邦溶液
SK DX900	辛烯	PE-RT Ⅱ型	杜邦溶液
Total XRT70	己烯	PE-RT Ⅱ型	淤浆双环管工艺（ADL）

溶液法聚乙烯生产技术有以下特点：第一，采用环己烷作溶剂，使乙烯与 α- 烯烃（主要是 1- 丁烯和 1- 辛烯）进行均相聚合，操作平稳、容易控制，但溶液循环系统流程较长；第二，催化剂配制简单，使用操作也不复杂，并且在较高的反应温度下很稳定；第三，聚合反应在 200 ～ 300℃和 10 ～ 13MPa 条件下进行，反应产物呈熔融状态，不存在气相聚合工艺的"爆聚"或"结块"等问题；第四，聚合反应速率高，乙烯单程转化率一般可以控制在 95% 左右，未反应的乙烯和共聚单体可以进行回收；第五，聚合反应停留时间短，切换牌号只需要 0.5h，操作简便、易于控制、过渡料少；第六，产品牌号多，尤其产品的耐环境应力开裂、拉伸强度、抗低温脆化等性能均优于低压气相法产品。在工艺设计上同时考虑了能源利用问题，聚合反应产生的热量在回收区用来产生中压蒸汽，低压蒸汽装置内产生的废烃类直接用于汽化炉作燃料。溶液法对原料要求比低压气相法低。

气相聚合工艺也在工业化生产中占据十分重要的地位，由于其流程短、投资低以及不需要使用或仅使用少量溶剂，学术界和工业界都竞相研究开发，目前，全球有约占 50% 的聚乙烯生产涉及气相聚合工艺。流化床反应器（FBR）为气相聚烯烃反应器的主要设备，单台流化床聚乙烯最大产能已经达到 65 万吨 / 年。气相聚合工艺主要有 Unipol、Innovene 和 Spherilene 三种，适用于全密度聚乙烯树脂产品。其中，Unipol 气相法聚合工艺是乙烯和共聚单体在流化床反应器或搅拌床反应器中，在催化剂作用下直接生成聚合固体颗粒。中国石化采用新塑化工 TH-5B 茂金属催化剂，在其 7 万吨 / 年 Unipol 气相法聚乙烯装置中开发了 PE-RT 用管材专用料 QHM32F，成功实现了 PE-RT 产品的国产化 [9]。中国石油通过工艺流程模拟，并根据管材专用耐热聚乙烯的要求，开发了管材专用茂金属耐热聚乙烯 mPE3010 [10]。

根据反应器形式的不同，淤浆法聚合工艺可分为釜式法和环管法。釜式淤浆工艺主要有 Mitsui 公司的 CX 工艺和 LyondellBasell 公司的 Hostalen/ACP 工艺。环管淤浆工艺主要有 Chevron Phillips Chemical 公司的 MarTECH® ADL 工艺和 INEOS 公司的 Innovene S 工艺 [11]。其中，ADL 工艺可采用茂金属催化剂。该工艺的主要特点有：生产效率高，成本较低；流程简单，操作一致性好；撤热效率高，温度控制精确，不会因温度波动导致生成块状料和产品质量波动；树脂牌号转换快，转换时间为 3 ～ 6h。使用的催化剂主要为铬系催化剂和茂金属催化剂。铬系催化剂具有较高的活性和多活性中心，产品分子量分布较宽并带有少量的长支链，特别适合用来生产中空容器和大型管材等。茂金属催化剂可生产单峰膜料、双峰膜料等，新一代茂金属催化剂可以生产中空料及管材专用料。

国内 PE-RT 管材专用料生产情况见表 6-24。

表 6-24　国内 PE-RT 管材专用料生产情况

生产企业	生产工艺	产品牌号	共聚单体
兰州石化公司	三井CX淤浆工艺	L5050	1-丁烯
	气相工艺（自主开发）	mPE3010	1-己烯
	Unipol气相工艺	mPE3706	1-己烯
兰州石化榆林化工公司	Hostalen/ACP淤浆工艺	4731B	1-丁烯
扬子石化公司	三井CX淤浆工艺	YEM4705T	1-丁烯
	Unipol气相工艺	mPE3806R	1-己烯
大庆石化公司	Unipol气相工艺	DQDN3711/DNDQ3712	1-己烯
抚顺石化公司	溶液工艺	DP800	1-辛烯
独山子石化公司	Unipol气相工艺	DGDZ3606	1-己烯
	BP气相工艺	MHD3702	1-己烯
齐鲁石化公司	Unipol气相工艺	QHM22F/QHM32F	1-己烯

茂金属聚乙烯具有洁净度高、透明度好、热封起始温度低、热封强度高等优点，但由于其分子量分布窄，通常不含支链，以至于成型加工困难。不过，对于茂金属聚乙烯 PE-RT 管材料来说，通过技术改进和工艺优化，可以实现良好的加工性能。如采用 TH-5B 茂金属催化剂成功开发的 PE-RT 管材专用树脂 QHM32F 新产品，具有良好的易加工性能，可完全替代相关进口产品。

茂金属聚乙烯 PE-RT 管材在高温环境下使用时，能够保持性能稳定，不易发生老化、变形等问题。

茂金属聚乙烯 PE-RT 管材还具有良好的弯曲模量。如 mPE3010 的弯曲模量为 561.94MPa，这表明管材在承受外力时具有较好的抗弯能力，不易变形。同时，管材还具有一定的拉伸强度和抗冲击性能，能够适应不同的使用环境。

从分子结构角度来看，茂金属聚乙烯 PE-RT 管材专用料中的共聚单体在分子链上的分布特点会影响其性能。不同的共聚单体分布会导致产品在冲击性能、拉伸性能及撕裂性能等方面有所差异。因此，茂金属聚乙烯 PE-RT 管材专用料的性能可以通过调整共聚单体的分布来进行优化。

6.3.2　茂金属 PE-RT 专用料关键技术

6.3.2.1　特定分子结构的设计

系带分子（tie molecules）是一种特殊的分子结构，通常出现在高分子材料尤其是交联或长链聚合物中。它们的作用主要是通过连接或"牵系"两个或多个聚合物链，形成一个更复杂的网络结构。系带分子通常在聚合过程中通过化学反应生成。聚合反应过程中，两个聚合物链的末端或链中间可能通过共价键或其他化学键相连接，即生成系带分子。系带分子可以增强材料的力学性能、改善热稳定性并且控制聚合物的流变性，共聚单体的类型较大程度地影响生成系带分子的概率。系带分子对聚乙烯材料的长期高温蠕变性起关键作用。

蠕变是在一定温度和恒定应力作用下，材料的形变随时间的增加而逐渐增大的现象，用于表征材料在恒定负荷作用下的尺寸稳定性和长期负载能力。聚合物的蠕变性能对减小工程设计误差，确保材料使用的时效性和安全性，具有重要的意义。

系带分子可以有效提高材料的长期高温蠕变性能：它能穿过无定形区，将多个片晶联系在一起；同时吸收并释放能量，通过部分伸展和滑移，阻止微小的裂纹继续发展。共聚单体对系带分子的形成具有一定影响。一方面，对于给定的共聚单体浓度，1-辛烯相比1-己烯和1-丁烯形成的侧链长，因而更容易形成系带分子，系带分子生成概率最佳。因此，采用1-辛烯作为共聚单体生产PE-RT管材专用料对于提高材料的蠕变性能非常有益。另一方面，材料的长期静液压性能随着在聚合物主链上共聚单体的量的增加而提升。也正是因为1-辛烯链段较长，较长的1-辛烯链段也更难接入聚合物主链，从而降低了材料耐长期静液压等性能，需要有共聚性能更好催化剂和更先进的聚合工艺技术。分子链上共聚单体的分布同样是影响系带分子形成的重要因素。通过有效控制共聚单体在聚合物分子链间的分布，可提升材料长期高温蠕变性能。

在过去的几十年间，聚乙烯分子结构与系带分子含量的关系成为研究聚乙烯结构的一个热点，研究者试图以此提高聚乙烯的长期使用性能。形成系带分子的必要条件主要有两个：

① 分子链自由回转半径（R_g）足够大。高分子在熔融状态下的自由回转半径可由下式计算：

$$R_g=aM^{1/2}$$

式中，M为重均分子量；a为常数，对聚乙烯而言为1.26。当R_g大到一定程度时，一个分子链将跨越多个片晶，这样就能够形成系带分子，如图6-18所示：（a）图是高分子处于熔融状态，系带分子呈线团状；（b）图为高分子结晶后的规整结构，L_c和L_a分别为片晶厚度和非晶区厚度。

② 分子链上存在缺陷(链缠结或短支链等)。当分子量达到某一临界值时，在熔融

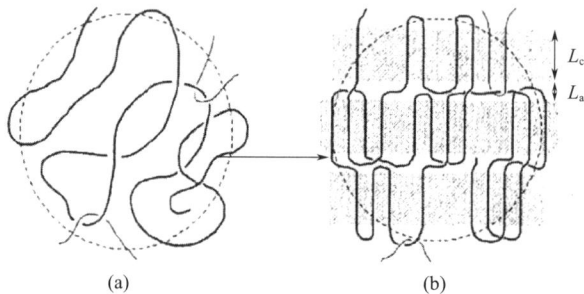

图6-18 半结晶高分子结晶前后的分子拓扑结构

状态下分子链会缠结到一起。在结晶过程中，这种缠结点成为拓扑结构上的缺陷，将被排斥在片晶外，就会形成系带分子；共聚形成的短支链在结晶过程中也作为缺陷被排斥在片晶外，起到和链缠结点一样的作用。

目前虽然还不能直接证明系带分子的存在，但是已经有一些间接证据能够说明系带分子是存在的。Keith 等[12]用扫描电镜观察从浓溶液中结晶出来的聚乙烯晶体，发现有纤维状物质存在于两个相邻的晶层间。由于系带分子对半结晶材料的性能有重要的影响，因而系带分子产生的机理和密度成为了研究领域的热点问题。目前普遍采用 Huang 和 Brown 等[13]提出的计算公式来计算系带分子形成概率，他们认为分子的拓扑结构在结晶的过程中能够保存下来，只有当分子量足够大，能跨越两个相邻片晶，才有可能会形成系带分子。高分子在熔融状态下通常是卷曲的，因此采用均方末端距来表示其大小。高分子的均方末端距计算公式：

$$\overline{r} = (Dn'l^2)^{1/2}$$

式中，n' 为链节数，其大小由分子量决定；D 为常数，对聚乙烯来说为 6.8；l 为链节长度，其值为 0.153nm。而高分子形成某一末端距的概率可以通过下式计算得来：

$$P(r) = ar^2 \exp(-b^2 r^2)$$

式中，a 为常数；b^2 的值为 3/2 $\overline{r}^2$。只有那些末端距大于 $L(L=2L_c+L_a)$ 的分子才有可能形成系带分子，那么系带分子形成概率可通过下式计算得到：

$$P = \frac{1}{3} \times \frac{\int_L^\infty r^2 \exp(-b^2 r^2)\mathrm{d}r}{\int_0^\infty r^2 \exp(-b^2 r^2)\mathrm{d}r}$$

式中，分母与分子项分别是计算末端距介于零到无穷大的概率和分子末端距大于 L 的概率。显然上式只能用于计算分子量分布为单分散系统的高分子的系带分子形成概率，但是我们所研究的往往是具有多分散系统的高分子的系带分子形成概率。对于给定分子量分布的高分子，其系带分子形成概率由下式计算：

$$\overline{P} = \frac{\int_0^\infty nP\mathrm{d}M}{\int_0^\infty n\mathrm{d}M}$$

式中，$n\mathrm{d}M$ 是分子量介于 M 到 $M+\mathrm{d}M$ 之间的分子数。

6.3.2.2　聚合工艺稳态控制技术

聚合工艺稳态控制技术主要是指在聚合反应过程中，通过先进的控制方法和技术，确保反应系统在稳定状态下运行，以提高产品质量和生产效率，降低能源消耗并保障安全。聚合反应通常涉及化学反应、热传递、物质传递等多种复杂过程，因此稳态控制显得尤为重要。

6.3.2.3　助剂配伍技术

聚烯烃产品在环境中会发生缓慢的氧化反应，人们常将这个过程称为老化。在聚烯烃的氧化过程中，会产生自由基和氢过氧化物。自由基会引发链式反应，使聚合物分子链断裂；氢过氧化物会分解为过氧化自由基，引发更多的氧化反应。在生产中一般需要加入主抗氧剂和辅助抗氧剂：主抗氧剂捕捉自由基，辅助抗氧剂分解氢过氧化物，消除这两种重要的氧化反应中间体，从而阻止氧化反应发生。主抗氧剂和辅助抗氧剂相互协同、配合，可以提高抗氧化效果，有效延缓氧化反应的进行，显著提高聚烯烃产品的抗氧化稳定性，延长聚烯烃产品的使用寿命。

主抗氧剂一般为受阻酚类物质，常用的有抗氧剂 330、抗氧剂 1010 等。它们的分子结构中含有多个受阻酚羟基，能够提供有效的抗氧化活性。抗氧剂 330 的抗氧化性能突出，尤其是在高温、高剪切等苛刻条件下，具有优异的稳定性和长效抗氧化性；其特殊的分子结构使其能够在聚合物体系中形成更加稳定的抗氧化网络，提供持久的保护。抗氧剂 1010 可以在加工过程中即发挥抗氧化作用，防止材料在高温下发生热氧化降解，保证加工过程的顺利进行；还可以减少凝胶和黑斑的产生，提高产品的质量。

辅助抗氧剂包括亚磷酸酯类物质、含硫有机物（如硫酯类物质）等，常用的有抗氧剂 168 等。抗氧剂 168 是一种亚磷酸酯类物质，与抗氧剂 1010 等具有良好的协同作用，大大提高了抗氧化效果。抗氧剂 168 还可以与聚烯烃分子链上的不饱和键发生作用，阻止氧气的进攻，保护其化学结构的稳定性。

6.3.3　茂金属 PE-RT 管材专用料工业化生产

6.3.3.1　概况

国内 PE-RT 管材专用料的供应能力越来越强，产量越来越高，越来越被下游厂家接受。但从市场占有率、供应稳定性、质量控制稳定性、市场认可度和价格等方面考虑，进口依赖度依然明显。因此，给水耐热聚乙烯管材专用料的开发攻关方向主要体现在以下两个方面：一是保证已经开发并经过认证的 PE-RT Ⅰ型管材专用料的长期稳定供应，以满足国内的应用需求；二是根据装置特点和产品物性特点，有选择性地进行 PE-RT Ⅱ型聚乙烯管材专用料的开发，占领市政二次供热管网和温泉管网市场。

为保障 PE-RT 管材的安全性和可靠性，对专用料的结构性能提出了极高的要求。在聚乙烯塑料的各项研究中，力学性能是塑料管材在实际生产应用中的重要指标，包括拉伸强度、拉伸屈服应力、断裂伸长率等[14]。为达到 PE-RT 管材的性能要求，国内外有两条主要技术路线：一是采用双/多反应器串联工艺，灵活调整产品分子量分布，实现聚合产品力学性能与加工性能的匹配；二是采用茂金属催化剂，聚合产品独特的分子结构使其具有长期耐热耐压性能[15]。

国产给水用耐热聚乙烯管材专用料的主要牌号有 7 个，分别是中国石化的 QHM22F、QHM32F 和中国石油的 DQDN3711、DGDZ3606、mPE3010、L5050、DP800，目前已实现了长期稳定供应。部分牌号产品的性能参数见表 6-25。

表 6-25　部分牌号 PE-RT 产品的性能参数

性能	QHM22F	DGDZ3606	mPE3010
密度/(g/cm³)	0.937	0.934～0.940	0.9340～0.940
熔体流动速率(190℃，2.16kg)/(g/10min)	0.63	—	—

性能	QHM22F	DGDZ3606	mPE3010
熔体流动速率(190℃，5kg)/(g/10min)	—	10~16	1.45~2.25
分子量分布	窄	宽	窄
拉伸强度/MPa	19	17.6	17.25
弯曲模量/MPa	700	647	561.94
共聚单体	1-己烯	1-己烯	1-己烯

DP800 采用加拿大 Dupont 公司（现为 Nova 公司）的 Sclairtech 工艺自主开发的辛烯共聚法生产；L5050 采用三井油化公司 CX 淤浆工艺生产。中国石油通过理论研究与技术创新，攻克了茂金属催化剂活性稳定释放及 PE-RT 管材专用料长期耐热稳定性等关键技术问题，解决了静电波动、排料管堵塞、换热器分布板压差急剧增加等生产难题，首次开发出气相工艺 PE-RT 管材专用料 DQDN3711 生产技术。中国石油独山子石化依托于 Unipol 气相聚乙烯工艺的 60 万吨 / 年全密度聚乙烯装置，完成了 DGDZ3606 的工业化生产，并通过了国家化学建筑材料测试中心按 GB/T 18252—2020、ISO 9080 和 GB/T 28799.2—2020 要求进行的检验，认证为 PE-RT Ⅰ 型料。

中国石油开发的茂金属聚乙烯管材专用料 mPE3010 推向市场后的使用情况表明，产品具有良好的耐热性能、优良的力学性能和加工性能，能够满足 PE-RT 管材生产要求，物料出料均匀、颜色通透[16]。

6.3.3.2 主要工艺

目前茂金属 PE-RT 管材专用料的工业生产主要采用 Unipol 气相法工艺和釜式淤浆法工艺等。

（1）Unipol 气相法工艺

Unipol 工艺属于气相反应体系，体系中没有稀释剂或溶剂。精制后的乙烯和共聚单体，在高活性催化剂作用下，在气相流化床反应器中发生聚合反应，转化成干燥、可流动的固态粒状聚合物。该工艺反应条件温和，操作温度低于 115℃，操作压力约为 2MPa；流程简单，无需分离、提纯和回收溶剂与稀释剂等复杂环节，降低了生产难度和设备投资；产品范围广，可生产高密度聚乙烯（HDPE）、线型低密度聚乙烯（LLDPE）和极低密度聚乙烯（VLDPE）等多种树脂产品。

（2）釜式淤浆法工艺

釜式淤浆法工艺通常在较低温度下进行，使用液态烃作为反应介质，茂金属催化剂悬浮其中。利用茂金属催化剂可以生产出具有窄分子量分布的茂金属 PE-RT 管材专用料。这种窄分子量分布使得材料在性能上更加均匀，熔体流动性更加稳定，有利于生产出壁厚均匀的管材。而且，管材的力学性能和耐热性能也能够得到更好的保障，使其在长期使用过程中能够承受较高的温度和压力。该工艺可以精确控制反应温度、压力和物料的配比等参数，能够有效地控制聚合反应的速率和产物的分子结构。例如，在较低的反应温度下，可以避免因反应过快而导致的分子量分布过宽或产生过多的副产物等问题。同时，精确的反应控制也有助于提高产品的重复性和稳定性，使得每一批次生产的茂金属 PE-RT 管材专用料的性能都能保持在较高的水平。

6.3.3.3　PE-RT 管材专用料 mPE3010 工业化生产

mPE3010 是一种易加工型 PE-RT 管材专用料，采用茂金属催化剂生产。相比于传统聚乙烯产品，茂金属聚乙烯中的共聚单体（1-己烯）在分子链上分布均匀，容易形成系带分子来提高材料的长期耐高温蠕变性能。

（1）工艺条件

中国石油天然气股份有限公司兰州石化分公司（简称兰州石化公司）6 万吨 / 年低密度聚乙烯装置，在英国 BP 公司技术基础上，2017 年通过对装置进行技术改造形成了具有自主知识产权的茂金属气相法聚乙烯工艺技术。以聚合级乙烯为原料、1-丁烯或 1-己烯为共聚单体、氢气为分子量调节剂，在气相流化床反应器中聚合，生产颗粒状（或粉状）聚乙烯。反应系统工艺条件见表 6-26。

表 6-26　反应系统工艺条件

项目	指标
反应温度/℃	83～92
反应压力/kPa	1800～2100
乙烯浓度/%	30±2
己烯与乙烯摩尔比	0.0015～0.003
氢气与乙烯摩尔比	0.0008～0.0009

（2）生产过程

乙烯、共聚单体（1-丁烯或 1-己烯）进入反应器中，在催化剂的作用下进行聚合。循环气从反应器顶部出来，进入旋风分离器中分离夹带的细粉，然后进入循环气前冷却器除去部分反应热后，经循环气压缩机增压后，进入循环气后冷却器除去反应热和压缩机产生的压缩热，然后返回至反应器中。生成的聚合物经脱气后送挤压造粒系统，成品经包装后出厂。

（3）产品质量

茂金属 PE-RT 管材专用料 mPE3010 采用自主气相法工艺在干态工况生产，满足 PE-RT 管材的性能要求。将三种典型的管材专用料性能进行对比（表 6-27），其中 M1 为兰州石化 mPE3010，采用气相法工艺制备；M2 为低压气相流化床工艺生产的 PE-RT 产品；M3 为 Philips 淤浆法制备的 PE-RT 产品。

① 基础性能　由表 6-27 可见：三个样品的熔体流动速率都在 1.8 ～ 1.9g/10min，比较接近，但 M2 的略大；密度都在（0.936±0.001）g/cm^3，属于中密度聚乙烯；M1 的氧化诱导期最长（为 60min），最稳定、抗氧化性最佳，而 M3 的氧化诱导期最短（为 40min）。

表 6-27　3 种 PE-RT 管材专用料的基础性能对比

样品	熔体流动速率/(g/10min)	密度/(g/cm^3)	氧化诱导期/min
M1	1.8	0.937	60
M2	1.9	0.935	53
M3	1.8	0.936	40

② 分子量及其分布 分子量及其分布对于管材专用料的加工性能及力学性能具有重要的影响：分子量分布较窄时，有利于加工条件的控制和提高产品的使用性能；分子量分布宽则可以兼顾力学性能并提高聚合物的加工性能，其中高分子量部分可以提高聚乙烯管材专用料的力学性能，低分子量部分可以改善管材专用料的加工性能。

由表6-28可见：与M3相比，M1和M2的分子量分布均较宽，这与其采用的催化剂体系和工艺有关，M1和M2在生产中使用宽分布茂金属催化剂，而M3使用窄分布茂金属催化剂；同时，M1和M2的重均分子量小，说明M1和M2中小分子含量多，其加工性能更加优良。

表6-28 3种PE-RT管材专用料分子量及其分布

样品	重均分子量	数均分子量	分子量分布
M1	101600	26700	3.8
M2	99200	27200	3.6
M3	108600	34100	3.2

③ 热分析 由表6-29可见：M3的熔点、结晶度、熔融焓均高于M1、M2的，这与其密度高是一致的；M1的支化度高于M2、M3的，结晶度、熔点、熔融焓较低，可加工性最好。

表6-29 3种PE-RT管材专用料的熔融和结晶性能

样品	熔点/℃	熔融焓/(J/g)	结晶度/%	支化度
M1	128.6	157.6	53.8	6.9
M2	129.2	158.0	53.9	6.7
M3	131.1	164.4	56.1	6.3

④ 毛细管流变 图6-19为3种PE-RT管材专用料的流变曲线。由图6-19可见，在一定温度下，3种样品的表观剪切黏度（η_a）均随着剪切速率（γ）的增加而不断降低，表现出明显的剪切变稀现象；当γ低于1600s^{-1}时，与M1、M2相比，M3的γ-剪切应

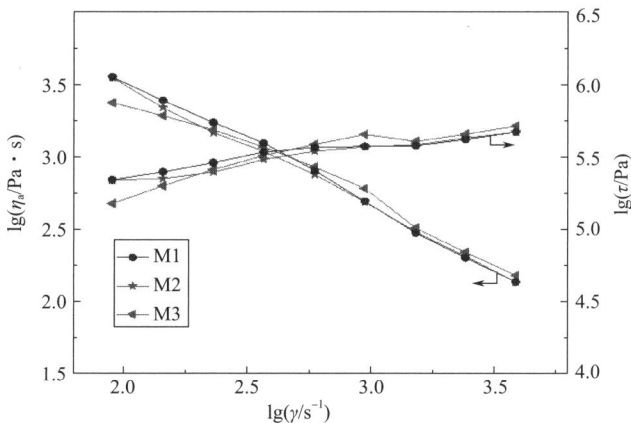

图6-19 3种PE-RT管材专用料的流变曲线（见文后彩图）

力（τ）和 γ-η_a 曲线更加不平滑，表明 M3 容易出现不稳定流动现象，这是由于 M3 的分子量分布较窄，加工性能较差所致；当 γ 高于 1600s^{-1} 时，3 种样品的 γ-τ、γ-η_a 曲线均较为光滑，说明加工性能得到改善，同时 M3 的 η_a 和 γ 高于 M1 和 M2，表明 M3 加工性能较差。

⑤ 熔体强度　在初始速度为 11.3mm/s，加速度为 6mm/s^2 的条件下测定了熔体张力与拉伸速率的关系，结果如图 6-20 所示。可以看出，M1 和 M2 的熔体拉伸曲线基本重合，M3 的熔体拉伸曲线远远高于 M1 和 M2，说明 M3 的熔体拉伸强度最大，可拉伸性最好，能够满足高速牵引的生产要求，这是由于 M3 的分子量较高，受到拉伸作用时更难断裂。

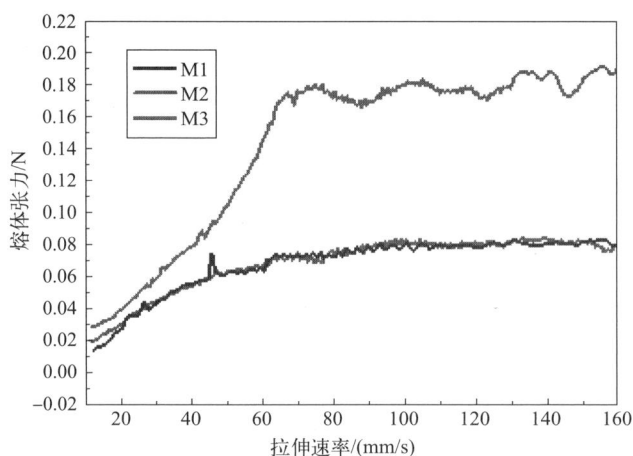

图 6-20　3 种 PE-RT 管材专用料的熔体拉伸曲线（见文后彩图）

⑥ 升温梯度淋洗分级　由图 6-21 和表 6-30 可见，3 种 PE-RT 管材专用料的升温梯度淋洗分级曲线均为尖锐的单峰分布，低温下含量较少的部分为可溶级分，而高温时的高含量部分为均聚物级分。与 M1、M2 相比，M3 曲线略向高温的方向偏移，M1、M2、M3 的主峰温度分别为 94.7℃、95.4℃、96.0℃，说明 M3 产品具有更低的支化度；

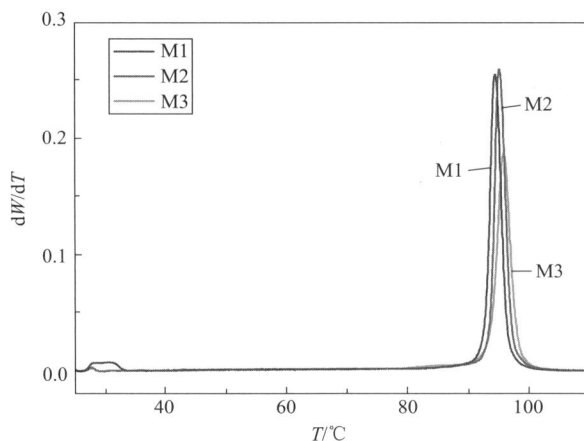

图 6-21　3 种 PE-RT 管材专用料升温梯度淋洗分级曲线（见文后彩图）

M1、M2 和 M3 的均聚物级分质量分数分别为 95.2%、99.7%、99.8%，说明 M3 的结晶能力更强。而随着结晶度的增加，分子链排列将更加紧密有序，分子之间相互作用力增加，聚合物的拉伸强度和弯曲模量均提高，断裂伸长率和冲击强度则降低，提高了产品的刚性。

表6-30　3种PE-RT管材专用料各级分性质

样品	可溶级分质量分数/%	均聚物级分	
		主峰温度/℃	质量分数/%
M1	4.8	94.7	95.2
M2	0.3	95.4	99.7
M3	0.2	96.0	99.8

⑦ 力学性能　由表 6-31 可见：3 种管材专用料中，M1 的冲击强度以及断裂标称应变最大，弯曲弹性模量最小；M3 的弯曲弹性模量最高，冲击强度和断裂标称应变最小。表 6-31 数据表明 M1 韧性最优，M2 次之，M3 刚性最佳。

表6-31　3种PE-RT管材专用料力学性能

性能	M1	M2	M3
简支梁冲击强度/(kJ/m^2)	74.8	65.2	55.7
弯曲模量/MPa	665	708	772
拉伸屈服应力/MPa	18.3	18.0	18.0
断裂标称应变/%	845	817.5	547

6.3.3.4　PE-RT管材专用料DGDZ3606工业化生产技术

独山子石化公司依托 Unipol 气相流化床工艺，采用 BMC 双峰催化剂，以 1- 己烯为共聚单体，通过控制支链数量及其分布，得到具有特殊分子结构的 PE-RT 专用料——DGDZ3606。DGDZ3606 的开发突破了传统茂金属催化剂产品结构限制，在茂金属活性中心基础上引入第二个催化剂中心，使其成为增强型 PE-RT Ⅰ型料，同时将聚合物分子量分布拓展至 PE-RT Ⅱ 型料水平。

该产品为全球范围内首个采用单反应器生产的双峰 PE-RT 管材专用料，与茂金属单峰、窄分布的 PE-RT 管材专用料相比，具有平均分子量高、分子量分布宽、共聚单体接枝率高、熔体强度高、主机扭矩低、柔韧性优良等特点，既保留了聚乙烯的耐低温特性，又提升了其在高温条件下的耐蠕变性能和强度，主要应用于地面辐射采暖系统等领域。

BMC 催化剂的催化活性可达到 10000kg/kg，能够实现冷凝态操作，生产负荷达到 40t/h，生产过程中通过加入抗静电剂可实现静电的低位控制。由于 DGDZ3606 密度较低，需提高 1- 己烯含量。高 1- 己烯含量会带来催化剂活性更好的释放，因此工艺参数调控稳定性是关键核心技术，应注意生产负荷需在较低速率下提升，避免负荷提高过快产生爆聚和结块等问题。通过优化工艺控制条件，实现了 DGDZ3606 分子结构性能的精准控制和生产设备稳定长周期运行，形成了使用单反应器生产双峰分布的 PE-RT 管材专用料技术。

（1）工艺流程

气相反应气体（乙烯、1- 丁烯或 1- 己烯、氢气等多种气体混合物）和惰性气体通过循环气压缩机的推动，连续进入含有少量催化剂的树脂流化床中反应，并连续循环。乙烯在流化床反应器中进行聚合生成聚乙烯。聚乙烯粉料树脂从反应系统输送至树脂脱气仓脱气后，送挤压造粒系统，成品经包装后出厂。

（2）工艺条件

装置反应系统工艺条件，如表 6-32 所示。

表 6-32　DGDZ3606 聚合工艺条件

项目	指标
反应温度/℃	83～92
反应压力/kPa	1800～2100
乙烯分压/kPa	1200～1400
己烯与乙烯摩尔比	0.007～0.010
氢气与乙烯摩尔比	0.0005～0.0011

（3）产品质量

DGDZ3606 熔体流动速率和密度高于国产料，低于进口料；弯曲模量刚性指标与国产料相当，低于进口料；冲击强度、韧性指标高于进口料，低于国产料。见表 6-33。

表 6-33　DGDZ3606 基础物性

项目	DGDZ3606	国产料	进口料	测试方法
熔体流动速率（21.6kg）/(g/10min)	14	12	21	GB/T 3682.1—2018
密度/(kg/m^3)	937.4	936.6	938.5	GB/T 1033.2—2010
屈服应力/MPa	20.8	17.5	18.3	GB/T 1040.2—2022
断裂标称应变/%	847	928	828	
弯曲模量/MPa	722	721	806	GB/T 9341—2008
弯曲强度/MPa	18.9	18.9	20.4	
简支梁冲击强度/(kJ/m^2)	40	76	33	GB/T 1043.1—2008

DGDZ3606 分子量分布（图 6-22）明显呈双峰形态，且较国内外同类产品宽，双峰分布既有利于加工，又可以兼顾力学性能。

DGDZ3606 的甲基支化度、共聚单体含量及共聚单体支化点数均高于国产料和进口料（表 6-34）。相同结晶度情况下，更高的共聚单体接入量有利于增强分子间的作用力，形成更多的系带分子，提高材料的耐高温长期蠕变性能。

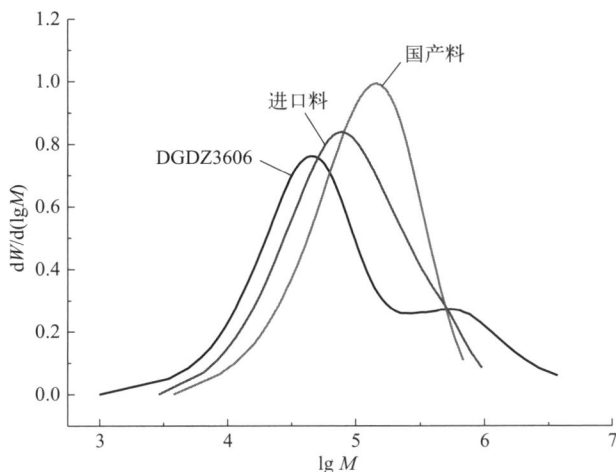

图 6-22　各产品分子量及其分布

表 6-34　共聚单体种类与含量

项目	DGDZ3606	国产料	进口料
甲基支化度/(个/100C原子)	0.31	0.19	0.21
共聚单体种类	1-己烯	1-己烯	1-己烯
共聚单体摩尔分数/%	0.80	0.67	0.65
共聚单体支化点数/(个/10000C原子)	39.3	32.9	32.2

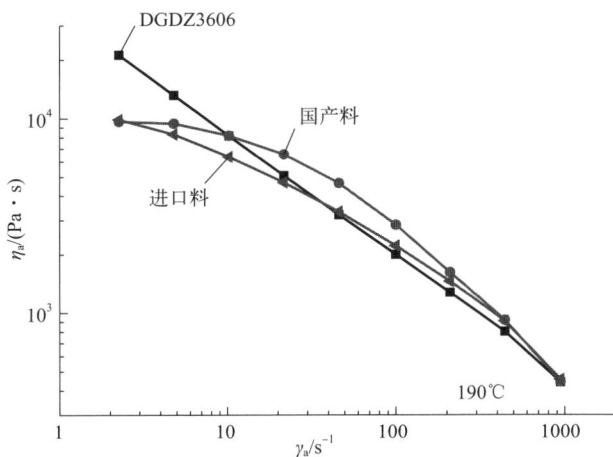

图 6-23　各产品190℃毛细流变曲线

　　从产品190℃毛细流变曲线（图6-23）可知，国产料随剪切速率的提高，出现了一段剪切黏度平台区，相较于进口料，同等剪切速率下国产料剪切黏度更高，这可能引起加工过程中熔体压力的升高。DGDZ3606在低剪切速率下剪切黏度高，这可以保证材料在低速加工时有更好的熔体强度；随着剪切速率的提高，DGDZ3606剪切黏度下降更加明显，在100s^{-1}以后，其剪切黏度与进口料相当。因此，我们推测在高速挤出过程中，DGDZ3606加工性能可能与进口料相当，而国产料熔体压力相较其他两种产品更高。

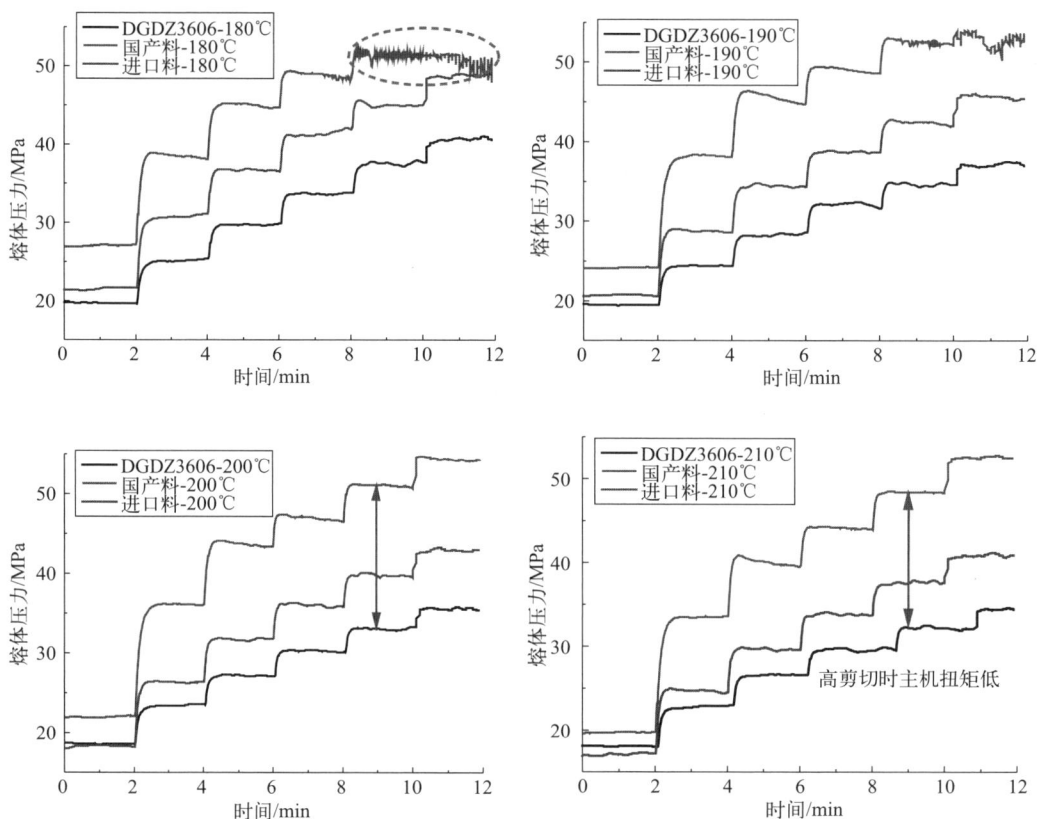

图 6-24　不同温度下各产品熔体压力变化趋势（见文后彩图）

由图 6-24 可知，当温度为 180℃和 190℃时，国产同类料在 8min 后出现了严重的剪切震荡情况，表明该温度下加工时可能会出现熔体破裂等缺陷。相同温度和螺杆转速条件时，DGDZ3606 熔体压力更低，体现出双峰分子量分布产品特色。

加工温度设定为 180 ～ 190℃，牵引速度为 3 ～ 15m/min，制备的管样规格为 DN20/S4，加工参数如表 6-35 所示。

表 6-35　DGDZ3606 加工参数

样品	主机转速/ （r/min）	牵引速度/ （m/min）	熔体压力/ MPa	真空度/ MPa	水温/ ℃	备注
DGDZ3606	107.96	10.12	23.64	−0.018	22	S4
	160.03	15	27.38	−0.018	22	S4

在 3 ～ 15m/min 条件下制备的管样壁厚均匀、外观优异、通透性好。在 15m/min 条件下，DGDZ3606 加工性能较国产料熔坯黏性更小，水环控制裕度更大。实验过程中，在 10m/min 条件下实现 DGDZ3606 与进口料的顺利切换，切换前后，进口料与 DGDZ3606 熔体压力基本相当。

DGDZ3606 产品通过 20℃/1h、95℃/22h、95℃/165h 和 95℃/1000h 静液压试验（表 6-36），符合 GB/T 28799.1—2020 标准要求。

表6-36 静液压试验数据

试验条件	20℃，9.9MPa	95℃，3.8MPa	95℃，3.6MPa	95℃，3.4MPa
	1h	22h	165h	1000h
DGDZ3606	通过	通过	通过	通过

6.3.3.5 加工应用

（1）茂金属聚乙烯 PE-RT 管材专用料 mPE3010 应用情况

mPE3010 在下游龙头企业进行了应用试验，其性能优异，各项指标能够达到下游企业应用要求。加工过程中设置螺杆转速 110.2r/min，熔体压力为 16.8MPa，牵引速度 24.425m/min，检测结果如表6-37所示。

表6-37 mPE3010 检测结果

检验项目	标准要求	试验结果
熔体流动速率变化率	不超过±0.3g/10min，且不超过±20%（190℃，5kg）	1.78g/10min，变化率13.4%
纵向回缩率	≤2%（110℃，1h）	0.85%
静液压强度	9.9MPa，20℃，1h，无破裂、无渗漏	通过
	3.8MPa，95℃，22h，无破裂、无渗漏	通过
	3.6MPa，95℃，165h，无破裂、无渗漏	通过
	3.4MPa，295℃，1000h，无破裂、无渗漏	通过

国家化学建筑材料测试中心按照 GB/T 28799.2—2020 中对Ⅰ型管材的要求进行了检验，检验报告显示：在液静压状态、110℃、环应力 1.9MPa 条件下，8760h 没有出现破裂和渗漏，通过检验，符合标准。

（2）茂金属聚乙烯 PE-RT 管材专用料 DGDZ3606 应用情况

DGDZ3606 在国内典型下游加工企业进行加工使用，与国产料进行了加工参数的比对，相近的生产负荷下，DGDZ3606 较国产料熔体压力低约15%，相应的熔体温度降低 9.2%，主机扭矩降低 6.8%。表明 DGDZ3606 牵引速度较国产料更高，而主机螺杆转速却更低，有利于降低加工能耗和提高加工速率。

据 GB/T 28799.1 规定，根据 DGDZ3606 的预测静液压强度曲线，明确其为 PE-RTⅠ型料。长期静液压强度曲线测试方法：材料的预测静液压强度置信下限 σ_{LPL} 值计算应符合 GB/T 18252—2020《塑料管道系统 用外推法确定热塑性塑料材料以管材形式的长期静液压强度》要求，并按照 GB/T 6111—2018《流体输送用热塑性塑料管道系统 耐内压性能的测定》的规定进行试验。试验时应将试样放在20℃、60～70℃、95℃和不同的环应力条件下试验，使每个规定的温度下至少有3个破坏时间处于 10～100h、100～1000h、1000～8760h、>8760h 等时间段。

按照上述标准的要求，DGDZ3606 于中国国家化学建筑材料测试中心进行了认证测试，由测试结果判定 DGDZ3606 管材专用料达到 GB/T 28799.1 和 ISO 24033 标准中 PE-RTⅠ型原料标准要求。

6.4　耐开裂聚乙烯管材专用料

6.4.1　概述

聚乙烯材料由于其耐腐蚀性强、力学性能好、使用寿命长及环保等优势已逐渐取代钢管，在城市给排水、燃气等管道系统中被广泛使用。聚乙烯管道具有节能、节水、节地、节材的"四节"特点。管道的生产和应用均无污染，生产耗能相对较低，光滑的内壁可减少输气中的压力损失，使用寿命可达 50 年以上，为环境友好型材料，符合国家节能减排和循环经济产业政策。

聚乙烯管道的性能取决于其材料的分子结构，而分子结构受催化剂种类、聚合类型、聚合条件、分子量及其分布、共聚单体类型和含量及其分布等因素的影响。管材专用中、高密度聚乙烯的发展经历了 4 个阶段[17]。第一阶段：第一代管材专用聚乙烯的开发始于 20 世纪 50 年代，以不含支链的聚乙烯大分子为主，共聚单体含量很低，因此密度很高，而耐慢速裂纹增长性能很差，在长期内部静液压的作用下，会出现脆性破坏，体现在蠕变曲线上就是曲线的斜率较大并且形成拐点。第二阶段：第二代 PE 通过提高共聚单体的含量、降低 PE 的密度，改进了耐慢速裂纹增长性能。从蠕变曲线上可以看到，与第一代 PE 相比，第二代 PE 的静液压强度有了很大改善，从 PE63 级发展到了 PE80 级，而且曲线的斜率变小了，出现拐点的位置也发生了变化，出现拐点的时间更长。第三阶段：第三代管材专用 PE 采用双峰聚合技术，进一步改善了 PE 的长期静液压性能和耐慢速裂纹增长性能。从蠕变曲线上可以看到，在 80℃、5000h 的测试周期内没有出现脆性破坏，不会出现拐点。在温度为 20℃、使用时间为 50 年、置信度为 97.5% 条件下的静液压强度预测值下限达到了 10MPa，即为 PE100 级聚乙烯。第四阶段：第四代聚乙烯通过分子结构设计，进一步改善了耐慢速裂纹增长性能。在外部划伤和点载荷的作用下，第四代聚乙烯仍能够达到 100 年的设计使用寿命，即管材专用耐开裂 PE100 级聚乙烯（PE100-RC）。

新开发的 PE100-RC 材料，具备良好的点载荷性能，耐划伤，其抗开裂性能比普通 PE100 高很多倍，可以满足非开挖敷设的苛刻要求，尤其适用于无砂敷设，可节省施工费用，经济性良好。

道达尔石化第一个以己烯为共聚单体推出了 PE100-RC 管材专用料，有三种颜色的混配料可供选择：专门用于燃气管道的橙色料 XSC50 Orange，用于给水管道的蓝色料 XSC50 Blue，以及燃气、给水皆可使用的黑色料 XRC20B。紧随道达尔石化，北欧化工、巴塞尔和英力士等公司也相继成功开发出了 PE100-RC 管材专用料。目前，国外主要的 PE100-RC 牌号如表 6-38 所示。

表 6-38　国外主要的 PE100-RC 管材专用料

生产商	牌号	熔体流动速率/(g/10min)	密度/(kg/m³)
Borealis	HE3490-LS-H	0.25	959
LyondellBasell	CRP100 RESIST CR Black	0.23	958
INEOS	TUB121N6000	0.30	959

生产商	牌号	熔体流动速率/(g/10min)	密度/(kg/m³)
Total	XRC20B	0.29	958
SABIC	P6006RC	0.27	958

在原料生产方面，各大石化公司所开发的 PE100-RC 产品和其普通 PE100 产品均用同一套装置、同一套工艺生产，均是在调整工艺指标、对分子结构进行重新设计后得到耐慢速裂纹增长性能明显提升的 PE100-RC 产品。

在我国，传统 PE100 管道已逐渐开始被大范围推广应用，而 PE100-RC 管道及相应配套施工技术还处于起步发展阶段，但部分大中型企业已经开始关注并使用 PE100-RC 管材，如天津滨海新区定向钻孔铺设管道已经采用沧州明珠生产的 DN800 规格的 PE100-RC 管道。目前，国内 PE100 管材需求量在 130 万吨 / 年左右，其中 PE100-RC 管材需求量约为 8 万吨 / 年。随着城市管网系统的改造和非常规施工技术的推广，预计该领域的需求将会有持续上升。PE100-RC 管材专用料市场目前大部分由进口料所占据，国产料研发应用较少，供应国内市场的多数为常规的 PE100 管材专用料，见表 6-39。

表 6-39　国内市场典型的常规国产 PE100 管材专用料

牌号	生产工艺	生产厂家
TUB121N3000	Innovene S	独山子石化
UHXP-4808	Unipol	独山子石化
CRP100N	Hostalen	四川石化
GC100S	Hostalen	吉林石化
YGH041	Hostalen Bostar	上海石化
PN049	Innovene S	中沙（天津）石化
7600M	CX	燕山石化
4902T	CX	扬子石化
PN049	Innovene S	中煤榆林

6.4.2　PE100-RC 管材专用料慢速裂纹扩展

6.4.2.1　聚乙烯管材慢速裂纹扩展研究

慢速裂纹扩展是聚乙烯管材最常见的破坏形式之一，也是业界学者研究的重点。为了提高聚乙烯管材的长期耐压性能，延长其使用寿命，研究者经过多年的研究，在慢速裂纹扩展机理和表征方法上积累了诸多成果。

研究表明，在设计使用寿命内，管材的韧性破坏和降解破坏均不会发生，影响聚乙烯管材使用寿命的外界因素为脆性破坏（慢速裂纹增长，SCG）。慢速裂纹扩展现象，一般是由于制品生产中的残余应力，或在施工工程中人为拖拽引起的刮伤以及受周围环境影响（例如石头顶住管材外表面造成的点载荷形成应力集中区），产生初始裂纹并发展成为微小的孔洞，孔洞间的材料会被拔出形成高强度的微纤结构（也称银纹，由于折射率不同呈现发白的现象而得名）。银纹在慢速裂纹扩展过程中起着相当重要的作用，是慢速裂纹扩展理论研究的主要对象。

银纹的研究主要包括 3 个方面：银纹的形成、银纹的生长与银纹的断裂。在银纹的形成方面，研究者们提出了能量判据、应变判据、应力判据以及各种形式的修正模型。银纹的生长包括向前扩展和厚度增加两个方面。目前人们普遍接受的生长机埋为 Taylor 弯月面不稳定生长机制和活性区内纤维的冷拉卷入。银纹的断裂方面，涉及银纹内纤维的断裂和稳定性问题，以及断裂判据、概率、扩展规律等。

6.4.2.2　聚乙烯管材慢速裂纹扩展试验

在聚合物材料中，聚乙烯管材的慢速裂纹扩展问题得到了广泛的关注，并且有较为系统的文献报道，主要为试验方法的建立和基于试验结果的理论预测模型的提出。

20 世纪 80 年代，美国宾夕法尼亚大学 Brown 教授的研究团队[18]开始研究聚乙烯的 SCG 行为，主要通过断裂力学中的经典实验（如单轴拉伸实验和三点弯曲实验）来开展相关的研究。运用各种光学、电子设备（如 TEM），针对裂纹扩展的过程，进行了大量的实验观察，并对实验的结果进行了周密的数学分析，得出了一些精度较高的计算公式，建立了慢速裂纹扩展的基本理论。

Brown 的理论中，衡量 SCG 的主要参数是裂纹尖端张开位移（CTOD）的变化速率 δ。根据 δ 的变化规律，可以把整个扩展过程分为三个部分（如图 6-25 所示）：加载瞬间、匀速阶段和加速阶段。加载瞬间 CTOD 达到一个值；而后进入一个匀速张开的阶段，此时 δ 为常数；最后在某一时刻，δ 突然开始增大，整个试样迅速断裂。通过合理的数理分析，Brown 最终利用匀速阶段的 δ 来预测整个试样最终断裂的时间。

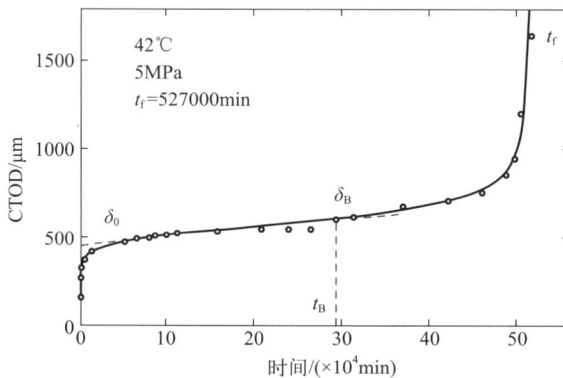

图 6-25　裂纹尖端张开位移－时间关系曲线

经过多年系统性的研究，Brown 团队已经在聚乙烯 SCG 的机理、抗 SCG 能力的影响因素、应力和应变场分析等方面获得了较多的研究成果。

（1）机理

聚乙烯作为一种半结晶聚合物，无定形区的系带分子缠结连接相邻的片晶，约束了片晶间的相对运动。在受力状态下，外部压力通过系带分子和缠结将应力传递给片晶。银纹区的纤维被认为是系带分子从片晶缠结中拔出，即解缠结，而产生的慢速裂纹。系带分子的解缠结速率与系带分子密度和片晶的强度有关，系带分子密度越大，片晶的强度越大，解缠结速率就越小。

（2）影响因素

Brown 定量地提出了外部变量（如应力、温度、应力强度和 J 积分）、形态变量（如密度和片晶尺寸）、分子变量（如分子量、支链密度和支链分布）与慢速裂纹扩展速率及失效时间的关系，如表 6-40 所示。

表 6-40　Brown 提出的 SCG 函数关系

函数关系	函数	函数项意义
失效时间 t_f 与应力 σ、切口深度的关系	$t_f = A\sigma^{-n}a_0^{-m}$	A 为材料常数，与聚乙烯的种类及实验环境参数有关；a_0 为切口深度，mm
失效时间 t_f、裂纹扩展速率 δ 与温度的关系	$t_f \sim e^{Q/RT}$ $\delta \sim e^{-Q/RT}$	对于聚乙烯，其活化能 Q 的变动范围为 90~150kJ/mol
裂纹扩展速率 δ 与分子量的关系	$\delta \sim \dfrac{1}{\overline{M}_w - M_c}$	$\overline{M}_w$ 为重均分子量；M_c 为聚乙烯立即断裂失效的临界分子量。通过一系列的聚乙烯均聚物的 SCG 试验可得 M_c 为 18000

不同的热处理过程会引起聚乙烯结构形态的变化，进而影响其抗 SCG 能力。对于均聚物，猝冷状态下的 SCG 速率比缓冷状态下的要快；而对于共聚物，缓冷状态下的 SCG 速率则较快。猝冷后对乙烯-己烯共聚物进行不同温度下的退火处理，研究表明，不同的退火温度亦会影响失效时间。另外，辐射交联和有机活性剂对聚乙烯的抗 SCG 能力变化也有影响。

（3）应力和应变场分析

Brown 采用新技术测量了聚乙烯银纹边界处的应变分布，而后根据材料的应力-应变曲线得到了相关的应力场，得到的银纹边界应力应变场示意图如图 6-26 所示。

从图 6-26 中可知，银纹边界范围内应力基本不变，但应变随着距离的增加明显下降。Brown 对切口附近的应力和应变场进行了分析，指出切口尖端与银纹尖端之间的应力分布是均匀一致的。

基于以上研究工作，研究者相继提出

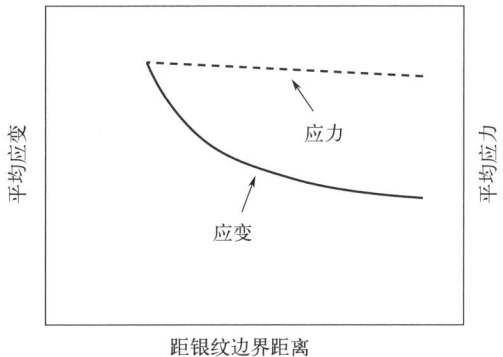

图 6-26　银纹边界附近的应变和应力场示意图

了慢速裂纹扩展的多个评价方法，各个方法之间从材料的多种角度入手，表征了材料不同方面的耐慢速裂纹扩展性能。

6.4.3　PE100-RC 与 PE100 管材专用料比较

共聚单体的含量对共聚聚乙烯分子中片晶的厚度影响十分显著。当共聚单体长度超过 3 个 CH_2 单元时，短支链将被作为缺陷点排斥在晶区外，此时，随着共聚单体含量的增加，聚乙烯主链上 CH_2 序列长度变短，形成的片晶就会变薄。因此，共聚单体含量可以通过片晶的厚度进行间接预测。

片晶厚度根据 Thomson-Gibbs 方程加以计算，然后进行归一化处理，进而可求出其所占比例。方程如下：

$$l_e = \frac{2\delta_e T_m^0}{\Delta H(T_m^0 - T_m)}$$

式中，T_m 为某一片晶厚度对应的熔融温度，K；T_m^0 为无限厚度片晶的平衡温度，414.5K；δ_e 为表面自由能，0.093J/m²；ΔH 为单位体积的熔融焓，288×10⁶J/m³；l_e 为片晶厚度，m。

分别选取两种不同工艺生产的 PE100 料和 PE100-RC 料进行性能测试和比较，选取的管材料的牌号、简称和生产工艺见表 6-41。

表 6-41　选取的 PE100 管材专用料及 PE100-RC 管材专用料

管材专用料样品牌号	样品料简称	样品料类别	生产工艺
XS10	X1	PE100	道达尔ADL双环管淤浆
XSC50	X2	PE100-RC	道达尔ADL双环管淤浆
TUB121N3000B	T1	PE100	英力士Innovene S双环管淤浆
TUB121N6000	T2	PE100-RC	英力士Innovene S双环管淤浆
TUB125N6000	T3	PE100-RC	英力士Innovene S双环管淤浆

（1）结晶性能

采用连续自成核退火（SSA）热分级方法对 PE100-RC 样品和常规 PE100 样品进行分析测试，考察了片晶厚度对慢速开裂性能的影响。SSA 热分级法是通过对样品进行连续的自成核、退火作用，使样品按照分子链规整度由高到低形成厚度从大到小的一系列片晶，最终反映在熔融曲线上的分析方法。通过对分级曲线进行分峰拟合和系列计算，得到了各个样品的可结晶序列长度信息，如表 6-42 所示。

表 6-42　各样品的可结晶序列长度（MSL）

样品料简称	MSL	千碳支化点数量
X1	297	3.37
X2	203	4.93
T1	200	5.00
T2	193	5.18
T3	182	5.49

由表 6-42 可见：PE100-RC 产品的千碳（每 1000 个 C 原子）支化点数量，均高于同工艺的 PE100 产品，表明接枝在 PE100-RC 结晶区乙烯链段上的共聚单体数量较高，能够形成较多的系带分子；同工艺条件下 PE100-RC 产品的可结晶序列长度偏低，更容易形成较薄的片晶。

（2）共聚单体含量

Huang 和 Brown[19] 利用管材切口试验考察了不同共聚单体含量聚乙烯管材的破裂

时间，发现随着共聚单体含量的增加，管材的破裂时间也呈指数级增加，试验结果如图 6-27 所示。

乙烯与 α- 烯烃共聚时，其共聚单体在不同分子量级分中的含量并不相同，形成一个宽的短支链分布。分子链中短支链的分布会导致分子间及分子内结构的非均匀性，这种非均匀性极大地影响了聚乙烯的结晶性能、流变性能及其他物理性能。据文献报道，短支链分布在高分子量部分将有助于形成系带分子，从而可以提高管材专用料的长期使用性能。理想的共聚单体分布模型如图 6-28 所示。

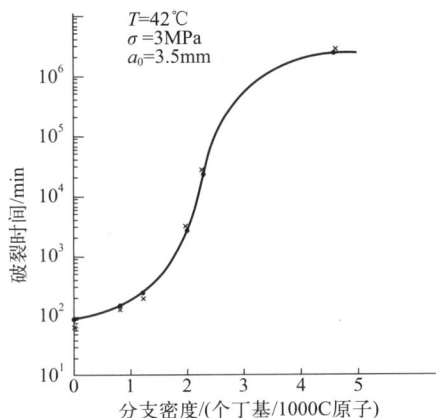

图 6-27 不同共聚单体含量的聚乙烯管材破裂时间

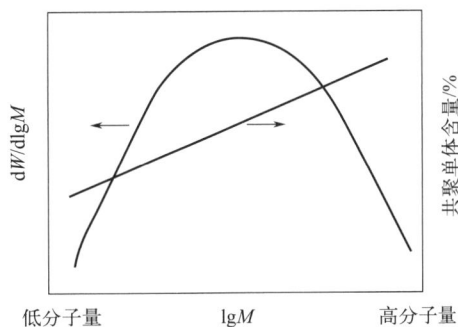

图 6-28 理想的共聚分子量分布模型

对表 6-41 所列的样品进行了 NMR 测试，共聚单体含量的测试结果如表 6-43 所示。

表6-43 NMR核磁测试结果

样品料简称	共聚单体含量（摩尔分数）/%
X1	0.68
X2	0.74
T1	0.50
T2	0.51
T3	0.54

从表 6-43 所示测试结果来看，PE100-RC 产品的共聚单体含量均稍高于同工艺 PE100 产品。这也印证了较高的共聚单体含量易于材料形成短支链结构，可提高形成系带分子的条件，从而提高了材料的慢速开裂性能。

（3）基础力学性能差异

由表 6-44 可见：PE100-RC 料的熔体流动速率与常规 PE100 料的基本相当；Innovene S 工艺 PE100-RC 料的熔流比稍小于同工艺的 PE100 料，ADL 工艺 PE100-RC 料的熔流比与同工艺 PE100 料基本持平。熔流比体现了高分子物质在不同剪切作用下的流动性能差异，间接反映了树脂的分子量分布。从基础力学性能测试来看，PE100-RC 管材专用料与 PE100 管材专用料间未有明显差异。

表 6-44 PE100 与对应 PE100-RC 的基础力学性能对比

项目	X1	X2	T1	T2	T3
MFR(5kg)/(g/10min)	0.34	0.32	0.30	0.35	0.36
MFR(21.6kg)/(g/10min)	8.0	7.5	8.0	7.7	8.0
熔流比[MFR(21.6kg)/MFR(5kg)]	23.5	23.4	26.7	22.0	22.2
密度/(g/cm³)	0.9501	0.9493	0.9606	0.9605	0.9542
氧化诱导期(210℃)/min	45	54	70	43	83
拉伸屈服应力/MPa	21.3	21.8	22.3	22.6	22.0
弯曲模量/MPa	1050	1070	1057	1220	1050
冲击强度/(kJ/m²)	32	35	29	28	28

6.4.4 工艺条件对管材专用料性能的影响

Innovene S 工艺具有操作调整简洁、指标控制平稳等特点，可以灵活控制加入反应器的各种物料组分和共聚单体含量，在高效催化剂的引发下可以精确控制产品的分子序列结构、分子量及分子量分布，确保产品的低分子组分和高分子组分达到最佳的分布比例。由该工艺生产的第四代聚乙烯管材专用料产品，通过特殊的工艺调节，构造出了独特的分子结构，进一步提高了其耐慢速裂纹增长性能，在外部划伤和点载荷的作用下，该材料仍能够达到 100 年的设计使用寿命。

Innovene S 低压双环淤浆工艺，既可生产单峰产品也可生产双峰高密度聚乙烯产品，设计规模为 30 万吨 / 年。该工艺包含两种催化剂体系，即铬催化剂和齐格勒 - 纳塔催化剂。铬催化剂用于生产宽分子量分布的高密度聚乙烯双峰产品，齐格勒 - 纳塔催化剂既可用于生产单峰产品也可用于生产双峰产品。

该工艺生产效率较高，每个反应器的乙烯转化率可达 97% ~ 98%。通过调节每个反应器的单体与溶剂的比率来控制固体的浓度；通过调节每个反应器的冷却水温度来控制反应器温度；通过调节反应器出口流量来控制反应器压力；通过调整催化剂和单体加入量可以十分容易地控制分子量的分布。使用齐格勒 - 纳塔催化剂时，通过调节加入的氢气量，可以使产品的分子量在较宽范围内变化。使用铬催化剂时，通过调节反应器温度可改变产品熔体流动速率。通过加入少量合适的共聚单体，可控制产品的密度。依据这些聚合基本原理，可以控制这些产品的综合特性，生产出所需的产品。

对于双反应生产的双峰树脂产品，工艺控制的关键指标主要有第一反应器（简称一反）的熔体流动速率（2.16kg，口模 1.108mm）及密度，最终产品的熔体流动速率（5kg）、密度及表观黏度值。工艺调节的基本原则是：首先调整第一反应器的指标；然后将区块比率（即第一反应器乙烯进料量占两个反应器乙烯进料总量的比例）调节到目标值；最后调整最终粉料产品的质量参数。

第二反应器（简称二反）产物的熔体流动速率较低，分子量较高。反应过程中氢气始终保持在较低浓度（一般稳定在 150g/h）。最终产物的熔体流动速率主要受二反产物熔体流动速率的影响。来自第一反应器的均聚物，在第二反应器中继续聚合并与共聚单体共聚生成有支链的大分子链，共聚单体与乙烯的摩尔比决定了最终产品的密度。

6.4.5　PE100-RC 产品的工业化生产及产品性能

相较于常规 PE100 产品，PE100-RC 产品中小分子组分含量整体较少，高结晶、高规整片晶含量亦相对较少。

聚合物中小分子部分减少，大分子部分增加，分子量升高，致使聚合物中短链数量减少，长链数量增多，有利于提高无定形分子在晶区之间穿插的概率。晶层间的系带分子含量增加，有利于提高材料的耐长期蠕变性能。

基于以上研究开发，独山子石化公司成功生产出了耐开裂聚乙烯（PE100-RC）产品 TUB121RC，产品性能可满足各项性能要求，指标见表 6-45。

表 6-45　PE100-RC 管材专用料的主要技术指标

测试项目		TUB121RC指标	TUB121RC实测值	测试方法
熔体流动速率（5.0kg）/(g/10min)		0.30±0.06	0.29	GB/T 3682.1—2018
密度/(kg/m³)		949±2	949.4	GB/T 1033.1—2008
简支梁冲击强度（23℃）/(kJ/m²)	≥	25	29	GB/T 1043.1—2008
拉伸屈服应力/MPa	≥	21	22.3	GB/T 1040.1—2018
拉伸断裂标称应变/%	≥	600	773	
氧化诱导时间（210℃）/min	≥	30	53	GB/T 19466.6—2009
管材切口试验/h	≥	8760	>8760	GB/T 18476—2019
20℃、12.0MPa静液压试验/h	≥	100	370	GB/T 6111—2018
80℃、5.4MPa静液压试验/h	≥	165	>2840	
80℃、5.0MPa静液压试验/h	≥	1000	>2840	

6.4.5.1　PE100-RC 产品分子量及分布

从图 6-29 和表 6-46 可知，TUB121RC 样品的大分子峰高和峰面积较大，小分子峰高和峰面积较小，重均分子量稍大于 TUB121N3000，与工艺调整方向相一致。

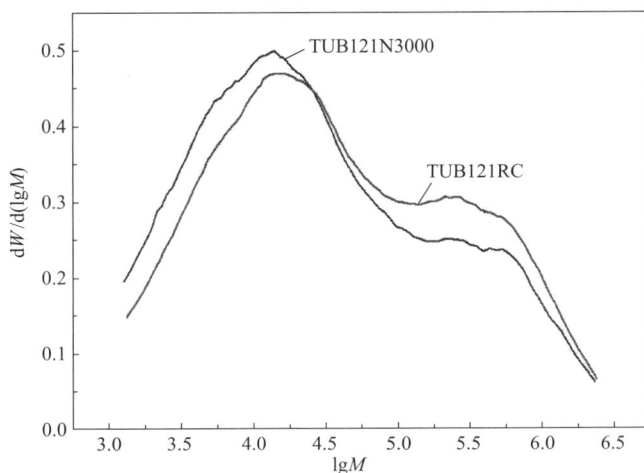

图 6-29　分子量分布谱图

表 6-46　样品分子量

编号	$M_n/(\times 10^4)$	$M_w/(\times 10^4)$	$M_{Z+1}/(\times 10^4)$	M_w/M_n
TUB121RC	1.08	21.9	202	20.28
TUB121N3000	0.90	19.1	210	21.22

6.4.5.2　产品静液压性能

PE100-RC 管材的静液压试验和常规 PE100 的一致。国家标准和国际标准均规定，给水用聚乙烯管材和燃气用埋地聚乙烯管材应通过 20℃和 80℃温度下的静液压强度试验检测，具体要求如表 6-47、表 6-48 所示。

表 6-47　给水用聚乙烯管材（混配料 PE80、PE100）耐静液压要求

项目	环应力/MPa				要求
	GB/T 13663.2—2018		ISO 4427-2:2019（E）		
	PE80	PE100	PE80	PE100	
20℃，100h	10.0	12.0	10.0	12.0	无破坏，无渗漏
80℃，165h	4.5	5.4	4.5	5.4	无破坏，无渗漏
80℃，1000h	4.0	5.0	4.0	5.0	无破坏，无渗漏

表 6-48　燃气用聚乙烯管材（混配料 PE80、PE100、PE100-RC）耐静液压要求

项目	试验时间	环应力/MPa				要求
		GB/T 15558.2—2023		ISO 4437-2:2024（en）		
		PE80	PE100和PE100-RC	PE80	PE100和PE100-RC	
20℃，100h	≥100h	10.0	12.0	10.0	12.0	无破坏，无渗漏
80℃，165h	≥165h	4.5	5.4	4.5	5.4	无破坏，无渗漏
80℃，1000h	≥1000h	4.0	5.0	4.0	5.0	无破坏，无渗漏

按照表 6-47、表 6-48 所示标准的要求，对由 TUB121RC 生产的 DN32 管材耐静液压性能进行了测试，测试结果表明其完全符合标准要求，如表 6-49 所示。

表 6-49　DN32 管材静液压测试结果

样品	20℃，12.4MPa，100h	80℃，5.4MPa，165h	80℃，5.0MPa，1000h
TUB121RC	通过（370h破裂）	通过（>2840h）	通过（>2840h）
TUB121N3000	通过（>300h）	通过（>3000h）	通过（>3000h）

6.4.5.3　产品耐快速裂纹扩展性能

GB/T 15558.2—2023 中对管材的耐快速裂纹扩展性能的要求是：$p_{CS4} \geqslant$ MOP/2.4−0.072MPa（p_{CS4} 为临界压力；MOP 为最大工作压力），按 GB/T 19280 的规定在 0℃试验。GB/T 19280—2003 中规定："当 $a \leqslant 4.7d_n$ 时，定义为裂纹终止；当 $a > 4.7d_n$ 时，定义为裂纹扩展。（a 为管材试样外表面纵向裂纹长度；d_n 为管材公称外径。）"对 TUB121RC 和 TUB121RCB（为 TUB121RC 的黑色混配料产品）两种样品的试验结果如表 6-50 所示。

表 6-50　TUB121RC 和 TUB121RCB 的快速裂纹扩展（RCP）小尺寸稳态试验（S₄ 试验）结果

样品	试验压力/MPa	裂纹长度 a/mm
TUB121RC	0.6	90
	0.8	90
	1	100
TUB121RCB	0.2	108
	0.4	153
	0.6	122
	0.8	183
	1	373

注：d_n = 250mm；$4.7d_n$ = 1175mm；切刀的移动速度为 15m/s；0℃。

从 RCP 试验结果（表 6-50）来看，在所有试验压力下，TUB121RC（B）管材引发的裂纹长度均小于 $4.7d_n$（1175mm），产品耐快速裂纹扩展性能优异。

6.4.5.4　产品的耐慢速裂纹增长性能

（1）缺口管试验

缺口管试验（NPT）是 PE100-RC 产品所要求的核心检测项目，GB/T 15558.2—2023 要求测试样品耐受时间 ≥ 500h 时无破坏、无渗漏，使用 TUB121RC 所制备的 d_n=110mm 管材切口试验时间已超过 8760h，见表 6-51。

表 6-51　TUB121RC 的切口试验结果

样品	实验结果
TUB121RC	保持无破坏、无渗漏时长＞8760h
TUB121N3000	保持无破坏、无渗漏时长＞4025h

试验条件：80℃，0.92MPa。

（2）加速全缺口蠕变试验（FNCT-ACT）及加速点载荷试验（PLT+）

加速全缺口蠕变试验和加速点载荷试验可缩短耐慢速裂纹增长试验周期。TUB121RC 及其黑色混配料产品 TUB121RCB 通过了在第三方实验室开展的加速试验。FNCT-ACT 试验条件为 90℃、2%NM5（壬基苯基聚氧乙烯醚，表面活性剂），要求破坏时间不小于 320h；PLT+ 试验条件为 90℃、2%NM5，要求破坏时间不小于 450h。试验结果如表 6-52 所示，可见两种样品均达到了欧洲行业标准 PAS1075 对 PE100-RC 产品的性能要求。

表 6-52　FNCT-ACT 及 PLT+ 检测结果

样品	FNCT-ACT/h	PLT+/h
TUB121RC	1236.0	2382.8
TUB121RCB	889.3	1915.66

（3）加速 NPT 和应变硬化测试

TUB121RCB 通过了第三方实验室的加速 NPT 测试和应变硬化测试（SHT）。加速 NPT 试验条件为 80℃、2% 壬基酚聚氧乙烯醚水溶液、压力 0.92MPa，要求破坏时间不小于 300h；应变硬化试验条件为 80℃、应变硬化模量 ≥ 53MPa，试验结果如表 6-53 所示。

表 6-53　加速 NPT 及应变硬化模量的检测结果

样品	加速NPT/h	应变硬化模量/MPa
TUB121RCB	>300	68.2

6.4.6　TUB121RCB 的产品认证

根据 TUB121RCB 的耐慢速裂纹增长性能的测试结果，独山子石化公司开展了 TUB121RCB 的认证测试工作。按照国家化学建筑材料测试中心的认证要求，认证测试工作共分三个方面：一是按照 GB/T 18252 进行分级测试；二是按照 GB/T 15558 进行原料常规性能测试，包括密度、熔体流动速率、挥发分、热稳定性、对接熔接拉伸强度、耐气体组分和耐快速裂纹扩展等；三是按照 GB/T 18476 规定的试验方法进行至少 8760h 的耐慢速裂纹增长性能测试。TUB121RCB 聚乙烯管材专用料按照国家标准 GB/T 18252—2020《塑料管道系统　用外推法确定热塑性塑料材料以管材形式的长期静液压强度》进行试验，得到 97.5% 置信度时的管材 20℃、50 年静液压强度预测值的下限 σ_{LPL} 为 10.36MPa；依据国家标准 GB/T 18475—2001《热塑性塑料压力管材和管件用材料分级和命名　总体使用（设计）系数》判定所检样品 TUB121RCB 的最小要求强度（MRS）为 10MPa，定级为 PE100；样品按照 GB/T 15558.2—2023《燃气用埋地聚乙烯（PE）管道系统　第 2 部分：管材》中的要求对 PE100 混配料进行测试，所有性能指标均满足要求；TUB121RCB 样品完成了耐慢速裂纹增长性能测试，在 80℃、0.92MPa 试验条件下缺口管实验（NPT）时间大于 8760h。

6.5　展望

随着城市化进程的加速和基础设施建设的不断推进，对高质量、长寿命的管材需求持续增加。由于全球范围内对环境保护要求的日益严格，制造商将寻求更可持续的材料解决方案。

在技术方面，首先催化剂的配方需要进一步改进，这样才能进一步提高管材专用料的耐热性和机械强度，满足更高的使用要求。此外，还可以结合其他高性能材料，如玻璃纤维或者碳纤维进行增强，以提高管材的整体性功能；或者是探索纳米粒子（如石墨烯、碳纳米管等）与聚合物基体的复合技术，改善管材专用料的热稳定性和力学性能。同时改进加工技术，通过优化挤出和成型工艺，确保管材专用料在制造过程中保持一致的质量和尺寸稳定性。

未来聚烯烃管材专用料发展具有以下趋势：

① 生产智能化　随着人工智能和物联网等技术的发展，未来的聚烯烃管材专用料的生产可能集成传感器和其他种类的智能组件，实现远程控温等监控和管理。

② 轻量化　为了减少运输成本并便于安装，聚烯烃管材会朝着更轻、更薄但同样坚固的方向发展。

③ 长寿命　通过改进材料配方和制造工艺，聚烯烃管材的使用寿命应进一步延长，降低维护频率和更换成本。

④ 功能化　开发具有阻燃功能的聚烯烃管材专用料，适用于需要防火安全的场合；开发具备抗菌功能的聚烯烃管材专用料，以防止生物膜的形成，可延长使用寿命；开发具有导电性的聚烯烃管材专用料，可用于静电防护等特殊应用场景。

随着技术的不断进步和市场需求的增长，聚烯烃管材将在未来几年内继续展现出强劲的增长势头。制造商应关注技术创新和市场变化，以满足不同行业对高品质管材专用料的需求，并不断探索新的应用领域，推动行业可持续发展。

参考文献

[1] 赵唤群. 无规共聚聚丙烯 PPR 管材专用料研制和生产 [D]. 天津：天津大学，2007.

[2] 孙洪伟，刘作军，刘福德，等. PPR 管材性能影响因素分析 [J]. 塑料科技，2014，42：5.

[3] 陈廷勇，方鹤，夏俊，等. 单反应器 Unipol 工艺生产管材专用 PPR 的难点及对策 [J]. 合成树脂及塑料，2018，35：4.

[4] 高凌雁，王群涛，郭锐，等. 国内外茂金属聚乙烯开发现状 [J]. 合成树脂及塑料，2015，32：5.

[5] 张成武. 耐热聚乙烯 (PE-RT) 管材 [J]. 塑料，2003，32：6.

[6] 桂思，董蓉，陈嘉欣，等. "双碳"背景下耐热聚乙烯管材的绿色效能与产业化发展研究 [C]. 上海：2023 年智慧城市建设论坛上海分论坛，2023.

[7] 邓起垚，吴希，余宗蔚，等. 耐热聚乙烯管材专用树脂的工业化开发 [J]. 合成树脂及塑料，2024，41：46-49.

[8] 马小伟，胡斌，席军，等. 耐热聚乙烯标准的发展及应用领域研究 [J]. 合成树脂及塑料，2018，35：5.

[9] 马丽军，张志传. Unipol 茂金属聚乙烯管材料的工业化开发与应用 [J]. 云南化工，2021：048.

[10] 朱裕国，赵东波，王福善，等. 管材专用茂金属 PE-RT mPE3010 的工业化开发 [J]. 合成树脂及塑料，2023，40：36-39.

[11] 王子强. 淤浆聚乙烯聚合工艺及催化剂的进展 [J]. 石化技术，2023，30：27-30.

[12] Keith H D, Padden F J, Vadimsky R G. Intercrystalline links in polyethylene crystallized from the melt [J]. Journal of Polymer Science Part A-2: Polymer Physics, 1966, 4(2): 267-281.

[13] Huang Y L, Brown N. Dependence of slow crack growth in polyethylene on butyl branch density: Morphology and theory [J]. Journal of Polymer Science Part B: Polymer Physics, 1991, 29(1): 129-137.

[14] 魏茂强，田涛. 聚乙烯管材拉伸性能试验影响因素的分析 [J]. 中国塑料，2023，37：68-73.

[15] 朱珍珍，张鹏，李丽，等. 茂金属耐热聚乙烯管材料的结构与性能 [J]. 石化技术与应用，2022：040.

[16] 李连鹏，孙大勇，赵胜利. 国内聚乙烯管材专用料的生产现状及展望 [J]. 弹性体，2023，33：92-96.

[17] 黄钊，赵启辉，柯锦玲. PE100-RC 管道专用料的发展及国内应用情况 [J]. 城市燃气，2013：13-17.

[18] Lu X, Qian R, Brown N. Discontinuous crack growth in polyethylene under a constant load[J]. Journal of Materials Science, 1991, 26(4):917-924.

[19] Huang Y L, Brown N. The effect of molecular weight on slow crack growth in linear polyethylene homopolymers[J]. Journal Mateerials Science, 1988, 23(10):3648-3655.

第7章
聚烯烃纤维专用料

聚烯烃纤维是指由烯烃聚合而成的线型大分子构成的合成纤维。其中聚丙烯纤维因原料来源丰富，生产工艺简单，产品价格比其他合成纤维低廉而在市场上流通较广。聚丙烯纤维具有强度高、密度小、耐磨损、耐腐蚀等特点。按照功能和用途，主要分为单丝聚丙烯纤维和网状聚丙烯纤维。单丝聚丙烯纤维可分为长纤维、短纤维。网状聚丙烯纤维可用于制作纺黏无纺布、熔喷无纺布等成品。

聚丙烯长纤维可分为普通长纤维和细旦长纤维［单丝纤度（线密度）≤ 2.2dtex］，可用于生产服装与装饰布和部分产业用长丝制品。聚丙烯细旦长纤维光泽好、手感柔软、悬垂性良好、密度小，适用于针织行业，与棉、黏胶丝、真丝、氨纶等交织成"棉盖丙""丝盖丙"等产品时，是制作高档运动服、T恤衫等的理想材料。

聚丙烯短纤维的生产工艺大部分采用多孔、低速、连续化工艺，即短纺工艺。聚丙烯短纤维与棉花混纺，可制成丙棉细布、床单；与黏胶混纺可制毛毯；聚丙烯纯纺或与毛线混纺，可制聚丙烯毛毯、地毯。

纺黏无纺布，亦称长丝无纺布，是聚丙烯原料熔融后经挤压纺丝、拉伸、铺网、黏合成型制成。它具有流程短、成本低、生产率高、产品性能优良、用途广泛等特点。聚丙烯无纺布广泛应用于生产、生活的各个领域，如一次性医疗卫生用品、一次防污服、农业用布、家具用布、制鞋业的衬里等。

熔喷技术生产的纤维很细（可至 0.25μm）。熔喷布以聚丙烯为主要原料，具有较大的比表面积，孔隙小而孔隙率大，故其过滤性、屏蔽性和吸油性等应用特性是用其他单独工艺生产的无纺布难以具备的。熔喷无纺布广泛用于医疗卫生、保暖材料、过滤材料等领域。

我国研究者根据不同聚丙烯装置特点和市场需求，从催化剂、功能助剂研发到装置工艺优化改进，从表征方法建立、产品性能监控到分子结构性能的深入分析，相继开发出抗菌聚丙烯纤维专用料、高流动聚丙烯纤维专用料和茂金属聚丙烯纤维专用料等产品，将中国石油聚丙烯纤维产品从单一性推向功能化全面发展。

7.1　抗菌聚丙烯纤维专用料

7.1.1　概述

随着科学技术的日益进步和生活水平的不断提高，消费者对纺织品的功能要求也在提高，特别是在涉及卫生安全等方面，越来越多纺织品生产企业开始由简单的来料加工转向研发具有高附加值的抗菌、防霉、抗静电功能性纺织品。其中，抗菌纤维制品受到日益广泛的关注，可抗菌医用无纺布作为最终材料已陆续进入各级各类医院的消毒供应中心，由抗菌卫生无纺布制成的一次性卫生用品也成为市场热销的产品。

抗菌纤维的生产技术主要有接枝法、离子交换法、湿法纺丝法、熔融共混纺丝法、复合纺丝法等。聚丙烯纤维的抗菌改性大多采用与抗菌剂共混纺丝的方法，其关键是抗菌剂的选择。既需要抗菌剂具有良好的耐温性能，又需其与聚丙烯有良好的相容性及分散性，同时对成本影响不能太大。利用共混纺丝使抗菌剂均匀地分散于纤维内部，所制得的抗菌纤维及其制品具有优良的耐洗牢度，抗菌效果的持久性也很强。

目前国内生产抗菌聚丙烯纤维专用料的企业有中石油庆阳石化，中石化上海石化、齐鲁石化和镇海炼化等公司，牌号有 QY40S、PPR-Y、40KJ-V 和 N40Q 等，大多属于试生产产品。目前市场上暂缺乏可长期供应的抗菌聚丙烯纤维料。

7.1.1.1　抗菌剂种类及特点

抗菌聚丙烯纤维料的开发和应用依赖抗菌剂的发展。按照抗菌剂的有效成分，可分成 3 大类，即有机类抗菌剂、无机类抗菌剂和天然抗菌剂。

（1）有机类抗菌剂

有机类抗菌剂具有抑菌效率高、广谱抗菌、可大规模生产等优势，在众多抗菌剂中占主导地位。

① 季铵盐类　季铵盐类抗菌剂主要用于公共卫生消毒、个体防护，是一类抗菌力强的广谱抗菌剂，结构通式为 $R^1R^2R^3R^4NX$，其中 $R^1 \sim R^4$ 为烃基，X 为卤素负离子（F^-、Cl^-、Br^-、I^-）或酸根（如 HSO_4^-、$RCOO^-$ 等）。季铵盐类化合物的高分子链带正电荷，而细菌细胞壁表面带负电荷，二者之间存在库仑引力。季铵盐吸附于菌体表面后，其长链烷基会破坏细胞壁结构，导致 DNA 等细胞内物质渗出而引起细菌死亡[1]。季铵盐类物质耐热性差，会在受热分解后产生有毒物质（如氮氧化物、氯化物），限制了其商业化应用。

② 卤胺类　卤胺类抗菌剂在结构上包含一个或多个 N—X 键（X 为 Cl 或 Br），具有抗菌谱广、抗菌活性高、杀菌速率快、抗菌性持久和再生性能良好等优势。当与水分子作用时，N—X 键断裂，氮负离子与 H^+ 结合形成 N—H 键，具有强氧化性的卤素正离子被释放，通过氧化作用在短时间内杀死细菌[2]。经氯酸盐漂洗后，N—H 键可以再次转化为 N—X 键，重新获得杀菌功能[3]。与无机卤素相比，卤胺化合物性能稳定、腐蚀性差，可以保持较长时间的杀菌功效。但是，N—Cl 键经紫外光照射极易断裂，生成盐酸，对纺织品的固有性能（如强度、手感）有较大的影响，使其耐久性无法满足标准要求；且因少量卤胺残留，织物的白度会降低，并有异味产生[4]。

③ 胍盐类 聚六亚甲基双胍盐酸盐（PHMB）是能够反映胍盐类抗菌剂性能的代表，是一种抗菌性能高效、抗菌谱广、易溶于水的抗菌剂，在主链上含有胍基。PHMB分子因为胍基而呈正电性，与带有负电荷的细菌细胞壁因静电力相结合，破坏细菌的细胞壁和细胞膜，使细菌细胞发生破裂而死亡[5]。PHMB主要用于棉、毛、涤纶、尼龙等纤维的抗菌处理[6]。

（2）无机抗菌剂

无机抗菌剂具有抗菌谱广、毒性低、不产生耐药性等特点，但是成本较高，且具有抗菌迟效性。

① 金属类无机抗菌剂 此类抗菌剂主要为金属离子及其化合物。金属离子杀菌活性按下列顺序递减：Ag^+、Hg^{2+}、Cu^{2+}、Cd^{2+}、Cr^{3+}、Ni^{2+}、Pb^{2+}、Co^{2+}、Zn^{2+}、Fe^{3+}。金属离子会导致微生物体内的合成酶失活，能量代谢和物质代谢受阻；且会扰乱微生物DNA合成，使其丧失分裂生殖能力，进而死亡。其中银离子无机抗菌剂的抗菌性能优异、安全无毒且不会对人体造成负面影响，是迄今为止使用最广泛的纺织品抗菌无机试剂[7]。

② 光催化型无机抗菌剂 光催化型无机抗菌剂能够在光的照射下将水或氧气转化成·O_2 或·OH等活性自由基。自由基的氧化性可以破坏细菌的细胞壁和细胞膜，同时可降解细菌产生的毒素。因此，光催化型无机抗菌剂除了抗菌谱广外，还具有消臭和防污功效。光催化型抗菌剂主要以ZnO、TiO_2、AZO（Al掺杂的ZnO）等过渡金属氧化物为代表。光催化型无机抗菌剂具有较高的化学稳定性，且无毒。然而，较小的光响应范围和较低的光子利用效率，限制了光催化型无机抗菌剂的发展[8]。

（3）天然抗菌剂

天然抗菌剂是从动植物、昆虫以及微生物中提炼、精制的抗菌剂，一般分为植物类和动物类两大类，具有环保、抗菌性能良好以及安全性高的优势。

① 动物类抗菌剂 动物类抗菌剂是由动物体提取的有效抗菌活性物质，如甲壳素、壳聚糖和蛋白质等，目前研究和应用较为广泛的是壳聚糖及其衍生物[9]。壳聚糖主要来自虾、螃蟹等甲壳类动物的壳。壳聚糖在结构上由大量氨基葡萄糖和少量N-乙酰氨基葡萄糖单元组成，通过β-(1→4)糖苷键相连接。壳聚糖的作用模式尚未被完全了解，最被接受的抗菌机制是：真菌、细菌带负电荷的细胞壁与壳聚糖中带正电荷的氨基发生静电相互作用，使细胞壁和细胞膜发生破坏，细胞内物质因此泄漏而导致了细胞死亡。目前壳聚糖或者甲壳素类抗菌产品并未得到普遍应用，除了成本高昂之外，壳聚糖的抗菌谱不够广泛、处理后织物手感发硬等问题也需要进一步研究解决。

② 植物类抗菌剂 植物类抗菌剂种类繁多且结构多样，根据抗菌活性成分大致可分为酚、醌、类黄酮、单宁、类姜黄素和萜类六大类[10]。植物类抗菌剂的作用机制主要包括破坏或者降解病原菌细胞壁、细胞膜结构，使细胞内物质泄漏；破坏细胞中的线粒体等结构，干扰细胞呼吸作用。上述作用机制并不是单独发生的，可能会相互影响、相互作用。植物类抗菌剂具有高效、低毒（无毒）、易降解、选择性高、不产生抗药性等优点。其缺点是：成分十分复杂，提取过程较为困难；有效活性成分的组成及抑菌机理的研究还不够深入，在市场推广和实际应用方面受到限制。

有机类抗菌剂杀菌效率高、抗菌谱广、成本低且来源广泛，但是耐温性较差，部分存在毒性同时易使细菌产生抗药性。无机抗菌剂抗菌性能优异，不会产生抗药性且毒性低，但是存在易脱落、制备工艺复杂、功能难以持久等问题。天然抗菌材料安全有效，不会产生抗药性，但是提取过程复杂、持久性较差。对于抗菌纤维开发生产企业来说，需要选取高效、低成本，同时适合装置工艺的抗菌助剂。

（4）抗菌剂的热稳定性

在 PP 与抗菌剂混炼挤出过程中，PP 混炼挤出温度为 210 ～ 230℃。该温度较高，因此，抗菌剂必须具有一定的耐热性。同时，为尽可能减少对纺丝工艺的影响，克服因抗菌剂加入量大而使得无纺布等产品的力学性能降低，抗菌剂加入量需严格控制。三种市售产品中常见抗菌剂（分别以"有机类""无机类 1""无机类 2"代表）的成分及性能数据见表 7-1。

表 7-1　不同抗菌助剂的基础物性

类别	产品形态	主要成分	平均粒径/μm	分解温度/℃
有机类	白色粉末	有机锌	10	260
无机类1	白色粉末	无机锌	0.12	400
无机类2	白色粉末	无机银	0.5	500

从表 7-1 可知，无机类抗菌剂的分解温度远高于纤维的加工温度，混炼挤出时分子结构不易发生破坏；有机类抗菌剂的分解温度虽然较低，但仍大于混炼挤出温度，可以应用于纤维加工。图 7-1 为有机类抗菌剂的热失重曲线，也可以看出，其分解温度约260℃，可满足与 PP 混炼挤出加工的要求。无机抗菌剂虽能满足要求，但会增加灰分，所以有机类抗菌剂是纤维料抗菌剂发展方向。

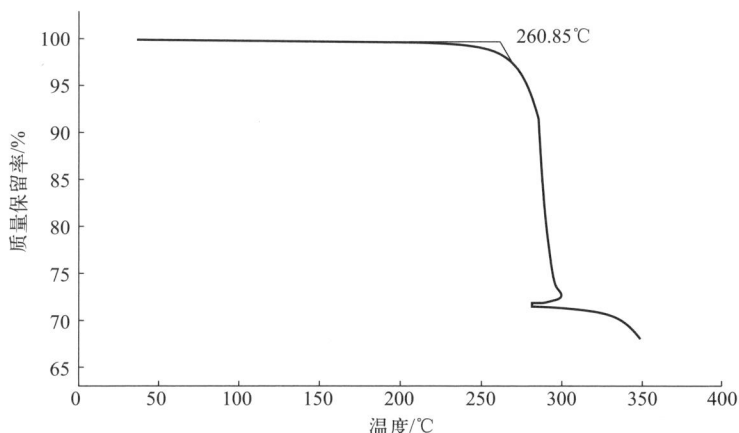

图 7-1　有机类抗菌剂的热失重曲线

7.1.1.2　抗菌聚丙烯的制备方法

抗菌聚丙烯主要由抗菌剂、载体树脂和助剂按一定比例混匀制备而成，需要根据抗菌剂成分、抗菌机理选择不同的制备方法。常见的制备方法主要包括复合制备法、后加工处理法和熔融共混法。

（1）复合制备法

复合制备法包括表面黏合法和层压法，是将抗菌剂喷洒在制品成型模具表面或将添加了抗菌剂的塑料薄片先安置于成型模具内，然后在注塑或模压的过程中使抗菌剂黏附在聚丙烯基体表面[11]。复合制备法较后加工处理法更加稳定，具有抗菌剂用量少、抗菌剂利用率高、节约成本等优点；但也存在持久性差的缺陷，在工艺中对抗菌剂的耐热性要求较高，一旦表面黏附的抗菌剂薄片掉落或在使用过程中破损，就会失去抗菌效果。该方法常被用在聚丙烯增韧、阻燃改性过程中。

（2）后加工处理法

后加工处理法，是在成型结束后，在塑料制品表面利用浸渍或涂覆的方式，利用离子间的吸附作用将抗菌剂附着在塑料制品上，使塑料制品的表面具有抗菌性能。该法主要应用在纤维或具有吸附性能的材料中。在制备过程中，基体与抗菌剂充分接触，抗菌剂逐渐沉积吸附于基体表面，然后再除去多余液体或气体，最终制得抗菌聚丙烯材料。后加工处理法具有活性物质利用率较高、操作简单、抗菌剂活性分子不易析出的优点。目前，工业化生产以涂覆法和浸渍法为主。涂覆法是将制备的抗菌凝胶均匀地涂抹、吸附在聚丙烯基体上，形成抗菌涂层。涂覆法工艺简单，活性组分利用率高、添加量可控制，但持久性较差，还需进一步改良。浸渍法是先将聚丙烯制品放置在含有抗菌剂的气体或液体内，浸渍一定时间后抗菌剂会附着于聚丙烯制品表面，然后再除去制品表面的多余气体或液体，就制得了抗菌聚丙烯。浸渍法操作简单、聚丙烯材料形状可控，但对聚丙烯材料的性质要求较高，常用于纤维、网状结构、透明膜等材料[12]。

（3）熔融共混法

熔融共混法是将抗菌剂与聚丙烯材料在高温下熔融混合，增强它们的分子间相互作用力，从而形成均匀的混合物，再通过冷却固化得到抗菌聚丙烯材料[13]。在混合过程中，要控制温度、投料速率及主机转速等因素，以确保混合物的均匀性和稳定性。该方法是近年来重要的材料制备方法之一，可用于制备各种材料，且具有简单、高效、成本低等特点，在功能聚丙烯材料领域的应用也越来越广泛。熔融共混法可以将抗菌剂均匀地分散在聚丙烯树脂中，在充分发挥抗菌效果的同时，时效性和广谱性也能得到有效提高，也是近年来最常用的抗菌聚丙烯制备方法。

7.1.2 抗菌剂添加量对聚丙烯树脂性能的影响

7.1.2.1 抗菌剂添加量对 PP 树脂抗菌性能的影响

对于 PP 纤维类纺织品，通常测试其大肠杆菌和金黄色葡萄球菌的抗菌效果。

抗菌 PP 样品的抗菌性能见表 7-2。由表可见，添加不同质量分数的三种（有机类、无机类 1、无机类 2）抗菌剂的 PP 对金黄色葡萄球菌都表现出了较好的抗菌效果，但对大肠杆菌的抗菌效果存在较大差异，其原因是两种细菌的细胞壁结构对破坏细胞合成酶活性的金属离子的需求量不同。有机类抗菌剂在较低添加量（0.02%～0.1%）时，抗菌 PP 试样对大肠杆菌的抗菌率也均能保持＞99%；仅在添加量降低至 0.01% 时，对大肠杆菌的抗菌率降为 85%。而无机类抗菌剂（1、2）仅在较高添加量时对大肠杆菌的抗菌率＞99%，一旦添加量降低则抗菌率迅速下降。

综合考虑添加量对抗菌效果的影响，初步选择有机类抗菌剂用于抗菌 PP 纤维产品的开发。

表7-2 抗菌 PP 样品的抗菌性能

样品编号	抗菌剂添加量（质量分数）/%	大肠杆菌抗菌率/%	金黄色葡萄球菌抗菌率/%
基础样	—	71	80
有机类-1	0.3	>99	>99
有机类-2	0.1	>99	>99
有机类-3	0.08	>99	>99
有机类-4	0.06	>99	>99
有机类-5	0.04	>99	>99
有机类-6	0.02	>99	>99
有机类-7	0.01	85	>99
无机类1-1	0.2	99	>99
无机类1-2	0.1	80	>99
无机类1-3	0.08	54	>99
无机类2-1	0.5	99	>99
无机类2-2	0.3	47	>99
无机类2-3	0.1	24	>99

抗菌剂与非极性的高聚物相容性较差，易在高聚物中发生团聚，进而迁移到纤维表面而逃逸，导致抗菌有效成分降低，影响抗菌效果的长效性。由表 7-3 可知，对有机类抗菌剂的抗菌长效性考察具有现实意义。有机类抗菌剂质量分数为 0.02% 的抗菌 PP 试样（即有机类 -6 样品）放置 270 天后，其对大肠杆菌和金黄色葡萄球菌的抗菌率依然大于 99%，表现出了优秀的抗菌长效稳定性。

表7-3 抗菌 PP 样品的抗菌长效性能

样品编号	样品放置时间/天	大肠杆菌抗菌率/%	金黄色葡萄球菌抗菌率/%
有机类-6	270	>99	>99

7.1.2.2 抗菌剂添加量对 PP 树脂纺丝性能的影响

PP 树脂的重均分子量一般为 $1.8×10^5 \sim 2.0×10^5$，而容易堵塞喷丝板的不熔凝胶颗粒物的重均分子量通常大于 $1.00×10^6$。所以，PP 树脂纺丝过程中导致喷丝板堵塞的主要原因是灰分含量高。

PP 熔体灰分的主要组成部分来自 PP 树脂生产过程中催化剂体系（主催化剂、助催化剂、外给电子体）和助剂体系（硬脂酸钙、抗菌剂等）中的金属成分，对纺丝成型影响较大。灰分含量较高时，纺前过滤装置或纺丝组件的过滤负荷加重，更换周期缩短，导致成品率下降。通常纺丝过程中灰分质量分数应小于等于 0.02%。

表 7-4 为抗菌 PP 试样的灰分。由表 7-2 和表 7-4 可见，抗菌剂无机类 1 和无机类 2

的添加量分别为 0.2% 和 0.5% 时，抗菌 PP 试样具有良好的抗菌率，但灰分含量较高，分别为 0.104% 和 0.287%，严重影响纺丝稳定性。选用有机类抗菌剂，在保持良好的抗菌率的前提下，抗菌 PP 试样的灰分含量随着抗菌剂添加量的降低而降低，当添加量为 0.02% 时灰分含量为 0.019%，满足纺丝工艺要求。因此，综合考虑抗菌剂的添加量、抗菌效果以及抗菌 PP 的灰分含量，选择有机类抗菌剂且添加量为 0.02% 对于制造抗菌 PP 纤维较为合适。

表 7-4　抗菌 PP 试样的灰分含量

样品编号	抗菌剂添加量（质量分数）/%	灰分/%
基础样	—	0.017
有机类-1	0.3	0.145
有机类-2	0.1	0.048
有机类-3	0.08	0.042
有机类-4	0.06	0.035
有机类-5	0.04	0.029
有机类-6	0.02	0.019
无机类1	0.2	0.104
无机类2	0.5	0.287

7.1.2.3　有机类抗菌剂添加量对 PP 树脂力学性能的影响

在筛选出有机类抗菌剂的基础上，进一步考察添加量对抗菌 PP 树脂力学性能的影响。从表 7-5 可见，有机类抗菌剂的添加对 PP 树脂的力学性能影响较小。

表 7-5　抗菌 PP 试样的力学性能

样品编号	拉伸屈服应力/MPa	拉伸断裂应变/%	弯曲模量/MPa
基础样	34.4	16.9	1517
有机类-1	33.2	17.2	1452
有机类-2	33.6	17.5	1464
有机类-3	33.8	16.5	1433
有机类-4	34.0	17.1	1487
有机类-5	34.1	15.7	1483
有机类-6	34.3	17.7	1491

7.1.2.4　有机类抗菌剂添加量对 PP 树脂加工性能的影响

PP 纤维料的加工性能通常用流变曲线进行表征。由图 7-2 可见，在同一温度（230℃），在极低剪切速率（约 < 150s^{-1}）下，添加有机类抗菌剂的抗菌 PP 试样，有机类 -2、有机类 -3、有机类 -4 和有机类 -5 的表观黏度均随着剪切速率的增加而增大，这是因为高浓度的细小颗粒助剂在 PP 基体中发生团聚，化合物分子间的范德瓦耳斯力较大且 PP 链段缠结严重，最终导致黏度升高；在高剪切速率下，抗菌 PP 试样的表观黏度均随着剪切速率的增加而减小，且均具有较低的表观黏度，流变性能较好，这是由于假塑性流体"剪切稀化"效应使得大分子链随着剪切速率的增加而解缠。在同一剪切速

率下，抗菌 PP 试样的表观黏度随着有机类抗菌剂添加量的减少而增大，其中有机类抗菌剂的质量分数为 0.02% 的有机类 -6 试样的加工性能与纯 PP 树脂非常接近，这是因为少量的抗菌剂在 PP 基体中起到了润滑作用，改善了 PP 树脂的加工性能。

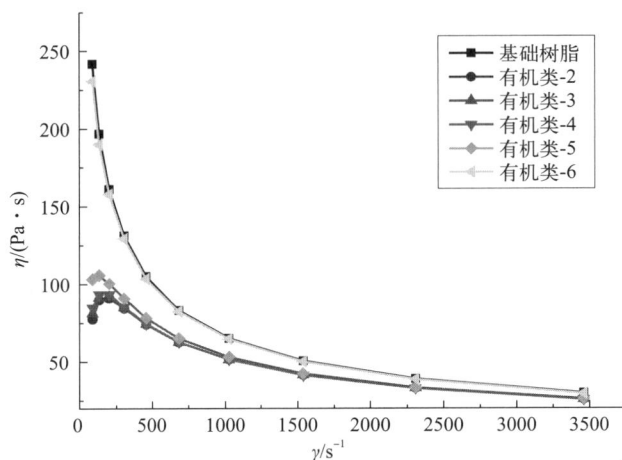

图 7-2　在 230℃下抗菌 PP 试样的流变曲线

7.1.3　抗菌聚丙烯纤维专用料工业化生产

7.1.3.1　产品的性能控制指标

为了应对卫生安全市场对抗菌产品的急迫需求，研究人员通过对抗菌聚丙烯产品的评价分析，确认了抗菌聚丙烯纤维料 QY40S 的生产控制指标，见表 7-6。抗菌性能指标见表 7-7。

表 7-6　聚丙烯纤维料 QY40S 工业生产控制指标

项目		质量指标	试验方法
颗粒外观	黑粒/(个/kg)	0	SH/T 1541.1—2019
	蛇皮粒和拖尾粒/(个/kg)	≤15	
	大粒和小粒/(g/kg)	≤20	
熔体流动速率/(g/10min)		36～40	GB/T 3682.1—2018
等规度/%		≥96.5	GB/T 2412—2008
粒料灰分/(质量分数)/%		≤0.030	GB/T 9345.1—2008
拉伸屈服应力/MPa		≥29.0	GB/T 1040.1—2018
拉伸断裂应力/MPa		≥8.0	
黄色指数		≤4	HG/T 3862—2006

表 7-7　抗菌性能指标

测试项目		预期指标	标准
抗菌性能测试	抗菌率	≥90%	GB/T 20944.3—2008
	防霉等级	1级	GB/T 24128—2018

7.1.3.2 聚合反应的催化剂体系

工业生产采用的主催化剂为高活性、低灰分、高氢调性的催化剂，该类型的 Z-N 催化剂通过氢调法可生产 20 ～ 50g/10min 纺黏无纺布聚丙烯纤维料产品。助催化剂为三乙基铝，外给电子体为 Donor-C。以 CS 系列催化剂为例，其部分性能参数见表 7-8。

表 7-8　催化剂体系性能参数

项目	指标	试验方法（企业标准）
催化剂钛含量/%	2.5～3.0	Q/YXH 006—2016 5.2
芴二醚含量/%	15～20	Q/YXH 006—2016 5.3
催化活性/(kg/g)	≥50	Q/YXH 006—2016 5.5
聚合物等规度/%	≥97.5	Q/YXH 006—2016 5.6
聚合物表观密度/(g/mL)	≥0.45	Q/YXH 006—2016 5.7

7.1.3.3 工业产品性能实测值

研究团队在工业聚丙烯装置上完成了抗菌纤维料 QY40S 的首次生产，产品出厂指标合格。QY40S 与基础树脂 QY36S-1 的常规性能数据对比见表 7-9。从表 7-9 中可知，与基础树脂 QY36S-1 相比，QY40S 产品中添加抗菌剂后，对产品常规性能无影响。

表 7-9　QY40S 与基础树脂 QY36S-1 的常规性能数据对比

项目	实验方法	QY36S-1	QY40S
熔体流动速率/(g/10min)	GB/T 3682.1—2018	36.5	36.3
等规度/%	GB/T 2412—2008	97	97.1
拉伸屈服应力/MPa	GB/T 1040.1—2018	35.4	35.6
灰分/%	GB/T 9345.1—2008	0.022	0.021
黄色指数	HG/T 3862—2006	−2.4	−1.3

按照下游无纺布制品厂家提出的对 QY40S 产品的抗菌长效性检测需求，委托第三方对抗菌聚丙烯纤维专用料 QY40S 首次工业产品进行了抗菌性能测试。抗菌防霉性能检测结果表明，QY40S 产品的抗菌率 >99%，防霉等级达到 0 级，检测结果见表 7-10。

表 7-10　第三方抗菌防霉性能检测结果

项目	预期指标	实测值	试验方法
抗菌率/%	≥90	>99	GB/T 20944.3—2008
防霉等级	1级	0级	GB/T 24128—2018

为了进一步验证开发的专用抗菌助剂体系的长期抗菌性能，同时对 QY40S 以及同期制备的相同助剂添加量的样品（有机类 -6）进行了对比测试，测试结果见表 7-11。从表 7-11 中可见，工业生产的抗菌聚丙烯纤维专用料 QY40S，放置 90 天后依然具有优秀的抗菌性能；添加相同助剂配方后的样品经过 6 个月以上长时间放置后，抗菌效率未下降，表现出了优异的长效抗菌性能。

表 7-11　第三方抗菌性能长效性检测结果

项目	指标	检测结果		试验方法
		QY40S工业产品	对比样品有机类-6	
		>90天	>200天	
抗菌率/%	≥90	>99	>99	GB/T 20944.3—2008

7.1.4　抗菌聚丙烯纤维专用料加工应用

随着对抗菌材料研发的逐渐深入，抗菌聚丙烯材料已被广泛应用于衣物纤维、医用医疗等领域。

采用抗菌 PP 试样有机类 -6 制备了抗菌 PP 非织造布用纤维，其规格为 2.22dtex×40mm。在整个纺丝过程中，工艺参数波动较小，纺丝组件使用周期与制备常规 PP 纤维无异，喷丝板使用时间为 22.8h（制备常规 PP 纤维的喷丝板使用时间为 23h）。制备的非织造布用抗菌 PP 纤维与厂家现用的 PP 纤维相比，基本性能相当，具体物理指标见表 7-12。经抗菌性能测试，该抗菌 PP 纤维对大肠杆菌和金黄色葡萄球菌的抗菌率均大于 99%，抗菌长效性达 250d 以上。

表 7-12　使用抗菌 PP 与常规 PP 生产的非织造布用纤维性能对比

指标	有机类-6	常规产品
断裂强度/(cN/dtex)	1.9	1.9
断裂伸长率/%	325.4	330.5
线密度偏差率/%	2.3	2.2
电阻率/($\times10^7\Omega\cdot$cm)	7.2	7.5
含油量/%	1.1	1.2

7.2　高流动聚丙烯纤维专用料

7.2.1　概述

专用料开发是聚丙烯纤维技术发展的重要环节。随着纤维市场的不断细分，原料的专用化成为聚丙烯纤维技术发展的重要方向 [14]。高流动聚丙烯纤维料的制备方法主要有三种，分别是氢调法、茂金属催化剂直接聚合法以及可控降解法 [15-17]。

不同制备方法制备的聚丙烯纤维料具有不同的特点。

氢调法可以有效地降低产品的气味，但是产品的分子量分布较宽，不利于纤维料的加工应用。此外，受聚合装置和催化剂氢调敏感性的限制，纤维料生产时的熔体流动速率范围较窄。

茂金属催化剂聚合法制备的产品分子量分布窄、微晶较小、抗冲击性能和韧性优良、纺丝均匀性和连续性好、挥发性有机化合物含量低。但茂金属催化剂对聚合条件的要求较高，需要配套活化装置，产品成本相对较高。

可控降解法制备的产品具有分子量分布窄、熔体流动速率调节范围宽、纺丝性能良好等特点。该方法操作灵活性强，对反应器的要求较低，可生产熔体流动速率（MFR）从 20g/10min 至 150g/10min 的纤维料产品。

目前国内的高熔体流动速率聚丙烯纤维料产品大部分采用可控降解法生产，其反应机理如图 7-3 所示。但可控降解法也存在挥发性有机化合物含量较高且残留的降解剂可能引发二次降解等问题。随着市场对低气味产品要求的提高，需要对降解法的助剂配方和加工工艺进行优化，以减少树脂中挥发性有机物含量。

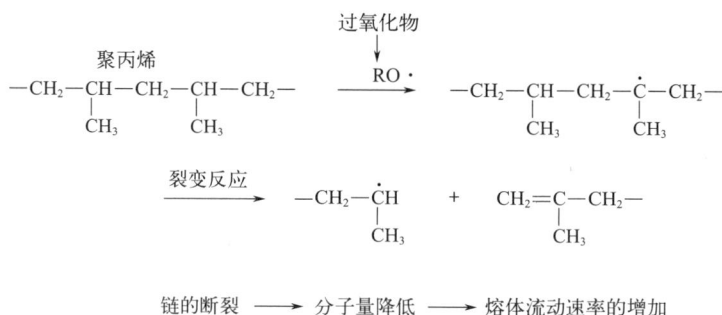

图 7-3　可控降解法制备高熔体流动速率聚丙烯纤维料的机理

聚丙烯纤维一般可分为长纤维、短纤维、纺黏无纺布、熔喷无纺布等，纤维的类型不同，加工方法也不同。聚丙烯长纤维专用料一般要求树脂熔体流动速率为 10 ～ 35g/10min，主要牌号有中石油辽阳石化的 PP71735、中石化济南分公司的 H30S 等。短纤维专用料熔体流动速率一般为 10 ～ 22g/10min，国内主要牌号有 Z30S、T30S、F30S 等。纺黏纤维熔体流动速率一般为 30 ～ 100g/10min，主要牌号有韩国大林 Basell 的 HP563S、ExxonMobil 的 3155E、上海赛科的 2420、洛阳石化的 Y35X、辽阳石化的 YS635、广西石化的 LHF40P/LHF40P-2、大连石化的 H39S-3、独山子石化的 S2040、庆阳石化的 QY36S、大庆炼化的 561S/565S、抚顺石化的 HF40R 等。熔喷无纺布近年来稳步发展，受 2020 年新冠疫情的影响，国内熔喷聚丙烯纤维技术得到了高速发展。熔喷聚丙烯专用料要求熔体流动速率高达 1000g/10min，以保证喷丝过程的稳定性。

聚丙烯纤维具有许多优良的性能，但也存在触感和柔韧性差、亲水性较差、染色困难、容易积聚静电等问题。因此开发专用料新产品和专用料改性技术，已成为聚丙烯纤维发展的主要方向。

目前聚丙烯纤维专用料的研发热点主要有功能化聚丙烯纤维专用料[18]、双组分纤维专用料[19]、高熔体流动速率聚丙烯纤维专用料[20]、超细聚丙烯纤维专用料[21]。其中，高熔体流动速率聚丙烯是生产无纺布的关键原料。

7.2.2　高流动聚丙烯纤维专用料关键技术

中国石油的高熔体流动速率纤维料发展经历了两个阶段: 2010—2017 年，各装置生产出了熔体流动速率在 35 ～ 45g/10min 之间的第一代高熔体流动速率纤维料产品；从 2018 年开始，部分装置陆续对纤维料的分子量分布、气味、加工性能进行优化，开发出了第二代高熔体流动速率纤维料产品，如 H39S-3、LHF40P-2 等，实现了产品的系列化和高端化。在第二代纤维料的开发过程中，形成了高端纤维料开发过程中的系列共性关键技术。

7.2.2.1 纤维料多级结构调控技术

在高速纺丝条件下，纤维料的加工稳定性是客户衡量产品质量的关键因素。第二代纤维料，在确定了影响纤维料高速纺丝加工性能的关键因素的基础上，根据不同装置生产特点，进行基础粉料的分子结构设计，通过主/助催化剂及给电子体的调控及聚合工艺优化，反应挤出系统的改造及工艺优化，实现了纤维料的高等规度、窄分子量分布和高结晶序列分布，确保了纤维料的连续稳定高速纺丝及快速成型。

传统的结晶分析，对于纤维料的结晶性能的差异分辨度较低。采用分级解析的方法，协助进行纤维料有序结构调控，可以实现纤维料结构的精细化设计。如图 7-4 和图 7-5 所示，H39S-3 的高等规度的结晶序列含量较高，因而其高熔点部分含量较高，分子链结晶能力较强，所以有利于纤维料在高速纺丝过程中固定成丝的形态。表 7-13 列出了第一/二代纤维料的性能，从表中可以看出，第二代纤维料 H39S-3 和 LHF40-2 在分子量分布方面进行了有效控制，进一步保证了产品的高速纺丝稳定性。

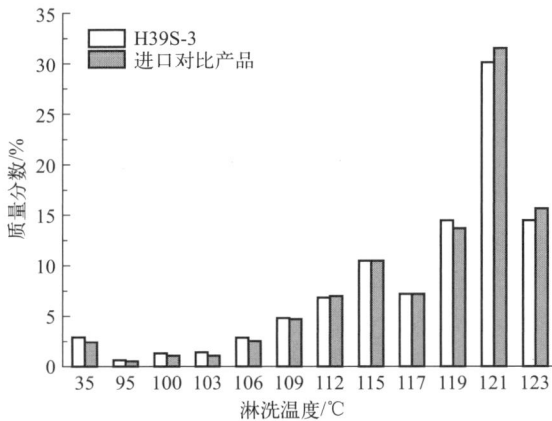

图 7-4 聚丙烯纤维料淋洗温度－级分质量分数关系图

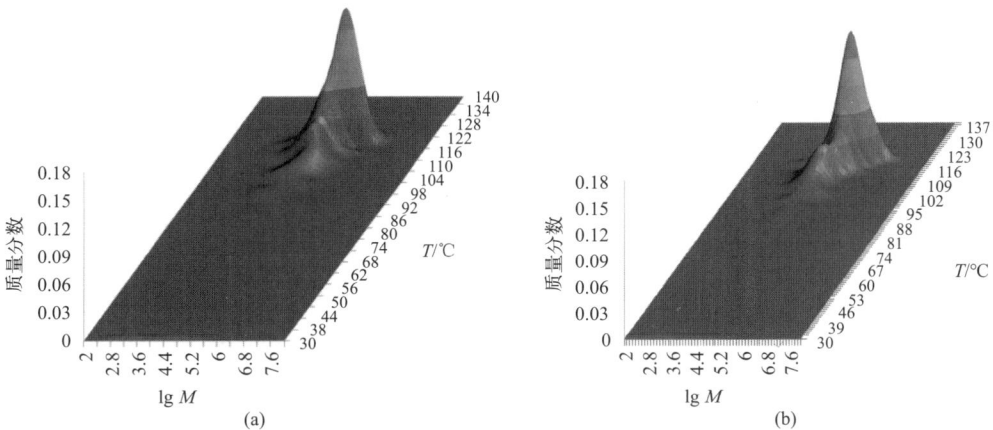

图 7-5 H39S-3（a）和进口对比产品 TREF-GPC（b）的交叉分级数据三维立体图（见文后彩图）

表 7-13　第一 / 二代纤维料性能对比

技术指标	第一代纤维料	进口对标料	第二代纤维料		测试标准
			H39S-3	LHF40P-2	
熔体流动速率(2.16kg)/(g/10min)	36～48	34～38	34～38	33～39	GB/T 3682.1—2018
等规度/%	>96	>97.5	>97.5	>97.5	GB/T 2412—2008
分子量分布	>2.90	2.50	2.50	2.60	实验室参考指标
气味等级	3.5-4	3.0	3.0	3.0	PV3900—2000
灰分/(μg/g)	<300	220～260	120～150	220～240	GB/T 9345.1—2008
拉伸屈服应力/MPa	≥29.0	≥30.0	≥30.0	≥30.0	GB/T 1040.1—2018
拉伸弹性模量/MPa	>1050	>1100	>1100	>1100	
拉伸断裂应变/%	>200	>400	>400	>400	
氧化诱导时间(200℃)/min	4～6	7	>10	>10	实验室参考指标

7.2.2.2　高端应用领域纤维料的助剂配伍技术

研究人员对第二代纤维料助剂进行了筛选复配,对过氧化物的种类、浓度、添加方式等进行了优化,在此基础上通过助剂的协同作用,对基础抗氧体系进行升级,实现了过氧化物的精确添加。在降低灰分和有效控制成本的同时,系列产品的热氧稳定性能优于进口产品。如表 7-13 所示,二代纤维料的氧化诱导时间明显延长,有效减缓了氧化反应的进行,保证了连续高速纺丝状态下纤维料的加工稳定性和制品的均一性。

在纤维高速纺丝应用领域,要求纤维专用料分布较窄。在小试过程中,选择不同熔体流动速率的聚丙烯粉料作为基础粉料(样品 MFR1、MFR2、MFR3 和 MFR4,原始熔体流动速率分别为 1.0g/10min、5.0g/10min、7.7g/10min 和 10.6g/10min)进行助剂配方研究。结合基础料生产过程中工艺的调控和后续过氧化物的添加,研究了 230℃下,不同熔体流动速率的聚丙烯基础料经过可控流变法降解以后,所得样品的熔流比,测得了样品熔流比和助剂添加量的关系曲线,如图 7-6 所示。从图 7-6 可以看出,熔体流动速率越低的基础粉料溶流比越小,越有利于得到窄分子量分布的纤维料。

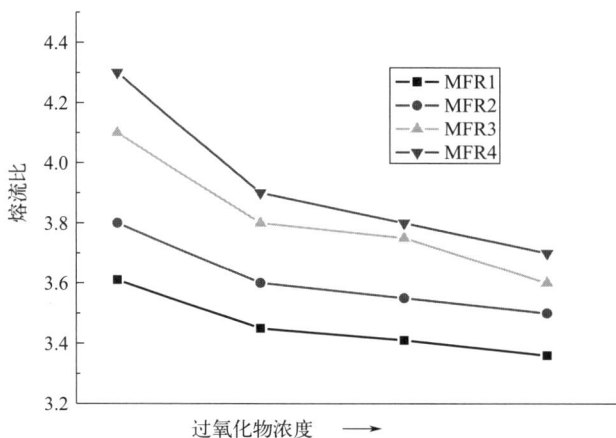

图 7-6　不同基础粉料熔流比与过氧化物浓度的关系曲线

不同熔体流动速率下，基础粉料的熔体流动速率（MI_0）与过氧化物浓度之间的关系如图7-7所示。要达到相同的目标熔体流动速率，以40g/10min为例，基础粉料熔体流动速率为12.4g/10min时，所需要的过氧化物浓度比基础粉料为6.42g/10min的样品要少40%。根据熔体流动速率-过氧化物浓度关系图，结合生产工艺调控，可以制定出低成本高附加值的纤维料系列化生产方案。

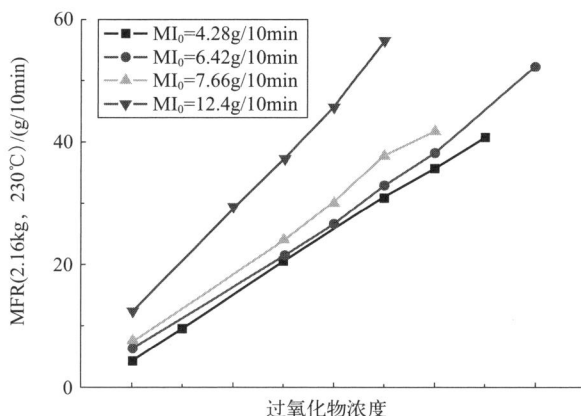

图7-7　基础粉料过氧化物与目标产物熔体流动速率关系图

7.2.2.3　纤维料气味解析及消减技术

纤维料开发过程的气味问题一直引起人们的关注。目前行标中所使用的人工嗅辨分级法存在一定的局限性。纤维料气味解析和消减技术是将原位气味捕集、高分辨质谱以及风味识别技术相结合，对气味进行定性定量、定向溯源和消减。通过高分辨质谱法对纤维料中的挥发性有机物（VOCs）进行全组分定性、定量分析，建立高分辨数据库，并将VOCs对于人嗅觉的贡献进行量化，在人的嗅觉反应和纤维料的VOCs之间建立了联系。原位捕集和高分辨质谱捕集可以解析的纤维料VOCs达到150余种，提高了数据库的精确度和可靠性，高于现行通用的低分辨技术的水准，并且可不依托标准物质进行全组分定性。表7-14显示了某纤维料中挥发性气味及其对嗅觉贡献值的分析数据。在气味中，含氧物质对于嗅觉的贡献较大，因此采用降解法生产纤维料时，过氧化物降解剂的精确加入和助剂复配调控，对于控制产品气味具有重要意义。

表7-14　纤维料气味解析示例

类型	中文名称	阈值/(mg/kg)	结构	含量/(μg/g)	活度值[①]
烃类	间二甲苯	5.5		17.76	3.23
醛类	正辛醛	0.0001		0.13	1300.0
	正壬醛	0.0035		0.32	91.43
	正癸醛	0.005		31.56	6312.0

类型	中文名称	阈值/(mg/kg)	结构	含量/(μg/g)	活度值[①]
醇类	芳樟醇	0.0015		1.67	1113.33
	1-癸醇	0.023		0.12	5.22
	十一醇	0.5		0.16	0.32
酯类	辛酸乙酯	0.0001		1.13	11300.0
其它	丙酸	11.2		0.27	0.02
	二乙二醇丁醚	22		5.73	0.26

① 活度值=物质的浓度/阈值。

7.2.2.4 纺丝性能快速评价技术

现代无纺布高速生产对纤维料纺丝性能要求较高，而纤维料开发过程中加工应用评价依靠下游用户实验，周期长、评价标准不统一。通过将分子结构层面的分子量及其分布、等规度分布，聚集态层面的结晶性能、流变性能，以及应用层面的加工性能相结合，将关键技术参数与纺丝中试实验相结合，可对纤维料的高速纺丝加工性能进行快速评判，对产品性能进行快速定位和反馈，对使用性能进行预判，为工业生产提供解决思路，为下游用户提供指导意见，提高纤维料新产品开发的效率。

与第一代纤维专用料相比，二代高端纤维料的分子量分布变窄，等规度得到提升，熔体流动速率波动范围较小。该技术应用后，中石油高端纤维料产品质量跃居国内领先水平，达到了国外同类高端产品的水准；同时提高了纤维料的开发效率，建立了系统的纤维料全流程质量控制机制。目前二代纤维料已成为中石油的王牌产品、国内高端纤维专用料开发的对标产品，处于国内领先水平。二代纤维料自投放到市场以来，下游无纺布用户将其广泛应用于高端卫材无纺布领域，高速纺丝性能稳定，产品品质优良且无异味，打破了进口产品在高端卫材无纺布领域的垄断地位。特别是在新冠疫情期间，中石油的二代纤维料产品全力稳定生产，持续为防疫物资的生产提供了优质的原料。

7.2.3 高流动聚丙烯纤维专用料工业化生产

7.2.3.1 大连石化 H39S-2、H39S-3

（1）装置及工艺特点

大连石化公司建设有两套聚丙烯装置，产能分别为 7 万吨 / 年和 20 万吨 / 年。7 万吨 / 年聚丙烯装置于 2009 年进行了技术升级和改造，于 2010 年生产出 H39S-2 产品；20 万吨 / 年聚丙烯装置于 2016 年开发生产 H39S-2 产品，2018 年开发生产 H39S-3 产品。

① 7 万吨 / 年聚丙烯装置：采用原意大利海蒙特公司的液相本体 Spheripol 专利技

术，用液相单环管反应器生产 PP-H。改造后装置聚合生产能力最高可达到 12.5t/h，可生产 24 种牌号的聚丙烯产品。

② 20 万吨 / 年聚丙烯装置：采用意大利 Basell 公司的 Spheripol 二代聚丙烯双环管工艺技术。其具备如下特点：

a. 使用第四代催化剂系统，可生产双峰聚丙烯和高刚性、高结晶性、高洁净度的产品。

b. 预聚合和聚合反应的压力等级提高，可以使环管反应器中的氢气含量增高，扩大了产品熔体流动速率（MFR）的范围，提高了产品的强度，改善了产品的性能。

c. 以双环管反应器构型为基础，可以生产宽分子量分布的"双峰"产品，也可以生产窄分子量分布的产品。利用环管反应器和液相本体聚合，可使传热得到更好的控制，反应更加均匀。如果使用茂金属催化剂，不需要对现有装置做重大改造。

d. 停留时间减少，更好地利用了反应体积。

e. 改进了聚合物的高压和低压脱气、汽蒸、干燥系统和事故排放单元，提高了效率和操作灵活性。

（2）聚丙烯纤维专用料产品开发

根据国内市场需求，大连石化公司开始组织生产熔体流动速率为 40 ~ 50g/10min 的聚丙烯产品。根据 H39S-2 聚丙烯专用料开发中存在的问题，考察了国内市场并对技术方案进行了论证，在完成技术方案的确定、加料设施的设计施工、开工方案的编制后，一次性成功试生产出 1244.675 吨 H39S-2 产品，产品质量达到了标准要求。第二次试生产时生产出 1236.9 吨该产品，产品质量也达到了标准要求。根据该产品加工应用试验中市场反馈的情况，对装置生产技术条件做了适当的调整，以满足下游用户对该产品的性能要求。然后，每月按 3000 吨左右的产量，开始批量生产 H39S-2 聚丙烯专用料产品。该产品在大连石化公司 7 万吨 / 年聚丙烯装置上实现连续化生产，工艺操作平稳，产品质量达到了标准要求，产品性能可满足下游用户的加工要求。根据市场的需求，结合 20 万吨 / 年聚丙烯装置的技术特点，组织了 H39S-2 产品在 20 万吨 / 年聚丙烯装置上的扩量生产工作，并实现稳定生产。

（3）产品技术指标（表 7-15）

H39S-2 产品：熔体流动速率达到 40 ~ 50g/10min，是当时国内少数聚丙烯装置才能够达到的技术指标。产品加工性能较好，喷丝均匀，成品柔软，韧性和强度均能满足下游产品需求，领先于国产同类产品。该产品投放到市场以后，先后在昆山市宝立无纺布有限公司、昆山市三洋无纺布有限公司、江陵荣邦无纺布有限公司、临沂晶鑫无纺布有限公司等多家单位试用，效果较好。

H39S-3 产品：H39S-3 产品的性能指标与进口品牌的对标产品 3155E5 非常接近，性能基本能够满足下游企业的使用要求。H39S-3 产品无异味，由其制得的制品无异味，是目前国内无纺布用聚丙烯市场的拳头产品。该产品在国内多家企业得到应用，包括南海南新无纺布有限公司、佛山市南海必得福无纺布有限公司、佛山市拓盈无纺布有限公司、广州新辉联无纺布有限公司、福建冠泓工业有限公司、福建省晋江兴泰无纺布有限公司、福建省晋江市百丝达服装材料有限公司、厦门美润无纺布有限公司等。

表 7-15 H39S-2、H39S-3 产品技术指标

技术指标	H39S-2指标	H39S-3指标	测试标准
熔体流动速率(2.16kg)/(g/10min)	45±3	37±2	GB/T 3682.1—2018
等规度/%	97.5±1.5	97.5±1.5	GB/T 2412—2008
熔流比(5kg/2.16kg，230℃)	3.8±0.2	3.7±0.2	实验室参考指标
灰分(质量分数)/%	<0.02	<0.016	GB/T 9345.1—2008
拉伸屈服应力/MPa	≥28.0	≥29.0	GB/T 1040.1—2018
拉伸弹性模量/MPa	>1050	>1100	
拉伸断裂应变	>200	>400	

7.2.3.2 广西石化 LHF40P、LHF40P-2

（1）装置及工艺特点

中国石油广西石化公司 20 万吨/年聚丙烯装置是国内引进的第一套美国陶氏化学的 Unipol 气相法流化床聚丙烯装置。Unipol 气相法流化床聚丙烯工艺具有工艺流程短、装置投资较节省、装置运行能耗及物耗较低、产品开发灵活和控制技术先进等特点，产品的熔体流动速率、二甲苯可溶物和共聚单体含量等变化范围大，采用的高效催化体系为 SHAC 系列催化剂，催化剂无需预处理或预聚合，且利用一种催化剂可生产多种牌号的聚丙烯产品。

（2）聚丙烯纤维专用料产品开发

广西石化在 Unipol 聚丙烯工艺装置上开发了高熔体流动速率（35～45g/10min）的聚丙烯纤维专用料 LHF40P、LHF40P-2，实现了低气味高熔体流动速率纤维料的连续稳定生产。

高熔体流动速率聚丙烯纤维料生产主要采用氢调法和可控流变法。氢调法产品可以有效降低产品的气味，但是加入的氢气量受反应器的限制，操作难度大，而且生产的 PP 分子量分布较宽，对于纤维料的加工应用不利。可控流变法制备的聚丙烯纤维料具有较高的熔体流动速率和较窄的分子量分布，使得聚丙烯熔体接近牛顿流体，熔体弹性低、拉伸黏度低，使纺丝张力下降，从而使加工温度降低，可以进行熔融高速纺丝加工，也可以降低单丝纤度以生产细旦、超细旦丙纶纤维。可控流变法生产聚丙烯纤维料的工艺控制主要分反应单元和造粒单元两个阶段，反应单元的工艺控制比较容易，造粒单元的工艺要求则比较高。其工艺流程是：在聚丙烯粉料的造粒阶段加入过氧化物降解剂，使聚丙烯粉料在熔融状态下进行降解，大分子量的聚丙烯发生断链反应，总体平均分子量下降，分子量分布变窄，熔体流动速率升高。利用可控流变法生产 PP 纤维料时，如果不能严格控制匹配助剂配方和生产工艺，会造成降解剂残留多、产品气味大和质量稳定性下降等问题；同时也会因为助剂选择或添加的不合理导致聚丙烯产品成本增加。聚丙烯基础粉料的分子量设计对于最终产品的性能和成本起着至关重要的作用。通过控制过氧化物降解剂的用量，可以使聚丙烯纤维料的熔体流动速率从 2～5g/10min 升高到 60g/10min 以上。

广西石化 LHF40P 的生产采取氢调法与可控流变法相结合的方法，反应器中熔体的流动速率控制在 8g/10min，之后在聚丙烯粉料的造粒阶段加入过氧化物降解剂。初期生产的纤维料产品裂解率过低，产品加工性能较差。经过摸索，在聚合反应过程中适当调节优化氢气加入量等工艺参数，得到了最优微观结构的基础粉料，保证了 PP 纤维专用料产品的分子量及分子量分布要求。

广西石化 20 万吨 / 年聚丙烯装置采用 CWP 柯陪隆双螺杆挤压造粒机造粒。为了达到 LHF40P 的生产控制要求，经过调整切刀转速、颗粒水温、模板温度、筒体温度、节流阀开度等参数，摸索形成了 CWP 高熔体流动速率造粒工艺生产技术，满足了 LHF40P 生产时造粒机的长周期运行。

2018 年，在广西石化 20 万吨 / 年的 Unipol 气相法聚丙烯生产装置上开发出低气味、高熔体流动速率的第二代纤维专用料 LHF40P-2。开发成功后，广西石化多次组织调研组赴广州深入客户工厂了解试用情况。调研结果表明：试用效果非常理想，客户反映产品质量优良，满足卫生级无纺布产品的使用要求。加工制备的卫生级无纺布无异味、无色变、强度高、断丝现象少、制品加工速度快、手感柔软性好，可应用于尿不湿、卫生巾成品中。利用 LHF40P/LHF40P-2 加工的包装无纺布材料强度高、清晰度好。

（3）产品技术指标

LHF40P-2 低气味高熔体流动速率聚丙烯纤维料的关键技术指标见表 7-16。

表 7-16 LHF40P-2 的关键技术指标

项目	测试参考标准	产品技术指标
熔体流动速率（粒料）/(g/10min)	GB/T 3682.1—2018	36～42
气味等级	参照 PV3900	≤3.0
等规度/%	GB/T 2412—2008	≥97
灰分(质量分数)%	GB/T 9345.1—2008	≤0.026
拉伸屈服应力/MPa	GB/T 1040.2—2022	≥31.0

7.2.3.3 庆阳石化 QY36S

（1）装置及工艺特点

庆阳石化聚丙烯装置采用 Basell 公司的 Spheripol 气相本体法工艺，产能为 10 万吨 / 年。

（2）高熔体流动速率纤维料 QY36S 产品开发

通过优选高效催化剂及低气味的降解剂和助剂体系，开发出氢调与降解结合工艺，于 2018 年首次实现了高熔体流动速率纤维料 QY36S 产品工业化生产，共生产出 460 吨产品，且产品的各项性能均达到了技术指标要求，但气味略大。通过更换丙烯精制单元的脱硫催化剂，进一步降低了原料中丙烯的杂质量；提高闪蒸系统的蒸汽流量和温度，降低了基础粉料的 VOCs 值后，解决了气味略大的问题，产品全部达标。

（3）产品技术指标

QY36S 产品技术指标见表 7-17。

表 7-17　QY36S 产品技术指标

项目	熔体流动速率/(g/10min)	屈服强度/MPa	灰分/%	等规度/%	M_w/M_n
QY36S	34.0~40.0	≥29	≤0.03	≥97.0	≤2.5

（4）产品应用情况

QY36S 产品在湖北恒天嘉华无纺布有限公司试用，在不改变纺丝机生产线工艺参数的条件下成功进行了纺丝，并将无纺布制品与用洛阳石化 PPH-Y35 生产的制品进行了对比，基本性能相当。QY36S 产品在郑州豫力新材料科技有限公司 SS 双层无纺布生产线试用，产品的纺丝性能及物性指标均达到了厂家要求。

7.2.3.4　大庆炼化 HP561S

（1）装置及工艺特点

HP561S 是在大庆炼化 30 万吨/年的 Spherizone 聚丙烯装置上工业化生产的。Spherizone 工艺是 Basell 公司在 Spheripol 工艺基础上开发的最新一代聚丙烯生产工艺技术，采用第四代和第五代高效载体的 Z-N 催化剂体系及先进的添加剂体系，采用气相循环技术，可生产出在保持韧性和加工性的同时又具有高结晶度和刚性的、更加均一的聚合物。Spherizone 聚丙烯工艺在多区循环反应器下游连接 Basell 公司的气相反应器，与其它工艺相比，其可生产出具有更高的冲击强度或较大韧性的多相共聚物。因此，Spherizone 工艺可以生产具有高性能的均聚物、无规共聚物及抗冲共聚物等单峰或双峰的聚丙烯产品。

（2）高熔体流动速率聚丙烯纺丝专用料 HP561S 产品的开发

大庆化工研究中心通过市场调研和对产品性能进行分析，确定了市场对高熔体流动速率聚丙烯纺丝专用料产品的主要性能要求是：熔体流动速率波动小、分子量分布窄、与弹性体相容性好、纺丝稳定性好、纺制过程中不断丝、丝柔顺性好、光泽度高、气味低，从而确定了高端高熔体流动速率聚丙烯纺丝专用料 HP561S 产品的技术指标。利用大庆炼化 30 万吨/年的 Spherizone 气相法工艺装置，通过聚合催化剂优选、工艺优化、挤压机降解助剂加入方式的改进等措施，2018 年首次工业化生产了 1755 吨 HP561S 产品，产品的各项性能均达到了技术指标要求，并通过了 RoHS、FDA、塑化剂、食品安全等质量认证，与进口产品的性能相当，现已经累计生产 13510 吨产品。

（3）产品技术指标

HP561S 产品技术指标见表 7-18。

表 7-18　HP561S 产品技术指标

项目	熔体流动速率/(g/10min)	屈服强度/MPa	弯曲模量/MPa	等规度/%	M_w/M_n
HP561S	33.0~37.0	≥29	≥1100	≥97.0	≤3.0

（4）产品应用情况

HP561S 在山东华业无纺布有限公司低速线 SS（纺黏/纺黏）两头机器上进行了

试验，加工温度为 230℃、加工速度为 100m/min，无纺布克重为 30 ～ 50g/m²、幅宽为 2.4 ～ 2.8m。在三台机器上均进行了试验，整体效果良好，没有出现断丝等现象，无纺布制品的各项性能均达到了要求。HP561S 在东营市神州非织造材料有限公司的纺丝效果良好，生产平稳，无断丝等现象，无纺布制品各项性能均达标。HP561S 在佛山市拓盈无纺布有限公司 SMS（纺黏 / 熔喷 / 纺黏）头机器上试用效果良好，没有出现断丝等现象，手感较好，无纺布制品各项性能均达标。HP561S 在必得福无纺布公司纺丝情况正常，没有出现明显断丝滴浆问题，主料无特殊气味。根据多批次的测试结果来看，应用效果良好。

7.3 茂金属聚丙烯纤维专用料

7.3.1 概述

随着聚丙烯应用领域向高端化发展，市场对聚丙烯产品的性能要求逐渐提升，聚丙烯的生产技术不断优化，茂金属聚丙烯（mPP）作为高附加值的聚丙烯产品，是聚丙烯产业高端化发展的重要方向之一。茂金属催化剂与传统 Z-N 催化剂的主要区别在于茂金属催化剂为单活性中心催化剂，具有活性高、聚合反应平稳、氢调敏感性好等特点，可以精确地定制聚丙烯树脂的分子结构，包括分子量及其分布、共聚单体含量及其在分子链上的分布等[22]。

茂金属催化剂生产的聚丙烯纤维专用料，在高速纺丝时具有更好的加工性，生产效率更高，其纤维更细、韧性好、不易断裂、均匀性好，制品手感柔软、洁净度高，可用于医疗及高端卫材领域。目前国内使用的茂金属聚丙烯纤维专用料主要是埃克森美孚的 Achieve 系列、利安德巴塞尔的 Metocene 系列、道达尔（Total）的 MR 系列、三井化学（Mistui）的 Tafmer XM 系列等进口牌号，用于高透明聚丙烯特别是医疗用品、纺黏无纺布、超细丙纶纤维和食品包装膜等领域中产品的生产，其中纺丝和无纺布用 mPP 需求占比达到 50%。国内仅有少数企业如燕山石化、独山子石化、兰州石化等实现了 mPP 的工业化生产。因此，研究开发茂金属聚丙烯纤维专用料是我国石化行业的重要任务之一。

7.3.2 茂金属聚丙烯纤维专用料关键技术

7.3.2.1 装置的长周期稳定运行技术

目前，大多数聚丙烯生产装置都是针对齐格勒 - 纳塔催化剂设计而成。茂金属催化剂的聚合动力学行为与齐格勒 - 纳塔催化剂不同，在反应的过程中含有活性中心的极性颗粒吸附在反应器壁上时，聚合反应继续进行并放出热量，产生局部"热点"，温度过高时会造成聚合物熔融形成块料，造成聚合装置管路堵塞，阻碍装置长周期运行。

反应器是具有非线性、时变、多扰动的化学反应装置，反应器的反应状态将直接影响后序的工艺操作，并在很大程度上决定了产品的质量。该反应的温度控制由两个过程组成。

① 升温过程。茂金属催化剂的反应过程是一个放热过程，随着反应的进行，反应器内温度逐渐升高。反应温度和物料浓度、催化剂的比例、反应的停留时间都会最终影响产率。同时，温度的升高往往伴随着压力的升高，所以必须控制反应器的温度，保证温度不会突变。

② 恒温过程。经过升温反应后，反应进入恒温阶段，在此阶段采用水冷夹套的方式保证反应器温度始终维持在某一恒定值，确保原料反应充分，产品质量控制平稳[23]。

根据工艺流程和控制要求以及影响因素，通过多年的技术攻关，开发了反应器温度梯度控制技术。研究人员以反应器为主，结合预聚反应器、闪蒸塔的工艺要求，以反应器中进行的反应过程为对象，研究了反应器热量传递过程对化学反应的影响以及反应器动态特性和反应器参数的敏感性，以实现工艺参数的操作控制和茂金属催化剂在聚丙烯生产装置上的长周期稳定运行。

7.3.2.2　产品质量的稳态化控制技术

熔体流动速率是茂金属聚丙烯纤维专用料的关键技术指标。按照国内行业产品标准及用户需求，茂金属聚丙烯纤维料的熔体流动速率应控制在 33 ～ 39g/10min 之间，熔喷料的熔体流动速率应控制在 1300 ～ 1800g/10min 之间。熔体流动速率的主要影响因素是氢气加入量。相对于其他聚丙烯产品，采用氢调法生产茂金属聚丙烯纤维产品的难度较大，这是因为茂金属催化剂的氢调敏感性好，催化剂的活性高，在反应中加入氢气有利于提高链转移速率，促使反应进行，但是随着氢气浓度在反应器中的增加，反应程度愈加激烈，反应器的温度和压力迅速上升，聚合物的熔体流动速率也难以得到控制。同时，过高或过低的压力均对金属导管和设备产生不利影响。压力过高，会加快金属蠕变导致反应器罐体受到损坏；若过低，则不易达到聚合反应所需的活化能，转化率降低。

基于此，通过优化工艺条件，研究人员研究了茂金属催化剂的活性、氢调敏感性、反应温度、反应压力、反应器停留时间、进料流量、进料组分配比等参数对产品质量的影响，设计出适合茂金属聚丙烯催化剂运行的工艺参数，从而实现了产品质量的稳态化控制。

7.3.2.3　茂金属聚丙烯纤维专用料的加工技术

茂金属聚丙烯与传统的聚丙烯相比，具有许多突出的性能，但由于其具有分子量分布窄的特点，导致材料在高剪切速率下的剪切变稀行为减弱以及熔体强度降低，由此带来的加工问题限制了其广泛应用，包括：挤压系统驱动机构和齿轮箱易过载，故在获得所需生产速度之前可能就已经达到满负荷了；熔融速率比较快、熔点较低、熔体强度较差，导致生产率较低；较高的压力可能对挤压系统的压力敏感零件（如转子密封）产生不利影响；换网器泄漏以及止推轴承寿命缩短；吹塑加工过程中通过提高螺杆速度增加产量时会降低气泡稳定性等。人们已在加工工艺方面做了大量的工作，通过现有加工设备工艺的调整与优化，使得现有的加工设备能够适应茂金属聚丙烯纤维专用料的特性。

7.3.3　茂金属聚丙烯纤维专用料工业化生产

在掌握茂金属聚丙烯催化剂聚合特性的基础上，通过在 75kg/h 聚丙烯 Spheripol-Ⅱ

中试装置上进行关键工艺参数的调整与优化，采用氢调法开发出了低气味、窄分子量分布的茂金属聚丙烯纤维专用料 MPH36Y。MPH36Y 产品的熔体流动速率为 33～39g/10min，适合应用于高速纺黏无纺布的制备。如果熔体流动速率偏低，熔体的拉伸黏度高，拉丝过程中拉伸阻力大，丝条就难拉伸，容易产生断丝、僵丝或粗丝团，甚至在产品上形成硬丝疵点，影响产品质量。MPH36Y 具有较窄的分子量分布，使剪切速率对熔体黏度的敏感性降低，在高剪切速率下黏度的波动小，熔体弹性减小，有利于使丝条的直径保持均一，非常适用于纺织品领域，提高了抽丝速度，改善了生产较细长丝纱时的抽丝稳定性。MPH36Y 具有较低的灰分含量，可以使纺丝过程更加清洁，减少换网频次。在力学性能方面，MPH36Y 拉伸屈服应力、弯曲模量、简支梁冲击强度等指标与进口同类茂金属产品相当。

基于 75kg/h 聚丙烯 Spheripol-II 中试装置上形成的茂金属聚丙烯纤维专用料中试技术包，在 4 万吨/年 HYPOL 工艺聚丙烯装置和 14 万吨/年 Spheripol 环管工艺聚丙烯装置上实现了工业化转化。分别在 HYPOL 工艺聚丙烯装置上生产出 MPH36Y、在 Spheripol 环管工艺聚丙烯装置上生产出 mPP35S 和 PPH-1500M 共三个牌号的茂金属聚丙烯产品。

7.3.3.1 茂金属聚丙烯纤维专用料 MPH36Y 工业化生产

（1）工艺流程

工艺流程由丙烯精制、催化剂配制、聚合、干燥、造粒、包装和公共工程等工段组成。

生产茂金属聚丙烯纤维专用料 MPH36Y 的反应过程主要经过预聚合反应和聚合反应阶段。预聚合反应阶段，是在第一阶段反应温度 ≤5℃、第二阶段反应温度 ≤15℃ 的条件下，将茂金属催化剂在己烷溶剂中溶解，按比例配成悬浮状的浆液，再加入少量气相丙烯发生预聚合反应。预聚合反应有助于改善后续聚合反应中产品的颗粒形态、减少细粉含量。氢气参与的丙烯聚合反应是非均相配位阴离子反应，所以需要通过茂金属催化剂的结构来控制茂金属聚丙烯产品的立构规整性。反应原料丙烯以单体插入式发生连锁聚合反应。根据茂金属催化剂的生成反应及其动力学，茂金属催化剂的活性中心通常含有一个或多个金属原子，这些金属原子与有机配体（如环戊二烯）形成配位键。在催化反应中，活性中心通过化学键的形成与断裂降低反应的活化能，从而加速反应过程。

聚丙烯粉料干燥阶段的主要目的是除去聚合反应产物中含有的大量未参与反应的挥发成分，和少量仍具有活性的催化剂及其溶剂。干燥工段使用的介质一般为蒸汽和热氮气。

最后，将一定量的稳定剂加入聚丙烯粉料中，通过挤压造粒机组进行熔融、混炼、捏合、挤压，在切粒装置中切成聚丙烯颗粒料。

（2）产品质量控制

为了控制反应，保证茂金属聚丙烯树脂 MPH36Y 产品的各项技术指标达标，原料丙烯纯度和各反应器的温度、压力、料位等工艺参数均应控制在合理范围之内，保证装置安全平稳运行，确保聚丙烯产品质量合格。茂金属聚丙烯纤维产品控制指标见表 7-19。

表 7-19　茂金属聚丙烯纤维产品控制指标

项目	执行标准	控制指标	MPH36Y	Z-N催化剂聚丙烯
熔体流动速率/(g/10min)	GB/T 3682.1—2018	36±3	38	37
分子量分布	GB/T 36214.4—2018	≤3	2.9	3.6
拉伸屈服应力/MPa	GB/T 1040.1—2018	≥32	33	33
弯曲模量/MPa	GB/T 9341—2008	≥1500	1687	1591
简支梁冲击强度/(kJ/cm²)	GB/T 1043.1—2008	≥1.5	2.2	2.1

（3）产品结构与性能分析

① 熔融过程和升温淋洗分析　MPH36Y 的熔点为 155℃，低于采用 Z-N 催化剂生产的传统聚丙烯 3155E3 的 167.8℃，二者的 DSC 曲线如图 7-8（a）所示。这是因为等规聚丙烯的分子链都存在缺陷，传统聚丙烯主要是空间立构缺陷，而茂金属聚丙烯中除了空间立构缺陷外还存在区位异构现象，即丙烯单体的"2,1- 插入"和"1,3- 插入"引起的缺陷结构。区位缺陷破坏了分子链的规整性，从而对等规聚丙烯的性能产生影响，这也是茂金属等规聚丙烯在五元组含量与 Z-N 催化剂等规聚丙烯相似的情况下熔点较低的原因[24]。低的熔点可降低加工温度，有利于加工企业节能降耗。

在升温淋洗过程中，最先淋洗出的是低等规部分。低等规部分越少，分子链的立构规整性越高，结晶能力越强，形成的结晶越完善。要得到高等规聚合物，需要在更高的温度下淋洗。从图 7-8（b）可以看出，目标级分主要出现在 80℃ 以上。在小于 30℃ 的淋洗温度下，茂金属聚丙烯产品中低等规级分含量明显低于传统聚丙烯产品的。对于纤维料产品来说，低等规级分含量少可在纺丝过程中减少烟雾和喷丝板上的沉积物，使纺丝成型过程更加清洁。

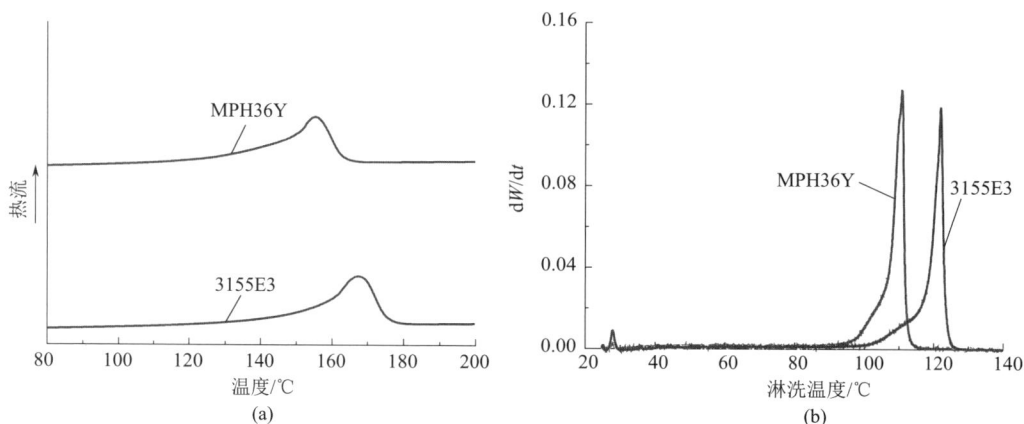

图 7-8　样品的 DSC 曲线（a）和升温洗脱分级（TREF）曲线（b）

② 偏光显微镜分析　传统聚丙烯是由球晶构成，晶粒完善，大球晶对材料的冲击强度有不利影响，因为球晶边界容易引发材料出现冲击断裂，但结晶完善的聚丙烯材料具有较高的强度和刚性。MPH36Y 的晶粒小而均匀，透明性更好，见图 7-9。

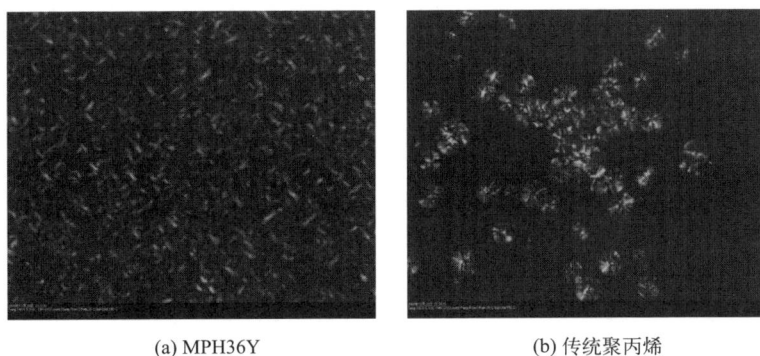

(a) MPH36Y   (b) 传统聚丙烯

图7-9 样品的偏光显微镜照片（×250）

③ C^{13}-NMR分析　高聚物立构规整性的不同直接影响材料的结晶性和力学性能，纯粹的全同立构聚丙烯分子实际上并不存在，商品化的等规聚丙烯分子链总含有少量的立构缺陷，C^{13}-NMR是研究高分子链结构中立构缺陷的有效手段，反映的是样品中立构缺陷在聚丙烯分子链上的分布情况[25]。由表7-20可知，MPH36Y的等规度高于传统聚丙烯，有mmmm、rmmr、mmrr三种空间组合形式，而传统聚丙烯有mmmm、mmmr、rmmr、mmrr、rmrm、rrrr六种空间组合形式。传统聚丙烯产品在立构缺陷的种类和含量上都高于茂金属聚丙烯。

表7-20 样品的C^{13}-NMR测试结果

五元组立体结构①	MPH36Y	传统聚丙烯
mmmm	98.98%	93.64%
mmmr	0	2.9%
rmmr	0.2%	0.82%
mmrr	0.73%	2.1%
mmrm+rmrr	0	0
rmrm	0	0.41%
rrrr	0	0.2%

① m表示相邻两个结构单元的构型相同，r表示相邻两个结构单元的构型相反。

（4）加工应用

① 纺丝工艺　纺黏法也被称为熔融纺丝成网法，利用的是化学纤维纺丝原理。纺黏法非织造布的基本工艺流程包括切片、烘干、挤压、纺丝和加固等。目前纺黏法主要采用气流拉伸工艺。在纺黏加工过程中，熔融的高聚物从喷丝孔挤出后，进入牵伸器的高速流场，并由高速气流对丝条进行拉伸。牵伸后的聚合物细流在凝网帘上成网，并铺放在凝网帘上，再经固结装置处理后形成纺黏法非织造布[26]。纺黏非织造牵伸器的原理基于引射器的理论，它使用一股压强较高的喷射气流来牵引压强较低的丝束，并裹挟着丝束牵伸。由于纺黏法的工艺流程简短、生产效率高且所生产的产品适应性好，纺黏法非织造布的发展前景较广阔。

　　研究人员在小型熔融纺丝机上完成不同种类聚丙烯纤维专用料（传统聚丙烯纤维产品 PP-1、进口茂金属聚丙烯纤维产品 PP-2、自研茂金属聚丙烯纤维产品 PP-3）的纺丝性能试验，检验其熔融可纺性。

　　经多次纺丝试验，确定了纺丝工艺参数。采用小型熔融纺丝机在同等工艺条件下制备出了基于三种 PP 树脂的长丝样品。

　　表 7-21 为熔融纺未牵伸 PP 纤维的纤度规格与拉伸性能。在纺丝速度为 1200 ～ 2750m/min 的同等工艺条件下，采用三种 PP 树脂为原料所制得纤维的纤度规格与拉伸性能基本接近。其中，采用自研 PP-3 树脂制得纤维的纤度为 88.9 ～ 97.5dtex、强度为 1.14 ～ 1.69cN/dtex、模量为 12.0 ～ 16.4cN/dtex、断裂伸长率为 120.0% ～ 242.5%。

表 7-21　熔融纺未牵伸纤维的规格与拉伸性能

树脂牌号	纺丝速度 /(m/min)	纤度 /dtex	强度 /(cN/dtex)	模量 /(cN/dtex)	断裂伸长率 /%
PP-1	1200	98.8	2.06	16.0	165.5
	1600	95.2	1.53	15.7	132.7
	2100	92.3	1.37	15.8	106.4
	2750	77.9	2.36	25.0	69.6
PP-2	1200	84.0	1.77	12.8	460.8
	1600	79.0	1.49	15.8	360.8
	2100	91.8	1.60	16.8	207.3
	2750	86.8	1.67	17.1	165.7
PP-3	1200	97.5	1.69	12.0	242.5
	1600	96.2	1.14	14.7	120.2
	2100	91.8	1.37	16.4	157.1
	2750	88.9	1.22	15.6	120.0

　　为进一步提高纤维的拉伸性能，对熔融纺长丝进行热牵伸处理（牵伸倍率：1.6）。表 7-22 为熔融纺牵伸 PP 纤维的纤度规格与拉伸性能。在同等牵伸工艺条件下，采用三种 PP 树脂为原料所制得纤维的纤度规格与拉伸性能也基本接近。其中，基于自研 PP-3 树脂的牵伸长丝的纤度为 52.2 ～ 56.2dtex、强度为 2.57 ～ 3.26cN/dtex、模量为 18.0 ～ 23.6cN/dtex、断裂伸长率为 19.8% ～ 30.8%。

表 7-22　熔融纺牵伸纤维的规格与拉伸性能

树脂牌号	纺丝速度 /(m/min)	纤度 /dtex	强度 /(cN/dtex)	模量 /(cN/dtex)	断裂伸长率 /%
PP-1	1200	59.6	3.77	28.9	23.9
	1600	55.7	3.48	25.5	25.7
	2100	55.2	3.02	23.4	22.5
	2750	71.2	2.84	22.5	25.5

续表

树脂牌号	纺丝速度/(m/min)	纤度/dtex	强度/(cN/dtex)	模量/(cN/dtex)	断裂伸长率/%
PP-2	1200	54.0	2.47	15.7	91.1
	1600	48.5	2.44	14.6	102.4
	2100	56.5	2.47	13.8	78.0
	2750	51.9	3.45	22.4	34.1
PP-3	1200	52.6	2.98	21.1	28.0
	1600	52.2	3.26	23.6	24.4
	2100	56.2	2.63	18.0	30.8
	2750	53.6	2.57	19.9	19.8

② 应用试验　茂金属聚丙烯纤维专用料 MPH36Y 在下游企业进行了用户应用试验，生产出幅宽 1.75m，克重分别为 25g/m² 和 13g/m² 两种规格的纺黏无纺布。结果表明，产品无异味，使用过程中可纺性好，制备的无纺布产品质量合格。无纺布性能测试结果见表 7-23。

表 7-23　无纺布性能测试结果

项目	方向	25g/m²无纺布	13g/m²无纺布
断裂强力/N	纵向	32.05	18.24
	横向	22.99	12.35
伸长率/%	纵向	104.22	64.23
	横向	113.56	79.57

7.3.3.2　茂金属聚丙烯纤维专用料 mPP35S 工业化生产

采用 14 万吨/年 Spheripol 环管工艺，突破了生产技术瓶颈，实现了茂金属聚丙烯纤维专用料 mPP35S 的工业化连续稳定生产，产品性能满足下游用户需求。

（1）mPP35S 的结构与性能

mPP35S 产品性能见表 7-24。

表 7-24　mPP35S 产品性能

项目	执行标准	mPP35S	进口料	降解料
熔体流动速率/(g/10min)	GB/T 3682.1—2018	37.8	30.4	36.6
拉伸屈服应力/MPa	GB/T 1040.2—2022	31.2	29.5	34.3
拉伸断裂标称应变/%		564	450	653
弯曲模量/MPa	GB/T 9341—2008	1386	1340	1353
等规度/%	GB/T 2412—2008	99.0	98.9	98.0
灰分/%	GB/T 9345.1—2008	0.0094	0.0186	0.0142

续表

项目		执行标准	mPP35S	进口料	降解料
鱼眼/(个/1520cm²)	0.8mm	GB 6595—86	1	2	1
	0.4mm		9	26	8
分子量分布		GB/T 36214.4—2018	2.2	2.1	3.8
熔点/℃		GB/T 19466.3—2004	152	147	164

mPP35S 各项性能与进口样品的相当。与降解法产品相比，mPP35S 的等规度更高、分子量分布更窄、熔点更低，低聚物和气味比化学降解法聚丙烯要少很多。与降解法产品相比，茂金属聚丙烯纤维更适合高速拉伸。

（2）mPP35S 纺黏法加工应用

纺黏法加工流程如图 7-10 所示。

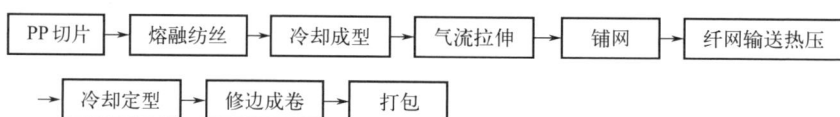

PP切片 → 熔融纺丝 → 冷却成型 → 气流拉伸 → 铺网 → 纤网输送热压
→ 冷却定型 → 修边成卷 → 打包

图 7-10 纺黏法加工流程

聚丙烯切片进入螺杆挤出机后，被加热熔融并送入熔体过滤器进行过滤，然后熔体由计量泵定量输送到纺丝箱，经纺丝箱的管道分配后，均匀地到达喷丝头，并在一定压力作用下从喷丝孔中挤出成熔体细流，接着由侧吹风冷却成丝并落下至拉伸系统。

Reicofil 工艺采用的是抽吸式负压拉伸（见图 7-11），即在拉伸道底部通过一台大功率抽风机抽气，使拉伸道呈负压，空气从拉伸道上部进入并在拉伸的喉部形成了自上而下流动的高速气流。因高速气流速度远高于丝条挤出速度，气流对丝条的摩擦阻力就成为促使其加速运动的主要动力。丝条在气流的摩擦力作用下加速运动并受到拉伸。在风道底部，导板使风道逐渐扩大，气流在该区域内速度减缓，并形成一个紊流场，使拉伸后的丝条产生扰动并铺落至不断运行的输送网帘上，形成杂乱分布的纤维网。该纤维网经热辊热轧及冷辊定型后进入卷取机成卷。

Docan 工艺采用的是利用高压压缩空气喷吹进行拉伸。喷嘴内部呈锥形，外部是圆管形。具有较高压力的压缩空气在喷嘴处夹持丝条，并对丝条进行拉伸。拉伸后丝条由分纤器进行分纤，再由摆丝机构进行往复摆动铺网，经热轧及冷却定型得成品。

① 纺丝

a. 纺丝温度。螺杆各区温度取决于原料及螺杆结构。对熔体流动速率为 25～45g/10min 的聚丙

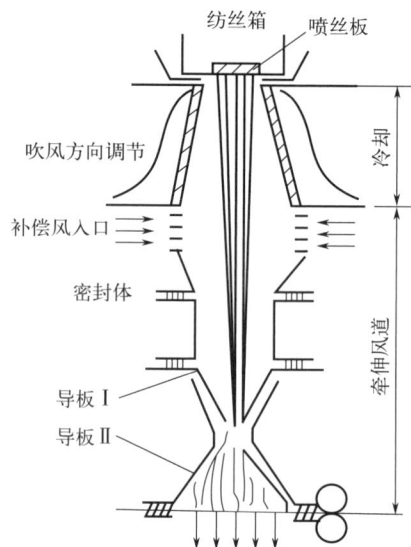

图 7-11 抽吸式负压拉伸

烯切片，螺杆各区温度为 225 ～ 230℃，箱体温度为 240 ～ 245℃。

b. 熔体压力。滤前压力为 13 ～ 15MPa，滤后压力为 10MPa，泵前压力为 3MPa。

c. 计量泵转速及泵供量。非织造布规格以单位面积的质量计，因此其对泵转速及泵供量的控制不及通常的聚丙烯长丝及短纤维精确，但过大的泵供量会导致挤出速度过高，丝条有效控件减少，非织造布强度下降，手感僵硬。因此应对泵转数及泵供量加以控制。

d. 侧吹风。吹风速度为 0.2m/s，风温为 15 ～ 17℃；风的相对湿度为 70% ～ 90%。

② 气流拉伸

a. 气流拉伸形式。气流拉伸张力主要来自丝束对气流的摩擦阻力，而摩擦阻力与气流密度成正比。拉伸时，气流密度越大，摩擦阻力越大，拉伸线上的张力越大，越有利于拉伸。

b. 气流速度。丝束对气流的摩擦阻力与气流速度的二次方成正比，因此提高气流速度可有效提高丝束在拉伸线上的张力，提高丝条的取向。在 Reicofil 负压牵伸工艺中，可通过加大狭缝宽度提高气流量，改善拉伸性能；也可以保持狭缝宽度不变，通过增加抽吸风量提高气流速度。实践表明，将风量由原来的 $18000m^3/h$ 增加到 $27000m^3/h$，拉伸效果得到明显改善。在 Docan 工艺上主要通过提高压缩空气压力来提高风速。

c. 铺网。Reicofil 铺网是借拉伸气流惯性自然形成。Docan 工艺铺网是借助摆丝器的作用使丝条落到运动的网帘上形成纤维网，摆丝器及网帘的运动轨迹和速度决定丝网的厚薄及质量。网帘下方有抽吸装置，能吸走管中冲下的气流，防止纤维网被吹散。

d. 纤维网后加工。纤维网后加工是指将纤维网固结成非织造布的过程。常用的方法有热黏合法及针刺法，薄型产品多用热黏合法，厚型用针刺法。热黏合法主要是利用热轧机使纤维网在受热和受压的情况下发生黏合作用。黏合温度与产品规格有关，为改善黏合效果，热轧辊表面一般刻有花纹，使纤维网上产生很多黏合点，这样不仅可以产生花型，美化产品外观、改善非织造布手感，也可以在纺丝时混入低熔点纤维以改善黏合效果。

③ 加工应用　mPP35S 的典型加工参数如表 7-25 所示，无纺布制品性能检测结果见表 7-26。

表 7-25　加工参数

项目	降解法		mPP35S	
纺黏层编号	S1	S2	S1	S2
主螺杆/(r/min)	21	22.9	19	18
计量泵/(r/min)	36	36	36	36
送风机/(r/min)	880	820	980	920
抽吸烟机/(r/min)	800	780	920	880
边料螺杆/(r/min)	50	50	50	50
克重估算/(g/m²)	7.41	7.41	7.41	7.41
滤前压力/MPa	0.71	0.72～0.73	0.78～0.80	0.73～0.77

项目	降解法		mPP35S	
滤后压力/MPa	0.57	0.53	0.48~0.55	0.49~0.53
模头压力/MPa	0.46	0.38	0.47~0.48	0.38~0.39
送风压力/kPa	107.3	91.7	133.7	121.8
热轧辊速度/(m/min)	800	800	800	800
前/后热轧辊温度/℃	150/148		142/140	

表 7-26　无纺布制品物理性能的检测结果

样卷	降解法	mPP35S
克重/(g/m²)	15.1	15.07
横向强力/N	20.9	21.7
纵向强力/N	44.3	44.8
横向伸长率/%	78.9	84.9
纵向伸长率/%	85.2	95.7
耐磨性（30转，级）	3	3
气味测试	0.62	0.30

茂金属聚丙烯纤维 mPP35S 在下游加工企业加工无纺布时，制品无异味，布面均匀，手感柔软、力学性能优良，满足厂家的使用需求。

7.3.3.3　茂金属聚丙烯熔喷专用料 PPH-1500M 工业化生产

（1）PPH-1500M 的结构与性能

PPH-1500M 的性能见表 7-27。

表 7-27　PPH-1500M 的性能

测试项目	PPH-1500M	进口料	降解料	测试方法
熔体流动速率/(g/10min)	1585	1685	1532	GB/T 3682.1—2018
灰分/%	0.0097	0.0106	0.0221	GB/T 9345.1—2008
挥发分/%	0.10	0.10	0.29	GB/T 2914—2008
分子量分布(M_w/M_n)	2.7	2.2	2.3	GB/T 36214.4—2018
熔点/℃	151	153	156	GB/T 19466.3—2004

① 熔体流动速率、灰分及挥发分　PPH-1500M 熔体流动速率指标依照下游企业加工要求和国标设定，与降解料相当。在灰分和挥发分方面，采用加氢法生产的茂金属聚丙烯有明显优势，气味等级低且环保安全。降解法生产的熔喷料，若降解剂的利用不充分则会导致残留量过高，不但会影响加工，而且挥发分也会增加，从而使得气味等级升高。

② 分子量及其分布（GPC 法，即凝胶渗透色谱法）　分子量分布是影响可纺性的关键因素。分子量分布窄，剪切速率对熔体黏度影响的敏感性就会降低，在高剪切速率下

的黏度波动变小，同时也会使熔体弹性减小，这些都对丝的直径保持均匀是有利的。分子量分布窄的原料才能被均匀地拉伸；分子量分布宽的原料，在一定的拉伸力作用下，分子量小的部分容易被拉断起毛，分子量高的部分因分子链段缠结而没有完全被拉伸，使得纤维的强度变低。降解法的机理是通过过氧化物分解生成过氧化物自由基，夺取大分子链上的叔碳原子上的氢原子，使大分子链断裂。随着过氧化物量的增加，聚丙烯重均分子量（M_w）下降，但数均分子量（M_n）变化则不大，因而分子量分布（M_w/M_n）变窄。茂金属催化剂具有单活性中心，因此其催化制得的等规聚丙烯具有较窄的分子量分布。由表 7-28 可知，PPH-1500M 的分子量分布略宽于进口料和降解料的，可能是催化剂体系差异所致。

③ 熔融结晶（DSC）　由于茂金属催化剂的活性中心的性质和特点不同于传统的 Z-N 型催化剂，而活性中心及其周围的化学环境影响着丙烯单体插入时的区位和立构规整性，进而决定着单体单元的连续方式和构型，因此茂金属催化的等规聚丙烯在结构上与传统 Z-N 催化的等规聚丙烯相比有一定的特殊性，突出表现在分子量分布和分子链结构方面。茂金属等规聚丙烯由于存在区位缺陷，从而导致其熔点较 Z-N 产品的要低，有利于在较低温度下进行加工，可实现节能降耗。

④ 核磁分析（^{13}C-NMR）　目前，^{13}C-NMR 核磁测试是最为有效的表征等规聚丙烯分子链各种缺陷的手段，由两类催化剂熔喷料的序列分布（表 7-28）可以看出，降解料的 [mmmm] 和 [mm] 含量均低于茂金属产品，表明其等规度相对较低；其空间立构缺陷 [mr] 和 [rr] 总含量虽然高于茂金属产品，但由于缺少区位异构缺陷，无法形成低温 γ 晶，所以其熔点比茂金属聚丙烯的偏高；而茂金属聚丙烯除具有空间立构缺陷外，均含有"2,1"插入区位异构。进口料（MF650Y）的等规序列含量高于 PPH-1500M 产品，缺陷含量相对较低，因此其熔点稍高，但仍低于降解法产品。

表 7-28　序列分布（摩尔分数）

样品	mmmm/%	mm/%	mr/%	rr/%	2,1-结构/%	1,3-结构/%
降解料	92.38	97.51	1.91	0.58	0	0
PPH-1500M	95.52	99.23	0.54	0.23	0.56	0
MF650Y	96.50	99.61	0.43	0.21	0.17	0

（2）PPH-1500M 熔喷法的加工应用

熔喷法非织造布和纺黏法非织造布都是利用由聚烯烃专用料纺丝得到的纤维直接铺网而成，但是它和纺黏法有本质的区别：纺黏法是在聚合物熔体喷丝后才与拉伸的空气相接触；而熔喷法则是在聚合物熔体喷丝的同时利用热空气以超声速与熔体细流接触，使熔体喷出并被拉成极细的无规则短纤维。熔喷法是制取超细纤维非织造布的主要方法之一。

① 工艺过程　熔喷法成网工艺是将粒状或粉状聚丙烯切片直接纺丝成网的一步法生产工艺。粉状或粒状聚丙烯经挤压熔融后被定量地送入到熔喷模头，熔体从模头喷板的小孔喷出时与高速热空气流接触，被拉伸成很细的细流，然后在周围的冷空气的作用下冷却固化成纤维，其后被捕集装置捕集，经压辊进入铺网机成网，切边后卷装为成品。

② 影响熔喷非织造布产品质量的因素

a. 纺丝温度 纺丝温度是影响熔体流动性能的重要因素。熔体纺丝温度高时，流变性能好，形变能力强，有利于得到均质产品；但温度过高会导致大分子严重降解而使熔体黏度大幅度下降，并导致熔喷产品中产生"结块"（未拉伸成纤的一种颗粒状物）；熔体温度过低，细流出喷丝板后黏度较高，流动性能差，在拉伸气流中难以达到理想的拉伸倍数，纤维单丝线密度大，手感差。

b. 热气流速度 熔喷纤维直径及产品的柔软性与热气流速度有关。在计量泵转数不变的情况下，熔喷纤维的直径随气流速度的增加而减小。尽管较高的热气流速度能有效降低纤维的直径（达 0.5 ～ 5μm），但会导致"结块"产生，并造成纤维断头率的增加或飞花现象。而热气流速度过低，则会使部分熔体拉伸不彻底，未来得及拉伸的熔体落到捕集网上会导致"结块"。日本专利介绍的热气流的质量流速为 24 ～ 26g/s。

c. 热气流温度 热气流温度对熔喷纤维的质量也有影响。当气流温度过低时，会造成纤维的"结块"现象，当气流温度过高时，虽然制备的产品特别柔软蓬松，但会引起纤维的断裂，产生"rope"聚合物熔融结块现象。一般情况下要求气流温度高于模头温度 10℃左右。

③ 提高熔喷非织造布强度的方法 熔喷纤维不是以传统的方式进行拉伸的。纤维的取向度较差，因而拉伸强度较低。此外，熔喷非织造布中的纤维是由熔喷剩余热及拉伸热空气使相互交叉的纤维热黏合而固结在一起，黏结强度低，因而其产品应用受到限制。可以通过三种方法提高其强度：一是提高熔喷单纤强度；二是对熔喷网进行后处理；三是将熔喷网与其它材料复合，如 SMS 复合无纺布即是用两层纺黏非织造布将熔喷非织造布夹在中间。

④ 加工应用 PPH-1500M 的典型加工应用案例：将熔喷粒料样品与水驻极母粒分别用两个计量秤加入到熔喷布挤出机料斗中，经机筒、换网器、计量泵、管路、模板喷丝、热风定型、成网、收卷等过程，进行熔喷布加工。所用水驻极母粒为受阻胺，添加比例为 4%。

熔喷布加工设备的主要参数为：单螺杆直径 90mm、长径比 30，喷丝板孔径 0.25mm。整个熔喷布加工期间，模板无堵塞，具体参数见表 7-29 ～ 表 7-31。

表 7-29 机筒及管路温度

位置	1区	2区	3区	4区	5区	过渡区
温度/℃	160	200	230	240	240	240
位置	换网器	计量泵	10区	11区	12区	
温度/℃	240	240	230	230	230	

表 7-30 模头及热风温度

位置	模头1	模头2	模头3	模头4	模头5	模头6
温度/℃	268	261	242	235	235	235
位置	模头7	模头8	模头9	料温	热风1	热风2
温度/℃	243	247	252	235	245	260

表 7-31 主要工艺参数

项目	主机转速/(r/min)	抽风机频率/Hz	计量泵频率/Hz	网前压力/MPa
实际值	162	35	7.2	1.8
项目	网后压力/MPa	成网线速/(m/min)	网帘电机频率/Hz	热风机频率/Hz
实际值	2.0	18	15.2	42.0

熔喷布的过滤效率、阻力、力学性能与进口茂金属聚丙烯熔喷料一致。

7.4 展望

聚丙烯纤维的国内市场呈现逐年递增的发展态势，也在向高性能应用方向迈进，其应用领域非常广泛，包括纺织、汽车、医疗、建筑等。随着人们生活水平的提高和消费观念的升级，消费者更加注重产品的品质、环保性和个性化，对于高品质的聚丙烯纤维制品的需求也在不断增加。这为茂金属聚丙烯纤维专用料的发展提供了更大的市场空间。主要发展方向如下。

（1）茂金属聚丙烯催化剂

目前，我国茂金属聚丙烯的需求量增长较为平缓，基本保持稳定，其主要原因在于与传统催化剂生产的聚丙烯相比，其没有明显的利润优势。茂金属催化剂基本由国外公司所垄断，价格昂贵，具有较高的技术壁垒，其理论活性高，但在实际应用中活性却低于传统的 Z-N 催化剂。因此亟需开发出国产化的茂金属聚丙烯催化剂，降低生产成本，进一步加快推进茂金属聚丙烯的应用。

（2）技术与设备创新

纺黏工艺已不只是特指某种单一的工艺，而是体现了多学科结合、多领域应用的多种工艺的组合。我国的纺黏工艺和设备取得了快速的发展，但设备的自主研发和制造水平仍然落后于国际先进水平。国产设备在加工精度、运行速度、生产能力、稳定性及工艺配置等方面都与国外设备存在较大的差距。

（3）高性能应用

可以进一步拓展高性能应用领域，如航空航天、防弹材料、高温耐磨材料等。通过改进纤维结构和材料配方，提高聚丙烯纤维的性能，满足更苛刻的工程要求。同时可以与其他纤维进行混纺，赋予纺织品更多的功能。例如，与抗菌纤维混纺制造抗菌面料，与吸湿纤维混纺制造吸汗快干面料等，以满足不同领域对纺织品性能的需求。

参考文献

[1] Rewak-Soroczyńska J, Paluch E, Siebert A, et al. Biological activity of glycine and alanine derivatives of quaternary ammonium salts (QASs) against micro-organisms[J]. Letters in Applied Microbiology, 2019, 69(3): 212-220.

[2] 张帆, 高树珍, 杨晴, 等. 卤胺类抗菌剂的研究进展 [J]. 黑龙江纺织, 2019(2): 7-10.

[3] 刘超, 何斌, 汪泽幸, 等. 基于卤胺化合物抗菌改性合成纤维材料的研究进展 [J]. 现代纺织技术,

2022, 30(3): 23-30.

[4] 王士杰, 刘殷, 蒋之铭, 等. N- 卤胺类高效抗菌纺织品棉织物的研究进展 [J]. 纤维素科学与技术, 2021, 29(4): 43-51.

[5] 杨涛, 靳高岭, 王永生, 等. 抗菌功能纤维机理及研究进展 [J]. 高科技纤维与应用, 2021, 46(5): 17-22.

[6] 杨浩, 张师军. 聚六亚甲基胍盐酸盐在抗菌高分子材料中的应用研究进展 [J]. 合成树脂及塑料, 2019, 36(5): 99-103, 109.

[7] Chen Y H, He J L. Metallic coatings on fabrics for antimicrobial purposes[M]. Amsterdam: Elsevier, 2018.

[8] 王佳赫, 刘大勇, 刘伟, 等. 纳米 TiO$_2$ 光催化抗菌应用的研究进展 [J]. 应用化学, 2022, 39(4): 629-646.

[9] 徐奕, 周衡书, 刘晋夫, 等. 天然系抗菌纺织品的开发进展 [J]. 成都纺织高等专科学校学报, 2017, 34(4): 134-137.

[10] Alihosseini F. Plant-based compounds for antimicrobial textiles[M]. Cambridge: Woodhead Publishing, 2016: 155-195.

[11] 龙思宇等, 抗菌聚丙烯的制备及应用研究进展 [J]. 工程塑料应用, 2023,51(10): 186-191.

[12] Huang C B, Liu Y, Li Z G, et al. N-halamine antibacterial nanofibrous mats based on polyacrylonitrile and N-halamine for protective face masks[J]. Journal of Engineered Fibers and Fabrics, 2019, 14(2): 155892501984322.

[13] Shiu B C, Zhang Y, Yuan Q Y, et al. Preparation of Ag@ZIF-8@PP melt-blown nonwoven fabrics: air filter efficacy and antibacterial effect[J]. Polymers, 2021, 13(21): 3773.

[14] Ugbolue S C O. Polyolefin fibres: structure, properties and industrial applications[M]. 2nd ed. Amsterdam: Elsvier, 2017.

[15] 姜鹏翔, 迟慧, 谢子恒, 等. 高熔聚丙烯纤维专用树脂 S2040 的质量改进研究 [J]. 合成材料老化与应用, 2023, 52(05): 28-30.

[16] 张鹏, 李丽, 徐人威, 等. 纤维专用茂金属聚丙烯的结构与性能 [J]. 合成树脂及塑料, 2019, 36(6): 58-71.

[17] 郑志云, 张小京, 杨金生. 降解法与氢调法生产聚丙烯高熔体流动速率纤维料的探讨 [J]. 安徽化工, 2023, 49(01): 133-136.

[18] 张思灯, 王兴平, 孙宾, 等. 聚丙烯纤维细旦、可染及功能化改性研究进展 [J]. 高分子通报, 2013 (10): 52-61.

[19] 宋立新. ES 纤维的应用与发展探讨 [J]. 化纤与纺织技术, 2024, 53(01): 10-12.

[20] 郝建淦, 贾润礼, 刘志伟. 纤维专用高熔体流动速率聚丙烯的微观结构 [J]. 合成树脂及塑料, 2020, 37(5): 83-90.

[21] Liu Y, Li K, Mohideen M M, et al. Melt electrospinning[M]. Cambridge: Academic Press, 2019.

[22] 高明玉. 茂金属聚丙烯产品研究进展及应用 [J]. 石油化工, 2019, 48(07): 746-752.

[23] 彭倩, 王再英, 王永进. 多物料混合放热反应控制系统设计 [J]. 实验室研究与探索, 2021, 40(02): 71-74.

[24] 胡杰, 朱博超, 义建军, 等. 金属有机烯烃聚合催化剂及其烯烃聚合物 [M]. 北京: 化学工业出版社, 2010: 301-302.

[25] 杨丽坤, 罗发亮, 黄河, 等. 煤基均聚聚丙烯 1100N 与市场同类石油基产品链结构组成与性能对比分析研究 [J]. 塑料工业, 2014, 42(10): 85-89.

[26] 赵博. 纺粘非织造布的新技术和进展 [J]. 纺织机械, 2010 (01): 15-20.

第 8 章
聚烯烃介电专用料

介电材料又称电介质，是以电极化为特征的材料，通过感应而非传导的方式传递、存储或记录电场的作用和影响。电极化是在外电场作用下，分子中正负电荷中心发生相对位移而产生电偶极矩的现象，而介电常数是表征电介质的基本参数。在电工技术中，介电材料主要作为绝缘材料用于制造电容器、锂离子电池和电线电缆等。此类材料具有电阻率高、介电常数大和介电损耗小等特点。介电材料按照化学组成结构的不同，一般可分为无机介电材料、有机介电材料以及有机 - 无机杂化介电材料等三类。在所有介电材料中，固体有机聚合物介电材料以其低损耗因子、高介电强度、良好的稳定性、相对低廉的成本等特性而得到了广泛的重视以及快速的发展。另外，与无机材料相比，聚合物介电材料具有加工技术简单、密度较低等特点，可制备成适用于尺寸和空间有限设备的轻质、柔性薄膜，其中聚烯烃（聚乙烯和聚丙烯）以其优异的介电性能被广泛应用于电力输送行业，取代了聚酯和聚氯乙烯在该领域的应用。

8.1 超洁净电介质薄膜聚丙烯专用料

8.1.1 概述

大部分介电材料是交直流电的绝缘材料，可为薄膜电容器、锂离子电池等提供绝缘保护，是电工绝缘领域中重要的基础性材料之一。介电材料在电子电力、信息技术、军事等领域具有举足轻重的地位。科技的飞速发展使得各类电气、电机、电子设备向集成化、微型化发展，所以介电材料的高性能化成为当今材料领域的研究热点之一。

聚丙烯专用料是柔性直流输电换流阀用干式直流电容器、特高压换流阀用阻尼电容器的核心绝缘材料之一。聚丙烯电介质薄膜是电容器和锂离子电池的核心元件之一。目前国内用于电工方面的聚丙烯树脂主要有电容膜聚丙烯专用料和锂电池隔膜聚丙烯专用料[1]。

8.1.1.1 薄膜电容器

薄膜电容器作为一种静电储能电容器，以其优异的性能牢牢占据全球高压电容器

50%的市场份额。相较于陶瓷电容器，薄膜电容器的击穿场强提高了一个数量级以上，储能密度更大、可靠性更高且具有独特的自愈特性。薄膜电容器中的聚合物介质具有重量轻、成本低、柔韧性好、充放电循环次数多和易于大规模加工等一系列内在优势。薄膜电容器广泛应用于电子、家电、通信和电力等领域[2]。随着国家电网、高铁建设和新能源电动汽车制造等产业的迅猛发展，薄膜电容器的应用领域也正在快速扩展。

随着国民经济的不断发展与用电需求的日益增长，国家加快构建全球能源互联网，重点发展柔性直流输电工程。全球计划新建柔性直流输电工程总容量超过已投运工程总容量的十倍。近年来柔性直流输电工程建设呈现出井喷式增长的趋势。薄膜电容器是柔性直流输电的核心器件，发展具有低成本、大容量和高介电储能的先进电介质材料是新一代高储能电容器技术的瓶颈之一。

在柔性直流输电换流阀厅内，薄膜电容器一般是在有限空间内进行堆积，散热条件较差，而且薄膜电容器内部产热（如自愈过程）也会显著提升电容器内部温度。温度升高会导致薄膜的击穿场强、绝缘电阻等绝缘参数显著劣化，进而导致储能密度严重下降，可能造成运行故障和安全隐患。常用薄膜厚度一般在 15μm 以下，最薄的工业薄膜厚度为 2μm 左右。薄膜在成膜工艺中很容易引入电弱点，造成击穿场强下降，进而导致储能密度下降。已知工业应用的薄膜电容器储能密度在 2J/cm^3 以下，比电池之类的储能装置的储能密度低 3 ~ 4 个数量级。现阶段，薄膜电容器的储能密度（尤其是高温下的储能密度）难以满足对电气设备集约化、小型化的发展要求。

8.1.1.2 锂离子电池

锂离子电池以其能量密度高、开路电压大、循环寿命长以及环境友好等优点，广泛应用在通信基站、航空航天、新能源交通工具等领域。隔膜作为锂离子电池的核心材料之一，直接影响电池的能量密度、功率密度、循环寿命和安全性。锂电池隔膜材料是一种重要的电介质薄膜材料，是锂离子电池产业链的重要组成部分之一。锂离子电池的四大关键材料分别为正极、负极、隔膜和电解液，其中，隔膜对电池电解液的吸液、保液能力具有决定性的作用，直接决定了电池组装完成后的内阻、电流、充放电及循环寿命等关键特性，性能优异的隔膜对提高电池的综合性能有重要的作用[3]。聚烯烃隔膜是迄今为止唯一通用的锂离子电池隔膜。随着对锂离子电池能量密度、安全性方面不断更新的要求，隔膜成为提高安全性的关键，这不仅源于隔膜的主要功能是分隔正、负极，防止短路，也是由于隔膜材料的快速发展为满足新的要求提供了可能。

隔膜性能直接决定了锂离子电池的性能与成本，但目前国内电池产业的高端隔膜依赖进口[4]。随着电气化在工业低碳转型中重要性的日益凸显，锂电池隔膜需求量持续上升。目前国内隔膜的生产工艺主要有干法和湿法两大类，其中聚丙烯锂电池隔膜专用料是干法工艺隔膜的重要原材料之一。"十三五"期间国内聚丙烯锂电池隔膜专用料进口量年均增速在 7.6% 左右，随着新能源汽车和消费电子产品对锂电池隔膜的需求量增加，预计"十四五"期间年均需求增速将达到 10%。

8.1.1.3 聚丙烯介电材料

电介质薄膜材料的介电特性直接影响其在电工元器件中的应用效果，如电容器的耐压等级和容量、锂电池隔膜的耐击穿性等。超洁净电容膜、锂电池隔膜用聚丙烯原材料，目前严重依赖北欧化工、大韩油化等国外企业，其国产化极为迫切，研究如何通过超洁净制备工艺技术提高其各项性能和老化寿命对其国产化具有现实意义。同时，电介质薄膜材料的介电性能直接影响电容器的电容及储能密度、锂电池的比能量及循环寿命等。研制介电性能优异、适用于制造高储能密度电容器薄膜以及较高孔隙率锂电池隔膜等的聚丙烯新材料，有利于大幅提升电容器的容量以及小型化应用，提升锂电池的比能量、比功率，进而对提升国产高端电容器、锂电池的自主化，起到技术引领作用。

双向拉伸聚丙烯电容膜是薄膜电容器的主要介电材料之一，约占薄膜电容器生产成本的 70%。电容膜质量的优劣直接影响电容器的容量、耐高压性能、绝缘性能、安全性、寿命周期等各项指标。目前，国内生产电容膜多采用进口的聚丙烯薄膜专用料。特高压直流及柔性直流工程用电容器聚丙烯薄膜电工级树脂全部依赖北欧化工、大韩油化等企业，年进口 15 万吨以上，市场价格约为 2 万元/吨。超洁净电容膜聚丙烯已成为我国急需国产化的关键材料。

聚丙烯树脂灰分是制约薄膜材料耐高压性能和加工成膜的关键指标，超低灰分控制和分子量分布调控是聚丙烯生产的技术难点。与国外聚丙烯树脂相比，国产树脂存在灰分较高、分子量分布过宽且不耐高温等问题。主要原因如下：国产树脂大多通过提高催化剂活性来降低产品灰分，无法满足干式直流电容器对超洁净聚丙烯树脂的需求；丙烯聚合过程中催化剂活性过高，聚丙烯分子量分布不易控制，聚丙烯低聚物占比增加，而且过高的催化活性导致反应釜局部过热，产生超高分子量聚丙烯凝胶，最终影响聚丙烯的分子量分布及电气性能。

锂电池隔膜用聚丙烯进口产品价格昂贵，且过高的进口依存度限制了国内锂电池行业的发展，在一定程度上影响了国内电气化工业转型的进程。独山子石化、兰州石化和北方华锦化工实现了聚丙烯锂电池隔膜专用料工业生产，但是产品质量仍不能满足高性能锂电池行业发展需求。国产聚丙烯锂电池隔膜基础树脂的灰分、等规度、氧化诱导期等指标与进口料存在较大差距。

我国锂电池隔膜聚丙烯专用料进口料主要来自大韩油化和新加坡 TPC 两家企业。大韩油化采用的工艺为日本 Chisso 气相法工艺，新加坡 TPC 采用的工艺为日本住友气相法工艺。国内在聚丙烯锂电池隔膜专用料生产领域有相对成熟探索经验的企业主要是兰州石化、洛阳石化、中原石化、独山子石化和北方华锦化工等少数几家企业。

锂电池隔膜聚丙烯原料需要控制的关键指标包括：锂电池隔膜的耐击穿性要求聚丙烯原料具有低灰分；隔膜的热稳定性要求聚丙烯原料具有高等规度、高结晶度；隔膜均匀的孔隙率要求聚丙烯要有相对较宽的分子量分布。原料灰分含量过高会造成隔膜生产过程中易破膜、易老化、表面晶点增多等问题。聚丙烯等规度越高、结晶能力越强，越有利于提高隔膜的耐温性、力学性能，降低薄膜的热收缩率。宽分子量分布，一方面有效提高了聚丙烯熔体强度，促使薄膜厚度分布均匀，提高成膜率；另一方面片晶间连接链多，拉伸后有更多的短链断裂成孔，更多长链再结晶形成片晶间桥结构，更易拉伸成微孔膜。

8.1.2　高活性催化剂体系

催化剂是聚丙烯生产的核心技术，决定着生产的先进水平和聚丙烯产品的性能和品种。目前使用最广泛的丙烯聚合催化剂是高效负载型齐格勒–纳塔（Ziegler-Natta，Z-N）催化剂。自 1954 年 Natta 用 $TiCl_3$-$Al(C_2H_5)_3$ 制备出了结构规整的聚丙烯，聚丙烯催化剂工业开始迅猛发展，催化效率已由第一代的几十倍发展到了现在第五代的十几万倍，聚丙烯产品等规度由最初的 90% 发展到现在的 98% 以上，生产工艺技术由必须脱灰、脱无规物工序的工艺发展到现在不需脱灰和脱无规物工序的工艺。在相关科学家的共同努力下，高性能聚丙烯树脂和树脂新产品不断涌现，生产规模不断扩大。

利安德巴塞尔公司采用 1,3- 二醚类化合物为内给电子体开发了高性能 Z-N 聚丙烯催化剂，在聚合反应过程中该催化剂表现出较高的活性和立构选择性。1,3- 二醚类内给电子体与氯化镁载体、四氯化钛相互作用形成特定的催化活性位点，丙烯分子在这些活性位点上进行配位插入反应，实现链增长。1,3- 醚类化合物的存在能够影响活性中心的电子云密度和空间构型，从而调控聚合反应的速率和聚合物的微观结构，如分子量、分子量分布、等规度等。1,3- 二醚类催化剂在聚合过程中具有如下优点：

① 高活性：能够在较低的催化剂用量下实现较高的丙烯转化率，提高生产效率，降低生产成本。

② 高立体定向性：可生产出高等规度的聚丙烯，使聚合物具有良好的结晶性能、力学性能和热稳定性，适用于多种高端应用领域。

③ 良好的氢调敏感性：在聚合过程中，对氢气的加入具有较好的响应性，能够通过调节氢气的用量来精确控制聚丙烯的分子量，从而获得不同熔体流动速率的产品，满足不同加工工艺和产品性能的要求。

国内开发高活性聚丙烯催化剂的公司主要有中国石油和中国石化等大型国有企业。中国石化北京化工研究院开发的一类新型内给电子体——二醇酯类化合物结构式见图 8-1。

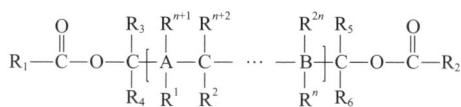

图 8-1　二醇酯类内给电子体化合物的结构式

A、B—碳原子或选自氮、氧、硫、硅、硼的杂原子；n—0 ～ 10 的整数；R_1、R_2—卤素或 C_1 ～ C_{20} 的有机基团；R_3 ～ R_6、R^1 ～ R^{2n}—氢原子或卤素或 C_1 ～ C_{20} 的有机基团，有机基团中可能包含氮、氧、硫、硅、磷、卤素等杂原子，其中的一个或多个可以连起来成环

文献 [5-6] 报道了以该二醇酯类化合物为内给电子体制备 Z-N 催化剂的方法：分别以 2,4- 戊二醇二苯甲酸酯和邻苯二甲酸二异丁酯为内给电子体，制备的 Z-N 催化剂活性可达到 50 ～ 100kg/g，聚合物等规度大于 98%，聚合物的分子量分布较宽；球形聚丙烯 HA-R 催化剂具有超高的催化活性，最高可达到 140kg/g，约为现有商业化催化剂的 3.4 倍。

中国石油石油化工研究院自主研发的高活性聚丙烯催化剂 PC-2，是第五代新型内给电子体型 Z-N 催化剂，通过研究内给电子体种类及结构对催化剂活性中心电子效应和空间结构的影响，利用自制球形氯化镁载体及非邻苯二甲酸酯型内给电子体负载制备得到。该催化剂呈圆球形，具有活性高、氢调敏感性好、立体定向性高、聚合物分子量分布宽等特点，且在工业应用试验中，解决了催化剂活性有效释放、产品灰分控制、催化剂氢调控制、产品熔体流动速率波动控制等问题。由 PC-2 催化生产的低灰分聚丙烯产品，在双向拉伸锂电池隔膜加工应用试验中表现良好，达到同类市售产品水平。

研发团队开展了自制高活性催化剂 PC-2 模试聚合评价和氢调敏感性能研究（表 8-1 和表 8-2）：在相同本体模试聚合条件下，某商业高活性催化剂活性较 PC-2 活性略高；随着氢气加入量从 0g 增加至 0.9g，PC-2 催化剂制备聚合物的熔体流动速率不断提高，数值从 0.03g/10min 增加至 43.18g/10min，表明 PC-2 催化剂具有良好的氢调敏感性。

表8-1　放大催化剂 PC-2 模试聚合评价结果

催化剂	催化活性/(kg/g)
PC-2	51.4
某商业高活性催化剂	54.2

聚合条件：t=1h，T=70℃，TEA(10%)10mL，Donor-C 0.2mL，H_2 0.3g。
注：TEA—三乙基铝；Donor-C—环己基甲基二甲氧基硅烷。

表8-2　PC-2 催化剂的氢调性能

序号	氢气/g	PC-2对应产品熔体流动速率/(g/10min)
1	0	0.03
2	0.3	3.43
3	0.5	9.14
4	0.7	9.19
5	0.9	43.18

聚合条件：t=1h，T=70℃，TEA(10%) 10mL，Donor-C 0.2mL。

在 4 万吨 / 年聚丙烯工业装置上开展了高活性聚丙烯催化剂 PC-2 工业应用试验：工业装置连续稳定运行 7 天，催化活性释放稳定，活性≥ 100kg/g，产品灰分含量≤ 30μg/g，实现了生产低灰分聚丙烯产品目标；催化剂具有优良的氢调敏感性能，立构选择性能较高；树脂产品具有较宽的分子量分布，如表 8-3 所示。

表8-3　催化剂 PC-2 工业试验性能

催化剂	催化活性/(kg/g)	等规度/%	灰分含量/(μg/g)	氢调敏感性	分子量分布
PC-2	101	98.1	29	更优	≥优
对标商用催化剂	110	98.2	28	良好	≥好

高活性聚丙烯催化剂 PC-2 的成功开发，提高了国产催化剂在高端聚合物产品市场的竞争力，增强了公司核心竞争力，为占领聚丙烯产品的高端市场打下了良好的基础。

8.1.3 超洁净电介质薄膜聚丙烯专用料工业生产

8.1.3.1 生产工艺

目前用于生产超洁净电介质薄膜聚丙烯专用料的釜内聚合工艺主要为淤浆法、本体法和本体聚合 - 深度纯化法等。

（1）淤浆法工艺

北欧化工公司采用 Lynx900 型二代催化剂，以氯化二乙基铝为助催化剂，以甲基丙烯酸甲酯为外给电子体，以异构烷烃混合物（组成为 90% 的 C_{11} 异构体和 10% 的 C_{10} 异构体）为溶剂，其与催化剂残留物络合成醇类有机物并溶于热溶剂中。由聚合釜出来的聚合物浆液，在 4 个带有玻璃内衬的串联反应釜中利用去离子水洗涤，然后一同进入分离器脱除水相废液，大部分催化剂残留物随之脱除。将分离出的聚丙烯浆液依次通过 3 个离心机脱除溶剂，形成滤饼送入干燥单元，再经造粒得到聚丙烯粒料。通过该工艺开发了电容器薄膜专用均聚聚丙烯 Borclean TM 系列，等规度在 96% ～ 99%，灰分质量分数小于 0.002%。

（2）本体法工艺

新加坡 TPC 公司在本体聚合反应装置采用 SCC 络合催化剂，在反应温度 70℃、压力 3.1 ～ 3.2MPa 下，制备出等规度为 96% ～ 99% 的聚丙烯。该工艺装置设置一个内部结构特殊的洗涤塔，反应器排出的浆液从洗涤塔顶部送入，新鲜精制液态丙烯从塔底加入，与浆液逆向接触，脱除聚合物中的无规物和催化剂残留物。同时，塔内加入环氧丙烷和乙醇混合物作为去活剂，避免高聚物的生成。由于此工艺采取了脱除无规物及催化剂残留物的措施，生产的聚丙烯可用于电子、电气和医学等特殊领域。目前，TPC 公司生产的电容器薄膜专用聚丙烯灰分含量 ≤ 30μg/g[7]。

（3）本体聚合 - 深度纯化法工艺

中国石油自主开发的本体聚合 - 深度纯化法工艺可有效脱除聚丙烯产品中残留的金属杂质和聚丙烯低聚物，在国内首次采用聚合物纯化工艺制备出超洁净电介质薄膜聚丙烯专用料工业产品，由其制备的电容器通过国网及第三方检测机构全部型式试验，打破了国外技术垄断。依托自主研发的聚合物深度纯化、溶剂回收以及超洁净生产工艺技术，中国石油完成了相关装置改造建设，主要包括原料精制、聚合物洗涤、溶剂回收和洁净化包装等单元，建成了超洁净聚丙烯生产示范装置，并实现稳定运行，开发出万吨级聚合物深度纯化工艺技术，有效降低聚丙烯树脂灰分及低聚物含量，解决了国外淤浆法工艺存在生产效率偏低、产生大量废水，以及国内单纯采用高活性催化剂直接聚合工艺存在树脂灰分仍较高等技术难题。

8.1.3.2 聚丙烯树脂灰分杂质溯源

灰分是影响聚烯烃产品性能的重要指标，聚丙烯中的灰分含量高可引起诸多问题[8]：

① 加工设备内积垢甚至堵塞，如在制膜、板的挤出管线，纤维或无纺布的生产管线中发生堵塞。

② 影响制品强度、电性能等。电容器薄膜专用聚丙烯树脂的灰分质量分数要求小

于 0.005%，最好在 0.003% 以下。

③ 影响下游生产，如在制备双向拉伸聚丙烯薄膜时，若聚丙烯树脂中灰分含量偏高，则易引起因熔体流动而产生的压力波动，而且会增加更换过滤网的频率。

聚丙烯产品的灰分是指聚丙烯在完全燃烧后所残余的金属及非金属氧化物。对产品的生产流程进行分析，可以得出最终粒料成品的灰分来源（图 8-2）：

① 原料丙烯中所含的杂质产生的灰分；

② 主催化剂、助催化剂、外给电子体所产生的灰分；

③ 氢气、油脂等辅助原料引入的杂质产生的灰分；

④ 造粒工序加入的各种添加剂产生的灰分；

⑤ 在产品输送及包装过程引入的杂质而产生的灰分。

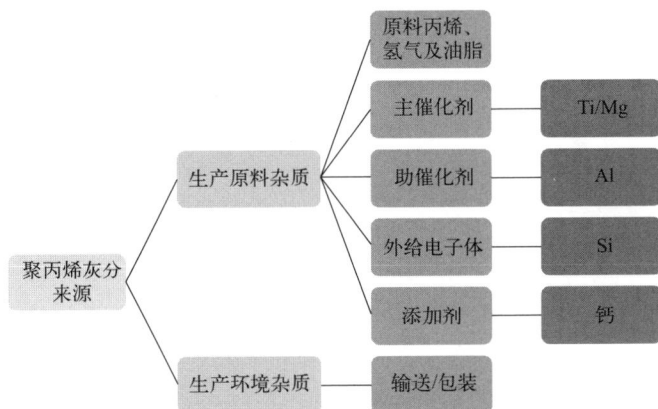

图 8-2 聚丙烯灰分溯源

8.1.3.3 聚丙烯树脂灰分杂质控制技术

根据聚丙烯灰分杂质的主要来源，降低聚丙烯树脂灰分含量的主要控制手段包括：原料精制、丙烯高效聚合、聚合物深度纯化、使用低灰分长效抗氧助剂以及超洁净生产。通过上述聚丙烯灰分杂质控制技术，能够实现超洁净电介质薄膜聚丙烯树脂灰分含量 $\leqslant 20\mu g/g$，等规度 $\geqslant 99\%$，氧化诱导期 $\geqslant 35min$，与国外同类进口产品性能基本相当。

（1）丙烯原料精制

丙烯原料的质量对产品灰分有显著影响。丙烯中常含有微量的水、氧、硫、砷、一氧化碳等聚合有害物质，它们的含量过高不仅会破坏催化剂活性和定向能力，导致聚合反应终止，而且影响产品的灰分含量。需增加丙烯精制床，对以上杂质进行脱除，以满足反应要求和产品质量要求。

（2）丙烯高效聚合

采用高活性聚丙烯催化剂开展丙烯聚合试验，考察了催化剂的氢调性能以及聚合温度对催化剂聚合性能的影响，测量各丙烯聚合产物性能参数。

工业上在用 Z-N 催化剂生产聚烯烃时，通常用氢气作聚合物的分子量调节剂。氢气与增长的高分子链发生链转移反应，使高分子链终止，防止分子量极高聚合物生成，起到调节聚合物分子量的作用。

氢气加入量对产品熔体流动速率和催化剂活性均存在较大影响。从表 8-4 中数据可以看出，随着氢气浓度的提高，制得的聚合物的熔体流动速率逐渐增大，在环管反应器中氢气浓度达到 6000μL/L 时，聚合物的熔体流动速率达到 120.2g/10min，表明催化剂的氢调性能优良。催化剂的催化活性，则随着氢气浓度的增加先升高，再降低，当氢气浓度为 1000μL/L 时，催化剂催化活性最高，达到 100kg/g。

表 8-4 催化剂氢调性能及活性

氢气浓度/(μL/L)	聚合物熔体流动速率/(g/10min)	催化活性/(kg/g)
500	2.0	87.4
1000	14.2	100.0
2000	23.8	90.0
4000	72.6	87.3
6000	120.2	85.1

通常情况下，Z-N 催化剂聚合温度设定为 70℃。为了考察高活性催化剂对聚合温度的适应性，反应前期仍在 70℃进行，反应后期提高环管温度为 72℃。控制第一环管反应器的浆液密度为 405 ～ 410kg/m³，第二环管反应器的浆液密度为 410 ～ 415kg/m³。考察了第一、第二环管反应器的夹套水出口温度以及环管管线压力。提高聚合温度后，催化剂的催化活性相应提高，最高达到 100kg/g。

（3）聚合物深度纯化工艺

可以通过脱灰工序进一步降低聚丙烯灰分。常用的聚丙烯脱灰工艺有水洗涤、醇洗涤等。洗涤脱灰法在较早的聚丙烯生产工艺中就已经存在，因为当时的催化剂活性低，聚丙烯中总金属含量普遍达到 10^2μg/g 量级，需要依靠水蒸气、醇 - 酸溶剂等处理产品，提升聚丙烯品质。随着第四代、第五代 Z-N 催化剂的问世，聚合物深度纯化工艺逐渐被取消，但在生产低灰分聚丙烯时，聚合物深度纯化工艺仍然具有独特的优势。

（4）超洁净生产技术

介电损耗是衡量聚丙烯专用料好坏的重要标准。介电损耗主要与聚丙烯原料指标中的结晶度及灰分相关。尤其是灰分，是影响介电损耗最重要的指标，也是生产低介电损耗聚丙烯最主要的技术难点。但在一般生产中，聚丙烯中灰分含量低到一定程度时对介电强度的影响可忽略不计，因为在生产和应用过程中，空气中的 0.5μm 以上尘埃都会对膜的质量产生影响。因此，灰分的大幅降低只有在生产环境高度净化的情况下才有效果。基于此，通过选择高活性催化剂以及增加洗涤单元降低产品灰分、提高结晶度的同时，配合洁净技术，可有效降低产品灰分，进而降低电容膜介电损耗。

中国石油在洁净技术应用方面具有显著优势，在国内石化领域开创性建立了符合《药品生产质量管理规范》（GMP）的 10 万吨 / 年大型超洁净化聚烯烃生产技术及医药用聚烯烃质量管理体系，实现了高风险医药用聚烯烃包材 RP260 和 LD26D 的规模化生产，产品性能达到欧美高端产品水平。

借鉴医用料超洁净化生产基地建设经验，对聚丙烯电容膜专用料包装车间进行洁净化改造，包括人员净化和物料净化，改造后洁净度等级达到 GMP 规定的 C 级标准。

① 人员净化。为保证生产区的洁净度满足要求，根据洁净生产环境对气流的要求等，综合现场实际情况，对人员净化过程做了设计，使生产操作人员进入生产区域次序为：经一更——换鞋、脱去外衣、洗手后，进入二更——更换洁净服（含洁净帽、洁净手套）、手消毒，然后再进入缓冲间。

② 物料净化。为保证内、外包材洁净，不交叉污染，分别设置内、外包材净化路径。

③ 环境净化。洁净区的墙壁、地面、吊顶采用易于清洗、无毒、防水、防霉、不脱落材料。门、窗用浅色、拐角平滑、易清洗消毒、不透水、耐腐蚀的双层铝合金，出口及与外界相连的排水口、通风处安装防鼠、防蝇、防虫及防尘等设施。为保证良好的空气循环和适宜的温湿度，洁净区配备洁净空调系统。在每次设备开车前要将洁净空调温湿度设定至规定指标，待温湿度满足条件后方可进行正常包装。洁净空调的过滤系统要根据厂家技术要求定期更换。洁净区装有充足的照明设施，光源备有防护灯罩，以防破裂时污染产品。

聚丙烯电容膜专用料的洁净包装全程须在 C 级洁净环境下进行，洁净区动态下 ≥ 0.5μm 悬浮粒子最大允许数为 3250000 个 /m³，悬浮粒子数小于等于此值时方可进行包装。专用料从出料口进入洁净室内，经内包材套膜包装，再经码垛机码垛，然后再进行重膜外包材套装，最后经输送带运送至洁净室外，由洁净区外叉车将成垛的专用料转运至仓库。

8.1.3.4 低灰分长效抗氧助剂体系

聚丙烯常用的添加剂包括抗氧剂、除酸剂、成核剂、光稳定剂、热稳定剂、抗静电剂、爽滑剂、阻燃剂、分子量调节剂等。对于超洁净介电薄膜聚丙烯专用料而言，常用的添加助剂为抗氧剂和除酸剂。

（1）抗氧剂

聚丙烯在大气中的氧气、紫外线和热作用下，易发生氧化，从而使其分子量降低，熔融黏度下降并发生粉化、脆化和变硬。因此如何防止聚丙烯的氧化，对聚丙烯塑料的加工、贮存和应用尤为重要。抗氧剂是能抑制或阻止高分子材料自动氧化的助剂，加入以后能提高高分子材料的应用性能和寿命。

聚丙烯分子的每个结构单元中都存在着一个不稳定的叔氢，在光、热等条件下叔氢的 C—H 键易发生断裂生成烷基自由基 R·。在氧气存在的情况下，R· 会与氧结合生成过氧自由基 ROO·，ROO· 又会夺取另一个 RH 的叔氢，形成 R· 和氢过氧化物 ROOH。ROOH 不稳定，容易裂解生成末端带醛基或烯基的聚丙烯，并产生羟基自由基 OH· 和烷氧自由基 RO·，RO· 可以进一步加速聚丙烯分子分解，形成羟基聚丙烯 ROH 和 R·，使聚丙烯分子量大幅度下降。聚丙烯自氧化过程见图 8-3。

根据聚丙烯自氧化机理可知，聚丙烯降解时产生的 R·、ROO·、RO·、ROOH 是加速聚丙烯氧化的主要中间产物，因而，抑制和消除这些中间产物是阻止聚丙烯氧化降解的关键。抗氧剂的作用就是去除这些活性中间产物，或将其转化为稳定物质，从而延缓或抑制聚丙烯氧化过程，阻止聚丙烯老化，延长其使用寿命。

根据抗氧剂的作用机理不同可将其分为主抗氧剂和辅助抗氧剂，其中能够消除自由

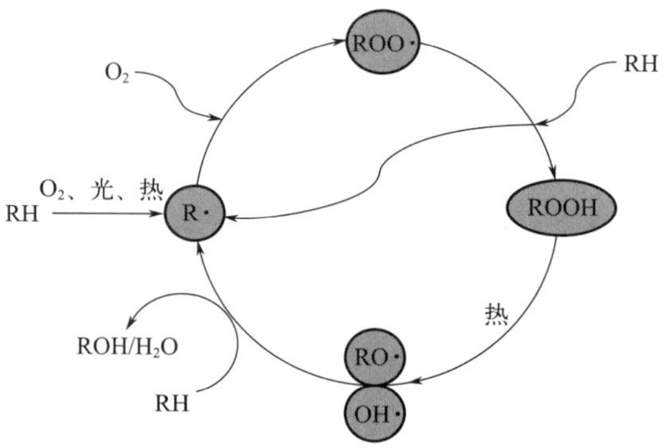

图 8-3　聚丙烯自氧化过程

基的为主抗氧剂，能够分解 ROOH 的为辅助抗氧剂。主抗氧剂作为氢供体，能与高活性的 R·、ROO· 和 RO· 反应，生成稳定的 RH、ROOH 和 ROH，从而阻止了链的传递与增长。主抗氧剂主要包括胺类抗氧剂和酚类抗氧剂，聚丙烯改性中常用的主抗氧剂有抗氧剂 1010、抗氧剂 3114 等。辅助抗氧剂则能够与 ROOH 发生反应，生成稳定的非自由基产物 ROH，使链反应得到抑制或减缓。辅助抗氧剂包括含酸金属盐、硫化物、硫酯以及亚磷酸酯等，其中使用较广泛的辅助抗氧剂有抗氧剂 168、抗氧剂 618 等。而在实际生产过程中一般将主抗氧剂和辅助抗氧剂配合使用，利用不同抗氧剂之间的正协同作用，按照一定的比例混合，制备得到的复合抗氧剂，往往比单一的抗氧剂具有更好的氧化稳定性。

不同抗氧剂复配可有效降低成本、提升聚烯烃产品性能。常见的复配抗氧剂有 B215、B225、B900，其中 B215 是抗氧剂 1010 和抗氧剂 168 以质量比 2∶1 的比例复配而成，B225 则由抗氧剂 1010 和抗氧剂 168 以质量比 1∶1 的比例复配而成，B900 是由受阻酚抗氧剂 1076 和抗氧剂 168 以质量比 1∶4 的比例复配而成。

（2）除酸剂

聚丙烯催化剂中通常都含有氯元素或其他卤素，生产的聚丙烯中通常残留有大量卤素成分，残留的卤素会造成下游加工设备的腐蚀或使聚丙烯降解。除酸剂又称中和剂或卤素吸收剂，主要用于吸收聚丙烯中残留的氯等卤素，防止其在加工过程中腐蚀设备。除酸剂除了要满足除酸功能外，还应满足和其他聚合物添加剂类似的纯度高、热稳定性好、熔点低于聚合物的加工温度、颗粒尺寸能够达到最佳的分散性等要求。

聚丙烯改性常用的除酸剂主要有水滑石、硬脂酸钙、氧化锌等。其中，水滑石是一种层状双金属氢氧化物，具有优异的阴离子交换特性，应用于聚丙烯改性已经有 30 多年历史。当 HCl 存在时，水滑石分子中的 CO_3^{2-} 与 Cl^- 进行交换，使 Cl^- 被吸附并固定在稳定的晶体结构中，其反应式为：

$$Mg_4Al_2(OH)_{12}CO_3 \cdot 3.5H_2O + 2HCl \longrightarrow Mg_4Al_2(OH)_{12}Cl_2 \cdot 3.5H_2O + H_2O + CO_2 \uparrow$$

生成的含氯化合物既不溶于水也不溶于油，而要使 Cl^- 从该晶体结构中释放出来需要高达 450℃ 的温度。硬脂酸钙也是常用的除酸剂，它与 Cl^- 反应形成 $CaCl_2$ 和硬脂酸，从而除去残留在催化剂中的 Cl^-，其反应式为：

$$Ca(C_{17}H_{35}COO)_2 + 2HCl \longrightarrow CaCl_2 + 2C_{17}H_{35}COOH$$

李丽英[9]等结合企业实际生产情况发现：使用水滑石做除酸剂能有效去除 Z-N 型高效催化剂催化制备的聚丙烯中的氯离子，避免对设备的损坏；但水滑石含有较高含量的无机物，会使聚丙烯产品灰分增加，而使用相同质量的硬脂酸钙后灰分明显降低。

吴刚[10]等为改善山梨醇类成核剂在使用过程中分散性差、增透效率有限等缺点，将六种硬脂酸盐（锂盐、钠盐、钾盐、钙盐、锌盐、铝盐）作为润滑剂与山梨醇类成核剂复配，协同改性聚丙烯。通过万能试验机、冲击试验机、熔体流动速率仪和雾度仪等设备对试样的光学性能、力学性能和流动性能进行测定；通过扫描电子显微镜（SEM）、偏光显微镜（POM）对改性聚丙烯的球晶形态和结晶形貌进行测定。结果表明：与硬脂酸的锂盐、钠盐、钾盐相比，硬脂酸的钙盐、锌盐、铝盐对聚丙烯的增透效果更好。在硬脂酸的钙盐、锌盐、铝盐含量较低（≤ 0.03%）的情况下，聚丙烯的光学性能、力学性能和流动性得到明显改善。加入硬脂酸的钙盐、锌盐、铝盐，可以提升山梨醇类成核剂在聚丙烯基体中的分散性，从而提高聚丙烯的综合性能。

氧化锌也是常用的除酸剂。在聚丙烯中，氧化锌不但可以用作酸中和剂，还能增加材料的光稳定性。氧化锌对破坏性紫外线的吸收能力比其他白色颜料要强得多，从而对聚丙烯起到保护作用。氧化锌作为除酸剂时可用于流延膜等高温加工领域；而在这样的高温下，有机金属硬脂酸盐则会在空气中发生变色，水滑石则会失去结晶水。

（3）抗氧剂体系开发

聚丙烯专用料的灰分来源中，助剂引入杂质对树脂灰分的贡献值较大，开发适用于超洁净介电薄膜聚丙烯专用料的低灰分长效抗氧助剂体系十分必要。

在保证产品氧化诱导期（200℃，≥ 33min）与进口料相当的前提下，中国石油按照抗氧剂引入灰分最少原则开展低灰分长效抗氧助剂配方研究，根据各类抗氧剂灰分残留和抗氧化性能的不同表现，筛选出最佳的抗氧剂类别，然后通过大量试验考察各抗氧剂之间的协同规律，确定助剂最优配伍关系，形成树脂灰分及抗氧化性能协同调控技术，实现灰分 ≤ 5μg/g 系列化功能助剂开发。根据自主开发的低灰分长效抗氧复合助剂配方，完成复合助剂体系在电介质薄膜中的批量化应用。

8.1.3.5 聚丙烯树脂灰分杂质检测技术

（1）样品的前处理

为了进行有效检测，各种检测方法中都有对聚丙烯试样进行前处理的过程，在这一过程中破坏树脂结构而使之变为氧化态固体（灰化法）或无机盐溶液（消解法），再进行检测，间接得到聚丙烯中的灰分含量。

灰化法包括干法灰化法和微波灰化法。干法灰化法是指在一定温度和氛围下燃烧试样并在高温下煅烧，使其充分燃烧、灰化，对不能挥发而留下的残渣进行分析，是目前最为规范、常用的一种灰分含量检测的前处理方法，所需耗材较廉价，分析成本低。缺点在于耗时较长，分析过程中产生大量有害气体污染环境，试样消耗量大且对操作要求极其严格，存在火灾隐患。微波灰化法是指将聚丙烯放置在微波设备中通过程序升温达到灰化的目的。微波灰化法灰化速度快、灰化程度高，灰分元素回收率高，杂质引入量少，温度易控制，自动化程度高。

传统的消解法采用平板加热器、水浴加热器、电炉等设备进行湿法消解，易导致强酸性污染。近年来开始普遍采用微波仪器对各类聚丙烯试样进行消解，微波消解仪在温度调控、智能控制、密闭性、压力控制等方面具有独特的优势，适用于多种聚丙烯[11]。

表8-5为干法灰化法、微波灰化法、湿法消解法和微波消解法四种前处理方法的比较。目前国内仍主要采用干法灰化法。

表8-5　四种前处理方法的比较

项目	干法灰化法	微波灰化法	湿法消解法	微波消解法
化学试剂用量	无	少	酸用量大	少
试样用量	多	极少	极少	较多
处理时间/h	>7	<2	3	2～3
温度/℃	500～600	<550	<300	180～240
消解程度	消解完全	消解完全	消解不完全	消解完全
试样损失	易损失	较少	较多	无
环境污染程度	有害气体污染严重	小	强酸性污染	小

（2）称重法

称重法包括三种（GB/T 9345.1—2008）：

① 直接将聚丙烯试样放入坩埚中置于合适的加热源（如本生灯、电炉）上加热，使其缓慢燃烧至全部烧完，之后置于马弗炉中高温煅烧至恒重。

② 先使聚丙烯试样完全燃烧，将所得到的无机物与浓硫酸等试剂反应生成硫酸盐，再将其置于马弗炉中高温煅烧至恒重。

③ 将试样放入坩埚中并加入足量浓硫酸，在加热源上缓慢加热使其充分反应、燃烧完全，再将试样置于马弗炉中煅烧至恒重。

称重法可直接测得聚丙烯中灰分含量，但存在试样消耗量大、耗时长、误差大、灰化处理中生成有害气体等问题。王微微等[12]发现炭化时的火焰大小、加料次数、加料体积、灼烧温度、灼烧时间、坩埚冷却时间和清洗处理等，均会对最终的测量结果产生影响。

针对国标法测试条件耗时长的问题，谢鹏等[13]采用新型的自动灰分测试仪，整合了马弗炉与天平的功能，实现了全自动测试聚丙烯中灰分含量。新型自动灰分仪器法相对于国标法来说，无需人员值守，将传统法测试需要的7h缩短到5h，实现了灰分含量测量的半自动化，并且其测试结果与国标法测试结果基本保持一致。

（3）仪器分析检测法

① 电感耦合等离子体-质谱（ICP-MS）法和电感耦合等离子体-原子发射光谱（ICP-AES）法　当氩原子通过等离子体火焰时，经过射频发生器所产生的交变电磁场能使其电离、加速并与其他氩原子碰撞。这种连锁反应使更多的氩原子电离，形成等离子体。等离子体火焰温度可以达到6000～8000K。消解处理过的试样经过雾化后由

氩载气带入等离子体火焰中，汽化后的试样分子在等离子体火焰的高温下被原子化、电离、激发。若接下来采用质谱仪进行检测，即为 ICP-MS 法；若是按照不同元素的原子在激发或电离时发射出特征光谱的强弱计算元素的含量，则为 ICP-AES 法。

采用 ICP-MS 法测定镁、铝和重金属等元素含量具有较高的准确度，该方法最大的优势在于检出限低、灵敏度高、重复性好，并且能够同时测量多种元素，分析时间短，是灰分含量测量中最常用的一种方法。陈晓莉等[14]建立了一种利用 ICP-MS 法测试聚丙烯输液瓶中镁、铝元素含量的方法：将剪碎的聚丙烯输液瓶高温灼烧，向残渣中加入盐酸溶解后水浴加热，蒸发除去盐酸，用硝酸定容，之后将试样置于电感耦合等离子体 - 质谱仪中对试样中镁、铝元素含量进行测定。结果表明，镁、铝元素的标准曲线在 0.02 ～ 1.00μg/mL 范围内呈现良好的线性关系（相关系数分别为 0.9998 和 0.9990）。测试 3 批聚丙烯输液瓶中的镁元素质量分数均为 0.004%，铝元素质量分数均为 0.005%。平行测定 6 份，镁元素质量分数为 0.004%，相对标准偏差（RSD）为 1.10%；铝元素质量分数为 0.005%，RSD 为 0.90%。利用同样的方法测试了聚丙烯输液瓶中的镁、铝元素在 5 种不同迁移介质中的含量，其回收率分别为 93.8% ～ 105.0% 和 96.5% ～ 103.9%。各项数据表明：ICP-MS 法在测定镁和铝元素含量方面效果良好。

程怡[15]采用 ICP-AES 法测定聚丙烯管中铝、铁、铅、锌等的含量。取定量聚丙烯置于微波消解用聚四氟乙烯罐中，加入浓硝酸和过氧化氢进行微波消解，之后将消解液转移至离心管中，加入内标溶液，用硝酸溶液定容。根据待测元素与内标溶液中钪元素的发射响应强度比与浓度比的关系绘制标准工作曲线，将待测试样根据称样量和定容体积计算试样中各元素的含量。利用钪元素作为内标的 ICP-AES 法测定聚丙烯中铝、铁、铅、锌等含量，具有较高的准确度和精密度（回收率为 97.7% ～ 102.4%，RSD 为 0.26% ～ 0.60%）。

② 原子吸收光谱（AAS）法　AAS 法是利用原子由基态吸收能量，跃迁到激发态时产生的共振辐射来测定被测元素的含量。AAS 法最大的优势在于具有较好的选择性，干扰较小，准确性高，分析速度快。与原子发射光谱法相比，AAS 法在测定聚丙烯含量时检出限较高，可测元素种类较少，一次性同时测定多种元素的能力较差。

王涛等[16]通过连续光源石墨炉原子吸收光谱仪测定聚丙烯中钛、铝、铬、铅等的含量。称取聚丙烯置于微波消解罐中，依次加入浓硝酸和过氧化氢进行微波消解，消解后移入聚四氟乙烯烧杯加热赶酸至近干，冷却并加入过氧化氢至无大量气泡生成，用硝酸溶液定容。在合适的原子吸收波长下先绘制钛、铝、铬、铅的标准工作曲线，再将定容后的溶液通过连续光源石墨炉原子吸收仪进样，测定 4 种元素的含量。结果表明，4 种元素的检出限为 0.0076 ～ 0.0132μg/L，精密度为 0.7% ～ 1.8%，回收率为 90.0% ～ 100.0%，灵敏度、精度、检出限等均达到痕量金属检测要求。

辛爱萍等[17]对聚丙烯中硬脂酸钙进行测试，测得聚丙烯中硬脂酸钙的检出限为 0.03μg/mL，6 次平行实验的 RSD 为 0.99%，具有较高的准确度和较好的重复性。刘立行等[18]以乳化剂烷基酚聚氧乙烯醚为润湿剂，琼脂溶液为悬浮剂，将粒径 76μm 以下的聚丙烯粉末悬浮于乳化剂 / 琼脂溶液中制成悬浮液，用火焰原子吸收法测定聚丙烯中钠、钾、铁、镁、锌等含量。结果表明，该方法 RSD 小于 5.60%，测定结果较为准确。

③ 三种仪器分析检测法的比较　应用于聚丙烯中灰分含量检测的三种仪器分析检测方法，在检出限、可测元素、使用难度、精确度等方面各有特色，在灰分检测中应该根据聚丙烯产品的特点选择合适的检测方法。三种仪器分析检测方法的比较见表8-6。如果被测元素已知，并且元素种类少，可以用 AAS 法进行测试。若试样被测元素种类多，并且含量在 1×10^{-6}g/L 以上，可以采用 ICP-AES 法测试。当需要测定试样中的多种元素，并且元素含量在 1×10^{-6}g/L 以下时，可以考虑采用 ICP-MS 法测试。根据试样中元素种类、含量以及试样自身等情况选择合适的测试方法，将对灰分检测结果的准确性产生重要的影响[19]。

表8-6　三种仪器分析检测方法的比较

项目	ICP-MS法	ICP-AES法	AAS法
检出限/(g/L)	1×10^{-6}	$1\times10^{-3}\sim1\times10^{-2}$	1×10^{-4}
使用难度	简单	复杂	较为简单
溶解固体的质量分数/%	0.1～0.4	2.0～25.0	0.5～3.0
精密度/%	1.0～3.0	0.3～2.0	0.1～1.0
可测定元素种类	>75	>73	>68

8.1.3.6　电容膜聚丙烯树脂结构与性能表征

中国石油依托建成的万吨级超洁净聚丙烯生产示范装置，开展电容膜聚丙烯工业化生产，开发出了合格的电容膜聚丙烯工业产品 CA03BF。

（1）基础性能

对电容膜聚丙烯 CA03BF 的熔体流动速率、灰分含量及等规度等性能进行测定（表8-7）。经过洗涤工艺处理后的聚丙烯树脂灰分含量低至 17μg/g，等规度达到 99.1%。

表8-7　电容膜聚丙烯基础性能测定

样品编号	熔体流动速率/(g/10min)	灰分含量/(μg/g)	等规度/%
CA03BF	2.9	17	99.1
进口商用树脂	2.8～3.2	≤20	≥99.0

（2）热性能及抗氧化性能

对电容膜聚丙烯 CA03BF 的热性能及抗氧化性能进行测定，结果如表8-8所示。聚丙烯 CA03BF 氧化诱导期测试结果大于进口商用树脂，表现出更好的抗氧化性能，国产电容膜聚丙烯树脂的结晶温度达到 115.6℃，高于进口商用树脂。

表8-8　电容膜聚丙烯热性能测定

样品编号	氧化诱导期/min	挥发分/%	熔点/℃	结晶温度/℃	结晶度/%
CA03BF	37.2	0.32	163.7	115.6	44.9
进口商用树脂	36.0	0.1	164.5	110.4	46.3

（3）分子量分布及电性能

对电容膜聚丙烯 CA03BF 的分子量分布及电性能进行测试，结果见表8-9、图8-4，可见：国产聚丙烯重均分子量与进口商用树脂相当，而且分子量分布更窄，经过洗涤工艺处理后的聚丙烯分子量分布收窄至6.2；国产树脂和进口商用树脂的介电常数和介电损耗因子基本一致。

表8-9 电容膜聚丙烯分子量分布及电性能测定

样品编号	M_w	M_n	M_w/M_n	介电常数	介电损耗因子
CA03BF	36.7	5.9	6.2	2.2	1.36×10^{-4}
进口商用树脂	38.1	4.6	8.4	2.2	1.37×10^{-4}

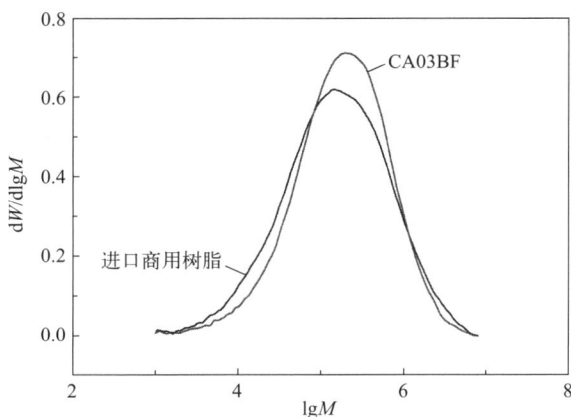

图8-4 电容膜聚丙烯分子量分布示意图

（4）连续自成核退火分级（SSA）分析

CA03BF和进口商用树脂连续自成核退火过程中的热学行为如图8-5、表8-10所示，可见：两种树脂的第一吸收峰位置基本一致，分别为178℃和177.6℃，说明国产树脂生成厚片晶的厚度尺寸与进口商用树脂基本一致，但相较于国产料，进口商用树脂的第一吸收峰峰面积大，表明进口料商用树脂在自成核退火过程中规则排列聚丙烯分子链含量更高，生成了更多的厚片晶。

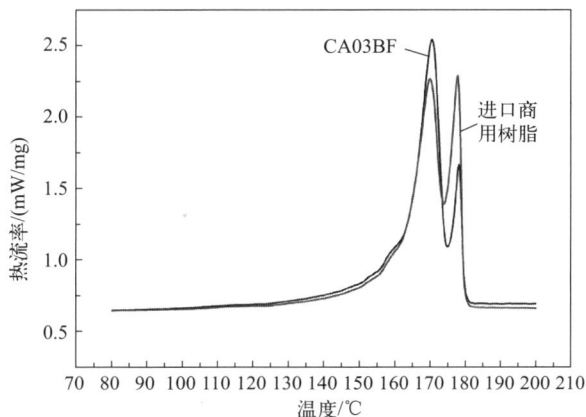

图8-5 电容膜聚丙烯连续自成核退火曲线

表 8-10　电容膜聚丙烯 SSA 分级数据

样品编号	峰1/℃	峰2/℃	峰3/℃	峰4/℃	峰5/℃
CA03BF	178	170.4	158.3	152.4	147.3
进口商用树脂	177.6	169.8	158.6	153	—

8.1.3.7　锂电池隔膜聚丙烯树脂结构与性能表征

中国石油依托建成的万吨级超洁净聚丙烯生产示范装置，开展锂电池隔膜聚丙烯工业化生产，开发出了合格的锂电池隔膜聚丙烯工业产品 LB03F。

（1）基础性能

对锂电池隔膜聚丙烯 LB03F 熔体流动速率、灰分及等规度等性能进行测定，结果如表 8-11 所示。聚丙烯树脂灰分低至 23μg/g，等规度达到 98.5%。

表 8-11　锂电池隔膜聚丙烯基础性能测定

样品编号	熔体流动速率/(g/10min)	灰分/(μg/g)	等规度/%
LB03F	3.6	23	98.5
进口商用树脂	3.2	21	99.0

（2）热性能及抗氧化性能

对锂电池隔膜聚丙烯 LB03F 热性能及抗氧化性能进行测定，结果如表 8-12 所示。聚丙烯 LB03F 氧化诱导期测试结果大于进口商用树脂，表现出更好的抗氧化性能，国产锂电池隔膜聚丙烯树脂的熔点及结晶温度分别为 166.7℃、113.8℃，均高于进口商用树脂。

表 8-12　锂电池隔膜聚丙烯热性能测定

样品编号	氧化诱导期/min	熔点/℃	结晶温度/℃	结晶度/%
LB03F	45.5	166.7	113.8	41.5
进口商用树脂	39.1	165.1	109.3	45.4

（3）分子量分布及电性能

对锂电池隔膜聚丙烯 LB03F 分子量分布及电性能进行测试，如图 8-6 和表 8-13 所示。国产聚丙烯的分子量及分子量分布与进口商用树脂相近，介电常数和介电损耗因子也与进口商用树脂基本一致。

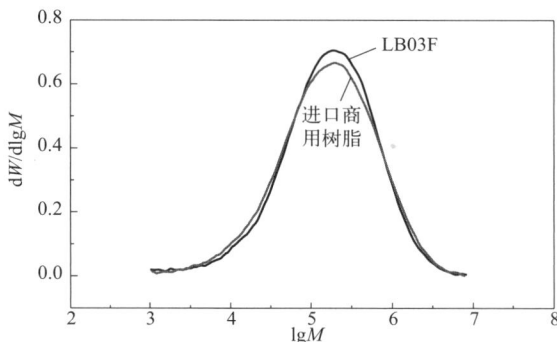

图 8-6　锂电池隔膜聚丙烯分子量分布示意图

表 8-13　锂电池隔膜聚丙烯分子量分布及电性能测定

样品编号	M_w	M_n	M_w/M_n	介电常数	介电损耗因子
LB03F	35.4	4.9	7.2	2.2	1.35×10^{-4}
进口商用树脂	36.2	4.8	8.7	2.2	1.34×10^{-4}

（4）连续自成核退火分级（SSA）分析

对锂电池隔膜聚丙烯 LB03F 进行连续自成核退火分级（SSA）分析，如图 8-7 和表 8-14 所示。研究 LB03F 及进口商业树脂的热学行为发现：两种树脂的第一熔融峰位置基本一致，分别为 178.0℃和 178.4℃，说明国产树脂生成厚片晶的尺寸与进口商用树脂基本一致；而进口商用树脂在 178.4℃处出现较强的峰，高于其在 170.8℃的熔融峰，表明进口商用树脂在自成核退火过程中规则排列的聚丙烯分子链含量更高，生成了更多的厚片晶。

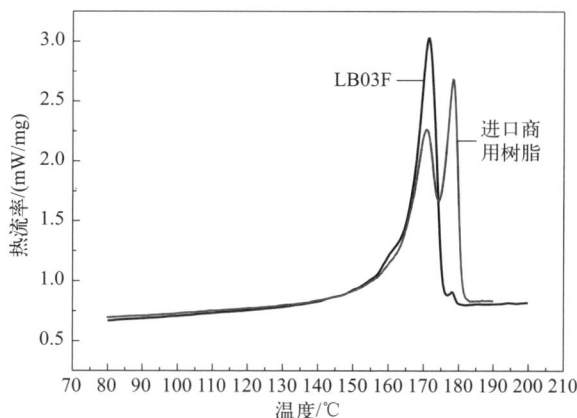

图 8-7　锂电池隔膜聚丙烯连续自成核退火曲线

表 8-14　锂电池隔膜聚丙烯 SSA 分级数据

样品编号	峰1/℃	峰2/℃	峰3/℃	峰4/℃
LB03F	178.0	171.4	160.3	155.1
进口商用树脂	178.4	170.8	160.3	154.7

8.1.4　超洁净电介质薄膜聚丙烯专用料加工应用

8.1.4.1　电容器用薄膜

（1）电容器用薄膜简介

目前电容器用薄膜的聚合物材料主要有聚丙烯和聚对苯二甲酸乙二醇酯，其中聚丙烯电容膜由于较弱的分子链极性和较高的结晶度，使其具有更高的击穿场强、更低的介电损耗和快速放电速率，从而大量应用于薄膜电容器。电容器用聚丙烯薄膜主要有两种生产工艺：一种是目前主流的平膜法；另一种是管膜法。其中平膜法主要包括同步拉伸和异步拉伸，异步拉伸为主要生产方法。在异步拉伸生产过程中，聚丙烯原料首先经挤出机熔融，通过口模挤出，经冷却辊骤冷后形成铸片，经过一系列不同速率旋转的辊筒实现纵向拉伸。然后通过安装在拉幅机拉伸链条上的夹子夹住薄膜边缘，将其送入封闭的烘箱中进行预热，随着链条在逐渐变宽的轨道上移动来实现横向拉伸。最后再经过热定型处理制备出聚丙烯薄膜。在双向拉伸过程中，影响聚丙烯薄膜微观结构与性能的加工工艺参数主要包括挤出温度、冷却辊温度、纵拉温度、纵拉比、纵拉速率、横拉温度、横拉比和横拉速率等，其中温度因素对聚合物加工过程中的结构演化至关重要。

按照聚丙烯薄膜的空隙率进行分类，电容膜可分为蒸镀薄膜（光膜）和油浸式薄膜（粗化膜）。光膜的空隙率≤5%，经过金属蒸镀处理，主要应用于各种直流或高储能密度脉冲电容器等。粗化膜为至少一面粗糙的薄膜，空隙率≥5%，常用来制造油浸箔式电容器，用于交流输电系统无功补偿等。

① 影响电容膜产品性能的关键因素 可靠的聚丙烯电容膜应至少具备五个方面的主要性能：高击穿场强、低介电损耗、合理的粗糙度、较小的厚度偏差和较好的成膜性。这也对聚丙烯原料提出了更高的要求。

在薄膜电容器长周期运行过程中，聚丙烯薄膜受电、热场作用而发生击穿，造成电容器容量下降和使用寿命缩短，是电容器发生故障甚至爆炸的重要原因之一，因此击穿场强是评价电容器薄膜的重要指标。聚丙烯薄膜发生热氧老化作用会导致聚丙烯断裂为分子量更小的分子链，形成低密度区域，发生碰撞电离，最终导致聚丙烯薄膜破裂。由于电容器温度升高而增加的载流子浓度和载流子迁移率会增加介电损耗，进一步增加聚丙烯薄膜的击穿风险。因此，在不增加介电损耗的情况下，提高聚丙烯薄膜的击穿场强对于电容器的安全可靠具有重要意义。

介电损耗是衡量聚丙烯原料好坏的重要标准之一。现在市场上常用"普通料"与"高温料"来标记原料档次的高低。这是由于介电损耗低的原料制成的膜能够允许电容器在更加恶劣（高压与高温环境）的环境下工作，而不会导致电容膜热击穿或者电容急剧衰减。低介电损耗主要与聚丙烯原料指标中的结晶度及灰分相关，其中，灰分是影响介电损耗最重要的指标，也是生产该类聚丙烯最主要的技术难点之一。一般情况下低介电损耗的电容膜，介电强度也相应较高。这也是因为灰分较低、结晶度较高的情况下，介电强度也会随之提升。

粗糙度主要与结晶度及拉膜工艺有关。结晶度过低的话，无论拉膜工艺如何控制，粗糙度都难以达到要求。一般来说高等规均聚聚丙烯的结晶度都可以满足要求。粗糙度要求在一个合理的范围，太高直接影响膜的电性能，太低的话表面积过小，不利于浸渍、蒸镀和卷绕。因此，粗糙度的控制也非常重要，一般可通过在拉膜过程中对结晶速率加以控制来实现。

厚度偏差主要与拉膜工艺相关。厚度偏差越小越好，但很难实现完全一致，更小的偏差会使得电场更均匀，电容量更易控制，减少出现局部击穿的概率。

成膜性与聚丙烯树脂分子量及其分布、拉膜工艺有关。经过多年的发展，电容膜行业的工艺均已非常成熟。现在聚丙烯树脂熔体流动速率基本控制在3g/10min。与普通包装膜相比，电容膜需要更好的电性能，因此，一般电容膜原料的结晶度较高、分子量分布会略窄一些，也导致"高温膜"的成膜性一般不如"普通膜"。

② 电容膜聚丙烯加工应用 目前国内电容膜的主要生产厂家的整体总产能约 12 万吨 / 年，近年来产量基本稳定在 9.4 万～ 9.5 万吨 / 年左右。国内电容膜生产线绝大部分依赖进口，其中，德国布鲁克纳占据绝对优势，法国 DMT 也有一定份额。随着设备的改进以及生产技术的提高，电容膜厚度也越来越薄，3μm 以下产品的生产技术已基本普及。行业内产能相对较大、技术较为领先的企业主要有泉州嘉德利电子材料有限公司、安徽铜峰电子股份有限公司、四川东方绝缘材料股份有限公司、湖北龙辰科技股份有限公司、佛山佛塑科技集团股份有限公司、河北海伟和浙江大东南股份有限公司等。

国内石化企业自制的电容膜聚丙烯工业产品在薄膜厂家开展了双向拉伸试验，已制备出厚度为 5.8μm 和 3.8μm 两种规格的干式电容膜产品，并开展了国产聚丙烯粒料制备电容膜的性能测定。试验结果表明：经过洗涤工艺处理后的聚丙烯树脂制备的薄膜，其熔点和结晶度较未处理料制备薄膜出现一定程度的提升；同时薄膜的电气性能得到大幅改善。通过分析击穿场强数据分析（图 8-8、图 8-9）可知，洗涤处理后薄膜的击穿场强总体提升 3%～ 5%，场强分布更加集中，介电损耗明显下降。

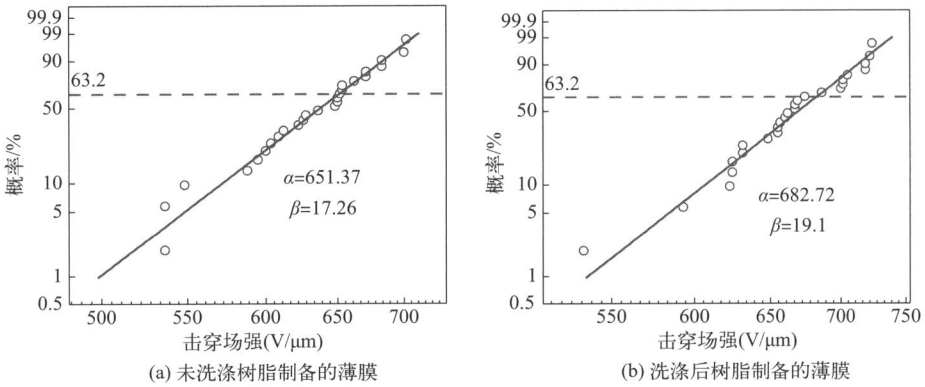

(a) 未洗涤树脂制备的薄膜　　(b) 洗涤后树脂制备的薄膜

图 8-8 洗涤工艺对薄膜击穿场强的影响

α—形状参数；β—尺度参数

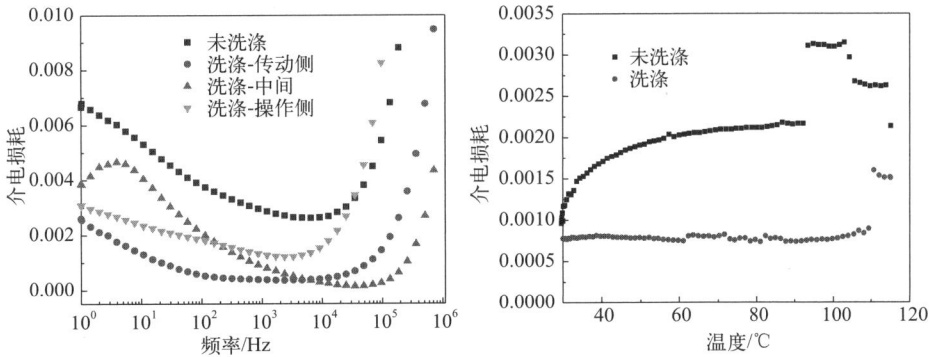

图 8-9 洗涤工艺对薄膜介电损耗的影响

（2）聚丙烯专用料中的灰分对薄膜特性的影响

优异的介电性能是电容器稳定运行的前提，包括高击穿场强和低介电损耗。理论上，聚丙烯分子结构中没有任何极性基团，制得的薄膜应具有令人满意的电性能。然而，在生产过程中，催化剂常以固体形态残留在聚丙烯基质中，会引入大量极性官能团，如羰基（—C=O）、羟基（—OH）、乙烯基和共轭双键等。在造粒过程中引入的添加剂也会带来不同比例的灰分，灰分会显著影响薄膜的介电性能和使用寿命。

非晶区域中的杂质在击穿性能中起着更重要的作用。一方面，残余催化剂通过电离产生离子载体，这些载体在电场下迁移，并被一些陷阱位点（如聚丙烯中的微孔和错位区域）捕获。被捕获的载流子形成空间电荷积聚，并在电介质内部引起局部电场畸变。当电场阈值接近材料阈值时，在该区域就会发生击穿现象，并逐渐发展为整个膜的击穿。另一方面，极性有机杂质会在电场下极化，大多数极性杂质的介电常数高于聚丙烯，较大差异的介电常数会形成界面电荷，增加电场畸变。因此，样品的击穿场强随着灰分含量的降低而增加，灰分含量较低的聚丙烯具有较高的击穿性能，有利于提高放电能量密度。

聚丙烯中的灰分会导致介电损耗因子的显著增加，即较高纯度的聚丙烯具有较低的介电损耗和较好的介电性能。

（3）聚丙烯专用料的微观结构对双向拉伸薄膜绝缘性能的影响

聚丙烯聚集态结构主要分为：分子链排列致密有序的结晶区、松散无序的无定形区、结晶区与无定形区间的界面区。随着结晶条件的改变，等规聚丙烯可以形成多种不同的结晶形态。目前电容器用聚丙烯专用料晶型的研究主要集中在 α- 球晶和 β- 球晶。肖萌等[20]指出：α- 球晶由以晶核为中心沿径向方向向四周放射性生长的片晶及其表面附生的切向片晶组成。β- 球晶以晶核为中心，片晶成平行束生长，在生长过程中不断弯曲直到相互碰撞形成完整的球晶。研究表明，晶体形态直接影响聚丙烯薄膜的电荷输运行为。α- 球晶之间的界面处存在片层交叉点，易产生较大的自由体积。β- 球晶中片层的平行束状生长使片层的分支角变小，产生较大自由体积的概率减小。若 β- 球晶良好分散在 α- 球晶中，深陷阱的引入将导致电子迁移率的减小，从而可全面改善电学性能。在电场作用下，电树枝的分支多沿着球晶边界生长，呈现出多拐点的分形特性。晶型微观形貌特征的不同，会导致陷阱能级、陷阱密度和自由体积的不同，进而影响聚丙烯薄膜的空间电荷、电导损耗和击穿特性。因此，结晶度增大能显著增强聚丙烯薄膜的介电性能，目前电工用聚丙烯的结晶度可达 45% 以上[21]。

目前针对电工级双向拉伸聚丙烯（BOPP）薄膜绝缘性能的研究已经形成了一定的方法和理论基础。Xiong 等[22]对比了同步拉伸和异步拉伸这两种拉伸方法对 BOPP 薄膜的影响：同步拉伸下 BOPP 薄膜的结晶度提高，各向异性增强，击穿场强上升。王雨橙等[23]通过热刺激去极化电流获取了 BOPP 薄膜的陷阱参数，探讨了薄膜的结晶度对金属化膜电容器保压性能的影响。Zhang 等[24]通过对电场的仿真分析和对陷阱分布的计算，证明了 BOPP 的结构缺陷会形成大量浅陷阱，导致直流击穿场强下降。

为了进一步探索微观结构对绝缘性能的影响机理，周一涵等[25]选取 3 种由同种 PP 树脂经不同的拉伸工艺制得的 BOPP 薄膜，对其表面形貌、结晶特性、取向度及电学性能进行了测试，研究其微观结构和电学性能的关系。研究发现：具有密集晶环和高结晶度、高取向度的 BOPP 薄膜，对应最高的击穿场强和最低的电导率。进一步通过电导测试获取载流子的宏观迁移特性，并采用动态热机械分析测试（DMA）和表面电位衰减测试（SPD）研究了载流子的迁移过程。研究发现分子链的有序排列能减少浅陷阱的数量，进而抑制载流子沿分子链的跳跃迁移；良好的聚集态结构能够抑制分子链段的运动，从而限制载流子的跨链迁移。对载流子沿链迁移和跨链迁移过程的抑制使 BOPP 薄膜的绝缘性能得到提升。

（4）薄膜储能及其影响机制

目前电容膜电容器面临单位体积内储能密度低、高温性能差等问题，无法满足设备集约化、小型化的发展趋势，亟须开展聚丙烯基薄膜储能密度提升研究。

① 储能密度　对于电介质材料，其充电能量密度 U_e 满足下式[26]：

$$U_e = \int E \mathrm{d}D$$

式中　E——施加在电介质上的电场强度；

D——电位移。

聚丙烯属于线性电介质，在室温下撤去外加电场后电极板残余电荷几乎不存在（即能量密度损失 $U_损 \approx 0$），其放电能量密度 U_e 计算可以简化为：

$$U_e = \frac{1}{2}\varepsilon_0\varepsilon_r E^2$$

式中　ε_0——真空介电常数；

ε_r——固体电介质的相对介电常数。

非线性电介质的化学键极性普遍较强，介电常数较大，相应的储能密度较高。然而，由于非线性电介质极化弛豫时间长，当撤去外加电场后电极板仍有残余电荷存在，即有剩余极化。当极化的弛豫时间总是迟滞于外加电场时，就会引入介电损耗。当电介质处于频率较高的交变电场中，高介电损耗会以显著温升的方式劣化电介质对外加电场强度的耐受性。充放电效率 η 可用于表示剩余极化导致的放电能量密度小于充电能量密度的程度[27]。

② 极化机制　电介质的主要极化类型分为电子位移极化、原子振动极化、偶极子转向极化以及空间电荷极化。对于聚合物电介质，共振区包括电子位移极化和原子振动极化。由于它们的介电损耗发生在红外和可见光频段，在电力系统（工频、高次谐波）乃至脉冲功率系统（ns～ms）中应用均不会引起损耗。偶极子转向极化取决于偶极子的性质（非晶或结晶）、相变（玻璃化转变或晶体熔化）以及温度，弛豫时间通常在1ms～1s之间。空间电荷是由电介质中被束缚的载流子（包括离子、电子和空穴）形成的。载流子的输运会导致材料的电导增加，从而造成较大的传导损耗。空间电荷会在介电性质不同、介电常数和电导率差别很大的电介质界面上积累，形成界面极化。空间电荷极化对储能密度的贡献在于其极化强度显著高于其他三种极化类型，但也由于弛豫时间较长会产生明显的剩余极化[28]。

在多组分聚合物体系中，涉及的极化类型越多，介电常数就越高，但是也会面临产生更高介电损耗的风险。因此，引入新的极化类型的方式要慎重。因弛豫时间通常较短，有利极化包括共振（电子或原子）极化、非晶相的偶极子转向极化和界面极化（来自界面电子和离子）；不利极化包括晶体的偶极子转向极化以及来自杂质的离子和自由电子跳跃电导。在聚丙烯薄膜改性时，可通过调控引入有利极化，也要限制不利极化，如引入深陷阱限制载流子的跳跃电导。

③ 击穿机制　电介质储能性能不仅取决于其在某一外加电场下的极化水平，也取决于该外加电场的临界上限。当外加电场足够强时，电介质发生击穿，内部束缚电荷将转化为自由电荷，很快由绝缘状态过渡到导体状态。因此，当外加电场强度超过击穿场强时，电介质会丧失储能性能。根据击穿时间与最终放电通道的形成特点，击穿一般可分为电击穿、热击穿以及电 - 机械击穿等多种形式[29]。

聚合物薄膜的电击穿在大多数情况下符合雪崩击穿机制。当击穿场强达到 10^9V/m 数量级时，电极 - 电介质界面势垒会大大降低。对于一般的电容膜而言，其击穿场强可高达 10^8V/m，十分接近雪崩击穿。因此，一般的聚丙烯薄膜电击穿性能调控效果不甚明显。然而，电场中介质薄膜由于自身介电损耗和电导损耗的存在而产生热量。当散热条件不足而发生热失稳时，电能耗散主导升温速度会超过散热速度，致使局部热量逐渐积聚从而产生热击穿。热击穿发生时，薄膜的击穿场强相比电击穿引发的击穿场强要低。因此，电容膜的热性能调控十分必要。且在实际应用中，外加电场不再是单一类型。电力系统中的直流支撑电容器存在谐波串扰，谐波分量以一次谐波（基波）为主，产生的纹波电流会导致电容器发热。随着谐波次数升高，聚丙烯薄膜击穿场强相应下降。在脉冲功率应用中，脉冲串以一定频率（重复频率）冲击薄膜电容器。在重复频率脉冲电压下，随着施加电场强度逐渐增大，耐受脉冲数减少，耐受时间缩短，热积累效应是重频脉冲击穿的一种重要因素[30]。为了提升聚丙烯薄膜在高温下的耐压性能，通过改性抑制薄膜高温电导率、增强温度稳定性等都是可取的方法。此外，电 - 机械击穿机制表明介质的击穿场强随杨氏模量降低而减小。因此，在选择聚丙烯薄膜改性策略时，既要避免新组分的引入造成机械强度的下降，又要使改性薄膜具有良好的高温力学性能[31]。

8.1.4.2　锂电池隔膜

（1）锂电池隔膜简介

锂电池隔膜是一种具有微孔结构的薄膜，是锂电池生产的关键材料之一，也是锂电池中毛利率最大的组件。近年来，在新能源汽车高速增长和储能市场快速兴起的带动下，锂电池隔膜的需求量也迅速扩大。

锂电池隔膜厚度一般为 8 ～ 40μm，在电池中的主要功能是隔离电池正负极，防止短路，同时保证锂离子在充放电过程中正常通过微孔通道以保障电池正常工作。理想的锂电池隔膜应具有良好的绝缘性、力学强度、热稳定性以及高孔隙率和适宜的孔径，同时对电解液具有良好的湿润性和吸附性能。隔膜的性能决定了电池的界面结构、内阻等，从而影响电池的能量密度、循环寿命和倍率，决定着电池工作的耐受温度区间和电池的安全性，因此，性能优异的隔膜对提高电池综合性能具有重要的作用。

锂电池隔膜的组成材料种类较多，如织造膜、无纺布膜、复合膜和聚烯烃微孔膜等。目前，聚烯烃微孔膜是最成熟且综合性能最好的锂离子电池隔膜之一。聚烯烃隔膜有 PP（单层）、PE（单层）、PP+陶瓷涂覆、PE+陶瓷涂覆、PP/PE（双层）、PP/PP（双层）和 PP/PE/PP（三层）等产品，其中单层 PP、PE 隔膜主要应用于 3C 小电池领域，而涂覆膜、双层及三层隔膜产品主要用于动力锂电池领域。

① 锂电池隔膜生产工艺 锂离子电池隔膜制备的核心工艺为微孔制备技术。以聚烯烃为主的隔膜生产工艺主要分为干法工艺和湿法工艺。两种工艺采用的原材料不同：干法采用的原材料主要是聚丙烯，湿法采用的原材料主要是聚乙烯。两种工艺最大的区别在于内部成孔原理不同[32]。

干法隔膜工艺是隔膜制备过程中最常采用的方法之一。干法工艺又称熔融拉伸（MSCS）工艺，其制备原理是聚合物熔体在高应力场下结晶，形成具有垂直于挤出方向而又平行排列的片晶结构，然后经过热处理得到硬弹性材料，经再次拉伸后发生片晶之间分离，形成大量的微孔结构，再经过热定型即制得微孔膜。与湿法隔膜相比，干法隔膜具有以下优点：首先是隔膜的安全性较好，由于干法隔膜的孔隙结构相对较为稳定，在锂电池应用中具有更好的热稳定性和安全性；其次是加工工艺相对简单、附加值高、无环境污染；再次，干法隔膜生产速度较快，适合大规模生产。根据拉伸方向的不同，干法工艺又分为干法单向拉伸、干法双向拉伸两种工艺。

干法单向拉伸工艺是采用生产硬弹性纤维的方法，在流延铸片阶段对熔体进行高倍拉伸和快速冷却，以获得高取向度、低结晶度的聚烯烃铸片，然后进行高温退火以完善其晶体结构，最后经纵向的低温、高温拉伸来获得最终的隔膜产品。干法单向拉伸工艺流程如图 8-10 所示。干法单向拉伸工艺可生产孔径均一性好、单轴取向的微孔膜，其缺点是隔膜的横向力学强度低，且生产为多单元式生产工艺，生产效率有限。

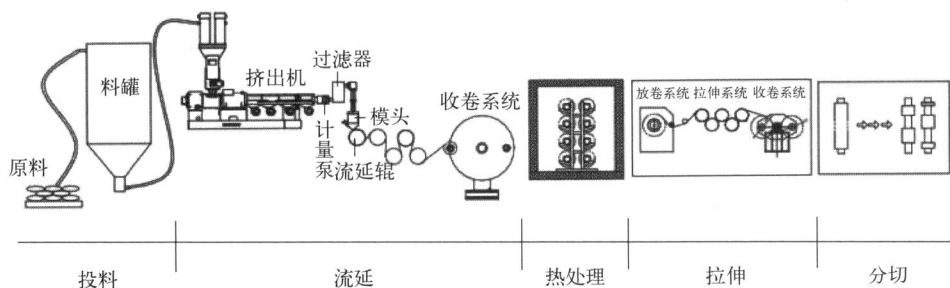

图 8-10 干法单向拉伸工艺流程

干法双向拉伸工艺是中国科学院化学研究所在 20 世纪 90 年代初开发出的具有自主知识产权的生产工艺[33]。干法双向拉伸工艺是通过在聚丙烯中加入具有成核作用的 β-晶型聚丙烯，利用聚丙烯不同相态间密度的差异，在拉伸过程中使聚丙烯通过晶型转变形成微孔。与干法单向拉伸隔膜相比，双向拉伸工艺生产的隔膜具有透气性好、渗透性高、吸收性高等特点。干法双向拉伸工艺的生产过程连续、工序简单，生产成本比干法单拉及湿法工艺更低。但该工艺制备的产品存在孔径分布过宽、厚度均匀性较差、产品质量稳定性较低等问题。由于干法隔膜熔点高于湿法，具有较优的耐压性能，因此主要用于储能、磷酸铁锂动力电池、两轮车等领域。

② 影响锂电池隔膜产品性能的关键因素 隔膜作为锂电池重要组件之一，其性能

的好坏直接影响电池的安全性、循环性能和使用寿命等。隔膜对锂电池性能的影响主要表现在以下几个方面：安全性方面，隔膜需要具有高的热稳定性和机械强度，能够在充放电过程中有效抑制气体生成和温度升高，降低电池短路、爆炸的风险；循环性能方面，隔膜需要具有较低的阻抗、透气性和较小的质量损失，能够保证电池在经过多次充放电循环后，依然具有较好的性能表现；寿命方面，隔膜还需要具有耐久性和稳定性，能够在较长时间内维持良好的性能，避免过早失效。

影响隔膜性能的因素较多，主要包括隔膜化学稳定性、厚度均匀性、力学强度、透过性能、润湿性及安全保护自关闭性能等几个方面。隔膜的厚度均匀性包括纵向厚度及横向厚度均匀性，其中横向厚度均匀性尤为重要，隔膜厚度误差一般要求控制在 $\pm 1\mu m$ 以内。

隔膜在电池结构及充放电反应过程中需具有一定的机械强度。隔膜的一个重要作用是将正负极隔开，如果隔膜皱缩或破裂导致电解液渗透，就会发生电池短路，具有很大的安全隐患，因此隔膜需有一定的力学强度和韧性。在充电过程中，电池中的锂离子被还原生成金属锂枝晶，这就要求隔膜材料要有一定的抗穿刺强度。另外，隔膜材料也应该具有一定的拉伸强度，锂离子电池在反应过程中会放出或吸收热量，隔膜会发生相应的涨缩，如果隔膜的拉伸强度不够，就会造成隔膜破损，也会导致短路发生。

隔膜的透过性能可用在一定时间和压力下，通过隔膜气体量的多少来表征，主要反映了锂离子透过隔膜的通畅性。隔膜透过性的大小是隔膜孔隙率、孔径、孔的形状及孔曲折度等隔膜内部孔结构因素综合影响的结果。锂电池隔膜材料具有微孔结构，微孔在整个隔膜材料中的分布应当均匀，孔径一般为 $0.03 \sim 0.12\mu m$。孔径太小增加电阻，孔径太大易使正负极接触或被枝晶刺穿短路。隔膜厂家现在基本以透气度、孔隙度指标来衡量透气性。透气度是指特定的空气在特定的压力下通过特定面积隔膜所需要的时间，用 Gurley 值来表示，根据隔膜厚度，Gurley 值一般在 $200 \sim 600s$ 之间。孔隙率是单体膜中孔的体积分数，它与原料树脂及膜的密度有关。现有锂离子电池隔膜的孔隙率在 $35\% \sim 60\%$ 之间。

除了水，锂离子电池中电解质溶液还会采用有机溶剂和非水电解液，因此隔膜应具有良好的化学稳定性和耐腐蚀性能，能够在电池多次充放电过程中实现结构的完整性与反应的稳定性。较好的润湿性有利于提高隔膜与电解液的亲和性，扩大隔膜与电解液的接触面，从而增加离子导电性，提高电池的充放电性能和容量。隔膜在电解液中应当保持长久的化学稳定性，不与电解液和电极物质反应。隔膜的润湿性与隔膜孔隙率、孔结构和表面性质有关。对电解液具有良好的浸润能力，能够提高能量密度。

此外，锂离子电池在充放电反应中会放热，电池在连续工作时温度会升高，隔膜的热稳定性能够保证电池在长时间工作时减少收缩形变量，避免电池皱缩导致的正负极接触而使电池短路。目前聚烯烃微孔隔膜具有"热关闭"功能，这一特性可为锂离子电池提供一个额外的安全保护。该功能主要参数为闭孔温度和破膜温度。闭孔温度是微孔闭合时的温度。当电池内部发生放热反应、过充或者电池外部短路时，会产生大量的热量。由于聚烯烃材料的热塑性，当温度接近聚合物熔点时，微孔闭合形成热关闭，从而阻断离子的继续传输而形成断路，起到保护电池的作用。一般聚乙烯膜的闭孔温度为

130～140℃，聚丙烯膜为 150℃。破膜温度是指电池内部自热，或外部短路使电池内部温度升高超过闭孔温度后，微孔闭塞阻断电流通过，热熔性能使温度进一步上升，造成隔膜破裂、电池短路。破裂时的温度即为破膜温度。应用于锂电池的隔膜产品希望有较低的闭孔温度和较高的破裂温度。

③ 锂电池隔膜的市场现状　近年来，受益于新能源汽车高速增长以及储能电池的快速兴起，锂离子电池的需求呈现爆发式增长，从而带动上游锂电池隔膜的市场需求，隔膜出货量也实现快速增长。目前，全球隔膜竞争格局由中国、韩国、日本和美国等四个国家主导，市场份额分别为43%、28%、21%和6%。全球隔膜产能不断向中国集中，中国份额提升速度明显。根据鑫椤数据库统计，2022年，全球锂电隔膜产量达到157亿平方米，同期我国隔膜总产量达到129.6亿平方米，同比增长63.5%；国内隔膜市场占据全球隔膜市场的82.5%，相较于2021年提升了7%，首次超过80%。近年来国内在干法膜生产原料、设备等方面均取得较大的突破，2022年全球干法锂电隔膜产量超35亿平方米，国内总产量达到31.75亿平方米，同比增长70.7%，国产干法隔膜全球市场占比超90%。

目前来看，中高端动力锂离子电池对隔膜的产品品质要求极高，隔膜市场中高端产能依旧供给不足。具有合理的价格、可观的盈利以及持续扩产的能力，有望成为电池企业对待上游隔膜厂的优选策略。

④ 锂电池隔膜的应用趋势　电池隔膜的研究和生产是随着锂离子电池的需求变化而不断发展的。随着锂离子电池安全性和循环寿命要求的提高，对隔膜的要求也越来越高，同时促进了隔膜制备方法的多样化，制备工艺不断完善，改性技术被广泛研究。

隔膜产品在未来3～5年仍将保持高速增长，产能集中爆发。磷酸铁锂电池出货量上升、储能电池市场爆发，带动了干法隔膜需求的增长，头部动力电池企业将加大干法隔膜使用量。三层共挤隔膜成为国产干法隔膜的扩产主流，动力型干法隔膜应用从最初的 32μm 演变到了 12μm。随着干法隔膜厚度从 12μm 逐步向 10μm、9μm 方向演进，干法隔膜性价比日益凸显。

随着锂电池安全性需求日益提升，涂覆隔膜将成为行业未来的发展趋势。涂覆手段则可以有效增强隔膜的热稳定性和力学性能。同时涂覆材料还可以提高隔膜的抗穿刺能力以及浸润性，可有效提高电池的安全性和使用寿命。

（2）锂电池隔膜加工应用

① 干法单向拉伸微孔膜制备　干法单向拉伸微孔膜的制备通常经过以下几个阶段：首先，聚合物从口模挤出后流延到冷辊上，在冷辊速度远高于挤出速度的拉伸应力场和冷辊的温度场双重作用下，诱发体系形成垂直于挤出方向的片晶结构，制备初始流延膜；其次，在一定温度下进行退火处理，消除之前结构中存在的缺陷，并使片晶增厚，获得具有硬弹性的热处理膜；再次，是对退火的硬弹性膜沿着纵向先后进行冷拉伸、热拉伸以及热定型。热处理膜两步拉伸：先在常温或低温下冷拉诱发片晶分离形成初始连接分离片晶的架桥，形成初始孔；之后在高温下拉伸形成更多更长架桥，扩大微孔；最后拉伸形成的微孔在热定型结晶的作用下得以稳定。拉伸后微孔结构的均匀性取决于初始片晶结构的规整性以及片晶分离过程中结晶架桥纤维晶的控制，而初始片晶结构的规

整性则取决于聚丙烯树脂本身材料特性以及挤出流延成型过程拉伸应力场与温度场的共同作用。

制备具有硬弹性的热处理膜，关键是流延膜中形成高度取向的平行排列片晶结构，这是工业界干法单向拉伸制备聚丙烯微孔膜的最基础和最关键的环节。在熔体拉伸流动场中，分子链在应力场中伸展取向，在随后的骤冷过程中结晶，形成排列有序的片晶结构。聚丙烯树脂的分子量及分子量分布、支化度、结晶性能等参数影响分子链在拉伸外场中松弛时间的长短、取向程度、结晶快慢，最终不仅影响结晶度，还会影响宏观流延膜以及热处理膜的回弹性能和拉伸应力-应变曲线。

在较低的温度以及较快的拉伸速度下进行冷拉伸，是为了使隔膜中平行排列的片晶脱黏而形成微孔结构。在较高的温度及较慢的拉伸速度下进行热拉伸，是为了将冷拉伸形成的微孔进一步扩大。对隔膜进行热定型是为了减少其内部的残余应力。隔膜最终的孔隙率取决于前驱膜的形态、退火条件以及后期的拉伸比率。单轴拉伸使隔膜具有高度取向的狭缝状微孔，且其力学性能呈现各向异性，横向的抗拉强度较低。

② 干法双向拉伸微孔膜制备　干法双向拉伸与单向拉伸工艺相似，不同的是在拉伸之前还需要在聚合物中加入 β- 晶型聚丙烯，利用 β- 晶型聚丙烯易于拉伸和晶体内部存在大量缺陷的特性，在双向拉伸的过程中形成微孔。

干法双向异步拉伸包括纵向拉伸系统和横向拉伸系统。纵向拉伸系统包括预热辊、拉伸辊、定型辊。树脂在挤出机熔融塑化后，通过 T 形口模流延到冷却辊上形成铸片，然后引入预热辊。预热辊和拉伸辊之间存在速度差，从而使得分子链在纵向上有序排列；再经过定型辊，完成片膜的纵向拉伸。而横向拉伸要在横向拉伸机内进行。横向拉伸机内包含两条不断回转的带有夹具的特殊链条，当纵向拉伸过的薄膜经过时，链条上夹子夹住膜片两侧，随着逐渐变化的导轨移动，完成横向拉伸。

干法双向同步拉伸是在纵向和横向同时进行拉伸取向、热定型处理。拉伸阶段，将挤出的前驱膜铸片在同一拉伸机内，借助于两侧导轨的速率和位置的变化来完成纵向和横向的同步拉伸。在预热区，片材被快速地加热到拉伸温度；在拉伸区，左右两侧的夹具之间的幅宽逐渐变大，同时同一侧相邻两夹具之间的间距也逐渐变大，此时聚合物薄膜在相互垂直的两个方向上同时进行拉伸取向。

干法双向拉伸微孔膜制备的关键之一是 β-iPP 前驱膜的制备。首先将一定比例的 β-成核剂与聚丙烯基料经双螺杆挤出机均匀混合挤出后造粒，得到 β-iPP 的粒料。将 β-iPP 粒料进行挤出流延铸片。为了提高 β- 片晶的含量，设置挤出温度 200～220℃、冷辊温度 120～125℃，调节拉伸速度及辊速，获得一定厚度的 β-iPP 前驱膜铸片。在前驱膜中，β- 片晶排列疏松，片晶间具有大量的缺陷和弱界面，在应力作用下极易引发空洞化，是聚丙烯拉伸产生微孔的主要根源。在形变初始阶段，β- 片晶将会引发不同的微观力学过程，这主要取决于拉伸方向与 β- 片晶的取向之间的关系。垂直于片晶取向的形变主要包括片晶分离和微孔的形成，平行于片晶取向的形变包括片晶滑移和断裂，从而形成微孔。

③ 锂电池隔膜聚丙烯的加工应用　采用国产锂电池隔膜聚丙烯专用料 LB03F 和某进口专用料，在新乡市中科科技有限公司采用干法双向拉伸工艺分别开展了锂电池隔膜

生产，隔膜数据见表 8-15 所示，隔膜微观形貌见图 8-11 和图 8-12。由表中数据及隔膜微观形貌可知，国产聚丙烯树脂专用料 LB03F 生产的隔膜，在产品外观、透气值、孔隙率、力学性能等多个方面均与进口聚丙烯树脂制备的隔膜相近，能够满足用户对锂电池隔膜产品的质量要求。

表 8-15　国产锂电池隔膜聚丙烯专用料制备隔膜的性能

项目	LB03F	某进口专用料
厚度/μm	22.4	21.6
透气值/(s/100mL)	336±6	267±9
孔隙率/%	44.9±0.9	45.9±0.5
外观	平整、光滑	平整、光滑
隔膜熔点/℃	170.0	170.8
隔膜结晶度/%	46.2	52.5
隔膜拉伸强度（MD）/MPa	61.9±11.9	60.8±12.2
隔膜断裂伸长率（MD）/%	12.9±5.3	11.7±3.3

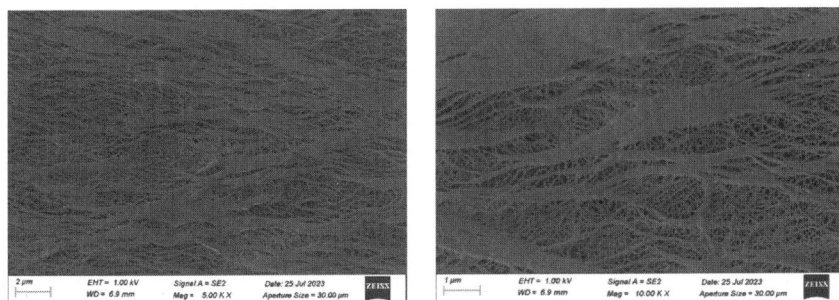

图 8-11　LB03F 生产隔膜的微观形貌

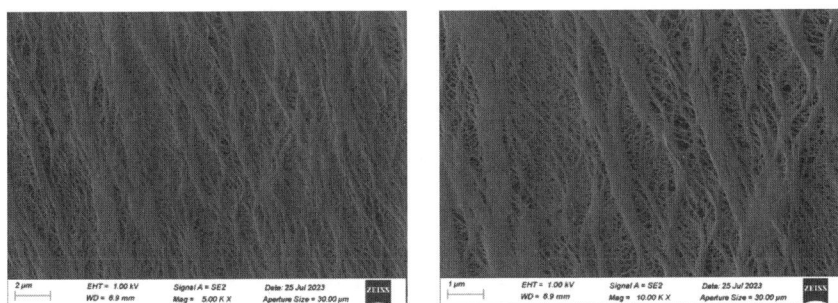

图 8-12　某进口牌号专用料生产隔膜的微观形貌

8.1.5　展望

（1）聚丙烯薄膜电容器应用领域持续扩展

随着科学技术的不断发展，聚丙烯薄膜电容器的应用领域在不断扩大，除传统的特高压及柔性直流输电换流阀、消费类电子产品和家用电器之外，其它如新能源汽车、光伏发电和高速铁路等应用都在蓬勃发展。

（2）超薄型电容膜需求量不断增加

由于电容膜各项性能均有很大改善，特别是薄膜厚度的均匀性、电性能等指标得到很大的改善，每微米薄膜承受的击穿电压有了明显提高。同时电容器制造商为了降低成本和减小电容器的体积，会适当选择降低电容膜厚度。从目前市场销售情况看来，厚度为 $2 \sim 3\mu m$ 的电容膜使用量将逐年增加，轻薄化是电容膜的发展趋势。

（3）电容膜性能向高性能方向发展

耐高温电容膜的耐温性能大大地优于普通电容膜，能够长时间在高温环境下工作，而且薄膜的电气及可靠性能不会衰减。耐高温电容膜主要应用于新能源汽车，能够有效降低汽车重量，降低能耗。未来新能源汽车行业的高速发展将强势拉动动力电池材料需求量增长。

（4）储能电池需求空间日益增加

在碳达峰、碳中和的政策背景下，随着储能锂离子电池成本逐步下降，包括电力系统储能、基站储能和家庭储能在内的众多应用场景对储能锂离子电池的需求量将逐步增加，预计储能电池在未来十年复合增长率将高于动力电池等领域。

8.2 超高压电缆专用料

8.2.1 概述

近年来，随着社会的不断发展进步以及人们生活水平的提高，架空输电线路已经不能满足城市对电气设备设施在占地、环境等方面越来越高的要求。城市配电网络已逐步采用电力电缆来替代传统的架空输电线，电缆线路是城市配电网的发展趋势。

高压、超高压电缆具有高介电强度和高介电系数，具有紧凑、全封闭和全屏蔽的结构特征，可敷设于隧道、沟槽、管井、桥架、水域等多种环境中，对于内部空间有限、阴暗潮湿的恶劣环境下的管井和电缆隧道也同样适用，在提高全网系统的供电可靠性的基础上，降低了在施工、运行过程中的成本。高压输电可以增大输送容量和传输距离，降低单位功率电力传输的成本，减少线路损耗，节省线路走廊占地面积，具有显著的综合经济效益和社会效益。

耐受中高压及超高压、大长度、大截面、多样化和高可靠性是当今电线电缆材料的发展趋势。普通聚乙烯存在一些明显的缺陷，如支链较多，结晶度偏低，而且因为带有支链，分子不能紧密堆积，导致密度降低，产品的软化温度、刚性和硬度均比较低。这些特点导致单纯用聚乙烯材料制作的绝缘层不能在较高温度下使用，且无法承受短路电流，因此在发热量较大的电力电缆上不能使用，使用范围有较大的局限性，特别不适用于高压和超高压等场合。

为了解决聚乙烯在使用过程中的局限性，利用高能射线（如 α 射线、β 射线、γ 射线等）或交联剂，使聚乙烯分子之间生成交联，提高其耐热等性能。采用交联聚乙烯（XLPE）作绝缘层的电缆，其长期工作温度可提高到 90℃，能承受的瞬时短路温度可达 $170 \sim 250℃$。XLPE 分子链间架起化学链桥，同时，交联部分的分子链虽受限制，但还可以在原位置附近细微振动以消耗冲击能，其物理性能和力学性能相应提高。不同交联方式的对比见表 8-16，未交联聚乙烯与过氧化物交联聚乙烯性能对比见表 8-17。

表 8-16　不同交联方式对比

项目	过氧化物化学交联	硅烷交联	电子束辐照交联	紫外光辐照交联
电压等级	10～500kV	10kV及以下	1kV及以下	1kV及以下
设备投资	较高	中	高	低
生产成本	较高	中	高	中
环境保护	中	中	难	易
操作维修	中	中	难	易
适用产品	中高压和超高压电力电缆	中低压电力电缆和电气装备电缆	电线和低压电缆绝缘及护套	小截面电线电缆

表 8-17　未交联聚乙烯与过氧化物交联聚乙烯性能对比[34]

项目		未交联聚乙烯	交联聚乙烯
体积电阻率/(Ω•cm)		3×10^{-15}	5×10^{-14}
介电损耗角正切		0.0002	0.0006
相对介电常数		2.11	2.11
击穿场强/(kV/mm)		43.6	37.8
拉伸强度/Pa	初始	130×10^5	176×10^5
	在10%盐酸70℃浸7d后	78×10^5	82×10^5
	在苯溶液70℃浸7d后	溶	33×10^5
断裂伸长率/%	初始	600	526
	在10%盐酸70℃浸7d后	37	83
	在苯溶液70℃浸7d后	碎	94
在50℃二甲苯中应力开裂时间/h		1～5	7500
耐热老化性能		在110℃以上完全熔融	在150℃下浸14d力学性能基本不变
耐热变形性能		在110℃加5N负荷，完全压出，变形率达95%	在120℃下加5N负荷，变形率30%～40%

高压交联聚乙烯电缆因结构简单、绝缘性能优越、制造安装方便，成为远距离海洋新能源接入、城市输电和大电网柔性互联的关键装备。随着输电设备等的高速发展，我国对于高压交联聚乙烯电缆的需求量愈来愈大。2022 年国内高压电缆用交联电缆料需求量超过 12 万吨，预计 2025 年将达到 17 万吨，见表 8-18。

表 8-18　我国高压交联电缆绝缘料的需求量预测

项目	2022年	2025年预测
110kV绝缘料需求量/万吨	8.0	12
220kV绝缘料需求量/万吨	4.0	4
500kV绝缘料需求量/万吨	<0.5	1

全球电缆传统制造地区及国家主要集中在欧洲（德国、法国、意大利、西班牙等）、北美（美国）以及东北亚（中国、日本、韩国）。超高压电缆基础树脂及交联绝缘料生产技术被少数技术领先企业垄断。外国公司生产的电缆专用料产品质量稳定、品种齐全，占据了高端市场。国内市场主要进口交联电缆专用料牌号及用途见表8-19。

表8-19　国内市场主要进口交联电缆专用料牌号及用途

生产厂家	牌号	主要用途
北欧化工	LS4201H	110kV高压交联电力电缆
	LS4201S	220kV高压电缆
	LE4201EHV	500kV超高压电缆
	LE4201R	220kV高压电缆
美国陶氏	HFDB-4201EC	220kV高压电缆
	HFDK-4201SC	69～220kV高压电缆
	HFDB-4201SCK	不高于220kV高压输配电电缆
	HFDK-4201EHV	500kV高压电缆

发展电力能源产业，是保护国家能源安全的必要手段。据了解，进口110kV绝缘料市场报价为1.9万元/吨，220kV绝缘料市场报价为2.2万元/吨，500kV绝缘料市场报价为5.0万元/吨，远高于一般电缆用基础树脂；而且外国公司仅销售添加了抗氧剂和过氧化物产品，其核心技术和基础原料不对外出售。由于受到技术水平和生产设备的限制，我国110kV及以上XLPE超高压电缆绝缘料大部分依赖进口。进口交联高压绝缘料不仅价格昂贵，供货周期也不能保证，经常发生原材料供应短缺的情况。国内高压以及超高压电缆用交联绝缘料基本依赖进口的现状，严重威胁到了我国的能源安全。高压电缆用绝缘料成了我国亟须攻克的"卡脖子"技术之一。

另外，110kV及以上高电压状态对绝缘料的要求比较高，为防止电缆在高电压下击穿，要求电缆绝缘料必须是超洁净的。而电缆绝缘料杂质的检测和控制是开发高压电缆用绝缘材料的关键，这也要求石化企业加强对专用材料的研究和开发。

掌握研制高压电缆绝缘料的关键技术，提升国产电缆料的产品质量，开发出110kV及以上高压交联绝缘料，可以降低电缆专用料费用，使效益最大化，实现进口替代；打造自主超洁净化聚烯烃系列产品开发及产业化应用平台，形成"原料—加工—制品—检测—应用"完全自主的一体化洁净聚烯烃产业链，支撑和引领超洁净化聚烯烃业务的高质量发展，对于打破国外电缆料产品在中国市场上的垄断地位，保障国家用电安全具有重要的战略意义。同时，还可加快培养电缆材料研发人才，推动绿色清洁能源的应用，对我国电缆行业整体发展具有积极的促进作用。

国内多家石化企业布局开展了电缆基础树脂的研究开发工作。

扬子巴斯夫石化20万吨/年高压聚乙烯工艺装置开发了35kV、110kV电缆料基础树脂2220H、2220H-SC，在华东地区得到市场认可。

中国石油兰州石化公司先后进行了10kV、35kV、110kV、220kV系列化电缆料用基础树脂的开发工作，累计产量超过20万吨，在华东、西南等地区得到广泛应用。

浙江万马利用其开发的浸润法工艺，定制了整套高压绝缘料浸润法生产设备，建立了全封闭净化车间，建成了两条万吨级的浸润法生产线，并将其应用于35kV及以下电缆绝缘料的工业化生产。在原有技术基础上，万马又开发了110kV高压绝缘料，成为国内第一家生产110kV及以下中压电缆绝缘料的厂家，已通过多家检验机构的检测，并开始提供客户使用。其一般区净化度为3000级、上料区为1000级、在线检测区为1000级、包装区为1000级、包装口区为100级。

中国石化燕山石化公司2016年采用自主研发技术，建成国内首套连续法全封闭超洁净高等级电缆绝缘料生产装置。经过多年不断探索与持续攻关，该装置目前可实现从低密度聚乙烯基础料到电缆绝缘料的连续生产，并于2020年9月实现110kV电缆绝缘料试生产，为进一步推进高等级电缆绝缘料国产化进程迈出重要一步。

浙石化、万华化学、浙江太湖远大等公司也在进行高压、超高压可交联电缆绝缘料的装置建设工作，预计未来可生产110kV、220kV甚至500kV超高压交联电缆绝缘料。

国内绝缘基础树脂与国外产品差距主要表现在分子量分布宽、长链支化度小、端基双键含量低、杂质含量比国外高，且工艺稳定性差于进口料。我国自主研发电缆料面临诸多技术层面的挑战。

首先，电缆料基料性能与交联料的匹配性研究。对基础树脂微观结构（分子结构、聚集态结构、陷阱特性等）与交联料关键性能的关联关系认识仍有待加强。

其次，添加剂含量、种类、配方和工艺亟待进一步研究优化，主要涉及过氧化物交联剂、抗氧化剂等的选型、配比、混合工艺等。目前国内外电缆料杂质含量差距较大，主要由于交联工艺技术与标准体系建设等方面存在一定差距。

8.2.2　聚合工艺对产品结构与性能的影响

8.2.2.1　聚合工艺参数对树脂结构与性能的影响

低密度聚乙烯生产工艺可分为高压管式法工艺和高压釜式法工艺两种。高压管式法工艺技术代表有LyondellBasell公司的Lupotech T工艺、SABIC公司的CTR工艺和埃克森美孚（ExxonMobil）公司工艺（国内应用企业有燕山石化公司）；高压釜式法工艺技术代表有Enichem工艺、埃克森美孚公司工艺和ICI工艺。全世界LDPE产品中约有55%是管式法生产的，其余45%为釜式法生产的。管式反应器一般由多个反应区组成。对于单区反应器，压缩的乙烯首先通过预热器，加热到起始聚合温度，通常为140～180℃。引发剂可在起始聚合温度或更低的温度下加入到乙烯中，当反应混合物通过管式反应器时，温度达到最高值，通常为300～325℃（有时接近350℃），部分反应热通过冷却夹套被移出，即在进入第一段分离器前温度达到250～275℃。单段管式反应器的转化率通常为15%～20%。

高压聚乙烯的生成为自由基反应，生产过程中温度、压力、引发剂和调节剂加入量等工艺条件对产品性能均有影响（表8-20）。在一定压力下，聚乙烯密度随峰值温度的升高而降低，其原因是分子链随温度的升高而增加了短链支化。密度在恒定的峰值温度下随压力升高而增大，因为此时短链支化受到抑制，有利于链的生长。峰值温度升高、

引发剂浓度增加、转化率增大均会使分子量分布（M_w/M_n）加宽，使薄膜特性恶化；调节剂浓度增加将使分子量分布（M_w/M_n）变窄。对国内高压聚乙烯装置不同聚合工艺生产的产品性能进行了对比，结果表明随聚合压力升高，分子量分布变窄。

表 8-20　反应参数和分子结构之间的关系

项目		短链支化	长链支化	M_n	M_w/M_n	密度
压力	↑	↘	↘	↗	↘	↗
温度峰值	↑	↑	↗	↘	↗	↘
引发剂浓度	↑	→	↗	↓	↗	↘
调节剂浓度	↑	→	↓	↓	↘	↘
转化率	↑	→	↗	→	↑	↘

注：↑—增加；↓—快速减少或下降；↘—缓慢减少；↗—缓慢增加；→—基本不变。

　　由于在 LDPE 聚合过程中存在双基歧化终止现象和异构化反应，因此在其分子链上会形成一些双键。丙烯作调节剂参与链转移反应时可形成相对稳定的烯丙基自由基 $CH=CHCH_2\cdot$，并引发链增长生成一个新的含有端基双键的聚合物链。丙烯参与链转移反应越多，端基双键含量就越高，越有利于交联反应的快速、完全进行，因此，以丙烯作为调节剂对于提高交联聚乙烯的性能是有利的。

8.2.2.2　高压电缆料基础树脂分子结构控制

　　分子结构包括支化度、分子量以及分子量分布等均可影响聚乙烯的性能[35]。去除分子量低的分子链有助于减少 LDPE 中的异极性空间电荷数量，减少电导电流和表观载流子迁移率[36]。分子量增加会造成黏度增加，结晶速率降低，引起球晶尺寸减小，因此可增加聚乙烯的介电强度[37]。LDPE 的分子极性决定着产品的电性能，支链含量与支链分布决定最终产品交联用过氧化物的量、交联能力、交联后绝缘电缆料的结构性能与加工性能，而交联电缆料的结构与性能将决定最终电缆产品的抗电击穿能力、使用寿命以及应用过程中的电能损失。生产高品质的绝缘电缆料基料，应该在高压聚乙烯装置上实现对 LDPE 分子的结构控制。

　　① 分子量及其分布控制技术。分子量及其分布决定产品的物理性能、流变性能、杂质含量。生产过程中，在熔体流动速率一定的前提下，可通过调整各区的反应参数，优化组合，实现对产品分子量及其分布的控制。增加反应压力，降低反应温度，可以收窄分子量分布，反之则分子量分布变宽。低密度聚乙烯熔融状态的力学性质主要受分子量和分子量分布影响。熔体强度随分子量的增加而增加，随分子量分布的加宽而增加；而垂伸率随分子量的降低而提高，随分子量分布的变窄而提高。

　　② 提高产品支化度。支化度也就是支链的密集程度，是影响交联性能的重要因素。支化度越高，交联反应中产生的活性点分布越密集，发生碳碳交联反应的概率越大。聚乙烯分子中的支链分短支链和长支链两种。短支链由分子内链转移形成。用红外光谱和 ^{13}C 核磁共振谱鉴定的短支链结构是乙基、正丁基、正戊基、2-乙基己基等。热裂解实验表明，除上述基团外尚有少量的正丙基、1-乙基戊基和 3-乙基庚基。长链支化是分

294

子间链转移的结果，一个聚合物自由基从聚合物主链上获取一个氢原子，使它的链增长中断，这样一个聚合物基被终止，但主链上又形成了一个新的自由基，继续与聚合物自由基聚合，就会形成一个像主链一样长的支链。然而随长链的增长，背面进攻反应可能发生，在长链上形成短支链。由于氢被夺取的位置不同，长支链可以在仲碳原子上，也可以在叔碳原子上。连续的链增长可以形成长支链，但也可以使链的增长终止。某些聚合物自由基可以经历主链的断裂，形成亚烃基终端和一个聚合物自由基。增加反应压力，可以同时降低短支链和长支链含量；增加温度峰值，可以提高短支链和长支链含量；增加引发剂、提高转化率对短支链没有影响，但可以提高长支链含量；降低反应压力、提高峰值温度可以同时提高短支链和长支链含量，有效增加产品支化度。

③ 增加端基双键含量。碳碳双键是交联反应的活性中心，在自由基存在情况下，碳碳双键容易打开与其他活性点相连，有利于碳链之间互相交联而形成立体网状结构。特别是端基双键，因其空间位阻小，易受攻击而发生反应，故含量越多越有利于交联反应。端基双键除了自由基歧化终止形成外，还可以通过使用丙烯作为调节剂来引入。丙烯参与链转移反应越多，端基双键含量就越高。聚合物的分子量及分布主要由链转移反应来控制，链转移反应中自由基转移的对象除丙烯外还可能是杂质、溶剂分子、乙烯单体、引发剂及大分子。这些对象共同竞争参与链转移反应，但只有丙烯参与的链转移反应可以生成端基双键。在一定范围内提高反应压力和降低反应温度，有利于更多丙烯参与链转移反应，形成更多端基双键，应通过摸索对比选择合适的平衡点，使聚合物中双键含量最大化。

8.2.2.3 高压电缆料基础树脂

国内的企业，对超高压电缆料的研发大多数专注于生产工艺，对超高压基础树脂性能的研究相对较少。而要开发高等级的绝缘电缆，首先要做的是对现有的能用于超高压的基料进行剖析，深入了解其结构与性能之间的关系，才能根据材料的结构设计出合适的配方，并开发出相关的产品。因此怎样通过一定的技术手段得到超高压的基料是当前重要的任务。杨永柱等[38]使用乙醇对耐 35kV 和 110kV 的电缆料在 60℃下进行清洗，得到相应的基础树脂，并研究了其结构和性能。

高压电缆料基础树脂的生产应满足洁净化要求，应在生产的全过程采用密（封）闭设备，并配备人员着装、物料、风、气、水过滤净化系统。66 ～ 220kV 交流电缆用 XLPE 绝缘料专用低密度聚乙烯树脂质量应符合表 8-21 的规定。

表 8-21 低密度聚乙烯性能要求

项目	指标要求
熔体流动速率/(g/10min)	2.0±0.1
密度/(g/cm³)	0.922±0.002
拉伸强度/MPa	≥11
断裂伸长率/%	≥550
相对介电常数（50Hz/20℃）	≤3.0
介电损耗因子（50Hz/20℃）	≤3.0×10⁻⁴

项目		指标要求
薄膜凝胶晶点颗粒杂质（直径d，μm）/（个/100cm³）	$d<200$	≤10
	$200≤d<400$	≤5
	$400≤d<800$	≤1
	$d>800$	0

电缆料基础树脂生产企业在开发 35kV 电缆料基础上，在生产过程中及生产后采取一系列除尘措施，进一步降低产品杂质含量，形成了电缆料洁净化生产控制技术；通过支化及双键控制技术，提升交联性能，成功开发出符合 110kV 交联电缆料性能要求的基础树脂 CL2120P。

8.2.3 超纯净高压交联电缆料生产技术

8.2.3.1 超纯净化高压电缆料生产控制技术

原辅材料、生产、包装、运输过程均会引入杂质，反应工艺波动可产生高分子凝胶，这些杂质、凝胶均会形成电击穿薄弱点，造成电缆中电场局部集中，引发电击穿，影响电缆的使用寿命。

造成凝胶点、焦料和杂质的主要原因：

① 与绝缘料的基料有关

a. 绝缘料基料的合成设备非生产绝缘料基料专用，各牌号间切换造成添加剂残留等，影响树脂的纯净度。

b. 若在合成过程中由于未对空气、水等介质进行净化处理，混入空气中和水中的微粒，在挤出过程中就会成为凝胶点或焦料。

c. 若绝缘料基料的分子量分布较宽，则大分子量部分在挤出加工过程中流动性差，较难熔融，从而在高温高压下形成凝胶点，进一步发展成为焦料。

② 与绝缘料的加工工艺有关 在绝缘料挤出加工过程中，金属件间摩擦、切粒过程带入的金属杂质等也会造成绝缘料中引入杂质。

为降低电缆料杂质含量，提升产品质量，对高压聚乙烯装置进行一系列改造，对残存物料进行清理，对输送风机、振动筛、包装区等进行精细化管理，以满足高压电缆料生产要求。

8.2.3.2 高压电缆料用助剂体系开发

（1）过氧化物交联剂

交联剂的作用是使聚合物的线型分子链之间生成 C—C 键，从而形成网状结构，以此来对材料的强度及弹性等能进行改善。过氧化物交联是聚乙烯交联比较常用的方法之一。在交联过程中，过氧化物交联剂受热分解，形成过氧化物自由基；自由基进攻聚乙烯的大分子链，夺取大分子链上的氢原子，形成大分子链自由基；PE 大分子链自由基具有高度反应活性，当两个 PE 大分子链自由基相遇时，便相互结合生成链间化学键而交联[39]。

目前较为常见的过氧化物交联剂主要是有机过氧化物，比如过氧化二异丙苯（DCP）、过氧化二苯甲酰（BPO）、3,5- 二（异丙基）苯基过氧化氢（DBHP）、过氧化二叔丁基（DTBP）以及 1,4- 双 (叔丁基过氧化异丙基) 苯（BIPB）等。工业上最广泛使用的是 DCP。DCP 的分解温度低于聚乙烯基体的降解温度，因此避免了聚乙烯在交联过程中降解，同时也可以较为有效地防止 XLPE 的预交联。DCP 本身是无色、无味且透明的晶体，但是 DCP 分解之后会产生一种小分子产物——苯乙酮。苯乙酮伴有臭味且不易挥发，因此以 DCP 作为交联剂制得的 XLPE 产品会带有强烈的刺激气味，不仅会污染环境，还会对人体有害。

DCP 作为交联剂引发 XLPE 交联过程如图 8-13 所示。DCP 按两步分解。第一步是在 130℃以上，其受热分解均裂为苯基异丙氧自由基，有单体存在时，即能够单独引发聚合反应；如果没有单体存在，苯基异丙氧自由基容易进行第二步分解，形成苯基自由基或甲基自由基。DCP 的两步分解产生的三种自由基可统称为初级自由基。然后，初级自由基与大分子链进行反应，生成大分子链自由基；大分子链自由基再分别和其他分子链反应，分子量不断增大直至链反应终止。聚乙烯分子链之间最终通过交联形成了三维网状结构。

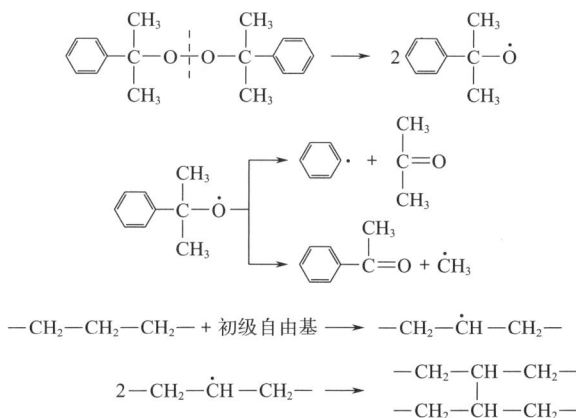

图 8-13 DCP 引发 XLPE 交联过程示意图

以 DCP 作为交联剂，交联反应过程中会产生交联副产物，包括苯乙酮、2- 苯基 -2- 丙醇、α- 甲基苯乙烯、甲烷和水等低沸点的小分子物质，是影响电力电缆绝缘介电性能的主要因素。这些交联副产物主要是极性分子，通常存在于 XLPE 的无定形区中，容易导致聚合物内部空间电荷的积累，从而会引起绝缘材料中电场强度发生畸变。若绝缘料中局部电场强度高于其击穿场强，最终会导致局部放电，还会使得材料老化不均匀，严重时甚至会引起绝缘击穿现象，这会对电力电缆的长期性能以及安全性能产生不利影响。

此外，交联副产物的存在还会对 XLPE 的力学性能产生影响。交联副产物在 XLPE 的无定形区中，会使大分子链之间的作用力被削弱，以致降低其拉伸强度，断裂伸长率也会有所降低。

交联副产物 α- 甲基苯乙烯和苯乙酮具有挥发性，这两种副产物会使得 XLPE 中引入苯乙烯基和羰基这两种极性基团，从而使得 XLPE 绝缘的相对介电常数增大，同时也会使得 XLPE 绝缘的电导率以及低频介电损耗有所上升。

脱气处理可以使得具有挥发性的 α- 甲基苯乙烯和苯乙酮两种副产物大量挥发而有效降低其残余量。靠近外侧的电缆绝缘层因挥发量大而残余量更低，内测挥发量小而残余量较大。虽然交联副产物在电缆绝缘层中仍分布不均匀，从而力学性能、介电性能以及电气性能的分布均存在不均匀，但各种性能也较未脱气时得到改善。

（2）抗氧剂

聚合物的老化是一种自动氧化反应，具有自由基链式氧化机理和自动催化特性。聚合物自动氧化过程中产生自由基（R·、ROO·、RO·、HO·）和氢过氧化物（ROOH）两类加速氧化过程进行的有害中间产物。抗氧剂又称防老剂，主要作用是消除或抑制这两类中间产物，阻止、延缓聚合物氧化反应过程，延长高分子材料使用寿命。

电缆用抗氧剂主要有 4,4'- 硫代双(6-叔丁基-3-甲基苯酚)（抗氧剂 300 或 ROSIN-6）、硫代二亚乙基双 [3-(3,5-二叔丁基-4-羟基苯基)丙酸酯]（抗氧剂 1035）、复配抗氧剂 1010/168 等。抗氧剂 300 是一种高效多功能含硫受阻酚类抗氧剂，因结构优异，故具有主辅抗氧剂的双重作用，且与炭黑配合使用有很好的协同效果，因此，在塑料、橡胶、石油制品和松香树脂中获得广泛应用，尤其对聚乙烯电线电缆料 (如通信电缆护套料、化学交联聚乙烯绝缘料、半导电屏蔽料、硅烷交联聚乙烯电缆料等)、高密度聚乙烯管材专用料、户外用其他黑色聚乙烯材料等，更具独特的效果。

（3）电缆料用助剂配方研究

助剂体系包含过氧化物和抗氧剂。高温下，作用不同的过氧化物和抗氧剂在树脂中容易发生反应，造成助剂提前消耗，有效抑制两者反应是需要解决的关键技术问题。此外，若过氧化物在树脂中分散不均匀，加工过程中容易局部反应产生大分子凝胶，影响产品质量，降低耐压等级，因此需提升助剂在树脂中的分散均匀性。

袁宝等[40]针对目前传统化学交联绝缘料中交联剂含量过高的问题，通过添加助交联剂制备过氧化物交联聚乙烯绝缘料，探讨助交联剂对材料凝胶含量、焦烧性能、热延伸、力学性能及介电性能的影响，分析助交联剂的交联机理，并对含助交联剂的绝缘料、传统绝缘料和进口绝缘料进行性能对比测试。结果表明助交联剂的加入可以明显降低过氧化物交联剂的用量，并使绝缘料保持良好的力学性能、热延伸、凝胶含量和抗焦烧性能，有助于提高绝缘料和电缆的生产效率。

涂必冬等[41]采用熔融共混法制备了 220kV 高压交流电缆用交联聚乙烯绝缘料预混料，采用后吸收法制备交联聚乙烯绝缘料，研究了国产高压交流电缆绝缘料与同电压等级进口材料在杂质含量、力学性能、体积电阻率、热老化性能、加工工艺性能等方面的差异，发现相关问题及差距，对国内高压电缆材料研发有一定参考意义。

孔祥清[42]以 PE 为基料，添加不同质量份数的交联剂 DCP 和 0.3 份抗氧剂 300 制备 XLPE 绝缘料，研究交联剂含量对 XLPE 交联程度、交联反应时间、副产物气体的产量、力学性能、电气性能的影响，并与进口高压交流电缆 XLPE 绝缘料性能进行比较，从而得到可制得综合性能优异的 XLPE 的交联剂添加量。结果显示，随着 DCP 含量的增加，XLPE 的交联程度和交联反应速率增大，但当 DCP 含量增加到 1.8 份后，交联程度和交联反应速率增加缓慢。产气测量值显示，随着 DCP 含量的增加，产气量逐渐增大。拉伸强度测试结果显示，随着 DCP 含量的增加，拉伸强度和断裂伸长率稍有增加。交流击穿场强及介电谱结果显示，添加 1.7 份以上 DCP 的 XLPE 绝缘料的击穿场强和介电常数差异不大，与进口 XLPE 绝缘料近似，甚至在高温下的衰减速率低于进口料。168h、135℃的加速热老化实验和氧化诱导期测试结果表明，添加 1.8 份、1.9 份 DCP 的 XLPE 绝缘材料抗热老化性能较好。

笔者所在团队对抗氧剂的优选和过氧化物用量优选进行了研究：

① 抗氧剂的优选　研究了添加不同抗氧剂交联料的绝缘电树枝生长特性（图 8-14 和图 8-15），可见添加通用抗氧剂的 DLL-20 号、DLL-21 号样品经过 30min 后电树枝快速生长，形貌具有更少的分支，PRPD 谱图显示存在较多的高幅值的局部放电信号；添加优选的硫代双酚类抗氧剂的 DLL-22 号样品初期有电树枝生成，经过 30min 后电树枝生长缓慢，具有较多的分支，PRPD 谱图显示存在较少的高幅值的局部放电信号，进入滞长阶段。研究结果表明：不同类型抗氧剂可以影响电树枝生长速度，添加抗氧剂 ROSIN-6 的 DLL-22 号样品抗氧化性能较好。

② 过氧化物用量优选　考察了过氧化物用量对电树枝性能的影响，发现：施加电压 40min 后，沿电场方向的电树枝长度是先减小后增大的；当 DCP 含量为某一定值时，沿电场方向的电树枝长度最短，推测其击穿可能性最小，击穿所需时间较长，耐电树枝

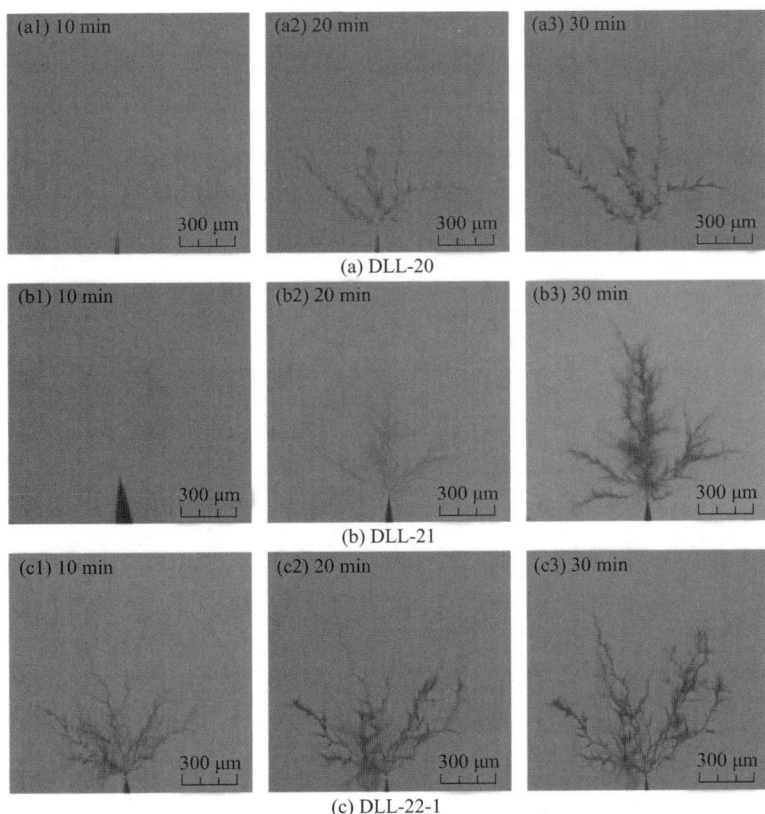

图 8-14　绝缘试样电树枝形貌

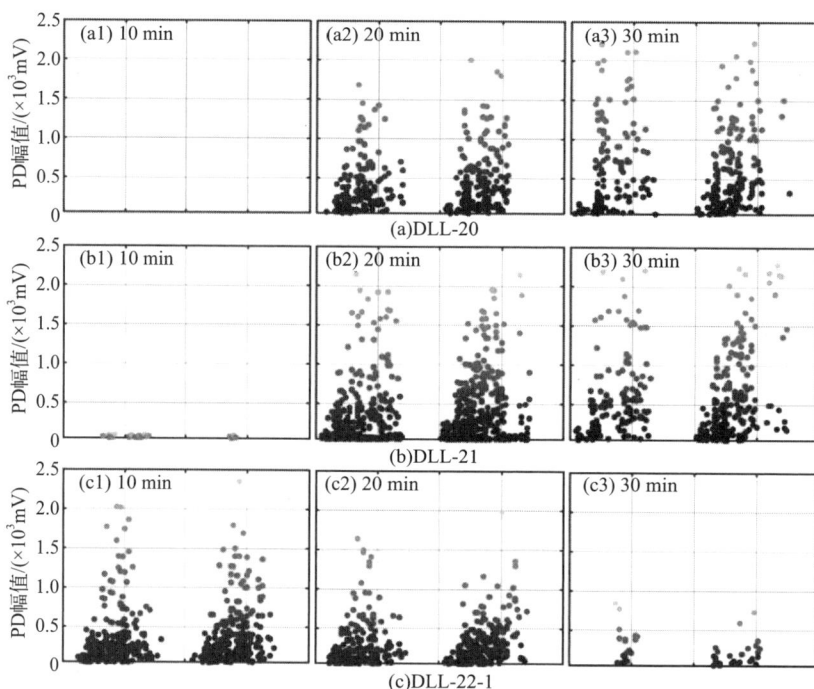

图 8-15　绝缘试样局部放电（PRPD）谱图

性能为最好。对比施加电压后的前 10min，随着 DCP 含量的增大，电树枝的生长速度大致呈现先减小后增大的趋势；在 DCP 含量为某一定值时，电树枝的增长速度为最低。出现这些现象，可能是因为随着交联剂含量的增多，会存在部分过氧化物交联剂分解产生的自由基无法引发链反应从而残留在试样中，交联副产物的含量也会有所增加，与此同时，交联度也会有所变化。交联副产物含量的增长会导致 XLPE 试样中更容易出现空间电荷的积聚，介电性能与击穿场强降低，电树枝的生长速度可能会因此加快，电树枝沿电场方向的长度可能会更长，耐电树枝性能会变差。交联度的增长会使得 LDPE 由线型结构转化为三维网状结构的程度增大，这样介电性能与击穿场强都会有所提升，电树枝的生长速度可能会降低，电树枝沿电场方向的长度可能会减小，耐电树枝性能会变得优越。

　　将 LDPE 树脂、抗氧剂在双螺杆中挤出机中进行熔融共挤制备绝缘料预混料，再把特定含量的过氧化物 DCP 与预混料在浸润釜中进行浸润，测试得到交联电缆料的性能。制得的 110kV 电缆料拉伸强度、热延伸性能、介电常数及介电损耗角正切均满足指标要求。

8.2.3.3　聚乙烯分子链结构对交联料性能的影响

　　在过氧化物交联过程中，PE 的交联状态与其分子结构存在重要关系[43]。分子量大小是重要的参数之一，物理交联点随着数均分子量的增大而增多。对于相似结构的 PE，高分子量材料在较少的过氧化物作用下也能够达到足够的交联点，可实现高扭矩值。LDPE 中增加的长链分支数量导致聚合物分子的尺寸减小，这种结构增强了分子内交联而牺牲了所需的分子间相互作用；而 HDPE 由于支化度较低表现较差的交联能力，在同等反应条件下交联后聚合物中凝胶含量最低[44]。此外，分子结构中乙烯基数量对交联性能具有较大影响，高乙烯基含量的 LDPE 的交联性显著增强。因为在交联反应过程中，自由基可迁移至乙烯基端，造成乙烯基聚合和自由基交联同时发生，提高了材料中的凝胶含量。

PE 的热学性能也由于交联剂用量的改变而发生变化，交联度随着交联剂用量的增加而提高，材料的结晶度、结晶温度和熔点均随之降低。

影响绝缘材料的体积电阻率的因素较多，与绝缘材料所用的基础树脂、绝缘材料的杂质情况、交联程度等均有一定的关系。

造成国产 YJ-220 绝缘料的体积电阻率较低的原因如下。

① 国内高压电缆材料的基体树脂在整体合成环境的纯净度、极性小分子物质残留上并未做特殊处理。

② 国外产品的基体树脂在合成阶段提高了整体乙烯基基团含量，制备的绝缘材料达到同样交联度的前提下可以较少地添加主交联剂。而国产 YJ-220 绝缘材料的基体树脂整体乙烯基基团含量较低，不饱和度较低，要达到同样的交联度，在减少主交联剂的同时需要适当补充助交联剂，这会降低整体材料的体积电阻率。

③ 随着抗氧剂含量的增加，交联剂分解出的自由基被抗氧剂捕获，产生的极性交联副产物减少，可极化粒子数减少，导致试样的介电常数有所降低。

刘善秋等[45]以过氧化二异丙苯（DCP）为交联剂，考察了温度、时间及 DCP 用量对交联低密度聚乙烯（XLDPE）结构和性能的影响，建立了结构与性能的关系。研究表明，交联度与交联密度随着 DCP 用量的增加而增大；当 DCP 用量超过 2.0%，且交联温度和时间分别大于 160℃和 15min 时，XLDPE 的交联度达到最大值；当温度高于 450℃时，XLDPE 热稳定性较 LDPE 好，且 XLDPE 的结晶度、结晶温度及熔融温度随着交联度的增加而下降；XLDPE 具有剪切变稠特性，其剪切黏度随着剪切速率和交联度的增加而增大。

8.2.3.4 高压电缆料交联技术开发

通用的 PE 材料长期工作温度上限约为 70℃，且一般的 PE 材料材质较软，工作温度受限，力学性能较差，限制其在电缆绝缘应用领域的发展。针对这些问题，研究人员采用物理或化学的方式对 PE 材料进行交联，将热塑性 PE 转变为具有三维网络结构的热固性交联聚乙烯[46]，显著提高了力学性能和热学性能，XLPE 电缆可在 90℃下长期运行，短时间能够承受 130℃的高温。

潘燕凯[47]综述了交联聚乙烯制备工艺的最新研究进展，包括辐射交联、硅烷交联以及过氧化物交联，介绍了纳米金属氧化物、纳米硅系材料、蒙脱土等纳米材料对交联聚乙烯在电缆绝缘领域的改性研究进展，并对电力电缆绝缘层用交联聚乙烯未来的发展趋势进行了展望。

张宇航等[48]研究发现 UV 辐照交联技术具有交联效率高、交联效果好、产品性能稳定、设备简单投资小、节能环保和操作机动灵活等特点，未来在低压电缆领域有大范围取代硅烷交联技术、小规模代替电子束辐照交联技术的趋势。

笔者所在团队采用优化助剂配方，通过双螺杆挤出机对电缆料基础树脂与抗氧剂的混合物进行造粒，再采用浸润方式添加过氧化物，得到可交联电缆料，性能如表8-22所示，结果表明交联电缆料物性满足 GB/T 11017.2—2024 规定的指标要求。

表8-22　110kV 高压电缆料性能

项目	国标规定指标	110kV交联料检测值
拉伸强度/ MPa	≥17.0	22.62
断裂伸长率/%	≥500	534.74
热延伸试验[（200±3）℃，0.20MPa] 　负荷下伸长率/% 　永久变形率/%	≤100 ≤10	63.3 −3.8
相对介电常数	≤2.35	2.30
介电损耗角正切	≤5.0×10^{-4}	1.31×10^{-4}
凝胶含量/%	—	84.2
短时工频击穿场强（较小的平板电极直径25mm，升压速率500V/s）/(kV/ mm)	≥25.0	53.24
体积电阻率（23℃)/(Ω·m)	≥1.0×10^{13}	1.72×10^{15}
杂质最大尺寸（1kg样片中）/mm	≤0.10	0.09

8.2.4　超高压电缆生产流程和适用标准

8.2.4.1　高压电缆生产流程

（1）材料选取

高压电缆的制造需要各种材料，包括导体、绝缘层、外护套等。在材料选取过程中，需要考虑导体的电阻率、强度和韧性，绝缘层的介电强度，耐热性外护套的机械强度和耐磨性等因素。

（2）导体制造

导体是高压电缆的核心组成部分，通常采用铜和铝作为导体材料。导体的制造需要进行拉伸、挤压和绞合等工艺，以保证导体的准确尺寸和优良性能。

（3）绝缘层制造

绝缘层是高压电缆的重要组成部分。通常采用聚烯烃类材料作为绝缘层，制造过程包括挤压和固化等环节，以确保绝缘层的良好性能。

（4）成缆

成缆是将多根导体以特定方式编织在一起，形成成品高压电缆。在成缆过程中，需要根据电缆规格和需求，采用不同的编织方式，包括圆周式、椭圆式、同轴式等。

（5）铠装

为保护高压电缆免受外部机械压力的损害，常常需要进行铠装。铠装可采用钢带、钢丝、铝带、镀锡铜带等材料，经过编织、压合等工序后，套在成品高压电缆外部。

（6）检测

为确保高压电缆的质量和安全性，需要进行多项检测，包括外观检查、尺寸检测、电性能检测等。同时，高压电缆需要经过一系列试验，如高电压试验、放电试验和短路试验等，在测试中发现的问题需要及时修复和改进。

以上是高压电缆生产流程的主要环节，除了以上的步骤，生产过程中还需要考虑安全和环保等方面的问题。总之，高压电缆的制造过程非常繁琐，需要经过多个环节的精心制造和严格检测，才能确保产品的质量和安全使用。对于生产过程中产生的废弃物，需要进行专门的处理和回收。

中国石油兰州石化公司近年来开发了110kV、220kV系列高压电缆料用基础树脂，累计产量超过2万吨，在浙江万马、江苏德威等下游电缆绝缘料企业进行了广泛应用。中国石油兰州石化公司将进行2万吨/年高压可交联电缆绝缘料的建设，依托开发的交联技术，为下游高压电缆生产企业提供性能优良的110kV、220kV高压可交联电缆绝缘料。

8.2.4.2　高压电缆标准要求

为了确保安全性和可靠性，高压电缆材料必须经过严格检测，符合各项标准的要求。

（1）IEC标准

IEC 60840：规定额定电压为30kV至150kV电缆的测试要求。

IEC 62067：适用于额定电压超过150kV的电缆，涵盖机械和电气性能标准。

（2）ANSI/ICEA标准

ANSI/ICEA S-108-720：处理交联聚乙烯（XLPE）绝缘电力电缆的测试程序和性能基准。

（3）国家标准

GB/T 11017—2024《额定电压66kV(U_m=72.5kV)和110kV(U_m=126kV)交联聚乙烯绝缘电力电缆及其附件》

GB/T 18890—2015《额定电压220kV(U_m=252kV)交联聚乙烯绝缘电力电缆及其附件》

GB/T 22078—2008《额定电压500kV(U_m=550kV)交联聚乙烯绝缘电力电缆及其附件》

GB/T 2951.11—2008《电缆和光缆绝缘和护套材料通用试验方法　第11部分：通用试验方法　厚度和外形尺寸测量　机械性能试验》

国家标准GB/T 11017—2024规定的试验项目及要求见表8-23～表8-25。

表8-23　电缆例行试验（R）项目及要求

试验项目	试验要求（GB/T 11017.1—2024条目）
局部放电试验	9.2
电压试验	9.3
非金属外护套的电气试验	9.4

表 8-24　电缆抽样试验（S）项目及要求

试验项目	要求（标准条目）	
	GB/T 11017.2—2024	GB/T 11017.1—2024
导体检验	6.1.1	10.4
导体和金属屏蔽电阻测量	6.1.2、6.5.4	10.5
绝缘厚度测量	6.2.2	10.6.2
铜丝屏蔽的检查（适用时）	6.5.2	—
金属套厚度测量	6.6.2	10.7
非金属外护套厚度测量	6.7.2	10.6.3
直径测量（要求时进行）	—	10.8
绝缘热延伸试验	—	10.9
电容测量	—	10.10
雷电冲击电压试验（适用时）	—	10.11
透水试验（适用时）	—	10.12
具有与外护套黏结的纵包金属带或纵包金属箔的电缆组件的试验（适用时）	—	10.13

表 8-25　型式试验（T）项目及要求

试验项目	试验对象①		要求（标准条目）	
	电缆	电缆系统	GB/T 11017.2—2024	GB/T 11017.1—2024
绝缘厚度检验	×	×	—	12.4.1
弯曲试验	×	×	—	12.4.3
室温下的局部放电试验				12.4.4
介电损耗角正切tanδ测量	×	×	—	12.4.5
热循环电压试验	×	×	—	12.4.6
局部放电试验（最后一次热循环后或下述雷电冲击电压试验后进行）				12.4.4
高温下	—	×	—	
室温下	×	×	—	
雷电冲击电压试验及随后的工频电压试验	×	×	—	12.4.7
局部放电试验（如上述局部放电试验没有进行）				12.4.4
高温下	—	×	—	
室温下	×	×	—	
检验	×	×	—	12.4.8
半导电屏蔽电阻率	×	×	6.3.5	12.4.9
电缆结构检查	×	×	6	12.5.2

续表

试验项目	试验对象[①]		要求（标准条目）	
	电缆	电缆系统	GB/T 11017.2—2024	GB/T 11017.1—2024
绝缘老化前后力学性能试验	×	×	—	12.5.3
非金属外护套老化前后力学性能试验	×	×	—	12.5.4
成品电缆段相容性老化试验	×	×	—	12.5.5
PVC 外护套失重试验	×	×	—	12.5.6
外护套高温压力试验	×	×	—	12.5.7
外护套低温试验	×	×	—	12.5.8
PVC外护套热冲击试验	×	×	—	12.5.9
绝缘微孔杂质试验	×	×	6.2.3	12.5.10
绝缘热延伸试验	×	×	—	12.5.11
半导电屏蔽层与绝缘层界面的微孔与突起试验	×	×	6.3.4	12.5.12
黑色PE外护套炭黑含量测量（仅适用于非阻燃护套）	×	×	—	12.5.13
燃烧试验（要求时进行）	×	×	—	12.5.14
纵向透水试验（要求时进行）	×	×	—	12.5.15
具有与外护套黏结的纵包金属带或纵包金属箔电缆的组件试验	×	×	—	12.5.16
XLPE绝缘收缩试验	×	×	—	12.5.17
外护套收缩试验	×	×	—	12.5.18
非金属外护套刮磨试验	×	×	—	12.5.19
铝套腐蚀扩展试验	×	×	—	12.5.20
外护套吸水试验	×	×	—	12.5.21
成品电缆标志的检查	×	×	7	—

① ×表示要做此项试验；—表示不须做此项试验。

国家标准 GB/T 18890.1—2015 中规定的电缆组件和成品电缆的非电气型式试验项目见表 8-26，电缆 XLPE 绝缘混合料老化前后的力学性能要求见表 8-27。

表 8-26　电缆组件和成品电缆的非电气型式试验项目汇总

项目	绝缘	外护套	
混合料	XLPE	ST$_2$[①]	ST$_7$[②]
结构检查，透水试验[③]	均适用，与绝缘和外护套材料无关		
力学性能（拉伸强度和断裂伸长率） 　老化前 　空气烘箱老化后 　成品电缆老化后（相容性试验）	× × ×	× × ×	× × ×

续表

项目	绝缘	外护套	
高温压力试验	—	×	×
低温性能			
低温拉伸试验	—	×	—
低温冲击试验		×	
空气烘箱热失重	—	×	—
热冲击试验	—	×	—
热延伸试验	×	—	—
炭黑含量试验④	—	—	×
燃烧试验⑤	—	×	—
绝缘中微孔杂质试验	×	—	—
半导电屏蔽层与绝缘层界面的微孔与突起	×	—	—
非金属外护套的刮磨试验	—	×	×
铝套的腐蚀扩展试验	—	×	×
具有与外护套黏结的纵包金属层的试验⑤	—	—	×

① 以聚氯乙烯为基材。
② 以聚乙烯为基材。
③ 用于制造方申明具有纵向阻水措施的电缆。
④ 仅对黑色外护套。
⑤ 只在制造方申明电缆设计适合时要求。
注：×表示要做此项试验；—表示不须做此项试验。

表 8-27　电缆 XLPE 绝缘混合料老化前后的力学性能要求

试验①项目			性能要求
正常运行时导体最高温度/℃			90
老化前	最小拉伸强度/(N/mm²)		12.5
	最小断裂伸长率/%		200
空气烘箱老化②后	拉伸强度	老化后最小值/(N/mm²)	—
		最大变化率③/%	±25
	断裂伸长率	老化后最小值/%	—
		最大变化率③/%	±25

① 试验方法见 GB/T 2951.11—2008 的 9.1。
② 热老化方法见 GB/T 2951.12—2008 的 8.1。热老化条件：温度 135℃，温度偏差 ±3℃，持续时间 168h。
③ 变化率 = $\dfrac{\text{老化后数据中间值} - \text{老化前数据中间值}}{\text{老化前数据中间值}} \times 100\%$。

国家标准 GB/T 22078—2008 规定的电缆的检验分类、要求和试验方法见表 8-28。

表 8-28　电缆的检验分类、要求和试验方法

试验项目	试验要求	试验类型①	试验方法
局部放电试验	GB/T 22078.1—2008中9.2	R	GB/T 3048.12—2007
工频电压试验	GB/T 22078.1—2008中9.3	R	GB/T 3048.8—2007

续表

试验项目	试验要求	试验类型^①	试验方法
金属套外护套直流耐压试验	GB/T 22078.1—2008中9.4	R	GB/T 3048.14—2007
导体结构检查	GB/T 22078.1—2008中10.4和12.5.1	S、T	目测
导体直流电阻测量	GB/T 22078.1—2008中10.5	S	GB/T 3048.4—2007
绝缘厚度测量	GB/T 22078.1—2008中10.6和12.4.1	S、T	GB/T 2951.11—2008
金属套厚度测量	GB/T 22078.1—2008中10.7和12.5.1	S、T	GB/T 2951.11—2008和GB/T 22078.1—2008中10.7
金属套外护套厚度测量	GB/T 22078.1—2008中10.6和12.5.1	S、T	GB/T 2951.11—2008
交联聚乙烯绝缘热延伸试验	GB/T 22078.1—2008中10.9和12.5.9	S、T	GB/T 2951.21—2008
电容测量	GB/T 22078.1—2008中10.10	S	GB/T 3048.11—2007
雷电冲击电压试验及随后的工频电压试验	GB/T 22078.1—2008中10.11	S	GB/T 3048.13—2007和GB/T 3048.8—2007
绝缘厚度检查	GB/T 22078.1—2008中12.4.1	T	GB/T 2951.11—2008
弯曲试验及随后的局部放电试验	GB/T 22078.1—2008中12.4.4和12.4.5	T	GB/T 3048.12—2007
介质损耗角正切tanδ测量	GB/T 22078.1—2008中12.4.6	T	GB/T 3048.11—2007
热循环电压试验及随后的局部放电试验	GB/T 22078.1—2008中12.4.7和12.4.5	T	GB/T 3048.8—2007和GB/T 3048.12—2007
操作冲击电压试验	GB/T 22078.1—2008中12.4.8	T	GB/T 3048.13—2007
雷电冲击电压试验及随后的工频电压试验	GB/T 22078.1—2008中12.4.9	T	GB/T 3048.13—2007 GB/T 3048.8—2007
电气型式试验结束后电缆系统的检验	GB/T 22078.1—2008中12.4.10	T	目测检验
半导电屏蔽电阻率测量	GB/T 22078.1—2008中12.4.11	T	GB/T 22078.1—2008中附录B
绝缘和护套力学性能试验	GB/T 22078.1—2008中12.5.2和12.5.3	T	GB/T 2951.11—2008 GB/T 2951.12—2008
成品电缆样段材料相容性试验	GB/T 22078.1—2008中12.5.4	T	GB/T 22078.1-2008中12.5.4
聚氯乙烯护套热失重试验	GB/T 22078.1—2008中12.5.5	T	GB/T 2951.32—2008
护套高温压力试验	GB/T 22078.1—2008中12.5.6	T	GB/T 2951.31—2008
聚氯乙烯外护套低温性能试验	GB/T 22078.1—2008中12.5.7	T	GB/T 2951.14—2008
聚氯乙烯外护套热冲击试验	GB/T 22078.1—2008中12.5.8	T	GB/T 2951.31—2008
黑色聚乙烯外护套炭黑含量测量	GB/T 22078.1—2008中12.5.10	T	GB/T 2951.41—2008

试验项目	试验要求	试验类型[①]	试验方法
燃烧试验	GB/T 22078.1—2008中12.5.11	T	GB/T 18380.11—2022
纵向透水试验	GB/T 22078.1—2008中12.5.12	T	GB/T 22078.1—2008中附录C
绝缘层杂质、微孔和半导电层与绝缘界面微孔、突起检查	GB/T 22078.1—2008中12.5.13	T	GB/T 22078.1—2008中附录E
外护套刮磨试验	GB/T 22078.1—2008中12.5.14	T	JB/T 10696.6—2007
皱纹铝套腐蚀扩展试验	GB/T 22078.1—2008中12.5.15	T	JB/T 10696.5—2007
成品电缆标志检查	GB/T 22078.2—2008中9	T	目测
成品电缆标志耐擦试验	GB/T 22078.2—2008中9	T	GB/T 6995.1—2008中5.2
绝缘厚度检查	GB/T 22078.1—2008中13.2.1	P	GB/T 2951.11—2008
热循环电压试验	GB/T 22078.1—2008中13.2.3	P	GB/T 3048.8—2007
雷电冲击电压试验	GB/T 22078.1—2008中13.2.4	P	GB/T 3048.13—2007
预鉴定试验结束后电缆系统的检验	GB/T 22078.1—2008中13.2.5	P	目测检验

① R—电缆例行试验；S—电缆抽样试验；T—型式试验；P—预鉴定试验。

8.2.4.3 高压电缆认证

从工业环境到可再生能源项目，高压电缆对于各类应用中的高效和安全电力传输至关重要。高压电缆需要通过适当的认证，确保其最高的性能和安全标准，为各个行业提供可靠的电力解决方案。高压电缆认证过程包含以下内容：

① 材料测试 电缆材料需进行电气绝缘性能、机械强度、耐热性和化学稳定性测试。

② 结构验证 电缆设计，包括导体和绝缘层，需检查是否符合标准规定。

③ 性能评估 在模拟操作条件下测试电缆，确保它们能够处理额定电压和环境压力。

④ 安全评估 进行防火性能、电磁干扰屏蔽以及安装和操作期间的整体安全性评估。

在新电缆投入使用之前，人们通过进行各种试验来检测电缆的力学性能和电气性能。目前常规的高压交联聚乙烯电力电缆的电气试验可分为6类，即例行试验、抽样试验、型式试验、预鉴定试验、交接试验和预防性试验。这些试验可以验证制造厂所生产的电缆是否符合基本技术条件，及时发现电缆在生产、安装、运行等不同阶段可能出现的常规性问题。

例行试验（出厂试验）是对所有出厂电缆均应进行的试验，内容包括导体的直流电阻测量、工频耐压试验和局部放电。通过上述试验可以确认导体截面及纯度和电缆整体的绝缘水平是否达到要求，确认电缆制造中在本体绝缘内形成的微小气泡等缺陷是否对电缆绝缘构成较大危害。

抽样试验是对部分出厂电缆进行的试验项目，每批按一定比例抽取，内容包括结构尺寸检查和热延伸试验。结构尺寸检查可以确认电缆绝缘厚度符合规定要求；热延伸试验是通过检验规定条件下电缆绝缘的热延伸性能，来确认交联聚乙烯是否已经达到相应机械强度和耐热性能的要求。

型式试验是制造厂在投入某种电缆批量生产之前，为了检验其性能所进行的试验。其项目内容较多，除电缆出厂时必作的试验项目外，还包括加速老化试验和弯曲试验等非常规性试验。

预鉴定试验是指拥有相关资质的实验部门对定型产品在经过一定周期老化试验后所进行的电缆品质见证性试验，用以证明产品所拥有的基本品质。

交接试验是对准备投入运行的电缆完整系统在投入运行前所进行的最后验证性试验，通常包括变频耐压试验和外护套绝缘试验等。

预防性试验是对投入运行的电缆在运行一定时间后开展的验证其绝缘水平的基本性能试验，通常进行变频耐压试验。

从上述介绍的6类试验所包括的内容可以看出，预鉴定试验可以在一定程度上间接反映出交联工艺对交联聚乙烯绝缘料品质的影响，但该方法不能用于每一批出厂电缆的交货验证。而且预鉴定试验中的电缆品质不能完全代表后期同型号产品的品质。抽样试验中的热延伸试验虽然能够反映出交联工艺对交联聚乙烯绝缘料的力学性能和耐热性能，但这些性能不能反映其电气性能。

8.2.5　展望

高压电缆是远距离电力输送中的关键一环，绝缘材料在保障其安全运行中发挥着至关重要的作用。高压电缆绝缘料国产化研究接连取得多项突破，并逐步实现工业化应用，将使其长期依赖进口的局面得到显著改善，将为我国保障能源安全、助力"双碳"目标的实现贡献重要力量。

目前国内高压电力电缆企业主要有远东电缆、金杯电工、汉缆股份、江南电缆、晨光电缆和球冠电缆等；海缆行业一线企业东方电缆、中天科技、亨通光电占据市场绝对份额。根据初步推算，陆缆中的超高压电缆料国内需求大约为10万吨/年以上，海缆材料的国内市场需求为2万～2.5万吨/年。基于海风项目投建和风机风场规模扩大，海缆市场有继续上升的空间。

随着电力需求的增长，城市电网改造和海洋资源的开发等对电缆提出了更长距离、更大容量、更可靠稳定性及更优秀综合性能（如环境友好性、方便性）等要求。

（1）超高压电力电缆

在节能环保之经济发展理念下，以"高能效、低损耗"为主要特征的高压、超高压输电方式已成为电力行业发展的必然方向。由于其"大容量、高可靠、免维护"等方面的众多优势，高压、超高压电力电缆已被越来越多地应用于长距离、大跨度输电线路。高压、超高压电力电缆逐渐替代中低压电力电缆是行业发展的必然趋势。超高压建设更将上升到国家战略的高度，由此给电缆生产行业带来了巨大的机遇和挑战，特高压电缆将需求旺盛。

（2）高压直流电缆

相比于交流输电系统，直流输电系统具有输送容量大、输送距离远等优点，且直流输电系统功率调节快速灵活、大范围的连锁故障风险较低，系统运行较为可靠。高压直流电缆作为直流输电系统的重要组成部分，广泛应用于风电并网、海岛供电及跨海长距离输电。研究表明，在输电距离大于40km的电缆工程中，高压直流电缆具有成本优势，且距离越长优势越明显。理论上，直流电缆相对于交流电缆有着明显的优势：绝缘工作电场强度高、绝缘厚度薄，安装容易；仅存在绝缘介质电阻损耗和导线损耗，载流量大；没有线路电容问题，输送距离更长；没有交流磁场，有环保方面的优势。要增大输送容量，延长输送距离，采用直流输电技术是较为经济的。因此目前新上的大功率、长距离电缆线路采用高压直流的输电方式成为发展趋势。此外，多条线路扩容方案采用直流转交流运行的方式进行，其中，我国最高电压等级的500kV海南联网电缆线路也拟改直流运行以达到扩容目的。

然而，直流电缆尤其是挤塑直流电缆一直滞后于交流电缆的发展，除了直流系统的换流设备成本较高以外，直流的绝缘问题仍是目前该技术使用的瓶颈。一方面，直流下绝缘中电场强度的分布受材料电阻率影响，而电阻率对温度变化较为敏感，因此场强分布随着电缆运行状态发生变化，这与交流下电场受对温度不敏感的材料介电常数支配的情况不一样，给绝缘设计带来新的问题。另一方面，直流下空间电荷定向移动，在材料中聚集、迁移，造成场强畸变和材料的老化破坏，而其作用机理目前尚不明确。

国际上欧洲和日本在挤压型直流电缆方面已经有很多年的运行经验。欧洲在直流电缆的制造、安装和研发方面处于领先地位，有世界上著名的电缆生产厂家瑞士ABB公司、法国耐克森和意大利普瑞斯曼公司以及电缆料供应商北欧化工等。

我国在直流电缆的研发、生产、施工及运行水平方面也开展了大量工作，但和世界先进水平相比依然存在一定差距，实际工程应用中的电力电缆大部分依赖进口，国内生产的产品也基本采用进口电缆绝缘材料。

（3）高压电缆材料技术发展趋势

① 新材料的应用　随着材料科学的不断进步，新型材料的应用将成为高压电缆发展的重要趋势。例如，碳纳米管、石墨烯等新型碳材料具有优异的导电性和强度，可以用于制造高性能的导体，提高电缆的输电效率和承载能力。

② 高温超导材料的应用　高温超导材料具有零电阻和零能耗的特性，可在输电过程中减少能量损耗，提高电力传输效率。未来，高温超导材料有望在高压电缆中得到广泛应用，推动电力传输系统的节能减排和可持续发展。

③ 智能化和可持续发展　随着智能电网和可再生能源的发展，高压电缆需要具备智能化监测和控制能力，以适应复杂的电力系统运行需求。同时，可持续发展理念的普及也促使高压电缆材料技术向更环保、耐久的方向发展，减少资源消耗和环境污染。

④ 技术集成和系统优化　未来，高压电缆的发展将趋向于技术集成和系统优化，通过优化材料选择、结构设计和制造工艺，提高电缆的性能和可靠性，降低生产成本和维护成本，实现电力传输系统的高效运行。

⑤ 全球化合作与标准化　高压电缆的制造和应用涉及多个领域和国家，未来的发展将更加依赖于全球化合作与标准化。应通过制定统一的技术标准和质量控制体系，促进国际间的技术交流与合作，推动高压电缆材料技术的全面发展和应用。

近年来，新型材料、制造工艺和技术的不断涌现，为电线电缆行业的发展提供了强大的技术支持。例如，采用高纯度材料、纳米复合材料等新型材料可以显著提高电线电缆的电气性能和力学性能。同时，先进的制造工艺和技术，如精密挤出成型、激光焊接等，也使得电线电缆产品的精度和可靠性得到了大幅提升。

参考文献

[1] 赵燕，殷茜，王在花，等.介电聚烯烃树脂市场与生产现状 [J]. 石油化工，2021, 40(9): 5-11.

[2] 王光华.聚丙烯电工膜料技术概述及市场分析 [J]. 石化技术，2021, 28(9): 200-201.

[3] 莫名月，陈红雨，等.锂离子电池隔膜的研究进展 [J]. 电源技术，2011, 35(11): 1438-1466.

[4] 刘春娜.锂电池隔膜行业发展动态 [J]. 电源技术，2015, 39(4): 657-658.

[5] 中国石油化工股份有限公司北京化工研究院.一种用于丙烯聚合的催化剂组分及催化剂：CN101643519[P]. 2010-02-10.

[6] 赵瑾，夏先知，刘月祥.聚丙烯球形 HA-R 催化剂的性能 [J]. 石油化工，2017, 46(04): 427-432.

[7] 张丕生，孙福国，徐辉，等.电容器薄膜用聚丙烯的生产现状 [J]. 合成树脂及塑料，2021, 38(03): 59-63.

[8] 赵瑾，夏先知，刘月祥.高纯聚丙烯树脂的研究进展 [J]. 合成树脂及塑料，2014, 31(1): 76-80.

[9] 李丽英，袁炜，田广华，等.均聚聚丙烯 1102K 灰分偏高的解决措施 [J]. 石化技术，2012, 19(03): 43-45.

[10] 吴刚，陈振斌，刘阳冬，等.硬脂酸盐对山梨醇类成核剂增透聚丙烯性能的影响 [J]. 塑料科技，2023, 51(08): 54-59.

[11] 叶佳楣，邹蓓蕾，王豪，等.微波消解 -ICP-MS 测定塑料原料中 14 种催化剂残留元素 [J]. 分析试验室，2012, 31(9): 54-57.

[12] 王微微，刘海泉.浅谈如何保证 PP 灰分测定的准确性 [J]. 广东化工，2012, 39(14): 195-196.

[13] 谢鹏，陈敏剑，郑宁.自动仪器法测试塑料灰分含量 [J]. 塑料工业，2017, 45(12): 96-97.

[14] 陈晓莉，高山俊，胡敏.ICP-MS 测定聚丙烯输液瓶中镁、铝元素的含量及提取迁移测定 [J]. 中国药师，2017, 20(1): 29-31.

[15] 程怡.ICP-OES 内标法测定聚丙烯塑料水管中铝、铁、铅、锌含量 [J]. 石化技术，2016, 23(10): 36-37.

[16] 王涛，康菁，黄飞，等.微波消解 - 原子吸收光谱法测定聚丙烯中 Ti、Al、Cr 和 Pb 等元素的含量 [J]. 化工设计通讯，2016, 42(9): 9-10.

[17] 辛爱萍，林晓娟，谢新艺.微波消解 - 原子吸收光谱法测定药用聚丙烯瓶中的硬脂酸钙 [J]. 塑料包装，2015, 25(3): 34-36.

[18] 刘立行.悬浮液进样 - 火焰原子吸收光谱法测定聚丙烯中微量元素 [J]. 冶金分析，2008, 28(10): 11-13.

[19] 齐迎昊，张翀，邢照亮，等.聚丙烯灰分检测研究进展 [J]. 合成树脂及塑料，2019, 36(02): 94-98.

[20] 肖萌，陈毓妍，赵亦烁，等.高压直流金属化薄膜电容器绝缘性能提升方法研究进展 [J]. 高电压技术，2024, 50(06): 2319-2331.

[21] 储松潮，黄云锴，潘毓娴，等.电工级聚丙烯粒子国产化及其薄膜和电容器研究 [J]. 电力电容器与

无功补偿 , 2022, 43(05): 64-69.

[22] Xiong J, Wang X, Zhang X, et al. How the biaxially stretching mode influence dielectric and energy storage properties of polypropylene films[J]. Journal of Applied Polymer Science, 2021, 138(11): 50029.

[23] 王雨橙 , 李化 , 王哲豪 , 等 . 结晶度对金属化膜电容器保压性能的影响 [J]. 高电压技术 , 2022, 48(9): 3643-3650.

[24] Zhang C S, Ren C H, Feng Y, et al. Evolution characteristics of DC breakdown for biaxially oriented polypropylene films[J]. IEEE Transactions on Dielectrics and Electrical Insulation, 2023, 30(3): 1188-1196.

[25] 周一涵 , 李志元 , 程璐 , 等 . 微观结构对双向拉伸聚丙烯薄膜绝缘性能的影响 [J]. 高电压技术 , 2024, 50(10): 4591-4600.

[26] 查俊伟 , 查磊军 , 郑明胜 . 聚偏氟乙烯基复合材料储能特性优化策略 [J]. 物理学报 , 2023, 72(1): 7-19.

[27] 郑明胜 , 查俊伟 , 党智敏 . 新型高储能密度聚合物基绝缘材料 [J]. 电工技术学报 , 2017, 32(16): 37-43.

[28] Li H, Wang B W, Li Z W, et al. Modeling of stored charge in metallized biaxially oriented polypropylene film capacitors based on charging current measurement[J]. Review of Scientific Instruments, 2013, 84(10): 104707.

[29] 王威望 , 李盛涛 . 工程固体电介质绝缘击穿研究现状及发展趋势 [J]. 科学通报 , 2020, 65(31): 3461- 3474.

[30] Zhang C S, Feng Y, Kong F, et al. Effect of frequency on degradation in BOPP films under repetitively pulsed voltage[J]. CSEE Journal of Power and Energy Systems, 2024, 10(3):1280-1290.

[31] 张传升 , 章程 , 任成燕 , 等 . 聚丙烯基薄膜储能的影响机制及优化策略研究进展 [J]. 电工技术学报 , 2024, 39(07): 2193-2213.

[32] 余航 , 石玲 , 邓龙辉 , 等 . 锂离子电池隔膜材料的研究进展 [J]. 化工设计通讯 , 2019, 45(10): 167-169.

[33] 周建军 , 李林 . 锂离子电池隔膜的国产化现状与发展趋势 [J]. 新材料产业 , 2008, 4: 33-36.

[34] 王伟等 . 交联聚乙烯（XLPE）绝缘电力电缆概论 [M]. 西安 : 西北工业大学出版社 , 2018.

[35] Barlow A.The chemistry of polyethylene insulation[J]. IEEE Electrical Insulation Magazine, 1991, 7(1):8-19.

[36] Lee S H, Park J K, Lee C R, et al.The effect of low-molecular-weight species on space charge and conduction in LDPE[J].IEEE Transactions on Dielectrics and Electrical Insulation, 1997, 4(4):425-432.

[37] Fischer P H H, Nissen K W.The short-time electric breakdown behavior of polyethylene[J].IEEE Transactions on Electrical Insulation, 1976, 11(2):37-40.

[38] 杨永柱 . 高压电缆绝缘用可交联聚乙烯结构、性能及交联过程的研究 [D]. 杭州 : 浙江大学 , 2010.

[39] 胡发亭 , 郭奕崇 . 聚乙烯交联改性研究进展 [J]. 现代塑料加工应用 , 2002, 14(2):61-64.

[40] 袁宝 , 毛应涛 , 李维康 , 等 . 助交联剂对过氧化物交联聚乙烯绝缘料性能的影响 [J]. 绝缘材料 , 2020, 53(5): 34-40.

[41] 涂必冬 , 李维康 , 戴红兵 , 等 . 220kV 高压交流电缆用交联聚乙烯绝缘材料的性能研究 [J]. 电线电缆 , 2022(1): 6-9.

[42] 孔祥清 . 交联剂与抗氧剂对 XLPE 绝缘材料性能影响研究 [D]. 黑龙江 : 哈尔滨理工大学 , 2022.

[43] Smedberg A, Hjertberg T, Gustafsson B. Effect of molecular structure and topology on network formation in peroxide crosslinked polyethylene[J]. Polymer, 2003, 44(11): 3395-3405.

[44] Ahmad E E M, Luyt A S. Effects of organic peroxide and polymer chain structure on morphology and thermal properties of sisal fibre reinforced polyethylene composites[J]. Composites Part A: Applied Science and Manufacturing, 2012, 43(4): 703-710.

[45] 刘善秋, 公维光, 郑柏存. 过氧化物交联低密度聚乙烯的结构与性能关系研究 [J]. 塑料工业, 2013(5): 33-37.

[46] Ding M, He W F, Wang J H, et al. Performance evaluation of cross-linked polyethylene insulation of operating 110kV power cables[J]. Polymers, 2022, 14(11): 2282.

[47] 潘燕凯. 电缆绝缘树脂用交联聚乙烯的制备及其改性研究进展 [J]. 塑料科技, 2023, 51(3):99-105.

[48] 张宇航, 刘曹江, 黄晓军, 等. 低压电缆 XLPE 绝缘 UV 辐照交联技术研究 [J]. 光纤与电缆及其应用技术, 2023(1): 35-41.

第9章
聚烯烃中空容器专用料

中空容器是一种通过中空成型方法加工而成的塑料容器，具有重量轻、不易碎、耐腐蚀、可再回收利用等特点。中空容器的发展历程也体现了技术的进步和创新。自 20 世纪 50 年代后期高密度聚乙烯诞生和吹塑成型机发展以来，吹塑技术得到了广泛应用，使得中空容器的生产更加高效和多样化。

高密度聚乙烯 (HDPE) 密度大，具有优良的力学性能、耐化学药品腐蚀性，不吸湿性且具有良好的防水性，实现了硬度、抗冲击性能和耐环境应力开裂性的优良平衡，可用于生产大型集装容器、汽车油箱、果奶瓶等各种中空容器。目前高密度聚乙烯中空容器制品已广泛应用于各种危险与非危险化学品、油品及其他液体的盛装，正逐步取代金属容器，成为一些行业液体包装的主要形式。

9.1　IBC 桶专用料

9.1.1　概述

中型散装容器（IBC 桶）是一种容积介于桶和大型储罐之间的运输包装容器。主要有 640L、820L、1000L、1250L 四种规格，但以 1000L 为主，占总体的 90% 以上。IBC 桶由内胆和框架组成，内胆是采用高密度聚乙烯通过吹塑方法生产（上部有灌装口、下部有排放阀），外部框架是由镀锌钢管焊接的网格，底盘采用四向进叉型全钢型托盘，放置稳固，底部装有放料阀门，便于排出容器内的残余物。IBC 桶具有刚性大、耐蠕变、耐腐蚀、抗磨损、空间利用率高、卫生性好和安全可靠等特点，广泛用于石化、医药、食品、涂料和液体危险品等行业液体罐装、储运和周转。IBC 桶成为继钢桶、塑料桶之后新一代的包装容器，是近年来流行的一种装运液体产品的超大型塑料容器[1]。

世界容器市场对 IBC 桶的需求增长很快，年增长率为 15%～25%。IBC 桶于 1975 年由德国舒驰公司开始生产，到 20 世纪 90 年代需求增长最快，欧洲每年增长 8%，美国每年增长 25%。目前全球每年 IBC 桶的用量超过 1000 万只，市场价值超过 100 亿元人民币。世界各国特别是发达国家已普遍采用 IBC 桶来包装和储运危险化学品，以保障安全和防止海洋污染。此外，IBC 桶在液体危险品以外的行业也得到快速应用，其中包括饮用水、液态食品、油脂、医药等领域。国际市场情况表明，IBC 桶已形成了相当大的应用市场，在包装领域内是一个不可或缺的产品，其在贮存、运输等方面具有不可替代的优势，发展极为迅速。目前，国内 IBC 桶的需求量在 150 万～ 200 万只 / 年，随着对 IBC 桶认知程度的提高和应用领域的不断扩大，需求量日益增加，并且保持 15% 的年均需求增长，市场前景广阔。

国内 IBC 桶专用料生产技术处于起步阶段，市场长期被进口产品独占。IBC 桶专用料售价每吨高出通用树脂 550 元，以年产 1 万吨计算，可新增经济效益 2000 万元 / 年，经济效益十分显著。开发 IBC 桶专用料的生产技术，可以填补国内该领域的技术空白，进一步提高中国石油高端聚烯烃产品的开发能力，创造可观的经济效益和社会效益。

除北欧化工的 BL1487 采用专用的齐格勒 - 纳塔（Z-N）催化剂外，无论是浆液法还是气相法工艺，生产 IBC 桶专用料的催化剂均采用铬系催化剂催化乙烯 - 己烯共聚。催化剂反应机理为单体链转移机理，不同于钛系催化剂的氢气链转移机理。铬系催化剂与 Z-N 催化剂在催化反应过程中主要不同点是：使用铬系催化剂生产的树脂中含有不饱和烃链，通过链转移释放的不饱和乙基链亦是 α- 烯烃，能够参与共聚反应，形成一个极大的长链分支。长链分支的形成是铬系催化剂共聚反应的一个特殊情况，尽管使用铬系催化剂生产的树脂中长支链（LCB）很少，但它对树脂性能影响深远，增加了链缠结级别及其熔融力，改变了流变学性能，增加了非晶相和微结构变形的内张力等。同时使用铬系催化剂生产的树脂具有宽的分子量分布。这些特点均有利于生产加工性能、抗熔垂和耐环境应力开裂性能要求较高的大型挤出吹塑成型制品专用料。因此，在生产超大型吨包装 IBC 桶专用料时均采用铬系催化剂技术。[2-6]

国外 IBC 桶专用料典型牌号有德国巴塞尔公司的 Lupolen 同类样品 1、北欧 Borealis 公司的 BL1487、比利时 Total Petrochemicals 公司的 4908UV、韩国大林的 4570UV 等。目前下游加工企业多采用 Basell 公司的 Lupolen 同类样品 1 生产 IBC 桶。该产品具有较好的耐环境应力开裂（ESCR）性能，可以适用于更为广泛的化学品的装运，产品同时具有良好的卫生性能，被广泛应用于化工容器包装外的高端洁净型包装领域，如食品、医药、电子等。Lupolen 同类样品 1 采用 Basell 公司的 Lupotech G 气相流化床工艺生产，该工艺的聚合压力为 2.1MPa，温度为 95 ～ 115℃。由于催化剂性能优越，反应器条件控制得好，树脂产品细粉含量少，堆积密度高，形态好而且不结块。[7-9]

近年来，国内 IBC 桶专用料的研究与生产发展迅速。早期国内只有中国石油化工股份有限公司齐鲁公司开发的 QHB07，因质量不佳未能有效推广。近几年，随着 IBC 桶的发展，国内陆续开发了 IBC 桶专用料，如中国石油化工股份有限公司茂名分公司的同类样品 3、中海壳牌石油化工有限公司的 4261AGQ469、中国石油大庆石化公司的 DMDB4506 等 [10]。

9.1.2 IBC 桶专用料结构与性能

9.1.2.1 IBC 桶专用料性能

经市场调研后，收集市场现有的 IBC 桶专用料产品，进行性能测试，结果见表 9-1。

表 9-1 典型 IBC 桶专用料产品性能测试结果

样品		同类样品1	同类样品2	同类样品3
熔体流动速率/(g/10min)	5kg	0.31	0.42	0.35
	21.6kg	5.7	6.75	6
密度/(g/cm³)		0.946	0.945	0.945
拉伸屈服应力/MPa		24.21	25.1	25.3
拉伸强度/MPa		34.04	31.6	30.9
拉伸断裂标称应变/%		780	750	783
拉伸模量/MPa		944	952	934
弯曲强度/MPa		22.4	21.3	20.6
弯曲模量/MPa		951	942	941
冲击强度/(kJ/m²)		33.4	32.8	31.9
维卡软化点/℃		127.1	126.9	126.5

熔体流动速率是衡量聚烯烃树脂加工性能的一项重要指标，一般熔体流动速率越大，树脂的熔体黏度越小，流动性能越好。对于 IBC 桶这类大型挤出中空成型制品来说，要求树脂具有一定的熔体黏度及熔体强度，以减小挤出的型坯因自重而产生的垂伸，并在无撕裂的情况下均匀吹胀成型。物质的密度与分子堆砌的紧密程度有关。而由于高分子聚集态的复杂性，高聚物的密度不仅取决于材料内部分子链之间的几何排列，而且与其结晶区和非结晶区的结构形态有关。对于大型中空制品 IBC 桶用 HDPE，密度为考察指标之一。密度的大小反映了结晶的程度，而结晶虽对提高制品的刚性有利，但对制品的冲击韧性、耐环境应力开裂有不良影响，故对结晶应加以控制，以达到刚性与韧性的平衡[11-13]。

从表 9-1 数据可知在 21.6kg 载荷下，IBC 桶专用料的熔体流动速率均小于 10g/10min，适合吹制大型中空容器（一般加工大型中空容器要求，在 21.6kg 载荷下，HDPE 的熔体流动速率在 2 ~ 10g/10min 之间），密度应控制在 0.944 ~ 0.950g/cm³，以提供足够大的分子量，满足成型与制品使用的要求。

IBC 桶专用料具有优良的力学性能，以提高制品的耐环境开裂性、堆码性、抗跌落等性能。冲击强度优良，使制品的跌落实验良好。弯曲模量是用来衡量聚合物刚性的指标之一，模量高的树脂，其制品具有较高的挺括度及堆码高度。从表 9-1 的数据可知，IBC 桶专用料的综合力学性能优良，特别是冲击强度和弯曲模量，均属于较高的指标，其中同类样品 1 的综合性能较好。

9.1.2.2　IBC 桶专用料分子结构

由于聚合物的分子量具有多分散性，因此所指的分子量是其平均值。数均分子量 M_n 对聚合物中的低分子量部分的含量较敏感，重均分子量 M_w 则对高分子量部分的含量较敏感。提高 M_w 会增加聚合物分子之间的缠结，提高熔体强度，同时对改善熔体的热稳定性、型坯的熔体强度及延伸性都有很大作用。因此，分子量的大小是决定制品强度与韧性的一个主要因素。M_w 高的聚合物可取得较大的拉伸取向效应，进一步提高制品的性能，如冲击强度、ESCR 性能、抗蠕变性、耐热性与耐溶剂性。因此在中空领域应选择 M_w 较大的 HDPE 树脂。

大分子部分不但可以保证 IBC 桶专用料的强度和耐热性能，而且可以提高 ESCR 性能。而为保持其良好的加工性能和外观，则需适当加宽分子量分布。利用凝胶渗透色谱（GPC）对对标产品进行分子量、分子量分布进行分析，结果见图 9-1 和表 9-2。

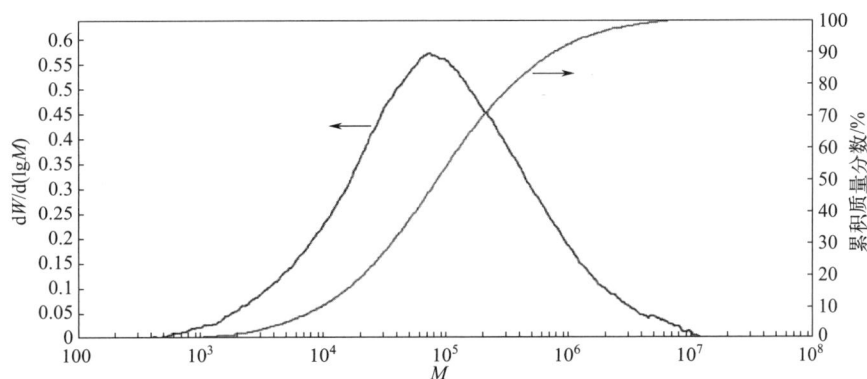

图 9-1　IBC 桶专用料产品同类样品 1 分子量分布曲线

表 9-2　典型产品的分子量及分子量分布（PDI）数据

样品	M_w	M_n	PDI
4261AG	340391	20617	16.51
同类样品2	191367	17756	10.78
同类样品3	320847	28647	11.20

在加工时，分子量分布加宽会提高熔体黏度对剪切速率的敏感性。当提高螺杆转速时，螺杆槽与机头内熔体的黏度较低，易于流动；而在型坯成型后及吹胀过程中，熔体又需要有较高的黏度与强度。因此，分子量分布宽对挤出吹塑成型是有利的。在较高的剪切速率下，离模膨胀将随 HDPE 分子量分布的加宽而减小。IBC 桶专用料的分子量分布曲线的形态显示，该产品分子量分布较宽。

聚合物结构决定了分子链的结晶能力、链的柔性或刚性及分子间作用力的大小。由于其结晶结构的复杂性，所以结晶高聚物会有一个较宽的熔融范围，即熔限（或熔融峰宽）。熔限的宽窄包含了分子链段的活动性、结晶的规整性以及内应力等信息。结晶峰顶温度反映了结晶速率。利用差示扫描量热（DSC）对样品的热性能进行分析，结果如图 9-2 和表 9-3 所示。

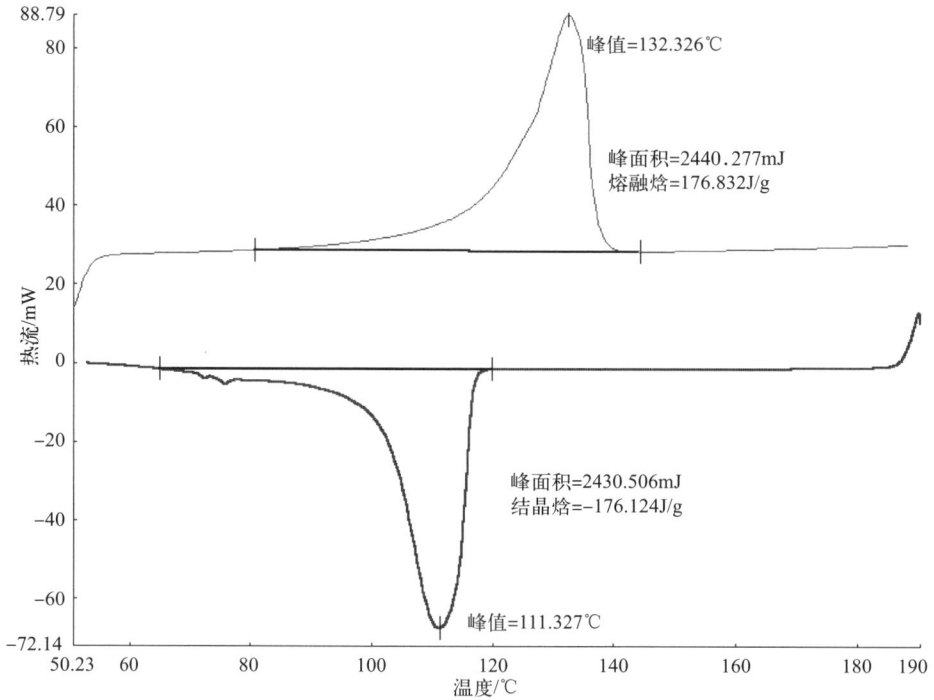

图9-2 同类样品1DSC曲线

表9-3 典型产品的热性能数据

样品	熔点/℃	结晶温度/℃	熔融峰宽	结晶度/%
同类样品1	132.3	111.3	11	61.55
同类样品2	130.6	111.6	15	57.43
同类样品3	130.8	114.1	18	61.7

样品的结晶度高，熔限窄。这说明试样的分子链段活动性较好，结晶速率快，能够使结晶过程充分进行，晶体的规整性好，分子链间作用力强，内应力小，具有特强的刚性。

HDPE是饱和线型聚烯烃，分子中最活泼的部位是双链端基和聚合物支链支化点上的叔碳。因此，聚合单体在配位聚合中总是加在增长链的末端从而形成HDPE分子链的线型结构。支链少时，规整的链结构使HDPE密度高、结晶性能好；支链多时，则HDPE密度低、韧性及耐环境应力开裂（ESCR）性能好。所用共聚单体的种类、添加量、聚合机理及反应条件影响支链的含量、长短、分布以及分子链结构的规整性，影响树脂的结晶形态，因而支化是影响HDPE宏观物理、力学性能的主要分子结构因素之一。加入共聚单体使共聚物大分子链上的支化点增加，加入量、支链长度及其分布均匀性对聚合物的结晶相结构起重要的作用，进而影响产品力学及加工性能。α-烯烃单体碳链越长，材料的物理、力学性能越好。

如图9-3和表9-4所示，利用高温核磁共振，对同类样品1、同类样品2、同类样品3进行核磁碳谱测试，并表征其支化情况。

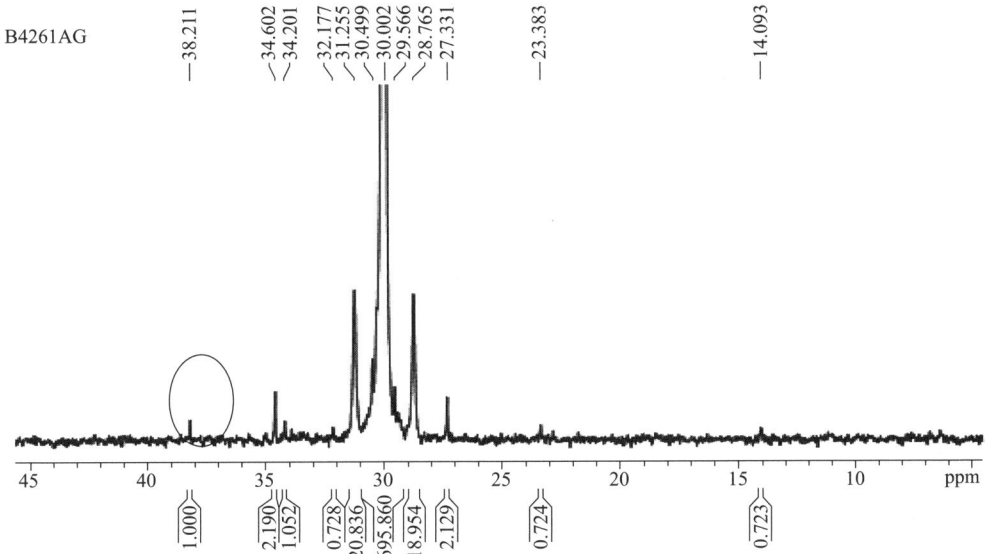

图 9-3　典型产品同类样品 1 核磁碳谱

表 9-4　典型产品支化结构数据

牌号	共聚单体种类	支化度/(个/1000C原子)
同类样品1	1-己烯	1.38
同类样品2	1-己烯	2.56
同类样品3	1-己烯	2.07

图 9-3 中，38.2 化学位移处有明显的峰值，此处是丁基支化结构的特征峰，说明该产品采用 1-己烯为共聚单体，进行生产时支化度（每 1000 个碳原子中的甲基数）分别为 1.38 个/1000C 原子、2.56 个/1000C 原子、2.07 个/1000C 原子。

耐环境应力开裂影响因素分析：环境应力开裂是 HDPE 中空制品的一项重要质量指标，其性能的好坏直接关系到接触各种介质的制品的寿命。HDPE 在室温低应力下即可发生慢速裂纹增长（SCG）过程，而其它材料一般要在高温下才能发生。HDPE 开裂主要是由连结分子在非晶区的解缠和在晶区的滑脱造成的。这一性能受应力、温度、切口深度等外因，和分子量与分子量分布、支化情况（支化度、支链长度和不同分子量级上的支化情况）、结晶情况等内因的影响。

影响树脂环境应力开裂性能主要内部因素为分子量和共聚单体。总的来说：分子量越大，抗开裂性就越好（材料的强度主要是靠晶区以及晶区间的连接分子提供，分子量越大，连接分子越多，分子越长，分子的解缠滑脱就越困难）；分子量分布越窄，抗开裂性越好，但分子量分布窄不利于树脂的成型加工。生产过程中引入少量 α-烯烃共聚单体，使分子带有一些支链，可增加链的支化度。带有支链分子的解缠滑脱比均聚产品分子困难得多，能大大提高其耐环境应力开裂性能。三种产品的 ESCR 性能如表 9-5 所示。

表 9-5　典型产品耐环境应力开裂性

样品	ESCR/h
同类样品1	>1000
同类样品2	>1000
TR580AM	>1000

根据分子结构分析结果，结合耐环境应力开裂影响因素分析，同类样品 1 的分子结构、分子量、分子量分布均对产品的耐环境应力开裂性能有突出的贡献。

同类样品 1 为采用铬系催化和单釜气相反应器生产的一种产品，为进一步验证催化剂的类型，进行样品中痕量金属元素电感耦合等离子体（ICP）测试，结果见表 9-6。

表 9-6　同类样品 1 痕量金属元素含量

分析项目	分析结果/(μg/g)
Na	0.807
Ca	1.282
Fe	0.281
Mg	0.336
Al	0.558
Zn	0.082
Cu	0.137
Cr	0.912
Ti	0.018
K	0.102

由表 9-6 可见，样品中铬含量明显高于其他过渡金属，很好地印证了该专用料是采用铬系催化剂生产的。

通过对典型产品的性能分析可知，IBC 桶专用料是一种既具有较好的韧性，同时刚性良好的一类 HDPE 树脂。所开发的专用料性能指标为：21.6kg 载荷下的熔体流动速率为 5.0 ~ 7.0g/10min，密度范围是 0.942 ~ 0.950g/cm^3，拉伸屈服应力大于 20.0MPa，拉伸断裂标称应变超过 500%，拉伸弹性模量大于 700MPa，并且冲击强度大于 31.0kJ/m^2。IBC 桶专用料应具有较高的分子量和较宽的分子量分布，且己烯为共聚单体。

9.1.3　IBC 桶专用料关键技术

IBC 桶加工过程中，由于型坯质量较大，要求其具有良好的型坯稳定性和吹胀性能，以保证制品成品率及尺寸稳定，同时，要求专用料具有较高的熔体强度、良好的抗熔垂性能。复合式中型散装容器用于液态产品的灌装及运输，使用条件苛刻，国际货运相关条例对制品安全及环保性能要求严格，要求专用料具有优异的耐环境应力开裂（ESCR）性、力学性能、卫生性能及耐热氧老化和紫外光稳定性[14-17]。

IBC 桶加工、使用过程对专用料的特殊要求，需要解决以下四方面关键技术。

（1）特定分子结构的设计与定向调控技术

设计含有少量长链支化高碳 α- 烯烃共聚的 HDPE 分子结构。通过对铬系催化剂负载和还原技术的创新，使其在聚合过程中形成长链支化，以满足产品在加工、使用过程中对抗熔垂性、耐环境应力性和力学性能的要求。

（2）低聚物含量控制技术

揭示气相工艺铬系催化剂催化乙烯聚合为低聚物的形成机理，通过对聚合工艺的优化控制，降低产品中低聚物含量，满足国家食品包装用聚乙烯卫生标准及美国食品与药品管理法规要求。

（3）工艺操控的稳态控制技术

利用三维多尺度耦合模型对工艺参数进行模拟优化，通过调控核心工艺变量，提高产品核心指标控制能力，实现 Unipol 工艺铬系高密度大中空产品的稳态操控。

（4）高效复合助剂体系开发

开发高效慢迁移的复合助剂，在较低的助剂加入量下满足产品使用过程中对抗光、热、氧老化的性能要求。

9.1.4　IBC 桶专用料工业生产及认证

9.1.4.1　关键技术

中国石油大庆石化公司开发了 IBC 桶专用料 DMDB4506，对铬系催化剂制备技术和聚合工艺进行了优化，攻克了特定分子结构定向调控、低聚物含量控制、生产工艺稳态操控及高效复合助剂体系的研发等关键技术问题，解决了产品刚韧失衡、长期使用性差等技术难题。主要涉及以下几方面关键核心技术。

（1）特定分子结构的设计与定向调控

针对产品的特殊性能要求，设计带有少量长链支化的高碳 α- 烯烃共聚 HDPE 分子结构。系统研究铬系催化剂催化乙烯 /α- 烯烃共聚合机理，利用铬系催化剂单体链转移机制，通过对催化剂载体修饰及活性位非均相性调控（见图 9-4），改善了载体表面的 Bronsted 酸性及活性金属的缺电子性，增加了产品的不饱和链端基，使其在聚合过程中形成少量长链支化，以满足大型挤出吹塑成型制品在加工使用过程对专用料抗熔垂和耐环境应力开裂性能的较高要求。

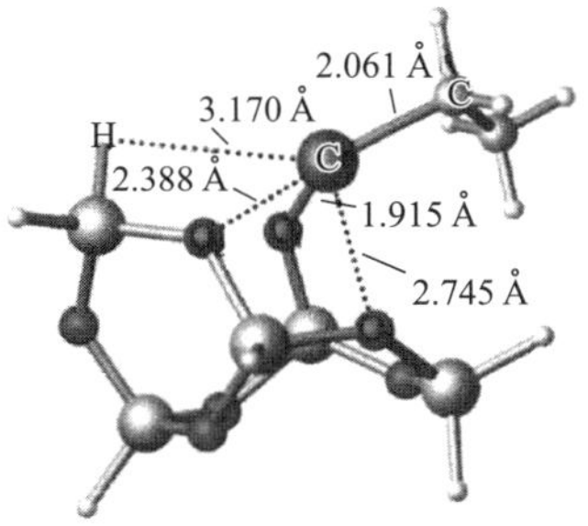

图 9-4　催化剂活性中心结构及几何参数

聚烯烃专用料——从产品开发到产业化

采用50kg/h气相全密度聚乙烯中试装置，对筛选出的几类铬系催化剂以及定制催化剂进行评价（表9-7）。采用A催化剂进行IBC桶专用料的生产，产品细粉含量较高，熔体流动速率不达标。采用B催化剂进行了IBC桶专用料生产时，装置运行96h，催化活性为6000～8000g/g，产品细粉含量偏高，低分子量部分含量高，同时力学性能不如同类产品。采用自有技术定制的催化剂生产的中试产品具有很好的力学性能，共聚单体分布均匀，低温冲击性能较好。

表9-7　催化剂的筛选

催化剂编号	用途	特点
A	小中空	铬含量较高，但载体强度偏低，共聚性能较差
B	管材	适合做低熔体流动速率的共聚产品，但铬含量偏低，不易产生长支链
C	大中空	大中空产品专用有机铬系催化剂，可以通过中试装置验证其产品性能
定制		采用无机铬系催化剂。根据IBC桶专用料对产品性能的要求，提高了催化剂中铬含量，选择了特定载体，并根据需要优化了催化剂的活化温度。该催化剂的聚合产品具有很好的力学性能，共聚单体分布均匀，低温冲击性能较好

（2）低聚物含量控制

通过揭示气相工艺铬系催化剂催化乙烯聚合低聚物的形成机理，采用氧气多点位预分散技术，利用Berny能量梯度矫正泛函方法对反应路径中的平衡态和过渡态进行优化控制，降低乙烯聚合链增长能垒，控制低聚物的生成，提高制品卫生性能，以满足国家食品包装用聚乙烯卫生标准及美国食品与药品管理法规等国内外相关要求。

如表9-8所示，DMDB4506满足国家食品包装用聚乙烯卫生标准要求，同时取得了美国食品与药品管理法规、欧盟RoSH指令、包装94/62/EC指令、REACH法案等11项国际认证，可以应用于化工、食品、医药等全领域全系列复合式中型散装容器的生产，产品性能得到世界最大复合式中型散装容器生产企业——德国舒驰公司的高度认可及使用。

表9-8　DMDB4506改进后产品低聚物含量对比

编号	低聚物含量（质量分数）/%
QCZS-0[①]	2.15
QCZS-3[②]	1.39
同类样品1[③]	1.39

① 氧气单点注入的试验编号。
② 氧气多点注入的试验编号。
③ 对标产品4261AG。

（3）聚合工艺的稳态操控

利用三维多尺度耦合模型对工艺参数进行模拟优化，利用氧气浓度、反应温度等核心工艺变量多区段协同调控技术，实现催化活性的稳态释放，提高产品核心指标控制能力，实现Unipol工艺铬系高密度大中空产品的稳态操控[18-19]。

图9-5为反应器内床层压降和温度沿床层轴向变化的模拟数据和实验数据，可见：

322

模拟数据和实验数据在温度分布上较为接近，说明模拟结果与实验测量的床层压降和温度分布吻合良好，床层压降随轴向呈线性分布，床层温度分布比较均匀，有利于流化床反应器中聚合反应的正常进行。图9-6为流化床反应器中平均固含率和瞬时固含率的分布云图，可见：在整个流化段，流化床反应器中平均固含率和瞬时固含率的分布差异不大；且环区和核区的宽度基本保持不变，说明两相流动行为比较稳定，装置可以长周期稳定运行。

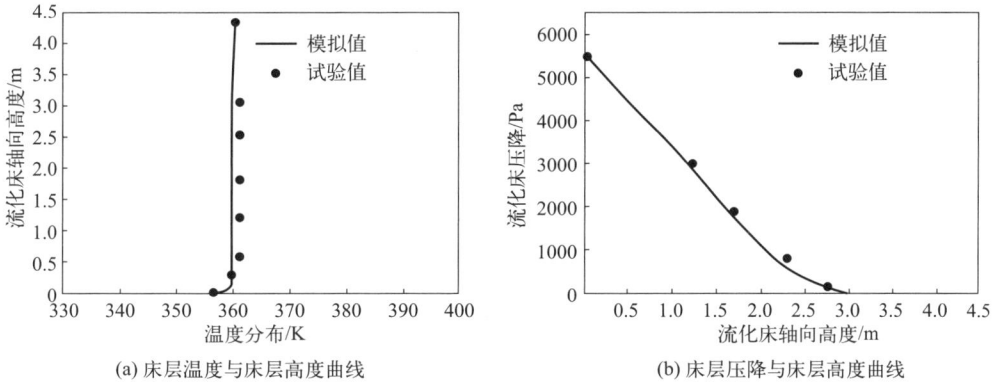

(a) 床层温度与床层高度曲线　　　　　(b) 床层压降与床层高度曲线

图9-5　反应器内床层压降和温度沿床层轴向变化的模拟结果和实验数据

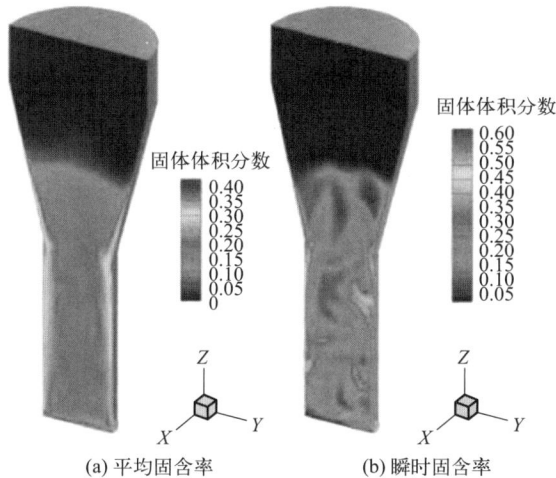

(a) 平均固含率　　　　　(b) 瞬时固含率

图9-6　流化床反应器中平均固含率和瞬时固含率的分布云图（见文后彩图）

在整个流化段，其环区和核区的宽度基本保持不变，说明两相流动行为比较稳定，装置可以长周期稳定运行。采用该技术自2013年7月在大庆石化公司25万吨/年Unipol气相聚乙烯装置进行了IBC桶专用料DMDB4506的首次工业化试生产后，每年持续排产且稳定运行，截至2023年12月DMDB4506累计产量10万吨，新增经济效益2.5亿元。产品质量稳定，装置切换流畅，装置生产负荷由初期的75%提高到98%。

（4）复合助剂体系开发

IBC桶主要用于化工液体的承装，并长期暴露于室外，专用料的抗老化性能至关重要。而加工及使用过程中的热、机械作用、太阳光、高能辐射及一些腐蚀性化学物质是引起聚合物老化降解的主要原因。聚合物的助剂体系是解决上述问题,缓解聚合物老化降解反应发生的最有效手段。

IBC 桶在储藏过程中吸收可见和 / 或紫外光,与体系中其他物质共同作用,通过不同机理形成共轭显色分子。尤其在存储环境中 pH 值对颜色的影响很大,例如含氮物质,在酸性条件下发色基团偏红偏深,若体系酸性下降,发色基团颜色则较浅。气熏变红是最典型的例子。若在存储环境中被 NO_x 污染,在一定的湿度条件下,含氮气体和聚合物中酚类抗氧剂的转化产物发生反应(图 9-7),可生成高度共轭结构的发色基团,IBC 桶会发生色变现象影响外观。

因此助剂的添加量、种类、纯度等对聚合物的存储、加工、使用过程中抗老化及颜色变化等具有重要的影响 [20-22]。

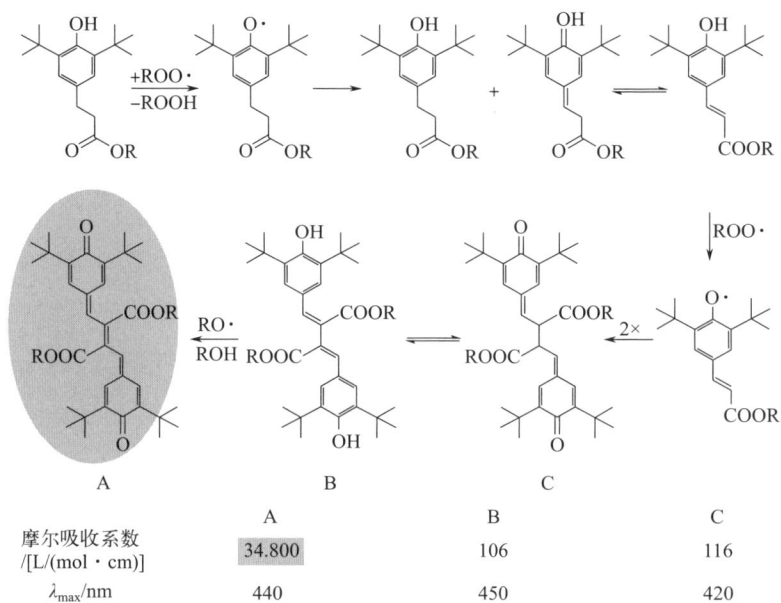

摩尔吸收系数 /[L/(mol·cm)]	A	B	C
	34.800	106	116
λ_{max}/nm	440	450	420

化合物A强烈吸收可见光,因此引起聚合物的变色

图 9-7 酚类抗氧剂引起聚合物变色机理

通过助剂自协同与交互协同作用机理研究,利用助剂与聚合物的化学键合与物理吸附作用 [23-24],开发高效慢迁移的复合助剂,在较低的助剂加入量下达到产品对抗光、热氧老化的性能要求。采用该助剂体系后,专用料的氧化诱导期增加 50%,多次挤出造粒后白度下降率降低 28.75%,产品外观色泽稳定。

9.1.4.2 专用料性能及与同类产品对比

通过了解 IBC 桶专用料产品市场比例、份额及客户使用情况可知,Basell 公司生产的同类样品 1 产品性能优良、市场份额大,客户认可率高,并且该专用料采用气相流化床工艺生产,同大庆石化公司现有生产装置相似,确定同类样品 1 为专用料开发的对标产品。IBC 桶专用料 DMDB4506 与同类样品 1 的性能对比如表 9-9 所示。

为保证 IBC 桶专用料既具有较好的韧性，同时刚性良好，所开发专用料的拉伸弹性模量应大于 700MPa，并且冲击强度应大于 31.0kJ/m²。

表 9-9　DMDB4506 与同类样品 1 性能对比

分析项目	DMDB4506	同类样品1
熔体流动速率（21.6kg）/(g/10min)	5.9	5.7
密度/(g/cm³)	0.945	0.948
拉伸屈服应力/ MPa	24.80	24.21
拉伸断裂标称应变/%	882	860
拉伸弹性模量/ MPa	944	911
悬臂梁缺口冲击强度（23℃）/(kJ/m²)	35.3	31.0
维卡软化点/℃	128.5	127.7
耐环境应力开裂（ESCR）/ h	2090	2000
正己烷提取物含量/%	0.21	0.23

9.1.4.3　检测与认证

（1）质量认证

国家绿色产品服务中心对中国石油天然气股份有限公司大庆石化公司生产的 DMDB4506 产品进行了检测，完成并一次性通过了美国食品与药品管理法规、欧盟 RoHS 指令、REACH 法案、欧盟包装指令 94/62/EC 等相关质量认证。具体认证机构、认证要求及结论如下。

① 按照 GB 4806.7—2023《食品安全国家标准　食品接触用塑料材料及制品》规定进行了感官测试及正己烷提取物含量测试，结果表明感官测试及正己烷提取物含量符合要求。

② 按照 FDA21CFR177.1520 的规定进行了测试，测试结果符合美国食品与药品管理法规规定的与食品接触而不用于烹饪中包装或盛放食品的聚乙烯要求。

③ 对 DMDB4506 产品中铅、汞、六价铬、多溴联苯和多溴二苯醚的含量进行测试，测试结果符合欧盟 RoHS 指令 2011/65/EU(RoHS2.0) 的要求。

④ 对 DMDB4506 产品中邻苯二甲酸酯的含量参考 EPA3550C-2007 和 EPA8270D-2007CE 进行了测试，测试结果为未检出。

⑤ 根据欧盟玩具指令 2009/EC 和 EC71Part3:2013，检测样品中元素迁移的含量，结果符合欧盟玩具指令及其后续修正指令中对元素迁移量第三类的要求。

⑥ 对 DMDB4506 产品中铅、镉、汞、六价铬的总量进行检测，测试结果不超过欧盟包装法规《包装和包装废物法规》（*Packaging and Packaging Waste Regulation*, PPWR）中规定的要求。

⑦ 根据 REACH 法案要求，检测被列入高关注度物质（SVHC）候选清单的物质的含量，结果显示，所检测的高关注度物质含量均低于 0.1%。

⑧ 检测多环芳烃（PAHs）含量，检测结果符合德国安全技术认证中心（ZLS）及其后续修正指令中 ZEK01.4-0.8 的要求。

⑨ 根据欧洲委员会法规 No10/2011 及其修订法规 EU No 1282/2011、EU No 1183/2012 和 EU No 202/2014 对接触食品的塑料进行测试，具体包括全迁移测试、可溶性金属、初级芳香胺（PAA）的特殊迁移量，检测结果符合欧盟法规 1935/2004 关于用于接触食品的材料和物品的总要求。

（2）客户端检测

专用料 DMDB4506 发往舒驰公司德国总部，进行全切口蠕变试验（FNCT）等专用料性能检测，测试结果表明专用料性能与 4261AGUV 相当，满足舒驰公司的技术要求并得到了舒驰公司的高度认可，检测报告见图 9-8。

TÜV Rheinland Industrie Service GmbH

Prüfbericht Nr. 150081 – Anlage 1

TÜVRheinland®
Genau. Richtig.

Messwerttabelle

Formstoff	Charge	Dichte (kg/l)	MFR		Kerbschlagzähigkeit (kJ/m^2)	FNCT (h)	oxydativer Abbau (%)	
			Bedingung	Wert (g/10 min)			28d	42d
PetroChina DMDB4506	1405051	0,947	190/21	6,57	7,95±0,46	21,96	144	157

TÜV Rheinland Industrie Service GmbH
Köthener Straße 33 · 06118 Halle

图 9-8　舒驰公司对 DMDB4506 的全切口蠕变试验的检测报告

9.1.5　IBC 桶专用料加工应用

IBC 桶专用料 DMDB4506 在上海舒驰、常州洁林塑料制品有限公司、天津福将塑料有限责任公司、镇江润州金山包装厂等国内知名 IBC 桶生产企业的应用过程中（图 9-9），无熔垂、收缩等现象发生，合模线黏合强度较好，制品软硬度适中，产品无翘曲，厚度均匀，加工性能与进口产品同类样品 1 相当，得到下游用户的高度认可。

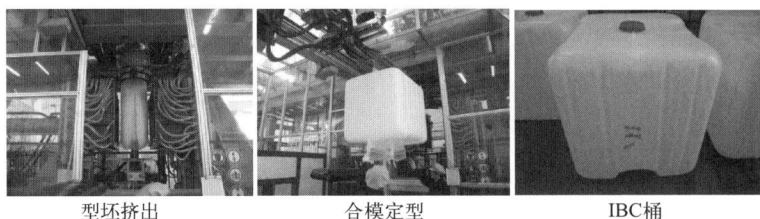

型坯挤出　　合模定型　　IBC桶

图 9-9　DMDB4506 加工实验

IBC 桶成型后，在福将集团试验中心（上海山海包装容器有限公司），按照国标 GB/T 19161—2016 规定进行了性能测试，主要包括渗漏试验、气密试验、液压试验、堆码试验、底部提升试验、低温跌落试验以及振动试验等（图 9-10），并全部通过，得到了厂家认可。该测试结果表明 DMDB4506 产品可遵照 IBC 桶生产工艺要求进行生产。同时，该制品安全性能符合《国际海运危险货物规则》（图 9-11）要求。[25]

液压试验　　　　　　跌落试验　　　　　　振动试验

图 9-10　IBC 桶液压试验、跌落试验、振动试验

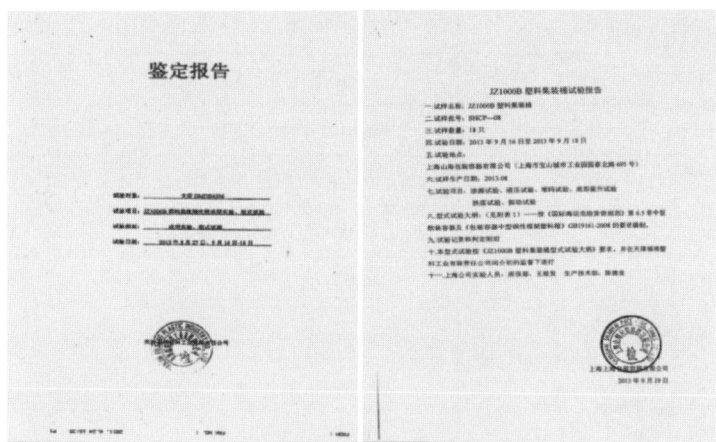

图 9-11　IBC 桶检测鉴定报告

　　DMDB4506 生产技术成果的推广应用，为石化企业创造经济效益的同时，具有十分重要的社会效益。世界物流行业的发展趋势是高效、集约、环保和安全，复合式中型散装容器的应用大大提高了物流运输的包装效率、环保性和安全性，不仅为客户降本增效，同时也大大减少了由一次性包装和钢桶造成的资源浪费和环境污染。为节能减排、绿色环保助力，实现经济效益与绿色环保的协同发展，是科技创新工作所必须承担的社会责任和担当。

9.2　电子级中空容器专用料

9.2.1　概述

　　电子级中空容器对专用料的清洁度要求极高，主要用于药品、食品和高纯度化工原料的包装，目前国内市场需求量大约在 6 万～ 10 万吨。基于该类包装容器对清洁度的严格要求，国内许多聚乙烯装置生产的中空容器专用料存在金属含量高，溶出物过多等问题，不能满足市场需求，该专用料只能从国外进口，价格远远高于其他高密度聚乙烯专用料的售价。随着国内市场对电子级中空容器需求的增加，目前中空容器的生产厂家迫切希望开发符合行业要求的电子级中空容器聚乙烯专用料。

　　目前中空容器聚乙烯专用料主要使用两类聚合工艺生产：一类是乙烯聚合气相法工艺，主要包括美国 Univation 公司的 Uniopl 工艺、英国英力士公司的 Innovene G 工艺、荷兰 Basell 公司的 Spherilene 工艺以及 Lupotech G 工艺等；另一类是乙烯聚合淤浆法工艺，主要包括荷兰 Basell 公司的 Hostalen 工艺、日本三井（Mitsui）公司的 CX 工艺、美国 Phillips 公司的 Phillips 单环管工艺、英国英力士公司的 Innovene S 双环管工艺。另外，北欧化工公司使用淤浆反应器和气相反应器串联的方式，也可以进行中空容器聚乙烯专用料的生产。国内常见的中空容器聚乙烯树脂牌号和相应的生产工艺如表 9-10 所示。

表 9-10　国内常见中空容器专用料牌号及生产工艺

专用料牌号	生产工艺	催化剂类型
Basell公司4261AG	Spherilene气相流化床工艺	Cr系催化剂
赛科公司5410	Innovene G气相流化床工艺	Cr系催化剂
金菲石化公司TR571、TR580	淤浆环管工艺	Cr系催化剂
齐鲁石化1158	Unipol气相流化床工艺	Cr系催化剂
韩国大林4570UV	淤浆环管工艺	Cr系催化剂
独山子石化5420AG	Innovene G气相流化床工艺	Cr系催化剂
北欧化工公司BL1487	Borstar工艺	Ti系催化剂
三井公司8200B、8300B、9300B	CX淤浆工艺	Ti系催化剂
Basell公司HM8255	Hostalen淤浆工艺	Ti系催化剂
日本东曹化学8D01A	淤浆工艺	Ti系催化剂

乙烯聚合气相法工艺主要使用 Cr 系催化剂进行大中空容器专用料的生产。该类工艺使用 Cr 催化剂的目的主要是：Cr 催化剂可以进行宽分子量分布的高密度聚乙烯的生产，生产的树脂中包含一定量的高分子量组分，从而满足大中空容器吹塑过程中对熔体强度的要求和对制品耐环境应力开裂（ESCR）的要求。另外，Cr 催化剂催化的乙烯聚合过程可以在线形成少量的长支链，这些长支链的存在对大型中空容器的吹塑加工过程和制品的最终力学性能都很有利。从目前情况来看，国内的聚乙烯生产厂家基本采用 Cr 催化剂进行大中空容器专用料的生产。

乙烯聚合淤浆法工艺中，除了淤浆环管工艺使用 Cr 催化剂外，其他淤浆工艺均使用 Ti 系催化剂进行大中空容器专用料的生产。由于催化剂自身特点的差别，Ti 系催化剂不能产生宽的分子量分布。为达到加宽分子量分布的目的，使用 Ti 系催化剂的淤浆法工艺，一般采用双釜串联的方式进行双峰聚乙烯的生产。在第一反应釜中进行低分子量部分的生产，在第二反应釜中进行高分子量部分的生产，从而达到大中空容器对分子量分布的要求。

日本东曹化学公司是国际上唯一一家使用 Ti 系催化剂生产电子级中空容器聚乙烯专用料的企业，该公司近年来在中空容器聚乙烯专用料方面已经形成系列化产品，其中包括小中空容器专用料、中中空容器专用料和大中空容器专用料，并在电子级化学品包装应用方面进行了大力推广，已成功应用于电子级化学品的包装，其相关技术分别申请了中国、日本、美国和欧洲专利局的专利，包括专用料的生产技术、专用料的加工技术和在电子级化学品方面的包装应用等[26-28]。由于东曹化学处于独家垄断地位，其生产的专用料在市场上售价高昂，远高于其它聚乙烯专用料，目前国内电子级中空容器制品加工企业使用的均是该家公司的产品。

9.2.2　催化剂关键技术

淤浆法乙烯聚合催化剂研发的重点和难点是如何控制催化剂的颗粒形态和粒度大小。目前适用于淤浆法乙烯聚合工艺的催化剂基本上采用溶液法制备。首先将催化剂组分溶解在乙醇等极性溶剂中，然后在低于 -10℃ 温度下通过滴加沉淀剂，将催化剂组分以颗粒的形式从溶液中沉淀出来，从而得到最终催化剂。在近年来开发的改进技术中，基本上集中在调整溶解用的极性溶剂体系、改变沉淀剂种类以及增加一些提高颗粒成型能力的功能助剂等，其结果是制备催化剂的过程越来越复杂，中间的控制环节越来越多，不但造成催化剂的制备成本提高，而且使催化剂的制备周期延长，催化剂的颗粒形态、粒度大小及其分布并不十分理想。为制备颗粒形态良好的催化剂，北欧化工公司在催化剂制备方面进行了大胆创新，采用一种乳液法制备催化剂的技术，该技术首先将催化剂组分在体系中形成乳液液滴，然后采取快速固化的方式制备催化剂颗粒[29]。该方法的实现要具备两个关键点：一是需要合适的表面活性剂以形成乳液液滴；二是乳液液滴的固化反应要迅速完成。由于催化剂组分性质的限制，常用的表面活性剂不能满足要求，北欧化工公司选择一种全氟代辛烷作为表面活性剂。全氟代辛烷价格很高，市场供应量很少，不适用于大批量的使用。另外，快速的固化反应需要特殊的设备来完成，增加了生产的难度。

通过对淤浆法乙烯聚合催化剂制备方法的长时间创新探索，中国石油天然气股份有限公司突破了关键核心技术，最终制备了有自主知识产权的 KLCAT-EZS5 催化剂[30-32]。

KLCAT-EZS5 催化剂活性组分为 Ti 金属元素，属于 Ti 系 Z-N 催化剂，适用于乙烯聚合淤浆法工艺。目前研究者主要专注于在 Hostalen 工艺中使用该催化剂进行系列中空容器专用料的开发。KLCAT-EZS5 催化剂具有不同于 Cr 系催化剂的性能特点，将会赋予中空容器专用料新的性能特点，提高中空容器专用料的质量层次，并扩展中空容器专用料的应用范围，比如在电子化学品、食品和医药包装方面的应用。

KLCAT-EZS5 催化剂取得了以下几方面的突破：

① 开发了一种独特的催化剂制备技术，可以大幅度优化催化剂的颗粒形态。KLCAT-EZS5 催化剂的颗粒形态明显好于现有的所有同类催化剂。

② KLCAT-EZS5 催化剂具有原位共聚能力，在聚合过程中可以形成长支链，可以提高树脂的加工性能和力学性能。

③ 结合 KLCAT-EZS5 催化剂的特点，形成了专门适用于电子级大中空容器专用料的助剂使用技术，合理调节助剂种类及配比，实现产品生产稳定性，满足电子级大中空容器专用料的各项性能要求。

KLCAT-EZS5 催化剂的制备技术可以对催化剂的粒径在很大范围内进行调整，而且粒径分布宽度［用跨度（SPAN）表示］低于 1.0，表明粒径分布很窄，如图 9-12 所示。

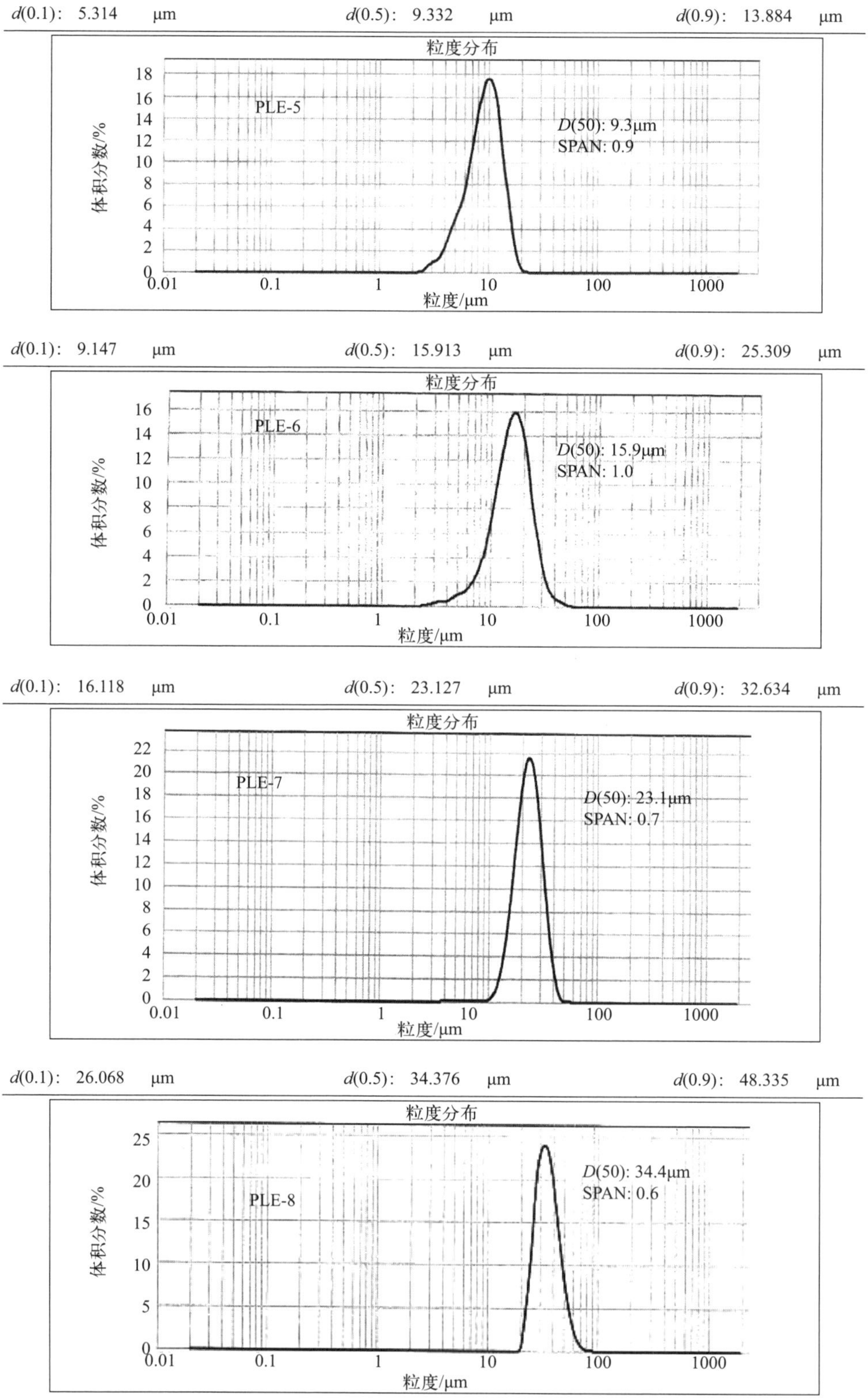

d(0.1): 5.314 μm
d(0.5): 9.332 μm
d(0.9): 13.884 μm
粒度分布
PLE-5
D(50): 9.3μm
SPAN: 0.9
体积分数/%
粒度/μm
d(0.1): 9.147 μm
d(0.5): 15.913 μm
d(0.9): 25.309 μm
粒度分布
PLE-6
D(50): 15.9μm
SPAN: 1.0
体积分数/%
粒度/μm
d(0.1): 16.118 μm
d(0.5): 23.127 μm
d(0.9): 32.634 μm
粒度分布
PLE-7
D(50): 23.1μm
SPAN: 0.7
体积分数/%
粒度/μm
d(0.1): 26.068 μm
d(0.5): 34.376 μm
d(0.9): 48.335 μm
粒度分布
PLE-8
D(50): 34.4μm
SPAN: 0.6
体积分数/%
粒度/μm

图 9-12　KLCAT-EZS5 催化剂的粒径调控范围

（数据来源：中国石油项目“淤浆环管工艺用催化剂的中试研究”）

KLCAT-EZS5 催化剂的性能指标见表 9-11。

表 9-11　KLCAT-EZS5 催化剂的性能指标

项目	指标	试验方法或说明
催化剂外观	灰白色粉末	目测
钛质量分数/%	4.5～5.5	分光光度计法
镁质量分数/%	15.0～16.5	滴定法
催化剂平均粒径（D_{50}）/μm	8.5～15.5	激光粒度仪法
催化剂粒径分布（SPAN）	0.7～1.0	SPAN=$(D_{90}-D_{10})/D_{50}$
催化活性/(kg/g)	25～30	2L聚合釜，氢气分压0.28MPa，乙烯分压0.45MPa，时间2h，温度80℃
聚合物表观密度/(g/cm³)	0.38～0.45	GB/T 1636—2008

注：D_{10}、D_{90} 表示粒径分布分别达到10%、90%时所对应的粒径。

从图 9-13 和图 9-14 可以看出：每个 KLCAT-EZS5 催化剂大颗粒由许多 100 ～ 300nm 的小颗粒组成，形成的催化剂大颗粒形态为球形或类球形，颗粒粒径分布均匀。

(a) 放大100倍　　　　　　　　(b) 放大1000倍

图 9-13　KLCAT-EZS5 催化剂的 SEM 图

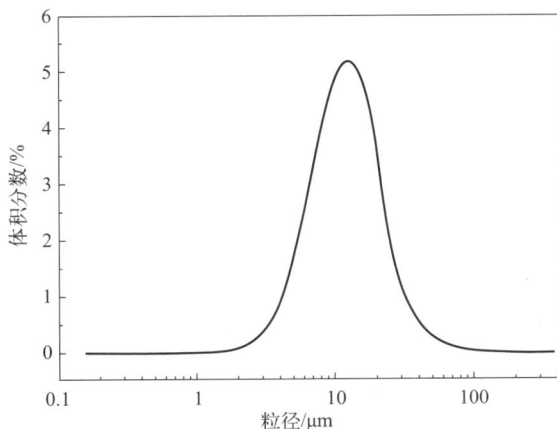

图 9-14　KLCAT-EZS5 催化剂的粒径分布

（数据来源：中国石油项目"淤浆环管工艺用催化剂的中试研究"）

2021 年在抚顺石化高密度聚乙烯装置上进行了中空容器聚乙烯专用料 FHM8255A 的首次试产，试验从催化剂投用到结束，共运行 70 余小时，生产合格专用料共 1100

余吨。从试验过程来看，KLCAT-EZS5 催化剂表现出了良好的工艺适用性，催化剂的加料顺畅，活性释放过程平稳，粉料干燥过程良好，挤压造粒顺利，催化活性达到了 43000g/g 以上。

2022 年，同样在抚顺石化进行了大中空容器聚乙烯专用料 FHM8255A 的优化生产。此次生产历时 70 余小时，共生产专用料 2200 余吨，专用料的各项性能指标均达到了预期值[33]。

最近又进行了大中空容器 FHM8255A 专用料的长周期稳定生产，装置连续运转 15 天，产量约为 1 万吨，实现了 FHM8255A 专用料的扩产上量。此外，为尽早实现中空容器专用料的系列化开发，在此次大中空容器 FHM8255A 专用料生产的末期，又安排了中中空容器 FHM8150 专用料的试产，产量约为 350 吨。两种专用料的各项性能指标均达到了预期值。

FHM8255A 和 FHM8150 专用料是国内首批基于高活性钛系催化剂开发的专用于中空容器制品的聚乙烯树脂，具有熔体强度高、力学强度高和洁净度高等突出优点，在液体化学品、食品和药品等包装领域具有良好的应用前景，填补了国内技术空白。

在生产 FHM8255A 过程中，催化剂配制罐中加入定量催化剂和正己烷，搅拌 24h 后开始催化剂的加料。对比催化剂的加料过程，发现使用 KLCAT-EZS5 催化剂时，催化剂加料泵流量在整个试验过程中非常稳定，没有出现催化剂流量波动现象，说明 KLCAT-EZS5 催化剂在正己烷中的分散性良好，没有出现加料泵堵塞现象，也说明了催化剂的粒径分布均匀，有利于催化剂的稳定加料。

生产 FHM8255A 期间，正己烷回收系统运行平稳，低分子量聚乙烯蜡系统未出现堵塞现象。在使用同类进口催化剂生产管材专用树脂 FHMCRP100N 时，低分子量聚乙烯蜡的排放次数基本是 12h 一次；生产 FHM8255A 时，聚乙烯蜡产生量明显减少，在 49h 的生产期间，没有进行聚乙烯蜡的排放。另外，正己烷蒸发器的壳层压力无明显变化，而且正己烷母液中未发现粉料增加现象，说明采用 KLCAT-EZS5 催化剂制备的聚合物细粉含量较少，后续的粉料筛分结果也印证了这一点（见表 9-12）。

表 9-12 聚合物粉料的粒径分布

粒径/μm	FHMCRP100N	FHM8255A
>1000	0.9	2.2
>300~1000	39.2	48.2
>100~300	57.0	46.8
≥0~100	2.9	2.8
<10	0	0

数据来源：中国石油项目"电子级大中空容器聚乙烯专用料的生产技术及加工工艺研究"。

9.2.3 电子级中空容器专用料的性能

（1）力学性能

为了解熔体流动速率对力学性能的影响规律，对各批次专用料的熔体流动速率进行小幅调整后，比较了专用料的性能，见表 9-13。从表 9-13 可以看出：随着熔体流动速率的降低，FHM8255A 的冲击强度变化明显，从 68.1kJ/m² 上升到 90.5kJ/m²，提高了 33% 左右；当 FHM8255A 的熔体流动速率在 2.64g/10min 时，与对比树脂相比，冲击强度提高了约 17.2%，表现突出。FHM8255A 冲击强度较高的原因可能与 KLCAT-EZS5 催化剂的性能有关。据初步研究，KLCAT-EZS5 催化剂可能具有原位共聚能力，在只有乙烯存在的条件下，可聚合得到含有长支链的聚乙烯，长支链的存在极大提高了 FHM8255A 的冲击强度。

表 9-13　不同批次 FHM8255A 的力学性能

试样	熔体流动速率/(g/10min)	密度/(g/cm³)	拉伸屈服应力/MPa	拉伸断裂标称应变/%	冲击强度/(kJ/m²)	弯曲模量/MPa
批次1	3.88	0.9479	23.3	655	68.1	971
批次2	3.35	0.9494	24.7	771	81.2	960
批次3	2.86	0.9490	26.2	796	88.2	1172
批次4	2.83	0.9491	26.3	804	89.1	1147
批次5	2.64	0.9478	26.1	800	90.5	1188
对比树脂	2.16	0.9485	25.5	763	77.2	1170

数据来源：中国石油项目"电子级大中空容器聚乙烯专用料的生产技术及加工工艺研究"。

（2）分子量及其分布

各批次专用料的分子量及其分布见表 9-14，可以看出：各批次 FHM8255A 的重均分子量均在 29 万以下，分子量分布为 6.2～6.4；与对比树脂相比，FHM8255A 的分子量较低，分子量分布较窄。通过 FHM8255A 吹塑加工应用试验证明，虽然 FHM8255A 的分子量及其分布与对比树脂存在较大差别，但 FHM8255A 能满足吹塑加工应用的各项指标要求。

表 9-14　不同批次 FHM8255A 的分子量及其分布

试样	M_n/(×10⁴)	M_w/(×10⁴)	M_z/(×10⁴)	M_w/M_n
批次1	4.15	25.7	81.1	6.2
批次2	4.37	27.1	86.5	6.2
批次3	4.55	28.0	88.4	6.2
批次4	4.46	28.4	94.0	6.4
批次5	4.33	27.6	88.2	6.4
对比树脂	2.67	35.6	177.9	13.4

注：M_n 为数均分子量；M_w 为重均分子量；M_z 为黏均分子量；M_w/M_n 为分子量分布系数。

（3）灰分含量测定

对试样进行灼烧测试灰分含量，发现各批次 FHM8255A 的灰分含量（质量分数）

在 0.0123% ～ 0.0153%，远低于对比树脂的灰分含量 0.0706%。这是由于 KLCAT-EZS5 催化剂的活性大于 40kg/g，远高于铬系催化剂的活性。KLCAT-EZS5 催化剂本身产生的灰分含量非常低，主要来自于粉料造粒过程中加工助剂产生的金属氧化物。如果适当降低加工助剂的加入量，可以进一步降低 FHM8255A 的灰分含量，提高 FHM8255A 的洁净度。

（4）DSC 分析

不同批次专用料的 DSC 数据见表 9-15，可以看出：FHM8255A 的熔融温度和结晶温度与对比树脂接近，但熔融焓低于对比树脂，说明 FHM8255A 的结晶度较低。由于 FHM8255A 由钛系催化剂制备，在产品分子结构及组成方面，与由铬系催化剂制备的对比树脂必然存在不同之处，两者的结晶性能也会不同，因此，采用钛系催化剂生产的 FHM8255A 需要一套适配的加工应用条件，不能照搬对比树脂的加工应用条件。

表 9-15　不同批次 FHM8255A 的 DSC 数据

试样	熔融温度/℃	结晶温度/℃	熔融焓/(J/g)
批次1	138.9	115.8	183.6
批次2	139.4	115.4	183.3
批次3	139.6	116.3	182.1
批次4	139.6	115.9	185.4
批次5	140.1	115.6	178.7
对比树脂	136.9	116.2	186.0

数据来源：中国石油项目"电子级大中空容器聚乙烯专用料的生产技术及加工工艺研究"。

（5）耐老化性能

为评价专用料的耐老化性能，在 200℃条件下进行了氧化诱导时间测试，各批次 FHM8255A 的氧化诱导时间较长，为 37.7 ～ 62.7min，远高于对比树脂的 13.6min。这是由于采用铬系催化剂制备的 HDPE 分子链末端均含有双键，大量双键的存在极大地缩短了对比树脂的氧化诱导时间；而 FHM8255A 由钛系 KLCAT-EZS5 催化剂生产，HDPE 分子链末端双键数量较少，HDPE 分子链较稳定。因此，采用钛系催化剂制备的 FHM8255A 的耐老化性能方面明显优于采用铬系催化剂生产的专用树脂。

（6）洁净化测试

使用微波消解法，测试国外进口电子级中空容器专用料和 FHM8255A 专用料本体和浸出液中含有的金属种类和含量，结果如表 9-16 所示。FHM8255A 专用料本体中含有的 Al、Mg 和 Ti 元素由催化剂和助催化剂引入，含量总体较高，其它金属元素的含量较低。与国外电子级专用料相比，FHM8255A 本体中的各种金属元素，除 Al 外含量均较低。另外，将专用料在高纯水中浸泡一周时间，测试高纯水溶出的金属元素含量，同样可以发现，FHM8155A 溶出的金属含量也较低，说明 FHM825A 可以达到电子级中空容器专用料的洁净化指标。

表 9-16 专用料的洁净化指标测试

项目	本体金属含量/(μg/kg)		浸出金属含量/(μg/kg)	
	对比样品	FHM8255A	对比样品	FHM8255A
Al	929.1	3238.4	1.874	0.174
Ba	1.000	0.700	0.296	0.025
Ca	4591	142.5	28.779	4.771
Cr	ND	ND	ND	ND
Cu	13.0	12.7	0.518	0.099
Fe	68.9	23.0	6.954	0.174
Mg	3333.3	2174.9	7.620	1.292
Na	178.1	ND	12.725	9.170
Ni	7.6	ND	1.011	0.002
Ti	783	655	0.173	0.002
V	1.000	ND	0.002	0.002
Zn	27035.1	ND	3.280	0.249
K	ND	ND	13.194	5.641

数据来源：中国石油项目"电子级中空容器聚乙烯专用料中试生产技术"。

（7）加工应用

制品厂家使用专用料和对比树脂制备了容积为 200L 的双 L 环密闭桶，发现在适配的加工条件之下，专用料制品桶内外表面光滑，单桶质量、壁厚均匀性均满足制品质量要求。由专用料和对比树脂制得的桶的跌落试验结果见表 9-17，可以看出：在制品桶的常温和低温跌落试验中，FHM8255A 和对比树脂均能达到制品质量标准。在提高跌落高度的情况下，FHM8255A 仍然表现出了优异的耐跌落性能。

表 9-17 容积为 200L 的双 L 环桶跌落试验结果

HDPE	常温跌落试验高度		低温（−18℃）跌落试验高度	
	2.8m	3.5m	1.6m	2.4m
FHM8255A	通过	通过	通过	通过
对比树脂	通过	不通过	通过	不通过

数据来源：中国石油项目"电子级大中空容器聚乙烯专用料的生产技术及加工工艺研究"。

参考文献

[1] 陆文正. 舒驰方桶 IBC——新一代工业包装容器 [J]. 塑料包装, 2005, 15(1): 14-24.

[2] 王景良. IBC 桶用高密度聚乙烯树脂的生产与应用 [J]. 炼油与化工, 2015, 26(5): 42-44.

[3] 张璐, 张宝林, 夏洁, 等. IBC 桶专用 HDPE 的结构与性能 [J]. 合成树脂及塑料, 2015, 32(5): 56-59.

[4] 许敏, 李静静. IBC 桶专用高密度聚乙烯的结构与性能 [J]. 合成树脂及塑料, 2018, 35(6): 79-82.

[5] 郭宏岩. IBC 桶用高密度聚乙烯树脂的生产与应用关键分析 [J]. 汽车博览, 2021(31): 31-32.

[6] 张娜, 李玉松, 马国玉, 等. 200L 桶用 HDPE 中空容器专用料性能研究 [J]. 合成树脂及塑料, 2015, 32(4): 66-68.

[7] 王仪森, 何盛宝, 张丽洋, 等. 高密度聚乙烯大中空容器专用料的性能 [J]. 石化技术与应用, 2022,

40(5): 315-317.

[8] 吕安明, 王金刚. HDPE 大型中空吹塑技术的应用及产品市场分析 [J]. 齐鲁石油化工, 2001(4): 318-320.

[9] 张璐, 夏洁, 张宝林, 等. IBC 桶专用高密度聚乙烯的生产工艺与性能研究 [J]. 上海塑料, 2014(1): 38-41.

[10] 于长荣. IBC 专用料 HM4560UA 开发 [J]. 化工管理, 2016(29): 143.

[11] 汪昆华, 罗传秋, 周啸. 聚合物近代仪器分析 [M]. 北京: 清华大学出版社, 2000.

[12] 何平笙. 新编高聚物的结构与性能 [M]. 2 版. 北京: 科学出版社, 2009.

[13] 高宇新, 王立娟, 杨琦. IBC 桶专用 HDPE 的结构与性能对比 [J]. 合成树脂及塑料, 2021, 38(3): 43-46.

[14] 何宇挺. 高密度聚乙烯耐环境应力开裂性能研究进展 [J]. 塑料包装, 2024, 34(2): 1-6.

[15] 叶昌明. HDPE 耐环境应力开裂的机理, 影响因素和改进 [J]. 塑料科技, 2002(5): 55-58.

[16] Almomani A, Mourad A I, Deveci S, et al.Recent advances in slow crack growth modeling of polyethylene materials[J]. Materials & Design, 2023, 227: 111720.

[17] 张娜, 张威, 马国玉. HDPE 大型中空吹塑产品及专用料的发展现状 [J]. 塑料工业, 2012, 12(40): 1-5.

[18] 薛锋, 胡庆云. 大型中空容器级 HDPE 树脂的中试聚合研究 [J]. 塑料工业, 2007(4): 16-20, 23.

[19] 李春雷, 张星星, 黄起中, 等. UNIPOL 气相聚乙烯反应器块料生成与生长机理研究 [J]. 石油化工, 2022, 51(10): 1236-1241.

[20] 岑静芸, 蔡伟. 提高 HDPE 大中空专用料抗冲击性能的技术研究 [J]. 广东化工, 2020, 47(9): 55-57.

[21] 郭敏, 潘国元, 张杨, 等. 助剂对铬系聚乙烯长链支化结构的影响 [J]. 石油化工, 2023, 52(5): 672-678.

[22] 金俊弘. HDPE 及其共混物流变性能的研究 [J]. 合成技术及应用, 1988, 24(4): 19-22.

[23] 孟祥艳, 王雪蓉, 王倩倩, 等. 塑料氧化诱导期影响因素分析及其测量不确定度评定 [J]. 理化检验: 物理分册, 2018, 54(6): 427-430, 437.

[24] 何曼君, 陈维孝, 董西侠. 高分子物理 [M]. 上海: 复旦大学出版社, 1990.

[25] 雷佳伟, 邓起垚, 张祖平, 等. IBC 桶专用高密度聚乙烯树脂性能研究 [J]. 塑料科技, 2019, 47(7): 59-62.

[26] Tosoh Corporation. Polyethylene resin as a material of a container for a high purity chemical, and a container for a high purity chemical made thereof: US6225424[P]. 2001-5-1.

[27] 东曹株式会社. 超高分子量聚乙烯颗粒和有其形成的成型体: CN 105377909[P]. 2016-03-02.

[28] 东曹株式会社. 聚乙烯树脂组合物、层叠体及医疗容器: CN112673064[P]. 2021-04-16.

[29] Borealis Polymers OY. Process for preparing an olefin polymerization catalyst component: WO 03000754[P]. 2001-06-20.

[30] 中国石油天然气股份有限公司. 含有有机镁化合物的烯烃聚合催化剂及其制备方法和应用: CN201210280884.1[P]. 2014-09-03.

[31] 中国石油天然气股份有限公司. 一种宽分布聚烯烃催化剂及其制备和应用: CN201310035290.9[P]. 2015-01-21.

[32] 中国石油天然气股份有限公司. 乙烯聚合主催化剂及其制备方法、乙烯聚合催化剂及乙烯的溶液法共聚方法: CN201710692566.9[P]. 2021-04-30.

[33] 王仪森, 何盛宝, 张丽洋, 等. 高密度聚乙烯大中空容器专用料的性能 [J]. 石化技术与应用, 2022, 40(5): 315-317.

第 10 章
聚烯烃家电专用料

10.1　概述

在家电行业中，高分子材料已逐渐成为仅次于钢铁的第二类原材料，也是近年来发展最快的材料，年平均增长率约为 30%。家电用的高分子材料大部分是热塑性高分子材料，约占 90%。目前，国内家电制品如冰箱、洗衣机，正逐渐向大容量、轻量化、个性化、多功能和环保化发展。聚丙烯具有无毒、无味、密度小的特点，其强度、硬度、刚性、耐热性等均优于低压聚乙烯，是当前热门的环保型高分子材料之一。在全球塑料消费中，家电业仅次于汽车业，对于家电壳体来说，高强度（刚韧平衡性）、轻量化和光鲜的外观（光泽度）是吸引消费者的重要因素。

与通用聚丙烯相比，耐热注塑聚丙烯树脂具有耐热温度高、硬度高、弯曲模量高、光泽度好等特点，可取代聚碳酸酯（PC）、ABS，广泛用作电热水壶、咖啡机、电风扇、面包机、电饭煲等小家电的外壳（图 10-1）。近几年来，随着树脂合成技术的进步，多家树脂生产商通过改进聚合技术、催化剂体系、添加成核剂等手段，进一步提高了聚丙烯的耐热性、表面光泽度等性能，开发了一系列高耐热聚丙烯专用树脂产品[1-2]。

国外公司生产的高性能耐热聚丙烯牌号主要包括韩国三星道达尔公司 HJ730、韩国大韩油化公司 HJ4012、韩国 LG 公司 1315C、韩国晓星公司 HJ801R 等。国内也开展了大量的研发工作，目前投入市场的主流牌号有中国石油锦西石化公司 1040L、中国石油兰州石化公司 H8010 和 H8020、中国石化茂名石化公司 HC9006BM 和 HC9012BM 等。但是与国外同类产品相比，在耐热温度、韧性等方面仍存在差距，国内大型家用电器外壳生产厂家仍需要从韩国等进口聚丙烯专用树脂。因此，需要开展高性能、高结晶度耐热聚丙烯家电专用料的研究。

众所周知，聚合物的结晶度直接决定其刚性与耐热性，而结晶度很大程度上取决于等规度，因此，高结晶度聚丙烯又称为高刚聚丙烯或者高等规聚丙烯。一般来说，聚丙烯高等规度级分（高温级分）的含量越高、高等规度级分的链段越长，越有利于提高聚丙烯的刚性。从聚合物凝聚态角度看，结晶度和球晶尺寸直接影响聚丙烯刚性。其中，聚丙烯的弯曲模量与等规度呈线性关系，与结晶度呈对数线性关系，并随分子量分布的

图 10-1 应用耐热聚丙烯的部分小家电产品

变宽而增大，当分子量分布达到 10 以上时，弯曲模量可达到 2000MPa。加宽分子量分布除了能提高聚丙烯的刚性外，还能提高聚丙烯的熔体强度（改善加工性能），还可使聚丙烯晶粒细化（改善树脂的韧性和光学性能）。

高等规度的基础树脂可以赋予产品一定的刚性和耐热性，但冲击强度一般较低，在工业生产中，一般通过多功能后加工助剂体系的引入，实现产品刚性、韧性和耐热性的提升。主要通过以下两种途径获得最终目标产品：

① 改进聚合催化剂和聚合技术，从而改善聚丙烯的分子量分布，提高聚丙烯的等规度，可以得到结晶度达 70% 的聚丙烯（理论上聚丙烯结晶度可达到 75%）。

② 根据聚丙烯结晶动力学，选择多种高性价比的成核剂进行复合，满足聚丙烯刚性、抗冲击、耐热性等多种性能要求。通过提高成核剂在聚丙烯中的分散性来提高其成核效率，包括协助分散和增加相容性，从而尽可能减少成核剂用量，降低生产成本。

等规聚丙烯有五种晶体形态：α、β、γ、δ 和拟六方态[3]。其中，α 晶型和 β 晶型较为常见（图 10-2）[4]，不同的晶型赋予聚丙烯不同的性能。α 晶型属单斜晶系，是最普通的晶型之一。在等规聚丙烯中，以 α 晶型最为稳定。目前，商品化的聚丙烯中主要含 α 晶型，在一定条件下，其他晶型会向 α 晶型转变；β 晶型属六方晶系，其内部排列比 α 晶型疏散得多，对冲击能有较好的吸收作用；从性能上对比，β 晶型聚丙烯比 α 晶型聚丙烯具有更优异的韧性，以及更高的热变形温度。通过温度梯度法、剪切诱导法、熔体淬火诱导结晶法、振动诱导结晶法、紫外光诱导结晶法以及 β 成核剂，可诱导形成 β 晶型聚丙烯[5-7]。其中，使用 β 成核剂是最便捷、最高效的方法。

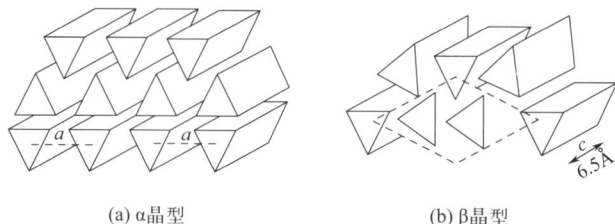

(a) α晶型　　　　　　　　　　(b) β晶型

图 10-2 α晶型和 β晶型示意

聚丙烯属于部分结晶树脂。使用成核剂不仅可以加快结晶速率，增加结晶密度，缩短成型周期，而且可以使聚丙烯表现出更强的结晶能力，改善其力学性能、热性能和外观形貌。关于聚丙烯成核剂的研究，国内外已有大量报道[8-11]。在结晶过程中，晶核更易发生碰撞，形成尺寸小且均匀的晶体，进而提高聚丙烯的结晶度。优良的晶体结构可以使聚丙烯具有更优异的力学性能[12-15]。

通用均聚聚丙烯与耐热均聚聚丙烯的力学性能对比如表 10-1 所示。

表 10-1　通用均聚聚丙烯与耐热均聚聚丙烯的力学性能

项目	弯曲模量/MPa	热变形温度/℃	拉伸弯曲强度/MPa
通用均聚聚丙烯	1200～1400	105～115	30～34
均聚耐热聚丙烯	1800～2300	120～130	33～36

近几年，我国聚丙烯行业呈现不断扩能、快速发展的态势。然而，受国内外宏观形势不确定性因素的增加及原料的来源多元化的影响，行业竞争日趋激烈。为应对挑战，企业应通过研发高端聚丙烯专用料，来提高聚丙烯产品附加值，消化聚丙烯低端产品库存，提升企业竞争力。目前，家电用高结晶度、高耐热聚丙烯已经成为聚丙烯产业发展的重要方向之一。

10.2　催化剂体系

耐热聚丙烯的生产可采用几乎任何商业上已知的聚合过程，如 Spheripol 本体工艺、Hypol 本体工艺、Unipol 气相工艺、Novolen 气相工艺、Amoco 气相工艺、北星双峰工艺、催化合金工艺等。不同聚合过程的关键在于选择相适应的聚合催化剂体系。目前，工业上生产聚丙烯时，使用的催化剂主要为含有二酯类内给电子体的 $MgCl_2$ 负载型 Z-N 催化剂。在聚合时，该类催化剂需要配以外给电子体。外给电子体的主要作用是调节聚丙烯的等规度和催化剂对氢气的敏感性。此外，对催化剂活性、聚丙烯的表观密度、丙烯和乙烯的共聚性能等也有一定程度的影响。目前使用的外给电子体主要是硅烷类化合物，含有 1～4 个烷氧基，最常用的是二烷基二甲氧基硅烷。外给电子体的结构不同，对聚丙烯的等规度、催化剂的氢气敏感性和活性有不同的影响。根据不同需求，可以选用不同的外给电子体来生产不同牌号的聚丙烯产品。

催化剂体系有以下几种：

① 复相 Z-N 丙烯聚合催化剂体系与有机磷化合物（成核剂）的组合，前者是以 $MgCl_2$ 为载体，在负载 $TiCl_4$ 的过程中，加入内给电子体合成主催化剂，在丙烯聚合时，加入烷基铝为助催化剂和外给电子体。最常用的外给电子体是烷氧基硅化物如二苯基二甲氧基硅烷和甲基环己基硅烷，能更有效地提高丙烯聚合物的结晶度，在提高催化剂的活性、控制聚丙烯的等规度等方面起着重要的作用。

② 以 2,2- 二酯作内给电子体合成的新一类复相 Z-N 丙烯聚合催化剂，在无需外加外给电子体的情况下，可得到高活性的催化剂和高等规度的高结晶聚丙烯。

③ 茂金属催化剂，日本三井化学已用于小批量商业化生产超高结晶聚丙烯。

④ Donor 催化剂体系，适用于釜式及环管聚合工艺，氢调敏感性良好，可制备高熔体流动速率、宽分子量分布、高等规度的均聚、嵌段共聚高刚性聚丙烯产品。

10.2.1　外给电子体对催化剂活性中心的作用

作为聚丙烯催化体系中的关键添加物，外给电子体是对聚合效果、聚合过程、聚丙烯产品形态以及各类性能都具有重要影响的一种路易斯碱类化合物。外给电子体技术的改进创新是优化丙烯聚合过程，提高聚丙烯产物品质，开发高性能多种类聚丙烯新产品的最高效且最经济的手段，是国内外科研院所和大型聚烯烃生产企业研究的热点[16]。

外给电子体通过改善聚合物链的规整度，提高聚合物的等规指数，使得聚丙烯的结晶度、刚性、耐热性能得到提升。外给电子体对丙烯聚合的影响与外给电子体对催化剂活性中心的作用有关。

在 $MgCl_2$ 表面，二酯类内给电子体中的一个氧原子和 Mg 原子作用，另一个氧原子和 Mg、Ti 原子相互作用，将具有 2 个空位的无规 Ti 活性中心转化为具有 1 个空位的等规 Ti 活性中心。在聚合反应中，由于烷基铝的存在，部分二酯类内给电子体将和烷基铝相互作用而从 $MgCl_2$ 表面脱离，部分等规活性中心转变为无规活性中心。此时，如有外给电子体存在，它将占据原来内给电子体的位置，又将无规 Ti 活性中心转化为等规活性中心，提高了催化剂的立体定向能力（图 10-3）。

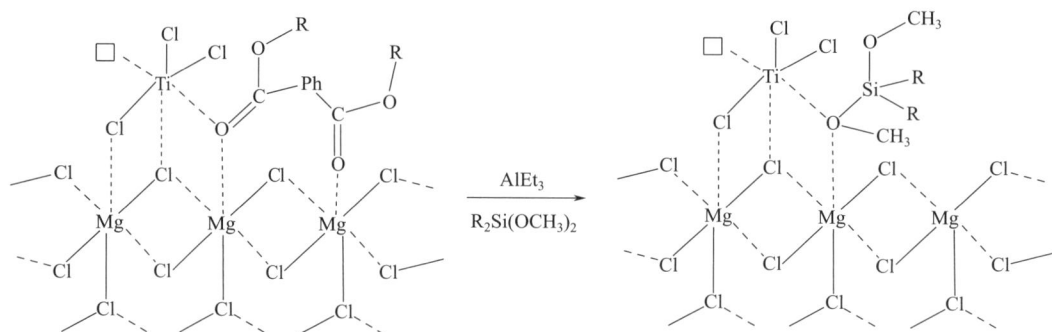

图 10-3　聚合反应中外给电子体取代内给电子体位置示例

除此之外，在聚合反应中，外给电子体还具有如下作用：①与烷基铝配位或反应，降低游离烷基铝的浓度，减少 Ti 活性中心被过度还原（过度还原的 Ti 活性中心将失去活性）；②无规 Ti 活性中心与等规 Ti 活性中心相比有较强的 Lewis 酸性，因而它首先与外给电子体反应而被碱活化，使聚合反应等规产物的产率增加；③ Ti 活性中心与内外给电子体之间的平衡反应，会因给电子体的碱性和位阻不同而对催化活性、立体选择性、氢调敏感性等产生不同影响。

不同外给电子体对聚丙烯的等规度、分子量及其分布、氢调敏感性的影响是不同的。如果将不同的外给电子体组成复配体系，发挥出它们各自的长处，则可以制备出综合性能更高的聚丙烯。

10.2.2　外给电子体对催化剂体系及聚合物性能的影响

不同外给电子体的结构差异会给聚丙烯产品的等规性能、催化体系的氢调敏感性以及催化活性带来影响。在工业生产中，可以通过选用不同的外给电子体来得到不同类型的聚丙烯。而通过对多种外给电子体进行复合使用，还能生产出单种外给电子体生产不了的高端聚丙烯[16]。

目前，聚丙烯生产中常用的外给电子体有烷基烷氧基硅烷，包括环己基甲基二甲氧基硅烷（Donor-C）、二环戊基二甲氧基硅烷（Donor-D）、二异丙基二甲氧基硅烷（Donor-P）等。以上外给电子体的主要区别在于硅烷的烷基取代基不同，不同取代基的位阻效应会导致其对催化剂活性、氢调敏感性、立构选择性、聚合物微观结构等的影响各不相同[17]。单一外给电子体对选定的工业催化剂性能的影响见表10-2。在相同加氢量条件下，以四乙氧基硅烷（TEOS）、正丙基三乙氧基硅烷（NPTES）、正丙基三甲氧基硅烷（NPTMS）、Donor-C、二异丁基二甲氧基硅烷（Donor-B）、Donor-P和Donor-D为外给电子体制备聚丙烯，其熔体流动速率依上述顺序依次降低、等规度依次升高，催化剂催化活性也大体呈上升趋势。TEOS、NPTES、NPTMS可用于制备高熔体流动速率、低等规的聚丙烯树脂，而Donor-C、Donor-B、Donor-P、Donor-D可用于制备低熔体流动速率、高等规的聚丙烯树脂。在不改变主催化剂、助催化剂等其他工艺条件下，通过不同性能外给电子体的匹配开发高耐热聚丙烯，成为技术发展的主流趋势。其中一类外给电子体赋予聚丙烯高等规度；其他外给电子体提升催化剂的氢调敏感性，在保证催化剂活性的同时，提高产品的等规度与熔体流动速率。

表10-2　单一外给电子体对丙烯聚合的影响

外给电子体	H_2/C_3摩尔比	催化活性/$(\times10^4 g/g)$	等规度/%
TEOS	2.93	2.63	90.1
NPTES	2.93	3.35	92.3
NPTMS	2.93	3.65	91.7
Donor-C	2.93	3.95	96.9
Donor-B	2.93	4.22	98.7
Donor-P	2.93	4.25	98.8
Donor-D	2.93	4.35	99.1

注：反应条件为催化剂15mg，硅/钛摩尔比20，三乙基铝（TEA）（0.18mol/L）用量5mL，聚合温度70℃，聚合时间1h。

由表10-2可知，Donor-C、Donor-B、Donor-P和Donor-D的立构规整能力更强，若其他外给电子体与它们进行复配，则有可能获得综合性能更佳的外给电子体。复配外给电子体对催化性能及聚合物性能的影响如表10-3所示。

表10-3　复配外给电子体对丙烯聚合的影响

外给电子体1	外给电子体2	外给电子体1摩尔分数/%	H_2/C_3摩尔比	催化活性/$(\times10^4 g/g)$	等规度/%	熔体流动速率/(g/10min)	分子量分布
Donor-P	NPTMS	5	4.88	3.45	98.4	20.4	5.6
Donor-P	NPTMS	5	6.83	3.88	97.8	37.7	5.8
Donor-P	NPTES	5	4.88	3.33	98.4	22.9	6.0
Donor-P	NPTES	5	6.83	3.33	98.3	41.0	5.4

外给电子体1	外给电子体2	外给电子体1摩尔分数/%	H_2/C_3摩尔比	催化活性/($\times10^4$g/g)	等规度/%	熔体流动速率/(g/10min)	分子量分布
Donor-D	NPTES	5	6.83	3.85	98.5	23.0	5.8
Donor-B	TEOS	5	4.88	3.57	97.3	80.9	7.3
Donor-B	TEOS	5	6.83	3.65	96.6	122	7.5
Donor-B	NPTMS	5	4.88	4.45	96.8	51.0	6.3
Donor-B	NPTMS	5	6.83	4.22	96.6	65.4	6.5
Donor-C	NPTMS	10	4.88	3.43	96.4	61.6	5.6
Donor-C	NPTMS	10	6.83	3.1.6	96.6	70.0	5.7
Donor-C	NPTMS	15	4.88	2.75	97.9	39.4	5.5
Donor-C	NPTMS	15	6.83	2.73	96.7	76.4	5.4
IBIPDMS	NPTMS	5	2.94	4.15	98.5	10.7	6.4
IBIPDMS	NPTMS	5	4.88	4.08	98.4	30.5	6.4
IBIPDMS	NPTMS	5	6.83	3.94	98.2	50.4	6.5
IBCHDMS	NPTMS	5	2.94	4.05	98.4	15.7	7.3
IBCHDMS	NPTMS	5	4.88	3.94	98.5	37.5	7.2
IBCHDMS	NPTMS	5	6.83	3.82	98.1	56.4	7.2

注：反应条件同表10-2。IBIPDMS—异丁基异丙基二甲氧基硅烷。

由表10-3可知，复配外给电子体均对催化剂性能和聚合物性能有很好的调节作用。利用这一特性，可以灵活调节生产工艺与产品性能，拓宽了新产品开发的空间。

此外，还进行了其他类复合外给电子体的探究。例如，选用亚磷酸酯和磷酸酯化合物[三异丙基亚磷酸酯（ED-1）、三异丙基磷酸酯（ED-2）和二己基苯基磷酸酯（ED-3），结构式见图10-4]分别与双环戊基二甲氧基硅烷（Donor-D）外给电子体复配，并将后者用于丙烯聚合，以期望通过复配外给电子体技术，制备出同时具有较高立构规整性和较高熔体流动速率的聚丙烯。

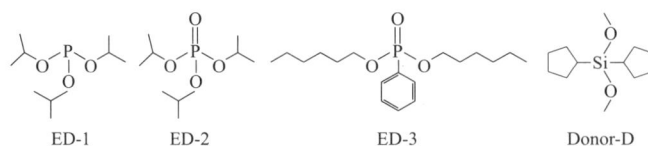

图10-4 亚磷酸酯、磷酸酯和烷基硅氧烷外给电子体的结构示意

为了研究ED-1、ED-2、ED-3作为外给电子体对丙烯聚合的影响，将三者分别用于丙烯的淤浆聚合，结果列于表10-4。由表10-4可知，单独以ED-1、ED-2、ED-3为外给电子体制备的聚丙烯的等规度，均低于以Donor-D为外给电子体制备的聚丙烯。然而，将ED-1、ED-2、ED-3分别与Donor-D以摩尔比1/1复配，并作为外给电子体用于丙烯聚合，得到的聚丙烯等规度依次为98.8%、99.3%、99.2%，表明使用复配外给电子

体能够显著提高催化剂的立构选择性。另外，三种复配外给电子体催化剂的浆液催化活性均接近甚至超过 Donor-D，表明复配有利于提高催化剂 Ti 活性中心的催化活性。由此可知，将 ED-1、ED-2、ED-3 分别与具有较高立构选择性的 Donor-D 复配时，可同时提高催化剂的立构选择性和催化活性，由此可制备高立构规整度的聚丙烯。

表 10-4　复配外给电子体催化剂的性能

外给电子体1	外给电子体2	外给电子体1摩尔分数/%	等规度/%
—	Donor-D	0	99.7
ED-1	—	100	88.9
ED-1	Donor-D	50	98.8
ED-2	—	100	91.1
ED-2	Donor-D	50	99.3
ED-3	—	100	80.3
ED-3	Donor-D	50	99.2

注：反应条件同表10-2。

为了进一步验证复配外给电子体的效果，将 ED-1、ED-2、ED-3 分别以不同比例与 Donor-D 复配，并将复配外给电子体用于丙烯本体聚合，进一步研究了复配外给电子体对聚丙烯性能的影响。结果表明，不同复配外给电子体所制备的聚丙烯等规度为 96.8% ～ 98.9%，具有较高的立构规整性（见表 10-5）。该方法有利于制备具有优良热性能和力学性能的聚丙烯产品。

表 10-5　复配外给电子体催化剂的活性及聚丙烯的性能

外给电子体1	外给电子体2	外给电子体1/外给电子体2摩尔比	催化活性/($\times 10^4$g/g)	等规度/%
Donor-D	ED-1	70:30	2.9	97.5
		50:50	3.3	97.1
		30:70	3.0	96.8
Donor-D	ED-2	70:30	4.4	98.9
		50:50	4.6	98.4
		30:70	4.5	98.0
Donor-D	ED-3	70:30	4.6	98.4
		50:50	4.1	98.0
		30:70	4.2	97.8
Donor-D	—	100:0	4.5	99.2

注：反应条件同表10-2。

研究者综合考量给电子体的成本、应用前景，以及聚丙烯的熔体流动速率、等规度等多种因素，开发出耐热聚丙烯复合外给电子体 SED 2530。通过调节不同给电子体之间的比例与工艺条件，制备了目标产品，并与工业常用外给电子体 Donor-C 和 Donor-D/Donor-C 复配物进行了对比，结果列于表 10-6。

表 10-6 实验条件和结果

编号	外给电子体		D₁摩尔分数/%	Si/Ti摩尔比	Al/Si摩尔比	H₂用量/g	催化活性/(kg/g)	熔体流动速率/(g/10min)	等规度/%
	D₁	D₂							
1	Donor-C	—	100	21.5	45	0.53	33.0	81	97.6
2	Donor-C	—	100	21.5	45	0.90	30.5	125	97.2
3	Donor-D	Donor-C	0.99	24.2	41.8	1.1	29.9	114	96.3
4	Donor-D	Donor-C	1.96	24.4	41.4	1.1	30.0	130	96.7
5	Donor-D	Donor-C	2.91	24.7	41.0	1.1	31.9	134	96.8
6	SED 2530	—		24.2	41.8	1.1	20.4	281	95.7
7	SED 2530	—		24.4	41.4	1.1	22.6	261	97.2
8	SED 2530	—		24.7	41.0	1.1	22.4	287	97.3
9	SED 2530	—		21.5	45	0.53	33.5	82	98.7
10	SED 2530	—		22.5	45	0.53	34.0	69	98.2
11	SED 2530	—		21.5	45	0.90	32.0	134	97.9
12	SED 2530	—		22.5	45	0.90	33.5	117	98.9

注：反应条件同表10-2。

采用 SED 2530 和 Donor-C 作为外给电子体聚合得到的产品，其 DSC 曲线如图 10-5 所示。由图可知，应用 SED 2530 得到的聚丙烯熔点为 162.1℃，高于应用 Donor-C 得到的聚丙烯（159.0℃），并且为较窄的单峰，说明前者刚性高于后者，使用复合外给电子体 SED 2530 利于开发高刚聚丙烯产品。

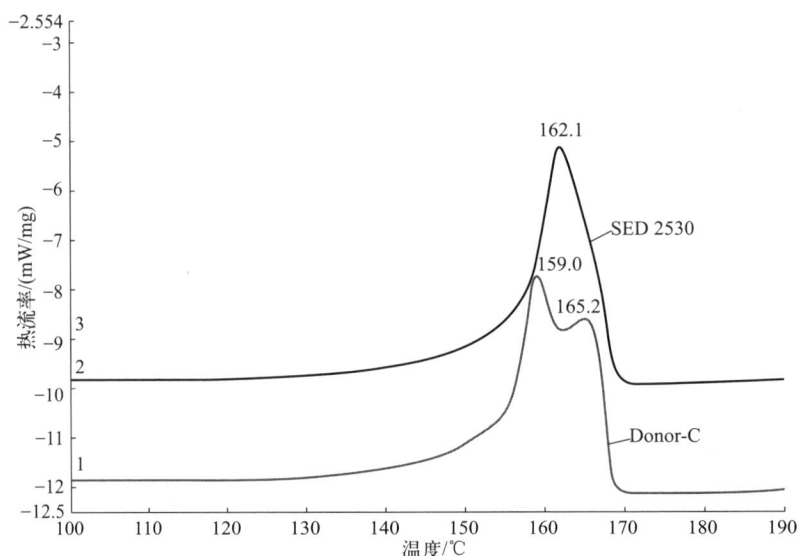

图 10-5 以 SED 2530 为外给电子体制备的聚丙烯产品和以 Donor-C 为外给电子体制备的聚丙烯产品的 DSC 曲线

外给电子体是聚丙烯催化剂体系中非常重要的组分之一，改变外给电子体对催化剂体系的动力学行为不能有明显的改变，否则可能会对产品性能有较大影响。分别以

SED 2530 和 Donor-C 为外给电子体制备的聚丙烯产品的动力学曲线如图 10-6 所示。

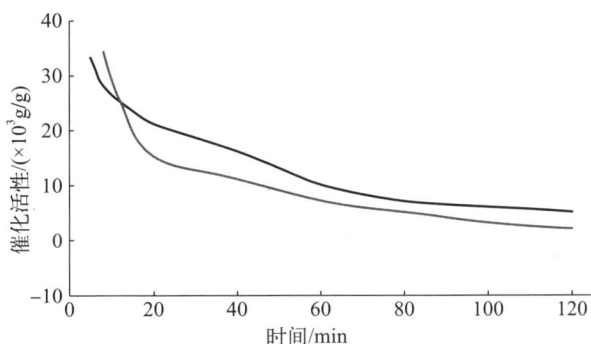

图 10-6 以 SED 2530 为外给电子体制备的聚丙烯产品和以 Donor-C 为外给电子体制备的聚丙烯产品的动力学曲线图

由图 10-6 可知，以 SED 2530 为外给电子体的聚合物的动力学为衰减型，且与传统的以 Donor-C 为外给电子体的聚合物相似，说明 SED 2530 对现有工业装置的反应动力学和控制系统无显著影响。

10.3 家电耐热聚丙烯专用料工业生产技术

10.3.1 耐热聚丙烯中试技术

聚丙烯的性能取决于催化剂、原料质量、生产工艺、生产过程控制等因素。在聚丙烯中试装置中，采用 Spheripol-Ⅱ 工艺技术，原料单体经预聚合装置、1 号环管反应器、2 号环管反应器、高压闪蒸器、脱轻塔、脱重塔和干燥器后，可得到聚合产品。

在实际生产中，耐热聚丙烯产品刚性、韧性等性能主要通过三乙基铝（以 T 表示）与外给电子体（以 D 表示）质量比的变化，以及 Si/Ti、Al/Si、氢气用量等聚合关键参数的调整来实现，结果如表 10-7 所示。

表 10-7 关键工艺参数对耐热聚丙烯物理性能的影响

试样	T/D质量比	Si/Ti摩尔比	Al/Si摩尔比	等规度/%	弯曲模量/MPa	冲击强度/ (kJ/m²)
样品1	4.8	29.7	9.43	96.0	1 737	4.2
样品2	4.0	29.7	9.43	96.6	1 839	3.7
样品3	3.1	29.7	9.43	97.4	1 920	3.0
样品4	2.4	29.7	9.43	97.5	1 991	2.8

由表 10-7 可知，通过改变 T/D 质量比，可以有效调控中试产品的等规度，改善产品韧性，使产品具有良好的刚韧平衡性，最终实现对聚合物结晶度、弯曲模量等性能的调控。随着 T/D 质量比的降低，等规度呈现增大的趋势，有利于提高产品的弯曲模量，但同时降低了产品的冲击强度。

在 Spheripol-Ⅱ 工艺中试装置中，采用复合外给电子体与主催化剂匹配的策略，调节等规度分布，实现目标结构耐热聚丙烯 H8020 的制备，并根据市场同类产品水平制定了其性能指标，如表 10-8 所示。

表 10-8　耐热聚丙烯中试产品 H8020 性能指标

项目	测试方法	性能指标
熔体流动速率/(g/10 min)	GB/T 3682.1—2018	12～17
弯曲模量/MPa	GB/T 9341—2008	≥1800
拉伸屈服应力/MPa	GB/T 1040.2—2022	≥37
悬臂梁缺口冲击强度（23℃）/(kJ/m²)	GB/T 1843—2008	≥3.0
热变形温度/℃	GB/T 1634.2—2019	≥120

在耐热聚丙烯的中试试验过程中，考察了外给电子体 SED 2530 对工艺过程、聚丙烯熔体流动速率和等规度等的影响，结果如表 10-9 所示。

表 10-9　中试样品测试结果

项目	标准	实测值
熔体流动速率（2.16 kg）/(g/10 min)	GB/T 3682.1—2018	14
等规度（粉料）/%	GB/T 2412—2008	97.2
弯曲模量/MPa	GB/T 9341—2008	1991
拉伸屈服应力/MPa	GB/T 1040.2—2022	40.6
悬臂梁缺口冲击强度/(kJ/m²)	GB/T 1843—2008	3.30
热变形温度/℃	GB/T 1634.2—2019	120

由表 10-9 可知，中试产品的弯曲模量超过 1900MPa，高于指标要求；冲击强度为 3.30kJ/m²，高于指标要求；拉伸屈服应力为 40.6MPa，高于指标要求；热变形温度达到 120℃，达到指标要求。综上，中试产品的力学性能均达到了指标要求，具有良好的刚韧平衡性。

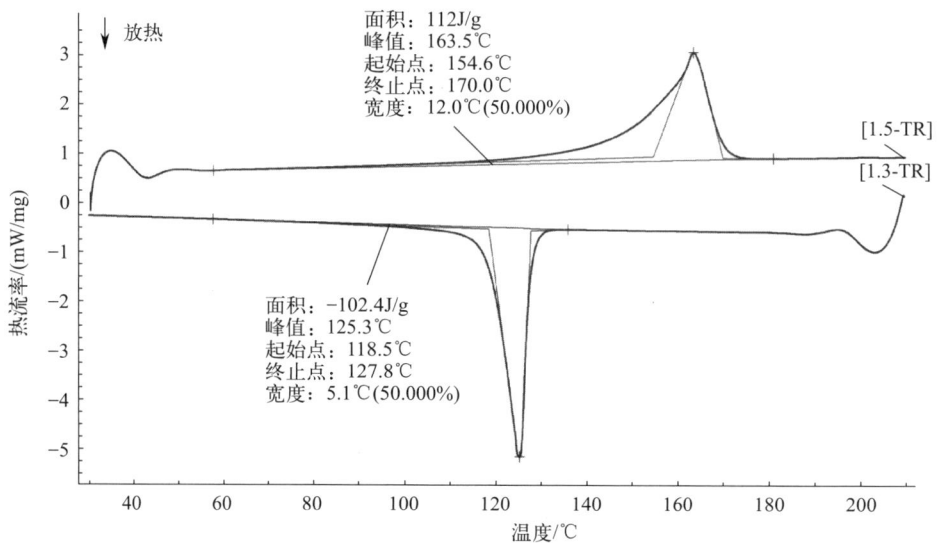

图 10-7　中试产品的 DSC 分析结果

中试产品的结晶性能数据见图 10-7。测试结果表明：中试产品的结晶温度和结晶峰温度均较高，其熔融温度为 163.5℃，结晶温度为 125.3℃。

中试产品的分子量分布较宽（为 6～8），GPC 分布图见图 10-8。

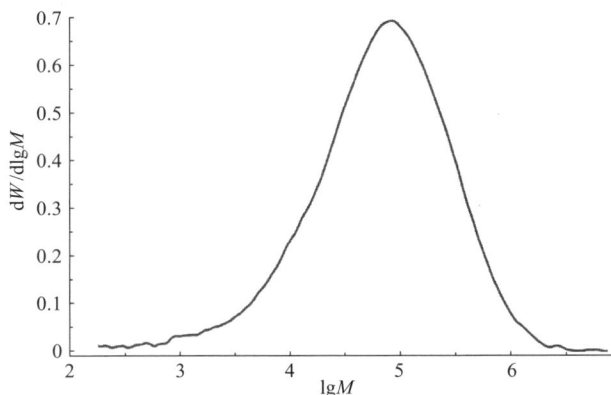

图 10-8　中试产品的 GPC 分布图

10.3.2　耐热聚丙烯工业化生产

基于 Spheripol-Ⅱ工艺中试技术，通过聚合物等规序列结构调控，以及高效成核体系匹配性调整，在 11 万吨 / 年的 Hypol 聚丙烯装置上实现家电耐热聚丙烯专用料 H8020 的工业生产。

10.3.2.1　H8020 工业品的性能分析

采用复合外给电子体 SED 2530 进行了工业试生产，生产出约 360 吨的 H8020 工业品，其性能实测值和第三方机构检测值见表 10-10。由表 10-10 可知，H8020 工业品的各项性能均达到了指标要求。

表 10-10　H8020 工业品各项性能的实测值和第三方机构检测值

项目	指标	实测值	第三方检测值
熔体流动速率/(g/10 min)	12～17	13	
悬臂梁缺口冲击强度（23℃）/ (kJ/m²)	≥3.0	3.8	3.9
弯曲模量/MPa	≥1 800	1 810	1950
拉伸屈服应力/MPa	≥37	37.8	38.4
断裂伸长率/%	—	160	171
热变形温度/℃	≥120	126	128

10.3.2.2　H8020 工业品的分子量及分布

分子量及其分布对材料的力学性能、加工性能、使用性能等都有着极大的影响。生产的 H8020 工业品，具有宽分子量分布（6～8）的特点，超过普通 Z-N 催化的均聚聚丙烯产品（4～6）。图 10-9 为凝胶渗透色谱（GPC）测得的 H8020 工业品的分子量分布图。

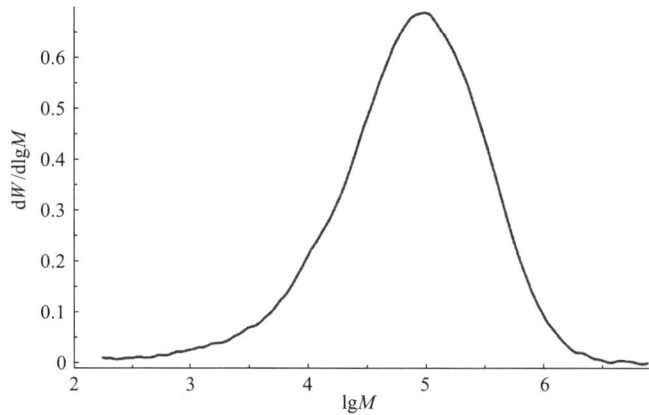

图 10-9　H8020 工业品的 GPC 分布图

10.3.2.3　H8020 工业品的结晶性能

聚丙烯的力学性能与其聚集态结构关系密切。结晶度越大，尺寸稳定性越好，其硬度、强度和刚度越高，耐热性和耐化学性也越好。普通聚丙烯常因结晶速度较慢而导致结晶度较低。因此，在耐热聚丙烯的制备过程中，通常加入一定的成核剂来改善聚丙烯成型时的结晶速率，同时，可以有效提高其负荷变形温度。一般商业化的聚丙烯主要为 α 晶型，晶粒间有明显的界限，导致产品的冲击强度较低，从而限制了该类聚丙烯的在某些领域的使用。而 β 晶型的晶粒在交界处相互连接，有着较高的冲击强度，添加相应的成核剂来制备高 β 晶型含量的聚丙烯是简单有效的方法之一。

对 H8020 工业品及两种进口料进行了 DSC 分析，结果见图 10-10 ～ 图 10-12 和表 10-11。从测试结果可以看出：H8020 的结晶温度比进口料 1 高约 6℃，熔融焓绝对值比进口料 1 低约 3J/g，说明添加助剂体系，使热学性能略高于进口料 1 水平。

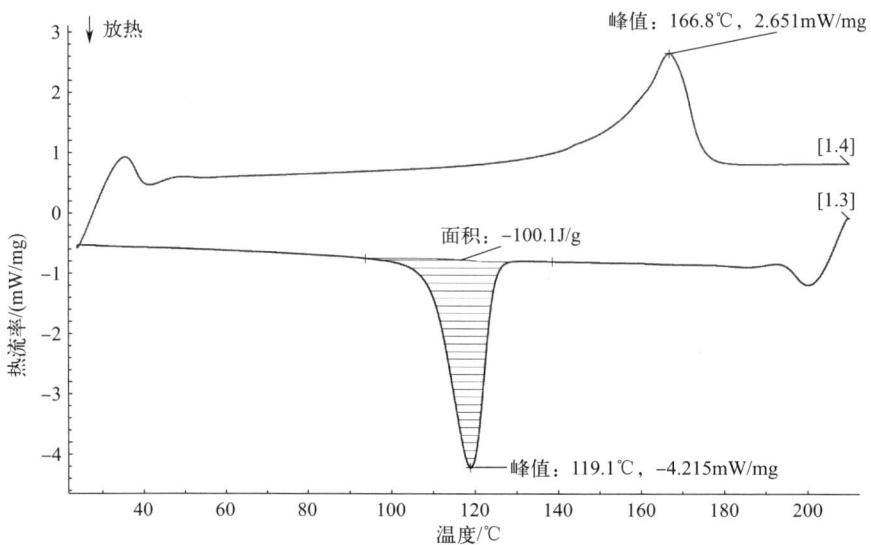

图 10-10　H8020 工业品 DSC 曲线图

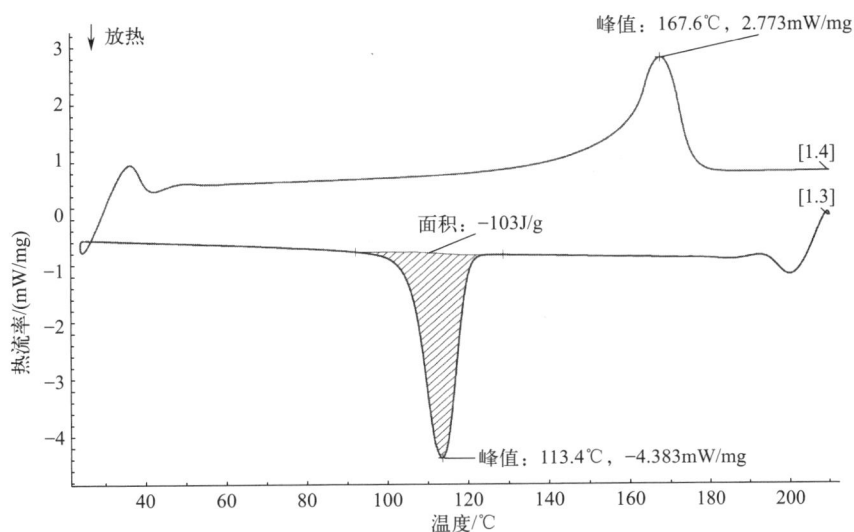

图 10-11　进口料 1 产品的 DSC 曲线图

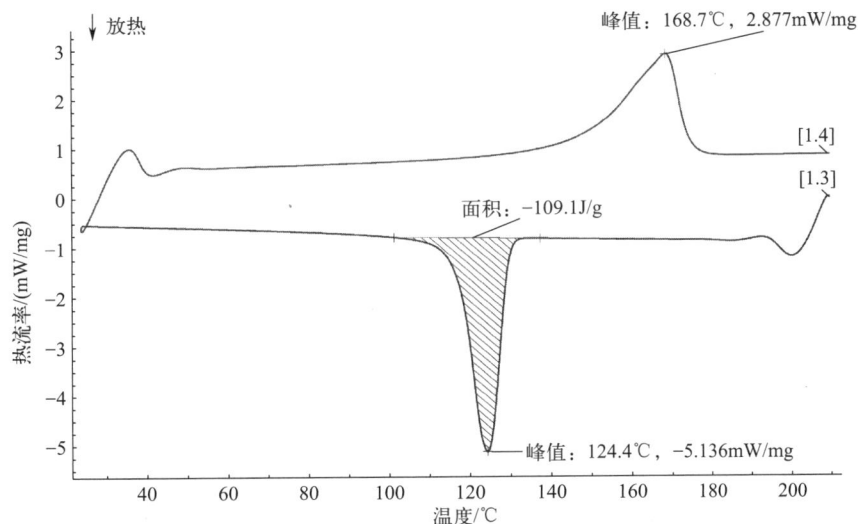

图 10-12　进口料 2 产品的 DSC 曲线图

表 10-11　H8020 与进口料的热学性能数据

样品	热变形温度/℃	熔融温度/℃	结晶温度/℃	熔融焓/(J/g)	结晶度/%
H8020	122.4	166.8	119.1	−100.1	57
进口料1	120.1	167.6	113.4	−103	51
进口料2	123.7	168.7	124.4	−109.1	61

样品所加成核剂对其 DSC 性能影响较大（见表 10-12）。由表 10-12 可知，加入成核剂的样品（粒料）与未加入成核剂的样品（粉料），结晶温度相差约 14℃，结晶焓相差约 14J/g；此外，未加入成核剂样品熔融温度出现多个峰值，最高峰值与添加成核剂样品基本相同。成核剂的加入提高了样品的结晶温度和结晶焓，改善了产品的热性能。

表 10-12　成核剂对 H8020 热学性能的影响

样品	熔融温度（峰值）/℃	结晶温度（峰值）/℃	结晶焓/(J/g)
H8020粒料	165.6	119.4	−108.3
H8020粉料	167.2，158.3，147.5多峰	105.1	−93.92

10.3.2.4　H8020 工业品的分子结构

通过调节外给电子体的量，可调控聚丙烯链等规序列分布及其质量分数，通常外给电子体加入量越高，正庚烷抽涤测试得到的等规度越高，聚丙烯分子链规整度也越高，等规序列及其分布向高温洗脱方向移动。聚合物的刚韧平衡性能，与聚合物的等规序列分布密切相关，即在不加助剂条件下，链规整度及其质量分数越高，产品刚性越高，韧性越低。因此，外给电子体种类与加入方式密切影响产品最终性能。

图 10-13 是 H8020 样品的升温淋洗分级（TREF）曲线。表 10-13 是 H8020 与进口料的 TREF 分级测试结果。结果表明：H8020 产品可溶级分含量较高，主峰分级温度约为 122℃，比两种进口料均低约 1.5℃，说明 H8020 的等规度较进口料低；此外，H8020 在 55.3℃有 1 个次要峰，质量分数为 2.5%，这是由于采用宽分子量分布催化剂和聚合工艺对分子链等规度进行了调控。

表 10-13　H8020 与进口料的 TREF 分析结果

样号	可溶级分含量/%	第一个峰		第二个峰	
		温度/℃	面积/%	温度/℃	面积/%
H8020	1.7	55.3	2.5	122.0	95.8
进口料1	1.0	—	—	123.5	99
进口料2	1.1	—	—	123.5	98.9

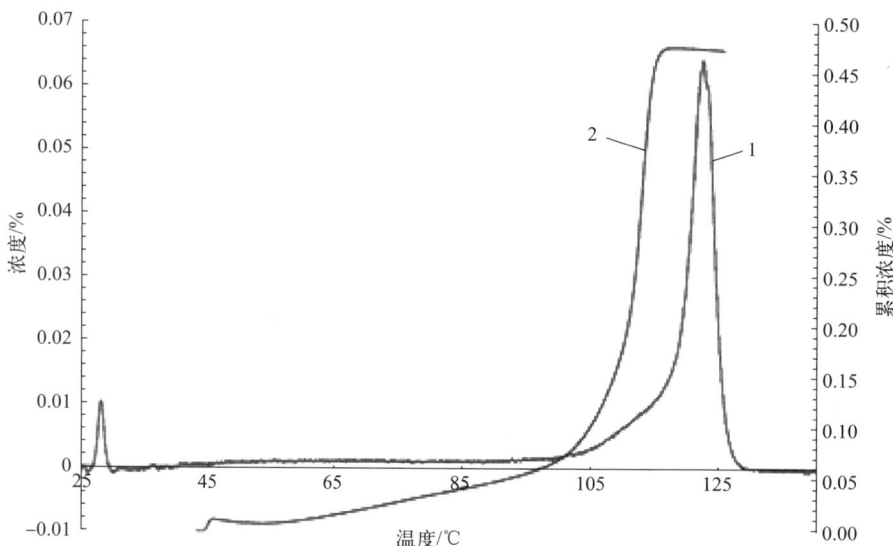

图 10-13　H8020 产品的 TREF 曲线

1—TREF曲线；2—累积浓度曲线

10.4 家电耐热聚丙烯专用料认证

家电耐热聚丙烯产品 H8020 造粒料取得了美国保险商试验所（UL）短期和长期项目认证，标志着其质量安全性能获得国际市场认可，竞争力进一步提高。UL 认证是北美地区公认的产品安全信誉认证，UL 标志是相关产品进入美国以及北美市场的一个特别通行证。同时，家电耐热聚丙烯产品 H8020 通过了华测检测（CTI）食品包装卫生的检测、19 种塑化剂的检测，瑞士通用标准公司（SGS）为其出具了美国食品与药物管理局（FDA）、有害物质限制（RoHS）、欧盟法规《化学品的注册、评估、授权和限制》（REACH）和德国食品级测试（LFGB）检测的报告，并取得了耐热聚丙烯 H8020 的中国质量认证中心（CQC）认证证书。本色料及色母粒产品的 CTI 检测结果见表 10-14。

表 10-14　本色料及色母粒 CTI 检测结果

项目	弯曲模量/MPa	拉伸屈服应力/MPa	简支梁缺口冲击强度/(kJ/m²)	
			机铣缺口	注塑缺口
标准	GB/T 9341—2008	GB/T 1040.2—2022	GB/T 1043.1—2008	GB/T 1043.1—2008
本色料	1883	37.6	2.41	2.39
白色料	1845	36.2	2.13	2.33
红色料	1860	36.5	2.10	2.49
黑色料	1869	37.7	2.13	2.68

10.5 家电耐热聚丙烯专用料加工应用

耐热聚丙烯产品 H8020 在江苏无锡天聚科技公司、广东广州新宝公司、美的集团有限公司、上海金发科技公司、特百惠（中国）有限公司等国内主流家电生产企业完成了规模化应用，累计产销 10 万吨，产品性能均满足用户要求，有效提升了国内自主家电耐热聚丙烯产品的市场占有率。

10.6 展望

家电行业竞争激烈，产品利润空间低且性能要求高，因此，发展高性能、低成本的家电用高分子材料已成为当前高分子材料的重要发展趋势之一。聚丙烯材料以低廉的价格、较低的密度及良好的耐老化性能等优点逐渐得到生产商的青睐。聚丙烯作为家电专用料，除了要求观感好、安全、轻质、高光泽、耐磨、耐洗涤液、易着色及成本低等外，还需具备耐热、与热水接触后不变色等特点。耐热聚丙烯树脂具有高刚性、高热变形温度的特点，广泛应用于耐热家电、汽车改性等领域。

参考文献

[1] 居兰, 李磊, 袁炜, 等. Novolen 工艺聚丙烯产品及应用 [J]. 中国塑料, 2012, 26(9): 60-64.

[2] 康文倩, 马宗立, 高玉林, 等. 耐热聚丙烯专用料的结构与性能 [J]. 中国塑料, 2020, 34(7): 10-13.

[3] Zhao S C, Cai Z, Xin Z. A highly active novel-nucleating agent for isotactic polypropylene[J]. Polymer, 2008,49(11): 2745-2754.

[4] 温亮，李春发，等 . 规聚丙烯成核剂的结构和构型分析 [J]. 波谱学杂志 ,2020, 37(3): 291-299.

[5] 胡斌，彭婷，韩锐，等 . 剪切流动下聚丙烯结晶行为的研究进展 [J]. 塑料工业 ,2020, 48(2): 9-14.

[6] 郭俊强，李倩，罗志，等 . 聚丙烯 β 成核剂的研究进展 [J]. 高分子通报 ,2022(7): 11-21.

[7] Yang Shugui, Chen Yanhui, Deng Bowen, et al. Window of pres-sure and flow to produce β-crystals in isotactic polypropylenemixed with β-nucleating agent[J]. Macromolecules, 2017, 50(12): 4807-4816.

[8] 程敏，韩李旺，杨廷杰，等 . 成核剂对薄壁注塑聚丙烯 K1870 性能的影响 [J]. 塑料助剂 ,2024 (1): 22-25.

[9] 马文辉，陈旭，韩振刚，等 . 聚丙烯成核剂研究进展 [J]. 合成材料老化与应用 ,2017, 46(3): 114-118.

[10] 张祖平，马国庆，周雪云，等 . 聚丙烯增刚成核剂研究与应用新进展 [J]. 现代化工 , 2021, 41(12): 59-63.

[11] 祁蓉，铁文安，田小艳，等 . β 成核剂在聚丙烯材料中的改性研究与应用 [J]. 塑料工业 ,2021, 49(10): 9-12.

[12] 姜艳，安彦杰，李瑞，等 . 成核剂对聚丙烯结晶行为的研究 [J]. 中国塑料 ,2017, 31(10): 26-32.

[13] 莫荣强，雷春堂，等 . 家电壳体用高分子材料及其应用技术的发展趋势 [J]. 塑料工业 ,2019, 47(2): 6-10.

[14] 李春晖，郝春波，姚秀超，等 . 成核剂对均聚聚丙烯力学性能和结晶性能的影响 [J]. 塑料工业 ,2023,51(S1): 46-50.

[15] 崔晓倩，栗艮民，孟庆国，等 . 稀土 β- 成核剂 / 玻璃纤维改性聚丙烯复合材料的制备及其性能研究 [J]. 塑料工业 , 2016, 44(4): 106-110.

[16] 刘磊 . Novolen 工艺上氢调法制备高流动聚丙烯的催化体系开发 [D]. 杭州：浙江大学 , 2023.

[17] 汪涛 . 外给电子体在 Spherizone 聚丙烯装置中的应用 [J]. 石化技术与应用 , 2021, 39(6): 424-427.

第11章
聚烯烃专用料新品种

近些年，我国聚烯烃产能和产量迅猛发展，目前，已经是全球最大消费国和生产国。随着市场竞争的加剧，国内生产企业对聚烯烃专用料的开发越来越重视。聚烯烃专用料的产能、产量和种类一直处于增长的趋势，专用料占聚烯烃总产量的比例一直在增加。如前所述，近年来中国石油对聚烯烃专用料的开发、生产给予了高度重视，尤其在汽车料、医用料和电容器料等方面都取得了长足的进步，为我国聚烯烃专用料从产品开发到产业化发展做出了显著的成绩。与国外跨国公司的聚烯烃专用料技术相比，我国有众多的聚烯烃专用料还处于技术开发中，产业化还有待进一步发展。

11.1　几种最重要的聚烯烃专用料发展前景

（1）聚烯烃车用专用料

汽车轻量化和节能化对聚烯烃车用专用料的流动性、抗冲性、刚性等性能提出了更高的要求，需要对现有聚烯烃车用专用料树脂进行更广泛、更有效、更经济、更实用的改性，满足汽车不同制件的使用需求。当前，开发高结晶、高抗冲、高模量、高流动性及高支化的聚丙烯树脂，顺应了市场需求。随着新能源发展和绿色发展，市场对智能化、高端化、绿色产品的需求更加迫切。因此，配套抗冲共聚聚丙烯的改性技术和新型循环可再生料的开发是大势所趋。

尽管国内聚烯烃车用专用料技术快速发展，但在一些高端产品领域仍未实现技术突破，并且缺乏具有全球竞争力的产品。因此，我们需要利用现有设备和技术进行高端产品开发，优化产品体系，借机引进国外高端生产装备、高端牌号生产技术，学习—吸收—再创新，提升自主创新能力。

生产企业需积极联合科研机构，结合下游市场需求进行高附加值牌号的开发与推广，逐步提高产品的档次和质量，降低生产成本，实现高端牌号的进口替代。

目前，国内的催化剂整体水平仍与国外先进产品有一定差距，如产品稳定性不足、创新不够等问题。可通过提升催化剂技术、优化工艺条件，提高催化剂对聚合物性能的控制能力，进而提升产品综合性能。尤其是对茂金属类和非茂过渡金属类催化剂，需要加大研发投入和研究成果转化力度，加快推动国产高性能催化剂技术的突破，研发出具有更好规整性、可调控性、更高性能的聚烯烃车用专用料新产品。

（2）聚烯烃医用专用料

我国自有医用聚烯烃技术较少，一些核心关键技术如聚合技术、催化剂技术以及加工改性技术等长期被国外企业垄断。此外，在反应器结构设计、核心表征仪器、关键加工装置以及标准等基础研究及应用方面，还有很大的进步空间。目前，我国大部分医用聚烯烃企业的技术工艺主要是引进—消化—吸收—再创新，未能形成包括单体、催化剂、聚合工艺、结构设计、工程化技术、加工应用和标准等在内的全产业链原创基础，因此还不能有效支撑我国医用聚烯烃产业的高质量发展。具体表现为中试研究平台严重缺乏；工程装备技术亟须提升；原料成本需要持续降低等。

因此，应该从以下几方面提高聚烯烃医用专用料的自主开发及生产技能：攻破专利壁垒，坚持创新思维；整合优势资源，形成发展合力；加强多学科配合，保护企业核心技术等。

（3）聚烯烃薄膜专用料

目前，聚乙烯薄膜专用料市场已经比较成熟，其中茂金属催化剂生产的聚乙烯薄膜专用料 mPE 属于高端产品，增加利润率和扩大市场份额的潜力巨大。除了必须专注于开发 mPE 创新应用、优化生产流程外，减少薄膜厚度等举措也至关重要。

电子保护膜主要应用领域为摄像机、家用电器、手机通信、汽车电子等领域。伴随着电子保护膜应用市场的持续发力，电子产品需求的进一步增加及品质的高端化必将带来电子保护膜专用料需求的进一步增加。因此，业内相关生产企业应该加大对电子保护膜专用料的研发力度，稳定产品质量，生产出性能优异的电子保护膜专用料，满足日益增加的市场需求。

（4）聚烯烃管材专用料

未来对高质量、长寿命的管材需求将持续增加。在生产实践中，可通过对催化剂配方的进一步改进，提高管材料耐热性和机械强度；通过与玻璃纤维或者碳纤维增强，提高管材的整体性功能；通过优化挤出和成型工艺，确保管材料在制造过程中保持一致的质量和尺寸稳定性。

智能化、轻量化、长寿命和功能化是聚烯烃管材专用料未来发展的必然趋势。行业从业人员应关注技术创新和市场变化，推动行业可持续发展。

（5）聚烯烃纤维专用料

抗菌聚丙烯材料的开发与应用在国内外都具有良好的发展前景，高效、广谱、耐热的抗菌性能使聚丙烯材料拥有巨大的应用潜力。如何制备粒径小、金属稳定性高、与聚丙烯基体相容性强的抗菌剂，是抗菌聚丙烯材料的重要研究方向。

随着人们生活水平的提高和消费观念的升级，消费者对聚丙烯纤维制品的需求也在不断变化。人们更加注重产品的品质、环保性和个性化，这为茂金属聚丙烯纤维专用料的发展提供了更大的市场空间。因此，亟需开发出国产化的茂金属聚丙烯催化剂，降低生产成本；加快纺黏工艺的技术与设备创新；进一步拓展聚烯烃纤维专用料在航空航天、防弹材料、高温耐磨材料等高性能领域的应用，同时通过改进纤维结构和材料配方，提高聚丙烯纤维的性能，满足更苛刻的工程要求。

（6）聚烯烃介电专用料

随着科学技术的不断发展，聚丙烯薄膜电容膜的应用领域在不断扩大，成为各行业重要的原材料。其中，超薄型电容膜需求量将不断增加，轻薄化是电容膜的发展趋势。电容膜将向耐高温的方向发展，主要应用于新能源汽车领域。

高压电缆是远距离电力输送的关键一环，绝缘材料在保障其安全运行中发挥着至关重要的作用。制备高绝缘性、高力学性能的绝缘材料，也是聚烯烃材料发展的一个重要方向。

（7）聚烯烃家电专用料

由于家电行业竞争激烈，产品利润空间低，且性能要求高，因此，发展高性能、低成本的聚烯烃家电专用料是重要发展方向。例如，物美价廉的 PP 已应用到部分对外观要求不是很高的家电产品零部件上，替代了成本相对较高的原材料。

11.2　高性能高端聚烯烃专用料新品种

11.2.1　聚(4-甲基-1-戊烯)（TPX）

聚(4-甲基-1-戊烯)（PMP）的常见商品名为 TPX（日本三井化学株式会社生产），是一种热塑性树脂，由 4-甲基-1-戊烯单体等规聚合而成。4-甲基-1-戊烯由丙烯在碱金属催化条件下二聚而成。4-甲基-1-戊烯的等规聚合一般采用齐格勒-纳塔催化剂[1-4]，也可以使用催化丙烯等规聚合的茂金属催化剂[5-6]或非茂过渡金属催化剂[7-12]。具体反应过程如下：

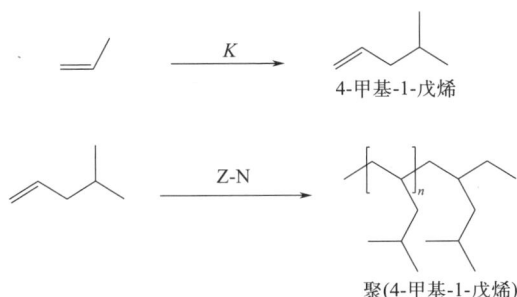

聚(4-甲基-1-戊烯)由于单体等规排列，具有结晶性，熔点一般在 220 ～ 240℃；由于侧基较大，呈无色透明的粒状固体，可见光透过率高达 90%，紫外光透光度优于玻璃及其他透明树脂；密度为 0.832 ～ 0.835g/cm³，是密度最小的热塑性树脂。商业化的 TPX 有多个牌号，其屈服强度在 21 ～ 32MPa 之间，熔体流动速率在 9 ～ 180g/10min，缺口冲击强度从 6kJ/m² 到冲不断。

11.2.1.1　聚(4-甲基-1-戊烯)的性能

聚(4-甲基-1-戊烯)因其单体结构和等规序列分布而具有独特的性能。

（1）耐热性

TPX 具有高的熔点和维卡软化点，其热变形温度和聚丙烯接近，可用于较高温度领域，如食品包装盒、柔性电路板 FPC 用离型膜、合成革用离型纸、LED 模具。TPX

屈服强度随温度变化见图 11-1。

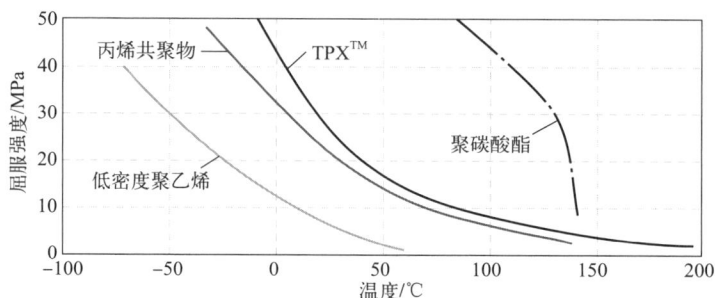

图 11-1　TPX 屈服强度随温度变化图

（2）高透光性

TPX 透光率不低于 PS、PMMA 和普通玻璃，见图 11-2。由于只含有 CH 和 CH_2，不含有生色基团，其紫外光波段透光率更优异。

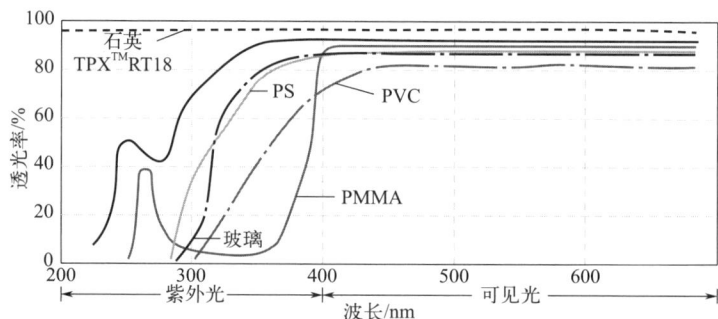

图 11-2　商品化 TPX（RT18）与常见透明树脂透光率对比

（3）低表面张力

TPX 表面张力非常低，为 24mN/m，仅次于聚四氟乙烯（PTFE）（20mN/m），比聚乙烯和聚丙烯要低很多（见图 11-3），这是其应用于离型膜和离型纸的主要原因之一。表面张力小，对各种材料均可剥离，对环氧树脂等各种材料具有极佳的脱模性。

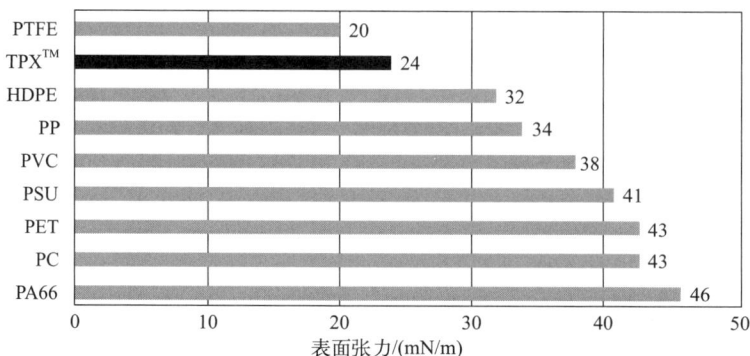

图 11-3　TPX 表面张力与常见树脂的对比

（PSU 代表双酚 A 型聚砜；PA66 代表聚酰胺 66）

由于低表面张力，TPX 耐污染能力强，图 11-4 是两个牌号（MBZ230、RT31）的 TPX 和 PP 制备的餐盒，装肉汁后在微波炉中加热不同时间后，餐盒黄色指数的变化。可以看到，TPX 抗污染能力显著好于 PP。

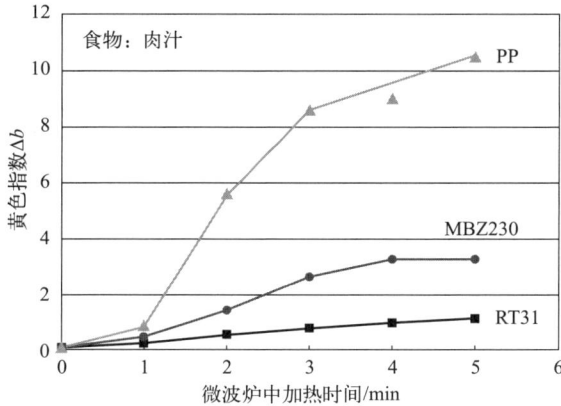

图 11-4　TPX（MBZ230、RT31）与 PP 树脂抗污染能力对比

（4）低介电损耗

TPX 具有优异的介电性能[13-14]。在 10kHz 到 10GHz 频率范围内，介电常数保持稳定在 2.1，与聚四氟乙烯相当；10kHz ～ 1MHz 范围内，其介电损耗因子为 0.0003；在 10GHz 时，其介电损耗因子为 0.0008，与聚四氟乙烯相当。但是 TPX 可以注塑加工，聚四氟乙烯很难注塑加工。TPX 在 5G、6G 通信领域有不可替代的应用。

11.2.1.2　TPX 的应用领域

TPX 可通过注塑、吹塑、挤塑等方法成型，应用领域非常广泛。

（1）在医疗器具等方面的应用

TPX 在医疗器具方面，主要用于制造注射器、三通阀、血液分离槽等，因其优异的耐热性、耐沸水蒸煮性、透明性及无毒等特性，甚至可取代石英玻璃。

人工肺是体外膜肺氧合器（ECMO）的核心部件之一，而 TPX 膜是人工肺的核心材料[15-20]。这种膜材料的应用，有效解决了血浆渗漏问题，延长了 ECMO 的临床使用时间。TPX 膜的生物相容性是其在人工肺中得以应用的关键。人工肺在体外循环过程中需要直接与患者的血液接触，这就要求膜材料必须具备高度的生物相容性，以避免血液凝固、溶血、血小板降低等不良反应。TPX 膜在这方面表现优异，能够显著降低患者使用人工肺时的并发症风险。TPX 膜具有优异的氧气通量，这意味着它能够高效地实现血液中二氧化碳和氧气的交换，为患者提供足够的氧气供应。

（2）在其他行业的应用

由于 TPX 具有较低的密度（仅为 $0.835g/cm^3$），因此它在轻质化方面具有巨大的潜力。在航空航天、汽车制造和电子设备等领域，减轻材料重量对于提高能效、降低能耗具有重要意义。在航空和宇航方面，可制作耐热透镜等。

TPX 展现出极佳的抗老化性能。长时间暴露在紫外线、高温或氧化环境中，其性能依然稳定，不易发生黄变或脆化。TPX 具有较低的摩擦系数，使其在需要减小摩擦、提高耐磨性的场合中具有独特的优势。如作为机械零件的润滑涂层、密封材料等，可以有效降低摩擦损失、延长使用寿命。

在理化实验器具、电子灶专用食器、烘烤盘、剥离纸、耐热电线涂层等领域也有广泛应用。还可作为光学塑料，应用于交通及电气工业，如汽车内照明设备、马达防护罩、窥视镜、电气零件、高频电子元件等。

11.2.2　乙烯－降冰片烯共聚物（COC）

降冰片烯（双环[2.2.1]庚-2-烯，norbornene，NBE）是一种含有螺环结构的特殊烯烃单体，由乙烯和环戊二烯在高温高压条件下发生加成反应制得：

降冰片烯聚合有三种聚合机理，即开环易位聚合（ROMP）[21-22]、加成聚合[23-24]、阳离子或自由基聚合[25-26]。不同的聚合机理，得到的聚合物单体单元结构大相径庭，产物性能迥异：

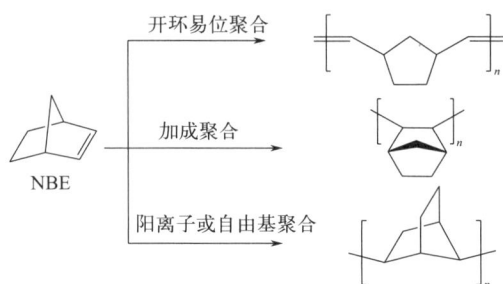

降冰片烯进行加成聚合时，单体插入有两种方式，产生两种不同的单体构型，这造成均聚物和共聚物中单体构型具有复杂性。

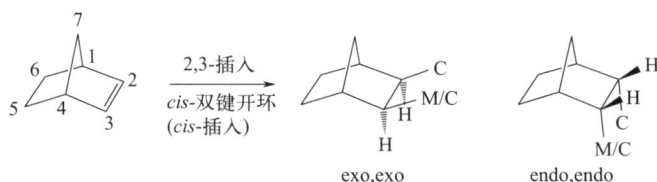

Z-N 催化剂、茂金属催化剂和非茂过渡金属催化剂，特别是后二者，非常容易催化降冰片烯进行加成生成环烯烃聚合物（COP）（均聚物），或催化乙烯与降冰片烯共聚生成环烯烃共聚物（COC）[27-35]。具有刚性螺环结构，使得降冰片烯均聚物具有非常高的玻璃化转变温度（T_g），难以加工，因此，聚降冰片烯均聚物未能获得实际应用。乙烯和降冰片烯共聚物中，随着降冰片烯含量增加，共聚物 T_g 增加且可调，产物具有良好的加工性能，已经实现大规模商业化。具有代表性的 COC 产品商品名为 TOPAS。

11.2.2.1 COC 的性能

几种典型的 TOPAS 产品性能见表 11-1。

表 11-1 典型的 TOPAS 产品性能

项目	5013L	6013M	6015S	6017S	8007S	9506F	E-140
密度/(kg/m³)	1020	1020	1020	1020	1010	1010	940
熔体体积流动速率(260℃,2.16kg)/(cm³/10min)	26	13	4	1.5	32	6	12
拉伸模量(1mm/min)/MPa	3200	2900	3000	3000	2600	1800	
断裂拉伸强度(5mm/min)/MPa	46	63	60	58	63	52	50
断裂伸长率(5mm/min)/ %	1.7	2.6	2.5	2.4	4.5	3.1	
冲击强度（23℃）/(kJ/m²)	13	14	15	14	20		
T_g(10℃/min)/℃	134	142	158	178	78		84(T_m)
透光率/%	91.4	91	91	91	91	65	

（1）COC 的热性能

COC 树脂（TOPAS）的 T_g 和降冰片烯含量之间基本呈线性关系，如图 11-5 所示。不同降冰片烯含量的共聚物热性能和理学性能差异很大，COC 的热性能根据共聚单体含量不同，或好于 PP 或低于 PP（图 11-6）。对于高 T_g 的 COC 树脂，其树脂在高温下的性能不低于 PMMA、PS、PC 等树脂（图 11-7）。

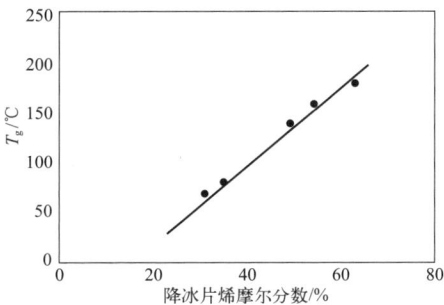

图 11-5 TOPAS 的 T_g 和降冰片烯含量的关系

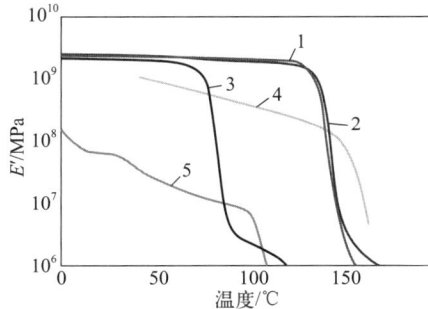

图 11-6 COC 树脂（TOPAS®）和 PP、PE 的 DMA 曲线图

1—TOPAS®5013; 2—TOPAS®6013;
3—TOPAS®8007; 4—PP; 5—LLDPE

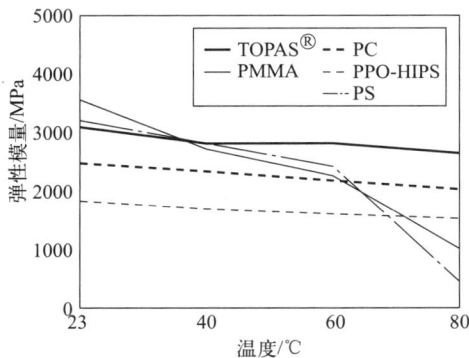

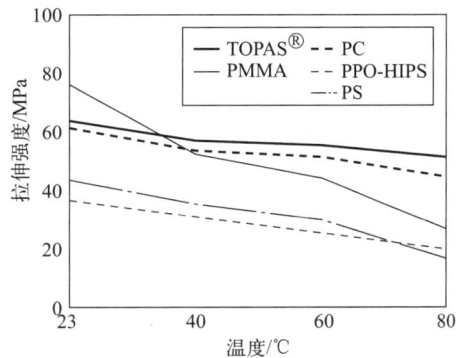

图 11-7 COC 树脂（TOPAS®）和 PC、PPO（聚苯醚）、PS、PMMA 树脂力学性能对比

（HIPS 代表高抗冲聚苯乙烯）

（2）COC 的光学性能

COC 是非结晶性共聚物，具有优异的透光性（图 11-8），其光线透过率与聚甲基丙烯酸甲酯（PMMA）相当，这使得它成为制造光学器件的理想材料，如制造光学镜头、光学棱镜、光学窗口和光学薄膜等。

COC 树脂的双折射率（图 11-9）随着拉伸强度变化很小，好于 PS、PMMA 和 PC。

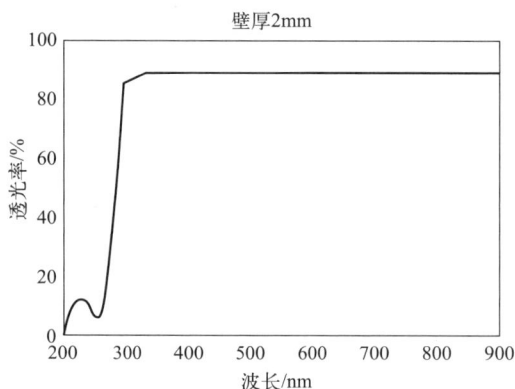

图 11-8　COC 树脂的透光率

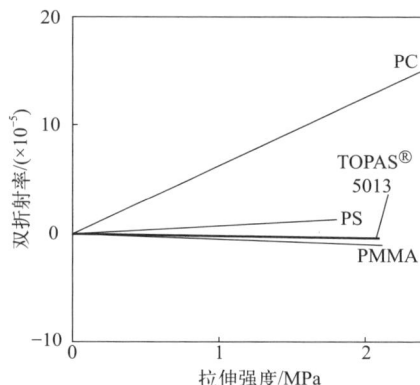

图 11-9　COC 树脂的双折射率

11.2.2.2　COC 在薄膜领域的应用

COC 可以采用注塑、挤出、吹塑等多种成型加工方法，尤其适用于热成型法加工。COC 树脂和聚乙烯具有良好的相容性，可用于聚乙烯树脂的改性，特别是薄膜改性。在聚乙烯中加入 COC 后，树脂的弹性模量直线增长（图 11-10），含有 COC 的多层复合膜挺度（弯曲模量）大幅度提高（图 11-11），含有 COC 的薄膜的热封强度也会增加（图 11-12）。

由于 COC 是非结晶聚合物，电晕处理后其表面能的降低速度会更缓慢，将其加入到茂金属聚乙烯材料中，也能延缓聚乙烯薄膜表面能的降低（图 11-13）。

COC 对水汽和氧气的阻隔率也非常高，对氧气阻隔率好于 PP 和 PE，见图 11-14。

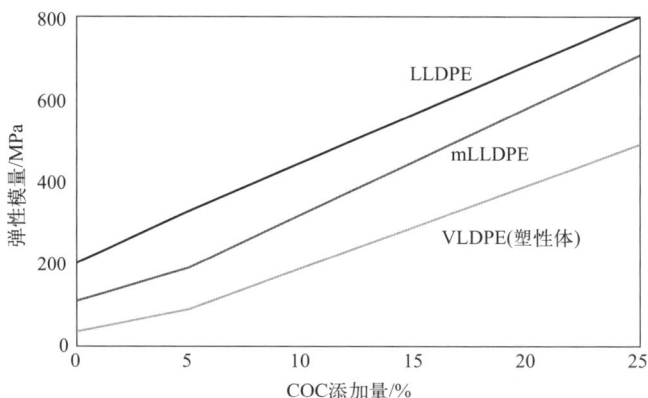

图 11-10　COC/PE 共混物模量随 COC 含量的变化

mLLDPE—茂金属线型低密度聚乙烯；VLDPE—极低密度聚乙烯

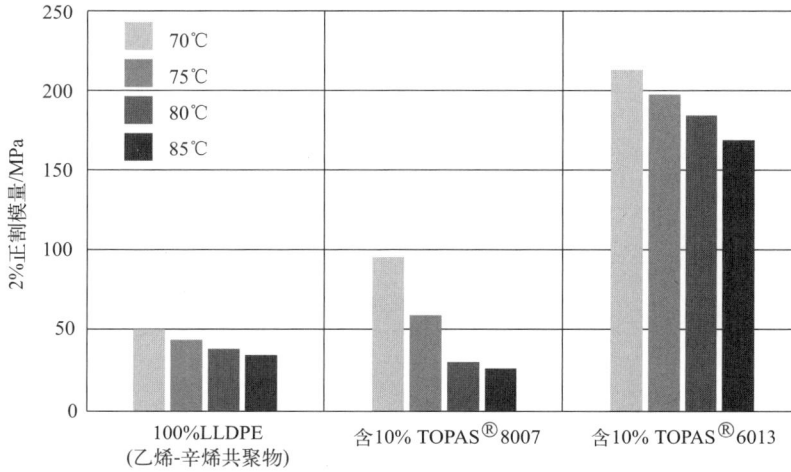

图 11-11 含有 COC 的多层复合膜的正割模量

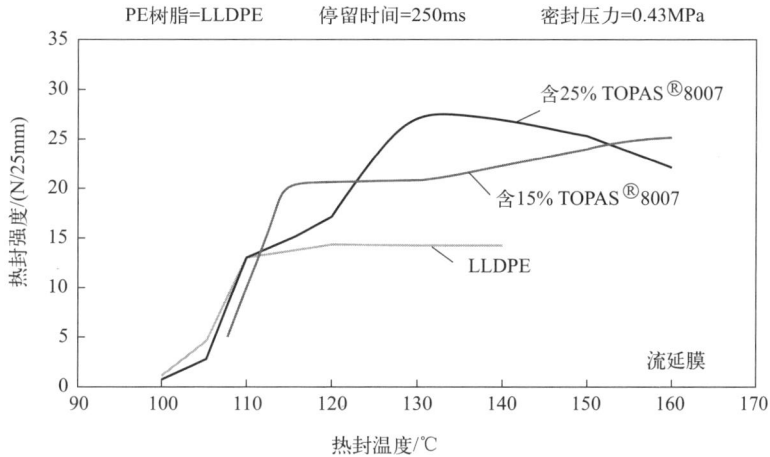

图 11-12 COC/PE 共混物薄膜热封强度随温度和 COC 含量的变化

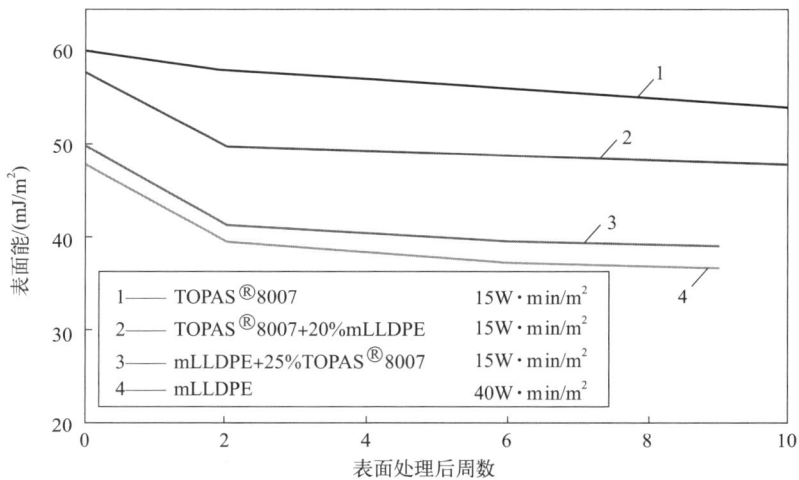

图 11-13 COC 树脂及其与 LLDPE 混合物薄膜表面能随时间的变化

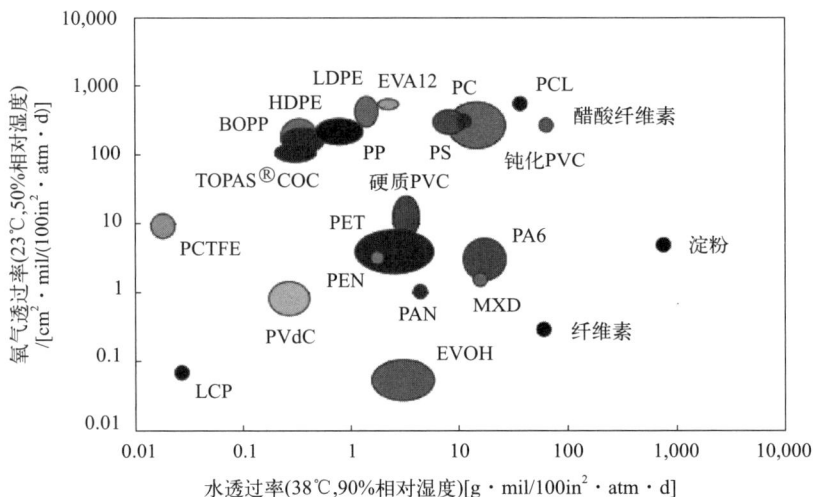

图 11-14　COC 树脂与常用树脂对水汽和氧气的阻隔率（见文后彩图）

（1mil=0.0254mm，1in^2=6.4516×10^{-4}m^2，1atm=101325Pa）

11.2.2.3　COC 在其它领域的应用

COC 具有血液兼容、无细胞毒素、无诱导有机突变、无刺激等优势，适用于注射器和药水瓶等医疗设备的制造。COC 具有优异的电气性能，可以作为电子设备的绝缘材料和封装材料。其高透明度和低热膨胀系数使其成为制作高清晰度显示屏和集成电路板的理想材料。COC 的耐热性和耐化学性使其成为汽车制造中的理想材料，可以用于制作车灯、仪表盘等部件，提高汽车的安全性和美观性。由于 COC 具有极低的吸水率和尺寸稳定性，它可以作为航空航天器中的密封材料和结构材料，其优异的耐高低温性能也使其成为极端环境下的理想选择。

11.2.3　环烯烃聚合物（COP）

降冰片烯及其取代物的开环易位聚合可以得到主链含有环结构的均聚物[36-49]，一般称为环烯烃聚合物（COP）：

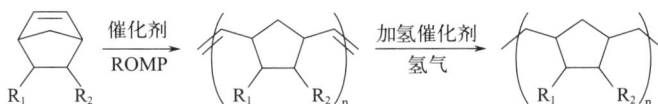

典型的催化剂有：W、Mo、Re、Ru、Os、Ir、V、Nb、Ti、Ta 的卤化物、还原氧化物或氧氯化物，与烷基化试剂（例如 R$_4$Sn、Et$_2$AlCl）和增进剂（例如 O$_2$、EtOH、PhOH）组成的复合催化剂；以及新型单组分催化剂——Mo、W、Ta、Rh 和 Ru 的碳烯配合物。开环易位聚合后的产物还含有双键，加氢后得到饱和的聚合物。

COP 由法国的 CdF Chimie 公司首先实现产业化，商品名为 Norsorex，采用 RuCl$_3$/HCl/n-BuOH 催化剂，含 90 % 反式双键结构。目前，最具代表性的 COP 商品化产品由日本瑞翁公司生产，商品名为 ZEONEX，于 20 世纪 90 年代初商业化。

11.2.3.1 典型 COP 的性能

典型的产品性能见表 11-2。

表 11-2 典型 COP 树脂的性能

项目		ZEONEX®K26R	ZEONEX®K22R	ZEONEX®E48R	ZEONEX®F52R	ZEONEX®T62R	ZEONEX®330R	ZEONEX®480R	测定方法
折射率		1.535	1.535	1.531	1.535	1.536	1.509	1.525	ASTM D542
玻璃化转变温度/℃		143	143	139	156	154	123	138	JIS K7121
熔体流动速率/(g/10min)		52	32	25	22	16	11(260℃)	21	ISO 1133
弯曲模量/MPa		2360	2410	2240	2480	2540	2780	1930	ISO 178
弯曲强度/MPa		80	115	115	99	98	90	97	ISO 178
拉伸模量/MPa		2530	2570	2450	2740	2650	3010	2100	ISO 527
拉伸强度/MPa		54	72	73	60	67	37	60	ISO 527
伸长率/%	屈服	—	5.2	5.5	—	—	—	5.5	ISO 527
	断裂	2.8	24	62	3.1	3.9	1.5	43	
阻燃性(UL-94)		HB	HB	HB	HB	HB	HB	HB	IEC 250

11.2.3.2 COP 树脂的洁净性及其在医用材料中的应用

COP 树脂在生产中，有溶液加氢步骤，加氢后的溶液经过过滤、脱溶剂，再造粒，因此，聚合物中的杂质大大减少，其金属含量（图 11-15）和可挥发气态组分含量（图 11-16）都非常低，远低于 PP、PS 和 PC。

COP 的水汽透过率也远低于 PE、PP 和 PET，为 $1.0g/(m^2 \cdot d)$，如图 11-7 所示。COP 对牛血清蛋白（BSA）的吸附量要低于 Ⅰ 型玻璃，约 $0.5\mu g/cm^2$，且随着时间推移吸附量不增加，如图 11-18 所示。COP 树脂在辐照后，黄色指数增加，但是随着时间

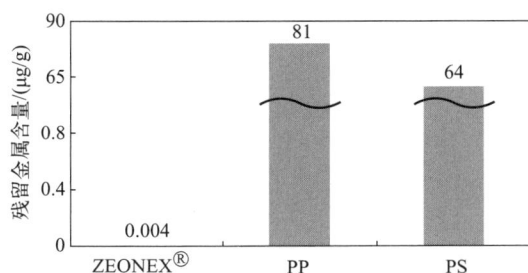

图 11-15 COP 以及 PP、PS 中残留金属的对比
（ICP-MS方法测试）

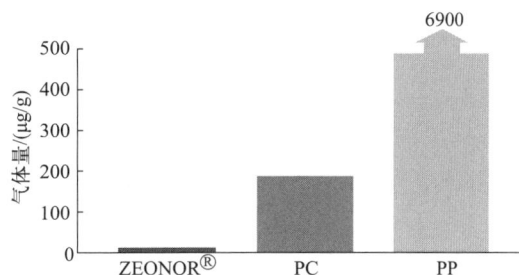

图 11-16 COP 以及 PP、PC 中残留气体含量的对比

推移，其黄色指数会降低，如图 11-19 所示，即 COP 树脂非常适合于辐照消毒工艺。COP 作为热塑性树脂，其耐冲击性能远好于玻璃。这些性能特点，使 COP 树脂非常有望替代玻璃用于注射类药品的包装，未来市场前景非常广阔。

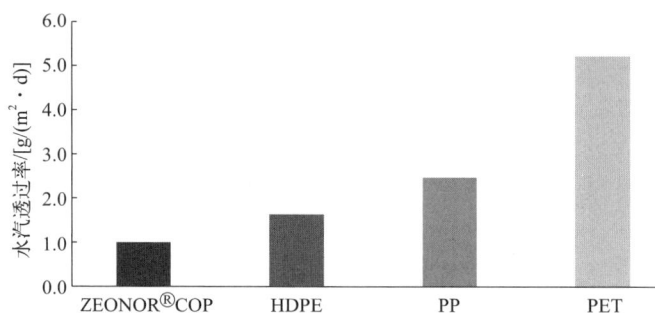

图 11-17　COP 和 HDPE、PP、PET 的水汽透过率对比

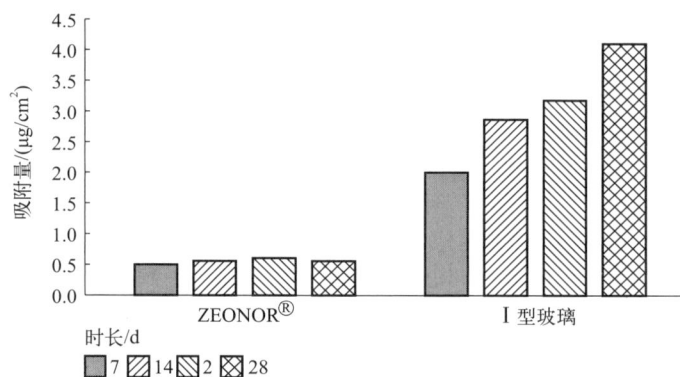

图 11-18　COP 和 I 型玻璃对牛血清蛋白（BSA）的吸附量对比
（高效液相色谱法）

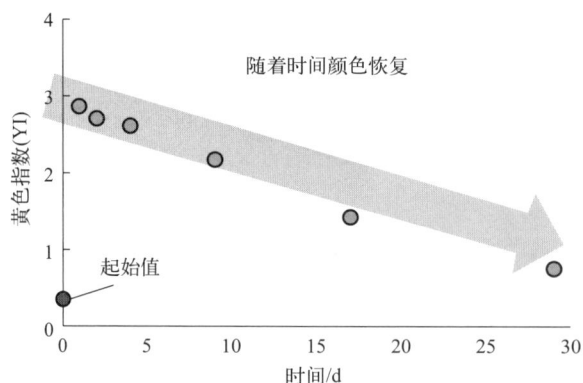

图 11-19　COP 树脂辐照（2.5kGy）后，黄色指数随时间降低

11.2.3.3　COP 的光学性能及其在显示领域的应用

COP 树脂具有极高的透光率（图 11-20），大于 90%，还具有极好的耐高能辐射性

能，即耐紫外光性能。光学材料在湿热条件下发生变形，将对其光学性能造成不良影响。COP 树脂具有极低的吸水率，相对于 PC、PET 和 TAC（三醋酸纤维素）膜，在湿热条件下，COP 光学膜变形率几乎没有（图 11-21）。

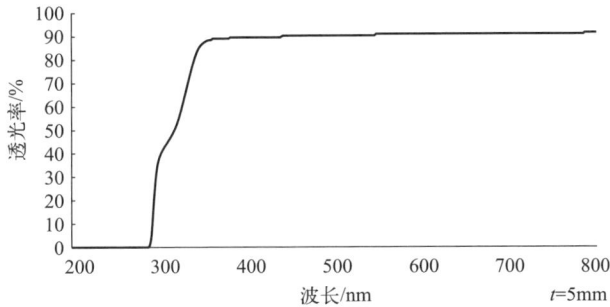

图 11-20　COP 树脂的透光率

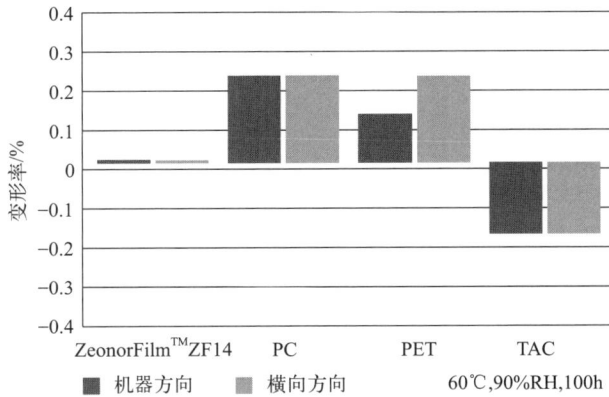

图 11-21　COP 树脂在湿热环境下的变形率

COP 树脂对不同光波的折射率差异很小，好于光学 PC 和 PET（图 11-22），COP 的阿贝数在 50 ～ 60 之间，折射率约 1.53（图 11-23），适合于制作光学玻璃和光学膜。光学材料一般要求高的折射率（可以做得更薄）和高的阿贝数（低色散），COP 树脂兼具这两个优点。

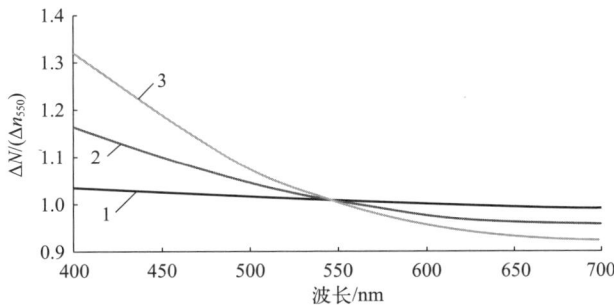

图 11-22　COP 树脂随不同波长的光的折射率变化

1—ZeonorFilm^{TM}；2—PC；3—PET

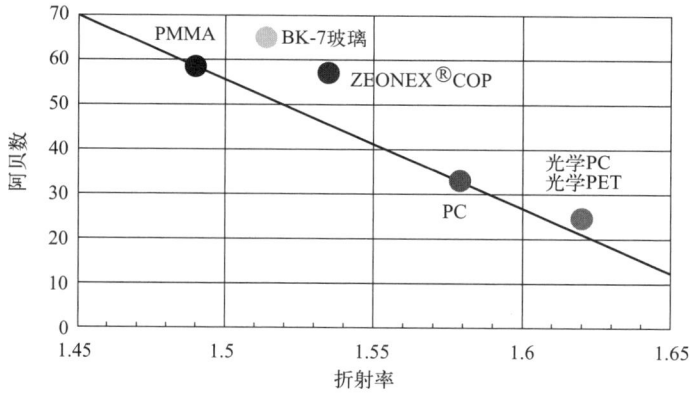

图 11-23 COP 树脂的折射率和阿贝数（Abbe number）

COP 光学膜还具有优异的光学延迟性能。光学延迟描述的是光波在通过某些光学元件时，其偏振状态的变化，特别是沿快轴和慢轴投影的偏振分量之间的相位差。这种相位差以度、波长（λ）或纳米为单位进行测量，其中一波完整的延迟波等于 360°或相应波长处的纳米数。延迟的公差通常以度、全波的自然分数或小数部分或以纳米为单位给出。在实际应用中，最常用的延迟值包括 $\lambda/4$、$\lambda/2$ 和 λ，但其他值在某些特定应用中也有其用途。例如，来自棱镜的内部反射可能会导致元件之间的相移，这时补偿波片可以用来恢复期望的偏振状态，从而校正这种相位延迟。目前，电脑、手机显示屏中都有偏光片，偏光片两面有保护膜，最常用的是 TAC 膜，TAC 膜的光学延迟显著高于 COP 膜，这就造成从侧面看屏幕时，屏幕不够清晰等现象（图 11-24）。

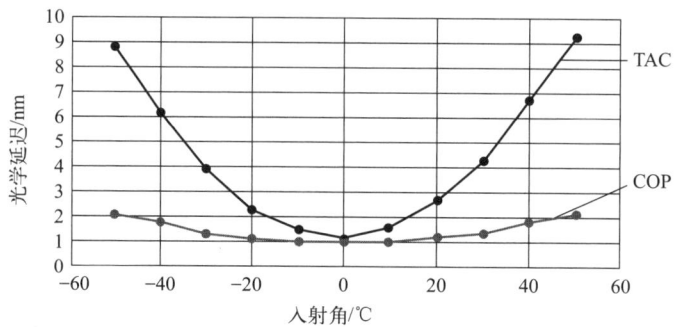

不使用偏光片　　　　使用COP延迟膜配合偏光片

图 11-24 COP 光学膜的光学延迟性能

11.2.4　乙烯-丙烯酸酯共聚物

采用自由基超高压聚合工艺生产 EVA 的工艺和聚合装备，也可以用于生产乙烯和（甲基）丙烯酸酯共聚物[50-52]，该类聚合物具有特殊的性能和应用。所有乙烯和（甲基）丙烯酸酯的共聚物都具有良好的韧性、较低的熔点。由于酯键的极性更强，与其他种类工程塑料相容性更好，因此，所有此类共聚物都可用于工程塑料增韧改性。

11.2.4.1　乙烯-丙烯酸丁酯共聚物（EBA）

（1）EBA 的性能

乙烯-丙烯酸丁酯共聚物是最常用的乙烯-丙烯酸酯共聚物之一（性能见表 11-3），其反应式如下：

EBA 外观呈半透明软颗粒状，材料柔韧、热稳定性高、热封性能好、低温抗冲击性好、对颜料和无机填料的包容力强，且极性高，与各种聚合物都有良好的相容性，是万能的色母粒载体。EBA 树脂常通过吹塑方法加工成薄膜，或用于拉伸缠绕。可采用共挤出方式加工，也可采用挤出涂覆工艺。可用于复合膜、涂覆面料。EBA 自身在 −40℃ 还有抗冲击性能，可作为 PE、PP、PET、PA（聚酰胺）、PC、ABS、PC/PBT、PC/ABS 等的抗冲改性剂。

表 11-3　常见 EBA 商品的基本性能

EBA商品牌号	生产商	熔体流动速率/(g/10min)	丙烯酸丁酯含量/%	密度/(g/cm³)	熔点/℃	主要用途
B26E730	INEOS	0.60	11.0	0.925		吹膜
EnBA 33901	Exxon	8300mPa·S	32.5	0.923	62	热熔胶
EnBA 33331		330	32.5	0.920	62	热熔胶
AC3117	Dow	15	17	0.924	99	电缆冲击和柔性改性色母粒
AC3217	Dow	18	17	0.926	92	
AC3427	Dow	40	27	0.926	94	
AC3717	Dow	70	17	0.924	96	
AC34035	Dow	400	35	0.930	90	
SP2811	Westlake	20	20	0.927	90	相容剂

（2）EBA 在电缆料方面的应用

高压电缆内外屏蔽料主要采用 EBA 树脂。

① 在电缆料中，EBA 主要用作绝缘层和护套层材料。其优良的电气绝缘性能和机械强度，可以有效保护电缆免受外界物理和化学环境的影响，保证电缆的安全稳定运行。

② 在相同比例的单体酸含量下，EBA 的极性要比 EVA 高，15%BA 相当于 25%～30% 的 VA，极性更高、相容性更好、填充力更高、耐环境应力更好。对于无卤阻燃添加剂（氢氧化铝/氢氧化镁），填充率更高（可达 70%）。

③ EBA 的分子量分布很宽，所以熔体强度高，挤出的电缆屏蔽层表面光滑，光泽和平整度高。

11.2.4.2 乙烯 – 丙烯酸甲酯（乙酯）共聚物

常见乙烯 - 丙烯酸甲酯共聚物（EMA）和乙烯 - 丙烯酸乙酯共聚物（EEA）的性能如表 11-4 所示。主要用于薄膜、发泡、工程塑料抗冲增韧、色母粒增容剂、低温密封等领域。EEA 没有腐蚀性降解产物，作挤出复合时与 PP、PE 有很好的黏合力，其加工性与 LDPE 近似，常用于制作塑料复合薄膜，但它与金属箔的黏合力不够好。EMA 具有极低的结晶度，非常好的透明度、韧性、弹性和柔软性，与金属箔的黏合力极好，常用于铝箔的挤出复合。

表 11-4 常见 EMA 和 EEA 商品的基本性能

商品牌号	共聚单体	生产商	熔体流动速率 /(g/10min)	丙烯酸酯含量/%	密度 /(g/cm³)	熔点 /℃	主要用途
TC111	MA	Exxon	2	21.5	0.943	80	发泡，增韧改性
TC121	MA	Exxon	6	21.5	0.943	79	改性，热熔胶，母粒增容剂
TC221	MA	Exxon	5	24.0	0.944	73	增韧改性，低温密封
AC1125	MA	Dow	0.5	25	0.944	90	吹膜或流延膜
AC12024S	MA	Dow	20	24	0.944	88	
AC1209	MA	Dow	2	9	0.927	101	
AC1218	MA	Dow	2	18	0.940	94	
AC1224	MA	Dow	2	24	0.944	91	
AC1330	MA	Dow	3	30	0.950	85	
AC15024S	MA	Dow	50	24	0.944	88	电缆
AC1609	MA	Dow	6	6	0.930	92	冲击和柔性改性
AC1820	MA	Dow	8	20	0.942	92	色母粒
AC1913	MA	Dow	6.5	10.4	0.925	86	
AC2102	EA	Dow	6	18.5	0.931	98	
AC2103	EA	Dow	21	19.5	0.930	95	
AC2116	EA	Dow	1	16	0.930	96	
AC2615	EA	Dow	6	15	0.930	97	
AC2618	EA	Dow	6	18	0.930	95	

11.2.4.3 乙烯 – 丙烯酸共聚物

乙烯 - 丙烯酸酯共聚物在酸或碱性条件下水解，可以得到乙烯 - 丙烯酸共聚物（EAA）：

EAA 分子中沿着主链和支链随机分布着羧基，使其易与极性物质结合，故能提供极优良的黏合性和韧性。

EAA 具有如下特点：

① 对金属箔、纸、尼龙、聚烯烃、玻璃及其它物质有优良的黏附力。

② 对油、脂、酸、盐及其它化学品有极佳的耐蚀力；用于包装酸性食品时表现出较高的抗粘接性。

③ 夹杂物热封性较好。

④ 低温热封性较好；可在极低温度下密封，具有高密封强度、高热黏着力和良好的防污染密封能力

⑤ 韧性好。

⑥ 不受湿度影响。

⑦ 加工性与 LDPE 相近。

⑧ 具有紫外光稳定性，以便在各种户外应用中使用。

⑨ 可用于聚酰胺的共挤黏合剂树脂，被用作尼龙包胶料的添加剂，改善热塑性弹性体与尼龙的粘接强度。

⑩ 有一定的腐蚀性和高温凝胶性，因此生产后应用 LDPE 清洗挤出机而不能停留在机筒内关机，否则下次开机时无法挤出，机筒、螺杆会受腐蚀。

EAA 常用于制造塑料复合薄膜、牙膏管、电缆、天线等，是目前使用最多的黏合层树脂。

参考文献

[1] Frolov I, Kleiner V, Krentsel B, et al. Effect of the external donors on the polymerization of 4-methyl-1-pentene with high-activity $MgCl_2/TiCl_4$ catalytic-system[J]. Makromolekulare Chemie-Macromolecular Chemistry and Physics, 1993, 194(8): 2309-2321.

[2] Pijpers E M J, Roest B C. Effect of hydrogen on Ziegler-Natta polymerization of 4-methyl-1-pentene[J]. European Polymer Journal, 1972, 8(10): 1151-1158.

[3] Usselmann M, Hefty L P, Welscher P J, et al. One-step Ziegler-Natta polymerization of 4-methylpent-1-ene with pentafluorostyrene-a solution processable copolymer with super hydrophobic properties[J]. Polymer, 2023, 287: 126415.

[4] Watt W R. Ziegler polymerization of 4-methyl-1-pentene[J]. Journal of Polymer Science, 1960, 45(146): 509-518.

[5] Wang W, Ren M Q, Hou L P, et al. Polymerization of allyltrimethylisilane and 4-methyl-1-pentene by using metallocene catalysts[J]. Polymers, 2023, 15(9): 2038-2048.

[6] Descour C, Duchateau R, Mosia M R, et al. Catalyst behaviour for 1-pentene and 4-methyl-1-pentene polymerisation for C2-, Cs- and C1-symmetric symmetric zirconocenes[J]. Polymer Chemistry, 2011, 2(10): 2261-2272.

[7] Wang L Z, Ni X Q, Ren H, et al. Homo- and Copolymerization of 4-methyl-1-pentene and 1-hexene with pyridylamido hafnium catalyst[J]. Acta Polymerica Sinica, 2021, 52(11): 1481-1487.

[8] Zhang M H, Wu Q T, Xu G Y, et al. Cationic *para*-phenyl-substituted α-diimine nickel catalyzed ethylene and 4-methyl-1-pentene (co)polymerizations via living/controlled chain-walking[J]. Applied Organometallic Chemistry, 2019, 33(6): 4911.

[9] De Stefano F, Scoti M, De Rosa C, et al. Synthesis and characterization of 4-methyl-1-pentene/1,5-hexadiene isotactic copolymers with enhanced low-temperature mechanical performance[J]. Macromolecules, 2024, 57(7): 3160-3172.

[10] Gao H Y, Liu X F, Tang Y, et al. Living/controlled polymerization of 4-methyl-1-pentene with α-diimine nickel-diethylaluminium chloride: effect of alkylaluminium cocatalysts[J]. Polymer Chemistry, 2011, 2(6): 1398-1403.

[11] Gao H Y, Pan J, Guo L H, et al. polymerization of 4-methyl-1-pentene catalyzed by α-diimine nickel catalysts: living/controlled behavior, branch structure, and mechanism[J]. Polymer, 2011, 52(1): 130-137.

[12] Wang L Z, Li D H, Ren H, et al. Isoselective 4-methylpentene polymerization by pyridylamido hafnium catalysts[J]. Polymer Chemistry, 2021, 12(24): 3556-3563.

[13] Ghule B, Laad M, Tiwari A K. Poly-4-methyl-1-pentene a dielectric material: patent landscape[J]. Journal of Energy Storage, 2021, 36: 102335.

[14] Gupta S, Offenbach I, Ronzello J, et al. Evaluation of poly(4-methyl-1-pentene) as a dielectric capacitor film for high-temperature energy storage applications[J]. Journal of Polymer Science Part B-Polymer Physics, 2017, 55(20): 1497-1515.

[15] Guo Y H, Shao L J, Zhang R N, et al. Modified poly (4-methyl-1-pentene) membranes by surface segregation for blood oxygenation[J]. Journal of Membrane Science, 2023, 678: 121695.

[16] Markova S Y, Pelzer M, Shalygin M G, et al. Gas separating hollow fibres from poly(4-methyl-1-pentene): a new development[J]. Separation and Purification Technology, 2022, 278: 119534.

[17] Sheng D H, Zhang L, Shang H F, et al. The surface of a PMP hollow fiber membrane was modified with a diamond-like carbon film to enhance the blood compatibility of an artificial lung membrane[J]. Langmuir, 2023, 39(37): 13258-13266.

[18] Wu F Y, Lin Y K, Wang L, et al. Poly(4-methyl-1-pentene)hollow-fiber membranes with high plasma-leakage resistance prepared via thermally induced phase separation method[J]. Journal of Membrane Science, 2024, 695: 122452.

[19] Zang H, Fan W L, Li L. Study on mass transfer performance of oxygen and carbon dioxide through poly-4-methyl-1-pentene hollow fiber membrane artificial lung module[J]. Journal of Nanjing University Natural Sciences, 2023, 59(5): 858-864.

[20] Zhang T Q, Hao S, Xiao J, et al. Preparation of poly(4-methyl-1-pentene) membranes by low- temperature thermally induced phase separation[J]. Acs Applied Polymer Materials, 2023, 5(3): 1998-2005.

[21] Chen P. Designing sequence selectivity into a ring-opening metathesis polymerization catalyst[J]. Accounts of Chemical Research, 2016, 49(5): 1052-1060.

[22] Lee B S, Mahajan S, Clapham B, et al. Suspension ring-opening metathesis polymerization: the preparation of norbornene-based resins for application in organic synthesis[J]. Journal of Organic Chemistry, 2004, 69(10): 3319-3329.

[23] Yao Z, Dai B B, Liu S J, et al. Catalysts used in addition copolymerization of ethylene and norbornene[J]. Progress in Chemistry, 2010, 22(10): 2024-2032.

[24] Zhao W Z, Nomura K. Design of efficient molecular catalysts for synthesis of cyclic olefin copolymers (COC) by copolymerization of ethylene and α-olefins with norbornene or tetracyclododecene[J]. Catalysts, 2016, 6(11).

[25] Kennedy J P, Makowski H S. Carbonium ion polymerization of norbornene and its derivatives[J]. Journal of Macromolecular Science: Part A - Chemistry, 1967, 1(3): 345-370.

[26] Gaylord N G, Mandal B M, Martan M. Peroxide-induced polymerization of norbornene[J]. Journal of Polymer Science Part C-Polymer Letters, 1976, 14(9): 555-559.

[27] Gao J L, Luo Z, Wang Z G, et al. Vanadium (Ⅲ) catalysts with bulky bis-NHCs ligands for ethylene-norbornene (co)polymerization[J]. Applied Catalysis A: General, 2023, 661: 119534.

[28] Liu Z, Gong Y K, Zhang J B, et al. Dinuclear half-titanocene complex bearing an anthracene-bridged bifunctional alkoxide ligand: unprecedented cooperativity toward copolymerization of ethylene with 1-octene or norbornene[J]. Macromolecules, 2023, 57(1): 162-173.

[29] Tan J Y, Zhang N, Wang L, et al. Norbornene polymerization and copolymerization with ethylene by titanium complexes bearing pyridinium imide ligand[J]. Transition Metal Chemistry, 2023, 48(1): 11-20.

[30] Tsuge K, Lau K, Hirooka Y, et al. Palladium-catalyzed copolymerization of ethylene or propylene with norbornene carboxylic acids and their esters[J]. Polymer, 2023, 281: 126116.

[31] Wang L F, Dong S Q, Tian H, et al. Terpolymerization of ethylene, norbornene and dicyclopentadiene catalyzed by modified cyclopentadienyl scandium complexes[J]. Polymer Chemistry, 2023, 14(26): 3110-3116.

[32] Wang W, Qu S Z, Li X W, et al. Comparison of ethylene copolymerization with norbornene and 5-norbornene-2-methanol by using Ph$_2$C(Cp)(Flu)ZrCl$_2$/MAO[J]. Macromolecular Chemistry and Physics, 2023, 224(10): 202300005.

[33] Zhang Z, Wang Q, Jiang H, et al. Bidentate pyridyl-amido hafnium catalysts for copolymerization of ethylene with 1-octene and norbornene[J]. European Journal of Inorganic Chemistry, 2023, 26(8): 202200725.

[34] Liu Y Z, Cong R, Pan Y, et al. Efficient copolymerization of ethylene with norbornene mediated by phosphine sulfonate palladium catalysts[J]. European Polymer Journal, 2024, 203: 112674.

[35] Meng S M, Liao D H, Li C, et al. Synthesis of partially fluorinated polyolefins via copolymerization of ethylene with fluorinated norbornene-based comonomers[J]. Polymer Chemistry, 2024, 15(16): 1642-1647.

[36] Benedikter M J, Schowner R, Elser I, et al. Synthesis of *trans*-isotactic poly(norbornene)s through living ring-opening metathesis polymerization initiated by group Ⅵ imido alkylidene *N*-heterocyclic carbene complexes[J]. Macromolecules, 2019, 52(11): 4059-4066.

[37] Andreyanov F A, Alent'ev D A, Bermeshev M V. Synthesis and metathesis polymerization of 5-(triethylsiloxymethyl)norbornene[J]. Polymer Science Series B, 2021, 63(2): 109-115.

[38] Barther D, Moatsou D. Ring-opening metathesis polymerization of norbornene-based monomers obtained via the passerini three component reaction[J]. Macromolecular Rapid Communications, 2021, 42(9): 202100027.

[39] Belov D S, Mathivathanan L, Beazley M J, et al. Stereospecific ring-opening metathesis polymerization of

norbornene catalyzed by iron complexes[J]. Angewandte Chemie-International Edition, 2021, 60(6): 2934-2938.

[40] Kawamoto Y, Elser I, Buchmeiser M R, et al. Vanadium(V) arylimido alkylidene N-heterocyclic carbene alkyl and perhalophenoxy alkylidenes for the cis, syndiospecific ring opening metathesis polymerization of norbornene[J]. Organometallics, 2021, 40(13): 2017-2022.

[41] Musso J V, Benedikter M, Gebel P, et al. Cationic tungsten imido alkylidene N-heterocyclic carbene complexes for stereospecific ring-opening metathesis polymerization of norbornene derivatives[J]. Polymer Chemistry, 2021, 12(41): 5979-5985.

[42] Oliveira D P, Cruz T R, Martins D M, et al. In situ-generated arene-ruthenium catalysts bearing cycloalkylamines for the ring-opening metathesis polymerization of norbornene[J]. Catalysis Today, 2021, 381: 34-41.

[43] Yasir M, Kilbinger A F M. Cascade ring-opening/ring-closing metathesis polymerization of a monomer containing a norbornene and a cyclohexene ring[J]. Acs Macro Letters, 2021, 10(2): 210-214.

[44] Cater H L, Balynska I, Allen M J, et al. User guide to ring-opening metathesis polymerization of endo-norbornene monomers with chelated initiators[J]. Macromolecules, 2022, 55(15): 6671-6679.

[45] Lin C J, Lin Y H, Chiang T C, et al. Synthesis of the polymers containing norbornene and tetraphenylethene by ring-opening metathesis polymerization and their structural characterization, aggregation-induced emission and aniline detection[J]. Polymer, 2022, 260: 125374.

[46] Nagata T, Aratani S, Nomura M, et al. Reactivity of niobium(V) pentaalkoxide complexes: ring-opening metathesis polymerization of norbornene[J]. Molecular Catalysis, 2023, 547: 113393.

[47] Scannelli S J, Alaboalirat M, Troya D, et al. Influence of the norbornene anchor group in Ru-mediated ring-opening metathesis polymerization: synthesis of bottlebrush polymers[J]. Macromolecules, 2023, 56(11): 3838-3847.

[48] Scannelli S J, Paripati A, Weaver J R, et al. Influence of the norbornene anchor group in Ru-mediated ring-opening metathesis polymerization: synthesis of linear polymers[J]. Macromolecules, 2023, 56(11): 3848-3856.

[49] Stepanyants V R, Nazemutdinova V R, Zhigarev V A, et al. Metathesis polymerization of 5-n-butyl-2-norbornene in the presence of dimethyl maleate[J]. Polymer Science Series B, 2023, 65(6): 760-772.

[50] Ichikawa T, Mizobuchi Y, Komatsu C, et al. Polymer composition used in coating agent, comprises graft copolymer comprising main chain portion comprising ethylene polymer and graft portion containing structural unit derived from (meth)acrylic acid ester and non-graft polymer (B) containing structural unit derived from (meth)acrylic acid ester: JP2021155489[P]. 2021-10-07.

[51] Krasovskiy A, Osby J O, Heitsch A, et al. Polymer composition used in blend for forming article, comprises polyethylene, reaction product of copolymerization of ethylene and (meth)acrylic ester-functionalized polysiloxane, and optionally component comprising one or more units derived from termonomer: US2023365792[P].2023-11-16.

[52] Ofuji H.Yamamoto K. Coating agent used for paper, and in laminate for paper container and packaging material, comprises polyolefin resin and aqueous medium, where polyolefin resin comprises ethylene as main component of olefin component and (meth)acrylic ester component as copolymerization component. JP2022096669[P]. 2022-06-30.

图 3-18　仪表板三维网格数字模型的构建

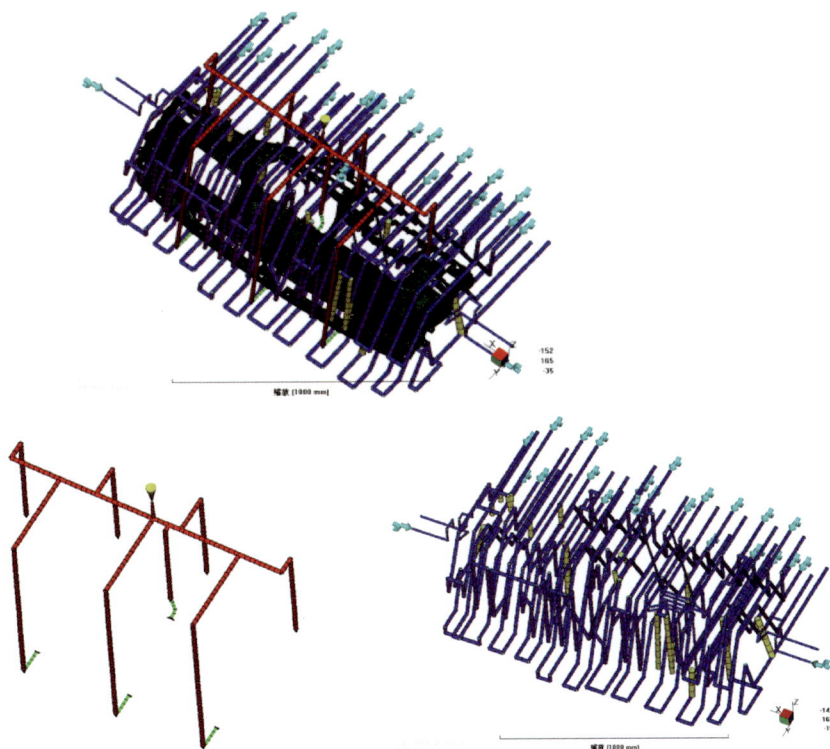

图 3-19　仪表盘模具浇注系统及冷却系统三维数字模型的构建

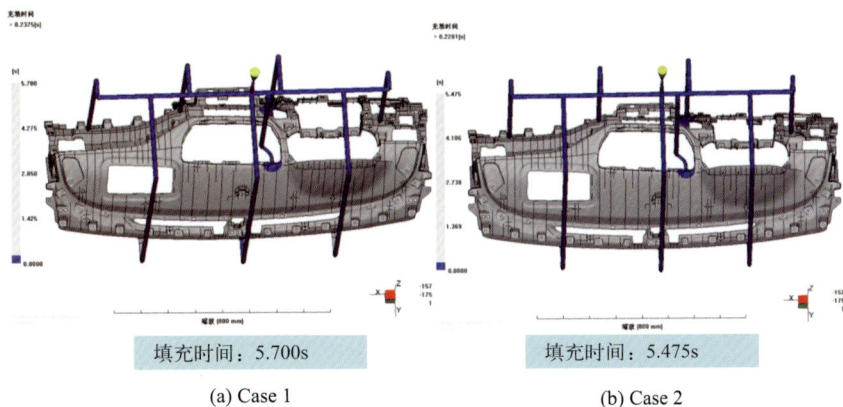

填充时间：5.700s

(a) Case 1

填充时间：5.475s

(b) Case 2

图 3-20　不同材料动态填充时间分析及优化

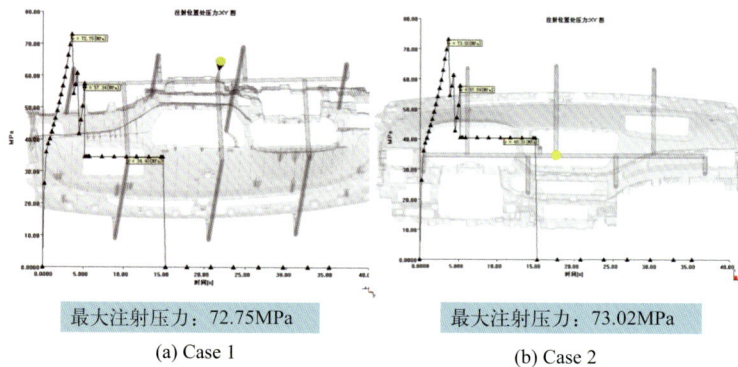

最大注射压力：72.75MPa   最大注射压力：73.02MPa

(a) Case 1   (b) Case 2

图 3-21   不同材料喷嘴压力曲线 \ 保压控制曲线分析及优化

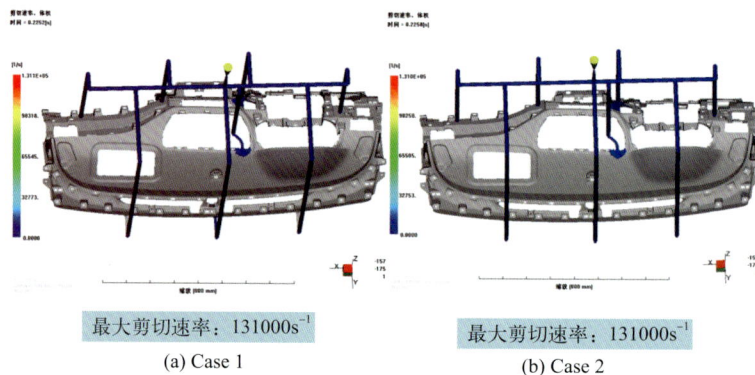

最大剪切速率：131000s^{-1} 最大剪切速率：131000s^{-1}

(a) Case 1   (b) Case 2

图 3-22   不同材料填充剪切速率分析及优化

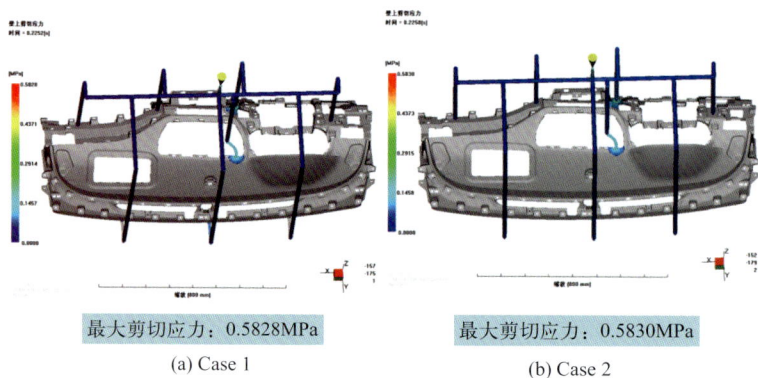

最大剪切应力：0.5828MPa   最大剪切应力：0.5830MPa

(a) Case 1   (b) Case 2

图 3-23   不同材料填充剪切应力分析及优化

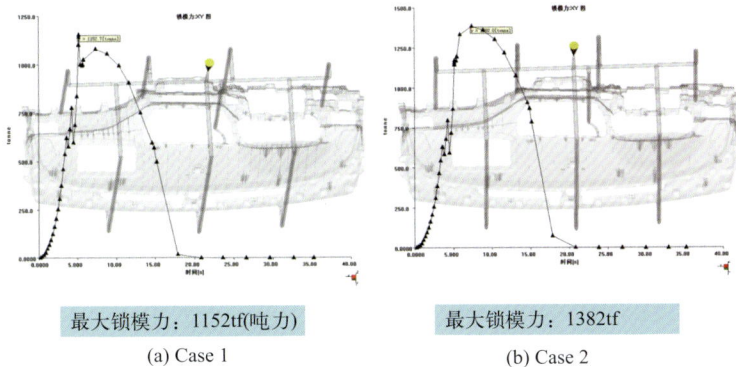

最大锁模力：1152tf(吨力)　　　　最大锁模力：1382tf

(a) Case 1　　　　　　　　　　　(b) Case 2

图 3-24　不同材料锁模力分析及优化

（1tf = 9806.65N）

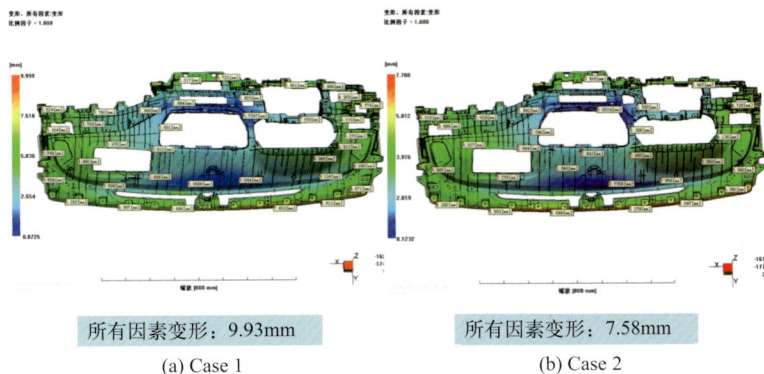

所有因素变形：9.93mm　　　　　所有因素变形：7.58mm

(a) Case 1　　　　　　　　　　　(b) Case 2

图 3-25　不同材料翘曲总变形分析及优化

图 3-26　门板三维网格数字模型的构建

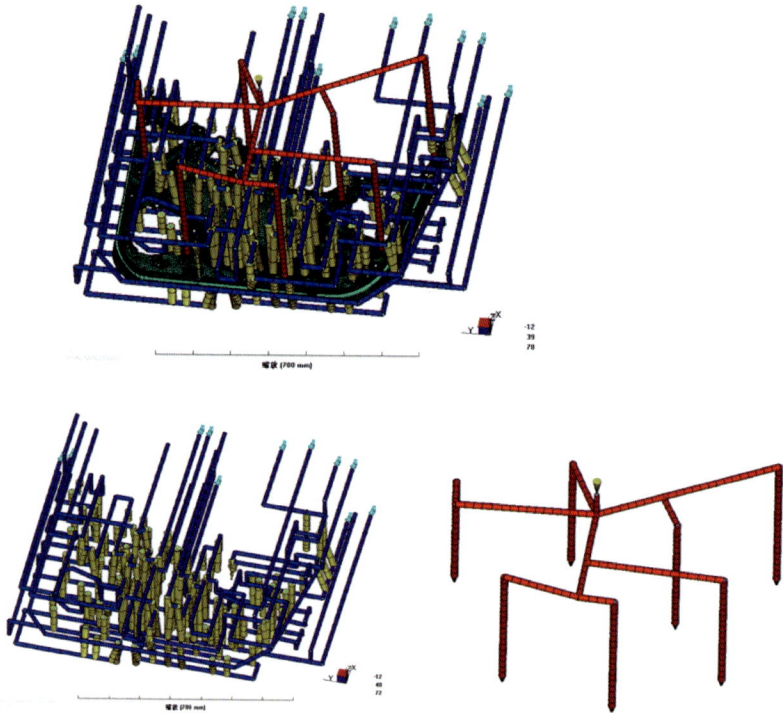

图 3-27　门板模具浇注系统及冷却系统三维数字模型的构建

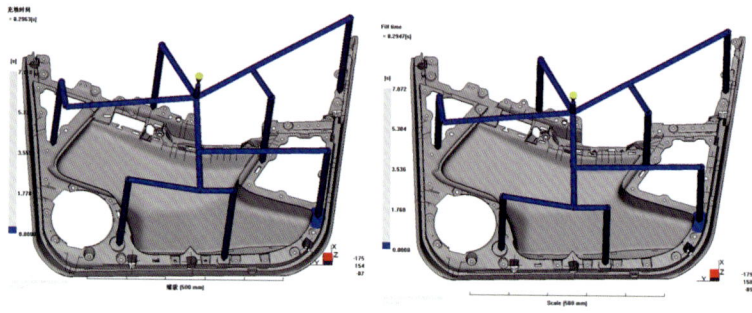

填充时间：7.11s

(a) Case 3

填充时间：7.072s

(b) Case 4

图 3-28　不同材料动态填充时间分析及优化

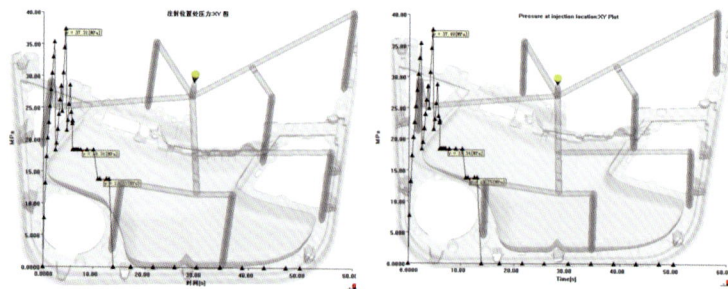

最大注射压力：37.31MPa

(a) Case 3

最大注射压力：37.49MPa

(b) Case 4

图 3-29　不同材料喷嘴压力曲线\保压控制曲线分析及优化

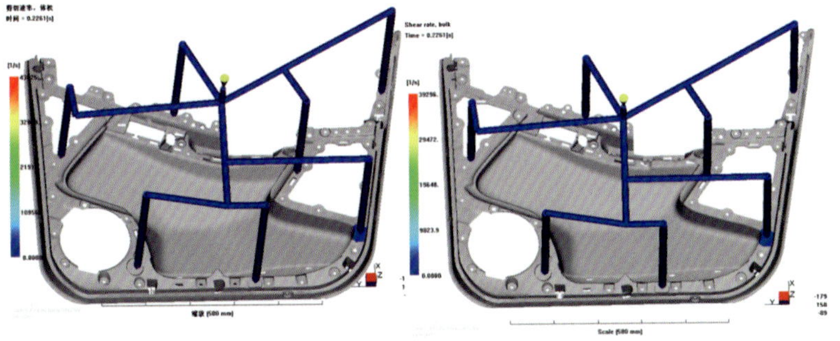

最大剪切速率：43825s^{-1}

(a) Case 3

最大剪切速率：39296s^{-1}

(b) Case 4

图 3-30　不同材料填充剪切速率分析及优化

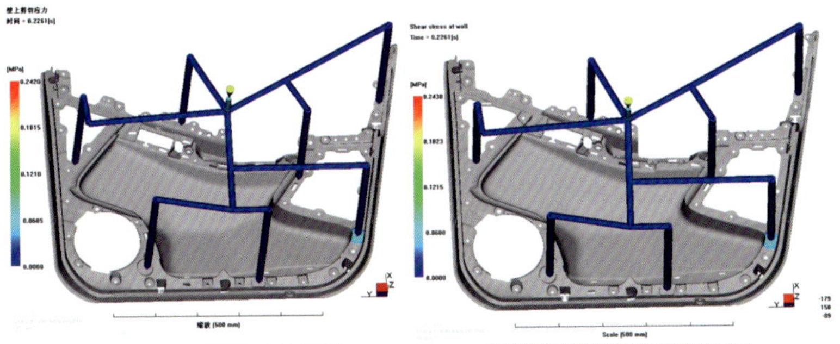

最大剪切应力：0.242MPa

(a) Case 3

最大剪切应力：0.243MPa

(b) Case 4

图 3-31　不同材料填充剪切应力分析及优化

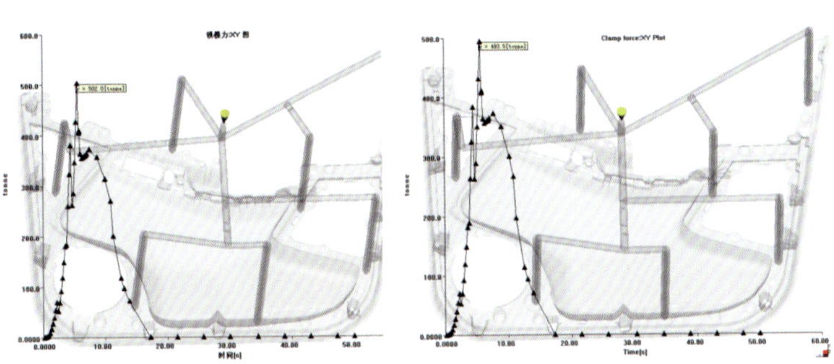

最大锁模力：502tf

(a) Case 3

最大锁模力：493tf

(b) Case 4

图 3-32　不同材料锁模力分析及优化

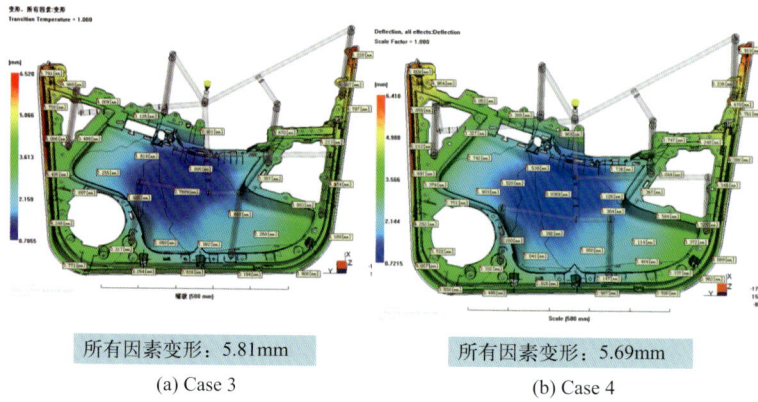

所有因素变形：5.81mm   所有因素变形：5.69mm

(a) Case 3   (b) Case 4

图 3-33　不同材料翘曲总变形分析及优化

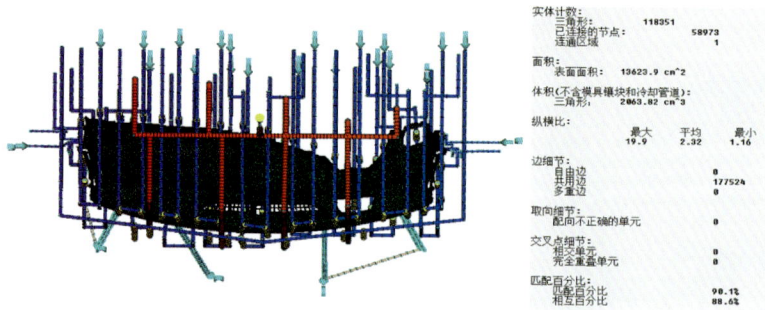

图 3-34　仪表板前饰板三维数字仿真模型

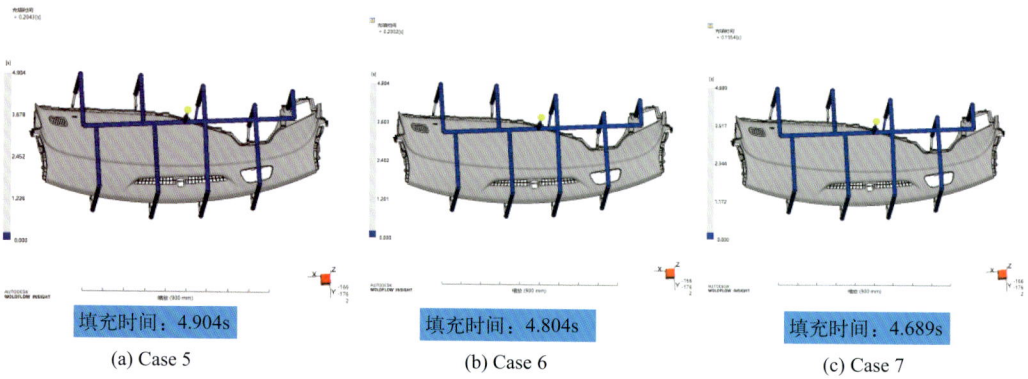

填充时间：4.904s   填充时间：4.804s   填充时间：4.689s

(a) Case 5   (b) Case 6   (c) Case 7

图 3-35　不同材料动态填充时间分析及优化

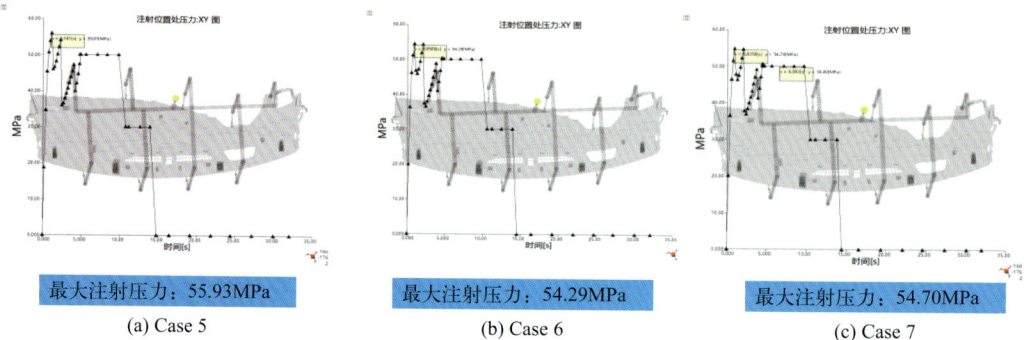

最大注射压力：55.93MPa   最大注射压力：54.29MPa   最大注射压力：54.70MPa

(a) Case 5   (b) Case 6   (c) Case 7

图 3-36　不同材料喷嘴压力曲线／保压控制曲线分析及优化

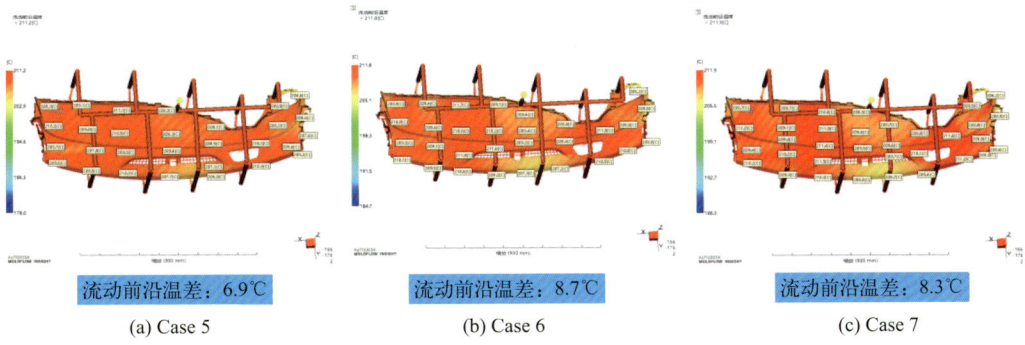

流动前沿温差：6.9℃

(a) Case 5

流动前沿温差：8.7℃

(b) Case 6

流动前沿温差：8.3℃

(c) Case 7

图 3-37　不同材料熔体流动前沿温度分析及优化

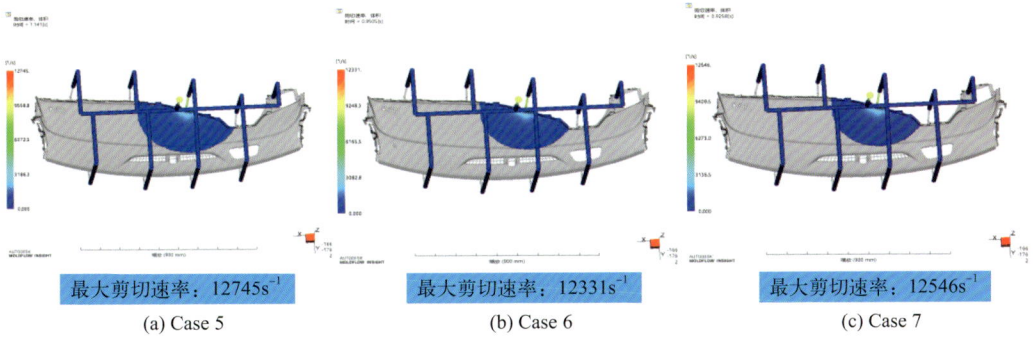

最大剪切速率：12745s^{-1}

(a) Case 5

最大剪切速率：12331s^{-1}

(b) Case 6

最大剪切速率：12546s^{-1}

(c) Case 7

图 3-38　不同材料填充剪切速率分析及优化

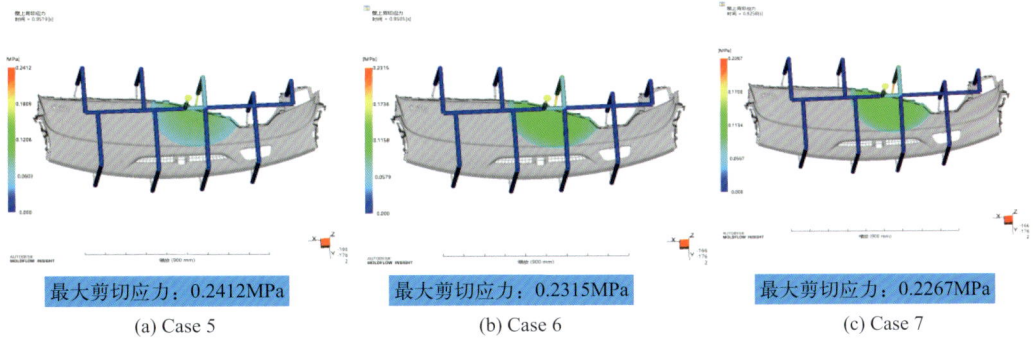

最大剪切应力：0.2412MPa

(a) Case 5

最大剪切应力：0.2315MPa

(b) Case 6

最大剪切应力：0.2267MPa

(c) Case 7

图 3-39　不同材料剪切应力分析及优化

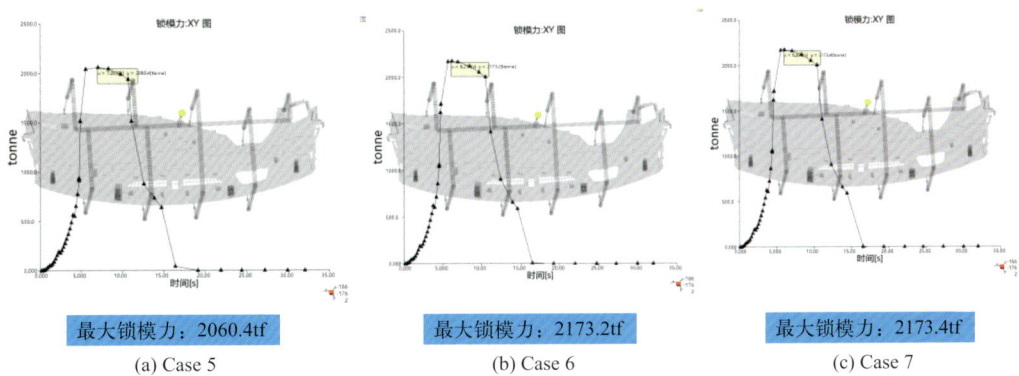

最大锁模力：2060.4tf

(a) Case 5

最大锁模力：2173.2tf

(b) Case 6

最大锁模力：2173.4tf

(c) Case 7

图 3-40　不同材料锁模力分析及优化

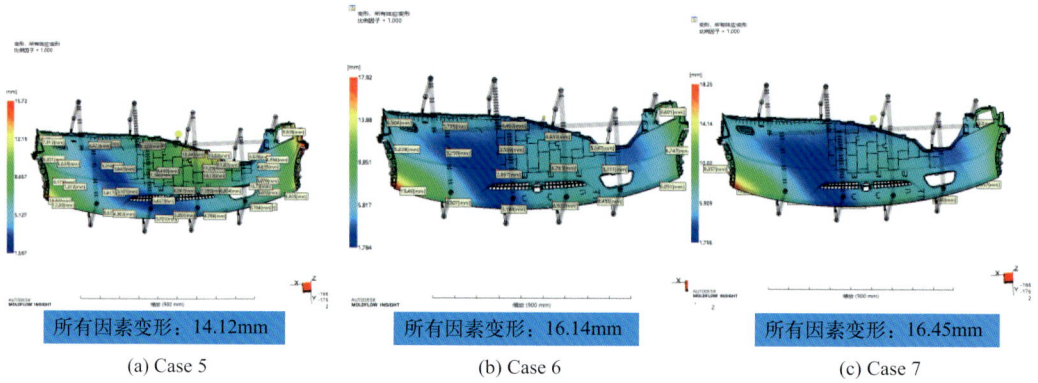

(a) Case 5   (b) Case 6   (c) Case 7

所有因素变形：14.12mm   所有因素变形：16.14mm   所有因素变形：16.45mm

图 3-41 不同材料翘曲总变形分析及优化

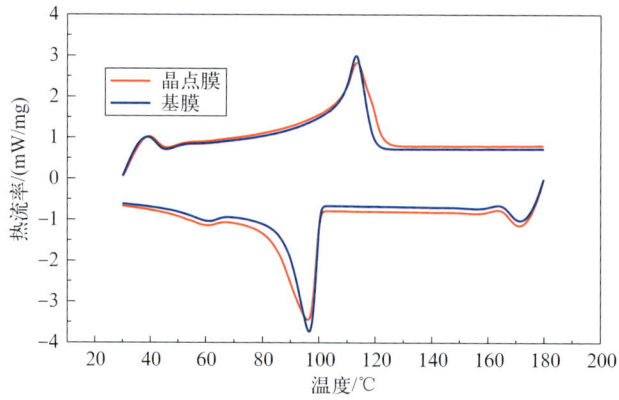

图 5-11 不同样品熔融结晶曲线

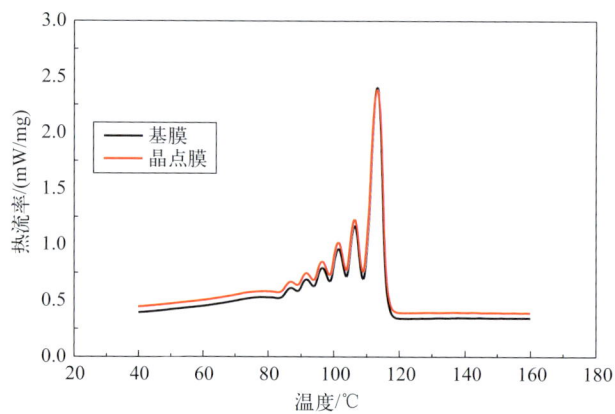

图 5-12 不同样品的 SSA

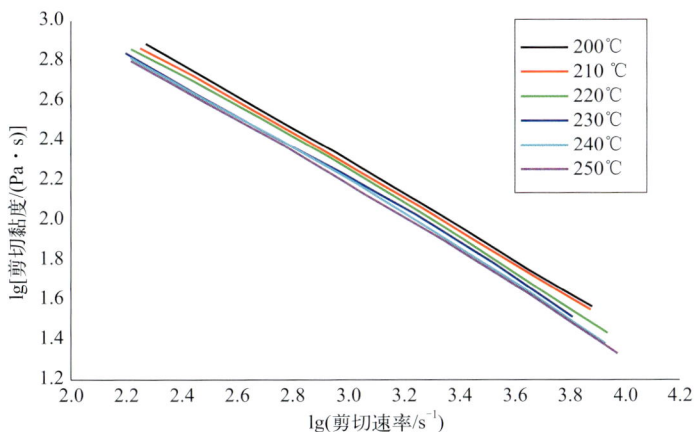

图 6-9　不同温度条件下剪切速率与剪切黏度的关系

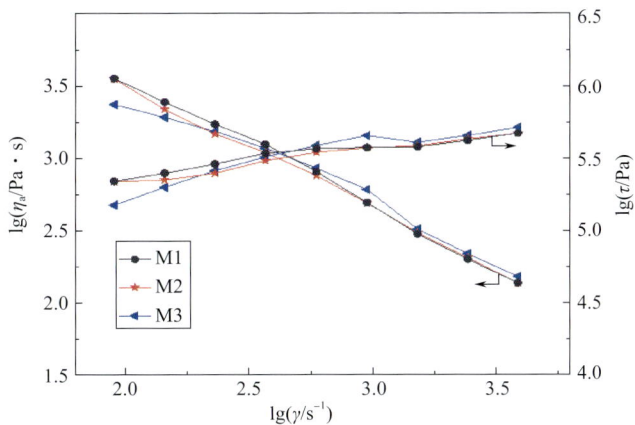

图 6-19　3 种 PE-RT 管材专用料的流变曲线

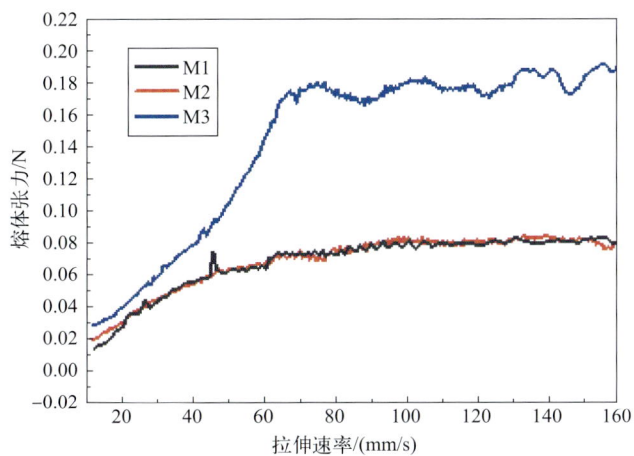

图 6-20　3 种 PE-RT 管材专用料的熔体拉伸曲线

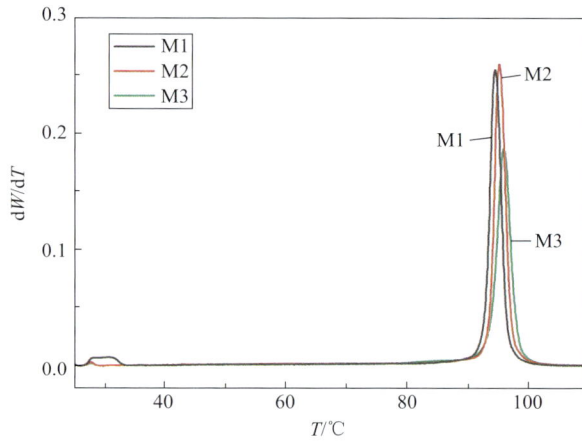

图 6-21　3 种 PE-RT 管材专用料升温梯度淋洗分级曲线

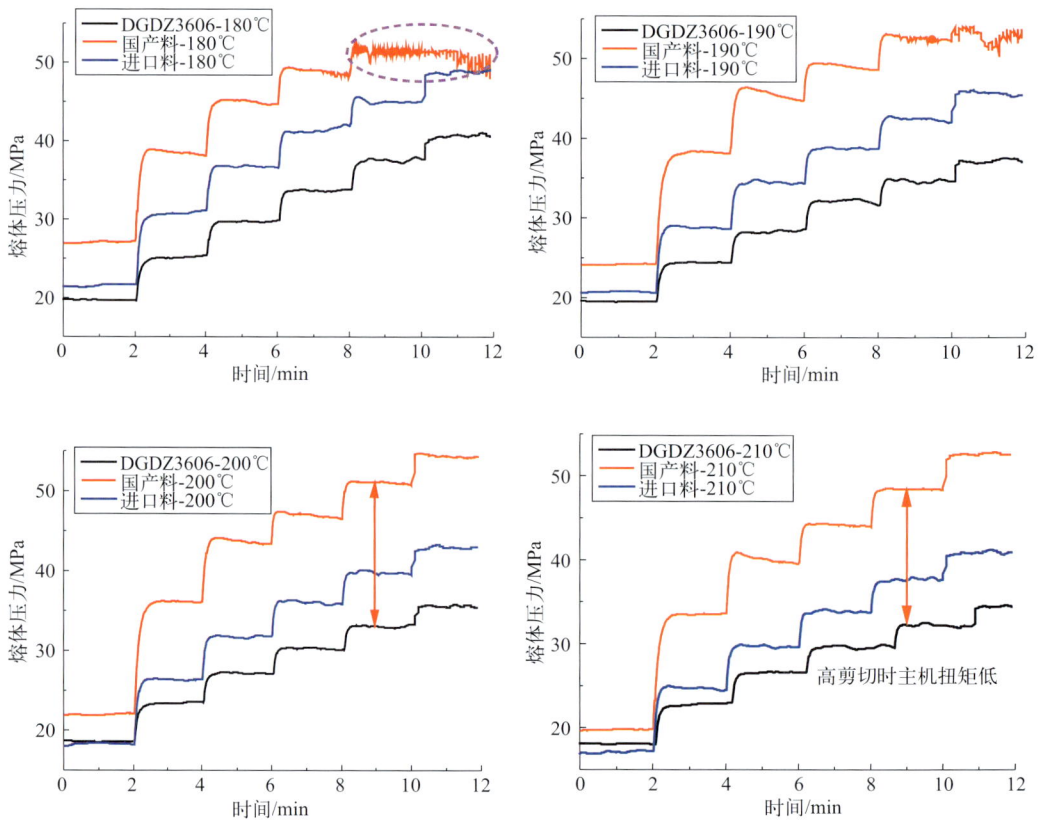

图 6-24　不同温度下各产品熔体压力变化趋势

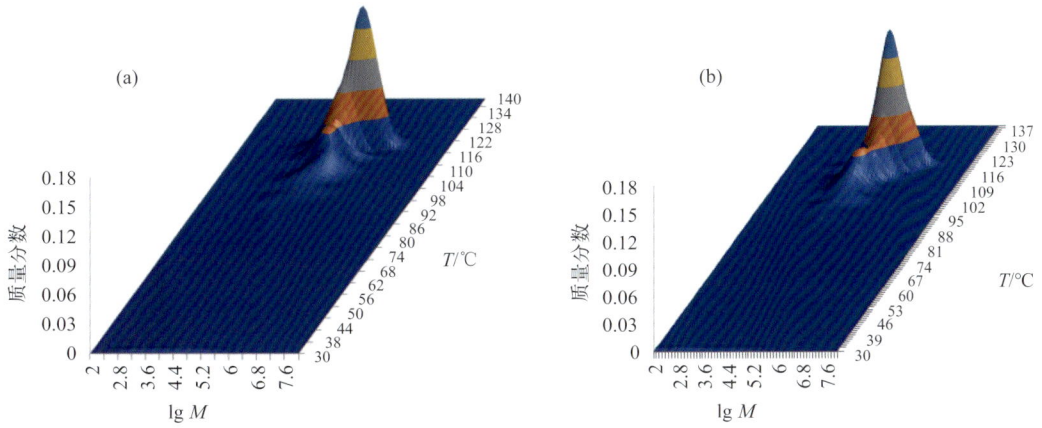

图 7-5　H39S-3（a）和进口对比产品 TREF-GPC（b）的交叉分级数据三维立体图

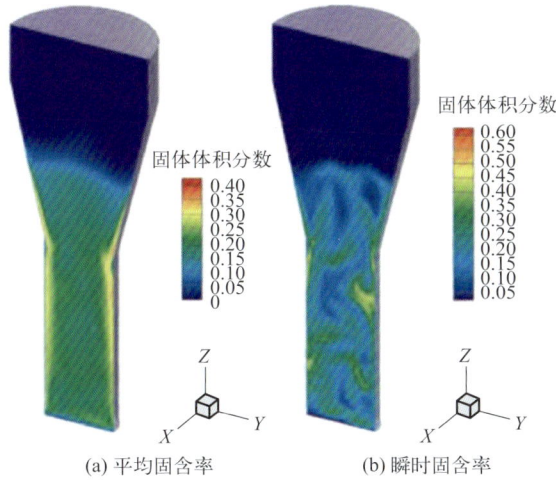

(a) 平均固含率　　　　　(b) 瞬时固含率

图 9-6　流化床反应器中平均固含率和瞬时固含率的分布云图

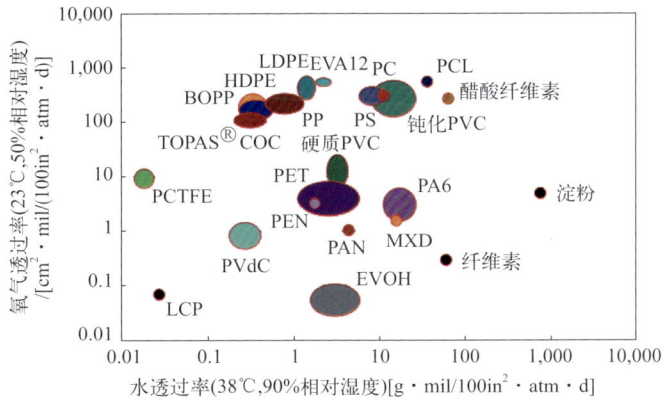

图 11-14　COC 树脂与常用树脂对水汽和氧气的阻隔率

（1mil=0.0254mm，　1in^2=6.4516×10^{-4}m^2，　1atm=101325Pa）